U0647544

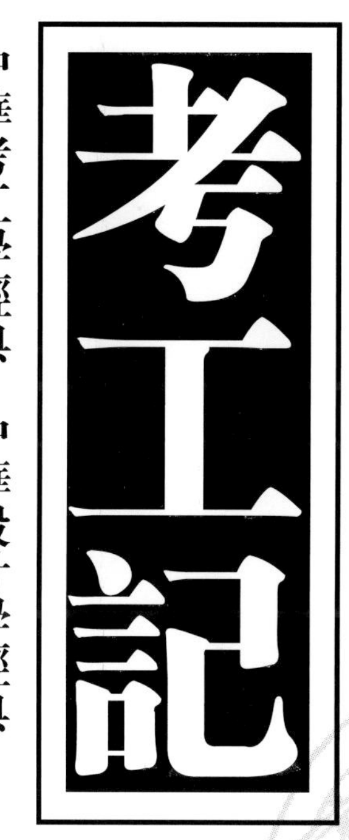

孫詒讓《周禮正義》本

中華考工學經典　中華設計學經典

（清）孫詒讓◎撰
鄒其昌◎整理

人民出版社

國家社科基金重大項目“中華工匠文化體系及其傳承創新研究”(項目編號 :16ZDA105)階段性成果之一。

总目

前　言

《考工記》，又名《周禮・冬官考工記》，普遍認爲，《考工記》成書於戰國時期，後補入儒家《十三經》之《周禮》（即《周官》）中，成爲中華傳統文化極其重要的經典文獻。作爲中國現存最早的科學技術文化類典籍，《考工記》具有獨特的精神價值追求、思想體系、邏輯結構和話語系統，是中華工匠文化體系、中華考工學設計學體系和工匠文化精神的開創性奠基性經典文獻。《考工記》與《營造法式》《天工開物》共同完成了中華"考工學"設計理論體系建構，對構建中國當代設計理論體系具有極其重大建構性價值和歷史意義，值得我們認真閱讀、研究、傳承與開新。此次校勘出版，旨在爲建構當代中國設計理論體系而發掘、積累、探索與開新。

一、關於中華"考工學"設計理論形態及其歷程[①]

1. 中華"考工學"設計理論形態概述

中華傳統設計理論體系的基本性質是以《易》《禮》體系爲思想源頭的"考工學"設計理論形態。中華文化發展大致形成了三個圓圈，亦即遠古至秦漢（華夏融合）—中原文化圈、晋唐宋元（亞洲融合）—四教文化圈、明清（全球融合）—東西文化圈。由此，中華傳統"考工學"設計理論發展歷程大致也有三個基本時期：遠古至秦漢（公元前 7800—公元 200，約 8000

① 本節引自於《天工開物》（北京：人民出版社 2015 年）、《〈三才圖會〉設計文獻選編》（上海：上海大學出版社 2018 年）"出版説明"部分的相同標題，略有調整，特此説明。

年)——中華“考工學”設計理論體系的創構期(摸索與創立);魏晋隋唐宋元(公元200—1368年,約1200年)——中華“考工學”設計理論體系的成熟期(發展與完成);明清(公元1368—1911,約600年)——中華“考工學”設計理論體系的轉型期(總結與挑戰)。中華“考工學”設計理論史的三個重要理論形態分别爲:《考工記》爲中華“考工學”設計理論體系的奠基創構形態、《營造法式》爲中華“考工學”設計理論體系的深化形態、《天工開物》爲中華傳統“考工學”設計理論體系的整合形態。

中國設計理論體系呈現爲兩個基本形態:中華傳統“考工學”設計理論體系形態和現代中國“設計學”體系形態。由於社會歷史背景的重大差異性,兩者之間既有着本質的區别又有着實質性的密切聯繫。就其相互之間的差别而言,“考工學”是農業文明傳統手工業社會歷史背景下的産物,具有極大的個體性、自足性設計方式等特點。“考工學”形態下的設計,一般都是在小範圍的,手工作坊式的,融設計、製作與施工爲一體的,自産自銷的環境下進行的。“考工學”設計的主體常常是某一方面的技術巧手或“匠人”,其接受的教育常常是師徒口授,傳播的形式和範圍極其有限。這種形態的設計,不是一種“自然稀缺經濟”的産物,而是具有真正“以人爲本”的造物設計活動。即真正是爲了追求生活藝術化的表現以及充分展示人的智慧與創造精神的體現。現代意義上的“設計學”形態,是在大工業化時代、集約化整合、多工種多行業合作的産物,具有極大的群體性、分工合作性設計方式等特點。中國現代設計體系還處於建設與發展中,還有很長的路要走,任重道遠。盡管自2004年以來,我一直大力倡導構建中國當代設計理論體系,提出了問題,但真正解决問題,還需要中國當代設計界全方位共同努力,開拓創新,砥礪前行。

在理解了中國設計理論體系的兩個基本形態之後,就比較容易把握和定位中國古代設計思想的發展歷程、基本規律和特徵了。

要研究和闡述中國設計思想史的發展綫索和主要特點,必須從其源頭説起。要探討中國設計思想起源於何時,就必然涉及中國古代設計的起源問題。依據歷史唯物主義的觀點,意識是社會實踐的産物,也就是説實踐和意識是同步産生的。因此,中國設計和中國設計思想應該是同時産生的,有設計活動就必然有與之相應的設計思想。人類的設計實踐活動離不開人類設計思想的指導,盡管設計者可能是自發的或不一定自覺到了。那麽中國設計産生於何時呢? 李硯祖指出:“人類的文化最早是寫在石頭上的。人類的設計最早也是從石頭上開始的。人類學研究表明,在從猿到人的轉變過程中,人類曾經歷了一個使用天然木石工具的階段。當發現天然木石工具不能適應需要,而産生一種改造或重新製造的欲望,並開始動手製造時,設計和文化便隨着造物而産生了。”①也就是説,中國設計和設計思想早在人類早期的原始社會即石器時代就開始萌芽了。這個萌芽時期就是中國古代設計的起源。萌芽時期的設計思想常常和巫術原始文化融爲一體的。從産生到 19 世紀中葉受到西方文化衝擊之前,中國設計理論基本上是“考工學”設計學的系統。

2. 中華傳統“考工學”設計理論發展歷程概述

依據中國傳統文化發展的基本邏輯規律,中國設計思想的發展歷程大致呈現三個基本階段或時期。

第一個階段爲先秦兩漢,即從遠古到兩漢(嚴格地説應是佛教文化進入中土以前,大約公元 1 世紀)。

這一時期是中國設計思想的創立和體系形成時期。這一時期大致可以分爲三個小的階段:遠古至西周、春秋戰國、秦漢。遠古至西周——中國設計思想處於積累階段,開始有零星的設計思想記載。春秋戰國——達到第一個高潮,出現了以《周易》爲代表的中國古代設計思想系統文獻。秦漢——設計思想體系的進一步完善,這一階段鑄成了以《周禮》爲代表的“考工學”設計思想體系的完整出現。

在這一時期,就其設計領域而言,各種設計領域均已不同程度地展開。依照《考工記》的記載,至少有 30 多類設計領域。如石器設計(包括玉器設計)、陶瓷設計、服飾染織設計、青銅器設計、鐵器設計、磚瓦設計、建築及裝

① 李硯祖:《造物之美——産品設計的藝術與文化》,中國人民大學出版社 2000 年,第 1 頁。

飾設計、弓箭設計、車輛設計、色彩設計、造型設計等。

設計實踐的繁榮，必定有與之相應的繁榮昌盛的設計思想理論。這一時期的設計思想充分體現着這一時期的時代精神——禮樂文化系統的確立。禮樂文化，已被公認爲整個華夏文化的基本風貌。一般而言，禮樂文化產生於西周時期，即所謂的"周公制禮作樂"時期。"禮"觀念的確立是人類文明進程中的一個重大事變，昭示着由崇尚"天"轉到了認識"人自己"從而提昇"人"的地位和意義。"禮"所關注的祭祀活動、政治活動以及相關的民政、軍事、刑律、教育等都體現着對"人事"的關懷。以"禮"爲核心的早期中國文化思想體現在儒、道、墨等流派中。"禮"的觀念及其"禮器"等設計製作，對後世設計造物活動產生了極大的影響。

儒、墨、道等各學派均尊"禮"（盡管理解上有差異）。

這一時期，陰陽思想、五行思想等以及《周髀算經》等科學思想的盛行；《周易》體系的設計結構模式的建立；《周禮》雖發現於漢代，但記載的基本上是周代的禮儀制度。

這一時期最大的成就是以《周易》體系和《周禮》體系爲代表的中國設計思想理論體系的建立。這一體系是以"禮樂文化"（中和）爲核心融會了諸子學派、陰陽五行思想以及相關的科學思想等從而構築起了中國設計學體系形態——"考工學"。

第二個階段爲東漢至宋元。

本時期的兩大學風三階段：所謂兩大學風即漢學與宋學，漢學興於漢而盛於唐。宋學的建構與完成。漢學宋學之争直接導引出這個時期"考工學"設計思想的特徵：注重科學精神，從而形成了以追求實事求是的疑古思潮。所謂三個小的階段即東漢至魏晋六朝、隋唐、宋元。

一是東漢至魏晋六朝。

儒道融合的玄學思潮，推進了中國古代邏輯思維的辯證發展。從而對佛教的中國化奠定了基礎。

佛教的衝擊，道教的興起與發展。

科學技術的高度發展，推動了中國設計思想的進步。

魏晋時期劉徽的"析理以辭,解體用圖"的設計思想;晋代裴秀的"製圖六體"的古代設計圖學思想;"界畫"及色彩理論的發展,等等。

二是隋唐。

佛教文化的興盛及其中國化,促進了中國設計思想的發展和完善。如"意境"理論的完善。

隋唐出現了漢學的集大成——《五經正義》以及《通典》《唐律疏議》《唐六典》《藝文類聚》《初學記》等大書。這些著述中有大量設計思想文獻。

三是宋元。

宋元有代表中國古代哲學思維最高水平的"理學體系"的完成,有代表中國古代科技最高成就的"四大發明"在此時期完成。科技理論著作有《夢溪筆談》《武經總要》《營造法式》《通志》《王禎農書》等。

漢至宋元時期出現了大量以設計爲己任的設計家,如宇文愷、喻皓、蘇頌、蔡襄等。陶瓷成爲世界農業時代手工業技術發展的最高峰,也鑄就成了中國的代名詞(china)。

第三個時期爲明清(1840 年前)。

這個時期呈現出中國古代設計思想的總結性特徵。就設計思潮而言,興起於宋代的文人化設計理念獲得了長足的發展。主要表現在園林設計、器物設計等方面。總結性的理論專著大量出現,如《園冶》《長物志》《天工開物》《髹飾録》《農政全書》《遵生八箋》《遠西奇器圖説》《清工部工程做法則例》《陶説》《綉譜》《疇人傳》《考工典》等。

就設計思想基本特徵而言,這一時期創造性活力明顯不如宋元。但更注重設計的生活化,從而也使得中國古代設計開始進入人們的生活。如《長物志》等著作中大量關於"容貌""儀態""飲食""養生""家居"等世俗生活的美學及設計問題。

附:《中華傳統"考工學"設計理論發展史》研究框架

第一卷　遠古至秦漢(公元前 7800—公元 200,約 8000 年):中華傳統"考工學"設計理論體系的創構期(摸索與創立)。

主要研究以《考工記》爲核心的遠古至秦漢設計思想,包括器物文明與諸子百家設計思想的興起、《易》《禮》體系與中華設計傳統精神、《考工記》與中華傳統"考工學"設計理論體系創構、《説文解字》與中華傳統文字設計理論等。

第二卷　魏晋隋唐宋元(公元200—1368年,約1200年):中華傳統"考工學"設計理論體系的成熟期(發展與完成)。

主要考察以《營造法式》爲核心的魏晋隋唐宋元設計思想,包括典章制度與傳統生活方式(以"三通"、《唐六典》和《事林廣記》爲核心)、回望三代與創新科技(以《博古圖》《夢溪筆談》《王禎農書》及蘇頌的《新儀象法要》爲核心)、虚擬與現實(以三教融合、理學挺立、藝術繁榮及朱子的《家禮》與設計思想爲核心)、"法式"與中華傳統設計理論體系成熟形態(以《營造法式》以及陶瓷設計思想爲核心)等。

第三卷　明清(公元1368—1911,約600年):中華傳統"考工學"設計理論體系的轉型期(總結與挑戰)。

主要討論以《天工開物》《考工典》爲核心的明清設計思想,包括走向綜合(上)(以《天工開物》《考工典》爲核心)、走向綜合(中)(以《髹飾録》《園冶》《綉譜》《陶説》等爲核心)、走向綜合(下)(《魯班經》、故宫設計思想等爲核心)、爲"遵生"而設計(以《遵生八箋》《長物志》《閒情偶寄》、家具設計思想爲核心)、補儒易佛與中華傳統設計思想的轉型(以徐光啓、王徵爲核心)等。

二、關於《周禮》體系與工匠文化體系問題[①]

(一)"中國問題"與中華工匠文化體系研究的提出

1. 關於"中國問題"(Chinese Problem)

"中國問題"既是一個歷史範疇,更是一個實踐範疇。産生於19世紀

① 本小節選自鄒其昌《〈周禮〉體系中的女性工匠文化研究——中華考工學體系研究系列》一文,有删節。原文載於《遺産》2019年創刊號,南京大學出版社2019年版。

中葉，一直延綿到當下；同時也是當代中國發展的痛點，無論是近代各種社會革命活動，還是新中國成立以來出現的各類事件，特别是目前的中美貿易戰等，這些都聚焦到“中國問題”上。

隨着西方工業文明迅猛發展與全球化的長足推進，中華帝國在“康乾盛世”（康熙後期）進入晚期帝國的鼎盛發展時期，其中《四庫全書》將中華文化推向了極致，面對三千年未有之巨變的全球化進程，依然維持了18世紀的中國世紀，但終因内外交困，19世紀中華的弱勢特别是“中國問題”開始完全暴露，並處於落後挨打和自卑狀態。由此，中國不再是富强的象徵，而是“東亞病夫”，中國何去何從，整個中國受到了質疑，“中國”成了“問題”。“中國問題”自19世紀中葉以來逐漸成爲中國發展的核心問題，涉及國家民族乃至個人生活各個領域。中國現當代歷史上的洋務運動、辛亥革命、五四新文化運動、共産黨的成立、“文化大革命”、改革開放、偉大復興等都是中國問題答案的探索之路。中國站起來、中國要强大、中華要復興，成爲近現代中國的主旋律和最大問題。國門的被打開，帝國的被瓜分，民族處於存亡之際，中華已形同虚設，救亡圖存，中國站起來，成爲中國問題的第一要義。從獨立到富强，中國的發展道路更加艱辛，中國問題始終處於十分突出的地位。就理論建設而言，中國問題的核心是構建“中國理論”。没有中國理論，不可能有中國問題的完全解決，更不可能有真正的文化自信和文化强大，更不可能有真正的强大的中國。

2. 關於中華工匠文化體系研究的提出

面對“中國問題”，知識界亟須深入系統探索與建構“中國理論”。“中國理論”或“中國體系”，是指傳統中國特性及其發展的系統化，主要包括政治理論體系、經濟理論體系、文化理論體系等核心領域。中國理論或中國理論體系主要包括話語體系、學術體系、學科體系、關鍵技術體系、自主經濟管理體系等基本要素。如何創建體現“中國價值、中國精神、中國力量”的“中國理論體系”，是中國當代理論建設的核心問題。工匠文化和中華工匠文化體系研究等問題的提出，就是探索構建“中國理論”問題的一種路徑。

作爲第二自然——人類社會的創造者,工匠利用自然通過自身的勞動按照自己的意圖和目的創造了一個爲人的"人工世界"。由此也創造了人類文明,包括物質文明、精神文明、制度文明等。工匠文化是人類文化的原發性和核心部分。工匠有層級之分:管理型工匠、智慧型工匠、技術高超型工匠、一般型工匠等。可以説,人類社會中,人人都是工匠。工匠有廣義和狹義之分,工匠文化也有廣義和狹義之别。廣義的工匠文化是指整個人類文化(實際上是一種人性文化),即人化,無工匠則無人類社會(人工世界、第二自然等)。狹義的工匠文化是指農業文明之後人類社會分工的一種特定的工匠化的文化類型,與職官文化、士紳文化、商賈文化、遊俠文化等相對應的文化類型。就工匠文化的邏輯結構及性質而言,人類文明的發展大致經歷了工匠時代、工匠化時代和新工匠時代。就工匠文化的歷史形態而言,人類歷史上出現了自然經濟時期的手藝工匠文化形態、工業經濟時期的機械工匠文化形態以及虛擬經濟時期的數字工匠文化形態,目前,這三種歷史形態處於"各有其美、美美與共"的新時代。中華工匠文化是中華文化傳統(大傳統和小傳統的統一)的核心或根源部分,没有工匠文化,就没有精英文化(大傳統)的産生與健康可持續發展。長期以來,知識界更多關注所謂的"大傳統",亦即精英文化傳統(所謂"正統"觀念、"正史"觀念等),而嚴重忽視精英文化傳統的源頭或根基。大傳統的根基是工匠文化,也就是説,没有工匠文化,不可能有精英文化,實際上,真正的精英文化本身必定是工匠文化。只是長期以來的文化傳播出現了嚴重的反人類性,過度"文化化""藝術化""高雅化",從而使真正的人類文化基因走向一次次的敗落與消亡。也正是工匠文化才一次次拯救與推進人類新文化的發展。比如新文化運動,再一次顯示了工匠文化對死寂般"精英文化"(脱離人民、甚至反人民文化)矯正,使中國文化出現了某種生機。科技文化創新工程、物質文化的興起、手工文化的回歸、中華傳統的重新發掘等,都是工匠文化再次滋養與振興中華文化大傳統的新歷程。由此可見,中華文化的大傳統是工匠文化,而不是其他。

在整個中華工匠文化體系建構中，"工匠"是其核心概念或主題，并且"工匠"既是一個職業共同體，也是一種生存方式，還是一種精神慰借。工匠文化是中心，即是指從文化的視角考察工匠或工匠的文化方式，其中"工匠精神"是"工匠文化"的核心價值觀，是"工匠文化"具有獨特存在價值的根源所在，"工匠精神"作爲一種信仰、一種生存方式、一種生活態度，已經超越"工匠""工匠文化"成爲人類社會健康發展的巨大精神驅動力，爲人類的過去、現在和未來發生着歷史性的偉大作用。正因爲以"工匠"爲主題，以"工匠文化"爲中心，以"工匠精神"爲信仰，系統整理、構建和探索"工匠文化"世界，就形成了中華工匠文化體系。中華工匠文化體系既是一個邏輯範疇，即科學理論研究對象或結果；也是一個歷史範疇，即是人類歷史發展的産物，依據人類（工匠）社會實踐活動深度和廣度，中華工匠文化體系的建構也呈現出歷史性的時代性獨特風貌。就目前的考察而言，中華工匠文化體系建構主要有三種典型的建構範式，我們稱之爲《考工記》範式、《營造法式》範式和《天工開物》範式。這三種範式各具特色，具有一定歷史性或代表性。《考工記》範式，主要是指國家管理者層面從整體社會結構組織來規範或建構工匠文化體系，突出了工匠文化的社會職能、行業結構、考核制度、評價體系等核心要素系統，爲中華工匠文化體系創構期的重要範本，也是後世中華工匠文化體系建構的關鍵性文本或理論模式。《營造法式》範式，主要是指國家管理層面從具體工匠系統即"營造工匠"系統組織結構來規範或建構工匠文化體系，强調了工匠文化的行業職能、制度體系、經濟體系、管理體系、評價體系、審美體系以及營造設計理論體系等核心價值系統，爲中華工匠文化體系成熟期的重要範本，也爲後世進一步完善中華工匠文化體系建構提供重要理論文本。《天工開物》範式，是一個純學者從學術體系建構方面探討和研究工匠文化體系建構問題的，突出强調了傳統農業社會典型生活圖景——男耕女織生活世界展開工匠文化體系的建構，以"貴五穀而賤金玉"爲指導思想對工匠制度文化、民俗文化、倫理文化、技術文化，評價體系等展開系統思考與提昇，爲中華工匠文化體系轉型期的重要範本，也是傳統工匠文化體系走向總結的重要方向或指向。

當然還有其他很多建構模式或方法,清康熙年間的《考工典》,也是一種極其重要的集大成式的中華工匠文化體系建構方式或範本。①

(二)關於《周禮》體系及其工匠文化史價值

1.《周禮》及其體系

《周禮》是中華禮學基本典籍之一,是中華禮學研究的核心文本,也是中華禮學體系的核心内容。雖然禮學體系原本應該只是一個完整的系統(如朱熹的《儀禮經傳通解》試圖將三《禮》合一),但歷史上大多是三《禮》分治,就有了所謂的《周禮》學、《儀禮》學、《禮記》學等。如《四庫全書》的經部—禮部中就分設"周禮""儀禮""禮記"等欄目。《周禮》學研究,就自然有了一個《周禮》體系的探索與建構問題。關於《周禮》體系,我們認爲有兩種基本含義:第一種是指周代特别是東周以前的禮學系統,包括其精神特質、思維方式和行爲規範等,亦即"周《禮》",不只是《周禮》文獻系統,還包括其他一切禮學文獻系統。第二種是指《周禮》這部禮學文獻中的體系結構。本書主要是在第二種含義上使用《周禮》體系概念。

《周禮》體系,我們大致可以從精神觀念、結構形式、話語系統等方面來把握。

就精神觀念而言,《周禮》體系是傳統陰陽五行系統的進一步系統化、理論化和實踐(具身)化。盡管《周易》特别是其中的"繫辭"有系統的"陰陽"系統,《尚書》"洪範"篇中有五行觀念,鄒衍將二者整合爲"陰陽五行學説",而較早真正以陰陽五行理論爲指導建構理論體系的可能就是《周禮》。當代學者彭林在其《〈周禮〉主體思想與成書年代研究》中專門討論了"《周禮》的陰陽五行思想"。作者認爲,陰陽是《周禮》中應用最爲廣泛的哲學範

① 本小節文字出自作者《論中華工匠文化體系》(《藝術探索》2016年第5期)一文中的"中華工匠文化體系的歷史建構"一節,此處標題已做調整。

疇，凸顯了《周禮》陰陽對立宇宙觀。《周禮》以陰陽爲綱闡述王國格局問題，以陰陽系統構建"王"與"后"的兩個宫廷系統等。《周禮》的"六官"體系也是陰陽五行的進一步演化。作者進行了較大篇幅的考察，例如《周禮》六官與五行輔天，五帝和五帝祀等。五行是《周禮》最受青睞的理論系統，因此作者特别考察了"《周禮》五行説十證"，包括六玉、九旗、五路、六龜、五味（五穀、五藥）、五氣（五聲、五色）、四時國火、五雲、五蟲以及四學等十大系統中的五行觀念問題，非常精彩。由此，《周禮》將《周易》中較爲抽象的"陰陽"精神觀念和《尚書》中的"五行"理論引入並成功地應用到了現實的社會生活行爲中，並成爲《周禮》體系的核心精神觀念。

就結構形式而言，《周禮》體系體現在其獨創的"六官"系統結構上。"六官"（亦指"六事""六典"）是指《周禮》中的天官冢宰、地官司徒、春官宗伯、夏官司馬、秋官司寇、冬官司空，又稱爲六卿。關於《周禮》體系中的"官"，傳統注家鄭玄注："六官，六卿之官也。"孫詒讓正義："謂大宰等六官之正。"《孔子家語·執轡》："古之御天下者，以六官總治焉：冢宰之官以成道，司徒之官以成德，宗伯之官以成仁，司馬之官以成聖，司寇之官以成義，司空之官以成禮。"《周禮》"六官"系統，結構嚴密，體系完備，對後世産生了較大影響。如唐代的《唐六典》即是仿傚《周禮》六官系統創作的。

就話語系統而言，《周禮》體系就是由其獨特的範疇系統、話語系統建構起來的。《周禮》創造了一大批屬於自己的概念範疇系統、自己的話語系統，獨樹一幟。就禮學領域而言，《儀禮》與《周禮》是有很大差别的。一般而言，《儀禮》側重於"禮"事展開其體系建構的，從而形成四禮體系即冠禮、婚禮、喪禮、祭禮。而《周禮》側重於"禮"人展開的體系建構，從而形成了以人爲中心構建起的"六官"禮學系統。

附：孫詒讓《周禮正義》關於"周禮體系"的闡釋。①

① 參見《周禮正義》王文錦等點校本，中華書局1978年版，第2—7頁。

周　禮

【疏】"周禮"者,全經之大名也。漢以前經本,並小題在上,大題在下,故此題在篇第下。陸氏《毛詩釋文》云"馬融、盧植、鄭玄注《三禮》,並大題在下"是也。此經,《史記·封禪書》《漢書·禮樂志》及《河閒獻王傳》,並稱《周官》。《藝文志》本於《七略》,則稱《周官經》。斯蓋西漢舊題。《隋書·經籍志》云"《周官》,蓋周公所建官政之法"是也。若鄭衆以爲即《尚書》《周官》,則賈疏引馬融及鄭序,已㢑其失矣。其曰"周禮"者,荀悦《漢紀·成帝篇》云:"劉歆以《周官經》六篇爲周禮,王莽時,歆奏以爲禮經,置博士。"《釋文·敘録》亦云:"王莽時,劉歆爲國師,始建立《周官經》爲《周禮》。"案:《漢書·王莽傳》,歆爲國師,在始建國元年;而居攝三年九月,歆爲義和,與博士諸儒議莽母功顯君服,已云發得《周禮》,以明殷監。又引《司服職》文,亦稱《周禮》。然則歆建《周官》以爲《周禮》,疑在莽居攝、歆爲義和以前。陸謂在爲國師以後,未得其實。通核諸文,蓋歆在漢奏《七略》時,猶仍《周官》故名,至王莽時,奏立博士,始更其名爲《周禮》,殆無疑義。《左》文十八年傳,季文子曰:"先君周公制周禮曰:則以觀德,德以處事,事以度功,功以食民。"又閔元年傳,齊仲孫湫曰:"魯猶秉周禮。"昭二年傳,晋韓起見《易象》與《魯春秋》,曰:"周禮盡在魯矣。"歆蓋以《周官》故名與《尚書》淆混,而此經爲周公遺典,與士禮同爲正經,因採左氏之文,以爲題署,義實允當。東漢之初,杜馬諸儒,咸傳歆學。鄭序謂鄭少贛、鄭仲師、衛敬仲、賈景伯、馬季長,皆作《周禮》解詁,而馬氏自序則稱《周官傳》,鄭仲師《諸子》、《慌氏》兩注亦稱《周官》。諸家《解詁》久佚,其題《周禮》與否,今無可質證。若鄭君作注,則正題《周禮》,故《冢宰》注云:"周公居攝,而作六典之職,謂之《周禮》。"又《冬官目録》云:"古《周禮》六篇畢矣。"其二《禮》之注,援舉此經,咸不云《周官》。《隋經籍志》載漢晋諸家注,並題《周官禮》,蓋唐人兼採二名,用以著録,非其舊題。要《周禮》之目,始於劉歆,而定於東漢經師,其輒迹故可尋也。

又《禮器》云:"經禮三百,曲禮三千。"鄭彼注云:"經禮謂《周禮》也,《周禮》六篇,其官有三百六十。曲猶事也,事禮謂《今禮》也。"案:鄭意蓋以此經爲經禮,《儀禮》爲曲禮。《曲禮》孔疏云:"《周禮》見於經籍,其名異者有七處。《孝經説》云'經禮三百',一也。《禮器》云'經禮三百',二也。《中庸》云'禮儀三百',三也。《春秋説》云'禮經三百',四也。《禮説》云'有正經三百',五也。《周官外題》謂爲《周禮》,六也。《漢藝文志》云'《周官經》六篇',七也。七者皆云三百,故知俱是《周官》。"今案:《漢書·藝文志》亦云:"禮經三百,威儀三千。"顔師古注從韋昭説,亦以禮經爲《周禮》。又引臣瓚云:"《禮經》三百,謂冠昏吉凶。《周禮》三百,是官名也。"瓚説最析,足正鄭、韋之誤。蓋《周禮》乃官政之法,《儀禮》乃禮之正經,二經並重,不可相對而爲經、曲。《中庸》禮儀、威儀,咸專屬《禮經》,與《周禮》無涉。《孝經》《春秋》《禮説》所云禮經、禮義、正經者,亦無以定其必爲此經。鄭、韋、孔諸儒,並以三百大數巧合,遂爲皮傅之説,殆不足凴。《荀子·正名篇》云:"刑名從商,爵名從周。"楊倞注云:"爵名謂五等諸侯及三百六十官也。"然則秩官之制,莫備於周。此經建立六典,洪纖畢貫,精意眇恉,彌綸天地,其爲西周政典,焯然無疑。故劉歆以爲周公致太平之道,鄭申其説,定爲周公攝政六年所制,具詳後注。至其傳授端緒,則賈《序廢興》引馬融傳云:"秦自孝公已下,用商君之法,其政酷烈,與《周官》相反。故始皇禁挾書,特疾惡,欲絶滅之,搜求焚燒之獨悉,是以隱藏百年。孝武帝始除挾書之律,開獻書之路,既出於山岩屋壁,復入於秘府,五家之儒,莫得見焉。至孝成皇帝,達才通人劉向、子歆,校理秘書,始得列序,着於録略。然亡其《冬官》一篇,以《考工記》足之。時衆儒並出共排,以爲非是。唯歆獨識,其年尚幼,務在廣覽博觀,又多鋭精於《春秋》。末年,乃知其周公致太平之道,迹具在斯。奈遭天下倉卒,兵革並起,疾疫喪荒,弟子死喪。徒有里人河南緱氏杜子春尚在,永平之初,年且九十,家於南山,能通其讀,頗識其説,鄭衆、賈逵往受業焉。衆、逵洪雅博聞,又以經書記傳相證明爲解,逵解行於世,衆解不行。兼攬二家,爲備多所遺闕。然衆時所解説，近得其實，獨以《書序》言成王既黜殷命，還歸在豐，作《周官》，則此《周官》也，失之矣。逵以爲六鄉大夫，則冢宰以下及六遂，爲十五萬家，緪千裏之地，甚謬焉。此比多多，吾甚閔之久矣。"又云："至六十，爲武都守。郡小少事，乃述平生之志，着《易》《尚書》《詩》《禮》傳，皆訖。惟念前業未畢者唯《周官》，年六十有六，目瞑意倦，自力補之，謂之《周官傳》也。"案：賈所引馬傳，蓋即《周禮傳序》之佚文。其言《周官》晚出，五家之儒莫得見者，五家蓋謂高堂生、蕭奮、孟卿、後倉、戴德、戴聖，《禮記正義》孔序引《六藝論》所謂高堂生及五傳弟子是也。馬序所述此經隱顯原流，最爲綜析，且去古未遠，當得其實。《漢書·河閒獻王傳》云："獻王所得書，皆先秦舊書，《周官》《尚書》《禮記》《孟子》《老子》之屬。"考獻王以孝景前二年立，立二十六年，武帝元光五年薨。然則獻王之得《周官》，與《周官》之入秘府，不知其孰先孰後，要與馬序所云武帝時始出之語不相牾也。《釋文叙録》載或説云："河閒獻王開獻書之路，時有李氏上《周官》五篇，失《事官》一篇，乃購千金，不得，取《考工記》以補之。"《隋經籍志》云："李氏上於河閒獻王，獻王補成，奏之。"杜佑《通典·禮篇》説同。《左傳序》孔疏云："漢武帝時河閒獻王獻《左氏》及《古文周官》。"此則秘府之本，即獻王所奏，但馬序絶未之及，不知果足凴否。至馬序云"出山岩屋壁"，只謂薶藏荒僻，與淹中孔壁，絶無關涉。《釋文叙録》引鄭《六藝論》云："後得孔氏壁中、河閒獻王古文《禮》五十六篇，《記》百三十一篇，《周禮》六篇。"審繹鄭君論意，蓋因古禮出於孔壁，《禮記》《周禮》則得之河閒，故兼溯二原，不分區畛。又云《周禮》六篇者，亦由渾舉大數，《冬官》闕篇，偶未析别。鄭君禮學，受之馬氏，鄭論所説，與馬序固無戾也。而《曲禮》孔疏乃謂《六藝論》云《周官》壁中所得六篇，《後漢書·儒林傳》亦謂孔安國獻《禮古經》五十六篇及《周官經》六篇，斯並誤會鄭恉，妄滋異論。《太平御覽·學部》引楊泉《物理論》云："魯慕公壞孔子舊宅，得《周官》，闕，無《冬官》，漢武購千金而莫有得者，遂以《考工記》備其數。"楊氏疑亦因《六藝論》文，妄撰此説。《漢書·藝文志》、《楚元王傳》、劉歆《讓太常博士書》及許君《説文叙》,備舉孔壁所得經傳,而並無《周官》,足證範蔚宗及楊泉之誤。况武帝本不信此經,購補之事,必是虚妄。《禮器》孔疏又謂漢孝文帝時,求得《周官》,不見《冬官》一篇,乃使博士作《考工記》補之。此尤繆悠之説,絶無根據者也。惟《漢禮樂志》載孝文時,得魏文侯樂人竇公,獻其書,乃《周官·大宗伯》之《大司樂章》。是時此經未出,而得以校竇公之書者,考《漢藝文志》,説河閒獻王與諸儒採《周官》、諸子作《樂記》;劉向《别録》亦載獻王所修《樂記》,其第二十二篇曰《竇公》。是蓋竇公獻書雖當孝文,逮獻王得經後,用相勘驗,始知其原本。是則獻之與校,本不同時,不得據此而疑孝文時已得《周官》也。此經在漢爲古文之學,故《説文叙》稱《周官》爲古文,《五經異議》亦多稱古《周禮》説。書既晚出,西漢之世,絶無師説,表章之功,實賴向歆父子。東漢之初,博士罷廢。袁宏《後漢紀》載章帝建初八年,《周官》與《古文尚書》《毛詩》同置弟子,厥後傳授漸盛。而今文經師,若何休、臨碩之徒,并發難端,競相排庌。唐趙匡《五經辨惑》、陸淳《春秋纂例》復謂此經爲後人附益。宋元諸儒,重惟䩄謬,異論彌伙。汪中云:"漢以前《周官》傳授原流,皆不能詳,故爲衆儒所排。考之於古,凡得六征。《逸周書·職方篇》即《夏官·職方職》文,一也。《藝文志》:六國之君,魏文侯最爲好古。孝文時,得其樂人竇公,獻其書,乃《周官·大宗伯》之《大司樂章》也。二也。《大戴禮·朝事》載《典瑞》《大行人》《小行人》《司儀》四職文,三也。《禮記·燕義》,《夏官·諸子職》文,四也。《内則》食齊視春時以下,《天官·食醫職》文;春宜羔豚膳膏薌以下,《庖人職》文;牛夜鳴則庮以下,《内饔職》文,五也。《詩·生民傳》嘗之曰莅卜來歲之芟以下,《春官·肆師職》文,六也。遠則西周之世,王朝之政典,大史所記,及列國之官世守之以食其業,官失而師儒傳之,七十子後,學者系之於六藝。其傳習之序。明白可據如是,而以其晚出疑之,斯不學之過也。若夫古之典籍,自四術以外,不能盡人而誦習之,故孟子論井地爵禄,漢博士作《王制》,皆不見《周官》,不可執是以議之也。古今異宜,其有不可通者，信古而闕疑可也。"案：汪説最允。今檢校周秦先漢諸書、《毛詩傳》及《司馬法》，與此經同者最多。其它文制契合經傳者尤衆，難以悉數。然則其爲先秦古經，周公致太平之法，自無疑義。而俗儒不悟，猶復妄有詰難，皆鄉壁虚造不經之倫，等諸自鄶，蓋無譏焉。

2. 第一部工匠文化史專著：《周禮》體系中"官"——工匠

《周禮》體系中的工匠，就其性質而言，屬於官府工匠，或部分軍役工匠。就其組織結構形式而言，屬於國家管理體制中的，不是民間性的行會組織形式。正因爲此，每一種類的工匠都有一種相應的組織管理系統，並由特定的工匠管理者（或管理型工匠）負責特定工匠活動。就《周禮》"六官"結構系統而言，"六官"顯然不只是六種類型的官員體制，更多的是一種王國構建系統的一種社會分層系統結構。每一種"官"都負責和處理相應的工匠技術、工匠組織協調、工匠文化管理以及工匠生産評估等事宜，而且突出的是與農耕時代"男耕女織"相適應的工匠社會組織模式。因此，《周禮》的"六官"實際上可以理解爲六大工匠部門系統。

關於《周禮》中"官"字的解説，目前普遍存在"把古詞當作今詞解釋"的現象，王光漢在《辭書編纂與食古泥古》中有過較明細的考察。他説：

> 《周禮》中所言各"官"，俱不當以現代漢語"官名"或"職官名"之義釋之。"官名"或"職官名"今當被理解爲廳長、縣令、宰相之類官職之名，然《周禮》之"官"，實乃部門或職事之稱。天官、地官、春官、夏官、秋官、冬官，後世沿而爲吏部、户部、禮部、兵部、刑部、工部。唐武則天時曾一度復六部爲六官之稱，足證六官、六部一也。《漢語大詞典》"天官"條釋"官名"，"工部"條釋"古代官署名"，證其對"天官"之"官"惑於今解。其"地官"條亦如是。六官除冬官外，它五官均有《序官》言其建制，若詳考其建制，據其建制幾無一官無"胥"、"徒"若干人者想，當亦不致有此迷誤，而當以六官之"官"爲機構、部門解也。又，據《序言》所言各職建制及《冬官·總叙》所言各職之事，許多爲現辭書釋爲"官名"者俱非"官名"，而乃職事之稱。天官所列之職，無"士"以

上等級者有“酒人”“籩人”“漿人”“醢人”“鹽人”“縫人”等;地官“舂人”“饎人”“槀人”等,春官“守祧”等亦俱無“士”以上等級者。辭書迷於其各隸於“天官”“地官”“春官”之下,因指其爲“官名”,實乃以奴爲官矣!如“酒人”條,《辭海》《辭源》更俱列爲“官名”。《天官·序官》言:“酒人,奄十人,女酒三十人,奚三百人。”據此建制,從事酒人之職者三百四十人。所謂“奄”,即閹者,鄭氏就“奄上士”有注云:“奄稱士者,異其賢。”賈公彦疏曰:“案:上‘酒人’‘漿人’等奄並不稱士,則非士也。獨此云,以其有賢行命爲士,故稱士也。”所謂“女酒”,鄭氏注云:“女奴曉酒者,古者從坐,男女没入縣官爲奴。”至於“奚”,已有定説,乃奴隸之稱。由此可見,“酒人”乃職事之名。又如“伊耆氏”,《漢語大詞典》據《周禮·秋官》亦列爲官名。《序官》曰:“伊耆氏下士一人,徒二人。”《孟子·萬章》謂:“下士與庶人在官者同禄,禄足以代其耕也。”可見即使是下士,今稱其爲官,似亦不大合適。《周禮·冬官·總叙》未言建制,僅叙其事,然據事而推,“冬官”之“官”亦非今之“官”義。然《辭源》此類詞目收之甚多,有的釋爲工匠之類,有的亦以官名釋之。如“氏”“輪人”“梟氏”等即釋爲官名。其“輪人”條云:“周官名。掌製造車輪及有關部件。《墨子·天志上》:‘譬如輪人之有規,匠人之有矩。’參閲《周禮·考工記·輪人》。”既言輪人之事乃製造車輪及有關部件,而又釋以“周官名”,豈非受“冬官”之“官”誤與?《墨子》之證,亦示其乃工匠之類。《莊子·天運》記輪扁斫輪事,輪扁之“輪”即輪人之義,其辛苦操作,豈今所謂“官”者所爲?又“栗氏”條釋爲“周代掌管冶煉鑄造的官名之一。掌制量器。”而“栗”字義之二又釋“古代金工的一種”。一釋爲官,一釋爲工,蓋“氏”屬“冬官”,而《總叙》又謂其爲“攻金之工”,致使編者莫知所從。①

由此可見,將《周禮》中的“官”字理解爲“工匠”(職事之稱),是合理的。其實,工匠一定是指掌握了某一專門知識技能(物質性的—技、精神性

① 王光漢:《辭書編纂與食古泥古》,《安徽大學學報(哲社版)》1990年第1期。

的一道、文化性的一藝)的人。因此,僅從這一點,我們可將《周禮》界定爲第一部工匠文化史專著。例如"天官冢宰"工匠文化體系,就有63種工匠(官),大宰即是天官之長,又是六官之首,可謂是最高級别的管理型工匠。高級别的還有大宰、小宰、宰夫、大府、内府、外府、司會、司書、職内、職歲、職幣等,他們更多地是從事精神性的工匠活動。此外,更多地記載了各類物質性的或文化性的職事之工匠。這類工匠種類多數量大,主要有以下幾種:一是有專門職掌飲食的工匠(厨師),包括負責烹煮或製作食物者,膳夫、庖人、内饔、外饔、亨人、臘人、醢人;負責捕獲獸類或魚鱉等以供膳食者,有獸人、漁人、鱉人等;負責進獻食物者,有籩人和醢人等;負責酒漿者,有酒正、酒人、漿人等;還有專門爲王調配飲食的食醫,掌鹽的鹽人,掌供巾冪以覆蓋飲食的冪人,掌供冰以冷藏食物的凌人等,皆可歸屬於職掌飲食類的工匠。這一類的工匠("官")除了爲王、王后和太子的飲食服務外,還負責供給賓客、祭祀以及喪事等所需飲食。二是專門職掌服飾的工匠。包括專門負責職掌王皮裘的司裘;負責爲王、王后縫制衣服的縫人;負責職掌王后、九嬪和内外命婦首服(頭上裝飾物、帽子等)的追師,負責爲王、王后職掌鞋(足衣)的屨人等。三是專門職掌醫務方面的工匠,包括醫師、疾醫、瘍醫、獸醫等。四是專門職掌寢舍的工匠,包括負責爲宫寢清除污穢的宫人;爲王外出設宫舍、帷帳等的掌舍、幕人、掌次等。五是專門職掌宫廷内部各項事宜的工匠(宫官),包括宫正、宫伯、内宰、内小臣、閽人、寺人、内竪等。六是專門職掌女性事宜的工匠(婦官),包括服侍王並協助王后行禮事的九嬪、世婦、女御;還有爲王后職掌祭祀和禮事的女祝、女史等。七是專門職掌女性工匠的工匠(婦功),包括典婦功、典絲、典枲等。七類之外還有爲王職掌借田的甸師;爲王掌收藏的玉府,掌皮革的掌皮,掌染絲帛的染人,掌大喪爲王招魂的夏採等。①

由此可見,《周禮》體系,實際上建構了一種農耕文明時代的比較完備

① 這裏的分類,借鑒了楊天宇先生成果,參見楊天宇:《周禮譯註》,上海古籍出版社2016年版,《天官冢宰第一》"題解"部分。

的工匠文化體系。男耕女織,是這一工匠文化體系建構的基本原則。

三、關於《考工記》與工匠文化體系問題[1]

(一)《考工記》的"工匠"内涵

關於《考工記》的性質問題,關於《考工記》與《周禮》或《周官》的關係等問題,歷來衆説紛紜,難有定論。[2] 但有一點是可以確定的,那就是該書大量記載秦漢以前中華工匠問題,是專門討論"百工之事"的著作,而且還是從理想的國家管理層面去思考問題的。實際上,《考工記》探討了工匠行業體系問題,包括管理制度、工匠的社會價值、工匠的生産特徵、造物流程、評價考核標準等。對我們系統研究中華工匠文化體系有着重大的借鑒價值。

在此,我們先來考察一下《考工記》中的"工匠"内涵問題。這應該是研究《考工記》最爲基礎性的問題。

《考工記》關於"工匠"的言説或稱謂是比較多的,既有"百工""工""婦工""匠""匠人""國工"等稱謂;也有以各種造物的工匠的姓氏做稱謂的,如"段氏""桃氏""栗氏"等;還有以造物的構件名稱進行命名的,如"弓人""輪人";更有直接用造物的材質命名的,如"玉人""陶人"等。

這里我們先瀏覽一下《考工記》所提及的"工匠"概念問題。討論一下《考工記》中"工匠"概念含義。在此,摘取了 14 個與"工匠"概念相關的語句(以在《考工記》書中出現的先後爲序),進行簡要闡釋。

1. 國有六職,百工與居一焉。

此處的"百工",是指當時社會結構中的"六職"之一。六職,即天子以

---

① 本小節選自《〈考工記〉與中華工匠文化體系建構》一文,有删節。原載《武漢理工大學學報》(哲社版)2016 年第 5 期。

② 本書無意糾纏於成書真僞等問題方面,我們只是把它作爲一個特定的存在體來研究,還是應該有一定的合理性的。

下至庶民,所分屬的六等職事。亦即《考工記》所言“王公”“士大夫”“百工”“商旅”“農夫”“婦功”等六類分工。“百工”就屬於其中之一,共同建構了社會發展核心要素。這就是《考工記》所説,一國之内有六種職事,百工是其中的一種。而六職,又各有職能,“或坐而論道;或作而行之;或審曲面埶,以飭五材,以辨民器;或通四方之珍異以資之;或飭力以長地財;或治絲麻以成之。坐而論道,謂之王公。作而行之。謂之士大夫。審曲面埶,以飭五材,以辨民器,謂之百工。通四方之珍異以資之,謂之商旅。飭力以長地財,謂之農夫。治絲麻以成之,謂之婦功。”

關於中國古代社會結構問題,除了《考工記》的“六職”之外,還有“四民”説。《管子》“小匡”篇中就比較詳細地討論過“四民”(士農工商)問題。這里是從統治者治理問題入手,突出了“官”(管理者、統治者)與“民”(受管理者,或普通民衆)的關係。在這一結構系統,“民”又具有各自的社會功能、傳承模式和實現手段,即《管子》所説的“四民”内涵:

> 桓公曰:“定民之居,成民之事奈何?”管子對曰:“士農工商四民者,國之石民也,不可使雜處,雜處則其言哤,其事亂。是故聖王之處士必於閑燕,處農必就田野,處工必就官府,處商必就市井。”①

這里又涉及“四民”的排序問題,上述引文中的“四民”秩序是“士農工商”,“士”的地位最高,“農”僅次於其後,再爲“工”,而“商”的地位最低。但《國語・齊語》闡述管子思想時的“四民”序列(士工商農)和相關表述是有差異的。

> 桓公曰:“成民之事若何?”管子對曰:“四民者,勿使雜處,雜處則其言哤,其事易。”公曰:“處士、農、工、商若何?”管子對曰:“昔聖王之處士也,使就閑燕;處工,就官府;處商,就市井;處農,就田野。”②

此前的《春秋穀梁傳・成公元年》有“古者有四民:有士民,有商民,有農民,有工民。夫甲,非人之所能爲也。丘作甲,非正也”。則是按“士商工

① 四庫全書本《管子・小匡》。

② 四庫全書本《國語・齊語》。

農"序列劃分的。《荀子·王制篇》的"四民"序列爲"農士工商"。即荀子依據其"以類行雜,以一行萬;始則終,終則始,若環之無端也。舍是而天下以衰矣"的治國理念,而設計了一套管理系統。這套管理系統突出"以類行雜、以一行萬"的大一統的思想觀念,并且强調每一項職業從業人員的穩定性。這就有了"君臣、父子、兄弟、夫婦,始則終,終則始,與天地同理,與萬世同久,夫是之謂大本。故喪祭、朝聘、師旅,一也。貴賤、殺生、與奪,一也。君君、臣臣、父父、子子、兄兄、弟弟,一也。農農、士士、工工、商商,一也"的理想社會運行邏輯。而"農農、士士、工工、商商,一也"的大意就是農民要像個農民、讀書人要像個讀書人、工人要像個工人、商人要像個商人,其道理是一樣的。後來,《漢書·食貨志上》則是以"士農工商"排序言事的。("士、農、工、商,四民有業:學以居位曰士,辟土殖谷曰農,作巧成器曰工,通財鬻貨曰商。")"士農工商"也就進一步約定俗成了。

2. 審曲面埶,以飭五材,以辨民器,謂之百工。

此處的"百工"與上條"百工"同義。只是進一步闡述了百工的内涵及其社會貢獻。也就是在"六職"中,那些從事審視曲直,觀察形勢,整治上材,製作器具的人,叫作百工。

3. 治絲麻以成之,謂之婦功。

"婦功",亦即"婦工""女紅",是指專門從事整治絲麻制成衣物的人。古代社會中,這類人一般是女性,所以命名爲"女紅"或"婦工"。其實際功能或社會作用,與"百工"一樣,只是從事人員性别的差異而已。因此,也應該屬於"工匠"之列。明代雲間丁佩所著《綉譜》曾討論過"女紅"(婦功)問題。她在《自序》中開篇就説:"工居四德之末,而綉又特女工之一技耳。"此處的"工"就是指"女紅"。在傳統社會中,女性有所謂"四德"(四教)品德規範。而"工"(婦功、女紅)則處於"四德"之末。即"婦德、婦言、婦容、婦功"。在"女紅"中,"刺綉"也只是女工的一種技藝。

4. 知者創物,巧者述之,守之世,謂之工。

從造物活動的歷史創造過程而言,是"知者創物"(亦即"智慧之人"或最有原創性的工匠創造發明萬物),再到"巧者述之"(亦即技術特别高超的工匠加以傳承),最後到"守之世,謂之工"(亦即一般的工匠則要世世代代遵循守業)。這裏的"工"也就是普通"工匠"。關於這類"工匠"的特徵,《國語·齊語》有過較爲精闢的闡述:"今夫工,群萃而州處,審其四時,辨其工苦,權節其用,論比協材,旦莫從事,施於四方,以飭其子弟,相語以事,相示以巧,相陳以功,少而習焉,其心安焉,不見異物而遷焉。是故其父兄之教,不肅而成,其子弟之學,不勞而能。夫是故工之子恒爲工。"並突出了"工之子恒爲工"的理想架構。同時,《荀子·儒效篇》的"工匠之子,莫不繼事"也闡述了"工匠"的世守之事特徵。

5. 百工之事,皆聖人之作也。

這裏的"百工"與第一條,意義相同。那麽"百工"的各類事物是誰創造發明的呢?《考工記》依據傳統思想觀念和思維模式,將"百工之事"推及至"聖人"之所爲。中國古代社會,聖人是具有崇高地位的。以"聖人"來稱謂造物的發明者、創新者,應該説,中國傳統社會還是很注重工匠文化價值的,畢竟工匠的事業,雖然普通,但對每一個人而言太重要了,以至於孟子都感言:"一人之身,百工之所爲備。"(《孟子·滕文公》)

6. 天有時,地有氣,材有美,工有巧。

在造物活動中,"工匠"的價值何在呢?此處就突出了,一件好的器物(好的設計品),是多種因素合理利用的結果。這就是,自然氣候的"天有時、地有氣",還要有特殊製作器物材質的"美"(材有美),而這些都是第一自然的東西(天工),人類無法改變,但這些天工的素材,只是製作"良"性器物的客觀條件,不會直接等於"良"。這些"天工"因素,必須配以"工匠"之"巧飾"(工有巧)才能成就一件好的設計品(具有"良"性的器物)。

7. 凡攻木之工七,攻金之工六,攻皮之工五,設色之工五,刮摩之工五,摶埴之工二。

"工匠"不只是一種稱謂,也不只是社會分工的籠統階層或共同體,而應該是一個行業或行業系統組織結構。那麽,《考工記》時代的"工匠"行業狀况如何呢?此處,做了一個合理的分類。其分類原則主要是以工匠所處理的材質而言的,也有其他分類原則。在此原則下,《考工記》將"工匠"分爲六大類,共計30個工種的工匠類型。

8. 有虞氏上陶,夏后氏上匠,殷人上梓,周人上輿。故一器而工聚焉者,車爲多。

工匠,是一個歷史範疇,具有時代性和地方性特徵。這裏的"虞氏上陶,夏后氏上匠,殷人上梓,周人上輿",雖然表面上是指特殊時期對工匠特殊工種的偏愛,實際上,證明了"工匠"産生的歷史性邏輯。大致可以推測,虞氏時代,"上陶"是時代的需求,也是"陶匠"大發展的時代,夏后氏時代的"上匠",殷人時代的"上梓"以及周人時代的"上輿",都具有歷史發展中的"工匠"性質。特别是周代,也就是《考工記》記載中最爲推崇的時代,"車"及其制車的"工匠"成爲當時寵兒。這與"車"歷史作用及其社會價值是分不開的。而且,一輛"車"的製作完成需要衆多工種的"工匠"的協同創新。(故一器而工聚焉者,車爲多。)

9. 故可規、可萬、可水、可縣、可量、可權也,謂之國工。

10. 良蓋弗冒弗紘,殷畝而馳,不隊,謂之國工。

11. 六建既備,車不反覆,謂之國工。

此處3條,"國工"是指"國家一流的工匠"①,也指"國家水準的技藝工匠"。②

12. 匠人建國,水地以縣。

13. 匠人營國。方九里,旁三門。國中九經九緯,經涂九軌。

14. 匠人爲溝洫。耜廣五寸,二耜爲耦。

此3條的"匠人",就是具有現代意義的"匠人"或"工匠"。

由此可見,《考工記》所記載的14條"百工""工""國工""匠人"等概念,既具有管理性質的官員,也有國家一流技藝水準專家,也有一般性質的普通技術人員,還有作爲一個社會階層"工"或行業結構中的組織形態等

---

① 聞人軍:《考工記譯註》,上海古籍出版社2008年版,第25頁,注釋14條。

② 張道一:《考工記注譯》,陝西人民美術出版社2004年版,第47頁。另見第46頁注釋12條。國工:國中技藝高超的工匠。鄭玄注:"國中名工。"按"國工"所指,並不限於從事手工業的百工,古代名醫亦稱國工,見《史記·倉公傳》。

含義。

關於"工匠"的産生歷史問題,《考工記》也做過闡述。《考工記》認爲"工匠"是一個歷史範疇,是社會發展到一定階段的産物。也就是説,"工匠"在"工匠"行業産生之前,並不具有其特殊價值,"工匠"所有的"技""巧"也是每一位社會成員所擁有的,這就有了《考工記》記載的一個邏輯悖論,即:

> 粤無鎛,燕無函,秦無廬,胡無弓車。粤之無鎛也,非無鎛也,夫人而能爲鎛也。燕之無函也,非無函也,夫人而能爲函也。秦之無廬也,非無廬也,夫人而能爲廬也。胡之無弓車也,非無弓車也,夫人而能爲弓車也。

也就是説,一個地區的人都會每一項手工藝製作技術時,這個方面的"工匠"是不存在。由此也可推導出,"手工藝人"不同於"工匠"。"工匠"是只包括手工藝人在内的所有技術人員。如果用現在的稱謂,至少包括科技人員、工程師、設計師、手工藝人以及相關領域的管理人員等。

(二)《考工記》對中華工匠文化體系的建構

《考工記》範式主要是指國家管理者層面從整體社會結構組織來規範或建構工匠文化體系,突出了工匠文化的社會職能、技術文化、行業結構、考核制度、評價體系等核心要素系統。爲中華工匠文化體系創構期的重要範本,也是後世中華工匠文化體系建構的關鍵性文本或理論模式。

1. 社會結構系統中的工匠文化體系建構

社會結構系統,包括兩個基本方面:人的社會性價值和人的創造性價值。社會性價值主要是指作爲社會的人,工匠在社會生活中所具有的基本特徵和價值,也就是工匠有什麽社會地位或功能。人的創造性價值主要是指工匠在其社會實踐中的創造性活動及其相關問題,包括工匠的造物活動的性質、人與自然的關係、人與技術的關係等。

(1)就工匠的社會性價值而言,主要集中在《考工記》開篇所示。

國有六職,百工與居一焉。或坐而論道;或作而行之;或審曲面埶,以飭五材,以辨民器;或通四方之珍異以資之;或飭力以長地財;或治絲麻以成之。坐而論道,謂之王公。作而行之。謂之士大夫。審曲面埶,以飭五材,以辨民器,謂之百工。通四方之珍異以資之,謂之商旅。飭力以長地財,謂之農夫。治絲麻以成之,謂之婦功。

由此可見,"工匠"的社會性價值在於其自身存在的獨特性,即"審曲面埶,以飭五材,以辨民器"(百工)、"治絲麻以成之"(婦功,女性工匠)。通過自己特殊的技術手段,應用自然物、改造自然物,創造出人類所需求的各類生活器用品等,以推進人類文明的進步與發展。

(2)就工匠的創造性價值而言,主要體現在《考工記》關於造物活動中工匠的創造性之"巧"上,如:

知者創物,巧者述之,守之世,謂之工。

百工之事,皆聖人之作也。

天有時,地有氣,材有美,工有巧。

這裏的"知者創物""聖人之作"和"工有巧"中的"創""作""巧"都具有創造性價值和内涵。

2. 行業組織結構系統中工匠文化體系建構

隨着社會的分工,"工匠"共同體不僅成爲一個專門的職業分工,也成爲一個經濟體——行業。行業的出現就應該有一定的行業組織,保護行業利益,規範行業行爲,促使行業可持續發展。那麽,《考工記》時代的行業及其行業組織狀况如何呢?《考工記》依據造物材料的不同或相關工作性質,將工匠行業分成六大系統和30個不同的職業工種。

凡攻木之工七,攻金之工六,攻皮之工五,設色之工五,刮摩之工五,搏埴之工二。攻木之工,輪、輿、弓、廬、匠、車、梓。攻金之工,築、冶、梟、桌、段、桃。攻皮之工,函、鮑、韗、韋、裘。設色之工,畫、繢、鐘、筐、㡛。刮摩之工,玉、楖、雕、矢、磬。搏埴之工,陶、旊。

《考工記》將當時發展起來的工匠行業分爲“六大”系統,即“攻木”“攻金”“攻皮”“設色”“刮摩”“搏埴”。依據各系統的内在結構又細化爲多個小的系統。每一個小的系統中又有着極爲嚴格而標準的技術要求,並與相關小系統形成互補建構生態語境,從而構建起一個具有一定文化意藴的工匠文化世界。如《考工記》最爲完備的工匠系統即“攻金之工”系統(其他均未完備,或有遺漏等)。記載中,對“攻金之工”系統中的六個子系統進行了較爲嚴格的分工,即“築氏執下齊,冶氏執上齊,鳧氏爲聲,栗氏爲量,段氏爲镈器,桃氏爲刃”。也就説,築氏掌管下齊,冶氏掌管上齊,鳧氏製作樂器,栗氏製作量器,段氏製作農具,桃氏製作兵刃等,分工明確,便於管理。

3. 技術系統中的工匠文化體系建構

依據現象學觀念,技術所建構的是一個世界,一個工匠的生活世界、意義世界。無論是技術所與的工具、簡單機械還是機器,都是一個世界的文化構建。在這個世界中,工匠的聰明才智得到發揮,人的本質力量得到確認,人由此創造了一個屬人的“人工世界”。技術系統中最基本的系統就是“工具系統”。《考工記》對“工具系統”的描述主要集中在以下部分:

> 圜者中規,方者中矩,立者中縣,衡者中水,直者如生焉,繼者如附焉。

“方圓平直”是工具系統中最爲基本性的要素,是一切技術系統的根源或基點。包括對材料的加工與製作,也包括對創造物的設計與創新,這些都離不開“方圓平直”工具要素。依據這個基本工具要素,再生産或創造一定工作環境下的獨特工具。此外,還有“六齊”冶金技術系統、“三材”(轂、輻、牙)制輪技術系統等。

4. 協同創新系統中的工匠文化體系建構

“車”的製作成爲周代最爲重要的事件。而“車”的製作也是一項多工種多行業協同合作的,形成一個重要的産業集群的活動。這一活動,也體現了“工匠”的系統性價值和文化品格。所以,《考工記》説:

故一器而工聚焉者，車爲多。

那麼，“車”的製作，究竟如何“多”的呢？《考工記》則依據車的重要構件分工生産製作特性將當時的協同創新製作系統狀況做了一定的描述。如：“輪人爲輪”“輿人爲車”“輈人爲輈”等。如何使各分工製作者能够有效地協同進行創造活動呢？那就必須要有統一各工種的行爲標準——標準化。標準化的産生實際上是工匠行業文化體系建構的重要標誌，是工匠技術文化系統的個體性特徵走向工匠行業文化系統的社會性特徵的標誌。正因爲這一歷史轉型，工匠文化生態才逐漸産生，工匠文化的核心價值觀念（如工匠精神）、工匠文化的制度系統（如百工制度等）等也逐漸形成。

5. 評價考核系統中的工匠文化體系建構

中華工匠文化體系的三大核心要素是“工匠精神”“技術文化”和“制度體系”。而評價考核體系又是“制度體系”（百工制度體系）的四大方面内容之一（百工制度體系主要由匠籍制度、行業制度、技術制度、考核制度等四大部分組成。）。作爲國家層面構建工匠文化體系典型歷史範式，《考工記》重點突出了工匠考核制度體系建設問題。實際上，“考工”一詞本身就具有考核工匠之意。書中記載的“察車之道”“軸有三理”“察革之道”等，都與評價考核系統相關。如“察車之道”就闡述了工匠考核問題。

凡察車之道，必自載於地者始也，是故察車自輪始。凡察車之道，欲其樸屬而微至。不樸屬，無以爲完久也；不微至，無以爲戚速也。輪已崇，則人不能登也；輪已庳，則於馬終古登阤也。故兵車之輪六尺有六寸，田車之輪六尺有三寸，乘車之輪六尺有六寸。六尺有六寸之輪，軹崇三尺有三寸也。加軫與轐焉，四尺也。人長八尺，登下以爲節。

6. 藝術審美系統中的工匠文化體系構建

衆所周知，“工匠”本身就包含着技術原理（巧）和審美原理（飾）兩個互動方面。《考工記》充分認識到了這一點。在討論造物設計活動的基本要素時，就認爲，一件“良”的器物設計與製作，必然是“天有時，地有氣，材有美，工有巧”的統一，也就是功能實用價值與形式審美價值的和諧統一，自然材質的美與人工技藝的美的統一與融合。《考工記》在遵循自然規律的前提下，積極倡導人（工匠）在造物設計過程中，應以人爲本，以人爲尺度，充分發揮人的創造性價值，從而提出了“五色體系”的色彩審美思想和器物身體美學思想等。

如：“輈人爲輈”一節，就提出了“輈有三度，軸有三理”技術指標和審美思想。輈，即車轅，亦稱曲猿，是古代車的牽引裝置構件。製作曲猿的工匠稱之謂“輈人”，屬於“輿人”的一部分。不過，《考工記》並未將“輈人”單列於三十工種之内。

《考工記》記載了“五色體系”問題，並依據《易》《禮》體系，對中國傳統色彩設計思想進行了闡述。

> 畫繢之事：雜五色。東方謂之青，南方謂之赤，西方謂之白，北方謂之黑，天謂之玄，地謂之黄。青與白相次也，赤與黑相次也，玄與黄相次也。青與赤謂之文，赤與白謂之章，白與黑謂之黼，黑與青謂之黻，五採備謂之綉。土以黄，其象方，天時變；火以圜，山以章，水以龍；鳥，獸，蛇。雜四時五色之位以章之，謂之巧。凡畫繢之事，後素功。

“五色體系”的發展，形成了中華工匠審美文化特徵，同時也搆成了中華色彩審美精神意蘊。中國傳統的繪畫繼承并發揚了這一體系——黑白世界。

7. 禮樂文化系統中的工匠文化體系建構

禮樂文化是中華文化的核心。而以《易》《禮》體系爲源頭的中華“考工學”設計體系（包括工匠文化體系）有着濃郁的禮樂文化精神底蘊。因此，《考工記》工匠文化體系建構必然立足於禮樂文化系統。“器以藏禮”成爲工匠文化體系的内在本質，也是工匠造物的基本内容和標準。就《考工記》所記載的内容而言，涉及禮樂文化系統領域的，既有相關行業或工種，也有專門器物——禮器，而且形成了一整套的文化範式，如“玉人”“梓人”“輪人”“匠人”等都大量與禮樂文化系統的器物製造相關。

例如，制車之時，特别突出“車”所具有的禮樂文化精神。“軫之方也，以象地也。蓋之圜也，以象天也。輪輻三十，以象日月也。蓋弓二十有八，以象星也。龍旂九斿，以象大火也。鳥旟七斿，以象鶉火也。熊旗六斿，以象伐也。龜蛇四斿，以象營室也。弧旌枉矢，以象弧也”。

同樣，在城市規劃方面更是强調人的生活性價值，突出人的精神理念。如：“匠人營國。方九裏，旁三門。國中九經九緯，經涂九軌。左祖右社，面朝後市，市朝一夫。”

從上述簡要介紹可知，《考工記》對中華工匠文化體系建構具有其獨特的價值和歷史意義，同時對我們構建當代中華工匠文化體系也有着極大作用和啓示。

第一，有利於反思傳統，深入挖掘傳統工匠文化精神，爲中華文化的偉大復興做出歷史性貢獻。

第二，有利於正視當代，中國正處於重大的轉型時期，中國當代體系建構已迫在眉睫，以《考工記》工匠文化體系爲參照，着力構建中國當代體系，爲中華强盛而服務。

第三，有利於展望未來，全面系統認識工匠的歷史作用和生活世界，爲中華未來的發展和人類進步服務。

四、整理説明

◎版本選擇：此次《考工記》整理選用孫詒讓《周禮正義》本，亦即《周禮正義》的第七十四卷到第八十六卷的《冬官考工記》。此本以楚學社刊刻本（即楚本，1931 年湖北箇湖精舍的木刻本）爲底本，參校中華書局《周禮正義》王文錦、陳玉霞點校本和汪少華的點校本等重要成果。孫詒讓《周禮正義》堪稱“清代經學家最後的一部書，也是最好的一部書”（梁啓超：《中國近三百年學術史》）。其中的《周禮正義・冬官考工記》是中國“三千年未有之變局”的産物，是中國古今社會變遷、古今學術轉型的重要成果。應該説

《周禮正義》本《冬官考工記》代表傳統《考工記》研究的最高水準(張言夢:一部中國古代《考工記》研究的百科全書),也是現代《考工記》研究的重要基點或出發點。同時,也自然成爲中華考工學研究的關鍵性歷史文本和邏輯建構根基。從《考工記》到《考工典》再到現代的"考工學"("考工學"概念是鄒其昌於 2004 年在其博士後出站報告《〈營造法式〉藝術設計思想論綱》中提出的)形成了一條中華考工學精神價值的龍脈,魅力無窮。

關於孫詒讓《周禮正義·冬官考工記》價值問題,在此節録張言夢《漢至清代〈考工記〉研究和注釋史述論稿》以展示其魅力與價值。

> 正如我們已經指出的那樣,清代的《考工記》注釋和研究可以分成兩種類型。一類以江永、戴震、程瑶田等學者爲代表,他們或者把《考工記》作爲研究的重點,或者乾脆就把《考工記》或《考工記》的某一類内容單拿出來,作爲專門的研究對象,進行精深的鑽研,然後以注釋疏解或研究論文的形式把研究成果公佈出來。另一類《考工記》注釋和研究則仍因襲傳統經學注疏的舊形式,在對《周禮》進行整體疏證的過程之中,對《冬官考工記》加以研究和注釋。總體上講,前一類研究,因爲精力專注,往往會有更大的創獲。乾嘉學派《考工記》研究和注釋的重要成就大多是從前一種類型的研究中産生出來的。清代依後一種研究類型從事《考工記》的研究和注釋工作的學者亦有很多,學術成就不够高,大多默默無聞。然而,生活在清末,作爲乾嘉漢學最後三位大儒之一的孫詒讓(指孫詒讓及同時的俞樾和稍晚的章太炎),却在其長達二百多萬字的皇皇巨著《周禮正義》一書之中,爲後人留下了一部 20 世紀以前在傳統經學框架下最全面、最精審、最詳核的《考工記》集解著作——《周禮正義·冬官考工記》。孫詒讓纂《周禮正義》,前後花費了近三十年的時光致力於斯業,堅持不輟。孫詒讓在《周禮正義·叙》(此叙寫於光緒二十五年[1899 年]八月)中介紹了他治禮的原委與撰疏的宗旨:"詒讓自勝衣就傅,先太僕君卽授以此經,而以鄭注簡奥,賈疏疏略,未能盡通也。既長,略窺漢儒治經家法,乃以《爾雅》《説文》正其詁訓,以《禮經》《大、小戴記》證其制度,研撢綦載,於經注微義,略有

所竊。竊思我朝經術昌明，諸經咸有新疏，斯經不宜獨闕。遂博採漢、唐、宋以來，迄於乾、嘉諸經儒舊詁，參互證繹，以發鄭注之淵奧，裨賈疏之遺闕。草創於同治之季年，始爲長編數十巨册，綴輯未竟，而舉主南皮張尚書議集刊國朝經疏，來征此書。乃隱栝䌹理，寫成一帙以就正。然疏牾甚衆，又多最録近儒異義，辯論滋緐，私心未慊也。繼復更張義例，剟緐補闕，廿年以來，稾草屢易，最後迻録爲此本。其於古義古制，疏通證明，校之舊疏，爲略詳矣。"依孫説，《周禮正義》約草創於1874年，中間屢易其稿，到19世紀末年，才寫定了作者稍感滿意的本子。著述之艱難卓絶，作者之慘淡經營，讀此文不難體會。

孫詒讓（1848—1908）字仲容，號籀頃，浙江瑞安人。是清末著名的經學家，對文字、音韵、訓詁都有精深的研究。孫氏《周禮正義》的第七十四卷到第八十六卷爲《冬官考工記》。即使把它孤立地拿出來，其篇幅也是清代以迄今天《考工記》研究和注釋著作中最長的。孫疏《考工記》幾乎囊括和評論了20世紀以前中國所有關於《考工記》的解釋、論説或相關的文獻。説它是一部中國古代《考工記》研究的百科全書，絶非過譽。同時，孫氏之疏，實際上也是對中國兩千年來《考工記》之學進行了一次全面、系統的清理和總結。孫詒讓秉承乾嘉漢學前輩實事求是的優良學風，無論是訓詁字義音讀，還是疏解名物制度，從不潦草從事。每一條疏證，必須首先列舉歷代學者的成説，把數十百家的精言勝義，幾乎甄録無遺。尤其是對清代學者的有關研究成果，只要言有所當，總要詳加引述。因爲清人治經説經，其整體水平確乎遠邁於近古，甚至也超越了漢唐。孫詒讓對這一點是有清醒認識的。但是，他引用資料，羅陳衆説，絶不是將資料呆板地條列匯輯或雜駁地鋪陳堆砌，而是肯定要在後面伴有高屋建瓴的斷制和見識宏通的駁正的。或取或去，或可或否，斷自己出，持之有故，絶不輕信輕從。這審慎而平實的决斷鑒裁之功，集中反映了孫詒讓博大精深的學養根底。如《匠人》"裏爲式，然後可以傅衆力"。鄭玄注云："裏讀爲已，聲之誤也。"鄭玄的意思是，裏字爲"已"字之誤，裏在這句話裏音義兼應講爲"已"。孫疏首先引録江永的意見,證明鄭注之誤。江永説:"'裏讀爲已',非也。以一日之功,築鑿幾何,又以一裏之地計,幾何日,幾何人力,則可依附引而計用幾何衆力也。"孫疏接着加以申證説:"案:江説是也。戴震、沈夢蘭説同。但'傅'疑當爲'敷'之借字。《書·禹貢》'禹敷土',《大司樂》注引'敷'作'傅',是其證。《説文·攴部》云:'敷,施也。'此傅衆力,亦言爲役要以施衆人之功力也。注云'裏讀爲已,聲之誤也'者,鄭未達裏爲式之義,故依聲類破爲已字,言爲式既畢,然後可以令衆而傅其力,然非經義也。"這條疏文在孫詒讓的《周禮·考工記正義》裏是比較短小的。即便是這樣的短疏,孫氏仍然引證了江、戴、沈三家意見來説明鄭注之誤,又獨自疏解了傅爲借字的理由,引用了《尚書》《周禮·大司樂》和《説文解字》三種文獻來證成其説。最後又分析了鄭玄爲什麽會致誤的原因。可以説,孫詒讓疏義的體制和程式大致如同此一例。只不過,遇到古今聚訟難結的復雜問題時,需要陳羅的衆家之説自然紛繁,剖辨疏解也更加曲折和費辭,疏文相應增長數倍至數十倍。然而精審識斷,恰是孫詒讓之得以統馭衆説,求達正解的繮策和津梁。

而一旦遇到無説可依、無解可辨的冷僻字句,孫詒讓則不避艱阻,博稽經傳,輾轉尋繹,務求通暢意旨而後止。比如《考工記·畫繢之事》節云:"畫繢之事,雜五色,東方謂之赤,西方謂之白,北方謂之黑,天謂之玄,地謂之黄。青與白相次也,赤與黑相次也,玄與黄相次也。"鄭注語焉不詳:"此言畫繢六色所象及布採之第次,繢以爲衣。"賈公彦疏只辨析了玄黑同色的道理,甚爲疏略。金鶚指出這是五行相克雲雲,其他各家鮮有説解。孫詒讓疏即博引《周禮·司幾筵》《古今韵會舉要》引《説文解文》佚説、《説文解字》《釋名·釋書契》《尚書·益稷》《周禮·司服》《荀子·正論》《禮記·禮運》孔疏、《易·文言》《周髀算經》《儀禮·勤禮》《左傳》《楚辭》《書·虞書》等文獻材料爲之逐句疏解,我們只要看看這個文獻列目就可以知道作者的學問有多麽淹貫博洽,而其著述態度又是多麽認真不苟。孫詒讓在《周禮正義·略例十二凡》中曾説過:"先秦古子及西漢遺文,所述古制,純雜陳,尤宜精擇。

今廣征群籍,甄其合者,用資符檢。其不合者,則爲疏通别白,使不相淆混。"而他的疏義就確實是這樣做的。

孫詒讓在《略例十二凡》中對"唐人多乾没舊義,近儒重修,亦或類此"的弊病提出批評。而他本人在《冬官考工記》疏中,每述一義,每引一説,必稱舉其人,指明源委,絶不攘人之善據爲己有。對著名學者是如此,對不甚知名的學者也是如此,全書自始至終體現着尊重别人勞動的精神。

《考工記》中對勾股、圜徑的演算求證之處特多。孫詒讓則對這部分算法疏解訂立了分類的標準。他説"今惟疏考工一篇,輪蓋周徑,校密率於圜觚,柯倨句,證弧角於西算。餘咸據古戠緯、史志及唐以前算經、占經爲釋。後世新法,古所未有,不可以釋周經及漢注也。"即計算圓周,用密率參比漢時周三徑一的算法。求角度,則使用西方算法。其他的數據推演,則唐以前古代算經、占經爲釋。

孫詒讓究極群書,持論宏通,不設門户之見,不搞黨同伐異,唯以實事求是的態度處理學問之是非。一個封建社會的學者能够如此,的確是難能可貴的。孫詒讓的《周禮正義》體大思精,問世一百年來,一直被學人所推重。而其《冬官考工記》部分,則以對漢至清代《考工記》研究和注釋成果的集結薈萃,成爲一座後世治《考工記》學者取之不竭的資料闡釋庫。①

◎内容編次:

關於《考工記》一書的内容編次問題,盡管學界有諸多的觀點,並試圖重新編排。如張道一《考工記注譯》對傳世《考工記》的目次進行了調整。張道一先生《考工記注譯》(陝西人民美術出版社 2004 年版)的調整如下:

第一章　總論

一、國有六職

① 張言夢:《漢至清代〈考工記〉研究和注釋史述論稿》,南京師範大學博士學位論文,2005 年,第 60—63 頁。

二、鮑人之事

三、韗人爲皋陶

四、韋氏

五、裘氏

第六章 設色之工

一、畫繢之事

二、鍾氏染羽

三、筐氏

四、㡛氏湅絲

第七章 刮摩之工

一、玉人之事

二、楖人

三、雕人

四、矢人爲矢

五、磬人爲磬

第八章 摶埴之工

一、陶人爲甗

二、旊人爲簋

張道一按其内在的邏輯關係，對《考工記》全書進行過章節次序的調整，有一定的學術價值。但爲了呈現事物的原貌，我們還是采用了孫詒讓《周禮正義》本的次序，並删去了"卷七十四"等分卷目録，直接依據"總叙—輪人—輿人"等目次，增添了"冬官考工記攻金序説"一節目録。

◎版式方面：

本次版式設計方面也有一定的考究。此書采用繁體字橫排編排，能更多地保存因簡體字所損失的古文獻原有信息。附録部分即《考工記》經文及釋義，則采用文言文與白話文對譯欄目的方式，更適合讀者的查閲。

此次校勘只是本人研習《考工記》的開始。鑒於本人的學養，錯誤在所難免，敬請同人不吝賜教！

此次校勘與出版也是我與人民出版社合作的成果。在此感謝責任編輯洪瓊先生,他的認真態度使我獲益良多!

鄒其昌

2019 年 10 月

目　录

《周禮正義》序

粤昔周公，纘文武之志，光輔成王，宅中作雒，爰述官政，以垂成憲，有周一代之典，炳然大備。然非徒周一代之典也，蓋自黄帝、顓頊以來，紀於民事以命官，更歷八代，斟汋損益，因襲積絫，以集於文武，其經世大法，咸稡於是。故雖古籍陒佚，百不存一，而其政典沿革，猶約略可攷。如《虞書》羲和四子，爲六官之權輿，《甘誓》六卿爲夏法，《曲禮》六大五官，鄭君以爲殷制，咸與此經多相符會，是職名之本於古也。至其閎章縟典，並苞遠古，則如五禮六樂三兆三易之屬，咸肇耑於五帝而放於二王，以逮職方州服，兼綜四朝，大史歲年，通晐三統。若斯之類，不可殫舉。蓋鴻荒以降，文明日啓，其爲治，靡不始於麤觕而漸進於精詳。

此經上承百王，集其善而革其弊，蓋尤其精詳之至者，故其治躋於純大平之域。作者之聖，述者之明，蟠際天地，經緯萬端，究其條緒，咸有原本，是豈皆周公所肊定而手刱之哉。其閎意眇恉，通關常變，榷其大較，要不越政教二科。政則自典法刑禮諸大端外，凡王后世子燕游羞服之細，嬪御閹閽之昵，咸隸於治官，官府一體，天子不以自私也。而若國危、國遷、立君等非常大故，無不曲爲之制，豫爲之防。三詢之朝，自卿大夫以逮萬民，咸造在王庭，與決大議。又有匡人、撢人、大小行人、掌交之屬，巡行邦國，通上下之志。而小行人獻五物之書，王以周知天下之故。大司寇、大僕樹肺石，建路鼓，以達窮遽。誦訓、土訓夾王車，道圖志，以詔觀事辨物。所以宣上德而通下情者無所不至，君民上下之閒，若會四枝百脈而達於囟，無或雝閡而弗䢦也。其爲教，則國有大學、小學。自王世子公卿大夫士之子，臮夫邦國所貢，鄉遂所進賢能之士咸造焉。旁及宿衛士庶子、六軍之士，亦皆輩作輩學，以德行道藝相切劘。鄉遂則有鄉學六，州學三十，黨學百有五十，遂之屬別如鄉。蓋郊甸之內，距王城不過二百里，其爲學䇿較已三百七十有奇，而郊里及甸公邑之學，尚不與此數。推之削縣畺之公邑采邑，遠極於畿外邦國，其學蓋十百倍蓰於是。無慮大數九州之內，意當有學數萬。信乎教典之詳，殆莫能尚矣。其政教之備如是，故以四海之大，無不受職之民，無不造學之士，不學而無職者則有罷民之刑，賢秀挾其才能，愚賤貢其忱悃，咸得以自通於上，以致純大平之治，豈偶然哉。

此經在西周盛時，蓋百官府咸分秉其官法以爲司存，而大宰執其總會，司會、天府、大史臧其副貳。成康既没，昭夷失德，陵遲以極於幽厲之亂，平之東遷，而周公之大經良法，蕩滅殆盡。然其典冊散在官府者，世或猶尊守勿替，雖更七雄去籍之後，而齊威王將司馬穰苴，尚推明《司馬法》，爲兵家職志；魏文侯樂人竇公，猶裒《大司樂》一經於兵火喪亂之餘。它如朝事之儀，大行之贊，述於《大、小戴記》，《職方》之篇列於《周书》者，咸其枝流之未盡澌滅者也。

其全書經秦火而幾亡，漢興景武之閒，五篇之經復出於河閒，而旋入於祕府，西京禮家大師多未之見。至劉歆、杜子春始通其章句，著之竹帛，三鄭、賈、馬諸儒，賡續詮釋，其學大興。而儒者以其古文晚出，猶疑信參半。今文經師何休、臨碩之倫，相與擯庌之。唐趙匡、陸淳，以逮宋元諸儒，呰議之者尤衆。或謂戰國瀆亂不經之書，或謂莽、歆所增傅。其論大都逞肊不經，學者率知其謬，而其抵巇索痏，至今未已者，則以巧辭袞說附託者之爲經累也。

蓋秦漢以後，聖哲之緒，曠絶不續，此經雖存，莫能通之於治。劉歆、蘇綽託之以左王氏、宇文氏之篡，而卒以踣其祚。李林甫託之以修《六典》而唐亂，王安石託之以行新法而宋亦亂。彼以其詭譎之心，刻覈之政，偷效於旦夕，校利於黍秒，而謬託於古經以自文，上以誣其君，下以歔天下之口，不探其本而飾其末，其僥倖一試，不旋踵而潰敗不可振，不其宜哉。而懲之者遂以爲此經詬病，即一二閎攬之士，亦疑古之政教不可施於今，是皆膠柱鍥舟之見也。

夫古今者，積世積年而成之者也。日月與行星，相攝相繞，天地之運猶是也。圓顱而方趾，横目而直榦，人之性猶是也。所異者，其治之迹與禮俗之習已耳。故畫井而居，乘車而戰，裂壤而封建，計夫而授田，今之勢必不能行也，而古人行之。祭則坐孫而拜獻之以爲王父尸，昏則以姪娣媵而從姑姊，坐則席地，行則立乘，今之情必不能安也，而古人安之。凡此皆迹也，習也。沿襲之久而無害，則相與遵循之；久而有所不安，則相與變革之，無勿可也。且古人之迹與習，亦有至今不變者。日月與地行同度則相掩蝕，地氣之烝蕩則爲風雨，人之所稔知也。而薄蝕則拜跪而救之，湛旱則號呼而祈之，古人以爲文，至今無改也。柷敔拊搏，無當於鏗鎗之均，血腥全烝，無當於飲食之道，而今之大祀，猶沿而不廢。然則古人之迹與習，不必皆協於事理之實，而於人無所厭惡，則亦相與守其故常，千百歲而無變，彼夫政教之閎意眇恉，固將貫百王而不敝，而豈有古今之異哉。

今泰西之强國，其爲治，非嘗稽覈於周公、成王之典法也，而其所爲政教者，務博議而廣學，以㬰通道路，敂追胥，化土物卝之屬，咸與此經冥符而遙契。蓋政教修明，則以致富强，若操左契，固寰宇之通理，放之四海而皆準者，此又古政教必可行於今者之明效大驗也。

詒讓自勝衣就傅，先太僕君即授以此經，而以鄭注簡奥，賈疏疏略，未能盡通也。既長，略窺漢儒治經家法，乃以《爾雅》、《說文》正其詁訓，以《禮經》、《大、小戴記》證其制度，研撢綦載，於經注微義，略有所寤。竊思我朝經術昌明，諸經咸有新疏，斯經不宜獨闕。遂博采漢、唐、宋以來，迄於乾、嘉諸經儒舊詁，參互證繹，以發鄭注之耑奥，裨賈疏之遺闕。艸㭘於同治之季年，始爲長編數十巨冊，綴輯未竟，而舉主南皮張尚書議集刊國朝經疏，來徵此書。乃㯻栝鰓理，寫成一帙以就正。然疏啎甚衆，又多最録近儒異義，辯論滋緐，私心未㥦也。繼復更張義例，剟緐補闕，廿年以來,稾艸屢易,最後迻録爲此本。其於古義古制,疏通證明,校之舊疏,爲略詳矣。至於周公致太平之迹,宋元諸儒所論多閎侈,而駢拇枝指,未盡楬其精要。顧惟秉資疏闇,素乏經世之用,豈能有所發明,而亦非箋詁所能鉤稽而揚榷也。故略引其耑而不敢馳騁其説,覬學者深思而自得之。中年早衰,儽然孤露,意思零落,得一遺十。復以海疆多故,世變日亟,睠懷時局,撫卷增喟。

私念今之大患,在於政教未修,而上下之情睽閡不能相通。故民窳而失職,則治生之計陿隘,而譎觚干紀者衆。士不知學,則無以應事偶變,效忠厲節,而世常有乏才之憾。夫舍政教而議富强,是猶泛絶潢斷港而蘄至於海也。然則處今日而論治,宜莫若求其道於此經。而承學之士,顧徒奉周經漢注爲攷證之淵棷,幾何而不以爲已陳之芻狗乎。既寫定,輒略刺舉其可剴今而振敝一二犖犖大者,用示櫫楬,俾知爲治之迹,古今不相襲,而政教則固百世以俟聖人而不惑者。世之君子,有能通天人之故,明治亂之原者,儻取此經而宣究其説,由古義古制以通政教之閎意眇恉,理董而講貫之,别爲專書,發揮旁通,以俟後聖;而或以不佞此書爲之擁篲先導,則私心所企望而旦莫遇之者與!

光緒二十有五年八月,瑞安孫詒讓敍。

周禮正義略例十二凡

經本以《唐石經》爲最古，注本以明嘉靖放宋本爲最精。（此本原出北宋槧，雖明刻，而在諸宋本之上。近黄丕烈有重校刊本。）今據此二本爲主，閒有譌捝，則以《孟蜀石經》（元石久佚，今僅存宋拓《秋官》上下二卷，首尾亦有殘闕，拓冊臧湖州張氏。今據湖南周編修鑾詒景寫本校。又馮登府《石經考異》，載有《夏官》殘拓，今未見。此刻之佳，在兼載鄭注；惟讎勘極疏，譌踳捝衍，不可枚舉，又多妄增助語，蓋沿唐季俗本，難以依據。）及宋槧諸本（阮元《校勘記》所據，有宋刻小字、大字本，余仁仲本，岳珂本。黄丕烈《札記》所據，有宋紹興董氏本，互注本。今所據，有陽湖費編修念慈所校宋婺州唐氏本，建陽本，附釋音本，巾箱本。又有明汪道昆放岳本，與阮、黄校岳本小異。）參校補正，箸其說於疏。（凡嘉靖本注譌捝顯然，它本咸不誤者，今徑補正，不箸於疏。唯衆本是非錯出及文通義短，據善本校改者，始箸之。）至版本文字異同，或形體譌別，既無關義訓，且已詳阮、黄兩記，今並不載，以袪緐宂。（近胡培翬《儀禮正義》、阮福《孝經義疏補》、陳立《公羊傳義疏》，並全録阮記，俗本譌文，塵穢簡牘，非例也。）

陸氏《釋文》，成於陳隋閒，其出最先，與賈疏及石經閒有不同，所載異本異讀，原流尤古。今並詳議其是非，箸之於疏，（《釋文》據盧文弨校本，兼以阮氏《校勘記》及賈昌朝《群經音辨》參訂之。）以存六朝舊本之辜較。

賈疏蓋據沈重《義疏》重修，（據馬端臨《文獻通考》引董逌說。《隋書·經籍志》載沈重《周官禮義疏》四十卷，與賈本卷帙並同，董說不爲無據。唐修經疏大都沿襲六朝舊本。賈疏原出沈氏,全書絕無援引沈義,而其移改之跡,尚可推案。如《載師》疏引《孝經·援神契》一節,本《草人》注"黄白宜以種禾之屬"句釋義,賈移入《載師》而忘刪其述注之文,是其證。至董氏謂賈兼據陳劭《周禮異同評》,則肊揣,不足據也。)在唐人經疏中,尚爲簡當。今據彼爲本,(疏據阮校宋十行本。近德化李氏有宋刊八行本殘帙,遠出十行本之前,未能叚校也。)訂譌補闕。凡疏家通例,皆先釋經,次述注。然鄭注本極詳博,賈氏釋經,隨文闡義,或與注複,而釋注轉多疏略;於杜鄭三君異義,但有糾駁,略無申證,故書今制,罣覈闕如。今欲撟斯失,釋經唯崇簡要,注所已具,咸必省約,注文㟍奧,則詳爲疏證。蓋注明即經明,義本一冊也。今疏於舊疏甄采精要,十存七八。雖閒有刪剟移易,而絕無羼改。且皆明楬賈義,不敢攘善。唐疏多乾沒舊義,近儒重修,亦或類此,(胡氏《儀禮正義》,閒襲賈釋;郝懿行《爾雅義疏》,亦多沿邵義。竊所未安。)非膚學所敢效也。

唐疏例不破注,而六朝義疏家則不盡然。(孔氏《禮記正義敘》偁皇侃時乖鄭義,《左傳正義敘》偁劉炫習杜義而攻杜氏,是也。)鄭學精毌羣經,固不容輕破。然三君之義,後鄭所讚辨者,本互有是非。乾嘉經儒考釋此經,閒與鄭異,而於古訓古制,宣究詳塙,或勝注義。今疏亦唯以尋繹經文,博稽衆家爲主,注有牾違,輒爲匡糾。凡所發正數十百事,匪敢破壞家法,於康成不曲從杜、鄭之意,或無誖爾。

古經五篇,文緐事富,而要以大宰八灋爲綱領,衆職分陳,區畛靡遨。其官屬一科,《敘官》備矣。至於司存攸寄,悉爲官職,總楬大綱,則曰官灋,(若《大宰》六典、八則之類。)詳舉庶務,則曰官常,(若《大宰》正月之吉始和布治於邦國都鄙以下,至職末,皆是也。)而官計、官成、官刑,亦錯見焉。(若《大宰》職末受會,則官成也。大計羣吏,則官計也。詔王廢置誅賞,則官刑也。)六者自官職、官常外,餘雖或此有彼無,詳略互見,而大都分繫當職,不必旁稽。唯官聯條緒紛緐,㽛絡隱互,楸見百職,鉤覈爲難。今略爲甄釋,雖復疏闕孔多,或亦稽古論治之資乎。

議禮群儒，昔偁聚訟。此經爲周代法制所總萃，閎章縟典，經曲畢晐。而侯國軍賦，苞何膠於舊聞；明堂辟廱，服蔡騰其新論。兩漢大師，義詁已自舛互。至王肅《聖證》，意在破鄭，攻瑕索痏，偏戾尤甚。然如郊社禘祫，則鄭是而王非；廟制昏期，則王長而鄭短。若斯之倫，未容偏主。唐疏各尊其注，每多曲護，未爲閎通。今並究極諸經，求厥至當，無所黨伐，以示折衷。

此經在漢爲古文之學，與今文家師說不同。（《大、小戴記》及《公羊春秋》，並今文之學，故與此經義多不合。）先秦古子及西漢遺文，所述古制，純駮襍陳，尤宜精擇。今廣徵群籍，甄其合者，用資符論。其不合者，則爲疏通別白，使不相殽掍。近儒考釋，或綴稡古書，曲爲傅合，非徒於經無會，彌複增其紛粈，（如惠士奇《禮說》，義證極博，而是非互陳，失在緐襍。至沈夢蘭《周禮學》，而新奇繆盭甚矣。又陳奐《毛詩傳疏》及鄒漢勛《讀書偶識》諸書，說禮亦多此失，學者詳之。）今無取焉。

經文多存古字，注則多以今字易之。（如𩵂漁、灋法、聯連、頒班、于於、示祇、眡視、政征、敍序、衺邪、烖災、鱻鮮、盞湶、辠罪、貍埋、劀刮、壹一、㮚栗、虣暴、覈核、毓育、眚省、媺美、婣姻、匶柩、囏艱、馭禦、毄繫、敂叩、彊强、簭筮、飌風、果裸、鬻煮、嘑呼、靁雷、磬韶、侑宥、歈吹、鄦邠、虡鐻、𠦒兆、𡬬夢、𢷎拜、䭫稽、邍原、參三，凡四十餘字，並經用古字，鄭則改用今字以通俗。今字者，漢人常用之字，不拘正叚也。）《考工記》字例，與五官又不盡同。（如殺作䊷、擊作毄之類。又五篇古字，如敘、攷、晦、于、辠諸文，記並從今字，疑故書本如是矣。）宋元刻本，未通此例，或改經從注，或改注從經，遂滋歧互，非復舊觀。段玉裁《漢讀考》及阮、黄兩記，舉正頗多，尚有未盡。今通校經注字例，兼采衆本，理董畫一。或各本並誤，則仍之而表明於疏。（經注字體，咸依《唐石經》、嘉靖本、岳本，參互校定。注疏中間有隋唐以來相沿俗書，如總揔，畝畞、亂亂之類，形聲省別，以承習既久，姑仍其舊。唯疏中蒙案，閒用六書正字，以崇古雅，此自是鄙書私定義例，不敢以是盡改古書也。）至經注傳譌，或遠在陸、賈以前，爲段、阮諸家及王引之《經義述聞》所刊正者，則不敢專輒改定，並詳箸其説於疏，俾學者擇焉。

此經舊義，最古者則《五經異義》所引古《周禮》説，（謂古文《周禮》説也。）或出杜、鄭之前。次則賈逵、馬融、干寶三家佚詁，亦多存古訓。無論與鄭異同，並爲擴拾。（近世所傳有唐杜牧《攷工記注》二卷，義恉弇陋，多襲宋林希逸《考工記解説》，僞託顯然，今並不取。）至於六朝、唐人禮議經疏，多與此經關涉，義既精博，甄録尤詳；（凡録舊説，唐以前皆備舉書名。宋元以後，迄於近代，時代未遠，篇帙見存，則唯箸某云，以省緐碎。大氐宋元明舊説，多采之王與之《訂義》、陳友仁《集説》及官纂義疏。至國朝諸儒攷釋，則以廣東《學海堂經解》、江蘇南菁書院《續經解》爲㟪藪。此外如吴廷華《疑義》、李光坡《述注》、李鐘倫《纂訓》、方苞《集注析疑》、莊有可《集説》、蔣載康《心解》及林喬蔭《三禮陳數求義》、黄以周《禮書通故》之類，①唯吴書僅見傳鈔殘帙，莊書亦未有梓本，餘咸世所通行，故疏中並唯箸姓名，不詳篇目也。至如許珩《注疏獻疑》之疏淺，莊有可《指掌》之武斷，若斯之屬，雖覽涉所及，亦無譏焉。）閒有未允，則略爲辨證，用釋疑啎。宋元諸儒説，於周公致大平之迹，推論至詳，而於周制漢詁，或多疏繆，今所搴擇，百一而已。（宋元迄今，訓釋既多，雅擇其義據通深者録之。或一條之中，是非錯出，則爲芟剟瑕纇，以歸純粹。凡有繆迕，悉不暇論也。）

天筭之學，古疏今密。然此經遠出周初，鄭詁如圜率則徑一圍三，天行則四游升降，並據《九章》、《考靈曜》，雖法數疏闊，而以古述釋古經，致爲塙當。今疏惟《考工》一篇，輪蓋周徑，校密率於圜觚，柯欘倨句，證弧角於西筭；餘咸據古歨緯史志及唐以前筭經占經爲釋。後世新法，古所未有，不可以釋周經及漢注也。（如鄒伯奇《學計一得》，以西法推《大司徒》土圭測景，謂非營雒時實測。雖據密率，然非周漢人所知也。）

① "书"原讹"经"，盖笔误，据黄氏原书名改。

二鄭釋經，多徵今制，攷之馬、班史志，衛、應官儀，率多符合。良以舊典隊文，留遺因襲，時代匪遙，足相比況。晉宋而降，去古彌遠，政法滋更；北周、李唐，建官頒典，雖復依放六職，而揆之禮經，多不相應。故此疏於魏晉以後儀制，槩不援證。惟州國山川，宜詳因革，故職方輿地，備釋今名，以昭徵實之學。

舉證古書，咸楬篇目，以示審塙。所據或宋元舊槧，或近儒精校，擇善而從，多與俗本不同。其文義殊別，有關恉要者，則於疏中特箸某本，非恒例也。佚書則咸詳根氐，（或兩書同引，而互有省改，宜兼采者，則兩箸之。）用懲肊造，兼資覆勘。（近代佚書輯本甚夥，然多舛誤難據。若劉逢禄《論語述何》，以何晏《論語集解》爲何休說佚文，乃沿《北堂書鈔》陳禹謨本之誤。陳氏《詩疏》以《儀禮經傳通解》說五門制爲《尚書大傳》佚文，乃沿董豐垣輯本《書傳》之誤。並由討覈不審，故有茲失。）昔儒說解，援據古籍，或尚沿俗本及刪改舊文，義恉未備者，今並檢元書勘正，此迺校讐，非改竄也。

周禮正義 考工記卷

清·孫詒讓 撰

冬官考工記 第六

《鄭目録》云："象冬所立官也。是官名司空者，冬閉藏萬物，天子立司空，使掌邦事，亦所以富立家，使民無空者也。司空之篇亡，漢興，購求千金，不得。此前世識其事者，記錄以備大數，《古周禮》六篇畢矣。《古周禮》六篇者，天子所專秉以治天下，諸侯不得用焉。六官之記可見者，堯育重黎之後，羲和及其仲叔四子，掌天地四時。《夏書》亦云：'乃召六卿'。商周雖稍改其職名，六官之數則同矣。"

【疏】"《冬官考工記》第六"者，此西漢補闕時所題署也。鄭《詩·大雅·文王有聲》箋云："考，稽也。"《釋名·釋典藝》云："記，紀也，紀識之也。"百工爲大宰九職之一，此稽考其事，論而紀識之，故謂之《考工記》，亦以別於前五篇，爲古經也。此篇故與《周官經》别行，以其取補事典之闕，故冢五官而冠以冬官之目。《國語·齊語》說"工"云："相語以事，相示以巧，相陳以功。"《少儀》云："工依於法，游於說"，鄭《注》云："法，謂規矩尺寸之數；說謂鴻殺之意。"斯記之作，蓋於事、功、法、說特詳，而工別爲職，實與五官文例略相類。至旗章瑞玉之度，明堂溝洫之制，則尤《禮經》之枝别也。備遺事典，於義允矣。阮元云："第六，《唐石經》作'第十一'，非。"

《鄭目録》云"象冬所立官也"者，《小宰》云："冬官之職，其屬六十，使掌邦事。"以其次六官之末，於四時當冬，故云"象冬"，《大戴禮記·千乘篇》云"司空司冬，以制度制地事"是也。云"是官名司空者，冬閉藏萬物，天子立司空，使掌邦事，亦所以富立家，使民無空者也"者，明冬官亦當有大司空卿一人爲正，小司空中大夫二人爲貳，如五官之例。《左》定四年傳說，成王時，聃季爲司空；又《書·顧命》僞孔傳說，毛公爲司空，並即大司空卿也。知掌邦事者，《大宰》云："六曰事典，以富邦國，以任百官，以生萬民。"故鄭依爲説。但司空之訓,衆説不同。《古文苑》楊雄《司空箴》云:"空臣司土。"《白虎通義·封公侯篇》云:"司空主土,不言土言空者,空尚主之,何況於實,以微見著。"《初學記·職官部》引應劭云:"空,穴也。司空主土,古者穴居,主穿土爲穴,以居人也。"《漢書·百官公卿表》顔注義同。《續漢書·百官志》劉注引馬融云:"司空掌營城郭,主空土以居民。"義並與鄭異。又據《鄉師》注:《冬官》當有匠師下大夫四人爲攷,其下亦當有上士八人,中士十有六人,旅下士三十有二人,府六人,史十有二人,胥十有二人,徒百有二十人,以五官通例推之可知也。云"司空之篇亡,漢興,購求千金,不得,此前世識其事者,記録以備大數"者,《釋文》引"司空"下無"之"字,"購"下無"求"字,疑陸氏所節。又"大數"下《釋文》引有"爾"字,賈述作"耳",今並不據增。《司空篇》亡,塙在何時,及此記補亡出於何人,《鄭録》無文。《明堂位》説官數云"周三百",注云:"周官三百六十,此云三百者,時《冬官》亡矣。"則似謂亡於先秦以前,而補以此記則在漢世。《釋文·敍録》及《隋·經籍志》並謂河間獻王時,李氏上《周官》五篇,失《事官》一篇,乃購千金,不得,取《考工記》以補之。據此,是購經補記皆河間獻王事。然賈《敍廢興》引馬融敍則云:"劉向、子歆,校理秘書,著於《録》《略》,然亡其《冬官》一篇,以《考工記》足之。"尋繹馬意,或以二劉校上,此經始顯,因追敍補闕之事,屬文先後,偶爾不次;未必《周官》初得,六篇本自備具,至向歆校書時,乃闕《冬官》,而足以《考工記》也。然則馬敍所言,與陸敍本無不合。《大宰》賈疏謂《冬官》六國時亡,其時以《考工記》代之。《御覽·學部》引《物理論》,謂魯恭王得《周官》,闕《冬宫》,漢武購千金,莫得,以《考工記》備其數。《禮器》孔疏又謂文帝得《周官》,不見《冬官》,使博士作《考工記》補之。斯並不經之論,不足馮信。王應麟云:"《齊書》,文惠太子鎮雍州,有盜發楚王冢,獲竹簡書十餘簡,以示王僧虔。僧虔曰:'是科斗書《考工記》。'科斗書,漢時已廢,則《記》非博士作也。"案:王説是也。攷《漢書》,河間獻王以孝景前二年立,武帝元光五年薨,故馬傳謂《周官》之出在武帝時。若文帝時,獻王尚未受封,何云已得《周官》?且《漢書·蓺文志》云:"《周官經》,王莽時,劉歆置博士。"是孝文時,此經亦尚無博士,故趙岐《孟子·題辭》載孝文所立博士，有《論語》、《孝經》、《孟子》，而無《周官》，安得有博士作記補經之事，足證其妄矣。據鄭云"記録出於前代"，則是成於晚周，故賈疏云："雖不知作在何日，要知在秦以前，是以得遭秦滅焚典籍，《韋氏》、《裘氏》等闕也。"《士冠禮》疏亦云："《考工記》，六國時所録。"江永云："《考工記》，東周後齊人所作也。其言'秦無廬''鄭之刀'。厲王封其子友，始有鄭；東遷後，以西周故地與秦，始有秦。故知爲東周時書。其言'橘踰淮而北爲枳'，'鸜鵒不踰濟'，'貉踰汶則死'，皆齊魯閒水；而終古、戚速、椑茭之類，鄭注皆以爲齊人語，故知齊人所作也。"案：江說近是。云"《古周禮》六篇畢矣"者，謂經六篇終於《冬官》。漢《藝文志》云"《周官經》六篇"，亦兼補記數之。云"《古周禮》六篇者，天子所專秉以治天下，諸侯不得用焉"者，此總論六官之義。《天官・敘官》注云："周公居攝而作六典之職，謂之《周禮》。七年，致政成王，以此禮授之，使居雒邑治天下。"明此六篇周天子秉以治天下之書也。云"六官之記可見者，堯育重黎之後，羲和及其仲叔四子掌天地四時"者，以下並援古官制證《周官》六典有所沿襲也。《國語・楚語》云："觀射父對昭王曰：及少皞之衰也，九黎亂德，顓頊受之，乃命南正重司天以屬神命，火正黎司地以屬民。其後三苗復九黎之德，堯復育重、黎之後不忘舊者，使復典之。"《書・堯典》云："乃命羲和。"賈疏敍引鄭彼注云："高辛之世，命重爲南正，司天，犁爲火正，司地。堯育重、犁之後，羲氏、和氏之子賢者，使掌舊職天地之官。其時官名蓋曰稷、司徒，是天官稷也，地官司徒也。"《堯典》又云："分命羲仲，申命羲叔；分命和仲，申命和叔。"賈敍引鄭注云："仲、叔，亦羲和之子。堯既分陰陽四時，又命四子爲之官。掌四時者字曰仲、叔，則掌天地者，其曰伯乎？官名，蓋春爲秩宗，夏爲司馬，秋爲士，冬爲共工，通稷與司徒，是六官之名見也。"《儀禮經傳通解續》引《尚書大傳》云："舜元祀巡守四嶽八伯。"注云："春官，秩宗也，伯夷掌之。契爲司徒，掌地官矣。"後又舉禹掌天官；夏官，司馬也，棄掌之；秋官，士也，咎陶掌之；冬官，司空也，垂掌之。又云："堯始得羲和，命爲六卿，其主春夏秋冬者，並掌方嶽之事，是爲四嶽，出則爲伯。其後稍死，鴅吺、共工等代之，乃分置八伯。"通校鄭義，蓋堯時初以羲和及四子爲六卿，其後及舜時，則以禹契等爲之，其官名同也。又《今文尚書》說，以羲仲等四人卽是羲和，與鄭不同，故《漢書·百官公卿表》、《食貨志》、《論衡·是應篇》說並如是。惟《書·釋文》，孔疏引馬融說，與鄭同，蓋卽鄭所本也。云："《夏書》亦云乃召六卿"者，《甘誓》文。《詩·大雅·棫樸》及《曲禮》孔疏引鄭《書注》云："六卿者，六軍之將。《周禮》六軍將皆命卿，則三代同矣。"《曲禮》疏又引鄭《大傳注》云："所謂六卿者，后稷、司徒、秩宗、司馬、作士、共工也。"《通典·職官》云："夏后氏之制，亦置六卿，《甘誓》曰'迺召六卿'是也。其官名次猶承虞制。"亦同鄭義，謂夏六官與唐虞同也。金鶚云："《曲禮》天子五官，曰司徒、司馬、司空、司士、司寇，注謂殷制，是殷止五官。昭十七年《左傳》，少皞氏鳥名官，祝鳩司徒、鴡鳩司馬、鳲鳩司空、爽鳩司寇、鶻鳩司事，此少皞五官。又黄帝雲紀，炎帝火紀、共工水紀，大皞龍紀，注亦以五方五色言之，此黄帝、炎帝、共工、大皞皆五官也。又二十九年傳，五行之官，木正句芒，火正祝融，金正蓐收，水正玄冥，土正后土，孔疏謂在高陽之世，是顓頊亦五官也。竊意唐虞五官，秩宗卽周宗伯，爲春官，春爲木行，是秩宗木官；司徒掌教禮，禮於行爲火，是司徒火官；士卽司寇，爲秋官，秋爲金也；司空在周爲冬官，冬爲水也；后稷教民稼穡，《洪範》稼穡屬土，是后稷土官也。此五官不及司馬者，以士兼攝之。鄭增以司馬，列爲六，則經明無此官。共工之官不尊，故少皞五工正不列於五官，唐虞時何得以共工列五官之内？且經明言伯禹作司空，是冬官爲司空，非共工也。古天官皆治天事，堯以羲和之伯，分掌天地，其仲叔分掌四時，此治天事之官有六，非周六官也。"案：金謂唐虞羲和四子非周六官及共工非冬官是也。鄭《大傳注》亦謂舜時冬官爲司空。但古自有六官，《管子·五行篇》載黄帝六相，其名有當時廩者、土師、司徒、司馬、李。又云："春者，土師也；夏者，司徒也；秋者，司馬也；冬者，李也。"是唐虞以前已有六官，但不必與周制符合耳。至《甘誓》六卿，以《夏官·敍官》軍將皆命卿及《春秋》晉六卿將六軍推之，鄭說塙不可易。但鄭彼注所謂六卿者，自據虞制，《大傳注》及《通典》可證。若然，鄭意夏雖亦六卿，而職名則與周異也。云"商周雖稍增改其職名，六官之數則同矣"者，《曲禮》五官鄭以爲殷時制，孔疏引《鄭志》崇精問焦氏云："鄭云三王同六卿，殷應六卿，此云五官，何也？”焦氏荅曰：“殷立天官與五行，取其象異耳。”焦述鄭意，蓋謂兼上六大内大宰爲六卿。金鶚云：“大宰何以與宗祝卜史並列，其説不可通矣。”詒讓案：《曲禮》所載六大、五官、六府、六工，鄭謂殷制，本非定論，焦氏强圓其説，遂多牽合。然春秋宋用殷制，《左傳》紀其官，以左師、右師、司馬、司徒、司城、司寇爲六卿，是殷實有六官，焦荅雖不可馮，而《鄭目録》固不誤也。

——周禮　鄭氏注

冬官考工記

總敘

國有六職,百工與居一焉。百工,司空事官之屬。於天地四時之職,亦處其一也。司空,掌營城郭,建都邑,立社稷宗廟,造宫室車服器械,監百工者,唐虞已上曰共工。

【疏】"國有六職,百工與居一焉"者,總述百工之事,以發三十工之耑也。六職,自天子以下至於庶民,職事有此六等,與《小宰》六職義異,而與《大宰》九職其四略同,但增王公、士大夫而省園圃、虞衡、藪牧、臣妾、閒民爲異,此通晐尊卑,彼專據任民,義各有所取也。賈疏云:"即下云'或坐而論道',至'治絲麻以成之'是也。"

注云"百工,司空事官之屬"者,賈疏云:"鄭據本而言。案《小宰職》云:'六曰冬官,其屬六十,掌邦事。'此百工即其屬六十,言百者,舉大數耳。但爲其篇亡,故六十之官不見,記人以此三十工代之也。"詒讓案:《月令》"季春,命工師令百工",注云:"工師,司空之屬官也。"又"孟冬,命工師效功",注云:"工師,工官之長也。"是冬官之屬有工師與匠師、梓師同領諸工,而前五官亦或有給事之工,若《玉府》、《典婦功》諸職所屬之工者是也。此經三十工並即在官之工,故有明堂、城郭、溝洫、瑞玉、量器諸制,而《梓人》又著梓師監視之法,是其證矣。至此篇本爲紀識工事之專書,不爲補冬官而作,漢時因其與事職相應,取以補闕耳。賈謂記人以三十工代六十官,失之。云"於天地四時之職,亦處其一也"者,賈疏云:"記人本意,以國有六職,據此下文'或坐而論道'已下,百工與居其一。鄭以此爲本。又以天地四時六職,天官冢宰,地官司徒之等官主,百工亦居其一分。"案:賈說是也。鄭言於天地四時之職者,明《小宰》六職,非此王公士大夫等之六職也。百工處此六職之一,司空則處《小宰》六職之一,職異而皆以六爲目,故云亦處其一,言亦者,明其事異而可取以相況也。云"司空掌營城郭,建都邑,立社稷宗廟，造宫室、車服、器械，監百工者”者，此並據三十工所掌工事言之。監百工與上營城郭等四事平列，並爲司空所掌。《御覽·職官部》引環濟《要略》云：“冬官司空掌邦事，營城郭都邑，立社稷宗廟，造宫宅器械，監百工。”卽本鄭義。賈疏屬下讀，非也。《王制》云：“司空執度度地，居民山川沮澤，時四時，量地遠近，興事任力。”《御覽·職官部》引《尚書大傳》云：“溝擁遏，水爲民害，田廣不墾，則責之司空。”《韓詩外傳》云：“山陵崩阤，川谷不通，五穀不殖，草木不茂，則責之司空。”以上各書所述司空職掌，亦與鄭略同。云“唐虞已上曰共工”者，已，《釋文》作“以”。阮元云：“作‘已’非，凡注作‘以’。”案：阮校是也。《書·堯典》云：“共工方鳩僝功。”《史記·五帝本紀·集解》引鄭彼注云：“共工，水官名。”賈疏云：“按太史公《楚世家》云：‘共工作亂，帝使重、黎誅之。’又按：《舜典》云：‘帝曰：“疇若予工？”僉曰：“垂才。”帝曰：“俞，咨垂，汝共工。”’是唐虞以上曰共工者也。若然，唐虞以上皆曰共工，堯時暫爲司空。是以《尚書·舜典》：‘二十八載後，咨四岳，欲置百揆。僉曰：“伯禹作司空。”’注云：‘初，堯冬官爲共工，舜舉禹治水，堯知有强法，必有成功，改命司空，以官異之。禹登百揆後，更名共工。’是其事也。”詒讓案：《淮南子·天文訓》：“昔者共工與顓頊爭爲帝。”高注云：“共工，官名。伯於虙羲、神農之閒，其後子孫任智刑以强，故與顓頊黄帝之孫爭位。”是堯以前卽有共工之官。賈疏敘亦引鄭《書注》云：“禹登百揆之任，捨司空之職，爲共工與虞，故曰‘垂作共工，益作朕虞’。”據此，是鄭意謂改共工爲司空，自堯始也。《史記集解》引馬融《書注》說“垂爲共工”，云“爲司空，共理百工之事”，亦以共工爲卽司空。鄭《大傳注》說亦同。案《堯典》云：“納于百揆，百揆時敘。”馬、鄭諸儒多以爲官名，《書》僞古文《周官》同，與《史記》所載古文說，釋百揆爲百官者異。閻若璩據文十八年《左傳》，云“舜臣堯，舉八凱，使主后土，以揆百事，莫不時序”，證百揆非官名，其說致塙。若然，舜之命禹蓋作司空而總百揆，非登百揆遂捨司空之職也。垂益與禹同命，亦不得謂堯先改共工爲司空，舜後分司空爲共工與虞，鄭《書注》說殊未塙。金鶚謂共工當爲司空之佐，虞爲后稷之佐。以理推驗，金說近是。若然，唐、虞、夏並有司空，《書疏》引馬融云：“咎單爲湯司空。”

是殷制亦然，周官沿古名也。

或坐而論道，或作而行之，或審曲面埶，以飭五材，以辨民器，或通四方之珍異以資之，或飭力以長地財，或治絲麻以成之。言人德能事業之不同者也。論道，謂謀慮治國之政令也。作，起也。辨猶具也。資，取也，操也。鄭司農云："審曲面埶，審察五材曲直方面形埶之宜以治之及陰陽之面背是也。《春秋傳》曰：'天生五材，民並用之。'謂金、木、水、火、土也。"故書資作齊。杜子春云："齊當爲資，讀如冬資絺之資。"玄謂此五材，金、木、皮、玉、土。

【疏】"或坐而論道"者，賈疏云："此六者卽上文之六職也。此皆舉其事，下文皆言其人以覆之。"云"或飭力以長地財"者，賈疏云："飭，勤也。地財，穀物皆是。"案：《大宰》賈疏釋飭材之飭亦爲勤，則賈意飭力與上飭五材義同。尋繹此文"飭材""飭力"二者義似小異。《説文・力部》云："飭，致堅也，讀若敕。"飭材之飭，當從先鄭訓爲治，乃致堅引申之義。飭力依賈訓爲勤，則爲敕之叚借，《爾雅・釋詁》云："敕，勞也。"彼《釋文》"本又作飭"是也。然飭材謂治五材，致極其堅緻，飭力則謂任力，致極其勤勞，二義亦得相通也。互詳《大宰》疏。《吕氏春秋・慎人篇》高注云："地材，五穀。"亦卽此長地財之義。

注云"言人德能事業之不同者也"者，賈疏云："言人德者，坐而論道是也。言人能者，作而行之是也。言人之事，審曲面埶是也。言人之業，通四方珍異以資之，飭力以長地財，治絲麻以成之，三者是也。"云"論道謂謀慮治國之政令也"者，《説文・言部》云："論，議也。"《廣雅・釋詁》云："謀、慮，議也。"是論與謀慮義同。云"作，起也"者，《胥》注同。云"辨猶具也"者，據《特牲饋食禮》注云："具猶辨也。"案：《説文・刀部》云："辧，判也。"隸變爲辨，辨本訓判，引申爲辨具之義。俗辨具字别从力作辦，非。云"資取也，操也"者，《説文・貝部》云："資，貨也。"引申之爲取，亦爲操。《廣雅・釋言》云："資，操也。"又《釋詁》云："操、齎，持也。"齎資字亦通。謂商賈取四方珍異之物，齎操居積之，轉售以求利。《周書・大聚篇》云："商資貴而來，貴物益賤，資貴物，出賤物，以通其器。"是其義也。鄭司農云"審曲面埶，審察五材曲直方面形埶之宜以治之"者，形勢字古通作"埶"。《説文·丮部》云："埶，穜也。"無勢字。《弓人》經注亦竝作"埶"。《爾雅·釋詁》云："察，審也。"先鄭意蓋以"曲直""方面""形埶"平列爲三事，皆當審察之，又以治之訓飭材，治與致堅義亦相成也。《弓人》"凡析幹射遠者用埶"，先鄭注亦云："埶謂形埶，假令木性自曲，則當反其取曲以爲弓，故曰審曲面埶。"與此注同。《文選》張衡《東京賦》"審曲面勢"，薛綜注云："審，度也，謂審察地形曲直之勢。"《中論·譴交篇》云："審曲直形勢，飭五材，以别民器，謂之百工。"亦竝同先鄭説。鄭鍔云："審曲者，審其曲也。面埶者，面其埶也。材有曲直，直者不待審而可知，審其曲者，然後見其理之所在。埶有向背，背者不可向以爲用，面其埶然後順其體之所向。"陳汪云："面字非物之面，乃人向道之面也。《撢人》'以正王面'，《召誥》云'面稽天若'，皆向之謂也。"案：鄭、陳二説與先鄭異，亦通。《初學記·器物部》引後梁甄玄成《車賦》有"亦面勢而審曲"之語，以面埶與審曲對舉。《文選》潘岳《笙賦》云："審洪纖，面短長。"李注亦引此文，則六朝、唐人已有訓面爲向者，或本賈、馬、干諸家義與？云"及陰陽之面背是也"者，謂面兼含面背之義，亦當審之也。賈疏云："謂若下文'斬轂之道，必矩其陰陽'，是記其陰陽之面背也。"引《春秋傳》曰"天生五材，民並用之"者，《左》襄二十七年傳，宋子罕語，引以證五材之義。云"謂金木水火土也"者，《左傳》杜注亦用先鄭義。然此經説百工飭材，而有水火，於義未允，故後鄭不從。云"故書資作齊，杜子春云，齊當爲資，讀如冬資絺之資"者，"絺"下宋余本、岳本、附釋音本、巾箱本、舊注疏本並有"綌"字，衍。段玉裁云："此用聲類改其字，而復説其音讀也。"徐養原云："《外府》等職齎資通用，《司尊彝》齊齍通用，此經齊資通用，並同音相借也。《周易·旅》'得其資斧'，《釋文》云：'子夏傳及衆家並作齊斧。'此亦資通作齊之一證。"賈疏云："按《越語》云：'大夫種曰：臣聞之，賈人夏則資皮，冬則資絺，旱則資舟，水則資車，以待乏也。'"詒讓案：韋注云："資，取也。"與杜、鄭義同。云"玄謂此五材，金木皮玉土"者，後鄭據後經有攻木、攻金、攻皮之工，又有刮摩卽玉工，摶埴卽土工，明此五材與《左傳》異也。江永云："五材，後鄭謂金、木、皮、玉、土爲長。水火可制器，不可爲器。金雖可兼玉,而皮革不可遺。《曲禮》六工:土、金、石、木、獸、草。獸卽皮也。玉可兼石,木可兼草。"案:江說是也。《大宰》"百工飭化八材",八材亦卽五材,文有詳略。先鄭以八材爲珠、象、玉、石、木、金、革、羽。後鄭此注以五材爲金、木、皮、玉、土,蓋玉可關珠,革可關象、羽,土可關石也。

坐而論道,謂之王公;天子、諸侯。

【疏】"坐而論道謂之王公"者,此明六職之人也。

注云"天子諸侯"者,《通典·凶禮》引馬融《喪服注》云:"公,諸侯也。"賈疏云:"公,君也。諸侯是南面之君,故知是諸侯也。若然,《尚書》'三公論道經邦,燮理陰陽。'鄭不言者,三公有成文,不言可知。故《夏傳》云:'坐而論道,謂之三公。'通職名,無正官名,是其義也。"阮元云:"注以天子釋王,諸侯釋公也。"案:阮說是也。《北堂書鈔·職官部》引《五經異義》云:"《古周禮》說,天子立三公,曰太師、太傅、太保,無官屬,與王同職,故曰'坐而論道,謂之王公'。"《地官·敍官》"鄉老"注云:"三公者,内與王論道,中參六官之事,外與六鄉之教。"《續漢書·禮儀志》劉注引《月令》盧植注云:"天子之三公,坐而論道,參五職事。"是並謂公卽三公。此注不云者,三公雖爲公,然此云公者,亦兼孤卿言之。天子公孤六卿,多以畿内外諸侯爲之,故釋公爲諸侯也。賈疏所引《書》《周官》乃僞古文,鄭不援證,不足爲疑。今本《書鈔》因《異義》《古周禮說》,"王公"誤作"三公"。賈疏引鄭《尚書大傳·夏傳》注,"三公"又誤作"王公"。案:《古周禮說》,因說三公與王同職,故引此經爲證,則當作"王公"無疑。賈引《書傳》"三公"作"王公",則又涉正文而誤,今並據文義攷正。

作而行之,謂之士大夫;親授其職,居其官也。

【疏】注云"親授其職,居其官也"者,賈疏云:"此卽設官分職、治職、教職之等是也。"

審曲面埶，以飭五材，以辨民器，謂之百工；五材各有其工，言百，衆言之也。

【疏】"審曲面埶，以飭五材，以辨民器，謂之百工"者，此卽《大宰》九職之"五曰百工飭化八材"也。

注云"五材各有工"者，下輪、輿、輈、弓、廬、匠、車、梓、榔、矢，木工也。築、冶，梟、㮚、段、桃，金工也。函、鮑、韗、韋、裘，皮工也。玉、雕、磬，玉工也。陶、旊，土工也。惟畫繢、鍾、筐、㡛四工在五材之外。云"言百，衆言之也"者，此經五材之工止三十，明百工者，舉成數衆言之。

通四方之珍異以資之，謂之商旅；商旅，販賣之客也。《易》曰："至日商旅不行。"

【疏】"通四方之珍異以資之，謂之商旅"者，珍異謂貨賄，此卽《大宰》九職之"六曰商賈，阜通貨賄"也。《質人》注云："珍異，四時食物。"與此異。

注云"商旅，販賣之客也"者，賈疏云："按《大宰》九職注：'行曰商，處曰賈。'商旅，賈客也。行商與處賈爲客。此文無賈，直云商旅，故云販賣之客也。"引《易》曰"至日商旅不行"者，《複》《象辭》文。引以證商旅之義。《易》《釋文》引鄭彼注云："資貨而行曰商；旅，客也。"與此注同。

飭力以長地財，謂之農夫；三農受夫田也。

【疏】"飭力以長地財，謂之農夫"者，此卽《大宰》九職之"一曰三農九穀"也。

注云"三農受夫田也"者，三農，詳《大宰》疏。賈疏云："《遂人》云：'夫一廛，田百畝。'是三農受夫田也。"

治絲麻以成之，謂之婦功。布帛，婦官之事。

【疏】"治絲麻以成之，謂之婦功"者，此卽《大宰》九職之"七曰嬪婦，化治絲枲"也。《天官・敍官》典婦功、九嬪教九御亦以婦功，注並釋婦功爲絲枲，枲卽麻也。

注云"布帛,婦官之事"者,賈疏云:"鄭云婦官,據典婦功爲婦官。此治絲麻者,婦官所統攝,故言婦官也。"

粵無鎛,燕無函,秦無廬,胡無弓、車。此四國者,不置是工也。鎛,田器,《詩》曰"偫乃錢鎛",又曰"其鎛斯捯"。鄭司農云:"函讀如國君含垢之含。函,鎧也。"《孟子》曰:"矢人豈不仁於函人哉! 矢人唯恐不傷人,函人唯恐傷人。"廬讀爲纑,謂矛戟柄,竹欑柲,或曰摩鐧之器。胡,今匈奴。

【疏】"粵無鎛"者,賈疏云:"粵即今之'越'字也。"杜氏《春秋釋例·土地名》云:"越,會稽山陰縣。"案:今屬浙江紹興府。云"燕無函"者,《土地名》云:"燕,燕國薊縣也。"案:燕都在今順天府大興縣。云"秦無廬"者,《釋文》云:"廬,本或作蘆。"阮元云:"蘆乃籚之訛。"案:詳後。《土地名》云:"秦國都扶風雍縣也。"案:秦都在今陝西秦州清水縣。

注云"此四國不置是工也"者,謂粵無鎛等,皆爲不專置是工也。江永云:"此甚言四國能此者多,雖有若無,非真謂不置是工,亦非真謂人皆能作也。注泥。"案:江説是也。賈疏謂無鎛官、函官之等,尤誤。云"鎛,田器"者,後鎛器注亦云:"鎛器,田器錢鎛之屬。"《説文·金部》云:"鎛,一曰田器。"《釋名·釋用器》云:"鑮,亦鋤田器也,鑮,迫也,迫地去草也。"鑮與鎛同。引《詩》云"偫乃錢鎛",又曰"其鎛斯捯"者,《周頌·良耜》《臣工》二篇文。引之者,證鎛爲田器。偫,《毛詩》作"庤",傳云:"庤,具。錢,銚。鎛,鎒也。"案:偫庤字通。捯,《毛詩》作"趙",傳云:"趙,刺也。"鄭蓋本《三家詩》,故與毛異。鄭司農云"函讀如國君含垢之含"者,《説文·马部》云:"圅,舌也。"隸變作函,又假借爲甲名,亦取含容爲義,故擬其音者。國君含垢,《左》宣十五年傳文。云"函,鎧也"者,《廣雅·釋詁》同。《釋名·釋兵》云:"甲亦曰函,堅重之名也。"名甲爲鎧,漢時語,詳《司甲》疏。引《孟子》者,《公孫丑篇》文,趙注與先鄭同,此引以證甲之名函也。云"廬讀爲纑"者,賈疏云:"纑縷之纑,取細長之義也。"段玉裁云:"《説文·竹部》,'籚,積竹矛戟矜也,从竹盧聲',引《春秋》《國語》'侏儒扶籚'。此注纑當作籚。若依纑字,則當云'讀如'不當云'讀爲'矣。《釋文》'廬,本或作籚'，此正用注說易正文也。"案：段說是也。《說文·糸部》云："纑，布縷也。"與廬器義遠，賈曲爲之說，失之。云"謂矛戟柄，竹欑柲"者，後注亦云"廬矛戟矜柲也"。阮元云："《釋文》作'竹欑柲也'，此脱'也'字。按《說文·木部》：'欑，積竹杖也。柲，欑也。'"段玉裁云："攢，聚也。竹欑者，積竹也，合細竹梃爲之，《昌邑王傳》所謂積竹杖。"案：阮、段説是也。賈疏謂欑謂柄之人鑿處，非其義。云"或曰摩鐧之器"者，段玉裁云："以此鐧廬同音爲訓，别一説，非謂矛戟柄也。"丁晏云："方言云：'希，鑠摩也。燕齊摩鋁謂之希。'即鄭所云摩鐧也。《玉篇·金部》：'鑢，錯也。'鋁同上。《集韻·九御》，鑢、鋁、鐧，引《説文》'錯銅鐵也'，或从吕从間。《磬氏》先鄭注云：'摩鑢其旁。'《大雅·抑箋》云：'玉之缺者，可摩鑢而平。'即摩鐧也。"詒讓案：《説文·手部》云："摩，研也。"鑢，鐧之正字，與廬聲近，故或以廬爲摩鑢之器。然摩鐧爲刮摩之事，此後文以廬人屬攻木之工。況廬人本職廬器，自爲矜柲，亦無取摩鐧之義，或説非也。賈疏謂柄須摩鐧令滑，或解得爲一義，亦非。云"胡今匈奴"者，即今内、外蒙古諸部落是也。《御覽·四夷部》引《風俗通》云："胡者，山戎之别種。胡者，互也，言其被髮左衽，言語贄幣事殊互也。"《史記·匈奴傳·索隱》引服虔云："堯時曰葷粥，周曰獫狁，秦曰匈奴。"故鄭云今匈奴。然《山海經·海内南經》、《周書·王會篇》及《伊尹獻令》竝有匈奴，則匈奴之名不自秦漢始矣。

粵之無鎛也，非無鎛也，夫人而能爲鎛也；燕之無函也，非無函也，夫人而能爲函也；秦之無廬也，非無廬也，夫人而能爲廬也；胡之無弓車也，非無弓車也，夫人而能爲弓車也。言其丈夫人人皆能作是器，不須國工。粵地塗泥，多草薉，而山出金錫，鑄冶之業，田器尤多。燕近强胡，習作甲胄。秦多細木，善作矜柲。匈奴無屋宅，田獵畜牧，逐水草而居，皆知爲弓車。

【疏】注云"言其丈夫人人皆能作是器，不須國工"者，《説文·夫部》云："夫，丈夫也。"鄭以此夫亦爲丈夫，然其義迂曲，不可從。《釋文》引沈重音扶，此六朝經師之異讀，其義較鄭爲長。王引之云："夫人猶衆人也。鄭以夫爲丈夫，失之。《孝經疏》引劉瓛曰：'夫猶凡也。'《淮南子·本經篇》

高注曰:'夫人,衆人也。'襄八年《左傳》曰'夫人愁痛',《國語·周語》云'夫人奉利而歸諸上',杜、韋注曰:'夫人猶人人也。'"案:王説是也。此亦極言能爲者多耳,非謂其人皆能作。《穀梁》成元年傳云:"夫甲非人人之所能爲也。"與此記義不相妨也。云"粤地塗泥,多草薉,而山出金錫,鑄冶之業,田器尤多"者,《釋文》引劉昌宗云:"薉,穢字之異者。"案:詳《蜡氏》疏。《書·禹貢》揚州云:"厥土惟塗泥。"《職方氏》揚州"其利金錫"。越地屬揚州,故鄭云然。云"燕近强胡,習作甲冑"者,《史記·匈奴傳》云:"燕北有東胡山戎。"《漢書·地理志》云:"燕上谷至遼東,地廣民希,數被胡寇。"蓋以戰爲常,故習作甲冑也。云"秦多細木,善作矜柲"者,《方言》云:"戟,其柄自關而西謂之柲;矛,其柄謂之矜。"《説文·矛部》云:"矜,矛柄也。"引申之爲凡長兵柄之通稱,故《廣雅·釋器》云:"矜、柲,柄也。"《漢書·地理志》云"秦有鄠、杜竹林,南山檀柘,號稱陸海。"天水、隴西山多林木,故云"秦多細木,善作矜柲"也。云"匈奴無屋宅,田獵畜牧,逐水草而居,皆知爲弓車"者,《史記·匈奴傳》云:"其俗,隨畜牧而轉移,逐水草遷徙,無城郭常處,因射獵禽獸爲生業,其長兵則弓矢。"並鄭所據也。

知者創物,謂始闓端造器物,若《世本》作者是也。

【疏】"知者創物"者,《釋文》云:"創,依字作刱。"案:《説文·井部》云:"刱,造法刱業也,讀若創。"經典皆借創爲之。

注云"謂始闓端造器物"者,闓開字同,詳《典瑞》疏。《廣雅·釋詁》云:"創,始也。"《國語·周語》韋注云:"創,造也。"故鄭訓創物爲始闓端造器物。云"若《世本》作者是也"者,謂《世本·作篇》所説造作器物之人,詳《龜人》疏。

巧者述之,守之世,謂之工。父子世以相教。

【疏】"巧者述之"者,《説文·辵部》云:"述,循也。"謂循故法而增修之。

注云"父子世以相教"者,即《大司徒》十二教之"世事"。《國語·齊語》云:"今夫工,羣萃而州處,審其四時,辨其工苦,權節其用,論比協材,旦莫從事,施於四方,以飭其子弟,相語以事,相示以巧,相陳以功,少而習焉,其心安焉,不見異物而遷焉。是故其父兄之教,不肅而成,其子弟之學,不勞而能。夫是故工之子恒爲工。"《荀子·儒效篇》云:"工匠之子,莫不繼事。"即世守之事也。

百工之事,皆聖人之作也。事無非聖人所爲也。

【疏】注云"事無非聖人所爲也"者,《樂記》云:"作者之爲聖。"《易·繫辭》云:"備物致用,立成器以爲天下利,莫大乎聖人。"即其義也。

爍金以爲刃,凝土以爲器,作車以行陸,作舟以行水,此皆聖人之所作也。凝,堅也。故書舟作周,鄭司農云:"周當爲舟。"

【疏】"爍金以爲刃"者,《釋文》云:"爍義當作鑠。"案:爍即鑠之俗。《莊子釋文》引崔譔云:"爍,消也。"《説文·金部》云:"鑠,銷金也。"《漢書·蓺文志》云"爍金爲刃",顏注云:"爍與鑠同,謂銷也。"此謂攻金之事。《廣韻·十二庚》引《世本》云:"蚩尤以金作兵器。"云"凝土以爲器"者,謂陶瓬之事。《一切經音義》引《世本》云"舜始陶。"云"作車以行陸,作舟以行水"者,謂攻木之事。《山海經·海内經》郭注引《世本》云:"奚仲作車,共鼓化狄作舟。"案:《世本》説作器之人,不必皆聖人,經約舉大較言之。

注云"凝,堅也"者,凝正字本作"冰",《説文·仌部》云:"冰,水堅也,重文凝。"俗冰从疑。云"故書舟作周,鄭司農云,周當爲舟"者,段玉裁云:"此古文同音假借字。"惠棟云:"《詩·大東》'舟人之子',鄭曰:'舟當作周。'《詩》以舟爲周,《考工》以周爲舟,義並同。"案:段説是也。舟周聲類同。《釋名·釋船》云:"舟言周流也。"亦其例。

天有時,地有氣,材有美,工有巧,合此四者,然後可以爲良。時,寒温也。氣,剛柔也。良,善也。

【疏】"材有美"者,前經五篇,凡美字並用古字作"媺",《輈人》經同。

惟此及《弓人》作"美",與字例不合,疑誤。

注云:"時,寒温也"者,賈疏云:"謂若《弓人》春液角,夏治筋,秋合三材,冬定體之屬,是依寒温而作。"云"氣,剛柔也"者,《易·説卦》云:"立地之道曰柔與剛。"《左》昭二十五年傳云,"因地之性",杜注亦謂高下剛柔之性是也。云"良,善也"者,《玉府》注同。

材美工巧,然而不良,則不時、不得地氣也。不時,不得天時。

【疏】注云"不時,不得天時"者,以地氣言地,天時不言天,文有詳略,故申其義。

橘踰淮而北爲枳,鸜鵒不踰濟,貉踰汶則死,此地氣然也。鸜鵒,鳥也。《春秋》昭二十五年,"有鸜鵒來巢"。傳曰:"書所無也。"鄭司農云:"不踰濟,無妨於中國有之。貉或爲猨,谓善緣木之猨也。汶水在魯北。"

【疏】"橘踰淮而北爲枳"者,此明地氣有所不宜也。《説文·木部》云:"橘,果出江南。枳,木似橘。"《晏子春秋·内篇襍下》云:"晏子對楚王曰:嬰聞之,橘生淮南則爲橘,生於淮北則爲枳,葉徒相似,其實味不同,所以然者何?水土異也。"《淮南子·原道篇》云:"橘樹之江北則化而爲枳。"竝與此經同。《列子·湯問篇》云:"吳楚之國,有大木焉,其名爲櫾,碧樹而冬生,實丹而味酸,渡淮而北而化爲枳焉。"蓋傳聞之異。淮,青州川,詳《職方氏》疏。云"鸜鵒不踰濟"者,《列子》文同。案:濟當依《職方氏》作"泲",兖州川,詳彼疏。《釋文》"鸜"作"鸛",云"徐、劉音權,《公羊傳》同。本又作鸜,《左傳》同。"案:《公羊》昭二十五年,徐疏引此經,亦作"鸛"。正字本作"鴝。"鸜,鴝之俗,鸛則叚借字也。詳後。云"貉踰汶則死"者,《列子》文亦同。《釋文》云:"貉,獸名,依字作貈。"案:《説文·豸部》云:"貈,似狐,善睡獸。"經典多借貉爲之。

注云"鸜鵒,鳥也"者,《説文·鳥部》云:"鴝,鴝鵒也。"《一切經音義》云:"鴝鵒,似百舌,頭有兩毛角者。"云"《春秋》昭二十五年,有鸜鵒來巢,傳曰,書所無也"者,《左傳》文。鸜,宋余仁仲本、附釋音本、宋注疏本並作

"鴝",與上文不同,疑依《説文》妄改。賈疏云:"《左氏傳》作'鸜鵒',《公羊傳》作'鸛鵒',此經皆注作鸜字,與《左氏》同。"阮元云:"《釋文》本作'鸛鵒',賈疏本作'鸜鵒'。按徐邈、劉昌宗作'鸛',音權,是此經舊作'鸛鵒'矣。鄭注所引者爲《左氏傳》,則鄭所據《左氏春秋》亦作'鸛'。賈疏本《唐石經》作'鸜',爲失其舊。《説文·鳥部》云:'鵒,鴝鵒也,古者鴝鵒不踰泲。'權鴝一語之轉。蓋《攷工記》、《春秋》皆有二本不同,依《説文》作别'鴝'爲是也。"陳壽祺云:"《左傳音義》:'鸛,嵇康音權,本又作鴝。'《穀梁音義》:'鸜本又作鸛,音灌。'今攷《左氏》、《攷工記》古本亦皆作鸛,音權。觀鄭注引《左氏春秋》、徐邈劉昌宗《周禮音》、嵇康《左傳音》、陸德明《周禮音義》並同,可證其作'鸜'者非古本也。賈所見本不如諸家之善,又不知《左氏》有作'鸛'之本,疏矣。"案:阮、陳説是也。《淮南子·原道訓》字亦作'鴝',《説文·鳥部》無鸜字而有鸛字,别爲一鳥。鴝鵒之字,經典古本多作鸛者,蓋借鸛爲鴝也。鄭引《左傳》者,證不踰濟,故魯無此鳥。《左傳》杜注云:"此鳥穴居,不在魯界,故云來巢。"鄭司農云"不踰濟,無妨於中國有之"者,此隱駁《春秋》《公》、《穀》説也。《公羊春秋》"有鸛鵒來巢",傳云:"何以書？記異也。何異爾？非中國之禽也。"又《穀梁傳》云:"一有一亡曰有。來者,來中國也。"並以鸜鵒爲非中國之鳥。《玉燭寶典》引《禮稽命徵》説同。賈疏云:"按《異義》:'《公羊》以爲鸛鵒夷狄之鳥,穴居,今來至魯之中國巢居,此權臣欲自下居上之象。《穀梁》亦以爲夷狄之鳥來中國,義與《公羊》同。《左氏》以爲鸜鵒來巢,書所無也。彼注云:"《周禮》曰鸜鵒不踰濟,今踰,宜穴而又巢,故曰書所無也。"許君謹案:從二傳。'後鄭駁之云:'按《春秋》言來者甚多,非皆從夷狄來也。從魯疆外而至則言來。鸜鵒本濟西穴處,今乃踰濟而東,又巢,爲昭公將去魯國。'今先鄭云'不踰濟無妨於中國有之',與後鄭義同也。"案:賈説是也。鸜鵒即今南方之八哥,北方所無。經云不踰濟者,謂不踰濟而北也。魯在濟東南,嫌未爲踰濟,故《駁異義》謂鸜鵒本濟西穴處,至魯爲踰濟而東,明此經之義可通於《春秋》也。《左傳》孔疏不達斯恉,乃謂鸜鵒北方之鳥,南不踰濟,失之矣。云"貉或爲貆,謂善緣木之貆也"者,《説文·虫部》云:"蝯,善援,禺屬。"《爾雅·釋獸》云:"猱蝯善援。"猨卽蝯之俗。《詩・小雅・角弓》箋云:"猱之性善登木。"孔疏引陸璣疏云:"猱,獮猴也。老者爲玃,長臂者爲猨。"徐養原云:"猨貉形聲各別,不相假,故鄭君特釋猨義,以見其不與貉通也。"詒讓案:蝯猱之屬,今南北通有之,不聞其踰汶則死也,或本蓋誤。云"汶水在魯北"者,《漢書・地理志》云:"琅邪郡朱虛東泰山,汶水所出,東至安丘入維。"又泰山郡萊蕪縣云:"《禹貢》汶水所出,西南入泲,桑欽所言。"案:鄭此注云在魯北,則謂入泲之汶也。其水出今山東萊蕪縣,西南流入運河。其出東泰山之水,《水經》謂之東汶水,出今沂水縣沂山,東流至安丘縣入維,與此別。賈疏云:"汶陽田或屬齊,或屬魯,是齊南魯北,故云魯北也。"殷敬順《列子釋文》引此經注云:"先儒相因,以爲魯之汶水,皆大誤也。案《史記》汶與峪同武巾切,謂汶江也,非音問之'汶'。《山海經》大江出汶山,郭云:'東南逕蜀郡,東北逕巴東、江夏,至廣陵入海。'《韓詩外傳》云'昔者江出於汶山,其原也足以濫觴'是也。又《楚詞》云'隱汶山之清江',固可明矣。且《列子》與《周禮》通言水土性異,則遷移有傷,故舉四瀆以言之。案:今魯之汶水,闊不踰數十步,源不過二百里,揭厲皆渡,斯須往還,豈狐貉暫遊,生死頓隔矣。《說文》云:'貉,狐類也。'皆生長丘陵旱地,今江邊人云'狐不渡江',是明踰大水則傷本性,遂致死者也。"案:殷說亦通。貉北方之獸,不踰汶而南,與鸜鵒不踰濟而北正相反。江源出䃺山,䃺或作汶,故古亦謂江水爲汶水。《戰國策・燕策》云:"蜀地之甲,輕舟浮於汶,乘夏水而下江漢。"《地理志》蜀郡有汶江道。皆以江水爲汶水之證。殷氏以汶爲江,與淮泲皆爲巨瀆,其說不爲無據。毛居正、王應麟亦並從其說,謹附著之以備一義。

鄭之刀,宋之斤,魯之削,吳粤之劒,遷乎其地,而弗能爲良,地氣然也。去此地而作之,則不能使良也。

【疏】"鄭之刀"者,以下明地各有所宜也。《春秋釋例・土地名》云:"鄭,熒陽宛陵縣西南有新鄭城。"案:鄭都在今河南許州府新鄭縣。《說文・刀部》:"刀,兵也。"云"宋之斤"者,《土地名》曰:"宋,梁國睢陽縣也。"案:宋都在今河南歸德府商丘縣南。《說文・斤部》云:"斤,斫木也。"《釋名·釋用器》云:"斤,謹也。版廣不可得削,又有節,則用此斤之,所以詳謹令平滅斧跡也。"云"魯之削"者,《土地名》云:"魯,魯國魯縣。"案:魯都在今山東兖州府曲阜縣。削,詳《冶氏》疏。云"吴粤之劒"者,《土地名》云:"吴,吴郡吴縣。"案:今屬江蘇蘇州府。吴粤出金錫,利以爲劒,故《莊子·刻意篇》云"干越之劒",彼《釋文》引司馬彪云,"干,吴也,吴越出善劒"是也。劒,詳《桃氏》疏。

注云"去此地而作之,則不能使良也"者,言移其地之工及所産之材,至他所作之,則不能如其地所作之良也。江永云:"刀斤削劒,必用水淬,遷乎其地而弗能爲良,水性異也。"

燕之角,荆之幹,妢胡之笴,吴粤之金、錫,此材之美者也。荆,荆州也。幹,柘也,可以爲弓弩之幹。妢胡,胡子之国,在楚旁。笴,矢幹也。《禹貢》荆州貢櫄幹栝柏及箘簵楛。故書笴爲笱。杜子春云:"妢讀爲焚咸丘之焚,書或爲邠。妢胡,地名也。笱當爲笴,笴讀爲槀,謂箭槀。"

【疏】"燕之角,荆之幹"者,角,牛角,與幹爲弓人六材之二。《列子·湯問篇》云:"燕角之弧。"《列女傳·辨通篇》:"晉弓工妻曰:臣夫造此弓,傳以燕牛之角。"《御覽·兵部》引綦母邃注云:"燕角善。"《爾雅·釋地》云:"北方之美者,有幽都之筋角焉。"燕於《職方氏》九州屬幽州。云"妢胡之笴"者,笴,《唐石經》作"笱",誤,詳後。云"吴粤之金錫"者,即《職方氏》揚州"其利金錫",吴粤於《職方》屬揚州也。

注云"荆,荆州也"者,《職方氏》云"正南曰荆州"是也。云"幹,柘也,可以爲弓弩之幹"者,《説文·木部》云:"榦,築牆耑木也。柘,桑也。"案:幹即榦之隸變。榦本爲楨榦,叚借爲弓材之名。《弓人》云:"凡取幹之道,七柘爲上。"故知幹即爲柘也,詳《弓人》疏。云"妢胡,胡子之國,在楚旁"者,《左》襄二十八年傳"胡子朝於晉",杜注云:"胡子,楚屬也。"《釋例·土地名》云:"汝陰縣西北有胡城。"案:今安徽潁州府阜陽縣西北有故胡城,即此。又《釋例》附唐人《盟會圖疏》,云"胡在豫州郾城",則在今河南許州郾城縣,與杜説異,未知孰是。《左傳》胡子國不云妢胡,其説亦未聞。云"笴,矢幹也"者,《矢人》注義同,别於上榦爲弓幹也。引"《禹貢》荆州貢櫄幹栝柏及箘簵楛"者,證幹笴之材出荆楚也。阮元云:"《釋文》楛作楛,云'音戶,《尚書》作枯,音同'。然則今注作楛,爲改同《尚書》,非也。"案:阮説是也。《説文·木部》引《書》作"枯",與陸本合。櫄,今《書》作"杶",櫄卽杶之或體,詳《大宰》疏。簵,今《書》作"簬",卽簵之古文。賈疏云:"按《禹貢》,荆州貢櫄幹栝柏及箘簵楛,三邦底貢。注云:'櫄、幹、栝、柏,四木名。幹,柘幹。箘簵,聆風。楛,木類。周之始,肅慎氏貢楛矢石砮。此州中生聆風與楛者衆多,三國致之。'"云"故書笴爲筍"者,此字形之誤,段玉裁據《唐石經》改筍爲笱,云:"注中笱字今本皆作'筍',而《唐石經》經文作'妢胡之笱',蓋正依故書,可藉以正注中筍字之誤。'可'與'句'相亂,如《尚書》'盡執抲',或作'執拘'。《説文》許敍云:'俗謂苛之字止句。'菏水,《續漢書·郡國志》注作'苟水',皆其類也。"姚文田云:"此注兩筍字,當並作'苟'。《釋文》於《梓人》'爲筍虡',始云'爲簨,息允反,本又作筍',而此不發音,爲此注不作筍,以是明之。"案:筍,《唐石經》作笱,與笴字形聲尤近。段、姚諸家,並據彼謂注兩筍字當作'笱',徐養原、馮登府校同,其説是也。但《石經》經文作"笱",則與《矢人》不合,唐刻例不違鄭,何得破笴爲笱。此經與《儀禮》,凡笴字皆不作笱,足明是非。況字書笱字無古老反之音,《五經文字》笱字注亦止云見《爾雅》,不云見《考工記》,足證陸德明、張參所見經本不作笱。蓋《石經》笱字雖可藉以正此注之譌文,而正文則自當作笴,彼自是涉注而誤。黄以周云:"《唐石經》作妢胡之笱,猶《弓人》'謂之參均'作'謂之不參均',一從故書改,一從司農説,皆《石經》之失當者也。"杜子春云"妢讀爲焚咸丘之焚"者,焚咸丘,《春秋》桓七年經文。段玉裁改"讀爲"爲"讀如",云:"妢讀如焚,擬其音耳。"案:段校是也。云"書或爲邠"者,妢邠同聲叚借字。云"妢胡,地名也"者,杜不詳妢胡地所在,胡承珙、陳奐並謂妢卽汝墳。《詩·召南·汝墳》毛傳云:"汝,水名也。墳,大防也。"《漢書·地理志》:"汝南郡汝陰,故胡國,莽曰汝墳。"是汝墳卽胡地。墳,《説文·土部》作坋,云"大防也"。胡、陳説不爲無徵。但墳爲大防,則非胡地之專名,而《爾雅·釋水》又云"汝爲墳",郭注亦引《詩》爲釋。《水經・汝水》酈注以濆爲汝水之別，即今郾城之大㶏水，與唐人說胡國在郾城者同處。若然，妢或當爲濆之借字。又此經妢或作"邠"，《周書・度邑篇》說武王在殷郊，升汾之阜，以望商邑。汾本亦作"邠"。《史記・周本紀》作"豳"。《續漢・郡國志》襄城有汾丘，即此，其地亦在今許州，與郾城之胡相近。洪頤煊又謂《籥章》"豳籥"，先鄭云"豳國之地竹"，豳通作邠，其地產竹，或亦可以爲笴。俞樾複據《爾雅・釋地》云："西至邠國"，《說文》作"汃"，云"西極之水"，邠胡蓋西戎國名。以上諸義，於聲類似皆可通，而未能決定，姑並存之，竢學者攷焉。云"筍當爲笴"者，筍，段徐校亦並改爲"笱"。黃以周云："以《矢人》笴厚及相笴諸文決之也。"云"笴讀爲稾，謂箭稾"者，此正故書笱爲笴，而又讀爲稾也。《矢人》注云："笴讀爲稾，謂矢幹，古文假借字。"彼故書、今書並作"笴"，故徑讀爲稾。此故書爲"笱"，與稾形聲並遠，故必正其字而後讀爲稾，杜、鄭義同也。黃以周云："此與《鄉師》臀當爲殿，又讀爲屯，《瞽矇》帝當爲定，又讀爲奠同例。"案：黃說是也。稾，舊本並誤"稾"。惟汪道昆本及監本、黃丕烈校本作"稾"與宋本《釋文》合，今從之。《夏官・敘官》"稾人"先鄭注云："稾讀爲芻稾之稾，箭幹謂之稾。"足證此注當作稾也。段玉裁云："笴與稾異部雙聲也。《夏官》注云：'箭幹謂之稾。'蓋禾稾字引申爲矢幹字。《說文》無笴，蓋以幹字稾字包之。"案：段說是也。凡稾稾二字，《釋文》音讀迥異，詳《夏官・敘官》疏。

天有時以生，有時以殺，草木有時以生，有時以死，石有時以泐，水有時以凝，有時以澤，此天時也。言百工之事當審其時也。鄭司農云："泐當如再扐而後卦之扐，泐謂石解散也。夏時盛暑大熱則然。"

【疏】"天有時以生，有時以殺"者，此論天時各有所宜也。殺，下篇《矢人》、《梓人》、《匠人》、《弓人》並作"閷"，字例與此不同，未詳。云"水有時以凝，有時以澤"者，《釋文》云："澤音亦，李音釋。"案：李音是也。澤釋聲類同，古通用。《說文・采部》云："釋，解也。"《淮南子・詮言訓》云："夫水向冬則凝而爲冰，迎春則釋而爲水。"《國語・齊語》說工云"審其四時"，韋注云："言四時各有所宜，謂死生凝釋之時也。"韋即本此經，亦以澤爲釋，是其證也。

注云"言百工之事,當審其時也"者,此泛論天時之殊異,以明工事之亦然。鄭司農云"泐讀如再扐而後卦之扐"者,《易·繫辭》文。卦,今《易》作"掛",《易·釋文》引京氏本作"卦",卽先鄭所據也。段玉裁云:"此擬其音也。"云"泐謂石解散也"者,段玉裁云:"《說文·水部》曰:'泐,水石之理也,從水阞。'引《周禮》'石有時而泐',謂石如其理而解散,猶水之依其理也。阞,地理也,從阞,會意。"云"夏時盛暑大熱則然"者,《春秋緐露·循天之道篇》云:"陰陽之會,夏合南方,而物動於上爲熱,則焦沙爛石。"蓋夏時暑熱大盛,則日暵氣漲,石爲之泐也。

凡攻木之工七,攻金之工六,攻皮之工五,設色之工五,刮摩之工五,搏埴之工二。攻猶治也。搏之言拍也。埴,黏土也。故書七爲"十",刮作"捖"。鄭司農云:"十當爲七。捖摩之工謂玉工也。捖讀爲刮,其事亦是也。"

【疏】"凡攻木之工七"者,以下記六工之凡數也。云"設色之工五"者,《說文·言部》云:"設,施陳也。"言以采色施陳於素物之上。"五"疑當爲"四",詳後疏。云"搏埴之工二"者,搏,《唐石經》作"摶",《釋文》同,誤也。今據宋余仁仲本、建陽本及嘉靖本正。詳後。

注云"攻猶治也"者,《瘍醫》注同。《說文·攴部》云:"攻,擊也。"引申爲攻治。《瘍醫》注不云猶者,文略。云"搏之言拍也"者,搏,《釋文》亦作"摶",云:"李音團,劉音搏。"戴震云:"團音當手旁專,搏音手旁尃,絶然二字,譌溷莫辨。鄭注搏之言拍,取音聲相邇爲訓,拍古音搒各反。《釋名》云:'拍,搏也,手搏其上也。'又云:'搏,博也,四指廣博,亦似擊之也。'據此,定從博音。"阮元云:"按注,則當從劉昌宗音搏。李軌音團,《釋文》、《唐石經》作'摶',誤也。"段玉裁云:"《說文·手部》:'搏,索持也。拍,拊也。'是搏之本義不訓拍,故鄭以'之言'通之。"案:戴、阮、段說是也。凡注云某之言某者,多依聲爲訓,若《天官·敘官》注云"膳之言善"、"庖之言苞",並其例也。此注搏拍聲相近,若作摶,則與拍聲義俱遠,足證是非。《說文·手部》云:"拍,拊也。"拍與拍同。此云搏埴,卽《瓬人》注所謂拊泥也。賈疏云:“以手拍黏土以爲培,乃燒之。”云“埴,黏土也”者,《説文·土部》同。《草人》“埴壚用豕”,注亦云:“埴壚,黏疏者。”《荀子·性惡篇》云:“故陶人埏埴而爲器。”《莊子·馬蹄篇》云:“陶者曰,我善治埴。”《釋文》引司馬彪云:“埴土可以爲陶器。”云“故書七爲十”者,徐養原云:“七十形相似,《輈人》‘軓前十尺’,十或作七,與此互誤。又《漢隸字源·孔廟置卒史碑》‘元嘉三年三月廿十日’,《袁君碑》‘有十國之謀義’,皆作‘七’,是漢人每以十爲七。”云“刮作捖”者,段玉裁云:“完聲、𠯑聲,合音最近。《檀弓》‘華而睆’,注云:‘説者以睆爲刮節目,字或爲刮。’可相參證。”鄭司農云:“十爲當七”者,下文舉攻木之工凡七,故先鄭據以校正。《孟子·滕文公篇》趙注亦云:“《周禮》攻木之工七。”從先鄭讀也。然增輈人則當爲八,此説未審。云“捖摩之工謂玉工也”者,以五工首玉人也。實則五工之中,楖人、矢人治木,雕人治骨角,磬氏治石,不皆玉工,先鄭偏舉一耑爲釋耳。《爾雅·釋器》云:“金謂之鏤,木謂之刻,骨謂之切,象謂之磋,玉謂之琢,石謂之磨。”《一切經音義》引《爾雅》“磨”作“摩”。案:磨卽摩之叚字。《釋器》所説六事,約言之通得爲刮摩矣。云“捖讀爲刮,其事亦是也”者,《説文·刀部》云:“㓹,掊杷也。刷,㓹也。”㓹刷卽掊杷引申之義。段玉裁云:“謂刮刷之事,亦正是玉工所爲也。”臧琳云:“《説文·手部》無捖字,惟《刀部》有刓字,云:‘剸也。一曰齊也。’二禮當用此字,磨刮節目,正齊之之義。古元完同聲,因誤作睆,或作捖也。”案:臧説亦通。捖俗字,《説文》不收,蓋亦同先鄭讀。

攻木之工,輪、輿、弓、廬、匠、車、梓。攻金之工,築、冶、鳧、㮚、段、桃。攻皮之工,函、鮑、韗、韋、裘。設色之工,畫、繢、鍾、筐、㡛。刮摩之工,玉、楖、雕、矢、磬。搏埴之工,陶、瓬。事官之屬六十,此識其五材三十工,略記其事耳。其曰某人者,以其事名官也。其曰某氏者,官有世功,若族有世業,以氏名官者也。廬,矛戟矜柲也。《國語》曰“侏儒扶廬”。梓,榎屬也。故書雕或爲舟。鄭司農云:“輪、輿、弓、廬、匠、車、梓,此七者攻木之工,官別名也。《孟子》曰‘梓匠輪輿’。鮑讀爲鮑魚之鮑,書或爲鞄,《蒼頡篇》有‘鞄䩗’。韗讀爲歷運之運。㡛讀爲芒芒禹迹之芒。楖讀如巾櫛之櫛。瓬讀爲甫始之甫。埴,書或爲埴。杜子春云:'雕或爲舟者,非也。'玄謂瓬讀如放於此乎之放。"

【疏】"攻木之工,輪、輿、弓、廬、匠、車、梓"者,此約記六等工之細目也。云"攻金之工,築、冶、鳧、㮚、段、桃"者,《釋文》云:"㮚,古栗字。"案:詳《籩人》疏。云"攻皮之工,函、鮑、韗、韋、裘"者,《釋文》云:"韗,本或作鞾。"案:韗正字,鞾或體,詳後疏。云"設色之工,畫、繢、鍾、筐、㡛"者,嚴可均云:"㡛當作㡆,《說文》有㡆無㡛,《五經文字》'㡆又作㡛,見《周禮》',則張所見正本、又作本,皆不從艸。"詒讓案:㡛即㡆字別體,雖與《說文》不同,然《釋文》及賈疏本並已如是。《五經文字》疑當作"㡛又作㡛",張參在陸、賈後,不應未見作㡛之本。且若如今石本下字作㡛,則是譌文,張氏又不宜絕無辯證矣。云"刮摩之工,玉、榔、雕、矢、磬"者,嚴可均云:"彫作雕,隸借。《說文》:'彫,琢文也。雕,鷻也。'《隸釋》載《劉寬碑》'疾雕飾',漢時已通用。下《雕人》,《釋文》'雕本亦作彫',則本字矣。"云"搏埴之工,陶、瓬"者,陶正字當作"匋"。《說文·缶部》云:"匋,瓦器也。古者昆吾作匋。"經典通借陶爲之。《書·梓材》《釋文》引馬融《書注》云:"治土器曰陶。"瓬,從瓦方聲,《唐石經》譌"旊",今從宋本及嘉靖本正。陳祥道謂:"經設色之工五,而其實則四;攻木之工七,而其實則八。於輪、輿、弓、廬、匠、車、梓之外,遺輈人;而誤分畫繢爲二。"案:此經各工都數與職事不相應,信如陳說。據上注故書本作"攻木之工十",先鄭破爲七,則漢時經本已無輈人,不知何以前後絶無檢照,竊所未詳。程瑶田則謂標目無輈人,而云輈人爲輈,恐輿人之誤,蓋從輪輈宜從輿也。案:以輈人兼及任正之圍,後鄭釋以輿軓證之,則程說可通。但去輈人而以畫繢爲一,則止二十九工,於注三十工之數又有所闕。竊疑鄭意畫繢實當分爲二工,故於此五工絕無校議,而《司服》注引《繢人職》,或當别有畫人,故書並列二工,而與韋裘同闕。今存一經,乃並二工而總記其事,故曰畫繢之事,猶《瓬人職》末亦通舉陶瓬之事也。如是,則經文無挩無誤,於義得通。但以闕誤已久,肊說無徵,未敢質也。凡工官名義,並詳本職疏。又《曲禮》說天子六工曰:"土工、金工、石工、木工、獸工、草工,典制六材。"鄭彼注云:"此殷時制也。周則皆屬司空,土工,陶、瓬也;金工,築、冶、鳧、㮚、段、桃也;石工,玉人、磬人也;木工,輪、輿、弓、廬、匠、車、梓也；獸工，函、鮑、韗、韋、裘也。唯草工職亡，蓋謂作萑葦之器。"案：彼六工無設色，而別有草工，與此異。竊謂萑葦草器，其用甚少，不必專設一工。今攷《說文·艸部》云："草，草斗，櫟實也。"草爲櫟實正字，其物可染皁，疑染工或可謂之草工，亦卽設色之工也。若然，彼六工與此正相符合，儻可備一義與？

注云"事官之屬六十"者，據《小宰》六屬文。云"此識其五材三十工，略記其事耳"者，卽《鄭目録》所謂前世識其事者記錄以備大數者也。凡此三十工，各有所隸之官，如《梓人職》有梓師，《鄉師職》有匠師，卽梓匠二工之長。亦有給事它官者，如玉府有工八人，卽此玉人；巾車有工百人，卽此輪人之等是也。云"其曰某人者，以其事名官也"者，賈疏云："匠人、梓人、韗人、鮑人之類是也。此等直指其事上爲名也。"《曲禮》孔疏引干寶云："凡言人者，終其身也。"與鄭略異。云"其曰某氏者，官有世功，若族有世業，以氏名官者也"者，《左》隱八年傳云："官有世功，則有官族。"杜注云："謂取其舊官之稱以爲族。"《曲禮》疏引干寶云："凡言氏者，世其官也。"與鄭說同。賈疏云："其曰某氏者，其義有二：一者，官有世功，則以官爲氏，若韋氏、裘氏、冶氏之類是也；二者，族有世業，以氏名官，若鳧氏、㮚氏之等是也。"案"賈蓋謂鳧㮚等職官名，與職事不甚相應者，皆由族有世業，卽以族爲官名，鄭意或當如是。然三十工皆當世業，何以惟九工以氏名官，鄭說不甚通。竊謂此經諸工，亦皆隨事立名，與五官官名，同無定例，不必强爲之說，詳《天官·敍官》疏。云"廬，矛戟矜柲也"者，《說文·矛部》云："矜，矛柄也。"詳前疏。引《國語》曰"侏儒扶廬"者，廬，舊本作"盧"，與今本《國語》同，今從明刻注疏本正。此《晉語》胥臣對文公語，韋注云："扶，緣也。盧，矛戟之柲，緣之以爲戲。"盧，《王制》孔疏引《國語》亦作"廬"，又引舊注云："廬，戟柄也。"《說文·竹部》引《晉語》又作"籚"。籚正字，廬盧並同聲叚借字。云"梓，榎屬也"者，《釋文》云："榎字或作檟。"案：《爾雅·釋木》云："槐小葉曰榎。"郭注云："槐當爲楸，楸細葉者爲榎。"又云"椅梓"，注云"卽楸"。《說文·木部》云："梓，楸也，檟，楸也。"檟與榎字同，故鄭以梓爲榎屬。《釋木》別有"稻山榎"，則又榎之別種。云"故書雕或爲舟"者，段玉裁云："雕從周聲,故古文假借舟爲之,此亦上文'舟'作'周'之類也。以學者不能通,故皆從今書。"鄭司農云"輪、輿、弓、廬、匠、車、梓,此七者攻木之工,官别名也"者,舉此以見三十工,皆爲司空屬官之工也。引《孟子》曰"梓匠輪輿"者,《滕文公篇》文,證木工有此諸名。云"鮑讀爲鮑魚之鮑"者,《籩人》有膴鮑魚鱐。段玉裁云:"'讀爲'當作'讀如',謂其音同也。"案:段校是也。云"書或爲鞄"者,謂故書或本也。《鮑人》本職注義同。段玉裁云:"鞄正字,鮑同音假借字。《説文·革部》曰:'鞄,柔革工也,從革包聲,讀若朴。《周禮》曰"柔皮之工鮑氏",鞄卽鮑也。'許所據《周禮》字亦從魚。《史記·宋世家》:'昭公弟鮑革,賢而下士。'此取攻皮之事爲名也。"詒讓案:《墨子·節用中篇》云"輪車韗匏",匏亦鞄之同聲假借字。又《非儒篇》云"鮑函車匠",則與此經字同。云"《蒼頡篇》有鞄甕"者,證攻皮之當從鞄爲正也。舊本"甕"譌"瓮",宋余本、附釋音本、注疏本並作"甕",與《釋文》合,今從之。正字當作"甕",《説文·甕部》云:"甕,柔韋也,從北、皮省、夐省。"此下隸變從"允",亦譌。賈疏云:"按《漢·蓺文志》,《蒼頡》有七章,秦丞相李斯所作。《鞄甕》是其一篇,内有治皮之事,故引爲證也。"段玉裁云:"《蒼頡篇》有'鞄甕'者,謂其篇内由此二字。"云"韗讀爲歷運之運"者,段玉裁云:"此'讀爲'當作'讀如',其音同耳。《説文·革部》曰:'韗,攻皮治鼓工也,從革軍聲,讀若運,或從韋作韗。'案本職曰'韗書或作鞠',而《説文》云'韗或作韗',《革部》無鞠字,蓋與司農所據異。"案:段校亦是也。《祭統》云:"煇者,甲吏之賤者也。"注云:"煇,《周禮》作韗,謂韗磔皮革之官也。"韗、煇、運,聲類並同。韗字又作韇,《墨子·節用篇》"韇匏",王念孫謂韇即韗字音轉也。云"慌讀爲芒芒禹迹之芒"者,賈疏云:"襄四年《左氏傳》,魏絳請和諸戎,云:'芒芒禹迹,畫爲九州,經啟九道。'引之者,亦取音同耳。"段玉裁云:"'讀爲'當作'讀如',《説文·巾部》曰:'帵,設色之工,治絲練者,讀若荒。'"案:段校是也。芒荒聲類同。云"榔讀如巾櫛之櫛"者,段玉裁云:"謂其音同也。榔字《説文》不載,蓋古文櫛字,節亦卽聲也。"云"瓬讀爲甫始之甫"者,段玉裁云:"'讀爲'當作'讀如',瓬從瓦方聲,方與甫雖雙聲而不同部,故鄭君易之。"案:段校亦是也。云"埴書或爲植"者,段玉裁云:"此同音假借也。"徐養原云:"埴卽徐州土赤埴之埴,亦作殖,說詳《弓人》。或亦通作植,《儀禮·鄉飲記》'五膱',今文或作植是也。膱卽埴也。《禹貢》'赤埴',鄭作'戠',見《釋文》。"杜子春云"雕或爲舟者非也"者,杜定從今書作雕,故斥故書之非,使學者無疑也。云"玄謂瓬讀如放於此乎之放"者,賈疏云:"隱二年'無駭入極',《公羊傳》曰'疾始滅也,始滅放於此乎'是也。"案:放,何本《公羊傳》作"昉"。隱五年傳"始僭諸公,昉於此乎",《隸釋》載《漢石經》"昉"作"放"。昉俗字,《說文》所無,當從賈引作放爲正。鄭《詩譜敍》亦云"詩之道放於此乎",何本不足據。鄭言此者,亦以聲兼義。《曲禮》孔疏云:"瓬取放法之名也"段玉裁云:"《說文·瓦部》云:'瓬,周家搏埴之工也。讀若抵破之抵。'抵破二字疑卽'放於'之誤。"

有虞氏上陶,夏后氏上匠,殷人上梓,周人上輿。官各有所尊,王者相變也。舜至質,貴陶器,甒大瓦棺是也。禹治洪水,民降丘宅土,卑宮室,盡力乎溝洫而尊匠。湯放桀,疾禮樂之壞而尊梓。武王誅紂,疾上下失其服飾而尊輿。

【疏】"周人上輿"者,王宗涑云:"自此至'登下以爲節',乃輪輿輈車四職之總敍。"

注云"官各有所尊,王者相變也"者,《廣雅·釋詁》云:"尚,上也。尊、尚、高也。"尚上義同。王者受命,必易器械,故制器之官所尊尚亦異也。云"舜至質,貴陶器"者,賈疏云:"按《禮記·表記》云:'虞夏之文,不勝其質;殷周之質,不勝其文。'謂上下代質,後代文,若以文質再而復而言,則虞又當質,故云至質。瓦器又至質,故《禮記·郊特牲》云'器用陶匏'。是祭天地之器,則陶器爲質也。以代當質,故用質器也。"云"甒大瓦棺是也"者,《禮器》云"君尊瓦甒",孔疏謂卽《燕禮》"公尊瓦大"是也。《明堂位》云"泰,有虞氏之尊也"。注云:"泰用瓦。"彼《釋文》"泰"作"大",字通。《司尊彝》謂之大尊,詳彼疏。《檀弓》云"有虞氏瓦棺",注云:"有虞氏上陶。"《御覽·禮儀部》引譙周《古史考》云:"舜作瓦棺。"甒大瓦棺並虞制,故鄭引以證上陶之法。云"禹治洪水,民降丘宅土,卑宮室,盡力乎溝洫而尊匠"

者,"降丘宅土",《書·禹貢》文。"禹卑宫室,而盡力乎溝洫",《論語·泰伯篇》文。明匠掌爲宫室溝洫,故夏上之也。云"湯放桀,疾禮樂之壞而尊梓"者,王宗涑云:"梓人所爲筍虡,樂器也;勺爵觚侯,禮器也。"云"武王誅紂,疾上下失其服飾而尊輿"者,賈疏云:"紂之無道,臣下化之,無尊卑之差,失其服飾。但車服者,顯尊卑之差,故周公制禮,尊上於輿也。"

故一器而工聚焉者,車爲多。周所上也。

【疏】"故一器而工聚焉者,車爲多"者,《説文·車部》云:"車,輿輪之總名也。夏后時,奚仲所造。"此冢上而論上輿之法。賈疏云:"謂有輪人、輿人、車人,就職中仍有輈人,是一器工聚者車最多於餘官也。"詒讓案:工謂工官也。《左》定元年傳云:"薛之皇祖奚仲居薛,以爲夏車正。"是夏時已有掌車之官,但工不如周之備。《吕氏春秋·君守篇》云:"今之爲車者,數官而後成。"《淮南子·主術訓》云:"故古之爲車也,漆者不畫,鑿者不斲,工無二伎,士不兼官,各守其職,不得相姦。"並與此經義同。

注云"周所上也"者,謂以一代所尚,故其制特詳也。

車有六等之數:車有天地之象,人在其中焉。六等之數,法《易》之三材六畫。

【疏】注云"車有天地之象,人在其中焉"者,卽後文"軫方象地,蓋圜象天"是也。云"六等之數,法《易》之三材六畫"者,賈疏云:"《易·説卦》云:'立天之道曰陰與陽,立地之道曰柔與剛,立人之道曰仁與義。兼三材而兩之,故《易》六畫而成卦。'兼三材者,天有陰陽,地有柔剛,人有仁義。三材六畫,一材兼二畫,故車之六等法之也。"案三材,材,《詩·鄘風·伯也》孔疏引作"才",與《易·説卦》合,當從之。賈《士冠禮》疏引鄭《易注》云:"三才,天地人之道。六畫,畫六爻。"此疏卽本鄭彼注義。

車軫四尺,謂之一等;戈柲六尺有六寸,既建而迆,崇於軫四尺,謂之二等;人長八尺,崇於戈四尺,謂之三等;殳長尋有四尺,崇於人四

尺，謂之四等；車戟常，崇於殳四尺，謂之五等；酋矛常有四尺，崇於戟四尺，謂之六等。此所謂兵車也。軫，輿後橫木。崇，高也。八尺曰尋，倍尋曰常。殳長丈二。戈、殳、戟、矛皆插車輢。鄭司農云："迆讀爲'倚移從風'之移，謂著戈於車邪倚也。酋發聲，直謂矛。"

【疏】"車軫四尺"者，由軫厚加軹轐崇數計之，文具於後。云"戈柲六尺有六寸，既建而迆崇於軫四尺"者，"迆"下《鮑人》注引有"之"字，未知孰是。《釋文》云："崇，本亦作古㟝字。"案：《漢書・郊祀志》顔注亦云："㟝，古崇字。"然此即崇形聲上下互易，非古今字也。《説文・山部》崇重文無㟝。於，前經五篇並用古字作"于"，此記上下篇並作"於"，疑經記字例本不同，鄭、賈各仍其舊，非傳寫之誤也。後不備校。建而迆者，鄭《大射儀》注云："建猶樹也。"戈柲長六尺六寸，迆建高於軫四尺，則減於直建者二尺六寸也。

注云"此所謂兵車也"者，即《車僕》之五戎車，王及軍將以下至卒兩所乘皆是也。《少儀》云："乘兵車，出先刃，入後刃。"亦據建兵言之。賈疏云："此六等，軫一人一之外，兵有四等。此謂前驅車所建，故《詩》云'伯也執殳，爲王前驅'，彼注引此文爲證，明此是前驅所建可知。"案：賈説非也。此四等兵所建，自是兵車之通法，《詩箋》引證執殳耳，非謂建兵專屬前驅車也。其平時乘車雖不建兵，然亦建戈盾，故《司戈盾》云"軍旅會同，建乘車之戈盾"。但無矛戟殳等，故乘車六尺有六寸，加軫轐亦得爲四尺，而不得備此六等也。云"軫輿後橫木"者，《輿人》注及《説文・車部》、《國語・晉語》韋注、《方言》郭注並略同。而鄭後章"加軫與轐"注又云輿也，義與此小異。徐養原云："軫之本義，專指車後橫木，以其爲輿之本，言輿者多舉以言之，故輿牀及兩旁通謂之軫矣。《説文》云：'軓，車軾前也。'鄭注《輈人》云：'軓謂輿下三面之材，輢式之所尌。'然則輿之兩旁，或因乎前面，通謂之軓；或因乎後面，通謂之軫，本無定名。惟前軓後軫，則不可互易。《小戎》疏謂車前有軫，謬矣。記軫凡五見，其別有三：六分其廣，以一爲之軫圍，輿後橫木也；加軫與轐，軫方象地輿也；五分軫閒。弓長庇軫，兩旁也。"江永云："軫本車後橫木之名，輿人六分車廣，以其一爲之軫圍是也。及其載於轐上,則通輿下四面皆可謂之軫。此言加軫與轐,後言弓長四尺謂之庇軫,又言軫方象地是也。猶之式本有其木,而隧前三分之二之處亦得通謂之式也。"鄭珍云:"輿後横木名軫,本以紾轉爲稱。《小雅》、《方言》並云軫謂之枕,《釋名》亦以軫爲枕。以枕是薦首之物,車由此登,即以此爲首,名枕止取首意,亦緣與軫同聲。《毛詩》謂之收者,是指輿下四方,故得以深淺言,名收,蓋取收固車箱意。軫自是輿後横木專名,軓自是輿下三面材專名。軫名可通於軓,軓名不可通於軫。以輿下輿後高度如一,故可以軫包之。軓者範輿,軫固不範輿也。康成注軫凡三處,此云:'軫,輿後横木'者,著其主名也。四面高同,言專處餘可見矣;下'加軫與轐',云'軫,輿也'者,以經通言四面也;《輿人》'軫圍'云'軫,輿後横'者,以軫軓異圍,經所明是後横者之度,其軓圍在《輿人》,故宜别言之也。"案:徐、鄭説是也。云"崇,高也"者,《爾雅·釋詁》文。後注及《旊人》、《梓人》、《匠人》注亦同。云"八尺曰尋,倍尋曰常"者,《廬人》注同。《説文·寸部》云:"度人之兩臂爲尋,八尺也。"《小爾雅·廣度》云:"四尺謂之仞,倍仞謂之尋,尋,舒兩肱也,倍尋謂之常。"案:《小雅》説仞四尺,誤,其尋常度數,則與此同。車戟長二尋,故《説文·戈部》引《周禮》戟長丈六尺。《吴子·圖國篇》云"爲長戟二丈四尺,短戟一丈二尺",竝與此不合。《釋名·釋兵》云:"車戟曰常,長丈六尺,車上所持也。八尺曰尋,倍尋曰常,故稱常也。"則本此經而失其義,蓋劉氏之謬也。云"殳長丈二"者,尋八尺,尋有四尺則丈二尺也。殳制詳《司戈盾》疏。云"戈殳戟矛皆插車輢"者,插,葉鈔宋本《釋文》作"捷。"案:捷與插古通。《士冠禮》"捷柶興",《釋文》"捷本作插",是其證。《廬人》注亦云"晉矜所捷也",《釋文》本是也。《釋文》云:"輢,車傍也。"義本《説文》。賈疏云:"皆當以鐵圍範,邪置於輢之上下,乃插而建之。容出先刃入後刃言之,一則邪向前,一則邪向後,乃可得也。"戴震云:"車輢外設扃,戈殳戟矛所建。"程瑶田云:"四兵之插車輢也,惟戈迆之,其餘殳戟矛三兵,竝直建不迆。"鄭珍云:"輢,《説文》云'車傍也',則注云插車輢者,止謂插車之兩旁耳,自是插於外闌。以《詩》詠二矛例之,知四兵左右皆有矣。繹賈氏意,似是以輢爲輿板,其鐵圍當釘在板上。以其説推之,四兵宜上下各有兩圍始固，又須有向後向前，則輿一面有十六，將鐵圜佈滿兩箱，絶無是理。案：經文計四兵崇數，惟戈是柲之迆高，殳戟矛皆直量其柲之實高。若都是斜建，其長短雖不齊，而斜之距，宜上下如一，乃彼此不相拒礙。柲六尺六寸者，斜之則高止四尺，以此數差之，至酋矛，止得崇一丈二尺，皆不得如經所云。程以戈獨迆之，餘皆直插，先刃後刃亦止戈乃如是，其説確矣。"又云："車箱外三面皆有闌。三面材，自軓以外，尚寬四寸六尺者，所以爲置闌地也。古人臨戎所需一切，皆宜在其左右。而隧前一分，爲人所憑立；隧後二分，又登降無常，如衛蒯聵九上九下，鄭丘緩有險必下。推可見皆不容置物其中，觸礙手足，故必於輿外爲闌焉，兵器旗物以插闌上，金鼓諸具庋在闌中，然後可進可戰，非徒孑然一箱也。記文不及之者，以非車正，横直諸度皆可仿輢式消息之。其制以柱承平板，牽以横木，交於輢式之梁柱，板上穿孔置軓下，釘鐵圜篚，以受插者，式外如式之長，輢外如輢之長，其名曰扃。《西京賦》'旗不脱扃'，薛綜注：'扃。關也。謂建旗車上，有關制之，令不動摇曰扃，每門解下之。今此門高，不復脱扃。'其説此制甚明。然則《左傳》宣十二年，'晉人以廣隊不能進，楚人惎之脱扃，少進，馬還，又惎之拔旆投衡，乃出'，可知是旆插於扃，楚人初教之脱去，晉人不從，迨復教，乃拔脱而投之耳。《正義》謂脱者是闌木，殊誤。服君《左傳注》：'扃，横木校輪閒。'蓋以扃指左右闌，爲旆插其上。若其稱'一曰車前横木也'，是服前舊説爲指前闌建旆，與服異，要可證左右前三面闌木皆扃也。此較輪閒之闌，戈殳戟矛建焉，所需諸物庋焉。"又云："車箱後面空虚，兩柱上宜牽以一横木，其輢始固，今既以人由此登下，不可以一横礙之。則兩輢壁立，高過五尺，車行時必有戰扤不安之勢，又可以鐵圜範邪置輢之上下，插旗物兵器以益危之，如賈疏之説邪？故於理勢不能固之於内者，可以闌，使相扶相倚，固之於外。"案：兵車闌扃之制，當如子尹所定，王宗涑、黄以周説略同。黄又據《漢書·成帝紀》顔注云"校謂以木自相貫穿爲闌校"，證服説之校，亦近是。古兵車、乘車輢外咸有闌扃，亦謂之關，《墨子·貴義篇》云"子墨子南游使衛，關中載書甚多"是也。兵車以四等兵環建扃閒，《呂氏春秋·悔過篇》載秦師過周，袀服回建，即謂是也。兵惟戈迆建，餘兵皆正建，程説得之。莊存與説同。《文選》張衡《東京賦》云"立戈迤戛",戛與戟同。張賦與此正相反,文人屬辭,不爲典要也。鄭司農云:"迤讀爲倚移從風之移"者,《弓人》先鄭讀同。倚移從風,賈疏謂出司馬相如《上林賦》。案:今本《史記》本傳,"倚移"作"旖旎",《漢書》作"猗柅",《文選》作"猗狔",並與鄭、賈所見本異。段玉裁云:"《說文》:'迤,衺行也。'戈邪倚,作'迤'是正字,與《上林賦》'倚移'之移音義同。倚移,今《史記》《上林賦》作旖旎,《說文》於禾曰倚移,於旗曰旖施,於木曰檹施,皆謂阿那也。"詒讓案:迤移聲近,字義略同。《玉藻》"手足毋移",注云:"移之言靡迤也。"彼以靡迤釋移,與先鄭讀迤爲移可以互證。云"謂著戈於車,邪倚也"者,程瑶田云:"戈之迤也,非向前,卽向後。蓋六尺六寸之戈,迤之爲四尺,用股弦求句法,得句迤出者五尺二寸五分弱。若左右横迤,加以車廣,其得丈有七尺,必遮塞道塗矣。"鄭珍云:"古戈制,刃郤柲端,横貫柲鑿,則柲端卽盡其長,故其崇止以柲計。車上所以斜插者,以其長止六尺六寸,若直插,則比人低一尺餘,其援胡正當肩臂之閒,射御指揮,不無觸礙,故斜插之。若矛戟高出人上,迥不相干,詎須斜插乎?其插之之所,余思外闌扃木,廣亦無幾,其上不能差互爲孔,使邪正之柲得相交過。程氏以股弦求句,得句之迤出者五尺二寸五分弱,計當在後軫前軓外。而直扃内處各釘一鐵圍篚,令斜向,輿凡四鐵篚,皆足容戈鐏,先刃則插之軫,後刃則插之軓。如此則輿深四尺四寸,加軫廣四寸一分,軓外廣四寸六分,戈自鐵篚斜出闌之連較横木傍扃内,以至高軫四尺之處,柲端略直軓軫之盡,比式雖高七寸,而以援胡向下,彎出柲之上尚高,不至妨其磬控,亦不至登降相妨,於理勢庶有合乎?"云"酋發聲,直謂矛"者,《說文·矛部》云:"矛,酋矛也,建於兵車,長二丈。"《毛詩·秦風·無衣》傳云"矛長二丈",是經典單稱矛者,卽酋矛也。《廬人》"六建"及《司兵》注說車五兵,竝有夷矛。此無之者,夷矛不常用,故此唯舉酋矛之度。鄭《廬人》注以酋夷爲長短名,與先鄭異,詳《廬人》疏。又案:酋矛夷矛並一刃直刺。《書·顧命》孔傳云:"惠,三隅矛。"孔疏引鄭注云:"戣瞿,蓋今三鋒矛。"《詩·秦風·小戎》毛傳云:"厹矛,三隅矛也。"彼諸矛並矛之别制,與兵車常建之酋矛、夷矛不同也。

車謂之六等之數。申言數也。

【疏】注云"申言數也"者,賈疏云:"申,重也。"

凡察車之道,必自載於地者始也,是故察車自輪始。先視輪也。自,從也。

【疏】"凡察車之道,必自載於地者始也"者,王宗涑云:"此節敍記以輪人爲首之故,兼小車任載車言。"阮元云:"車者,輪輿輈之總名,而其用莫先於輪,是故察車自輪始。《説文》曰:'有輻曰輪,無輻曰輇。'是輪又爲輻轂之總名矣。"

注云"先視輪也"者,《文選·西京賦》薛綜注云:"察,視也。"《輪人》規、萬、縣、水、量、權六事,皆言眡,卽察輪之義。云"自,從也"者,《爾雅·釋詁》云:"從,自也。"

凡察車之道,欲其樸屬而微至。不樸屬,無以爲完久也;不微至,無以爲戚速也。樸屬,猶附著堅固貌也。齊人有名疾爲戚者。《春秋傳》曰:"蓋以操之爲已戚矣。"速,疾也。書或作"數"。鄭司農云:"樸讀如子南僕之僕。微至,謂輪至地者少,言其圜甚,著地者微耳。著地者微則易轉,故不微至無以爲戚數。"

【疏】"凡察車之道,欲其樸屬而微至"者,此即謂察輪也。賈疏云:"此以下云車有善惡、高下、大小之宜。"程瑤田云:"輪人三材不失職,是最重者專在於牙,故曰'察車之道,欲其樸屬而微至'。樸屬通謂三材,而微至則專重乎牙也。"

注云"樸屬猶附著堅固貌也"者,《詩·大雅·棫樸》鄭箋云:"相樸屬而生。"《爾雅·釋木》"樸枹者",郭注云:"樸屬叢生者爲枹。"《方言》云"撲,聚也",郭注云:"撲屬,蘩相著貌。"案:《方言》之撲,段玉裁改爲《説文·木部》"樸棗"之樸,云"樸樸二同,皆謂稹密"是也。蓋樸屬,戚速,皆疊韻連語。《士冠禮》鄭注云:"屬猶著也。"云"齊人有名疾爲戚者,《春秋傳》曰,蓋以操之爲已戚矣"者,賈疏云:"按《公羊傳》,莊公三十年冬,齊人伐山戎。傳云:'此齊侯也。其稱人何?貶。曷爲貶?司馬子曰:蓋以操之爲已蹙矣。'注云:'操,迫也。已,甚也。蹙,痛也。'鄭氏以蹙爲疾,與何修别。"阮元云:"賈疏引《公羊傳》作'蹙',戚正蹙俗。"案今本《公羊傳》亦作"蹙",明注疏本竝改戚爲"蹙",則非。段玉裁云:"引《公羊傳》者,以證齊言。"云"速,疾也"者,《爾雅·釋詁》文。《弓人》先鄭注義同。云"書或作數"者,丁晏云:"《曾子問》'不知其已之遲數',注'數讀爲速'。《樂記》'衛音趨數煩志',注'趨數讀爲促速,聲之誤也'。《祭義》'其行也趨趨以數',注'數之言速也'。又《漢書·賈誼傳》'淹速之度',《史記》作'淹數',徐廣曰'數,速也'。"云"鄭司農云,樸讀爲子南僕之僕"者,賈疏云:"哀二年《左氏傳》云:'初,衛侯游于郊,子南僕。'引之者,取音同也。"王宗涑云:"《詩·既醉》'景命有僕',毛傳云:'僕,附也。'樸僕聲同義近,故先鄭讀爲僕,而後鄭訓爲附著也。"云"微至謂輪至地者少,言其圜甚,著地者微耳"者,祭義注云:"微猶少也。"此據《輪人》云:"進而眡之,欲其微至也,無所取之,取諸圜也。"故知微至專屬輪至地言之。云"著地者微則易轉,故不微至,無以爲戚數"者,先鄭從或本作"數",此亦明圜甚則利轉之義。

輪已崇則人不能登也;輪已庳,則於馬終古登阤也。已,大也,甚也。崇,高也。齊人之言終古猶言常也。阤,阪也。輪庳則難引。

【疏】"輪已崇則人不能登也"者,賈疏云:"輪已崇,則過六尺六寸,軫軵過四尺,大高,故人不能登也。"云"輪已庳,則於馬終古登阤也"者,阤,釋文作"陁",非。《説文·广部》云:"庳,一曰屋卑。"通言之,輪卑亦得稱庳。賈疏云:"輪已庳則無六尺六寸,軫軵無四寸,大下,則馬難引,常似上阪也。"

注云"已,大也,甚也"者,皆引申之義。鄭《檀弓》注云:"已猶太也。"又云:"已猶甚也。"云"崇,高也"者,前注同。云"齊人之言終古猶言常也"者,此鄭據漢時《方言》釋之。《文選·吴都賦》劉逵注云:"終古猶永古也。"案:《楚辭》《離騷》、《九歌》、《九章》並有終古之語,則不獨齊人有此語矣。云"阤,阪也"者,《輈人》注同。《爾雅·釋地》云:"陂者曰阪。"郭注云:"陂陀不平。"案:陀卽阤之俗。《説文·自部》云:"阤,小崩也。"凡山小崩者,必陂陀衺下,故因之阪之陂陀者,亦謂之阤。俗分别爲二音,故《釋文》載劉昌宗音黨何反，李軌音他，並失之。惟徐邈音丈爾反，不誤。云“輪庳則難引”者，王宗涑云：“輪庳則壓馬重，常若登阤然。”

故兵車之輪六尺有六寸；田車之輪六尺有三寸，乘車之輪六尺有六寸。此以馬大小爲節也。兵車，革路也。田車，木路也。乘車，玉路、金路、象路也。兵車、乘車駕國馬，田車駕田馬。

【疏】“故兵車之輪六尺有六寸，田車之輪六尺有三寸”者，鄭珍云：“後文輪輿諸事俱不著尺寸，先出三車輪崇，明根數也。”王宗涑云：“置六尺六寸、六尺三寸兩輪，以六觚率推之，兵車、乘車輪周丈九尺八寸，田車輪周丈八尺九寸。以密率推之，兵車、乘車輪周二丈零七寸三分四釐五豪一秒一忽，田車輪周丈九尺七寸九分二釐零三秒三忽。此輪周當依密率算。如依六觚率算，則於輪崇之度必皆有所不足。”詒讓案：此經及鄭注所算圜周、圜徑，並據六觚率，與《九章算術・方田篇》圓田率同。法數雖疏，然古法本如是。圜率自祖沖之以來，所推益密，非先秦、兩漢人所得聞也。今於圜率周徑相求，並首列古法，以明經注之本義；而附著密率，以窮法數之微焉。

注云“此以馬大小爲節也”者，《輈人》注云：“國馬高八尺，田馬七尺。”故此兵車、田車亦視馬之大小，爲輪高下之節度也。云“兵車革路也，田車木路也，乘車玉路金路象路也”者，賈疏云：“皆據巾車而言也。”云“兵車乘車駕國馬，田車駕田馬”者，校人六馬，種馬、戎馬、齊馬、道馬、田馬、駑馬，注云：“玉路駕種馬，戎路駕戎馬，金路駕齊馬，象路駕道馬，田路駕田馬。”下《輈人》“國馬之輈”，注“國馬謂種馬、戎馬、齊馬、道馬”。故此亦云“兵車乘車駕國馬”也。《輈人》三輈，又有駑馬之輈。阮元云：“記不言駑馬輪崇，然輈深既以七寸遞減，輪數亦必以三寸遞減，駑馬輪崇當六尺也。”案：依阮説，則駑馬輪崇與車人柏車同度與？

六尺有六寸之輪，軹崇三尺有三寸也，加軫與轐焉四尺也。人長八尺，登下以爲節。此車之高者也。軫，輿也。鄭司農云：“軹，軎也。轐讀爲旃僕之僕，謂伏兔也。”玄謂軹，轂末也。此軫與轐並七寸，田車又宜減焉。乘車之軌廣，取數於此。軌廣八尺，旁出輿亦七寸也。

【疏】“六尺有六寸之輪，軹崇三尺有三寸也”者，軹得輪全度之半也。賈疏云：“此經論軫崇四尺，不高不下之節。上云‘兵車乘車輪高六尺六寸’，軹是軸頭，處輪之中央，故崇三尺有三寸。”云“加軫與轐焉四尺也”者，以軫轐加軹崇之和數也。云“人長八尺，登下以爲節”者，據中人之度。《御覽・人事部》引《春秋・元命苞》云：“陰極於八，故人旁八，幹長八尺。”經意以人長八尺，取其半爲輿軫之高度，則無不能登之患也。

注云“此車之高者也”者，賈疏云：“對田車是車之下者也。”云“軫，輿也”者，以此軫加轐軹之上，明通輿下四面材言之，不徒指後軫也，詳前疏。鄭司農云：“軹，軎也”者，軎，軎之隸變。《說文・車部》云：“軎，車軸耑也。”《大馭》杜注云：“軹謂兩轊也。”轊卽軎之或體，詳《大馭》疏。程瑶田云：“軹崇當輪崇之半，其數取節於軸圍之半徑，由是平出而達軸末，謂之軎，是軹崇處也。”云“轐讀爲旃僕之僕”者，旃僕未詳。段玉裁云：“僕當作撲。《廣韻》：‘撲，拂箸也。’漢人多用旃爲氈。氈撲者，以氈坋物，如今婦人之粉拍，‘讀爲’當作‘讀如’。”案：段說亦通。云“謂伏兔也”者，卽《輈人》兔圍之兔也。戴震云：“伏兔謂之轐。《易・小畜》九三‘輿脱輻’，《大畜》九二‘輿脱輹’，《大壯》九四‘壯于大輿之輹’。《說文》：‘轐，車伏兔也。輹，車軸縛也。’《釋名》：‘屐，似人屐也。又曰伏兔，在軸上，似之也。又曰輹，輹，伏也，伏於軸上也。’按轐下有革以縛於軸，今《易・小畜》作輻，蓋傳寫者誤。”阮元云：“轐在輿底，而銜於軸上。其居軸上之高，當與輈圜徑同。至其兩旁，則作半規形，與軸相合，而更有二長足，少鍥其軸而夾鉤之，使軸不轉鉤。軸後又有革以固之。輿底有轐，則不至與軸脱離矣。”案：戴阮兩家說伏兔形制是也。伏兔承輿下而加軸上，其正中與輈當兔圍徑同。其前後作半規形下銜軸者，鄭珍謂亦徑二寸二分，其說甚塙。蓋其所銜者，正切軸半徑而止，則伏兔中方徑雖止三寸六分，其銜軸處則橢方徑五寸八分，兼得軸半徑之度。故此經亦止以軫轐加軹下半徑，而不必再計軹上半徑之度也。轐與輹略同。《易・小畜》孔疏引子夏傳云：“輹，車屐也。”《易釋文》引鄭《易注》云“伏菟”。《左》僖十五年傳云：“車脱其輹。”孔疏引“子夏《易傳》

云:'轐,車下伏兔也。'今人謂之車屐,形如伏兔,以繩縛於軸,因名縛也。"《廣雅·釋器》云:"轐、輹,伏兔也。"是轐輹同爲伏兔之名。然以《易》言大輿之輹攷之,蓋輹爲大車之伏兔,轐爲駟馬車之伏兔,其用不同也。詳《車人》疏。云"玄謂軹,轂末也"者,即《輪人》賢軹之軹,謂轂末小穿也。鄭意軸末轂末並有軹稱,此言軹崇,取轂末半徑,求之卽得,不必如先鄭説別取軸末半徑也。李惇云:"車上之軹,一名而三物。其一爲車較之直木、横木,輿人云'參分較圍去一以爲軹圍'是也。其一爲車軸之末出轂外者,《輪人》云'六尺六寸之輪,軹崇三尺有三寸',又云'弓長六尺,謂之庇軹',《大馭》云'右祭兩軹',又《大行人》云'公立當軹'是也。其一爲轂内之小穿,《輪人》云'五分其轂之長,去一以爲賢,去三以爲軹'是也。車闌之軹及轂穿之軹,注無異説,惟軸末之軹,後鄭頗有異説。軹崇三尺有三寸,先鄭云'軹,害也',後鄭云'轂,末也',不從先鄭。然以軹崇而言,則軸在轂中,其徑圍小,六尺六寸之輪,可於軸末取半;若轂末,則其徑圍廣,其崇當不止三尺三寸矣。且云加軫與轐焉,轐在軸上,軫在轐上,其當指軸無疑。若轂末,則既不在軫下,則與轐迴不相涉矣。"案:李説是也。軸貫轂中,軸末半徑與轂小穿半徑高度雖同,而以轐所加言之,則軸末之訓與經文尤爲密合,後鄭之説自不如先鄭之切也。云"此軫與轐並七寸"者,以四尺減三尺三寸,餘七寸,爲並軫轐厚之度。江永云:"加軫與轐之數,軫方徑二寸七分有半,自軸心上至軫面,總高七寸。轂入輿下,左右軓在轂上須稍高,容轂轉,故軸上必有轐庋之。轐之圍徑無正文。《輈人》當兔之圍,居輈長十之一,方徑三寸六分。輈亦在輿下庋輿者,則兔圍與當兔等可知。軸半徑二寸二分,加轐方徑三寸六分,其高五寸八分。以密率算,轂半徑五寸一分弱,中閒距軓七分强,可容轂轉。以五寸八分加後軫出轐上者約一寸二分,總高七寸也。輿板之厚,上與軫平,亦以一寸二分爲率。後軫在輿下者,餘一寸五分半,輈踵爲缺曲以承之。算加軫與轐之七寸,當從輈算起。蓋輈在軸上必當輿底相切,而兩旁伏兔亦必與輈齊平,故知輈之當兔圍必與兔圍等大。後不言兔圍者,因輈以見也。"又云:"轐有二,設之蓋在軓内八寸閒,以轂入輿下者亦七寸也。轐當連于輿,有兩木鉗軸,如今制輈之鉗軸,亦當如轐之制與?"案:伏兔圍徑之度，當與《輈人》當兔之度同，江說是也。至江氏說軫高，依《輿人》注"兵車軫圍尺一寸"，以正方之徑求之，得二寸七分五釐，加伏兔六寸三分半，再加以軸半徑二寸二分，則爲八寸五分半。較之記文七寸之度，贏一寸五分半，故江氏必謂後軫人輿下者餘一寸五分半，乃適與贏高相消，而正合七寸之度也。鄭珍則謂軫圍橢方，云："通考車制，知軫軓異圍。軫廣當四寸一分，軓廣當五寸八分，厚皆一寸四分。令四面上下齊平，故曰'軫方象地'，非正等方而後軫獨下於軓一寸五分半也。其軸踵蓋平承軫下，有直木關固之，亦非爲缺曲。若爲缺曲，踵即不與軫後齊。兔圍固與當兔等大，方徑皆三寸六分，而並須除鉤心入底板之數，則高當約三寸二分。軸半徑二寸二分，是約率；以密率算，止二寸一分。今於輪半崇三尺三寸之上，加軸半徑二寸一分，轐高三寸二分，軫厚一寸四分，於七寸尚少三分。據《說文》：'轐，伏兔下革也。'知兔下有革爲藉，不令木與木相摩，當兔下應亦不異，則革厚約三分，添成高七分。爲軫崇四尺，軫轐中閒空三分强，於轂半徑五寸三分强，入軓下者，仍得容轉也。設伏兔處，江氏以轂入輿下七寸推之，云當在軓内八寸閒。余計宜距軓内一寸二分設之也。"案：子尹說較江尤密，但其所定軫軓異圍及伏兔鉤入底版之數，經注並無見文，未敢偏持一義。今兩存以資參攷。凡車制度數，經有明文者，並以經爲正。注說閒有微差，近儒攷正，義據塙鑿者，亦詳著之，至經注並無文，後人以意推定者，衆說紛迕，難以質正。且根數一差，則全車度數並隨之遷易，黍穮之較，舛馳千里。今博採諸家，略存一二，不悉論也。云"田車又宜減焉"者，《輈人》注云"田車加軫與轐五寸半"，又云"輪軹與軫轐之減率寸半"是也。賈疏云："田車軫崇三尺一寸半，減乘車寸半，加軫與轐爲五寸半也。"云"乘車之軌廣，取數於此，軌廣八尺，旁出輿亦七寸也"者，《匠人》注云："乘車六尺六寸，旁加七寸，凡八尺，是爲轍廣。旁加七寸者，輻内二寸半，輻廣三寸半，綆三分寸之二，金轄之閒三分寸之一。"賈疏云："車輿六尺有六寸。軌廣謂轍廣。轍八尺，則車輿外出輿兩相各七寸，①取於軫轐七寸之數，故云取數於此也。"案：詳《匠人》疏。

① 原脱"相"，據《周禮注疏》補。——王文锦校注。

冬官考工記

輪人

輪人爲輪，斬三材，必以其時。三材，所以爲轂輻牙也。斬之以時，材在陽，則中冬斬之；在陰，則中夏斬之。今世轂用雜榆，牙以橿也。

【疏】“輪人爲輪”者，以所制之器名工也。《襍記》云：“叔孫武叔朝見輪人以其杖關轂而輠轂者。”注云：“輪人，作車輪之官。”案：此輪人卽其官之屬也。《春官·敘官》巾車有工百人，亦卽此輪、輿、輈、車諸工。《總敘》云：“察車自輪始”，故車工首輪人。云“斬三材必以其時”者，斬材與《山虞》義同。程瑤田云：“古人用材，必量其事之大小而度之。轂則度其材之約有四圍者，輪牙則度其材之過乎把，或將及乎拱者。《山虞》‘凡服耜，斬季材’，注云：‘季猶穉也。服，牝服。’古人度材之法，此可類推。”

注云“三材所以爲轂輻牙也”者，轂輻牙皆統於輪，故先庀其材。《韓詩外傳》云：“輪扁曰：‘以臣輪言之，夫以規爲圓，矩爲方，此其可付乎子孫者也。若夫合三木而爲一，應乎心，動乎體，其不可而傳者也。’”三木卽此三材也。阮元云：“《說文·車部》：‘有輻曰輪，無輻曰輇。’是輪爲牙轂輻之總名。”云“斬之以時，材在陽則中冬斬之，在陰則中夏斬之”者，據《山虞職》，明時卽中冬、中夏也。云“今世轂用雜榆，輻以檀，牙以橿也”者，論三材所用之木。程瑤田云：“《爾雅·釋木》：‘榆，白枌。’《玉篇》：‘枌，白榆也。’然則榆爲赤枌矣。雜榆，赤白兼用之與？《詩·魏風》‘坎坎伐檀’，又曰‘坎坎伐輻’，毛傳：‘輻，檀輻也。’又曰‘坎坎伐輪’，毛傳：‘檀可以爲輪伐輻。’兼言伐輪，則牙亦可用檀矣。《說文》：‘橿，枋也。’枋木可作車。《廣韻》：‘橿，一名檍，萬年木。’《爾雅》‘杻，檍’，郭注：‘似棣，細葉，材中車輞，關西呼杻子，一名土橿。’”詒讓案：《齊民要術》云：“梜榆可以爲車轂。”雜榆疑卽梜榆。《潛夫論·相列篇》云：“檀宜作輻，榆宜作轂。”《御覽·木部》引崔寔《政論》述師曠語同。則周時輻轂亦以檀榆作之，與漢時不異也。橿卽檍，詳《弓人》疏。

三材既具，巧者和之。 調其鑿内而合之。

【疏】"三材既具，巧者和之"者，程瑶田云："三材治之，各有度法，合之爲輪，所謂和也。"

注云"調其鑿内而合之"者，《釋文》云："内，依字作枘。"案：《説文》無枘字，古鑿枘字止作"内"。内謂輻菑蚤之入轂牙者，鑿謂之轂牙受菑蚤之空。《食醫》注云："和，調也。"賈疏云："謂孔入轂入牙者並須調，使得所也。"

轂也者，以爲利轉也；輻也者，以爲直指也；牙也者，以爲固抱也。 利轉者，轂以無有爲用也。鄭司農云："牙讀如跛者訝跛者之訝，謂輪輮也。世閒或謂之罔，書或作輮。"

【疏】"轂也者，以爲利轉也"者，以下明三材之各有其職。《説文·車部》云："轉，還也。"轂中貫軸，轉還無滯，謂之利。云"輻也者，以爲直指也"者，《説文·車部》云："輻，輪轑也。"謂三十輻各指其鑿，無偏佹也。云"牙也者以爲固抱也"者，《説文·手部》云："捊，引取也。重文抱，捊或從包。"輪牙輞會合衆木聚成大圜形，互相持引而固也。

注云"利轉者，轂以無有爲用也"者，賈疏云："案《老子·道經》云：'三十輻，共一轂，當其無，有車之用。'注：'無有謂空虛。轂中空虛，輪得用；輿中空虛，人居其上。'引之者，證轂爲由空乃得利轉之義也。"錢坫云："《説文·車部》：'轂，輻所湊也。'言轂外爲輻所湊，而中空虛受軸，以利轉爲用。"王宗涑云："轂之穿空，圜正而滑易，則利轉，故云以無有爲用也。"鄭司農云"牙讀如跛者訝跛者之訝"者，此引《公羊》成二年傳文以擬其音也。訝，今本《公羊傳》作"迓"，同，詳《秋官·敍官》疏。云"謂輪輮也，世閒或謂之罔，書或作輮"者，徐養原云："《車人》云：'渠三柯者三。'鄭司農云：'渠謂車輮，所謂牙。'《説文·木部》：'枒，木也，一曰車輞會也。'又《車部》:'輮,車軔也。軔,礙車木也。'如司農說,則牙輮同物而異名;如許君說,則牙輮異物。"案:徐據《説文》宋本。今段玉裁校本,據《玉篇》、《廣韻》改車軔爲車網,則亦以輮與枒爲一物。但枒訓車輞會,會爲會合衆材;而輞則輪外匡之總名。許於枒訓分析甚明,而輮訓則又渾舉不別,義微異耳。《釋名·釋車》云:"輞,罔也,罔羅周輪之外。關西曰輮,言曲輮也。"《廣雅·釋器》云:"輮,輞也。"《急就篇》"輻轂輨轄輮輔𨏥",顏注云:"輮,車輞也。關西謂之輮,言其柔曲也。"案:輮亦作柔、楺,《鹽鐵論·散不足篇》云"古者椎車無柔",又云"郡國繇吏素桑楺"是也。阮元云:"輞非一木,其曲須揉,其合抱之處,必有牡齒以相交固,爲其象牙,故謂之牙。《説文》曰:'牙,牡齒,象上下相錯之形。'于車牙牙字,則加木作枒,曰車輞會也。蓋枒本車輞會合處之名,本義也;因而車輞通謂之枒,此餘義也。"王宗涑云:"一木之屈曰輮,輮,煣也,言木經煣屈也。合衆輮以成大圜曰輞,輞,罔也,言如罔之結繩綴也。兩輮交合之牡齒曰牙,此其本義也。三字經典亦通用。"案:阮、王説是也。牙材,分言之則曰牙,或曰輮,總舉其大圜則曰輞,輞與牙微異。漢時俗語通稱牙爲輞,故先鄭據以爲釋。書或作輮,謂今書別本有如此作者,義兩通,故記之。

輪敝,三材不失職,謂之完。敝盡而轂輻牙不動。

【疏】"輪敝,三材不失職,謂之完"者,莊有可云:"不失利轉、直指、固抱之職也。"程瑶田云:"《説文》:'完,全也。'謂之完者,工巧之極,致三材不失職。天時、地氣、材美、工巧兼任之,而要其歸於工巧,當其初成,固已知之,至於輪敝,始可驗耳。"

注云"敝盡而轂輻牙不動"者,《説文·㡀部》云:"敝,一曰衣敗。"引申之,凡物敗壞並謂之敝。《梟氏》注云"擟,弊",義亦相近。賈疏云:"轂輻牙各有職任,自相支持,雖盡不動,是不失職也。"詒讓案:《荀子·大略篇》云:"乘輿之輪,太山之木也。示諸檃括,三月五月爲幬菜,敝而不反其常。"楊注云:"菜讀爲菑,謂轂與輻也。"案:此輪敝三材不動,即所謂敝而不反其常也。

望而眂其輪，欲其幎爾而下迆也；進而眂之，欲其微至也；無所取之，取諸圜也。輪謂牙也。幎，均致貌也。進猶行也。微至，至地者少也。非有他也，圜使之然也。鄭司農云："微至，書或作'危至'，故書圜或作員，當爲圜。"

【疏】"望而眂其輪，欲其幎爾而下迆也"者，明治牙之善，總敘所謂察車自輪始也。賈疏云："下迆者，謂輻上至轂，兩兩相當，正直不旁迆。"段玉裁謂疏當本作"不迆"，云："下迆，賈氏作'不迆'，文理甚明。今各本疏文皆作'下迆'，此由宋人以疏合經注者改疏之'不'字，合經之'下'字，所仍之經，非賈氏之經本。然則經本有二，'下'者是也。望而視其輪，謂視其已成輪之牙。輪圜甚，牙皆向下迆邪，非謂輻與轂正直，兩兩相當。經下文'縣之以視其輻之直'，自謂輻；規之以視其圜，自謂牙。輪之圜在牙。上文轂輻牙爲三材，此言輪輻轂，輪卽牙也。然則《唐石經》及各本經作'下'，是；賈氏本作'不'，非也。"案：段說是也。

注云"輪謂牙也"者，輪外周帀之大圜爲牙也。云"幎，均致貌也"者，與幂人"巾幂"字同。《廣雅・釋詁》云："幎，覆也。"此輪牙之均平致密，如物之下覆，不偏衺也。《禮器》云"德產之致也精微"，注云："致，致密也。"案：致卽今緻字，詳《大司徒》疏。江永云："凡圓形，遠望，中半漸積而下，幎爾而下迆，周遭皆均致也。"云"進猶行也"者，《大司馬》注義同。江永云："注未確。進非車進，乃人進。《鮑人》'望而眂之，進而握之'可證。大略好處，遠望可見；其精緻處，須近前細察。"江說是也。程瑶田、王宗涑說並同。下二章義並放比。云"微至，至地者少也"者，《總敘》注義同。程瑶田云："至地者少也，圜使之然，非指牙厚切地者言。牙厚有杼有侔，不皆微至也。"云"非有他也，圜使之然也"者，言下迆微至，非別有巧術取之，惟其圜故耳。鄭司農云"微至書或作危至"者，段玉裁云："此聲之誤也。"云"故書圜或作員，當爲圜"者，徐養原云："《說文・口部》：'圜，天體也，从口睘聲。圓，全也，从口員聲，讀若員。蓋圜圓音義俱相近，而圜員又同讀，故以員爲圜。"詒讓案：圜正字，員借字，故先鄭定從圜。

望其輻，欲其揱爾而纖也；進而眂之，欲其肉稱也；無所取之，取諸易

直也。掔纖，殺小貌也。肉稱，弘殺好也。鄭司農云："掔讀爲紛容掔參之掔。"玄謂如桑螵蛸之蛸。

【疏】"望其輻，欲其掔爾而纖也"者，明治輻之善也。掔爾，徐鍇本《說文·手部》引作"掔尒"。案：《說文·㸚部》云："爾，麗爾，猶靡麗也。"《八部》云："尒，詞之必然也。"尒正字，經典通叚爾爲之。云"無所取之，取諸易直也"者，《弓人》注云："易，理滑致也。"程瑶田云："易直也，輻不失職之極致，貴直尤貴易也。"

注云"掔纖，殺小貌也"者，《廣雅·釋詁》云："纖，小也。"謂從股趨骹，以次漸殺而小也。賈疏云："凡輻皆向轂處大，向牙處小。言掔纖，據向牙處而言也。"戴震云："纖攕通，輻有鴻有殺，似人之臂掔，故欲其掔爾而攕，不擁腫也。《說文·手部》曰：'掔，人臂皃。攕，好手皃，《詩》云攕攕女手。'今《毛詩》作'摻'，傳云：'摻摻猶纖纖也。'"王宗涑云："輻圍外一偏，股骹若一，内偏三分其長，而殺其近牙之一分，與臂正相似，記故以掔纖形容其殺也。"云"内稱弘殺好也"者，《爾雅·釋言》云："稱，好也。"《樂記》云："寬裕肉好。"肉稱與肉好義亦同，謂輻均好也。程瑶田云："弘謂股，殺謂骹。好謂弘殺之閒，弘不腫，殺不陷也。"鄭司農云"掔讀爲紛容掔參之掔"者，段玉裁云："《史記》司馬相如《上林賦》說樹木云'紛戎蕭蔘'，《漢書》、《文選》皆作'紛溶萷蔘'。案：萷蔘與橚槮同蕭森二音。郭璞曰：'紛容萷蔘，枝竦擢也。'鄭司農所偁作掔參，音義與郭同。謂輻之纖長略如枝條竦擢，故曰'讀爲'，言音義皆同也。"云"玄謂如桑螵蛸之蛸"者，擬其音也。《神農本艸經》云："桑螵蛸生桑枝上，螳螂子也。"《說文·虫部》作"蟰"，蛸螵卽蟰之俗。

望其轂，欲其眼也；進而眡之，欲其幬之廉也；無所取之，取諸急也。

眼，出大貌也。幬，幔轂之革也。革急則裹木廉隅見。鄭司農云："眼讀如限切之限。"

【疏】"望其轂，欲其眼也"者，明治轂之善也。眼，《說文·車部》作"輥"，云"輥，轂齊等皃，《周禮》曰，望其轂欲其輥。"與鄭字義並異。戴震云："眼當作輥，齊等者，不橈減也。"云"無所取之，取諸急也"者，程瑶田云：

"急者,轂不失職之極致。"

注云:"眼,出大貌也"者,《說文・目部》云:"睅,大目出也。"與眼聲近。段玉裁云:"《說文》:'眼,目也。'鄭意《目部》睔、睅、睍、睴等字,與眼音皆相近,故以出大貌訓眼。大對廉而言,望之如大出目,進而視,則其幔革又斂約。"云"幬,幔轂之革也"者,《說文・巾部》幬作㡛,云"禪帳也",又云"幔,幎也"。《廣雅・釋詁》云:"幬,覆也。"案:幬本爲帳,引申爲覆幬之義。凡小車轂以革冡幎爲固,故亦謂之幬。戴震云:"以革幬轂謂之軧,《說文》亦作軝,從革。《小雅》'約軧錯衡',毛傳曰:'長轂之軧也。'軧即幬革,惟長轂盡飾,大車短轂則無飾,故曰長轂之軧。"案:戴說是也。《史記・禮書》云'大路之素幬也',疑即謂轂革純素,無朱漆之飾。《索隱》謂車蓋素帷,非其義也。互詳後及《巾車》疏。云"革急則裹木廉隅見"者,《廣雅・釋言》云:"廉,棱也。"轂榦木極圜,雖平易齊等,而兩耑近賢軹處自有廉棱,冡革急則見也。賈疏云:"凡轂初作時隱起,然後以革輓之,革急裹木隱起見。"云"鄭司農云,眼讀限切之限"者,此擬其音兼取其義也。《漢書・外戚傳》顏注云:"切,門限也。"《說文・自部》云:"限,門榍也。"切榍字通。惠士奇云:"《釋名》云:'眼,限也,瞳子限限而出也。'與二鄭說同。"段玉裁云:"限切謂門限。《爾雅》柣讀千結反,即切字也。《漢書》曰'切皆銅沓',《西都賦》'玄墀釦切',《西京賦》'設切厓隒',高誘注《淮南》多偁門切。司農讀如限切者,擬其音,謂其齊整截然也。鄭君訓出皃,則不讀如限也。"

眂其綆,欲其蚤之正也。蚤當爲爪,謂輻入牙中者也。鄭司農云:"綆讀爲關東言餅之餅,謂輪箄也。"玄謂輪雖箄,爪牙必正也。

【疏】"眂其綆,欲其蚤之正也"者,以下論輻入牙轂之巧。綆即下文云六尺有六寸之輪,綆參分寸之二是也。戴震云:"輻上端入轂中,用正枘;下端入牙中,用偏枘,令牙外出,不與輻股骹參值,是爲綆,綆之言偏箄也。蚤正,謂衆輻齊平,雖有綆之減,蚤皆均正也。"程瑶田云:"綆者,牙綆也。綆之形見於輻廣之外而綆之,故藏於輻廣之中。輻廣有全有殺,故轂牙兩鑿心,對望有相左之差。鑿心相左,則菑蚤相左,入牙一準乎蚤則輪綆,故曰眂其綆欲其蚤之正也。"

注云"蚤當爲爪"者,後"爲蓋章弓蚤"注同。《説文·䖵部》云:"蝨,齧人跳蟲。叉,古爪字。重文蚤,蝨或从虫。"又《爪部》云:"爪,丮也,覆手曰爪。"《又部》云:"叉,手足甲也。"此蚤當爲叉,取手足甲之義。此經《梓人》叚爪爲叉,故許君以叉爪爲古今字,鄭此注亦破蚤爲爪也。車輻大頭名股,蚤爲小頭,對股言之,與人手爪相類,故以蚤爲名。段玉裁云:"《儀禮·士喪禮》、《士虞禮》爪字皆作蚤,古文假借字也。"云"謂輻入牙中者也"者,别於菑爲輻入轂中者也。戴震云:"輻端之枘建牙中者,謂之蚤。"鄭司農云"綆讀爲關東言餅之餅,謂輪箄也"者,段玉裁改"讀爲"爲"讀如",云:"擬其音也。今本作'讀爲',誤。必以關東言餅,則他處言餅非其讀也。《玉篇》云:'綆,鄭衆音補管反。'蓋近之。"鄭珍云:"輪偏出股鑿之名,古無正字,其聲如綆,記卽以綆爲之。綆从更聲,更从丙聲,古讀綆非如今之姑杏切也。先鄭讀爲關東言餅,而《玉篇》音補管反,是關東言餅,亦非如今之必井切也。漢人言輪偏出,其聲如箄,因又以箄爲之。綆與箄只聲有輕重,其實一也。今俗言物之偏出爲箄出,猶漢之遺語。"案:鄭説是也。《釋文》云:"箄,劉薄歷反,李又方四反,一音薄計反者。"《説文·竹部》云:"箄,簁箄也。"此注借爲外偏之義,與訓蔽甑底之箅絶異。盧文弨校本《釋文》誤作箅,段氏謂箅不得反以薄歷,足正其誤。云"玄謂輪雖箄,爪牙必正也"者,程瑶田云:"謂蚤入牙鑿必直也。"詒讓案:正謂鑿空正居牙中,爪入牙仍不偏也。詳後疏。

察其菑蚤不齵,則輪雖敝不匡。菑,謂輻入轂中者也。菑與爪不相佹,乃後輪敝盡不匡刺也。鄭司農云:"菑讀如雜廁之廁,謂建輻也。泰山平原所樹立物爲菑,聲如胾,博立梟棊亦爲菑。匡,枉也。"

【疏】"察其菑蚤不齵,則輪雖敝不匡"者,賈疏云:"上視輻入牙中,此言察入轂中須得所之意。"詒讓案:《説文·齒部》云:"齵,不正也。"《一切經音義》引《蒼頡篇》云:"齵,齒重生也。"謂齒不齊平者也。惠士奇云:"《荀子·君道篇》'弛易齵差',《淮南子·泰族訓》'哾齵之郚'。齵者,参差有鎛部也。《玉篇》云:'齒不齊'。《管子·輕重甲篇》曰'弓弩多匡𢐀',注云:'匡𢐀,戾礙也。'"戴震云:"人齒佹戾曰齵。凡物剌起不平曰匡。"案:戴說是也。此不匡據牙言之,輪用久而敝,其牙之匡乃見,初成時不見也。惟驗其菑蚤上下鑿枘正相直,則可決其牙雖敝不至匡戾也。

注云"菑謂輻入轂中者也"者,戴震云:"輻端之枘建轂中者,謂之菑。"阮元云:"菑蚤皆指名也。《公羊》文十四年傳曰:'如以指則接菑也四。'接菑卽駢指也。古人命物,多就人身體名之,如牙股骹胡頸踵腹等皆是。"云"菑與爪不相佹,乃後輪敝盡不匡剌也"者,鄭訓齵爲佹也。程瑶田云:"蚤正則與菑不相齵,菑不當不正也。蚤偏,菑亦因之而偏。齵者,鑿枘相戾致然也。"王宗涑云:"輻居轂輞之閒,菑與爪大小不侔,且爪偏在外,最易佹戾,菑爪不齵,由於四周之菑鑿正齊也。《說文·朿部》云:'剌,戾也。'義亦近枉。"鄭司農云"菑讀如𥚃廁之廁"者,賈疏云:"讀從史遊《急就章》'分別部居不𥚃廁'義,取不參差意也。"段玉裁云:"擬其音也。"案:段說是也。菑並不取不𥚃廁之義,疏說非。云"謂建輻也"者,建猶插入也。輻上頭插入轂,故名爲菑。云"泰山平原所樹立物爲菑,聲如胾"者,段玉裁云:"廣證之,皆建立之義。《弓人》之'菑栗',《詩箋》之'熾菑',《管子》之'剚耕剚耘',《史記》之'剚刃',義訓略同。"惠士奇云:"菑猶立也,臿也,義與剚同。《漢書·溝洫志·瓠子歌》'揵石菑'卽菑蚤之菑。"案:段、惠說是也。《漢·溝洫志》顏注云:"菑亦臿耳,與剚同。"卽惠所本。《釋名·釋言語》云:"傳,立也,青徐人言立曰傳。"《文選·思玄賦》李注引韋昭《漢書注》云:"北方人呼插物地中爲剚。"剚又爲事,《漢書·蒯通傳》注引李奇云:"東方人以物臿地中爲事。"傳事菑音並相近。《毛詩·大雅·皇矣》傳云:"木立死曰菑。"亦取樹立之義。云"博立梟棊亦爲菑"者,《韓非子·外儲說左》云:"博貴梟,勝者必殺梟。"《西京𥚃記》云:"郭舍人善投壺,激矢令還謂之爲驍。言如博之豎梟,於輩中爲驍傑也。"《列子釋文》引《古博經》云:"棊行到處卽豎之,名爲驍棊。"驍棊卽梟棊也。云"匡,枉也"者,呂飛鵬云:"匡,《說文》作軭,《車部》:'軭,車戾也。'與先鄭訓枉之義合。"江永云:"《輪人》兩匡字皆訓爲枉,後鄭訓剌,剌亦枉也。"

凡斬轂之道，必矩其陰陽。矩，謂刻識之也。故書矩爲距，鄭司農云："當作矩，謂規矩也。"

【疏】"凡斬轂之道，必矩其陰陽"者，賈疏云："此欲斬轂之時，先就樹刻之，記識其向日爲陽、背日爲陰之處。必記之者，爲後以火養其陰故也。"江永云："《山虞》陽木陰木，以生山南爲陽，山北爲陰。此則陰陽木各有向日背日，以向日爲陽，背日爲陰。"程瑶田云："一木必有一木之陰陽向背，矩之乃能不誤施也。故無論冬夏斬時，皆當刻識之。"案：江、程説是也。《列女傳・辯通篇》説弓榦云："生於大山之阿，一日三覩陰，三覩陽。"此言陰陽之均調也。轂木不能皆均調，故必矩識之。

注云："矩謂刻識之也"者，刻識猶畫也。《國語・周語》："其母夢神規其臀以墨。"韋注云："規，畫也。"刻識謂之矩，猶畫謂之規矣。云"故書矩爲距，鄭司農云當作矩"者，徐養原云："《説文・工部》：'巨，規巨也，从工，象手持之，或从木矢作榘。'别無矩字，是巨即矩也。距从巨聲，故距矩通用。《釋名》：'鬠曲頭曰距，距，矩也，言曲似矩也。'"云"謂規矩也"者，謂以規矩度而識之。

陽也者稹理而堅，陰也者疏理而柔，是故以火養其陰而齊諸其陽，則轂雖敝不藃。稹，致也。火養其陰，炙堅之也。鄭司農云："稹讀爲奠祭之奠，藃當作秏。"玄謂藃，藃暴，陰柔後必橈減，幬革暴起。

【疏】"陽也者稹理而堅"者，《釋文》云："稹本又作槇。"阮元云："《説文》'稹，穜概也，从禾真聲'，引《周禮》'稹理而堅'，是此經舊從禾，作槇非也。"案：阮説是也。理謂木之脈理。《説文・木部》云："朸，木之理也。"云"是故以火養其陰而齊諸其陽，則轂雖敝不藃"者，敝，《説文・艸部》引作"弊"，聲之譌也。賈疏云："此轂若不以火養炙陰柔之處，使堅與陽齊等，後以革輓陰柔之處，木則瘦減，革不著木，必有暴起。若以火養之，雖敝盡不藃暴也。"

注云"稹，致也"者，《詩・唐風・鴇羽》箋云："稹者，根相迫迮梱致也。"《爾雅・釋言》云："苞，稹也。"郭注云："今人呼物叢緻者爲稹。"《鴇羽》孔疏引孫炎云:“物叢生曰苞,齊人名曰稹。”《聘義》注云:“縝,緻也。”稹縝同。段玉裁云:“致,今之緻字。稹者,禾之密,引申爲文理之密。”云“火養其陰,炙堅之也”者,凡物柔者得火則堅,故陰木疏理而柔,亦須火炙使堅强也。鄭司農云“稹讀爲奠祭之奠”者,段玉裁改“讀爲”爲“讀如”,云:“讀如奠者,擬其音。今本作‘讀爲’,非也。漢時奠音如震。”案:段校是也。云“蔽當作秏”者,先鄭改讀與《㮚氏》改“煎金錫則不秏”同,謂轂圓滿不虧減也。段玉裁云:“司農謂蔽者聲之誤也,故改爲秏。”云“玄謂蔽,蔽暴,陰柔後必橈減,幬革暴起”者,戴震云:“減下曰蔽,虛起曰暴。”洪頤煊云:“蔽亦作槁,《晏子春秋·襍上篇》:‘今夫車輪,山之直木也。良匠揉之,其圓中規,雖有槁暴,不復嬴矣。’《荀子·勸學篇》:‘雖有槁暴,不復挺者,揉使之然也。’即其義矣。”段玉裁云:“《説文·艸部》云:‘蔽,艸皃。’此蔽之本義。下文引《周禮》‘轂獘不蔽’,此説其假借也。陰柔後必橈減,所謂秏也。幬革暴起,所謂暴也。幬必負榦,注云‘革轂相應,無贏不足’。暴者,轂不足而革贏也。”案:洪、段説是也。暴,㬥之隸譌。《瓬人》注云:“暴,墳起不堅致也。”後鄭以蔽爲暴,革贏也。先鄭以蔽爲秏,轂不足也。二讀不同,而義實相因。《大戴禮記·勸學篇》用《荀子》文,槁暴作枯暴,蔽槁聲類同。後鄭以蔽暴古恒語,故不從先鄭改讀。《荀子》楊注云“槁枯暴乾”,亦非古義。

轂小而長則柞,大而短則摯。鄭司農云:“柞讀爲迫唶之唶,謂輻閒柞狹也。摯讀爲槷,謂輻危槷也。玄謂小而長則菑中弱,大而短則末不堅。”

【疏】“轂小而長則柞,大而短則摯”者,摯,錢氏宋本作摯,《釋文》、《唐石經》及各本竝作槷,《羣經音辨》同。阮元以《唐石經》爲非。案:摯,先鄭破爲槷,依宋本則爲聲之誤,依《石經》則爲形之誤,二字竝通,無由決定,今姑從《石經》。程瑤田云:“轂之大小長短必適中,斯無柞摯之獘,此爲下文言轂長轂圍諸度法起本也。”

注鄭司農云“柞讀爲迫唶之唶”者,《秋官·序官》先鄭注云:“柞讀爲音聲唶唶之唶。”與此讀同。迫唶猶言迫笮。《典同》“侈聲筰”,注云:“侈則聲迫笮，出去疾也。”《漢書・王陵傳》作“迫管”。《釋名・釋宫室》作“迫迮”，字並同。云“謂輻閒柞狹也”者，王宗涑云：“轂閒須爲鑿，以容三十輻共一轂，故轂小則輻閒柞狹，而菑中弱。”云“摯讀爲槷，謂輻危槷也”者，戴震云：“槷同隉。”呂飛鵬云：“《説文・出部》云：‘䊮，槷䊮，不安也。《易》曰槷䊮。’先鄭讀摯爲槷，訓危槷，卽此義。”案：戴、呂説是也。許引《易》“槷䊮”，今《易・困》上六《爻辭》作“臲卼”。又《説文・自部》云：“隉，危也，班固説，不安也。《周書》曰‘邦之阢隉’。”今《書・秦誓》作“阢隉”。《文選》馬融《長笛賦》云“巔根跱之槷刖兮”，李注云：“槷刖，危貌。”槷臲隉並聲近義同。輻危槷，謂菑不固摇動也。云“玄謂小而長則菑中弱，大而短則末不堅”者，“末”上宋附釋音本、汪道昆本及注疏本並有“轂”字，衍。此增成先鄭義也。賈疏云：“以轂小而長，則輻閒柞狹，故菑中弱；轂大而短，卽轂末淺短，故不得堅牢也。”詒讓案：轂小而長，則衆菑之閒，餘地太少，故弱；轂大而短，則藪外距賢軹餘地又太少，故不堅也。江永據《車人》云“短轂則利，長轂則安”，謂此云槷者安之反，戴震亦謂車行危隉不安，義亦通。

是故六分其輪崇，以其一爲之牙圍。六尺六寸之輪，牙圍尺一寸。

【疏】“是故六分其輪崇，以其一爲之牙圍”者，牙圍之度，爲車制諸度之根。依鄭注説，牙圍爲長方形，詳後。

注云“六尺六寸之輪，牙圍尺一寸”者，賈疏云：“此據兵乘車而言。若田車之輪小，崇六尺三寸計，亦可知也。”案：依賈説，田車牙當圍一尺十分寸之五，減於兵車乘車五分，注特出六尺六寸之輪，亦明田車牙圍不得有此數也。

參分其牙圍而漆其二。不漆其踐地者也。漆者七寸三分寸之一，不漆者三寸三分寸之二。令牙厚一寸三分寸之二，則内外面不漆者各一寸也。

【疏】“參分其牙圍而漆其二”者，記漆牙之度，並爲下轂長轂圍明根數也。

注云“不漆其踐地者也”者，牙外踐地，沙石輾轢，易至甐敝，非漆所能固，蓋別以薄鐵傅之，故不漆也。《說文・金部》云："鍚鏶，車輪鐵也。"卽牙外傅鐵之名。云"漆其七寸三分寸之一，不漆者三寸三分寸之二"者，賈疏云："就一尺一寸，且取九寸，三分分之，各得三寸，猶有二寸在。又一寸爲三分，二寸爲六分，三分分之各得二分。若然，一分有三寸三分寸之二，二分總得七寸三分寸之一，是漆之者也。餘一分者，三寸三分寸之二，是不漆者也。"阮元云："漆者近輻之二分，寬七寸三分三釐三豪；不漆其近地之一分，寬三寸六分六釐六豪也。"云"令牙厚一寸三分寸之二，則内外面不漆者各一寸也"者，鄭珍云："詳玩注文，蓋專明牙之踐地不漆一邊之度，所云牙厚，不兼投輻一邊也。注所以必專明不漆一邊者，以上文但言六分輪崇一爲牙圍，其圍之尺一寸者可知。而以此尺一寸者分爲四面，廣狹之數不可知。不知四面廣狹數各若干，則牙厚牙廣不能定，卽漆與不漆之地無從定；而下文轂輻諸數出於漆内中詘者皆茫然矣。故先云不漆其踐地者，以明不漆者在踐地一邊。然後接云漆者七寸三分寸之一，不漆者三寸三分寸之二，以明漆其二不漆其一之數。然後卽不漆之數析之，云令牙厚一寸三分寸之二，則内外面不漆者各一寸，順文理讀之，明明所云牙厚，爲就牙之踐地一邊言，非兼投輻一邊，謂牙上下同厚也。凡牙之厚，其度皆如輻之廣。小車輻廣三寸五分，則牙厚亦三寸五分。惟踐地一邊須不杼不侔，自不能與投輻一邊同厚。其制蓋於牙内外兩邊距地一寸之處，各微微鈋殺，而下至牙厚九分一釐三豪三不盡而止，則牙之踐地不削者，只餘一寸六分六釐六不盡，合兩邊距地一寸圍之，得三寸六分六釐六不盡，居牙圍三分之一不漆。是兩邊距地之一寸，雖爲輪之崇自若，而牙踐地一邊既不杼不侔，則此二寸者俱踐地矣。此注所以算不漆踐地者，必并内外面各一寸計之也。得此不漆之度，乃後以漆者七寸三分寸之一，分居投輻一邊既内外兩邊。投輻一邊，如輻之廣占三寸五分；内外兩邊各占一寸九分一釐六豪六不盡。於是一尺一寸之牙圍，其爲四面廣狹皆得的數。自輪之平面視之，六尺六寸之崇，上下不漆者各去一寸，其餘六尺四寸皆爲漆内，而轂輻諸度之根定矣。令者，非假設之辭，以記無明文，由參互推得，而不敢質言，使若假設其數云爾。下注'令輻廣三寸半'，語意亦然。"又云："古人凡創一物，必合於物之情理，當於人之心目，絕無勉强牽就，故其制易知易從，美善而不可易也。即如輪牙，以注云踐地不漆一分之内有内外面各一寸推之，知車輞揉治初成，其厚本上下想侔也。乃先於内外面距邊一寸，各畫一規，又於厚之外邊中除一寸六分强，周畫兩界線。然後各即規外櫎殺之，至於界線而止，則規自成廉堮，而輪成不侔不杼之形。立而視之，輪之面盡於規，自規以外皆踐地者，非輪面也。然後盡漆其輪面，既使溓泥易脱易洗，又得飾爲美觀。椁内詘中，易而且準。若如後人所説，牙厚上下相等，則牙面自是齊平，而一截漆之，一截素之，入於目既不成象，又於無界埒之平面加漆，必有過與不及之處，詘中取度，求準則難。自然之與勉强，可以定是非矣。"案：子尹釋注牙厚一寸三分寸之二，爲踐地一邊之厚數，極爲精塙，足申注義。知牙投輻一面不爲此數者，後注云"令輻三寸半"，依經參分股圍去一以爲骹圍，尚存二寸有零，更加輪綆參分寸之二，此豈一寸三分寸之二之地所能容乎？況牙木須揉曲成圜，必廣厚略等，方可揉屈；假令牙投輻與踐地兩面正等，則倍一寸三分寸之二，得三寸三分寸之一，以減一尺一寸，餘七寸三分寸之二，爲牙内外兩平面之廣，每面得三寸六分寸之五，爲三寸八分三釐有奇，是平面之廣，較之厚度，赢至一倍有餘。以如此之木，向厚面揉之使圜，亦甚難矣。

椁其漆内而中詘之，以爲之轂長，以其長爲之圍。六尺六寸之輪，漆内六尺四寸，是爲轂長三尺二寸，圍徑一尺三分寸之二也。鄭司農云："椁者，度兩漆之内相距之尺寸也。"

【疏】"椁其漆内而中詘之，以爲之轂長"者，《説文·言部》云："詘，詰詘也。"《廣雅·釋詁》云："詘，曲也。"案：詘屈聲類同。取牙漆内直度中屈之，折取其半以爲轂之長度也。惠士奇云："凡測圓者，必先得其心，從心出線，則面面皆等。椁者，度量之名。度兩漆之内而中詘之，則輪之心也。輪内置轂，轂内貫軸，如此則軸正當輪心，面面皆等。然則中詘者測圓之法，而轂之圍徑從此出焉。"戴震云："大車短轂，取其利也。兵車、乘車、田車暘轂，取其安也。六尺六寸之輪，轂長三尺二寸，則車行無危隉之患。"云"以其長爲之圍"者，明轂長與圍等，圍謂圜圍也。《淮南子·説山訓》云："郢人有買楝者，求三大圍之木，而人予車轂，跪而度之，巨雖可而長不足。"案：《莊子・人閒世・釋文》引李頤云："徑尺爲圍。"此轂圍三尺二寸，[①]故三圍之木於度爲可。《淮南書》與此經義合。戴震云："圍亦三尺二寸，以建三十輻，則輻閒無柞狹之患。"

注云"六尺六寸之輪，漆内六尺四寸，是爲轂長三尺二寸，圍徑一尺三分寸之二也"者，賈疏云："上經不漆者外内面各一寸，則兩畔減二寸，故漆内六尺四寸也。中屈此六尺四寸，故轂長三尺二寸也。又以三尺二寸爲圍，圍三徑一，三尺得一尺；餘二寸，寸作三分爲六分，又徑二分，故徑一尺三分寸之二也。"戴震云："周三尺二寸者，徑尺有五分寸之一弱。鄭注用六觚之率，周三徑一，約計大數爾，非圜率也。"王宗涑云："度起兩漆，不及不漆之大圜，是椁其漆内也。圜密率圍三尺二寸，徑得一尺零一分八釐五豪九秒一忽零。"鄭司農云"椁者，度兩漆之内相距之尺寸也"者，《說文・𩫖部》云："𩫖，度也。"椁𩫖聲類同，義亦相近。阮元云："椁者，横充物内而度之之名也。椁與光廣二聲同轉。《書・堯典》'光被四表'，《漢書・王莽傳》及《後漢書・馮異傳》並讀爲'横被四表'。《爾雅》：'桄，充也。'桄卽與横同義，光黄聲相近也。光轉聲爲廣，廣從黄得聲，亦卽有横義。故《爾雅》曰'緇廣充幅'，《方言》曰'幅廣爲充'，此卽横充而度物之義。光廣聲再轉卽爲廓，《方言》曰'張小使大謂之廓'，《淮南子》曰'横廓六合'，並同斯義。廓與擴聲亦相近，《孟子》曰'知皆擴而充之矣'，趙岐注曰：'擴，廓也。'然則椁其漆内之椁，卽與光廣一聲之轉，知其爲横充物内而度之之名矣。"

以其圍之防捎其藪。捎，除也。防，三分之一也。鄭司農云："捎讀爲桑螵蛸之蛸。藪讀爲蜂藪之藪，謂轂空壺中也。"玄謂此藪徑三寸九分寸之五。壺中，當輻菑者也。蜂藪者，猶言趨也，藪者衆輻之所趨也。

【疏】"以其圍之防捎其藪"者，捎，賈《匠人》"梢溝"疏引此作"梢"，從木。據彼疏，則賈所見本"捎藪"與"梢溝"字同，而今本兩經捎梢錯出，必有

① (尺)原訛"寸"，據上下文義改。——王文锦校注。

一誤。段玉裁、阮元皆謂字當從木，此經捎誤，當作梢。然《説文·木部》云"梢，木也"，《爾雅·釋木》云"梢，梢櫂"，皆無捎除之義。竊疑此與《匠人》"梢溝"，實皆當作捎，《匠人》經誤從木，後人遂並改賈疏耳。江永云："以其圍之阞捎其藪，謂以三分之二爲肉，三分之一爲壺中空也。壺中空，所以受軸者也。下文言'五分其轂之長，去二以爲賢，去三以爲軹'，則壺中内大而外小，其當輻菑處得三分之一也。統言之，中空處皆爲藪；切指之，外當菑者爲藪。若轂上三十孔受輻菑者謂之鑿，不謂之藪。"案：江説是也。

注云"捎，除也"者，《説文·手部》云："自關以西，凡取物之上者爲撟捎。"捎除蓋其引申之義，謂剜刻木中，除去内心而空之也。阮元云："捎有除去之義，《史記·龜策列傳》'捎兔絲而去之'是也。捎其藪者，乃抽拔去轂木中心以爲藪也。《輪人》'捎藪'，《匠人》'梢溝'，《上林賦》'捎鳳皇'，《甘泉賦》'梢夔魖'，捎梢同義。"鄭珍云："捎訓除者，除去其實，使虚而成孔也。从手，與《匠人》从木同。"云"阞者三分之一也"者，程瑶田云："阞，餘也，又分也，理也。《王制》'祭用數之仂，喪用三年之仂'，注以爲十分之一也。十分之一可曰仂，則三分之一當亦可曰阞。"鄭珍云："阞者，分理之名，本無專字。言地理，即從𨸏作阞；言木理，即从木作朸；言指之分，即從手作扐；言骨之分，从月作肋。因从木，又可以从艸作艻；因从手，又可从人作仂。《王制》仂注爲什一，此爲三一者，以彼喪祭費不能多至三一，此於上下諸數惟三一爲適合，故知是三之一也。孔氏《正義》謂仂者分散之言，數亦不定，得其義矣。"詒讓案：注定藪徑小於小穿之軹者，以軹穿有金，須減去二寸，而藪則無是也。鄭後注蓋以賢軹與藪三者之徑適相稱，其説甚精，不可易也。鄭司農云"捎讀爲桑螵蛸之蛸"者，《匠人》"梢溝"先鄭讀同，"爲"段玉裁改作"如"是也。此儗其音，不當云"讀爲"，《匠人》注亦誤。桑螵蛸，見前。云"藪讀爲蜂藪之藪，謂轂空壺中也"者，段玉裁云："轂空壺中，《老子》所謂以無有爲用者也。案《説文·木部》：'樔，車轂中空也。從木巢聲，讀若藪。'蓋故書作樔，大鄭易樔爲藪，故云'讀爲'。許謂樔爲正字，故云讀若藪。今《周禮》本恐有誤。又案：《急就篇》作'轑'，碑作'桑'，桑藪雙聲。"阮元云："藪，《説文》作樔，《急就篇》作'轑'，藪樔轑聲之轉也。藪爲中空之物，故量亦名之，《聘禮記》'十六斗曰藪'是也。觀《記》曰'量其藪以黍'，是轂藪雖不必定如十六斗之多，而要爲物中空受物者之名可知。"案：阮謂橾藪雙聲是也，戴震説同。𣖿當卽橾之變體。轂空中侈，向外兩端漸斂，與鼓匡相似。《廣雅·釋器》、《一切經音義》引《埤倉》並以鼓匡爲鼓䡾壺中名。藪又作𣖿，義與彼同。惠士奇、黄以周並以《急就篇》桑爲梟之誤，亦通。鄭珍云："轂孔内當輻菑處曰壺中，蓋俗閒熟傳舊名，故先鄭舉以通古。"云"玄謂此藪徑三寸九分寸之五"者，賈疏云："車轂其孔必大頭寬，小頭狹，當輻入處謂之藪，寬狹處中而已。轂徑一尺三分寸之二，今一尺取九寸，三分之一得三寸，仍有一寸三分寸之二在。今以一寸者爲九分，寸之二爲六分，摠爲十五，三分取一得五分，故云徑三寸九分寸之五也。"戴震云："揹空轂中如壺然，所以受軸，以密率計之，徑三寸五分寸之二弱。"惠士奇云："依注，設藪以轂圍三尺二寸而三分之，取其一以爲藪，則藪圍一尺九分寸之六，轂兩廂共徑七寸有奇，足以内貫軸，外受輻，而無不勝任之患。"錢坫云："藪圍一尺三分寸之二，此是藪内圍；若藪圍，則是一尺五寸十五分寸之八，方與賢圍軹圍相應。"云"壺中，當輻菑者也"者，謂壺中卽轂中之空，其外則與輻菑之鑿正相直也。云"蜂藪者，猶言趨也，藪者衆輻之所趨也"者，鄭珍云："蜂藪，亦俗閒言衆湊意有此語，與蜂起、蜂聚、蜂擁意同。後鄭申之云：'藪猶趨，蜂藪，衆輻之所趨者。'李軌音藪，倉豆皮，則藪趨音義並與湊同。蜂藪是泛語，注意以衆輻湊之，亦是蜂藪，所以名藪非轂藪卽是蜂藪也。"

五分其轂之長，去一以爲賢，去三以爲軹。鄭司農云："賢，大穿也。軹，小穿也。"玄謂此大穿，徑八寸十五分寸之八；小穿，徑四寸十五分寸之四。大穿甚大，似誤矣。大穿實五分轂長去二也。去二，則得六寸五分寸之二。凡大小穿皆謂金也。今大小穿金厚一寸，則大穿穿内徑四寸五分寸之二，小穿穿内徑二寸十五分寸之四，如是乃與藪相稱也。

【疏】"五分其轂之長，去一以爲賢，去三以爲軹"者，明車轂含釭内外大小之異度也。《説文·金部》云："釭，車轂中鐵也。"《釋名·釋車》云："釭，空也，其中空也。”總言之，大小通曰釭；析言之，大曰賢，小曰軹，其物以鐵爲之。又《説文・玉部》云：“琮，似車釭。”《大宗伯》注云：“琮，八分象地。”車釭與彼相似，則當内圜而外爲八觚形。蓋釭内空，與軸相函，故必圜以利轉；外邊則嵌入轂中，故爲觚棱，使金木相持而固，不復揺動也。江永云：“五分其轂之長，長與圍同，言長即是言圍。”阮元云：“大穿圍大，小穿圍小，蓋輻内之軸任重，故不可殺，使其穿大而轂弱；輻外之軸任輕，可以使其穿小而轂强，且殺軸亦所以限轂，使不致内侵也。”

注鄭司農云“賢大穿也，軹小穿也”者，阮元云：“穿者，軸所貫也。大穿者在輻内，近輿之名。小穿者，在輻外，近轄之名。”錢坫云：“《廣雅》：‘賢，大也。’賢有大義，故大穿謂之賢。《説文・車部》云：‘軹，車輪小穿也。’”鄭珍云：“轂孔自内頭起，其圍徑卽漸殺漸小，軸入轂之圍徑如之，故孔適相函而運轉。其内頭孔曰大穿，外頭孔曰小穿。賢者，《説文・目部》：‘臤，大目也。’與此賢音義並同。軹者，凡語止詞曰只，轂孔至末而止，卽呼爲只，後因加車作軹。軸耑鎋亦當軸止處，又所以止軸之出，故亦呼爲只，其作字遂兩同。”案：鄭説是也。凡兩穿及壺中，一例捎之，則三處當有一定之度。若準賢軹兩圍，則藪徑不止三寸五分五釐五豪强，造轂者正因恐傷輻鑿，故特增藪厚，不因賢軹爲一定之殺。不然，由賢以趨於軹，既以想去遠近逐漸平殺，則但見賢軹之圍，藪圍自可例推，經何必特出藪圍之度乎？至釭金雖當隸金工，然轂穿必沓金而後可以利轉。若僅詳釭外木空之圍，則轂穿之真度本無此大，易致淆掍，故必兼金計之，而後其度數乃備也。云“玄謂此大穿徑八寸十五分寸之八，小穿徑四寸十五分寸之四”者，賈疏云：“五分其轂之長，去一以爲賢，卽以轂長三尺二寸，徑一尺三分寸之二，而五分去一，一尺去二寸，得八寸；三分寸之二者，本三分寸，今爲十五分寸，卽以二分者爲十分，去二分，得八分，故云徑八寸十五分寸之八也。小穿經云去三，一尺五分去三，去六寸得四寸，三分寸之二，亦爲十五分寸之十，五分去三，去六分，得四分，故云徑四寸十五分寸之四。”王宗涑云：“賢得轂長五分之四，圍二尺五寸六分。軹得轂長五分之二，圍尺二寸八分。鄭謂大穿徑八寸十五分寸之八，小穿徑四寸十五分寸之四，用六觚率也。以密率求之，大穿徑八寸一分四釐八豪七秒三忽零，小穿徑四寸零七釐四豪三秒一忽零，是大穿倍小穿也。"云"大穿甚大，似誤矣，大穿實五分轂長去二也"者，兩穿雖有大小之殊，然增減之數不宜過遠；又欲與藪相稱，若依經五分去一爲賢，則大於軹已倍，故知其誤而別定爲五分去二也。阮元云："訛'去一'爲'去二'者，蓋記文偶有缺筆耳。"云"去二則得六寸五分寸之二"者，以一尺五分去二，去四寸，得六寸；以三分寸之二，爲十五分寸之十，五分去二，去四分，得六分，爲十五分之六，約之卽五分之二也。錢坫云："賢圍一尺九寸二分，軹圍一尺二寸八分，藪圍一尺十五分寸之九，此用金裹之，故藪圍徑與兩穿不合。"云"凡大小穿皆謂金也"者，金謂釭鐵也。云"今大小穿金厚一寸，則大穿穿内徑四寸五分寸之二，小穿穿内徑二寸十五分寸之四，如是乃與藪相稱也"者，戴震云："今當作'令'，賈疏已誤。"案：戴校是也。此與上注云"令牙厚一寸三分寸之二"同。金厚經無文，故爲假設之度以明之。賈疏云："大小穿内皆以金消去二寸，故各減二寸也。"鄭珍云："兩穿有内外徑者，孔頭必嵌金釭，使與軸之鐧相摩切。作孔之時，預儲嵌金厚一寸之地，圍徑自寬多二寸，深則止足容金，自内卽圍徑與軸等大，故有内徑外徑。及嵌金之後，外亦與軸等大，而其孔是金，非仍木也。故曰凡大小穿皆謂金也。"案：注大小穿内徑，賈疏無釋，鄭子尹則謂壺中當輻之外釭金盡處爲内徑，其說雖可通，但諦玩注意，似指釭金函軸之空爲穿内徑，指轂木函釭之空爲穿外徑。内徑、外徑並據轂兩耑露見者而言。若轂内釭金盡函於空中，則當以去壺中遠近消息以爲其度之弘殺，不能與釭口平也。江永云："注意大小穿甚密。但《輈人》軸圍一尺三寸五分寸之一，若依圍三徑一算之，則軸徑當大穿穿内處，正得徑四寸五分寸之二，與鄭所算大穿穿内徑同，何以能轉？蓋圍三徑一非真率，以祖沖之徑七圍二十二約率算，軸徑不及四寸五分寸之一，故能稍寬而轉。"鄭珍云："以金厚一寸，故令穿之外徑增寬一寸，爲嵌金之地。及其嵌訖，金圍自與穿内圍齊平也。"案：江、鄭說是也。轂兩穿皆沓金，自是常制，此大穿徑六寸有奇，若非加金二寸，不能與輈人軸徑之度適相函，則注說塙不可易明矣。

容轂必直，陳篆必正，施膠必厚，施筋必數，幬必負幹，鄭司農云："讀'容'上屬，曰'軹容'。"玄謂容者，治轂爲之形容也。篆，轂約也。幬負幹者，革轂相應，無贏不足。

【疏】"容轂必直"者，程瑶田云："未飾之先，治之之法也。篆膠筋幬專言飾。"鄭珍云："治經火養之木，爲圓長三尺二寸之形，是曰容轂。以繩縣之，身及兩端之圍皆與繩觸則直矣。"云"陳篆必正"者，鄭珍云："陳，列也。篆非一處，故曰陳篆。其廣狹及幾處無聞，當任意爲之，無定數也。每篆一周，以矩準之，其高下皆與圍相切則正矣。篆，《說文》作'䡨'，訓車約，蓋所據本異。"云"施膠必厚，施筋必數"者，轂外周帀施以膠筋，使之黏合纏繞，則任力不至坼裂，而亦可以助幬幹之昵著，使無閒罅也。程瑶田云："數者疏之反，謂縱横重疊，互相牽繫以爲固也。"

注鄭司農云"讀容上屬，曰軹容"者，段玉裁云："農下'云'字衍文，此離經之異。"案：段校是也。盧文弨、黄丕烈說同。據此，則上先鄭注當云"軹容，小穿也"，後鄭引之删容字。軹容，蓋謂小穿内空所容之度，其義爲短，故後鄭不從。云"玄謂容者，治轂爲之形容也"者，此破先鄭讀，謂容爲頌之叚借，容轂猶言治轂也。段玉裁謂"容者"當爲"容轂者"，亦通。云"篆，轂約也"者，《巾車》"孤乘夏篆"，先、後鄭並釋爲轂約，與此義同。王宗涑云："篆刻轂木爲垠鄂，篆起如竹有節約然。鄭故訓轂約，小車不皆有篆，孤以上車乃有之。《巾車》云'卿乘夏縵'，言不爲篆也。篆致飾之一，所以辨等威也。"鄭珍云："約轂與幬革是兩事，諸家說皆不憭。幬革者，除置輻處，通鞔之，所以固轂，因以爲飾，凡小車皆然，無貴賤之别。上文云'進而眡之，欲其幬之廉，無所取之，取諸急'，知與輪必取圜，輻必取直，同是小車通制，不得而缺者也。篆者謂轂約，轂約謂之篆，鐘帶亦謂之篆，皆指其圍繞一周者。據《巾車》先鄭注'篆讀爲圭瑑之瑑，夏篆，轂有約也'，參之先鄭《典瑞》注'瑑，有圻堮瑑起'，《說文》'瑑，圭璧上起兆瑑'，知篆以瑑起而名，鐘帶亦名因瑑起。其制於轂幹刻之，令起圻堮一周，刻此處微容，卽彼處起圻堮，其圻堮處卽是篆也，當不止一處，刻訖，其狀蓋如竹形；然後渾體厚播以膠，密被以筋，又播膠一層，乃以革鞔之，令革與容處，圻堮處，皆緊相貼切，則瑑起者亦隨革瑑起，容突分明；然後通丸漆之，待乾摩平，乃就瑑起上周畫五采，其外通朱漆之；此篆之制也。以其周繞束轂，故曰約。非賴此約束其轂始固之謂。據《巾車》'孤乘夏篆，卿乘夏縵，大夫乘墨車'，後鄭注：'夏篆五采畫轂約，夏縵亦五采畫轂，無瑑爾，墨車不畫。'是篆爲孤以上專制，幬爲上下通制明矣。幬轂古謂之軝，《詩·商頌》、《小雅》並云'約軝錯衡'。毛公《采芑》傳云：'軝，長轂之軝也，朱而約之。'而鄭《烈祖》箋云：'軝，轂飾也。'飾卽幬革，則長轂之軝，猶云小車轂之幬革耳。朱而約之，乃是解約字。蓋孤以上之轂，既五采畫其篆約，則篆約之外皆朱漆也，故云朱而約之。《說文》：'軝，長轂也，以朱約之。'是本毛義，非卽以朱爲約。《廣雅》云：'轂篆謂之軝。'張揖爲失毛旨。《詩疏》云：'軝者，長轂之名。'又據許而違許意矣。"案：篆約謂孤乘夏篆以上車轂之制，王宗涑、鄭珍說是也。凡轂初斲治成，平縵無文。自卿以上乘夏篆，則迴環瑑刻，自成圻堮，若竹之有節者，是謂之篆，亦謂之約。又以革鞔篆約之外，是謂之軝。凡小車有革鞔，大車則無，故毛許並釋軝爲長轂，明惟小車轂有此也。鞔革密附轂木，故篆在革內，而文見於革外，《毛詩》謂之約軝，明軝與約備有也。既篆刻而革鞔，又漆之爲五色，是謂之夏篆，毛、許則以爲朱約，朱亦五色之一也。凡篆約之用，以爲文飾，且以辨等威，非以附纏約束爲義；篆約之名，亦起於刻瑑，不繫於施筋與否也。至於筋膠之被，則凡車木任力處皆有之，附纏之以爲固，故《輈人》注謂輈亦有此，不徒轂也。蓋筋膠與篆不相涉，卿乘夏縵，大夫乘墨車，皆無篆，而不得謂無筋膠之被。筋膠之外加以漆，則其痕亦成圻堮，《輈人》謂之"濷"，《少儀》謂之"幾"，而不謂之篆。此經亦以施筋與陳篆並舉，篆非卽筋膠之文明矣。鄭珍爲幬革爲小車之通制，不知施筋亦小車之通制也。《毛詩》、《說文》朱約之義，非謂約束其轂，鄭珍說是也。然後鄭謂夏爲五采，先鄭、毛、許則以爲朱赤，其設色不同，鄭珍兼取其義，謂五采之外皆朱漆色，未知是否。轂約，互詳《巾車》疏。云"幬負幹者，革轂相應，無贏不足"者，《左》襄十八年杜注云："負，依也。"謂幬革與轂幹密相依倚也。賈疏云："幬，覆也。謂以革覆轂之木，隱著革使之急，是革轂相應也。無贏不足者，若轂有耗瘦，不隱著轂，則革有贏而轂不足；若轂不耗，革無贏，轂亦無不足也。"

既摩，革色青白，謂之轂之善。謂丸漆之，乾而以石摩平之，革色青白，善之徵也。

【疏】"既摩，革色青白"者，程瑶田云："色青白者，幬廉而急，必負幹之所致也。革以冒鼓爲最急，鼓色近白，是其驗。"云"謂之轂之善"者，此總冢容轂以下六者言之。

注云"謂丸漆之，乾而以石摩平之，革色青白，善之徵也"者，《説文·手部》云："摩，研也。"賈疏云："謂以革輓轂訖，將漆之，先以骨丸之，待乾，乃以石摩平之，其色青白則善也。"程瑶田云："據注，丸漆之後，乃以石摩之。"王宗涑云："賈意謂丸在摩前，摩在漆前是也。今革既摩，色但青白，未漆甚明。"案：程、王説皆是也。在摩前者，和灰之丸漆；在摩後者，不和灰之漆。鄭、賈義並不相迕。丸漆者，《説文·土部》云："垸，以桼和灰丸而鬃也。"段玉裁云："灰者，燒骨爲灰也。《一切經音義》引《通俗文》曰：'燒骨以漆曰垸。'蓋以桼合燒骨之灰，摶而丸之，以鬃擦物，丸而桼之既乾，如沙磣不光潤，乃摩之，鄭所云'丸漆之，乾乃以石摩平之'也。既摩，乃復桼之，《説文》麭下所云'桼垸已，復桼之'也。如此數四，乃後敃丹雘，今時桼工亦略同此。"案：段説甚析。據此，則轂革有數次漆，先丸漆，不設色，故摩之色青白，後漆設色，則爲《巾車》之夏篆、夏縵及《毛詩傳》之朱約，不得露青白之色矣。經注並據未敃丹雘前之漆言之，故在摩前，非謂既摩之後，遂不復漆也。"

參分其轂長，二在外，一在内，以置其輻。轂長三尺二寸者，令輻廣三寸半，則輻内九寸半，輻外一尺九寸。

【疏】"參分其轂長，二在外，一在内，以置其輻"者，賈疏云："此經欲論置輻於轂相去遠近之法。"趙溥云："外謂轂之趨軹處，内謂轂之趨賢處，與輿相近。以轂長三尺二寸，三分之，以二分爲外，以一分爲内，於二者之閒而置輻焉。所以在外數多、在内數少者，蓋一車用兩轂，而兩轂之閒置輿，輻内數少則兩輪近，輿有依靠處，自然牢固，而行得穩；輻外數多，則轂行無所礙。"

注云"轂長三尺二寸者，令輻廣三寸半，則輻内九寸半，輻外一尺九寸"者，輻廣三寸半，卽後文輻股之度也。《匠人》注亦云"乘車輻廣三寸半"。賈疏云："按上云：'以圍之防捎其藪'，藪中三分徑一，轂徑既一尺三分寸之二，今取一分作空，空中徑三寸九分寸之五；兩畔得二分，有七寸九分寸之一，兩廂分之，一畔得三寸九分寸之五。下文云'量其鑿深以爲輻廣'，鑿深三寸半，故知輻廣三寸半也。依前所計言之，輻深實應三寸十八分寸之十，言三寸半，舉成數言也。若然，轂既長三尺二寸，輻居三寸半，餘有二尺八寸半，三分之，輻外得一尺九寸，輻内得九寸半也。"鄭珍云："輻廣三寸半，乃兵車、乘車不可增減之實數。令之云者，以由經推得，而經無文，故不敢質言，使若假設云爾。賈疏謂注以捎藪鑿深知之，不得鄭旨。捎藪鑿深之數，於經亦無文，注蓋由《輈人》之明言軸圍者，層遞推至牙圍而得之也。"又云："長上無内外也。内外由輻而立，則輻之地自在中閒。故三分轂長，擬九寸五分居内，一尺九寸居外，其中閒三寸五分卽置輻之地矣。《記》於車總目著輪崇尺寸，爲輪輿諸度之根，各度遂不明言，使讀者互求自得，則輻之廣厚，宜卽於輪輿輈三職中求之。《車人》大車輻博三寸，厚三之一。大車小車輻之所以不同者，正有其故。大車轂短，只一尺五寸，其圍之大，欲四尺五寸。制令輻廣三寸，卽正中置輻，其兩頭止各餘六寸。令輻厚一寸，三十輻佔轂圍三尺，餘一尺五寸，兩輻相距尚有五分不鑿空地，故輻比小車廣少而厚多。小車轂長不止增倍，而圍僅三尺二寸。制令輻廣三寸半，其外二内一者所餘甚長。令輻厚七分，則兩輻相距不鑿者只有三分零，故輻比大車廣多而厚少。其因轂之圍長，以增減輻之廣厚，爲數雖異，而廣少者增厚之，厚少者增廣之，使其强力而固則一。"案：鄭説是也。輻廣與鑿深同度，下經有明文；而鑿當盡捎藪餘徑之數，其理亦明塙無疑，注義不可易也。

凡輻，量其鑿深以爲輻廣。廣深相應，則固足相任也。

【疏】"凡輻，量其鑿深以爲輻廣"者，《説文·金部》云："鑿，穿木也。"案：鑿本穿木之器，引申之，凡穿物爲空亦謂之鑿。此鑿卽輻菑所入之空，其數與輻同。《文子·上德篇》云"三十輻共一轂，各直一鑿，不得相入"是也。

輻廣，卽上注云三寸半者也。江永云："輻廣者，輻之博也。不言其厚者，轂圍三尺二寸，三十輻之股端相著，厚一寸有奇可知也。輻相著不留空際者，欲其輻與輻相湊，相挾有力也。觀今車用十八輻，股猶相湊，況三十輻乎。"鄭珍云："凡者，最括之辭，包《輪人》、《車人》六車在内，上凡斬轂，下凡揉牙亦然。《記》不著輻廣之數者，量其鑿深爲之，是鑿深之數卽輻廣之數也。而亦不著鑿深之數者，轂孔壺中當輻菑之數，居轂圍三分之一，餘三分之二之徑，卽兩畔輻菑之鑿深，是捎數餘徑之數卽鑿深之數也。止發此一句爲率，上文已著藪徑，而由藪徑得鑿深，卽鑿深見輻廣，已不啻詳言之矣。《車人》之止著輻博三寸，亦以有此句爲率，卽可由輻博見鑿深，由鑿深得藪徑，同一省文之法。明乎此，益見藪徑鑿深輻廣三事數同，而小車是小車之數，大車是大車之數也。凡以枘周繞圓物投之者，必深視其圓之徑，使投者相湊相倚，衆力如一，始固而益固。輪人之爲輪爲蓋，其鑿之法是一，轂猶蓋斗也，輻猶達弓也，軸猶達常也。蓋斗徑六寸，達常徑一寸，以達常貫蓋斗中，猶以軸貫轂中也。蓋斗之徑，除達常徑一寸，止餘五寸，猶轂徑除軸當藪處徑三寸五分五釐强，則止餘七寸一分一釐强也。蓋斗鑿深二寸五分，相對則盡其五寸，猶轂鑿深三寸五分，相對則盡其七寸也。而蓋鑿之深無餘分，轂鑿尚有一分一釐强未盡者，以蓋斗與達常常靜不動，故鑿雖穿通而不傷達常；轂與軸常動不靜，故鑿耑一枚之前，須稍留五釐强，使輻與軸兩不相及。然一畔五釐强，其留數甚微，雖曰不盡，而其徑亦適盡矣，與蓋鑿究無異也。"案：子尹以車蓋爲輪輻轂軸之比例，其說甚當。惟蓋之達常與斗爲一木，則與輪轂二木相貫同而實異，賈後疏以達常斗爲二木，說尚未足馮耳。

注云"廣深相應則固足相任也"者，言輻之廣深同度，則强弱相等，而後足相持以爲固也。

輻廣而鑿淺，則是以大扤，雖有良工，莫之能固。扤，摇動貌。

【疏】"輻廣而鑿淺則是以大扤"者，阮元云："輻入轂之菑當更薄，而菑末又當削鋭之。蓋以三十輻共趨藪心，若菑厚而豐末，轂心不堅，而鑿亦相通，故《淮南·說山訓》曰：'轂强必以弱輻，兩强不能相服。'又《說林訓》

曰：'輻之入轂，各值其鑿，不得相通。'《荀子》引《詩》曰：'轂既破碎，乃大其輻。'此皆强有餘而固不足也。"

注云"抏，摇動貌"者，《史記司馬相如傳·集解》引郭璞云："抏，摇也。"《説文·手部》云："抏，動也。"《詩·小雅·正月》"天之抏我"，毛傳同。惠士奇云："《方言》曰：'舟僞謂之抏，抏，不安也。'注：'船動摇之貌。'則車之大抏，狀如船矣。"

鑿深而輻小，則是固有餘而强不足也。言輻弱不勝轂之所任也。

【疏】"鑿深而輻小，則是固有餘而强不足也"者，程瑶田云："輻小亦謂菑也。菑雖長而狹小，則能固而不能强，謂易折也。"鄭珍云："輻與鑿其深廣如一，言一則二見，輻廣鑿淺，是廣及度而深不及度；鑿深輻小，是深及度而廣不及度。深不及度，則菑之入轂不固；廣不及度，則菑之承轂少力。見輻鑿廣深非皆三寸半不可也。以此益驗菑是直入尖筍，非鋸筍。"

注云"言輻弱不勝轂之所任也"者，輻廣與鑿深同度，所以爲强足以任轂之重；今鑿雖深而輻大不及度，故輻之力弱，不能勝轂之任也。

故竑其輻廣以爲之弱，則雖有重任，轂不折。言力相稱也。弱，菑也。今人謂蒲本在水中者爲弱，是其類也。鄭司農云："竑讀如紘綖之紘，謂度之。"

【疏】"故竑其輻廣以爲之弱，則雖有重任轂不折"者，鄭用牧云："量其鑿深以爲輻廣，竑其輻廣以爲之弱，弱自與鑿深相應，反覆言之爾。抏而不固則轂折，轂不能持輻也。"戴震云："菑厚蓋大半寸，漸殺之，至末不得過三分寸之一。"鄭珍云："輻菑當入轂處，廣三寸半，長如鑿深，亦三寸半。其初雖已削廣之兩面，漸殺漸窄，以至於端，令適與鑿相函，而其廣三寸半自若也。今以入鑿處起。兩邊斜殺以至於端，與弓之股端一枚同，則是成尖角形之筍，故曰竑其輻廣以爲之弱。弱所以必紘之爲尖筍者，車輿之重，全藉六十輻之力承之，而六十輻更迭常直地者止有兩輻，輻鑿心之未盡轂徑者止五釐强，輻端又鋒薄無餘分。若爲方筍，卽鑿亦方鑿。其投弱也，弱兩邊直入，上以鋒薄之端，撼未鑿五釐之木，雖不通猶通也。而重任壓於上，弱必上僭侵軸，轂亦必往下潛移，一輻如是，即輻輻如是，轂之破折，恒由是作。惟剡輻廣，使如箭簇前半，則弱之兩邊斜交鑿心。其投轂也，自入鑿至鑿心，如並負轂，迤邐相承，一豪不能上僭，轂亦一豪不能下移。而轂之壓輻，以弱兩邊計之，直是壓七八寸，則輻之承轂，愈固而有力，故雖有重任，轂不折也。"案：菑之殺度，經注並無文。依戴說，則厚殺而廣不殺，江永、程瑶田說同。依子尹說，則并殺其廣爲鋭角形，黄以周說同。二義並通，故兩存之。但審繹經文，似以不傷轂爲義，則子尹說於理尤密也。鄭又云："輻爪之長短廣狹，經注皆無明文。案菑爪爲輻上下之枘，其於形制宜同。菑既竑其股廣以爲尖筍，明爪亦當竑其骹廣以爲尖筍。菑之長既如其鑿深而盡轂之徑，明爪之長亦當如其鑿深而盡牙之廣。即其上可知其下，經注故不言也。爪所以必爲尖筍者，蓋牙之廣三寸弱，而踐地一寸又是斜殺，則方者止二寸弱，若爪爲方筍，亦止可長二寸弱，如此即仍不免輻廣鑿淺、大扤難固之病。又牙厚三寸五分，若以二寸一分之方筍投之，兩邊不鑿者無幾，必不勝爪之摇撼而有破裂之患。故必爲尖筍，自骹廣兩邊斜殺，交於端一分，如菑之端，長二寸九分强，如牙之廣，而其鑿則穿達於外。自外視之，其廣一分，其長七分。及以爪投之也，牙兩邊漸内漸厚，迤邐固抱其爪，上雖有重任壓之，而爪一豪不能下出，此制之所以善也。"案：子尹以弱推之入牙之爪，其說甚密。黄以周則云："輻向外一面直下爲倨，向内一面剡曲爲句，爪於倨亦直，於句亦剡曲而鋭。"黄所說輻骹倨句之形，於義可通，而謂爪亦外倨直而内剡鋭，與子尹說異。竊謂經止以牙出輻外爲綆，其爪入牙之枘爲鑿所含，何必隨綆勢而爲倨直。若然，鑿内之爪，似當以子尹說兩面剡成鋭角爲是。但經注並無文，姑兩存之。

注云"言力相稱也"者，明菑與鑿力相等，無强弱之異也。賈疏云："謂輻廣與鑿深相稱。"云"弱，菑也"者，即上文菑蚤之菑，輻入轂中者也。戴震云："菑沒鑿謂之弱。"云"今人謂蒲本在水中者爲弱，是其類也"者，弱與蒻通。《說文·艸部》云："蒻，蒲子，可以爲平席。"《詩·大雅·韓奕》孔疏引陸璣疏云："蒲始生，取其中心入地者名蒻，大如匕柄，正白，生噉之甘脆。"段玉裁云："蒲本在水中，其字作蒻，即菑在轂中之意也。"鄭司農云"竑讀如紘綖之紘，謂度之"者，《左》桓二年傳云"衡紞紘綖"。段玉裁云："竑讀如紘，擬其音而義在是，紘絜於項，故與圍度之訓相近。"

參分其輻之長而殺其一，則雖有深泥，亦弗之溓也。殺，衰小之也。鄭司農云："溓讀爲黏。謂泥不黏著輻也。"

【疏】"參分其輻之長而殺其一"者，此明輻股與骹不同度，以起輪綆之義也。阮元云："參分輻长，股不殺者二分，骹殺者一分也。"鄭珍云："輪崇六尺六寸者，除去牙之漆者一寸九分一釐六豪六不盡，不漆者一寸，上下牙共除五寸八分三釐三不盡，又除轂徑一尺六分六釐六不盡，餘四尺九寸五分。分爲兩輻之長，則一輻除菑爪不計，長二尺四寸七分五釐。三分之而殺其一，則殺者長八寸二分五釐。止於廣之向車箱一邊殺，狹至爪入牙際，其向外一邊不殺，兩面近牙處亦稍殺，但其數甚微。試以人之立驗之，由股而至足，其前面直下，後面自腓腸卽漸斜漸細，兩邊亦略殺焉。此下文股骹之所由名也。"云"則雖有深泥亦弗之溓也"者，有，《唐石經》初刻誤"其"，磨改作"有。"鄭珍云："輻所以必有殺者，止爲泥之黏著。殺者連牙高一尺有奇，泥之上及輻，至此已深。若過是，則不能行矣。或曰：'輻之向外者，豈泥不能黏，何以獨不殺乎？'曰：'不黏者，謂殺其一邊，使細如骹形，自然通骹泥不黏著，非謂只不黏殺之一面也。'"

注云"殺，衰小之也"者，惠棟云："殺猶衰也，見《儀禮注》。衰亦訓小，《春秋傳》云'其周德之衰乎'？注云：'衰，小也。'小猶殺也。"鄭司農云"溓讀爲黏，謂泥不黏著輻也"者，段玉裁云："《說文》：'溓，薄冰也。一曰中絕小水。'故大鄭易經之溓爲黏，黏與溓聲類同也。鄭君注《易》'爲其慊于陽也'，慊讀如羣公溓之溓。溓，襍也。襍之訓與黏相近。"詒讓案：《說文・黍部》云："黏，相著也。"溓黏聲近叚借字。

參分其股圍，去一以爲骹圍。謂殺輻之數也。鄭司農云："股謂近轂者也。骹謂近牙者也。方言股以喻其豐，故言骹以喻其細。人脛近足者細於股，謂之骹。羊脛細者亦爲骹。"

【疏】“參分其股圍，去一以爲骹圍”者，承上輻三分殺一之文，而明其所殺骹圍之度。股圍，即輻上半橢方之全圍，不殺者也。鄭珍云：“輻股廣三寸五分，厚七分，兩面廣七寸，兩邊厚一寸四分，共八寸四分爲股圍。三分之一，分得二寸八分，去其一分，有五寸六分，以爲骹圍。骹兩面不殺，則兩邊厚仍各七分，共占一寸四分；餘四寸二分，兩面廣各居二寸一分也。”案：鄭説是也。錢坫云：“骹圍三分去一，則骹廣二寸三分奇，厚大半寸矣。”案：錢謂骹厚亦三分殺一，與鄭子尹説不同，於骹圍全度亦無迕，謹存之，以備一義。

注云“謂殺輻之數也”者，之，舊本作“内”，宋余仁仲本同，於義得通；但宋明各本皆作“之”，今從之。輻股不殺，惟骹殺之，所殺之圍，參分輻廣，亦祇殺其向内之一分，非周帀通殺之也。鄭司農云“股謂近轂者也，骹謂近牙者也”者，鄭珍云：“上三分殺一，著所殺之長短；此著所殺之廣狹，輻之未殺者皆股也。股廣如一，自二分長之下，殺之使細，則成上股下骹之形。其殺數非直斜就向内一邊，乃略圓漸斜而下，至將入牙際，骹圍即於此取之。先鄭謂骹近牙者指此，此以下則爪也。謂股近轂者，取其將入轂際，以明此之爲將入牙際耳。”云“方言股以喻其豐，故言骹以喻其細”者，明股骹以麤細相對比例爲義。云：“人脛近足者細於股，謂之骹”者，釋股骹得名之義也。《弓人》注亦云：“齊人名手足掔爲骹。”阮元云：“《説文》曰：‘股，髀也。骹，脛也。’蓋人股本豐，自膝以下，則向内削而細。今輻形正似之也。”云“羊脛細者亦爲骹”者，《爾雅·釋畜》云：“馬四骹皆白，驓。”郭注云：“骹，膝下也。”則獸脛通稱骹，不徒羊矣。

揉輻必齊，平沈必均。揉謂以火槁之，衆輻之直齊如一也。平沈，平漸也。鄭司農云：“平沈，謂浮之水上無輕重。”

【疏】“揉輻必齊”者，鄭鍔云：“木有曲直，不能皆易直，故以火矯揉其曲者，使與直者齊，則三十輻直必等矣。”鄭珍云：“輻、牙、輈三者皆曰揉，蓋並用全木。或析木爲之，木之經鋸者，筋理必不全，不堪任力。”云“平沈必均”者，鄭鍔云：“木有虛實，不能無輕重，故平而沈諸水，以觀其入水之淺深。

入深者知其必重，入淺者知其必輕。從其重者而削之，則必平矣。"

注云"揉謂以火槁之"者，段玉裁云："字當作'煣'，下文'揉牙'，《說文》引作'煣牙'可證。《說文》曰：'煣，屈申木也。'無揉字。"錢坫云："揉與煣同。凡木直者，煣以曲之，曲者煣以直之，故兼屈申兩義。"惠士奇云："槁一作'撟'，《長笛賦》曰'撟揉斤械'，注引鄭注曰：'揉謂以火撟之。'《釋文》亦有二音，一劉音苦老反者，作'槁'；一沈音居趙反者，作'撟'。撟與矯同，《蒼頡篇》曰：'矯，正也。'"案：惠說是也。《說文・矢部》云："矯，揉箭箝也。"引申之，凡揉材木並爲矯，槁、撟並矯之借字。《荀子・性惡篇》云："故枸木必待櫽括烝矯然後直。"鄭云以火槁之，即《荀子》所謂烝矯也。互詳《弓人》疏。云"衆輻之直齊如一也"者，揉者非徒矯直木使之曲，亦所以矯曲木使之直，輻貴直指，故揉之使三十如一也。云"平沈，平漸也"者，沈與《鍾氏》以朱湛丹秫之湛字通。彼先鄭注云："湛，漬也。"後鄭讀如漸，《廣雅・釋詁》云："漸，漬也。"故此亦以漸詁沈。平漸謂置之水，兩輪所漸漬之度，高下平等。王宗涑云："平爲木出水分數，沈爲木入水分數。"案：王說亦通。鄭司農云"平沈謂浮之水上無輕重"者，亦即平漸之義。賈疏云："重者沈多，輕者沈淺，此沈重者更去之，則平而輕重等也。"

直以指牙，牙得，則無槷而固。得謂倨句鑿内相應也。鄭司農云："槷，摋也。蜀人言摋曰槷。"玄謂槷讀如涅，從木熱省聲。

【疏】"直以指牙"者，以下申論上文，輻以爲直指，牙以爲固抱，二事相得益善也。鄭珍云："直以指牙，謂三十輻投轂訖，皆將入牙鑿時也。"詒讓案：輻有骹之殺，輪有牙之綆，雖似不相當，而爪入牙鑿，則與股之中線首尾相貫其直中繩，至輻厚則又股骹如一，更無豐殺，是皆直指之理也。云"牙得則無槷而固"者，程瑤田云："謂蚤牙相稱，齊密而無罅縫，故能無槷而固也。"

注云"得謂倨句鑿内相應也"者，鑿内，詳前疏。賈疏云："以輻直爲倨，以牙曲者爲句，輻牙雖有倨句，至於鑿内必正，正則爲得，得則若無槷而牢固也。"江永云："疏非也。輻之入牙者作倨句之形，即邊筍是也。"戴震云："輻外直下爲倨，内曲剡之爲句，内枘同，卽蚤。”鄭珍云：“衆菑既投轂，乃以牙兩半規交而抱之，時枘各指其鑿，鑿各值其枘，兩相應而無豪末偏邪相就之處，斯之謂得；若少偏斜相就，卽不得矣。”黄以周云：“鄭注倨句，當以江、戴説爲正。但爪宜剡而鋭，不可方也。”案：江、戴、黄説是也。凡輻外近軹者股骹直下爲倨，卽牙綆所由生；内近輿者骹曲剡爲句，卽骹殺所由見也。賈説非注恉。鄭司農云：“槷，椴也，蜀人言椴曰槷”者，程瑶田云：“槷與楔同。《説文・木部》：‘楔，櫼也。櫼，楔也。’徐鍇謂櫼，簪也，㮳也。《集韻》：‘楔，蜀人从殺，《周禮》从執。’據此注言之也。”段玉裁云：“椴，《説文》作‘楔’，其正字也。蜀人言椴曰槷者，方言之異也。舉方言證經之槷謂楔也。經傳多假槷爲臬。又本職注用爲危槷楔之訓，僅見於此。”詒讓案：椴楔一聲之轉。云“玄謂槷讀如涅，從木熱省聲”者，《説文・木部》云：“槸，木相摩也，从木埶聲。”段玉裁云：“大鄭未説槷讀何音，故擬其音曰讀如涅。又曰從木熱省聲者，蓋以正《説文》槸字下云埶聲之未密。”阮元云：“不曰从埶聲者，取其音之相近也。”案：鄭意當如段、阮説，但槷熱並從埶得聲，不必别諧熱省聲，鄭説較許爲短。

不得，則有槷，必足見也。必足見，言槷大也。然則雖得，猶有槷，但小耳。

【疏】“不得，則有槷，必足見也”者，鄭珍云：“足，槷之末也。苟鑿枘不應，其投也必强一邊使相就，則其一邊必鬆。槷有厚薄無長短，以不能進爲極。鑿枘既有一邊鬆，卽槷無不進，其末必露出踐地一面，待不能進，始削其首令齊平，此不得之徵也。輻兩頭並是尖筍，其鑿深必盡其徑，而牙鑿且穿通踐地一邊，成廣一分長七分之孔，故鑿枘不相得，必致槷見於此孔外。”案：子尹槷足之説與鄭、賈意合，但紬繹經義言槷足之見否，似唯叚以明鑿枘之得不得，非謂輻入鑿必用槷也。注疏説於經，似尚未合。

注云“必足見，言槷大也”者，賈疏云：“足乃據槷而言。言足見，故知槷大乃足見也。”云“然則雖得，猶有槷，但小耳”者，謂鑿枘相得，得槷而益固，然其容槷之地甚窄，故雖有槷必小也。程瑶田云：“云有槷者，反言以見無槷之固也。注説疑不然。”案：程説近是。凡制器，鑿大而枘小，相含不密，則爲槷以充之，此惟静物爲可。輪之用常動，使輻爪枘鑿不密，此豈槷所能固乎？且爪枘與鑿空有一定之度數，使良工爲之，自可無槷而固。若豫留閒隙以容槷，此豈制器之理哉！鄭殆未達經恉。

六尺有六寸之輪，綆參分寸之二，謂之輪之固。輪箄則車行不掉也。參分寸之二，出於輻股鑿之數也。

【疏】"綆參分寸之二"者，戴震云："以偏枘入牙而出之謂之綆。"鄭珍云："經自凡斬轂以下言爲輪，首明轂，次明輻，又次明牙，三材和而輪成矣。輪成其綆斯見，故以綆數終焉。"

注云"輪箄則車行不掉也"者，輪箄謂牙偏向外也。江永云："假令牙之孔與轂孔正相值，牙不稍偏向外，則重勢兩平，輪可掉向外，又可掉向内。造車者深明此理，欲去車掉之病，令牙稍出三分寸之二，不正與輪股鑿相當，於是重勢稍偏，而輪不得掉向内矣。"戴震云："固謂不傾掉也。輪不箄，必左右佐搖，故輻蚤用偏枘，令牙出於輻股鑿三分寸之二，如此則重埶微注於内，兩輪訂之而定，無傾掉之患。"云"參分寸之二者，出於輻股鑿之數也"者，賈疏云："鑿牙之時，孔向外侵三分寸之二，使輻股外箄，故云出輻股鑿之數也。"江永云："疏非也。牙之厚無幾，鑿孔有偏，恐偏薄一邊，非暴裂卽先甐矣。此賈氏察物未精，失鄭注之意者也。今車牙孔不偏，而輻爪用邊筍，缺邊向内，是以牙偏向外。鄭前言倨句鑿内相應，是古人亦用邊筍。"鄭珍云："注云出者，牙出也。牙所出於輻股鑿者，牙之厚如輻股之廣，同三寸五分，當其爲受爪之鑿孔，距牙外邊六分六釐六豪六不盡，起鑿向内邊，其廣長如骹之厚七分，廣二寸一分，兩邊亦斜剡，令鑿端廣一分，長七分，直通於背，使容尖筍，則向内一邊不鑿者，亦有六分六釐六不盡，是内外不鑿之地相等，而鑿孔正居牙中也。及以輻爪指牙中投之，向外一邊不殺，其直中繩，向内一邊所殺廣之一寸四分，爪之兩邊槷縫，約消六釐六豪强，而其半猶當牙上。則投訖視之，輻股向内一邊有六分六釐六豪六不盡出牙邊之外，牙句外之厚有六分六釐六豪六不盡出股鑿之外，而牙自平，鑿自中，輻自直，原正而不偏。惟牙厚與股鑿同是三寸五分，而上下不正相對，則牙厚較股鑿爲偏出矣。注曰:‘三分寸之二者,出於輻股鑿之數’,又曰‘輪雖箄爪牙必正’,苟得其端緒,其旨明若指掌。賈疏以後乃皆失之。”案:鄭子尹說甚精,輪綆之制,必如此而後牙出股外,爪仍建於牙之正中,爪内外餘地正相等,與上文蚤正之義乃合。牙有綆則偏出於輻股鑿之外,牙外之平面,不與轂壺中正相直,故注凡說軌徹之廣,必加綆數計之。但子尹於輻内骹斜殺而下,以趨於牙,則骹近股處之度既太羸,近鑿處之度又不足,於三分留一圍似未密和。黄以周則謂骹近處作倨句形,約去三分之一。牙内一邊,宜留餘地以安句;中鑿孔以投倨之爪,外留餘地以爲綆之箄。綆者箄出外,故鄭注《匠人》徹廣八尺,於旁加七寸,必數綆三分寸之二。依黄說,蓋於輻下三分一與股分處曲剡三分一爲句,而後直下,其下耑貼牙又曲剡三分一爲句以入鑿,是鑿孔正在牙中;其内外皆有空地,外當牙綆處,其木露見,内則爲爪筍之句者所覆,其木不見,而骹内無綆,其内邊與牙之内邊正相齊切,更無羸朒,於經義物理似較爲允協也。王宗涑云:“輻骹殺在内,不在外。外之輻股與骹,①其菑鑿與爪鑿參值,牙是以外出而不與輻股骹參值也。外之牙出於輻股三分寸之二,内之輻股亦卽出於牙三分寸之二。賈曰輪皆向外箄,輪卽謂大圜也。大圜向外,則輻股向内,是謂之箄。”

凡爲輪,行澤者欲杼,行山者欲侔。杼,謂削薄其踐地者。侔,上下等。

【疏】“凡爲輪”者,此專指牙言之。云“行澤者欲杼,行山者欲侔”者,鄭珍云:“澤地多塗,山地多石,故行澤之輪須削牙如杼,使不爲塗所著;行山之輪須牙上下等,使不爲石所傷。至於行平地,其常也,雖亦有行山之時,亦有行澤之時,亦有行平地而值泥似澤、遇石似山之時,然其車之輪,斷不專爲行山使牙上下等,亦不專爲行澤使牙如杼,然於輪人必有常度,在不杼不侔之閒明矣。所以必著此節者,正以見常度之不杼不侔也。猶之《輈人》極論大車之轅直無橈,乃正以見輈之不直不橈耳。”案:鄭說是也。前注云“令牙厚一寸三分寸之二”,此卽牙踐地一邊不杼不侔之度也。

① “與”原訛“輿”,據王宗涑攷工記攷辨改。——王文锦校注。

注云"杼謂削薄其踐地者"者,《玉人》"大圭杼上終葵首",注云:"杼,閷也。"削薄即閷之也。云"侔,上下等"者,《説文·人部》云:"侔,齊等也。"

杼以行澤,則是刀以割塗也,是故塗不附。附,著也。

【疏】"杼以行澤,則是刀以割塗也"者,《毛詩·小雅·角弓》傳云:"塗,泥也。"王宗涑云:"此節説杼之利於行澤。"詒讓案:刀以割塗,謂牙削薄如刀之刃,以行澤之塗泥,如刀割物也。云"是故塗不附"者,程瑶田云:"塗割之則劃開,故不附牙,而或上溓於輻。"

注云"附,著也"者,《小司寇》注同。

侔以行山,則是摶以行石也,是故輪雖敝,不甐於鑿。博,圜厚也。鄭司農云:"不甐於鑿,謂不動於鑿中也。"玄謂甐亦敝也。以輪之厚,石雖齧之,不能敝其鑿旁使之動。

【疏】"是故輪雖敝不甐於鑿"者,《釋文》云:"甐,本又作鄰。"案:鄰,甐聲之誤。王宗涑云:"此節説侔之利於行山。"

注云"摶,圜厚也"者,《梓人》、《廬人》、《弓人》注並云"摶,圜也"。《説文·手部》同。《楚辭·橘頌》王注云:"摶,圜也,楚人名圜爲摶。"對澤輪削薄,故云摶厚。鄭司農云"不甐於鑿,謂不動於鑿中也"者,賈疏云:"先鄭以甐爲動,後鄭不從者,以其動者,先動於旁,乃及於中,不可先動於中,故不從也。"王宗涑云:"《説文》無甐字。甐與《論語》'磨而不磷'同誼,孔注云:'磷,薄也。'鑿空兩旁敝薄,則空中之枘動搖不固。先鄭云不動於鑿,特言不甐之善,非以動訓甐。後鄭訓甐爲敝,補先鄭所未詳,二説相成。賈以爲岐異,失其恉矣。"云"玄謂甐亦敝也"者,明二字義同,經變文耳。《鮑人》説治革云:"察其線而藏,則雖敝不甐。"先鄭釋不甐爲縷不傷,敝亦即傷也。云"以輪之厚,石雖齧之,不能敝其鑿旁使之動"者,輪牙近地者摶厚,雖爲石所齧而敝,終不至侵其中之鑿,使輻摇動。

凡揉牙，外不廉而内不挫，旁不腫，謂之用火之善。廉，絶也。挫，折也。腫，瘣也。

【疏】"凡揉牙"者，揉，《説文·火部》引作"煣"，正字也。詳前。賈疏云："此論用火揉牙，使之圜正之意。古者車輞屈一木爲之，要當木善，火齊又得，乃可圓而得所也。"鄭珍云："疏謂古者車輞屈一木爲之。嘗細思其理，若果用一木屈成一大圜規，當建輻時，若先投牙鑿，待三十輻投訖，中閒空處只足容藪徑，轂之全徑不能貫過受菑之入。若先投轂鑿，輞爲諸輻爪長幾三寸所限斷，不能挪讓得至爪下，卽展開合縫，亦僅受一二爪而止，斷不能復伸之以受諸爪之入，則疏説蓋疏也。古當是屈兩木爲兩半規，其兩端各爲筍，使相交固。玩經文於善輻之後，接云'直以指牙，牙得則無槷而固'，知建輻時是先投轂鑿。司農注上菑云'謂建輻也'，其意是謂先以菑投轂鑿，諸輻投訖，乃以牙兩半規就爪合之，如是乃於理得、於事便也。"案：鄭駁賈説是也。此經兵車之輪，以密率求之，牙大周二丈七寸有奇；田車輪，牙大周一丈九尺七寸有奇；至《車人》大車之輪，牙大周則二丈七尺；柏車輪最小，牙大周亦一丈八尺。此必非一木所能揉，其不便建輻，更無論矣。惟子尹謂屈兩木爲之，亦無塙證。竊疑當是合三木爲之，據《車人》，大車云"渠三柯者三"，柏車云"其渠二柯者三"，説渠並以三命分紀度，他工無此文例，是必非苟爲詭異，蓋牙木通制實是合三成規，無論大車、小車，咸用是法。經於《車人》著此二文，亦與《輪人》互相備也。若然，兵車、乘車牙木合三段爲之，每段長六尺九寸有奇；田車牙木三段，每段長六尺六寸弱。如是則揉曲與建輻皆較易，於事理尤切也。互詳《車人》疏。云"外不廉而内不挫，旁不腫，謂之用火之善"者，記火煣之度也。賈疏云："凡屈木，多外廉絶理，内挫折中，旁腫負起。無此三疾，是用火之善也。"王宗涑云："外當火之對面，於輞牙爲踐地處；内當火之正面，於輞牙爲植骹處；旁當火之左右側面，於輞牙爲平面。凡煣木使屈，火皆在内。火力不匀，則外或理傷而斷絶，内或焦灼而挫損，旁或暴裂而壅腫。故煣牙必除此三者，始爲善於用火。"鄭珍云："今試以竹木屈之，外急則層析，是廉也；裏急則皺縮，是挫也；旁左右暴出，是腫也。然必筋理全始有此三病，故知牙材斷不用鋸木也。"

注云"廉,絶也"者,段玉裁云:"《説文·火部》曰'熑,火煣車輞絶也',引《周禮》'煣牙外不熑'。鄭本當同,轉寫失之耳。絶者,賈云絶理。"案:段説是也。熑正字,廉叚借字,許、鄭義同。宋本《文選·長門賦》"心慊移而不省故兮",李注引此注云:"慊,絶也。慊字或從火。"疑唐時此經别本尚有作熑者,慊則似卽熑之聲誤。云"挫,折也"者,《廣雅·釋詁》同。《説文·手部》云:"挫,摧也。摧,一曰折也。"又《刀部》云:"剉,折傷也。"挫剉聲義同。云"腫,瘣也"者,《説文·屵部》云:"瘣,病也,一曰腫旁出也。"

是故規之以眡其圜也,輪中規則圜矣。

【疏】"是故規之以眡其圜也"者,以下明爲輪必中規矩準繩權量,而後爲善也。鄭珍云:"六事皆輪成後驗其工致之法。"

注云"輪中規則圜矣"者,《詩·小雅·沔水》箋云:"規,正圓之器也。"《大戴禮記·勸學篇》云:"木直而中繩,輮而爲輪,其曲中規。"《墨子·天志中篇》云:"今夫輪人操其規,將以量度天下之圜與不圜也。曰:中吾規者謂之圜,不中吾規者謂之不圜,是以圜與不圜皆可得而知也。此其故何?則圜法明也。"故云輪中規則圜也。

萬之以眡其匡也,等爲萬蔞,以運輪上,輪中萬蔞,則不匡剌也。故書萬作禹。鄭司農云:"讀爲萬,書或作矩。"

【疏】"萬之以眡其匡也"者,鄭鍔云:"萬,矩也。匡,方也。"趙溥説同。洪頤煊云:"萬與規對,萬卽矩字。匡與圜對,讀爲方。《輿人》'圜者中規,方者中矩',亦同此義。"案:鄭、洪讀萬爲矩,與故書或本合,是也。訓匡爲方,亦足備一義。《荀子·不苟篇》楊注云:"矩,正方之器也。"《史記·禮書·索隱》云:"矩,曲尺也。"此職以規、萬、縣、水、量、權驗輪之善,與輿人以規、矩、水、縣驗輿之善文正同。蓋輪雖以圜爲用,而牙之平面與輻之上下相直,非矩無以定之也。宋翔鳳亦據《周髀》云"圜出於方,方出於矩",又曰"以方出圜",又曰"環矩以爲圜",謂徒圜不能知其數,故必以方之數出之也。宋蓋據圓内容方法,以度牙之周徑,説與鄭、洪小異,於義亦得通也。

注云“等爲萬蔞，以運輪上，輪中萬蔞，則不匡刺也”者，此亦釋匡爲刺，與前輪雖敝不匡義同。戴震云：“正輪之器名萬，亦謂之萬蔞。蓋與輪等大，平可取準。萬之縣之，猶《瓬人》之器中膞豆中縣也。《方言》：‘秦晉之閒，謂車弓曰枸蔞。’二者其狀仿佛，故方俗同稱。”鄭珍云：“圜否見於牙上，匡否見於牙兩邊。牙是合成材，易向兩邊枉戾，故須以萬蔞運而視之。萬之有不觸處，是枉向外也；有稍閡處，是枉向内也；適相觸，則不匡矣。注云‘等爲萬蔞，以運輪上’，則是萬蔞運而輪不運，所謂輪上，卽指牙邊，與眂其輪輪謂牙同。疏乃謂‘輪一轉一匝，不高不下，中於萬蔞’，意蓋以萬蔞冒輪上，視輪之運中否，以驗其匡不匡，與注殆相反。”江永云：“湊合諸木成牙，恐其匡枉不平正，故須以萬蔞運之，視其稍有枉處，則削而正之耳。後鄭言等爲萬蔞，是當時有其名物。余見造車者用木架作一圓，與輪同大，輪與之竝立而運之，此正古人用萬蔞之法也。”案：注萬蔞之義，當如戴、鄭、江三家說。此自是造輪之一法，鄭君蓋據目驗得之。但依其說，則仍是察圜之器，殆非經義。至訓匡爲匡刺，則自可通。蓋眂其匡猶言視其不匡，謂牙身不傀戾，與上文“察其菑蚤不齵，則輪雖敝不匡”，謂菑爪與牙不傀戾者，事異而義同也。云“故書萬作禹，鄭司農云，讀爲萬，書或作矩”者，阮元云：“‘云’下當脱‘禹’字。”徐養原云：“《說文・艸部》：‘萬，艸也，從艸禹聲。’萬蔞本無正字，或借用萬，或借用禹。惟矩字，雖亦與萬同音，自爲規矩字。若與萬通用，異物同名，易致相溷，故不從别本作矩。”

縣之以眡其輻之直也，輪輻三十，上下相直，從旁以繩縣之，中繩則鑿正輻直矣。

【疏】注云“輪輻三十，上下相直，從旁以繩縣之，中繩則鑿正輻直矣”者，鄭珍云：“每上下兩輻，當正中而縣之以繩，必爲轂長所閡，不能切輻邊也，故須從旁縣之。旁，轂之兩旁也。縣繩於兩旁，令倚牙面，以尺準輻邊至繩，上下如一則直矣。”案：鄭說是也。凡物之直者，縣度之必與垂線正等。《墨子・法儀篇》云：“百工爲方以矩，爲圓以規，直以繩，正以縣。”蓋引繩雖亦可以度直，唯縣而度之則直而又正，其法尤精也。

水之以眡其平沈之均也，平漸其輪無輕重，則斲材均矣。

【疏】“水之以眡其平沈之均也”者，明其平中準也。鄭鍔云：“上文言平沈必均，言揉輻之時也。此則輪已成，又置之水中，欲其平沈之均。”

注云“平漸其輪無輕重，則斫斲材均矣”者，賈疏云：“兩輪俱置水中，觀眡四畔入水均否，若平沈均，則斲材均矣。”

量其藪以黍，以眡其同也，黍滑而齊，以量兩壺，無贏不足，則同。

【疏】“量其藪以黍，以眡其同也”者，藪爲轂空壺中，然賢軹亦得冢藪稱，是藪爲轂空之通名，《急就篇》顔注云“轑者，轂中空受軸處”是也。此量之以黍，蓋兼壺中及賢軹兩端通量之，敃其一端，滿實之以黍，以觀其所容之同否，非專就壺中當輻菑之處量之也。

注云“黍滑而齊，以量兩壺，無贏不足則同”者，程瑶田云：“量必用黍者，取其滑也。今之黄米，穀皮光澤，小大匀稱，所謂滑而齊也。”詒讓案：兩壺，亦通轂空函軸者言之，以不止量當輻菑處，故不云壺中也。江永云：“兩壺欲同者，欲其肉好均而輕重等也。量之以黍，猶古人以黍量黄鐘之意。”案：江説是也。鄭云“黍滑而齊”，與《漢書·律厤志》以子穀秬黍中者量黄鐘之龠同。賈疏謂鄭不取《律厤志》以黍爲度量之義，非也。九穀之黍，卽今之穄，其米爲黄米，詳《大宰》疏。

權之以眡其輕重之侔也。侔，等也。稱兩輪，鈞石同，則等矣。輪有輕重，則引之有難易。

【疏】注云“侔，等也”者，詳前疏。云“稱兩輪，鈞石同，則等矣”者，賈疏云：“以其輪非斤兩所可準擬，故以三十斤曰鈞、百二十斤曰石言之也。”云“輪有輕重，則引之有難易”者，兩輪有畸輕畸重，則馬引之輕者易而重者難；又以輪貫軸，其公重心不在軸之正中，則車行必不正；此皆不可不侔之義。

故可規、可萬、可縣、可量、可權也，謂之國工。國之名工。

【疏】注云“國之名工”者，謂六法皆協，則工之巧足擅一國者也。

輪人爲蓋，達常圍三寸，圍三寸，徑一寸也。鄭司農云：“達常，蓋斗柄下入杠中也！”

【疏】“輪人爲蓋”者，《釋名·釋車》云：“蓋在上，覆蓋人也。”程瑶田云：“蓋亦輪人爲之者，輪圜蓋亦圜，蓋弓之趨於部也，猶輪輻之趨於轂，故兼官也。”王宗涑云：“蓋凡三等，大者弓長六尺，中者弓長五尺，小者弓長四尺。蓋雖有三等之殊，而達常圍、桯圍、部廣、部長、桯長，部尊、鑿廣、鑿上、鑿下、鑿深、下直、鑿端之度，則無殊。”詒讓案：《淮南子·氾論訓》“粗蹻羸蓋”，高注云：“蓋，步蓋也。”則蓋有車有步，此專爲車蓋，故輪人兼爲之。

注云“圍三寸，徑一寸也”者，《周髀算經》趙注云：“圓徑一而周三。”故圍三寸得徑一寸，然此疏率也。王宗涑云：“三寸圜周也，以密率推之，徑九分五釐四豪九秒二忽零。”鄭司農云“達常，蓋斗柄下入杠中也”者，賈疏云：“蓋柄有兩節，此達常是上節，下入杠中也。”戴震云：“蓋斗謂之部，其柄謂之達常。”

桯圍倍之，六寸。圍六寸，徑二寸，足以含達常。鄭司農云：“桯，蓋杠也。讀如丹桓宫楹之楹。”

【疏】“桯圍倍之六寸”者，賈疏云：“此蓋柄下節，麤大常一倍，向上含達常也。”

注云“圍六寸，徑二寸”者，此亦依圓周求徑率求之。王宗涑云：“六寸亦圜周也。以密率推之，徑一寸九分零九豪零八秒五忽零。”云“足以含達常”者，錢坫云：“達常徑一寸，下入杠中，杠徑二寸，則鑿外猶餘十分寸之五，鑿枘不傷。”鄭司農云：“桯，蓋杠也”者，《華嚴經音義》云：“杠謂蓋竿也。”《釋名·釋車》云：“杠，公也，衆叉所公共也。”案：古者車蓋之杠，蓋皆建於軾閒，有環以持之，謂之轉輗。故《釋名》又云：“轉輗猶祕齧也，在車軾上正轑之祕齧前卻也。”《華嚴經音義》引《聲類》云：“俾倪，是軾中環，持蓋杠者也。”《急就篇》顔注亦云：“俾倪，持蓋之杠，在軾中央，環爲之，所以止蓋弓之前卻也。”是古車蓋皆在軾閒，有環以持其桯，則不入輿版，亦足以爲固也。今本釋名“軾”譌“軸”，“轑”譌“輪”，學者遂不知車蓋建於軾閒之制，故附論之。云“讀如丹桓宫楹之楹”者，段玉裁云：“此擬其音也。”詒讓案：《釋文》云：“桯圍讀爲楹，音盈。”據此，“讀如”疑當作“讀爲”。前“轂大而短則摯”，注“摯讀爲槷”，釋文亦先出“則摯讀爲槷”，而後發音，與此例同。① 讀爲楹者，謂此桯卽楹字也。丹桓宫楹，見《春秋》莊二十三年經。《説文·木部》云：桯，牀前几。楹，柱也。此蓋杠直建，與柱義近，故先鄭讀爲楹。《説文·系部》云：“縕，重文作綎。”《左傳》“欒盈”，《史記·晉世家》作“欒逞”，是盈呈聲近相通之例。蓋杠，《論衡·談天篇》又謂之“蓋莖”，莖與桯聲義亦相近。

信其桯圍以爲部廣，部廣六寸。廣謂徑也。鄭司農云：“部，蓋斗也。”

【疏】“信其桯圍以爲部廣”者，賈疏云：“此言蓋之斗四面鑿孔，内蓋弓者於上部，高隆穹然，謂之爲部。信，古之申字。申上桯圍六寸以爲此部徑。”詒讓案：此申桯之曲圍以爲達常之直徑，故以信言之。云“部廣六寸”者，王宗涑云：“蓋圜則部亦圜，徑六寸，於六觚率周一尺八寸；以密率推之，周一尺八寸八分四釐九豪五秒五忽零。達常與部，當以一完木爲之，上留廣六寸、厚一寸一分者爲部，下斵削其四旁，獨留圍三寸之心木爲達常。”

注云“廣謂徑也”者，《周髀算經》趙注云：“徑者，圓中之直也。”此部亦圓形，中直廣博如一，故廣卽徑也。鄭司農云“部，蓋斗也”者，謂蓋頭之斗，部卽椨之借字。《左》昭二十五年傳“楄柎”，《説文·木部》引作“楄部”，是其證也。《弓人》弓把名柎，車蓋之弓，兩邊下垂，類射弓，部當其中，與把相似，故其名亦同。蓋斗，漢時語。《御覽·天部》引桓譚《新論》云：“北斗極天樞，樞，天軸也，猶蓋有保斗矣。蓋雖轉而保斗不移，天亦轉周匝而斗極常在。”是蓋斗亦謂之保斗。《論衡·談天篇》又謂之“蓋葆”。保葆與部，並一聲之轉。

① “例”原讹“列”，據楚本改。

部長二尺，謂斗柄達常也。

【疏】注云"謂斗柄達常也"者，賈疏云："此部卽達常。以此達常上入部中，遂名此達常爲部，其實是達常也。"鄭用牧云："部厚一寸，連於達常，通長二尺，不計其入桯中者。"王宗涑云："部與達常通高二尺，達常雖部之柄，而與部連爲一節，故統名爲部。二尺者，直蓋之部也。直蓋，卿以下車。《左》定九年'與之犀軒直蓋'，杜云'犀軒，卿車'，其證也。諸侯以上車用曲蓋，其達常與較長於直蓋之達常，而煣屈之。然部高於桯仍不過二尺，記故不詳曲蓋之達常。"案：王說是也。部與達常同一木，故蓋弓二十八持之而固。若如賈說，部與達常異木，則部雖二尺，入達常者不過一寸一分，雖有鍵以持之，亦不足以爲固矣。

桯長倍之，四尺者二。杠長八尺，謂達常以下也。加達常二尺，則蓋高一丈，立乘也。

【疏】"桯長倍之，四尺者二"者，此經文例與上下不同。桯長八尺，較之部長實不止一倍。儻如舊說，桯止是一長八尺之直杠，則經冢上文云桯長四之足矣。而乃云"桯長倍之，四尺者二"，以徑直之度，而爲迂曲之文，果何義乎？據下注謂故書十與上二合爲廿字，杜子春定爲二十，是杜、鄭所見，並如今本，則又無譌文。竊謂經文當與《車人》"大車渠三柯者三"同例。疑古車蓋之杠，當爲二節，上下各長四尺，蓋與達常爲三節也。其建於車上，則別以軸鍵連貫爲一。車止時，車右持蓋以從，則但持其上節六尺之部杠而下道右，王下則以蓋從是也。蓋在車上，則建於軾閒，故必八尺之杠而後無蔽目之患。在車下，則人持之，其高下在手，故去其下杠，使輕便易舉，此則校之經文而適協，揆之事理而可通矣。又案：據《左》定九年傳有直蓋，則亦有曲蓋。曲蓋之桯，長度當亦與直蓋同。知此云四尺者二，不指曲蓋之杠曲折上下截之分度者，以曲杠上下曲直不同，則經文當如車人爲耒，中直下句，分著其度。蓋上直四尺，則下句有弧曲之減，其弦必不及四尺，叚令弦度四尺，則通弧曲計之，又必增於四尺，斷不能上下平等。今經云四尺者二，則是上下等度，必非曲蓋明矣。

注云"杠長八尺，謂達常以下也"者，杠在達常之下，而達常之度，晐於部長二尺之内，故知此長八尺指達常以下也。云"加達常二尺，則蓋高一丈，立乘也"者，林希逸云："此下文所謂蓋崇十尺者也。"賈疏云："人長八尺，蓋弓有宇曲之減二尺，得不障人目也。詒讓案：《釋名・釋車》云：高車，其蓋高，立乘載之車也。安車，蓋卑，坐乘，今吏所乘小車也。"據此，則惟高車之蓋，部杠得長十尺，小車蓋卑，則部杠之度當遞減，不得有十尺，故鄭云立乘也。

十分寸之一謂之枚，爲下起數也。枚，一分。故書"十"與上"二"合爲"二十"字，杜子春云："當爲四尺者二十分寸之一。"

【疏】"十分寸之一謂之枚"者，此枚卽十氂之分，不云分而云枚者，經文它言分者，並取筭術差分爲義；此爲實度，慮其淆掍，故改分爲枚，而明楬其度也。

注云"爲下起數也"者，下文部尊及鑿上下諸度，並以枚計，故此先出枚之度以起例也。云"枚，一分"者，《賈子・六術篇》云："十氂爲分，十分爲寸。"是十分寸之一卽一分也。云"故書十與上二合爲二十字，杜子春云，當爲四尺者二十分寸之一"者，"二十字"賈疏作"廿字"。段玉裁云："各本注誤，惟疏不誤。《說文・十部》曰：'廿，二十并也，古文省。'又'卅，三十并也，古文省'。案：廿讀如入，卅讀如颯，秦刻石文如是，并爲一字，則不讀爲兩字。後世如《唐石經》作廿、作卅，仍讀二十、三十，非古也。此經二上屬，十下屬，而故書合爲一字，正由寫者不分句讀所致。"

部尊一枚，尊，高也。蓋斗上隆高，高一分也。

【疏】注云"尊，高也"者，《廣雅・釋詁》同。云"蓋斗上隆高，高一分也"者，錢坫云："部厚一寸，而上隆高十分寸之一，亦例以上欲尊也。"王宗涑云："謂部頂上加厚一分也。部徑六寸，其加厚之一分，四旁當各減三分，徑五寸四分，爲十分部廣而殺其一。"

弓鑿廣四枚,鑿上二枚,鑿下四枚;弓,蓋橑也。廣,大也。是爲部厚一寸。

【疏】"弓鑿廣四枚"者,王宗涑云:"鑿,部上容弓菑之穴,縱横皆四分方空也。一部積二十八鑿,凡一尺一寸二分。置部圍一尺八寸八分四釐九豪五秒五忽,除去一尺一寸二分,餘七寸六分四釐九豪五秒五忽,則每鑿口相距二分七釐三豪二秒零。"云"鑿上二枚,鑿下四枚"者,賈疏云:"必以孔上二枚、孔下四枚者,以其弓下用力故也。"

注云:"弓,蓋橑也"者,《大戴禮記·保傅篇》云:"二十八橑以象列星。"盧注云:"橑,蓋弓也。"《續漢書·輿服志》"羽蓋華蚤",劉注引徐廣云:"金華施橑末,有二十八枚,卽蓋弓也。"《淮南子·說林訓》云:"蓋非橑不能蔽日。"《御覽·車部》引《淮南》舊注云:"橑,蓋骨也。"案:正字本作轑。丁晏云:"《急就篇》'蓋轑俾倪柅縳棠',顔師古注:'轑,蓋弓之施爪者也。謂之轑者,言若屋椽橑也。'《說文·車部》:'轑,車蓋弓也。'《釋名·釋車》:'轑,蓋叉也,如屋構橑也。'"詒讓案:《方言》云:"車枸簍,宋魏陳楚之閒謂之筱,或謂之䉤籠,西隴謂之㩜,南楚之外謂之篷,或謂之隆屈。"郭注云:"卽車弓也。"彼車枸簍亦呼爲篷,疑猶今轎車上隆起爲篷,人居其中,漢時蓋已有此制,與此車蓋弓異。云"廣,大也"者,《廣雅·釋詁》同。賈疏云:"恐直以横廣四枚,上下不知其數,故訓廣爲大,明上下及横皆四分也。"案:經凡言廣者,多爲横。此廣鄭、賈知爲方徑者,經言鑿上二枚,鑿下四枚,皆主直徑言之,不容鑿閒不言直徑,故知爲正方之廣也。云"是爲部厚一寸"者,戴震云:"鑿上下合六分,并鑿空四分,共一寸也。"惠士奇云:"鑿廣四分,其不鑿者,上有二分,下有四分,合之爲一寸。"王宗涑云:"鄭云厚一寸,不計部尊也,連隆高者,部厚一寸一分。"

鑿深二寸有半,下直二枚,鑿端一枚。鑿深對爲五寸,是以不傷達常也。下直二枚者,鑿空下正而上低二分也。其弓菑則撓之,平剡其下二分而内之,欲令蓋之尊終平不蒙撓也。端,内題也。

【疏】"鑿深二寸有半"者,賈疏云:"此經說蓋斗之上鑿孔,内弓二十八,孔之上下廣狹之義。"云:"下直二枚,鑿端一枚"者,惠士奇云:"鑿孔外内若一曰直。内孔之下與外平，而上低二分不鑿，則上有四分，下有四分，其鑿者二分而已。弓廣四分，殺去二分而内於鑿内，其端又殺去參分，惟一分而已，故曰鑿端一枚。端謂弓頭也。"戴震云："弓鑿外大内小，外縱横皆四分，内縱二分，下直二枚是也；横一分，鑿端一枚是也。下直者，對上迆爲言。鑿下外内同四分，鑿上外二分，内四分，加部尊焉。"又云："二枚一枚，皆鑿端弓杪所至，欲見鑿空下正，故云下直二枚，鑿端一枚，便文協句爾。"詒讓案：弓菑之入鑿内者，長當盡其鑿，亦二寸五分。其廣縱横漸殺，以趨鑿端者，下平剡二分，留上二分不剡，兩旁各剡一分五釐，留中一分不剡，故從厚得二分，横廣止一分也。一枚者，弓菑之末，從横皆止一分也。

注云"鑿深對爲五寸，是以不傷達常也"者。賈疏云："前文云部廣六寸，達常徑一寸，達常上入部中徑一寸，則兩畔共有五寸在。今以弓鑿深二寸半，兩各二寸半，是不侵達常也。"案：賈意達常與部爲二木，非也。鄭不云不傷部，而云不傷達常者，正以達常與部爲一木，明部内不鑿者，尚留有一寸之徑耳，非謂達常别爲一木，爲部所含也。蓋弓二十有八，以鑿端一枚計之，積二寸八分。環欑部心徑一寸圍三寸之外，鑿端相距餘地，止七豪有奇，叚令部與達常爲二木，達常縱不傷，而部幾全穿，斷無不傷之理，將何以爲固乎？足明其不然矣。云："下直二枚者，鑿空下正而上低二分也"者，賈疏云："直，正也。鑿孔下正者，上文鑿下四枚，今於内畔於下亦四枚，與外正平，故云下正也。上低二分者，前文鑿上二枚，今於内畔孔低二分，鑿上亦四枚，故云上低二分也。"云："其弓菑則撓之，平剡其下二分而内之"者，賈疏云："撓亦減也。弓外畔上下四枚，今於内畔減二枚，惟有二分。剡，去也。故云平剡其下二分而内之。"詒讓案：撓者，對鑿下直而言，謂菑下雖平剡，而由鑿外之弓視之，則若逆插不正直也。云："欲令蓋之尊終平不蒙撓也"者，賈疏云："蓋尊外畔孔上二枚，及内畔上下俱四枚。若然，蓋弓向外頭仰，但以蓋弓三分一分外爲宇曲，又以衣蒙之，則弓低，故蓋尊終平不蒙撓，又得吐水也。"案：賈説亦非也。此明弓菑必平剡其下二分之意。不蒙撓，謂不蒙入鑿之菑而撓曲也。蓋弓菑内鑿者爲仰勢，以逆制其俛者，故雖重勢下注，而俛仰相劑，近部處終平也。疏未得鄭恉。云："端，内題也"者，端，耑之叚字。《説文·耑部》云:"耑,物初生之題也。"《淮南子·本經訓》高注云:"題,頭也。"此鑿端亦即鑿内之頭,故云内題也。

弓長六尺,謂之庇軹,五尺謂之庇輪,四尺謂之庇軫。庇,覆也。故書庇作秘。杜子春云:"秘當爲庇,謂覆斡也。"玄謂軹,轂末也。輿廣六尺六寸,兩轂并六尺四寸,旁減軌内七寸,則兩軹之廣凡丈一尺六寸也。六尺之弓倍之,加部廣,凡丈二尺六寸。有宇曲之減,可覆軹,不及斡。

【疏】"弓長六尺謂之庇軹"者,蓋之大小無定,其差有此以下三等,降殺各以一尺,與車軹輪軫之廣相應也。王宗涑云:"六尺、五尺、四尺,弓菑未入算。"

注云"庇,覆也"者,《表記》注同。云:"故書庇作秘,杜子春云,秘當爲庇"者,段玉裁云:"必聲、比聲,合音相近。杜謂字之誤也。"云"謂覆斡也"者,上疑當有"庇軹"二字。杜以此庇軹即謂車軸端之軹也,與《大馭》注訓軹爲兩轄同。斡者,舝之借字。《説文·舛部》云:"舝,車軸耑鍵也。"又《車部》云:"轄,鍵也。"字或作鎋,孫奭《孟子音義》引丁公著云:"鎋,車轄也。"舝、轄、鎋、斡義竝同,故聶氏《三禮圖》約此注義作轄,《釋文》作輨,云:"或作斡,俱音管。"案:輨斡同音,字亦通。然在此注,則輨爲誤文。《説文·車部》云:"輨,轂耑錔也。"《類篇·軓部》云:"斡,轂沓也。"是斡之義可通於轂沓,而輨則無軸耑鍵義。若依陸本作輨,則與軹雖異物,而同在轂耑,後鄭不應以庇軹不及輨破杜説。陸蓋依誤本作音,不足據也。斡,明注疏本作"幹",尤誤。云"玄謂軹,轂末也"者,《總敍》注同,此破杜説也。云:"輿廣六尺六寸"者,《輿人》文。輿廣即兩軫閒之度,四尺之弓所覆者也。云:"兩轂并六尺四寸"者,據《輪人》轂長三尺二寸,兩之得六尺四寸也。云"旁減軌内七寸"者,賈疏云:"上云以其轂長,二在外,一在内,以置其輻,輻内九寸半,綆三分寸之二,金轄之閒三分寸之一,輻又三寸半,總尺四寸。以此計之,以七寸承輿,七寸爲軌,故云旁減軌内七寸也。"詒讓案:兩軌相距八尺,即輪閒之度,五尺之弓所覆者也。云:"則兩軹之廣凡丈一尺六寸也"者,賈疏云:"向計輿六尺六寸,并兩轂六尺四寸,總一丈三尺,減尺四寸入輿下,其餘有丈一尺六寸也。云"六尺之弓,倍之加部廣,凡丈二尺六寸,有宇曲之減,可覆軹,不及斡"者,謂六尺之弓,僅能覆轂末,不能及軸末也。惠士奇云:"六尺之弓,加部廣六寸,凡丈二尺六寸。有宇曲之減,謂近部平者二尺,而四尺爲宇曲,低於部二尺,面三尺幾半;以面加尊二尺,則弓長五尺幾半,故曰可覆軹,不及斡。"王宗涑云:"六尺之弓,近部平者二尺,并宇曲之平徑,兩數共得五尺四寸六分有奇。倍之加部廣蓋徑,凡一丈一尺五寸三分弱,準以一丈一尺六寸之軹,不足七分强。"案:依王說,蓋平徑較之兩軹之廣,雖不足七分强,然兩面分之,止差三分强;宇曲平徑容少有增侈,加以蚤飾蓋巾之幪,無不覆之嫌也。

參分弓長而揉其一。參分之持長撓短,短者近部而平,長者爲宇曲也。六尺之弓,近部二尺,四尺爲宇曲。

【疏】"參分弓長而揉其一"者,阮元云:"揉,依《說文》當作煣。"案:詳上煣牙疏。

注云"參分之持長撓短,短者近部,而平長者爲宇曲也"者,賈疏云:"弓長六尺,三分,一分有二尺。既云參分長揉其一,則揉其二尺近部者。必揉近部二尺者,以其本鑿弓孔時,外畔弓上二枚,弓下四枚,内畔上下俱四枚,由弓頭仰,故須近部撓之使平,向下四尺持之,爲宇曲吐水也。"戴震云:"弓菑入鑿中,剡其下二分,兩旁各剡一分有半,鑿空下平直,則弓必上仰,故揉其近部之二尺使平,外四尺自下迆而成宇曲。"詒讓案:蓋菑入鑿者爲仰勢,故鑿外之弓須略揉之,而後可以取平。其所揉,蓋始於菑本之外,至距部三分一而止。是揉者在近部平處,而不在宇曲下迆處也。云"六尺之弓,近部二尺,四尺爲宇曲"者,此以庇軹六尺之弓計之。若五尺之弓,則近部當一尺六寸三分寸之二,以三尺三寸三分寸之一爲宇曲。四尺之弓,近部當一尺三寸三分寸之一,以二尺六寸三分寸之二爲宇曲也。王宗涑云:"五尺之弓,近部一尺六寸六分六釐六豪六秒六忽强,宇曲三尺三寸三分三釐三豪三秒三忽强。四尺之弓,近部一尺三寸三分三釐三豪三秒三忽强,宇曲二尺六寸六分六釐六豪六秒六忽强。"

參分其股圍，去一以爲蚤圍。蚤當爲爪。以弓鑿之廣爲股圍，則寸六分也。爪圍一寸十五分寸之一。

【疏】“參分其股圍，去一以爲蚤圍”者，並謂方圍也。股即弓上之傅於鑿者。股圍即鑿之方徑，故經不別出股圍之度。王宗涑云：“股，弓近部者。爪，弓末也。”鄭鍔云：“股，與輻之近轂者謂之股同。弓之近部者亦謂之股，以其大也；蚤，與輻之入牙者謂之蚤同。弓之宇曲者亦謂之蚤，以其小也。”

注云“蚤當爲爪”者，前注同。案：此與輻蚤字皆當作叉，鄭以漢時習用爪，故讀從之。《獨斷》云：“凡乘輿車，皆羽蓋金華爪。”《續漢書·輿服志》作“華蚤”。《說文·玉部》云：“瑵，車蓋玉瑵。”此秦漢制橑末有玉飾者之專名，古無此字也。云“以弓鑿之廣爲股圍，則寸六分也”者，賈疏云：“上云弓鑿廣四枚，即以方圍之，四四十六，故圍寸六分。”云“爪圍一寸十五分寸之一”者，賈疏云：“一寸爲三十分，六分者爲十八分，通前總四十八。取三十分，去十分，得二十分。十八分者去六分，得十二分。以十二并二十，爲三十二分。三十分作寸，餘二分是三十分寸之二。三十分寸之二，即是十五分寸之一，故云爪圍十五分寸之一也。”王宗涑云：“自股漸殺至末，其圍得股圍三分之二，凡一寸零六釐六豪六秒六忽零，乃殺之極也。”

參分弓長，以其一爲之尊。尊，高也。六尺之弓，上近部平者二尺，爪末下於部二尺。二尺爲句，四尺爲弦，求其股，股十二除之，面三尺幾半也。

【疏】“參分弓長，以其一爲之尊”者，此明揉弓之度也。

注云“尊，高也”者，前注同。云“六尺之弓，上近部平者二尺，爪末下於部二尺”者，近部平，謂不曲者也。其下宇曲有四尺，宇曲之末爪端下於部者則二尺，即上平高於爪端之度也。其五尺之弓，則上近部平者一尺六寸三分寸之二，爪末下於部同。四尺之弓，則上近部平者一尺三寸三分寸之一，爪末下於部亦同。云“二尺爲句，四尺爲弦，求其股，股十二除之，面三尺幾半也”者，賈疏云：“幾，近也。言近半。”甄鸞《五經算術》云：“按句股之法，横者爲句，直者爲股，邪者爲弦。若句三，則股四，而弦五，此自然之率也。今此車蓋句二弦四，則股三，此亦自然之率矣。求之法，句自乘以減弦自乘，其餘開方除之,卽股也。今車蓋崇二尺,弓四尺,以崇下二尺爲句,弓四尺爲弦,爲之求股。求股之法,句二尺,自乘得四,弦四尺自乘得十六,以四減十六,餘十二,開方除之,得三,卽股三尺也。餘三倍方法三得六,又以下法一從之,得七,卽股三尺七分尺之三,故曰幾半也。"李淳風注云:"謹案:其問宜云:'車蓋之弓長六尺,近上二尺,連部而平爲高,四尺邪下宇曲爲弦,爪末下於部二尺爲句,欲求其股,問股幾何?'曰:'三尺七分尺之三。'術曰:"句自乘以減弦自乘,其餘開方除之,卽得股也。"王宗涑云:"此句但據六尺弓之大蓋言也,鄭故依弓之長六尺者計之。六尺之弓,股長三尺四寸六分四釐一豪零一忽零,并近部平者倍之,加部廣蓋徑,得一丈一尺五寸二分八釐二豪零二忽零。"案:王所推與甄、李術同。《永樂大典》本《五經算術》引此注"求其股",求作乘,當是誤書。又"除之"上有"開方"二字,疑甄鸞所增也。其五尺、四尺之弓句股弦之數,鄭及甄、李並未推,以此率求之可得也。

上欲尊而宇欲卑,上,近部平者也。隤下曰宇。

【疏】"上欲尊而宇欲卑"者,以下並申論參分弓長以一爲尊之意也。賈疏云:"上謂近部二尺者,宇謂持長四尺者也。"①

注云"上,近部平者也"者,對宇下垂者爲下,故近部平者爲上也。云"隤下曰宇"者,《説文·宀部》云:"宇,屋邊也。"《淮南子·覽冥訓》高注云:"宇,屋簷也。"《廣雅·釋詁》云:"隤,衺也。"蓋爪隤衺下覆,與屋四垂相似,故以屋檐爲名,猶爪之亦名橑也。程瑶田云:"參分一在上爲尊,其二者在下爲宇也。"

上尊而宇卑,則吐水疾而霤遠。蓋者,主爲雨設也。乘車無蓋。禮所謂潦車,謂蓋車與?

【疏】"則吐水疾而霤遠"者,《説文·雨部》云:"霤,屋水流也。"蓋弓如屋宇之隤下,故以霤言之。霤遠者,言水下流不溼軹輪軫以内也。

① "四"原訛"二",據《周禮注疏》改。——王文锦校注。

注云“蓋者主爲雨設也，乘車無蓋”者，賈疏云：“按《巾車》五路皆不言蓋，以其建旌旗故無蓋，故彼云‘及葬，執蓋，從車持旌’，鄭云‘王平生時乘車建旌，雨則有蓋’。又《道右職》云：‘王式則下，前馬，王下則以蓋從。’注云：‘以蓋從，表尊。’非謂在車時，若今傘蓋者也。”鄭鍔云：“《巾車》惟王后五路重翟安車皆有容蓋，輦車言有翣羽蓋。彼婦人車蓋，疑非此輪人所專掌也。車未有不用蓋者。道右掌前道車，言王下則以蓋從，不專爲雨而用蓋也。”孔廣森云：“車上設蓋，陰則御雨，晴則蔽日。道右王下則以蓋從。《春秋左傳》，衛侯出奔，使華寅肉袒執蓋；又齊侯賜敝無存犀軒直蓋。是五路有蓋明矣。《左傳》‘笠轂’，注云：‘兵車無蓋，尊者則邊人執笠，依轂而立。’亦未知是否。”案：鄭、孔謂乘車有蓋，不專爲雨設是也。《史記·商鞅傳》：“趙良曰，五羖大夫勞不坐乘，暑不張蓋。”是蓋兼以蔽日之證。《大戴禮記·保傅》以蓋圓象天，爲路車之制，是路車有蓋。《史記·晏子列傳》云：“晏子御擁大蓋，策四馬。”《說苑·臣術篇》云：“田子方遇翟黄，乘軒車，載華蓋。”並乘車有蓋之證。乘車建旌旗而得建蓋者，蓋杠插於式閒，橑圓取足覆輿，而不盡方軫之四隅，故與旌旗之建於輢外闌扃者不相妨也。王宗涑又謂兵車亦張蓋，云：“《左》宣四年，楚子與若敖氏戰，伯棼射王，貫笠轂。笠，蓋也；轂，輻所聚也。部亦蓋弓所聚，因名爲笠轂。據此，兵車亦有時設蓋也，安得云乘車無蓋哉！”案：王説未知是否，姑存以備攷。云“禮所謂潦車，謂蓋車與”者，《既夕記》“稾車載蓑笠”，注云：“稾猶散也。散車，以田以鄙之車。蓑笠，備雨服。今文稾爲潦。”是鄭彼注從古文作稾車，此仍從今文者，以欲明蓋主爲雨設。彼潦車或取備水潦之義，載蓑笠時當並設蓋，故疑蓋車即彼潦車也。

蓋已崇則難爲門也，蓋已卑是蔽目也，是故蓋崇十尺。十尺，其中正也。蓋十尺，宇二尺，而人長八尺，卑於此，蔽人目。

【疏】“蓋已崇則難爲門也”者，蓋長十尺，建於車上，軫距地四尺，則丈四尺也。《藝文類聚·禮儀部》引《周書》説明堂門方十六尺。其説不甚塙。疑宮室之門，容有高不及丈五尺者，故蓋逾十尺則難爲門也。

注云"十尺其中正也"者,以部長二尺,桯長八尺,合之爲十尺。三等之蓋,大小不同,而崇度必以十尺爲中正,不得損益也。云"蓋十尺,宇二尺,而人長八尺,卑於此,蔽人目"者,人長八尺,見《總敍》。明人長正與宇末相直,故不蔽目也。

良蓋弗冒弗紘,殷畝而馳不隊,謂之國工。隊,落也。善蓋者以横馳於壟上,無衣若無紘,而弓不落也。

【疏】"良蓋弗冒弗紘,殷畝而馳不隊"者,畝,畮之俗,《大司徒》、《遂人》經並作"畮",此疑誤。隊,《唐石經》作"墜"。阮元云:"墜者,隊之俗。"王宗涑云:"此言弓菑與部鑿相得之甚也。以幕蒙蓋弓曰冒,以繩聯綴蓋弓之宇曰紘。紘,維也。《説文·系部》:'維,車蓋維也。'凡爲車蓋,既植弓於部鑿,乃以繩聯綴其宇,而後衣之。"詒讓案:此記察蓋之法。《淮南子·原道訓》"紘宇宙而章三光",高注云:"紘,綱也,若小車蓋四維謂之紘,繩之類也。"是維蓋之繩名紘之證。冒者,《説文·巾部》云:"幏,蓋衣也。"幏冒一聲之轉。冒字又作帽,《文選》張衡《西京賦》"戴翠帽",薛綜注云:"翠羽爲車蓋。"《韓非子·外儲説左篇》云:"管仲父出,朱蓋青衣。"《鶡冠子·天則篇》云:"蓋毋錦杠悉動者,其要在一也。"蓋言以錦爲衣。凡蓋衣施蓋弓之上,婦人車又下垂爲容,詳《巾車》疏。

注云"隊,落也"者,《説文·𨸏部》云:"隊,從高隊也。"《爾雅·釋詁》云:"墜,落也。"云"善蓋者以横馳於壟上,無衣若無紘,而弓不落也"者,《莊子釋文》引司馬彪云:"壟上曰畮。"《爾雅·釋詁》云:"殷,中也。"車馳於畮中,即是横絶,故鄭訓殷爲横。《史記·天官書》云:"北斗七星衡殷南斗。"《六韜·戰車篇》云:"殷草横畮,犯歷浚澤者,車之拂地也。"即殷畮之義。無衣無紘而弓不落者,言弓菑入鑿之固也。

冬官考工記

輿人

輿人爲車，輪崇、車廣、衡長，參如一，謂之參稱。稱猶等也。車，輿也。衡亦長容兩服。

【疏】“輿人爲車”者，亦以所制之器名工也。《釋名・釋車》云：“輿，舉也。”賈疏云：“此輿人專作車輿，記人言車者，車以輿爲主，故車爲總名。”云“輪崇、車廣、衡長參如一”者，賈疏云：“謂俱六尺六寸也。”錢坫云：“古車蓋用横廣，《史記》袁盎曰“天子所與共六尺輿者”，蓋舉成數言。漢制與工官亦同。”案：錢説是也。《賈子新書・禮篇》云：“六尺之輿，無左右之義，則君臣不明。”亦舉成數言之。凡兵車、乘車，輿廣衡長六尺六寸；田車，輿廣衡長六尺三寸。

注云“稱猶等也”者，《廣雅・釋詁》云：“等，齊也。”云“車，輿也”者，《説文・車部》云：“車，輿輪之總名也。輿，車輿也。”《論語・鄉黨》皇疏云：“車牀名輿。”段玉裁云：“輿人不言爲輿而言爲車者，輿爲人所居，可獨得車名也。軾、較、軫、軹、轛，皆輿事也。”阮元云：“輿者，軫輢軹轛之總名。專謂較式内爲輿者，非。”云“衡亦長容兩服”者，《莊子・馬蹄篇・釋文》云：“衡，轅前横木縛軶者也。”《釋名・釋車》云：“衡，横也，横馬頸上也。”《詩・鄭風・大叔於田》箋云：“兩服，中央夾轅者。”《吕氏春秋・愛士篇》高注云：“兩馬在中爲服。”鄭言此者，明馬車衡下容兩服，别於牛車鬲下止一牛，故《車人》大車鬲長六尺，此贏於彼六寸也。賈疏云：“以其驂馬别有靷鬲引車，故衡唯容服也。”案：衡制度詳《輈人》疏。

參分車廣，去一以爲隧。兵車之隧四尺四寸。鄭司農云：“隧謂車輿深也。讀如鑽燧改火之燧。”玄謂讀如邃宇之邃。

【疏】“參分車廣，去一以爲隧”者，以下明輿上三面之度數也。

注云“兵車之隧四尺四寸”者，賈疏云：“鄭皆言兵車者，按上文先言兵車，後言乘車，故據先而言，其實乘車亦同也。隧謂車輿之縱。凡人所乘，皆取横闊，以或參乘，或四乘，故横則六尺六寸。此隧輿之縱，三分六尺六寸取二分，以四尺四寸爲之。”鄭珍云：“經注並於車之長無文，本疏云：‘隧謂車輿之縱，横則六尺六寸。’又《巾車》疏云：‘兵車、乘車横廣，前後短，大車、柏車、羊車皆方。’孔氏《詩小戎》疏云：‘兵車當輿之内，前軫至後軫，深四尺四寸。大車深八尺。兵車之軫較大車爲淺，故謂之淺軫。’知賈、孔諸儒並以隧深爲卽車之長也。”黄以周云：“隧四尺四寸，卽謂輿深、軫廣、軓廣統於四尺四寸之内。《輈人》‘任正’注云：‘輈軓前十尺，與隧四尺四寸，凡丈四尺四寸。’”案：黄說是也。依鄭、賈義，則車箱式輢之木，皆盡軫軓之邊際，而輈踵亦適齊後軫，是四尺四寸之外，四面略無餘地矣。若然，式輢外有闌扃及笭者，蓋皆以竹木編構，附著軹轛軫軓之閒，而於軫軓廣長之度，則一無所增也。又案：田車之隧蓋深四尺二寸。鄭司農云“隧謂車輿深也”者，深謂從度，對廣爲横度也。云“讀如鑽燧改火之燧”者，先鄭讀如《論語・陽貨篇》之燧，取音同也。《梟氏》注“夫隧”，亦卽金燧。云“玄謂讀如邃宇之邃”者，後鄭以鑽燧與此義不協，故易之《楚辭・招魂》“高堂邃宇”，王注云：“邃，深也。”此隧亦謂車深邃之處，故卽音以明義耳。段玉裁云：“此皆擬其音，而邃宇於義近。”

參分其隧，一在前，二在後，以揉其式。兵車之式，深尺四寸三分寸之二。

【疏】“參分其隧，一在前，二在後，以揉其式”者，《釋名・釋車》云：“軾，式也，所伏以式敬者也。”《說文・車部》云：“軾，車前也。”《史記・淮陰侯傳・集解》引韋昭云：“軾，今小車中隆起者。”案：經典通叚式爲軾。《論語・鄉黨》皇疏云：“古人乘路車，如今龍旂車，皆於車中倚立。倚立難久，故於車箱上安一横木，以手隱憑之，謂之爲較，《詩》云‘倚重較’是也。又於較之下末，至車牀半許，安一横木，名爲軾。若在車上應爲敬時，則落手憑軾。”《曲禮》孔疏說略同。江永云：“式有通指其地者，‘參分其隧，一在前，二在後，以揉其式’是也。有切指其木者，‘參分軫圍，去一以爲式圍’是也。因前有憑式木，故通車前參分隧之一皆可謂之式。其實式木不止横在車前，有曲而在兩旁，左人可憑左手，右人可憑右手者，皆通謂之式。人立車前皆式之地也，其言揉其式何也？蓋揉兩曲木自兩旁合於前。所以用曲木者，不欲令折處有棱角觸礙人手，如今人作椅子扶手，亦揉曲木是也，式崇三尺三寸，并式深處言之，兩端與兩輢之植軹相接，軍中望遠，亦可一足履前式，一足履旁式。《左傳》長勺之戰，登軾而望是也。式木有轛木承之，甚固，故可履也。車制如後世紗帽之形，前低後高。式崇三尺三寸，不及人之半腰，故御者可執轡，射者可引弓，而憑式須小俛也。前人但知式車前横木，不細考《輿人》車前三分之一處通名爲式，而可憑之木又有在兩旁者，是以不得其狀。於鄭注較兩輢上出式，遂意其在横木之上，於是輿制皆繆亂矣。試思較若在横木上，則人憑式，首觸較矣；較崇五尺五寸，及人之胸，射者亦不便於引弓；横木在較下，將必以筍貫入轛木，而轛圍甚小，如何能貫式木，又如何能登軾。事事推之，皆不合矣。”案：江説甚精，足正皇、孔諸説之誤。戴震云：“記不言式較之長，一在前，其上三面周以式，則式長九尺五寸三分寸之一也。二在後，其上爲較，則左右較各長二尺九寸三分寸之一也。”王宗涑云：“古者乘車之儀，三分其隧，御者立在前一分，居中而箸於式。左右兩人立中一分，旁倚於較前，直式隅圜折處，《楚辭》云‘倚結軨兮長太息，涕潺湲兮下霑式’是也。其或四乘，則一人居中後一分。兩轂貫軸，適直中一分之中，《禮》故云‘顧不過轂’。”又云：“戴倍式深，并輿廣六尺六寸，得九尺五寸三分寸之一，是以式隅爲方折也。方折之隅，未有能揉屈一木以爲之者。”案：王謂式兩隅當爲圜折是也。黄以周説同。但揉折之處，所減，蓋無多，戴并輿式深廣之和數，大略計之，亦不甚相遠也。

注云“兵車之式深尺四寸三分寸之二”者，賈疏云：“以四尺四寸，取三尺，得一尺；又一尺二寸三分之，取四寸，仍有二寸在；一寸爲三分，二寸爲六分，取一得二分；故云深尺四寸三分寸之二。”阮元云：“一在前，即式深也；二在後，則輢深也。式深一尺四寸六分六釐六豪。”江藩云：“一在前，一尺四寸六分六六六二；二在後，二尺九寸三分三二四。”詒讓案：田車之式蓋深一尺四寸。

以其廣之半爲之式崇，兵車之式高三尺三寸。

【疏】"以其廣之半爲之式崇"者，阮元云："式長與輿廣等，六尺六寸，崇於軫三尺三寸。"戴震云："式卑於較者，以便車前射御執兵，亦因之伏以爲敬。"

注云"兵車之式高三尺三寸"者，賈疏云："車輿之廣六尺六寸，取半爲式之高，故知三尺三寸也。"錢坫云："《春秋穀梁傳》：'叔孫得臣敗長狄於鹹，斷其首而載之，眉見於軾。'范注：'兵車之軾，高三尺三寸。'"說與鄭合。詒讓案：乘車之式高與兵車同，距地皆七尺三寸；田車之式高三尺一寸五分，距地六尺三寸。

以其隧之半爲之較崇。較，兩輢上出式者。兵車自較而下凡五尺五寸。故書較作榷，杜子春云："當爲較。"

【疏】"以其隧之半爲之較崇"者，《釋名·釋車》云："較，在箱上爲辜較也。重較，其較重，卿所乘也。"《詩·衛風·淇奥》"猗重較兮，毛傳云："重較，卿士之車。"字本作"較"，《說文·車部》云："較，車輢上曲銅鉤也。"段玉裁云："曲鉤，言句中鉤也，亦謂之車耳。《西京賦》云：'戴翠帽，倚金較。'荀卿《禮論》及《史記·禮書》云：'彌龍以養威。'彌，許書作'靡'，解云'乘輿金耳也'。皆謂較爲龍形而飾以金。司馬氏《輿服志》'乘輿金薄繆龍，爲輿倚較'，是其義也。"阮元云："《說文》曰：'輒，車兩輢也。从車耴聲。'又曰：'耴，耳下垂也，象形。《春秋傳》曰秦公子耴者，其耳下垂，故以爲名。'又曰：'輒，車耳反出也。'車耳反出乎輪之上，象耳之耴，故謂之輒。以其反出，又謂之輒。至其直立軫上，上曲如兩角之木，則謂之重較。《古今注》曰：'車耳，古重較也。在車藩上，重起如牛角。'此固謂車耳重出式上，如兩角之觭勢也。秦公子名耴，衛公子名輒，晉公子名重耳，魯叔孫輒字子張，鄭公孫輒字子耳，皆此義也。《輿人》曰：'棧車欲弇，飾車欲侈。'侈卽兩耳侈張。大約古人重較，惟卿大夫之車有之，至漢猶然。禮，士乘棧車。棧車者，木立軫上，不曲如棧也。若大夫墨車，卿夏縵，以上則並名軒，有車耳。"案：重較之制，阮氏略得大概。今以先秦兩漢人所言者，反覆攷之，蓋周制庶人乘役車，方箱無較。士乘棧車以上皆有較，唯士車兩較出式上者，正方無飾，則有較而不重也。大夫以上所乘之車，則於較上更以銅爲飾，謂之曲銅鉤，其形圜句，邊緣卷曲，反出向外，故謂之輒。自前視之，則如角之句；自旁視之，則高出式上，如人之耳，故謂之車耳。凡車兩旁最下者爲輢，輢下附軫，象耳下垂，故又謂之輒。較在輢上，則象耳之上聳。是則車有耳者，較輢之通名也。其較上更設曲銅鉤，向外反出，則是在較耳上重絫爲之，斯謂之重較重耳矣。以《荀子》"彌龍養威"之文推之，則周時已有金薄繆龍明金耳，不徒爲漢制也。凡輢較軹皆木材，惟重較爲金材。此爲攻木之工，所記者不重之較也。《說文》所釋者，重較也。凡重耳所附之輢軹，無論重與不重，並是直尌。其句曲而反出者，唯銅麼耳。《左傳》鄭大夫姚句耳，名卽取諸此。又案：輒字亦作轓，又通作蕃、藩。《漢書·景帝紀》云："長吏二千石車，朱兩轓。"《古今注》云"文官赤耳"是也。《大玄經·積》次四云："君子積善，至于車耳。測云，至于車蕃也。"范注云："蕃，車耳也。"崔豹謂重較在車藩上重起。藩卽謂輒，此與車藩蔽異。《漢書》顏注引應劭說車轓云："車耳反出，所以爲之藩屏，翳塵泥也。"說尚不誤。又云："輒以簟爲之，或用革。"則似掍輒藩爲一，顏師古已㡼其誤矣。又《史記·司馬穰苴傳》云："斬其僕車之左駙。"《索隱》云："駙當作輔，謂車箱外立木承重較之材。"張氏《正義》引劉伯莊說同。依小司馬說。輔蓋卽較之木材，上承曲銅鉤者。此亦足證較爲立木，唯金耳乃反出矣。錢坫云："式深一尺四寸三分寸之二爲句，①較崇爲股，句股求弦，得弦二尺六寸太，爲式去較之度。"

注云"較，兩輢上出式者"者，《論語·鄉黨》皇疏云："輢豎在車箱兩邊，三分居前之一，承較者也。"賈疏云："較謂車輿兩箱，今人爲之平鬲也。言兩輢，謂車箱兩旁豎之者。二者既別，而云較兩輢上出式者，以其較之兩頭皆置於輢上，二木相附，故據兩較出式而言之。"鄭珍云："《說文》：'輢，車旁

---

① 原脫"四寸"，據錢坫《車制攷》補。——王文锦校注。

也。'則輢止是車兩旁之稱。注云兩輢,猶兩旁也。上出式者,謂兩旁之上,高出於式之平木。此平木爲較,猶較前平木爲式。式崇較崇,並是平木距箱底之高,非指豎木承式較者,豎木不得有此高也。詳康成注《考工》及他經,并不見車兩旁有版處。謂旁是版,自賈疏其見已然。"案:子尹說輢較之制是也。但賈意較爲車箱上耑之横木,輢爲箱閒豎木以承較者。較木平設,故此及《車人》疏謂之"平鬲",《山虞》疏及《詩・衛風・淇粤》孔疏又作"平較",其說輢較亦不誤。輢較在車兩旁通謂之箱,故《續漢書・輿服志》劉注引徐廣云:"較在箱上。"又引《通俗文》云"車箱爲較"是也。古車制,輿上三面皆有横直木而無版,貴者所乘,則有鞔革耳。云"兵車自較而下,凡五尺五寸"者,亦謂距軫之數也。下距地則九尺五寸。賈疏云:"以其前文式已崇三尺三寸,更增此隧之半二尺二寸,故爲五尺五寸。按昭十年《左氏傳》云:'陳、鮑方睦,遂伐欒、高氏。子良曰:"先得公,陳、鮑焉往?"遂伐虎門。公卜使王黑以靈姑銔率,吉,請斷三尺而用之。'彼注云:'斷三尺,使至於較,大夫旗至較。'按《禮緯》'諸侯旗齊軫,大夫齊較'。軫至較五尺五寸,斷三尺得至較者,蓋天子與其臣乘重較之車,諸侯之臣車不重較,故有三尺之較也。或可服君誤。"江藩云:"式崇三尺三寸,較崇二尺二寸,去三尺至較,是二尺五寸也。賈據《禮緯》言三尺之較,與禮制不合。據賈說,豈天子與卿士之較崇六尺,倍於三尺,故言重較與?"案:賈意當如江說。《禮緯》"諸侯旗齊軫,大夫齊較",《節服氏》疏引《含文嘉》,《左傳》昭七年孔疏、《公羊》襄十八年徐疏引《稽命徵》,並同。《新序・義勇篇》,芋尹文曰:"大夫之旗齊軾。"《廣雅・釋天》又云:"卿大夫七斿至軹。"文并小異。竊謂軾高於軫三尺三寸,君旗齊軫,斷三尺,適可至軾,較雖高出於軾二尺二寸,而兩輢上下通得較稱,自軫以上三尺,雖非較耑之處,而不得謂非較也。至軹又即較横直材,是齊較、齊式、齊軹,文並得通。但據《含文嘉》、《稽命徵》說,並謂天子旗九仞,諸侯七仞,大夫五仞,士三仞,則皆於理難通,故《左傳疏》亦疑其誤。是服據《禮緯》與此經車制及《左傳》"斷三尺"之文必不能合,不足取證。賈乃援彼,謂三尺爲諸侯之臣車,不重較,是較卑於式,其說殊謬。又案:田車較崇蓋二尺一寸,崇於軫五尺二寸五分。云"故書較作榷,杜子春云,當爲較"者,榷,舊本作"搉",明注疏本作"榷",與《釋文》合,今從之。徐養原云:"《説文·木部》云:'榷,水上横木,所以渡者也。'榷爲水上横木,較爲車上横木,義亦相近,故較榷古字通。《晉書·林邑傳》'韓戢估較太半'。估較卽榷酤,此較榷通用之證。"

六分其廣,以一爲之軫圍。軫,輿後横者也。兵車之軫圍尺一寸。

【疏】"六分其廣,以一爲之軫圍"者,輿下後軫之圍,小於三面材之圍。阮元云:"軫所以收衆材者,故又謂之收。《詩·秦風·小戎》'俴收',傳曰:"俴收,淺軫也。"《晏子春秋》曰'棧軫之車',卽《小戎》義也。"

注云:"軫,輿後横者也"者,鄭珍云:"康成注'加軫與轐'云:'軫,輿也。'是非不以軫爲四方庛軫、軫閒爲兩旁矣。而前注'車軫四尺'云'軫,輿後横木',此又云然者,以此經軫圍獨爲輿後横木之數也。知獨爲輿後横木之數者,以左右前三面材之圍在下《輈人》也。四方皆軫,其圍宜同,而後獨異者,以輿後止人所登下,非若三面範輿任正之外,又須於上置闌,故其圍狹於三面也。四方圍數雖異,同連輿底,自歸輿人爲之。而任正圍不與軫圍同見《輿人》,乃見之《輈人》者,以軫圍出數於車廣,任正圍出數於輈長也。云"兵車之軫圍尺一寸"者,賈疏云:"輿廣六尺六寸,而六分取一,故得尺一寸也。"鄭珍云:"軫圍一尺一寸,兩邊厚一寸四分,兩面廣四寸一分,長六尺六寸。向前一邊中爲槽,深七分,以受底版。兩端爲中筍,貫左右任木之鑿,達於外,自面槷之。以輈踵承其下,當軫中爲圓孔,連踵通之,上大下小。合時,以一圓木旋轉關之,令上與軫面平,復以横槷鍵其下。若解輿,則向上旋轉脱之。輈與圍固合而不稍移掉傾脱者,鉤心之後全賴此。軫之名,轉琴柱之名軫,皆由斯義。輿上諸材,惟軫之四面非正方。後人皆以正方算之,又不知軫與任正異圍之所以然,經注大旨全失。"案:子尹説,推算頗密,於義近是。依其説,則軫圍爲橢方圍。江永則以爲正方形,云"軫方徑二寸七分有半"。金榜、江藩、王宗涑説同。凡此經諸圍,或方,或圜,或橢長,不等,經注既無明文,姑兼存衆義以備攷,不敢質也。又案:田車軫圍蓋一尺五分。

參分軫圍，去一以爲式圍；兵車之式圍，七寸三分寸之一。

【疏】注云"兵車之式圍，七寸三分寸之一"者，此謂圓圍也。賈疏云："謂參分前軫圍尺一寸而爲之。尺一寸取九寸爲三分，去三寸得六寸；餘二寸各三分之，二寸爲六分，去二分得四分；以三分爲一寸，餘一分。添前六寸，爲七寸三分寸之一也。"阮元云："式圍七寸三分三釐三豪。"王宗涑云："式圍圜徑二寸三分三釐四豪七秒七忽零。"鄭珍云："式木正圜，徑二寸四分四釐强，揉一木爲之，計長八尺餘。其兩端入較柱。其下正中爲鑿，以受植轛之枘。當折向兩旁處，宜各有柱承之。前之横，自軓以内，長五尺有奇，爲通轜，不固也，宜中介一柱或兩柱，分其轜爲兩大格或三大格。柱皆正方，大如式之圍，差互爲鑿，視轛半厚以受其枘。式較大小所以異者，人立常當式之地，式之爲人憑任也，比較爲勞，故其圍差大。"案：式木圜徑，王據密率，鄭據古率，所算皆是也。江藩以爲方徑一寸八分三三三一，亦存備一義。田車式圍蓋七寸。

參分式圍，去一以爲較圍；兵車之較圍，四寸九分寸之八。

【疏】"參分式圍，去一以爲較圍"者，鄭用牧云："較小於式者，在兩旁，用力少也。"

注云"兵車之較圍，四寸九分寸之八"者，此亦謂圓圍也。賈疏云："以式圍七寸三分寸之一，取六寸，三分，去二寸得四寸。仍有一寸三分寸之一；以一寸者爲九分，一分者轉爲三分，并爲十二分，去四分得八分，故云較圍四寸九分寸之八也。"阮元云："較圍四寸八分八釐八豪。"王宗涑云："較圍圓徑一寸五分五釐一秒八忽零。"鄭珍云："較木亦正圓，徑一寸六分二釐强。兩端揉曲向下，以與柱銜接。前後柱四，正方，大如上木之圍，而銚其前柱。自式以上之外廉，以揉式推之，知不欲觸礙人手同也。其受横植軹及横轛之鑿，各視其半厚爲之。較之長，自柱以内僅二尺六寸零八釐强，而高五尺三寸三分强；爲通轜，亦不固，前後柱上於軓三尺當加二横方梁，大如柱，上下差互爲鑿，以受植軹。如此則植軹不至太長勢危，又與較木相配，令柱上下牽倚得力，又令外闌横閒之木有所交附。否卽内焉立寬長之窗，外焉附長狹之闌，皆杌隉不可終日矣。”案：經止云揉式，不云揉較，則較兩端與植木枘鑿相配處，似當平設，不當曲揉也。況卿以上重較之車，較上更有曲銅鉤，則尤宜平設，以與銅鉤相接。子尹說姑存以備攷。又案：較木圜徑，亦王據密率，鄭據古率。江藩以爲方徑一寸二分二二二，亦存備一義。田車較圍蓋四寸三分寸之二。

參分較圍，去一以爲軹圍；兵車之軹圍，三寸二十七分寸之七。軹，輢之植者衡者也，與轂末同名。

【疏】注云“兵車之軹圍，三寸二十七分寸之七”者，此謂方圍也。賈疏云：“以前較圍四寸九分寸之八，四寸取三寸，去一寸得二寸；餘一寸爲二十七分，餘八分爲二十四分，并之爲五十一分，取三十，去十分得二十分。又二十一者，去七分得十四，添前二十爲三十四分。取二十七分爲一寸，餘有七分在，添前二寸，總爲三寸二十七分寸之七也。”阮元云：“軹圍三寸二分五釐九豪。”江藩云：“方徑八分一釐四豪八秒一忽二五。”王宗涑說同。詒讓案：田車軹圍蓋三寸九分寸之一。云“軹，輢之植者衡者也”者，戴震云：“輢内之軨謂之軹，軹之言積也。積者，大小枝交結也。”云“與轂末同名”者，轂末之軹卽《輪人》所謂“五分其轂之長，去一以爲賢，去三以爲軹”者也。以其名同易於淆掍，故特釋之。詳《總敘》疏。

參分軹圍，去一以爲轛圍。兵車之轛圍，二寸八十一分寸之十四。轛，式之植者衡者也。鄭司農云：“轛讀如繫綴之綴，謂車與軨立者也。立者爲轛，横者爲軹。書轛或作軨。”玄謂轛者，以其鄉人爲名。

【疏】“參分軹圍去一以爲轛圍”者，鄭用牧云：“軹在較下，轛在式下，長短不同，故轛小於軹。”鄭珍云：“軹轛凡兩端，皆爲偏筍，各縱横相貫如窗櫺然，故謂之櫺。陽貨載蔥靈，寢其中而逃。蔥靈卽窗櫺之借。以是棧車無革鞔，故稱蔥靈。虎蓋託士車，使人不覺也。軹轛同是軨木而大小異者，較高於式，軹之任力比轛自多，故增厚三分有奇，所謂惟其稱也。”

注云“兵車之轛圍，二寸八十一分寸之十四”者，此亦謂方圍也。賈疏云:"參分軹圍三寸二十七分寸之七,取三寸,去一寸得二寸;餘七分者,假令整寸爲八十一分,此二十七分寸之七爲二十一,三分之,去七得十四分,故云轛圍二寸八十一分寸之十四也。"阮元云:"轛圍二寸一分七釐三豪。"王宗涑云:"方徑五分四釐二豪九秒零。"詒讓案:田車轛圍蓋二寸二十一分寸之二。云"轛,式之植者衡者也"者,謂式閒衡植材總名爲轛也。鄭珍云:"此可見車箱三面止是櫺,無所謂版也。輢式所以止作轞者,輿可以輕則輕,轞之視版輕數倍,格格縱横交結,其視版之豎亦數倍,古人蓋計之精矣。飾車輓革當輓貼轞内,若糊窗然。棧車雖不輓革,觀《士喪禮》惡車且有蒲蔽,則平時有席蔽轞内可知,不徒窗格也。"鄭司農云"轛讀如繫綴之綴"者,段玉裁云:"擬其音也。"宋世犖云:"《士喪禮》'綴足用燕几',注'今文綴爲對'。"云"謂車輿軨立者也。立者爲轛,横者爲軹"者,鄭珍云:"先鄭以轞之立者爲轛,横者爲軹。案:軹圍大,轛圍小,以二木相交,犯大倚小之病。經文大小無弁,正爲設軹轛言,故後鄭改之。《說文》:'轛,車横軨也。'又以轛爲横者,則必以軹爲直者矣,亦失之。"云"書轛或作軨"者,軨爲軹轛之大名,故書別本作此字,則無以別於上文之軹圍,不如作轛之辨晳,故二鄭皆不從也。戴震云:"車闌謂之軨,《曲禮》:'僕展軨效駕。'《釋文》:'軨,盧云"車轄頭靼也。"舊云車闌也。'《說文》:'軨,車轖閒横木。轖,車藉交錯也。'《楚辭·九辨》:'倚結軨兮長大息,涕潺湲兮下霑軾。'《集注》:'軨,軾下從横木。'按:軨者,軾較下從横木統名,卽軹轛也。結軨謂軨之衡絶交結,倚軨而涕霑軾,則是倚於輢内之軨,故其涕得下霑軾。盧植轄頭靼之說,乃因漢時路車之轄施旛,謂之飛軨,遂以解經爾,古無是名也。"案:戴說甚覈。周時軒車之軨,亦稱飛軨。《文選·七發》李注引《尚書大傳》云:"未命爲士,車不得有飛軨。"注云:"如今窗車也。"依鄭彼注說,則飛軨卽結軨如窗,但加飾飛揚,與重較相類,與漢飛軨制不相涉也。云"玄謂轛者,以其鄉人爲名"者,段玉裁云:"釋其字之從對也。"錢坫云:"轛者對也,以式對人而言。"

圜者中規,方者中矩,立者中縣,衡者中水,直者如生焉,繼者如附焉。治材居材如此乃善也。如生,如木從地生。如附,如附枝之弘殺也。

【疏】“圜者中規，方者中矩”者，以下通論爲輿上諸材形度之中規矩準繩也。《管子·形勢篇》亦云：“奚仲之爲車器也，方圜曲直，皆中規矩。”與此經義同。鄭珍云：“圜者謂式較上平木，方者謂諸柱軹轛。”云“立者中縣，衡者中水”者，立即材之直轛者，《莊子·馬蹄篇》云“匠人曰，我善治木，曲者中鉤，直者應繩”是也。以下別云直者，故變文見義。江永云：“謂軹轛也。較式之平置，亦横者也。”鄭珍云：“立者謂柱及軹轛之植，衡者謂式較及軹轛之横。”云“直者如生焉，繼者如附焉”者，明其際會鑿枘之密合也。江永云：“直者如生，即中縣者，言其著於底版甚固也。版之相連，與軹轛横直之相交，皆爲繼。”鄭珍云：“直者謂輿，繼者爲闌。”

注云“治材居材如此乃善也”者，鄭珍云：“中規、中矩，治材之善也。中水、中縣、如生、如附，居材之善也。”云“如生，如木從地生”者，王宗涑云：“言立之軫上，如木生於地，不可動摇也。”云“如附，如附枝之弘殺也”者，賈疏云：“材有大小相附著，如木之枝柯本大末小之弘殺也。”

凡居材，大與小無㾜，**大倚小則摧，引之則绝**。㾜，偏邪相就也。用力之時，其大㾜於小者，小者强不堪則摧也。其小㾜於大者，小者力不堪則絶也。

【疏】“凡居材大與小無㾜”者，《大史》注云：“居猶處也。”居材與《弓人》居幹居角義同。謂處置車上之材，大與大，小與小，各自相從，不可錯互。《釋文》載舊音“據”，則讀爲鋸字非也，詳《弓人》疏。云“大倚小則摧”者，《説文·人部》云：“倚，依也。”《手部》云：“摧，一曰折也。”大小相依，則小者不能任，必至於折也。云“引之則絶”者，鄭珍云：“謂人扳引之。”詒讓案：此謂横引之也，當兼人馬言之。

注云“㾜，偏邪相就也”者，《説文·㾜部》云：“㾜，相從也。”相就與相從義同。凡材大小各自相值，則交午匀正；若大小相㾜，則侂梧不相當，故有偏邪牽就之患。鄭珍云：“軹轛小，式較及諸柱大，以小縱横交於大，宜鑿枘相應，不令偏邪相就，否則摧絶之患作。”案：子尹説亦通。云“用力之時，其大㾜於小者，小者强不堪則摧也。其小㾜於大者，小者力不堪則絶也”者，鄭意大㾜小，則以小承大，重勢下壓而摧；小㾜大，則强弱不調，旁引之，小者必絕。鄭珍云:“用力,謂人憑倚著力。”

棧車欲弇,爲其無革鞔,不堅,易坼壞也。士乘棧車。

【疏】“棧車欲弇”者,《爾雅·釋器》云:“圜弇上謂之鼒。”郭注云:“鼎斂上而小口。”此弇亦謂上斂也。詳《典同》疏。賈疏云:“弇向内爲之。”江永云:“賈謂弇向内,侈向外。按成二年《左傳》‘丑父寢於轏中’,孔疏謂轏與棧者音義同。引此棧車之注,而云‘然則弇者謂上狹下闊也。’此以上下言之,與賈説異。向内、向外,是車後戶有翕張;上下則謂較與邸有闊狹!”案:賈氏向内向外之説,不審何指。江謂指後户,然《輪輿》諸職疏竝無是説。諦審賈意,疑仍據輢較上耑而言,與孔説異而恉同也。但輿上横直材度數,既有一定之繩尺,無論内外上下,皆不得有侈弇。依賈、孔説,則輢較諸材皆當衺設,破壞度率,幾成奇車,其可通乎?故鄭珍亦駁之云:“兩輢壁立五尺五寸,不加外闌,猶且危之,況又可令衆材斜迆?”案:鄭所糾甚當。竊謂此經輪輿度數,自是上下之通制,士乘棧車,制亦如此。所謂弇侈者,自指較耑之飾言之。士車無鞔飾,其較不重,對飾車言之,則謂之弇;其實内外上下本方正,不必狹於常制也。又案:《韓非子·外儲説左》云:“孫叔敖相楚,棧車牝馬。”《晏子春秋·内篇襍下》云:“晏子棧軫之車,而駕駑馬以朝。”彼棧軫與《詩·秦風·小戎》“俴收”義同,謂車軫軓俴狹。棧俴同聲叚借字,與此棧車小異。但俴卽《鮑人》注“俴淺”之俴,淺狹與斂弇義亦相近,可相參證也。

注云“爲其無革鞔,不堅,易坼壞也”者,《巾車》注云:“棧車,謂不革鞔而漆之。”蓋鞔革所以爲堅固,此不鞔革,則慮其不堅而易坼壞,故欲弇也。云“士乘棧車”者,賈疏云:“《巾車職》文。”江永云:“士棧車無飾,而庶人乘役車,亦如棧車欲弇之制,故《詩》云‘有棧之車,行彼周道’。”

飾車欲侈。飾車,謂革鞔輿也。大夫以上革鞔輿。故書侈作移,杜子春云:“當爲侈。”

【疏】“飾車欲侈”者,《五音集韵》引《字林》云:“侈,大也。”飾車,大夫以上之車，有重較，較上重耳反出，校之常車爲張大，故欲侈。阮元謂“侈卽指張耳言之”，其説是也。賈疏不憭，以爲向外侈，失之。

注云“飾車，謂革鞔輿也”者，對棧車無革鞔也。云“大夫以上革鞔輿”者，賈疏云：“則天子諸侯之車，以革鞔輿及轂約也。但有異物之飾者，則得玉金象之名號。無名號者，直以革爲稱，革路、墨車之等是也。若木路，亦以革鞔，但不漆飾，故以木爲號。孤卿轂上有篆飾，卽以篆縵爲名也。按《殷傳》云：‘未命爲士者，不得乘飾車。’士得乘飾車者，後異代法也。”案：《巾車》“木路”注云：“不鞔以革，漆之而已。”則木路本無革鞔。此注雖通晐王侯，而木路則不在其列，賈説大誤。江永云：“閔二年，歸衛夫人魚軒；定九年，與敝無存犀軒。夫人用魚皮，卿用犀，則大夫之軒及凡革車，皆用牛革乎？”詒讓案：飾車制度侈大，故亦謂之大車。《詩・王風》“大車檻檻”，毛傳云：“大車，大夫之車。”《曹風・候人》傳，又謂大夫以上乘軒，皆卽飾車也。又《公羊》昭二十五年，何注云：“禮，大夫大車，士飾車。”彼大車亦卽此飾車，而謂士乘飾車，則與《伏傳》同。《文選・别賦》李注又引《大傳》云：“未命爲士者，不得乘朱軒。”注云：“軒，輿也。士以朱飾之。”依《巾車》，大夫止乘墨車，不宜命士反得乘朱軒。伏、何説非此經之義。賈亦謂《伏傳》是異代法，而《巾車》疏則謂《伏傳》飾車，卽是有漆飾之棧車。二疏説不同。《曲禮》孔疏又謂上士三命，得賜車馬，中士乘棧車，是士有不乘棧車者。若然，則伏、何説飾車，卽此大夫所乘之車，或三命上士加賜得乘之與？云“故書侈作移，杜子春云，當爲侈”者，《鳧氏》“侈弇之所由興”注同。段玉裁云：“此古文叚借字也。《少牢饋食禮》‘侈袂’，一作‘移袂’。”

輈人爲輈。輈,車轅也。《詩》云:"五楘梁輈。"

【疏】"輈人爲輈"者,亦以所制之器名工也。《總敍》說攻木之工七,無輈人。程瑤田疑輈當并屬輿人,輈人爲輿人之誤。未知然否,詳彼疏。

注云"輈,車轅也"者,《說文·車部》云:"輈,轅也。"《釋名·釋車》云:"輈,句也,轅上句也。"《方言》云:"轅,楚衛之閒爲之輈。"《公羊》僖元年,何注云:"輈,小車轅,冀州以此名之。"案:小車曲輈,此輈人所爲者是也;大車直轅,車人所爲者是也。散文則輈轅亦通稱。王宗涑云:"析言之,曲者爲輈,直者爲轅。小車曲輈,一木居中,兩服馬夾輈左右。任載車直轅,兩木分左右,一牛在兩轅中。《說文》云:'輈,轅也。轅,輈也。'渾言之也。"阮元云:"輈者曲轅,駕馬者也。輈所以必橈曲之者,爲登降均馬力也。"引《詩》云:"五楘梁輈"者,證小車曲輈也。《釋文》云:"楘,本又作鞪。"案:此《秦風·小戎》文。《毛詩》亦作"楘",傳云:"五,五束也。楘,歷録也。梁輈,輈上句衡也。一輈五束,束有歷録。"《說文·木部》云:"楘,車歷録束文也。"《革部》云:"鞪,車軸束也。"二字聲義略同。

輈有三度,軸有三理。目下事。度,深淺之數。

【疏】"輈有三度,軸有三理"者,《說文·車部》云:"軸,持輪也。"《釋名·釋車》云:"軸,抽也,入轂中可抽出也。"鄭《樂記》注云:"理者,分也。"三理亦謂軸之分理有三事也。

注云"目下事"者,謂與下七事爲目。云"度,深淺之數"者,賈疏云:"四尺七寸之等是也。"

國馬之輈深四尺有七寸，國馬，謂種馬、戎馬、齊馬、道馬，高八尺。兵車、乘車軹崇三尺有三寸，加軫與轐七寸，又并此輈深，則衡高八尺七寸也。除馬之高，則餘七寸，爲衡頸之閒也。鄭司農云："深四尺七寸，謂轅曲中。"

【疏】"國馬之輈深四尺有七寸"者，以下明輈有三度之數，各視其馬之良駑以爲淺深也。

注云"國馬謂種馬、戎馬、齊馬、道馬，高八尺"者，賈疏云："《校人》馬有六種，下文有田馬駑馬，明此四者當國馬也。《廋人》云：'馬八尺以上爲龍'，故鄭云高八尺。"云"兵車、乘車軹崇三尺有三寸，加軫與轐七寸"者，據《總敍》文。云"又并此輈深，則衡高八尺七寸也"者，鄭意此輈深爲曲中下至軫之度，非至輈下而與軸相切之度也。以此輈深加軫轐與軹崇之和數四尺，則曲中去地總高八尺七寸。衡當輈末，横庋輈頸之上，其上平度與輈曲中高度正等，故衡亦高八尺七寸也。云"除馬之高則餘七寸爲衡頸之閒也"者，頸卽下文頸圍之頸，謂輈前持衡者也。賈疏云："按下文注，衡圍一尺三寸五分寸之一，頸圍九寸十五分寸之九。并尺三寸與九寸，爲二尺二寸。衡圍五分寸之一，於十五分寸之九，當得十五分寸之三，并頸圍十五分寸之九，爲十五分寸之十二。圍三徑一，二十一寸徑七寸。餘有一寸十五分寸之十二。一寸復分之爲十五分，通前十五分寸之十二爲二十七，徑得十五分寸之九。此九分當爲馬頸低消之。"鄭珍云："以衡加於頸端之上，徑之圓徑三寸二分，衡之方徑三寸三分，增衡頸筋膠束革之厚共五分，通得高七寸，是三輈衡頸之閒也。以加國馬八尺，得八尺七寸；加田馬七尺，得七尺七寸；加駑馬六尺，得六尺七寸。是爲衡高，而適與曲中齊平。其衡頸之閒七寸，卽馬高以上空處。凡馬股與領平之後，卽斜圜而下。此七寸之空，於十尺之平長，向後必六尺有餘。輈之曲始直馬尾，其後尚有長三尺餘之地，始抵軓前，故能容兩服兩驂，無不足之患。若田馬駑馬之輈，則空處更長矣。"又云："賈疏以衡頸皆圓徑推算，又不知二者皆被筋革，故餘九分爲消於馬頸之低，失之。"案：鄭子尹說是也。衡者於輈頸之上，其平度與輈曲中等。衡下夾頸設兩軶，軶曲中與頸之平度亦正等，故注止就衡頸計之，不及軶也。鄭司農云："深四尺七寸，謂轅曲中"者，此轅亦輈之通名。阮元云："《記》曰：'凡揉輈欲其孫而無弧深'，曰'輈深則折，淺則負'。深字皆指曲中者爲言。是所謂深四尺有七寸者，乃曲中之度，非輈端下垂之高明矣。"鄭珍云："轅曲中者，轅曲之中也。轅曲之中，倨句之交也。此義後鄭同之，故注都不解深字。軓前十尺，揉輈者必先以平度十尺爲股，以各輈深度爲句，而求得其弦。既而以深度正中直弦之正中，適成十字，即得弧曲之倨句深處，爲轅曲之中也。乃以轅木平出軓前者，直軓之盡處，微微揉令前曲而上，以至曲中，即微微前曲而下，至與十尺平度相直，是爲輈頸之端，而適與馬領之高齊平，則輈成而中度矣。"

田馬之輈深四尺，田車軹崇三尺一寸半，并此輈深而七尺一寸半。今田馬七尺，衡頸之閒亦七寸，加軫與轐五寸半，則衡高七尺七寸。

【疏】注云："田車軹崇三尺一寸半"者，亦依《總敍》以輪崇取其半徑爲軹崇推之。田車既輪崇六尺有三寸，取其半徑三尺一寸半，即軹崇也。云"并此輈深而七尺一寸半"者，并軹崇與輈深兩和總計之也。云"今田馬七尺，衡頸之閒亦七寸"者，賈疏云："田馬七尺者，亦約《廋人》'馬七尺曰騋'。以其兵車乘車駕國馬，明田車騋馬也。以此約之，明役車駕駑馬也。田車高七尺，則七寸亦衡頸之閒消之也。"云"加軫與轐五寸半，則衡高七尺七寸"者，以七尺一寸半加五寸半，故衡高七尺七寸。然田車輪軹加軫轐之度，經無明文，鄭以較兵車減半寸之率推之，定爲五寸半。然此注實有可疑。蓋田車之轐，以當兔例之，當圍一尺四寸，方徑三寸五分，加軸半徑二寸一分，兩和已得五寸六分。軫爲橢方形，至少亦當厚一寸有零。即轐有鉤心之減，而與兵車乘車軫轐之數，必不能差至一寸半。然則鄭所定田車衡高之數，未足馮也。

駑馬之輈深三尺有三寸。輪軹與軫轐大小之減率寸半也。則駑馬之車，軹崇三尺，加軫與轐四寸，又并此輈深，則衡高六尺七寸也。今駑馬六尺，除馬之高，則衡頸之閒亦七寸。

【疏】注云"輪軹與軫轐大小之減率寸半也"者，減，《釋文》作"咸"，云

"本又作減"。案:咸卽減之省。《史記·萬石君傳》"九卿咸宜",《集解》引服虔云"咸音減損之減"是也。① 賈疏云:"鄭以田車之輪,下於兵車、乘車,軹崇及軫轐皆校一寸半;則駑馬是六尺之馬,所駕之車又宜下,故知輪軹軫轐大小之減率,例一寸半,與田車減兵車、乘車同也。"詒讓案:鄭謂田車軹崇減於兵車、乘車寸半,駑馬車又減於田車寸半,得之。其謂軫轐加數亦各減寸半,則非定率也。云"則駑馬之車軹崇三尺"者,王宗涑云:"《校人》注:'駑馬給宮中之役。'《詩》'有棧之車',《毛詩》'棧車,役車也'。役車軹崇,經無的證。然任載之柏車,輪崇六尺,軹崇半於輪崇,是柏車固軹崇三尺。給役小車軹崇等於柏車。"云"加軫與轐四寸,又并此輈深,則衡高六尺七寸也"者,謂田車軫轐共五寸半,此減寸半,得四寸;以加軹崇三尺,爲三尺四寸;又加衡高,得六尺七寸也。然此說亦未塙。今攷駑馬車之轐,以當兔例之,當圍一尺三寸三分,方徑三寸三分二豪五釐;加軸半徑二寸,已得五寸三分二豪五釐;再加軫厚,至少亦一寸有零。則駑馬車與兵車、乘車軫轐之數,必不能差至三寸。鄭所定衡高之度,亦未足馮也。云"今駑馬六尺"者,《廋人》云"六尺以上爲馬",則六尺爲馬之最下者,故知駑馬高六尺也。云"除馬之高,則衡頸之閒亦七寸"者,賈疏云:"輪軹軫轐大小之減率,例一寸半。衡頸之閒同七寸者,車雖有高下,至於衡頸,不得不同,故下云'小於度謂之無任'。衡頸用力是同,是以不得有麤細。"

軸有三理:一者以爲媺也,無節目也。

【疏】"一者以爲媺也"者,以下明軸有三理之義。媺美古今字。《大司徒》"媺宮室",注云:"美,善也。"

注云"無節目也"者,謂治材平易,不見節目也。

二者以爲久也,堅刃也。

【疏】注云"堅刃也"者,堅刃則久而不敝。刃韌古今字,詳《山虞》疏。

---

① "損"原訛"省",據《史記集解》改。——王文锦校注。

三者以爲利也。滑密。

【疏】注云“滑密”者，滑言其旋轉不滯，密言與轂密湊無隙也。

軓前十尺，而策半之。謂輈軓以前之長也。策，御者之策也。十或作七。合七爲弦，四尺七寸爲鉤，以求其股，股則短矣，“七”非也。鄭司農云：“軓，謂式前也。書或作軋。”玄謂軓是。軓，法也。謂與下三面之材，輢式之所尌，持車正也。

【疏】“軓前十尺，而策半之”者，軓，賈疏本蓋誤作“軌”，詳後。程瑶田云：“十尺由軓前平指至上，直輈端之虚度，三輈此度皆同也。”案：程説是也。賈疏謂十尺指轅曲中。戴震亦謂自軓至衡頸十尺，據輈穹隆言。王宗涑駁之云：“穹隆有三等；嘗以輈深四尺七寸爲句，十尺爲弦，而求其股，得八尺八寸二分六釐六豪六秒四忽零；四尺爲句，十尺爲弦，而求其股，得九尺一寸六分五釐一豪五秒一忽零；三尺三寸爲句，十尺爲弦，而求其股，得九尺四寸三分九釐八豪零九忽零。是國馬輈之式衡閒反短，田馬、駑馬輈之式衡閒反長也。知必不然，故謂十尺是式距衡之平徑，穹隆深者輈長，穹隆淺者輈短，其長不過數寸，而平徑則皆十尺也。”案：王説是也。

注云“謂輈軓以前之長也”者，輈長一丈四尺四寸，其四尺四寸在輿下，故出於輿外軓前者有十尺也。江永云：“軓前十尺，此以直度虚地，而不論其弧曲。”鄭珍云：“注云‘謂輈軓以前之長’，明是平長，非斜長也。蓋輈本曲物，其深淺必有底，其端末必有限，而非平無以立度，非軓無以取平，故不必各計其弧曲，而止以十尺平度爲定。合輿下四尺四寸，通得一丈四尺四寸，爲三輈之平長。使揉輈者上求準於深度，下求準於平度，一差卽無不差，一合卽無不合，而弧曲多少之數，皆不待言而自明焉。”云“策，御者之策也”者，《説文·竹部》云：“策，馬箠也。箠，擊馬也。”馬箠御者所執，故云御者之策。云“十或作七”者，鄭珍云：“篆文十ㄘ形似而誤。”云“合七爲弦，四尺七寸爲鉤，以求其股，股則短矣，七非也”者，此以筭術課之，知“七”爲誤字也。阮元云：“‘合’當‘令’字之譌。《九章·盈不足》有假令。‘鉤’當作‘句’，《輪人》注云：‘二尺爲句。’”案：阮校是也。令七爲弦，與《輪人》注云“令牙厚一寸三分寸之二”、“令大小穿金厚一寸”同。賈疏云：“七七四十九，四丈九尺。四四十六，丈六尺。七七四十九，又得四尺九寸。并之，二丈九寸。筭法以鉤除弦，以二丈九寸除四丈九尺，仍有二丈八尺一寸在。然後以求其股，以二丈八尺一寸方之，爲五尺之方，五五二十五，用二丈五尺爲方五尺也。餘有三尺一寸，皆以方一寸乘之，得三百一十寸，方之，三百寸得廣六寸，長五尺。中分之，禆前五尺之方，一廂得三寸，角頭方三寸，三三而九。又用一寸之方九，餘有一寸之方一在。揔得方五尺三寸餘方一寸。以此言之，則軓前唯有五尺三寸，不容馬，故云股則短矣，七非也。"鄭珍云："十尺，本或作七尺。康成以句弦求股法正之，云令七爲弦，則股短。意欲見五尺零之股，於容馬爲極短，不合耳。其實就令以七尺爲股，亦僅足容服馬，而不足容驂馬也。"又云："七尺爲弦，四尺七寸爲句，以求股。賈疏所筭得股五尺三寸餘方一寸，誤也。今計之，弦自乘七七四丈九尺，句自乘四四一丈六尺，四七二尺八寸。又七四二尺八寸，七七四寸九分，并二丈二尺零九分，以之除弦，弦餘二丈六尺九寸一分。然後以開方求股，股方五尺，除五五二丈五尺，餘一尺九寸一分，爲一百八十二寸，方之，一百寸得廣一寸，長一丈；中分之，以禆前五尺之方，一廂得一寸，角頭補一寸，得方五尺一寸。尚餘八十一寸，爲八千一百分，若作方，廣八分，長五尺；中分之，以禆前五尺之方。此八千一百分，除盡尚少一百二十四分，是得股五尺一寸八分弱也。凡句股弦自乘，必皆成方。如賈氏筭句自乘，先不成方，此所由誤。"案：鄭子尹説是也。鄭司農云："軓謂式前也"者，《大馭》杜注及後鄭《少儀》注、《詩・秦風・小戎》箋説並同。此經及《大馭》、《少儀》並專據輿前言之，則詁以式前，於義自允。但軓之本義，則自通晐輿前及左右三面材。《大行人》之"車軹"，《説文・車部》引作"前軓"。有前軓，明有左右軓矣，故後鄭又增成其義也。軓，賈本蓋亦譌作"軌"，詳後。云"書或作軋"者，謂故書別本或作軋也。《大馭》"祭軓"，注亦云："故書軓爲範。"軋與範笵字同，詳《大馭》疏。云"《玄》謂軓是，軓，法也，謂與下三面之材，輢式之所尌，持車正也"者，後鄭於經定從軓，不從軋，故自著其從軓之故。又因先鄭詁軓爲式前，於義未晐，復補釋之，謂軓本訓爲法，與正義近，明當爲輿下三面横木之通稱，卽下任正以其持任車之正，與法義相協也。賈本經軓譌軌，此注二軓字又譌軋。疏云:"經作軌字不爲軓,先鄭以軌爲式前,後鄭從古書軓不從軓者,以軓爲法。是定雖有《少儀》'祭軓'字,爲車旁凡,與此古書車旁㔾字雖異,同是式前;若作軌則不可,軌謂轍廣,轂末亦爲軌,故《少儀》云'祭左右軌'。軌卽轂末。《考工經》'涂九軌',軌卽轍廣。是軌不定,故從軓也。"段玉裁云:"玄謂軓是,句絶,謂當從軓也。鄭君意謂此經軓是軓非。《正義》乃云'後鄭從古書軓不從軓',蓋其所據注作'玄謂軓是軓法也',字譌句誤而支離其說矣。《大馭》'祭軓',故書作軓,杜子春易爲軓。《少儀》注云:'範與軓聲同,謂軾前也。'皆以軓爲正字。"阮元說同。徐養原云:"卽軓字。司農訓軓爲式前,蓋以經言軓前,故望文生義。鄭君則謂輿下三面之材皆名軓,一面在前,式所尌也。兩面在旁,輢所尌也。在前者爲前軓。《說文》引《周禮》曰:'立當前軓。'軓前者,前軓之前也。與司農小異。軓與笵通用。《說文·竹部》:'笵,法也。'故軓亦訓法。軓又與範通用。範之字从車从笵省聲,昧者去竹作軓,遂不成字。"案:段糾賈疏之誤,徐謂**軓**卽範字,並是也。此章經注之誤,始於賈疏。今以其所釋審覈之,蓋其所據本經及先鄭注,"軓"字并誤作"軌",後鄭注內兩"軓"字則又誤作"軓"。故推鄭意謂軓訓法,雖與它經作軓者字異而同爲式前,若作"軌",則與轍廣及轂末之字掍,以申鄭從軓之義,其誤作軌者,軌軓形近,亦猶《大馭》注"軓"字,《釋文》誤據"軌"字作音也。此經《釋文》所據劉昌宗本"軓"字不誤,故止音犯而不出軌音,則其本較賈爲優。《唐石經》亦因之。至後鄭詁軓爲輿下三面材,先鄭詁軓爲式前,義雖小異,意實相成,並非破軓爲軓。軓卽軓之形譌,其字古書罕見,鄭所不從。軓笵範并以㔾爲聲母。《少儀》注謂笵軓聲義同,明此注必不別軓軓爲二物也。此注傳寫舛迕,易滋眩惑,故具論之。輿下三面材持車正者總名軓,而《大馭》、《少儀》皆於左右軹之外別言軓,故杜及後鄭並專據式前爲釋。此經雖亦謂前軓之前,而後鄭欲明軓法之達詁,則先鄭義尚未備,故增成之。又式前別有揜輿版,亦曰揜軓。《毛詩·秦風·小戎》傳云:"陰,揜軓也。"鄭箋云:"揜軓在式前,垂輈上。"孔疏謂以版木橫側車前,所以陰映此軓。然則彼乃揜蔽前軓之版,本與軓異物。《釋名·釋車》云:"陰,蔭也,橫側車前以蔭笭也。"笭卽前闌,與軓同處。陰笭非卽笭,則揜軓亦非卽軓明矣。

凡任木，目車持任之材。

【疏】注云："目車持任之材"者，車輿下横直材，持任輿之重以行者，通謂之任木。《淮南子·說林訓》云："任動者，車鳴也。"任蓋卽指任木。高注釋爲輂，失之。任訓持，詳《司隸》疏。賈疏云："此與下經爲目。任木，卽下云任正以下是也。"黄以周云："凡任木，通下軸當兔頸踵諸材，而爲於輈人者爲多，故以輈人言之。"

任正者，十分其輈之長，以其一爲之圍，衡任者，五分其長，以其一爲之圍。小於度，謂之無任。任正者，謂輿下三面材、持車正者也。輈，軓前十尺與隧四尺四寸，凡丈四尺四寸。則任正之圍，尺四寸五分寸之二。衡任者，謂兩軛之閒也。兵車、乘車衡圍一尺三寸五分寸之一。無任，言其不勝任。

【疏】"任正者，十分其輈之長，以其一爲之圍，衡任者，五分其長，以其一爲之圍"者，鄭珍云："經於輈人始見軓圍者，以軫軓同工而異圍，軫圍出數於車廣，而軓圍出數於輈長。自上以來，未著輈長，卽無從著軓度。此既出軓前十尺，則輈長之度已明，故卽承軓下著其圍數；以與横同是任木，故卽並著衡圍，此經意也。"黄以周云："任正之名統於軫，衡任之名統於衡。任正衡任必參差言之者，曰正任，疑於正下別有任材也；曰任衡，疑於輈頸之持衡也。任正者，十分其輈之長，明其出數於輈也。衡任者，五分其長，明其出數於衡也。輈軸亦任重之木，下文又別記之，明任正、衡任之非輈軸也。"案：鄭、黄說是也。

注云"任正者，謂輿下三面材持車正者也"者，鄭珍云："車箱三面之下，卽軫之左右前三方也。其木經謂之軓，其字卽法範正字，古作軋、軓、笵，借作范、範。輿爲車之正，軓持此正，故謂之任正者，注云'謂輿下三面材持車正者'是也。其圍數不見《輿人》而見之《輈人》者，以其出數於輈長也。軓乃輿人所爲，而取度於輈長，猶之軸乃輈人所爲，而取度於軫閒也。凡曰範、曰模、曰型者，皆自立規式，使彼受範圍而不過之名。若止是三方一匡，其爲範也不見。且箱之兩頭，前必不盡其軓之邊，後必不盡後軫之邊。苟無定限，則軓前隧深無準，輈長之數亦難取準矣。今按經云：'任正者，十分輈長,以其一爲之圍。'其圍一尺四寸四分,由加軫與轐推之,軫之厚當一寸四分。三面與後軫必上下齊平,則任正者亦厚一寸四分。其廣五寸八分。當前横者長六尺六寸,兩頭留五寸八分爲枘;當兩旁縱者長五尺二寸七分,後留四寸一分爲鑿,以受後軫,前留五寸八分爲鑿,以受横者。當剡其中閒向内之上半,厚七分,廣一寸二分,爲偏槽。當横者槽長五尺四寸四分,當縱者槽長四尺二寸八分。三面合之,其槽成輢式及底之範,此軓之所以名也。其槽留下半厚七分底版,等任木之厚。而兩頭缺邊,留上半七分。合時,卽上下齊平,乃連版儘外爲鑿,通於背,廣長如軹轛之半,厚則受軹者向内有八分弱,受轛者向内有九分許,不鑿也。合軹轛時,以一横下貼版,一横上貼式較,令欞孔分明,則版受軹轛鉗制,不上動矣。其受較柱之鑿,内留四分,外侵四分二釐强;受式柱之鑿,内留四分,外侵一寸三釐强。則合材時諸枘皆是偏筍,缺邊向内,而箱内立壁皆齊平,無觸礙人手處,隧深軓前之數,皆得切其軓前之槽起度矣。"又云:"車箱之底,輈及伏兔是直承,底必用横版爲之,始克受其承,而兩頭著槽乃有力。其厚與軓同一寸四分。兩頭留其上半之厚,剡其下半七分,廣亦一寸二分如偏筍。合底時,軓之下半與版之上半合,卽上下齊平也。其版各於一邊中爲槽,一邊中爲筍,令諸版互相銜納。惟最後一版入於軫之槽。最前一版當槽不槽,而爲偏筍,廣厚如兩頭,以合於軓。其版背正中及兩旁,量伏兔當兔所承處鑿之,深四分,廣三寸六分,長一尺四寸六分六釐强,以受伏兔當兔之鉤。《車人》所謂鑿其鉤,法蓋大小車相同。康成《易注》以伏兔爲鉤心之木,所鉤之心謂此。"又云:"輿空其後面,止三面樹軹轛爲箱,軓承其所樹,故謂之輿下三面材。疏云:'此木下及兩旁見面,上面託著輿版,其面不見,故云三面材。'大誤。正,車正也。輿當車之正,而軓任之,故云任正者。疏云'此木任力,車輿所取正。'亦誤。"黄以周云:"任正者,任此正也。正謂車正。車正者,輿也。輿形方正,故謂之車正。其前左右三面材之尌輢式者,與古文匚正字同,故注云'任正者,輿下三面材、持車正者'也。不及軫者,軫任輕,故其圍亦小也。"案:鄭、黄説是也。《韓詩外傳》云:"孔子曰:美哉! 顔無父之御也。馬知後有輿而輕之,知上有人而愛之,馬親其正而愛其事。"是車正卽輿之證。云"輈軓前十尺與隧四尺四寸,凡丈四尺四寸。則任正之圍尺四寸五分寸之二"者,此謂楕方圍也。賈疏云:"以其經云輈,則軓前輿下揔是輈,故鄭通計之。一丈得一尺,四尺得四寸,四寸者一寸爲五分,四寸爲二十分,得二分,故云任正之圍尺四寸五分寸之二。"詒讓案:田車任正圍,蓋一尺四寸;駑馬之車任正圍,蓋一尺三寸三分。云"衡任者,謂兩軛之閒也"者,軛,軶之俗。賈疏云:"服馬有二,一馬有一軛。軛者,厄馬領不得出。云兩軛之閒,則當輈頸之處,費力之所者也。"江永云:"衡軶上有缺處,不正得衡之圍徑,故必以兩軶之閒言之。"鄭珍云:"衡卽上衡長之衡。衡之任力在兩軶之閒,故曰衡任者,猶言衡之任者也。下文'五分其長',其字卽承上所謂衡而言。"黄以周云:"衡任者,衡之任也。衡之任重在中閒當輈頸處,故注云'兩軛之閒'。衡長已見於《輿人》,其圍未見,故於此著之。"阮元云:"衡與車廣等,長六尺六寸,平横輈端直木也。別有曲木縛於衡鬲之下,以下扼馬牛之頸。包咸《論語注》曰:'輗者,轅端横木以縛軶。'此雖誤解輗爲鬲,而其言軶縛於横木之下,則漢時目驗猶然。皇侃疏曰:'古作牛車二轅。先取一横木縛著兩轅頭,又別取曲木爲枙,縛著横木,以駕牛脰也。卽時一馬牽車猶如此也。'據皇氏說,則枙別爲衡鬲下曲木甚明。至梁時,此制尚存,故亦得以目驗而知。由此說驗之諸書,無不合者。《急就篇》既言軜衡,又言軶縛。《莊子·馬蹄篇》曰'加之以衡枙',衡軶爲二物甚明。《儀禮·既夕》曰:'楔貌如軶上兩末。'楔乃未含飯置尸口中者,爲半規形,末向上。據此可知軶曲半規,特末向下耳。鬲下駕牛,秖用一軶。若衡下駕馬,則用兩軶,故兩軶又名兩軥,軥亦以其曲句名之也。《左》襄十四年'射兩軥而還';昭二十六年:'中楯瓦,繇朐汰輈。'服虔曰:'軥,車軶兩邊叉馬頸者。'"鄭珍云:"今時駕車,邊馬用長數寸直木,夾貼於肩領之交,以繫靷靲,木爲前硯骨抵拒,馬之致力前引全恃之。古一轅車服馬用軛,其必似此歟?軛向下有兩末,計兩末出缺月外必長七八寸許,裡平而外圓削,如肋骨之形。兩末須是直者。衡既是以直爲横,兩末其長如許,必不能卽衡木爲之,當別製兩末,削穹其上,貼缺月釘著之,復各爲兩穿,以受鞶靲之絆。駕時,衡加輈頸上,軛之兩末下過輈頸,圍徑三寸二分,始與馬頸平,是狹者全在空處。及鬉肉以下,骨張肉容,末乃實壓而夾貼於肩領之交,爲前硯骨抵拒,可使馬致力引輈矣。若駕驂馬,恐卽如今時駕邊馬之法。"案:阮、鄭説是也。衡軛雖同在輈耑,而衡直軛曲,制度迥異。軛縛於衡之下,非軛卽衡也。故《韓詩外傳》云:"百里奚自賣五羊皮,爲一軛車,見秦繆公。"言一軛者,蓋卽《公羊》昭二十五年,徐疏引《尚書大傳》所云"庶人單馬木車,别於士以上乘車有兩軛"也。若軛卽是衡,則凡車無不一衡,何獨以一軛爲異乎? 又《説苑·雜言篇》云:"孫叔敖相楚三年,而不知軛在衡後。"案:軛在衡下,劉云"在衡後",或有舛誤,然可證軛與衡爲二物也。自《小爾雅·廣器》云"衡,軛也,軛上者謂之烏啄",始以軛當衡。《論語·衛靈公》包注亦釋衡爲軛。《説文·車部》云:"軛,轅前也。軥,軛下曲者。"蓋與《小爾雅》同誤。軛又省作厄,《毛詩·大雅·韓奕》"鞗革金厄",傳云:"厄,烏蠋也。"蠋當依《釋文》作"噣",與《小爾雅》"烏啄"字正同。《釋名·釋車》云:"在馬曰烏啄,下向叉馬頸,似烏開口向下啄物時也。"劉釋烏啄,義最析。孔疏引《爾雅·釋蟲》"蚅,烏蠋"爲釋,非也。又案:衡軛異物,而此注釋衡爲兩軛之閒者,以衡當著軛處之度有缺月之減,故必以兩軛之閒言之。但缺月在衡,不過微鑿之以著軛,而缺月非卽軛也。互詳《車人》疏。云"兵車、乘車衡圍一尺三寸五分寸之一"者,此謂方圍也。賈疏云:"田車之衡,更無别文,亦應與兵車、乘車同。鄭特言此二者,都無正文。且據尊者而言,其田車之衡任亦當同也。衡長六尺六寸,五尺得一尺,又以尺五寸得三寸,又以一寸者爲五分,得一分,故云衡圍一尺三寸五分寸之一也。"江藩云:"衡方徑三寸三分。"鄭珍説同。案:江説近是。王宗涑依前賈疏説,謂此一尺三寸二分爲圜周,徑得四寸二分强,疑非。又案:衡長必與輪崇等,田車輪崇六尺三寸,駑馬車輪崇六尺,衡長各如其輪崇,亦五分其長以其一爲之圍,則田車衡任圍當得一尺二寸六分,駑馬車當得一尺二寸。賈疏謂田車與兵車、乘車同,則以田車之衡圍而取數於兵車、乘車之衡長,殆非也。云"無任,言其不勝任"者,賈疏云:"謂折壞不任用也。"阮元云:"《匠人》'凡任索約大汲其版,謂之無任',文意同也。"

五分其軫閒,以其一爲之軸圍。軸圍亦一尺三寸五分寸之一,與衡任相應。

【疏】“五分其軫閒，以其一爲之軸圍”者，戴震云：“左右軫之閒六尺六寸，軸之長出轂末，而以軫閒爲度者，主乎任輿之六尺六寸也。”案：戴說是也。軸在輿下者圍一尺三寸二分，以徑一圍三疏率求之，得徑四寸四分，與《輪人》注所定賢徑正同。若以密率求之，則止徑四寸二分一豪零，校賢徑尚少一分九釐八豪零者，軸外尚有薄鐵鍱之，謂之鐧。《說文·金部》云：“鐧，車軸鐵也。”《釋名·釋車》云：“鐧，閒也，閒釭軸之閒，使不相摩也。”是也。釭厚一寸，而鐧薄不及二分者，恐斲小軸木，傷其力也。其軸貫壼中以出於小穿者，圍徑又當漸殺，度蓋如藪軹之徑耳微朒，以爲鍱鐧之地。此僅箸輿下之圍度者，以藪軹圍徑《輪人》已詳，可以互推，故從略也。

注云“軸圍亦一尺三寸五分寸之一，與衡任相應”者，此謂圜圍也。賈疏云：“上《輿人》云‘輪崇、車廣、衡長參如一’，則軫閒卽輿廣與衡長，俱六尺六寸。以六尺六寸五分取一，與衡任同，故軸圍亦一尺三寸五分寸之一，與衡任相應也。”江藩云：“軸圓徑四寸四分。”詒讓案：田車軸圍蓋一尺二寸六分，駑馬車蓋一尺二寸。

十分其輈之長，以其一爲之當兔之圍。輈當伏兔者也，亦圍尺四寸五分寸之二，與任正者相應。

【疏】“十分其輈之長，以其一爲之當兔之圍”者，鄭珍云：“輈承輿下者四尺四寸，宜廣厚如一，而惟著對伏兔處，長尺四寸六分强一段之圍，明前後不對伏兔者，其圍異矣。以此推之，輿底當處鑿深約四分，以授輈與伏兔之鉤入爲固。當兔三寸六分之厚，約以四分鉤心，則在外者仍有三寸二分庪軸上。其前後不當兔者，當止減上厚四分，使與輿底相切，兩邊及下面則漸殺矣，向後殺至於踵，止圍七寸六分八釐；向前殺至於頸，止圍九寸六分。是輈在輿下者正中一段，前後漸斂漸窄，底則漸收漸上，形若舟然，此輈之所以名也。當兔承輿中，伏兔如屐，承兩旁，惟中閒當軸一分須厚，下爲銜軸地，銜軸又須作半規形，不可以圍計，此外則其圍宜同。當兔亦方三寸六分，其鉤心庪軸上並同，經以兩事度同，可以互見；而輈在輿下者，有當兔不當兔、鉤心不鉤心之增減，若著兔圍，則當兔且不能見，今止著當兔之圍，不惟可見兔圍,卽不當兔者亦並見之矣。"案:鄭說是也。三分輿下之輈,而當兔居其一,蓋長一尺四寸六分,與伏兔長正相應。前至軓前之頸,後盡踵之外邊,亦各一尺四寸六分。當兔之處,正直輿心,軸又横其下,作時上當隆起以持輿,下復當突出鑿爲鉤,以函軸半徑,與大車轅同,故亦可謂之鉤心。蓋輈之與輿軸相鉤連者全在此處,故必大於頸踵諸圍,非小車輈當兔處不鑿鉤也,但此兔圍,則正指加軸上者言之,不兼計鉤軸者之度耳。

注云"輈當伏兔者也"者,伏兔卽《總敍》之轐也。戴震云:"當兔在輿下正中,其兩旁置伏兔者。"錢坫云:"當兩轐之閒,謂之當兔。"云"亦圍尺四寸五分寸之二,與任正者相應"者,此謂方圍也。賈疏云:"通計輈之軓前及隧,總一丈四尺四寸,十分取一,故輈當伏兔之處,麤細之圍有一尺四寸五分寸之二,與任正相應也。"江藩云:"當兔圍一尺四寸四分,方徑三寸六分。"鄭珍說同。詒讓案:此圍徑乃當兔之真度,不計下銜軸者也。其銜軸者,當亦徑二寸二分,盡軸之半徑,與伏兔同,詳《總敍》疏。又案:田車當兔圍蓋一尺四寸,駑馬車蓋一尺三寸三分。

參分其兔圍,去一以爲頸圍。頸,前持衡者,圍九寸十五分寸之九。

【疏】"參分其兔圍,去一以爲頸圍"者,鄭珍云:"兔圍卽是伏兔之圍,明當兔伏兔其圍一也。"王宗涑云:"兔謂伏兔也。伏兔與輈當兔大小齊等,故上云當兔之圍,此云兔圍,明伏兔圍亦得輈長十分之一,並非當兔之圍之省也。"

注云"頸,前持衡者"者,《說文·頁部》云:"頸,頭莖也。"賈疏云:"衡在輈頸之下,其頸於前向下持制衡鬲之輻,故云頸前持衡者也。"《詩·秦風·小戎》孔疏云:"轅從軫以前,稍曲而上,至衡則居衡之上,而轡下句之,衡則横居輈下,如屋之梁然,故謂之梁輈也。"鄭珍云:"此注三輈皆以軫平并輈深得衡高,其曲中高軫平之數,卽衡高軫平之數,是衡與曲中適平。輈自曲中以往,斷非平指以投於衡,必漸曲向下以就衡,而漸低於曲中。假令衡居輈下,其高必不得與曲中平。如注筭衡高,乃與曲中平,知衡必横居頸上也。若如孔、賈說,輈曲至衡上,始向下句之,令衡居輈下。是未至衡以前，皆止曲上而不句，至衡上乃向下就衡，勢必以頸投衡，衡頸乃相連接，其向下乃是頸，而輈深惟至衡之處，乃其曲之最高，計其深當在此處。自此處句下，必數寸始抵衡，衡高如何得等輈深，則皆違失注義明矣。凡言持者，皆所持者在持之者上。注於軓言持車正者，於頸言持衡者，以軓承輿下、頸承衡下故也。卽稱衡頸之閒，文次皆衡上頸下，亦可見。"案：子尹說是也。云"圍九寸十五分寸之九"者，此謂圓圍也。賈疏云："以前當兔圍有一尺四寸五分寸之二，今以一尺二寸三分之，去四寸得八寸。又以一寸者分爲十五分，二寸爲三十分。又以五分寸二者爲六分，并三十分爲三十六分。三十分去十分，得二十分。六分者去二分，得四分。總得二十四分。以十五分爲一寸，仍有九分在。添前八分，總九寸十五分寸之九也。"王宗涑云："九寸十五分寸之九，卽九寸六分也。輈自當兔以前漸殺其下，至於縛衡之頸，圜周得九寸六分，殺之極也。"江藩云："頸圍九寸六分，圓徑三寸二分。"鄭珍云："輈承輿下者宜方，揉弧曲者宜圓。軫方木，承以方則穩；衡亦方木而承以圓者，蓋路不能平如水，兩服之領必互有高下，衡不能不隨馬領爲低昂，承以方則礙，承以圓則活也。頸不獨當衡下者，凡弧曲皆是。則自當兔以前漸殺，至曲起而上，其棱隅亦漸盡就圓矣。故頸圍乃當兔前漸殺以至於衡上之數，踵圍乃當兔後漸殺以至於軫下之數。經於前輈之長，就中明當兔圍，就兩頭明頸踵圍。其閒之漸殺漸小不可以圍定者，度數自見；非承軫持衡之處。突然削小就此圍數也。不然，當兔而外，惟承軫衡處有度，餘皆令人莫知其大小，經豈如是疏略乎！"詒讓案：田車頸圍蓋九寸三分寸之一，駑馬車頸圍蓋八寸十五分寸之十三。

五分其頸圍，去一以爲踵圍。踵，後承軫者也，圍七寸七十五分寸之五十一。

【疏】注云"踵，後承軫者也"者，《說文·足部》云："踵，追也。"《止部》云："歱，跟也。"此踵卽歱之叚字。賈疏云："輈後承軫之處，似人之足跗在後名爲踵，故名承軫處爲踵也。"云"圍七寸七十五分寸之五十一"者，賈疏云："以上注九寸十五分寸之九計之，取五寸，去一寸得四寸，仍有四寸九分在。一寸爲七十五分，四寸爲三百分。又以十五分寸之九者轉爲四十五分。

三百分，五分去一，去六十分，得二百四十分。四十五分者，五九四十五，爲五分，分得九分，去一九，得三十六分。并前總二百七十六分。還以七十五分約寸，取二百二十五分，爲三寸。添前四寸，爲七寸，餘有五十一。是以鄭云圍七寸七十五分寸之五十一也。”王宗涑云：“七寸七十五分寸之五十一，卽七寸六分八釐也。輈自當兔以後，漸殺其下及旁側，以至于踵，則圍得七寸六分八釐，爲正方形，徑得一寸九分二釐，此殺之極也。上而不殺，置軫尚平也。”案：王說是也。江藩說同。田車踵圍蓋七寸四十五分寸之十九，駑馬車蓋七寸七十五分寸之七。

凡揉輈，欲其孫而無弧深。孫，順理也。杜子春云：“弧讀爲盡而不汙之汙。”玄謂弧，木弓也。凡弓引之中參，中參，深之極也。揉輈之倨句，如二可也，如三則深，傷其力。

【疏】“凡揉輈”者，賈疏云：“以火揉使曲也。”

注云“孫，順理也”者，《匠人》“水不理孫”，注亦云：“孫，順也。”王宗涑云：“順本曲之木理而煣屈之也。”鄭珍云：“揉直令曲，必順木理微微曲之，若太深，將自軓前卽驟令直上，此不待馬之椿拄，勢無不先裂斷者。經曰‘揉欲孫而無弧深’，又曰‘輈欲弧而無折，經而無絕’，蓋諄諄爲不中理、不中數者言也。”杜子春云“弧讀爲盡而不汙之汙”者，段玉裁云：“盡，俗本作‘淨’，轉寫之誤也。盡而不污，見《春秋》成十二年《左氏傳》。污讀爲紆，謂紆曲也。杜易弧爲污，污訓窊下，窊下猶紆曲也。”云“玄謂弧，木弓也”者。賈疏謂見《三倉》。案：《說文・弓部》說同。鄭讀弧如字，不從杜讀也。《司弓矢》亦有弧弓。云“凡弓引之中參，中參，深之極也”者，賈疏云：“弓之下制六尺，引之三尺，是中參深之極也。”鄭珍云：“輈狀擬弧，其弦卽以擬弓弦。其深之上距，至弦之正中，卽以擬矢。中參者，謂凡弓引之，其中容矢長三尺，所謂弧深也。”錢坫云：“王弓合九而成規，弧弓亦然。令規圍五丈九尺四寸，九分之，爲六尺六寸。六尺六寸之弓，求其矢三則深矣，故惟二爲可。”云“揉輈之倨句，如二可也”者，賈疏云：“六尺引二尺，若然，九尺得三尺，則是弓一尺得三寸三分寸之一。輈軓以前十尺，國馬之輈深四尺七寸，與二不相當者，通計一丈四尺四寸，并輿下數之，故得二也。二者，輈揔長丈四尺四寸，且取丈二尺得四尺；餘二尺四寸，復得八寸，揔爲四尺八寸，是國馬之輈猶不滿二之數也。言二，舉大而言。"江永云："輈出前軓，漸曲而上，至衡微鉤而下，軓前十尺，①揉之以定者也。'揉輈欲其孫而無弧深'，注云：'揉輈之倨句，如二可也。'蓋以一丈三尺三寸揉之爲十尺也。疏并輿下之不揉及軓前揉已定者，通計如二，未是。"鄭珍云："輈之矢，止如弧深三之二，故曰如二。輈之矢，以深度約之，每寸得四釐二豪五絲强。深四尺七寸者，中當二尺。深四尺者，中當一尺七寸。深三尺三寸者，中當一尺三寸。而實度之，皆多三寸强。注云'如二可也'，可者，約略之詞，止欲明三輈固欲似弧，而其深度斷不可過與不及耳。"云"如三則深傷其力"者，鄭珍云："謂輈過曲，不存直勢，卽木力無勁耳，非謂馬力也。"

今夫大車之轅摯，其登又難；既克其登，其覆車也必易。此無故，唯轅直且無橈也。大車，牛車也。摯，輖也。登，上阪也。克，能也。

【疏】"今夫大車之轅摯，其登又難"者，以下並論牛車直轅之不安利，以見駟馬車之必爲曲輈也。《説文·車部》云："轅，輈也。""爰，籀文以爲轅字。"古轅與爰袁三字通用。《釋名·釋車》云："轅，爰也，車之大援也。"錢坫云："援卽從爰，故爰與轅同。爰亦引也。轅在車前，所以引也。"戴震云："小車謂之輈，大車謂之轅。人所乘，欲其安，故小車暘轂梁輈。大車任載而已，故短轂直轅。此假大車之轅，以明揉輈使撓曲之故。"王宗涑云："大車不爲曲輈者，任重載多，轅苟煣曲爲輈，引時必折，故用直轅而助以牽徬也。"云"既克其登，其覆車也必易"者，《説文·襾部》云："覆，覂也。"謂大車轅直，上阪則勢仰，而後之重勢彌增。卽使能登，而重心偏衺外越，非前轅所能制，則易致傾覆也。云"此無故，唯轅直且無橈也"者，江永云："輈人不爲大車之轅，而言之者，借彼喻此也。大車轅木直無橈，其轅夾牛，轅端鬲厭牛領，高下相當，更不可作橈曲。非作車者不善爲轅，致有覆車之患，亦不因

① "尺"原訛"丈"，據前經文改。——王文锦校注。

其登下之難而欲改從橈曲也，但借大車之轅難於登下，以明馬車之輈當曲橈耳。疏謂駕牛者亦須曲橈，非是。今駕牛之車皆直轅。"

注云"大車，牛車也"者，國語晉語韋注同。即《車人》大車、柏車、羊車之通稱，三車皆駕牛者也。《論語·學而篇》云："大車無輗，小車無軏。"包咸注亦云："大車，牛車。小車，駟馬車也。"是牛車爲大車，對駟馬車爲小車言之。《詩·小雅·無將大車》毛傳云："大車，小人之所將也。"亦即此。《詩·王風·大車》傳及《公羊》昭二十五年何注，並以大車爲大夫車，則似即《巾車》之墨車，與此異也。云"摯，輖也"者，《説文·手部》云："摯，握持也。"又《車部》云："輖，重也。輊，抵也。"抵低通。《廣雅·釋詁》云："輖、輊，低也。"惠棟云："摯本軒輊字，或作輊。《淮南子·人閒訓》：'置之前而不輊，錯之後而不軒。'或作蟄，《儀禮·既夕》云：'志矢一乘，軒輖中。'注云：'輖，蟄也。'《廬人》注云：'反覆猶軒輖也。'軒輖猶軒摯。《毛詩·小雅·六月》'如輊如軒'，傳云：'輊，摯也。'"案：惠説是也。摯輊、輊蟄，音義並同。輖與輊亦一聲之轉。駟馬車曲輈，深者四尺七寸，上出於式者二尺餘。而大車直轅横出牝服之下，較之梁輈，高卑縣殊，故曰轅摯。云"登，上阪也"者，後注云"登，上也"。下文云'登阤'，故此亦上阪爲釋。云"克，能也"者，《爾雅·釋言》文。

是故大車平地既節軒摯之任，及其登阤，不伏其轅，必縊其牛。此無故，唯轅直且無橈也。阤，阪也。故書伏作偪。杜子春云："偪當作伏。"

【疏】"是故大車平地既節軒摯之任"者，《弓人》注云："節猶適也。"《樂記》孔疏云："軒，起也。"《玉篇·車部》云："前頓曰輊，後頓曰軒。"王宗涑云："大車前重後輕，行平地時，節其任載，俾之輕重適均，不至畸輕畸重也。蓋大車牝服，半在軸前，半在軸後。任載後多於前，則輕重中節。"云"及其登阤，不伏其轅，必縊其牛。此無故，唯轅直且無橈也"者，《説文·糸部》云："縊，經也。"王宗涑云："大車任載後多於前，行於平地，轅直而平，則輕重齊一。登阤時，其轅前高後下，重勢獨注於後，使無人抑伏其前轅，則車箱後傾，前轅高揭，而牛縣若縊矣。上文云'既克其登，其覆車也必易'，此其一也。曲輈車之登阤,車箱非不前高後下也,輈之穹曲者高出式上,重勢仍注於前,不用抑伏前輈,而馬自不至縣縊,記故以縊牛爲輹直無撓之故也。"

注云"阤,阪也"者,《總敘》注同。云"故書伏作偪,杜子春云:偪當作伏"者,段玉裁云:"此鄭依杜改字,伏偪古音同部。"徐養原云:"伏古通匐,匍匐一作蒲伏。《釋名》:'匐,伏也,伏地行也。'匐與偪俱从畐聲。《說文》無偪字,《畐部》:'畐,滿也,讀若伏。'"江永云:"伏其輹者,人爲攀援以助牛登也。"鄭用牧云:"抑伏車輹,謂登下必恃牽徬助之。"

故登阤者,倍任者也,猶能以登;及其下阤也,不援其邸,必緧其牛後。此無故,唯輹直且無橈也。倍任,用力倍也。故書緧作鰌。鄭司農云:"鰌讀爲緧,關東謂紂爲緧。鰌,魚字。"

【疏】"不援其邸,必緧其牛後"者,《說文·手部》云:"援,引也。"江永云:"援其邸者,人援車邸,使不速下也。"王宗涑云:"邸當作軧,《說文·車部》云:'軧,大車後也。'今謂之車尾。邸借字。"案:王說是也。《掌次》"設皇邸",司農注云:"邸,後版也。"則此邸亦謂車後。《釋名·釋車》云:"有邸曰輜,無邸曰軿。"《宋書·禮志》引《字林》云:"軿車有衣蔽,無後轅,其有後轅者謂之輜。"是邸卽軧,亦卽後轅也。《車人》三車牝服,後皆有後轅,詳彼疏。

注云"倍任,用力倍也"者,登阪者自下而上,用力多,倍於平地。云"故書緧作鰌。鄭司農云:鰌讀爲緧"者,葉鈔《釋文》"鰌"作"緰",蓋陸賈本異,詳後。段玉裁云:"鰌緧古音同部,是以司農依聲類易之。"云"關東謂紂爲緧"者,《方言》云:"車紂,自關而東,周洛、韓鄭汝潁而東,謂之緻,或謂之曲綯,或謂之曲綸,自關而西謂之紂。"《說文·糸部》云:"紂,馬緧也。緧,馬紂也。"緻緧字同。惠士奇云:"《說文·革部》:'鞦,馬尾鞦也,今之般緧。'則般緧在馬尾,故曰緧其後。緧一作緻,《釋名》曰:'緻,遒也,在後遒迫使不得卻縮也。'王隱《晉書》:潘岳疾王濟、裴楷,乃題閣爲謠曰:'閣道東,有大牛,王濟鞅,裴楷鞧。'夾頸爲鞅,後遒爲鞧,言濟在前,楷在後也。一作鰌,《荀子·彊國》曰:'巨楚縣吾前,大燕鰌吾後。'《廣雅》云:'綯、紂,緧也。'"王宗涑云："緧以生革縷，般牛尾之下，引而前至背上，與繫軛之革縷相接續。當下阤時，車箱後高前下，轅直，重勢直注轅端，不援其軛，輪轉速於牛足，則軛引而前，緧掔牛尾，必至傾敗，此又易覆之一也。輈之穹曲者下阤，重勢注於軓前輈之平上曲處，不注於輈端，無俟援軛，自不至緧其馬後，記故以緧牛後爲轅直且無撓之故也。"云"鰌，魚字"者，賈疏云："字猶名也。既鰌是魚名，明不從故書也。"段玉裁云："言鰌字與經無當，故知當是緧也。一本注鰌作緅，葉鈔本《釋文》曰：'緅音秋，與緧同。'《集韻》緧緅同字。若然，則陸本注無'鰌魚字'三字，與賈本異。"宋世犖云："鰌當爲緅，《廣韻·十八尤》'鞧，車鞧'，緧緅同，引《周禮》曰'必緅其牛後'。"案：段、宋説是也。《廣韻》引此經卽故書本作緅之明證。若作鰌字，則陸不宜云與緧同也。鰌字，《説文》、《玉篇》並無，其爲魚名亦未詳。惠士奇謂《荀子》之鰌，卽此緧之異文，則鰌疑亦鰌之變體。《说文·魚部》云："鰌，鰼也。"與鰌音同。

是故輈欲頎典；頎典，堅刃貌。鄭司農云："頎讀爲懇，典讀爲殄。駟車之轅，率尺所一縛，懇典似謂此也。"

【疏】"是故輈欲頎典"者，賈疏云："此以下還説四馬車轅也。"

注云"頎典，堅刃貌"者，頎典，蓋連語形容字。《淮南子·兵略訓》云："典凝如冬。"《廣雅·釋詁》云："腆，美也，久也。"典與腆同，堅刃與美久義亦相成。刃韌同，詳《山虞》疏。鄭用牧云："頎典者，穹隆而堅强之貌，雖撓而不傷其力也。"鄭司農云"頎讀爲懇，典讀爲殄"者，惠棟云："殄古文腆字，《毛詩》'籧除不殄'，箋'殄當爲腆'。《燕禮》'不腆之酒'，注云'古文腆作殄'。"段玉裁云："頎典二字疊韻，鄭訓爲堅刃皃。司農擬以車歴録訓之。其云讀爲懇、讀爲殄者，皆當作'讀如'，擬其音耳，故下文仍云頎典，不云懇殄也。"云"駟馬之轅，率尺所一縛，懇典似謂此也"者，懇，段玉裁校改"頎"是也。賈疏云："此卽《詩》'五楘梁輈'，一也。"孔廣森云："《檀弓》注'高四尺所'，《正義》曰'所是不定之詞。'然則尺所卽尺許也。《疏廣傳》'數問其家，金餘尚有幾所'，師古曰：'幾所猶言幾許。'古許與所通，《詩》'伐木許許’，許叔重引作‘所所’。”案：孔説是也。《毛詩·秦風·小戎》傳云：“一輈五束，束有歷録。”段校《説文·車部》云：“轣，車句衡五束也。”曲輈轣縛，直轅暈縛，縛束義同。輈軓前十尺，尺許一縛，蓋在輈弧中以前近衡之處，五束爲五尺，則軓前之輈其半有縛，卽《毛詩》之楘，《許書》之轣是也。先鄭之意，蓋以怨典爲縛轅之貌，則亦爲連語形容字。然此上下文並言曲輈之利病，不宜於此忽論轅縛，先鄭之義，於經無會也。又案：先鄭怨殄之義，賈氏無釋。段玉裁云：“怨與阬雙聲，殄與朕雙聲。阬朕者，坳突也。每一縛則有一坳突。”案：段説亦未知塙否。《旊人》“髻怨”，後鄭釋爲頓傷。而《梓人》注“頃小”，頃，本作頎。《釋文》引李軌音怨，似亦隱據此注爲讀。以彼二文證之，則怨似爲約小之意。《爾雅·釋詁》云：“殄，絶也。”義亦相近。若然，輈上有縛，或亦以約小爲貴與？

輈深則折，淺則負；揉之大深，傷其力，馬倚之則折也。揉之淺，則馬善負之。

【疏】“輈深則折，淺則負”者，此又明輈不可太曲之義。

注云“揉之大深，傷其力，馬倚之則折也”者，鄭珍云：“若中三，則深，過於深度，其輈雖非直上，而已傷直，馬股時揢拄之，輈力不勝，必向後裂斷，故云輈無弧深。”又云：“弧而無折，輈深則折也。”云“揉之淺則馬善負之”者，賈疏云：“輈直似在馬背，負之相似，故善。‘負之’本或作‘若負’，皆合義，不須改也。”鄭珍云：“若不中二，則又淺，不及深度，其輈無衡頸閒七寸之空，必將與馬身平，馬股又喜上戴之，故云淺則負也。輈當兩服之中，不直馬背，而注云馬倚之負之者，緣路有高下險易，卽馬股有横側退卻，故有倚其後、負其上之時也。”

輈注則利準，利準則久，和則安；故書準作水。鄭司農云：“注則利水，謂轅脊上雨注，令水去利也。”玄謂利水重讀，似非也。注則利，謂輈之揉者形如注星，則利也。準則久，謂輈之在輿下者平如準，則能久也。和則安，注與準者和，人乘之則安。

【疏】“輈注則利準”者，江永云：“注者，不深不淺，行如水注。利準者，便利而安耳。”戴震云：“輈注，謂深淺適中也。輈之曲埶隤然下注，則車行有利準之善。利,疾速也。準猶定也,平也。"案:江、戴並不刪"利準"字,與二鄭説異,亦通。云"利準則久,利則安"者,《墨子·節用篇》云:"車爲服重致遠,乘之則安,引之則利,安以不傷人,利以速至,此車之利也。"

注云"故書準作水"者,徐養原云:"至平莫如水,故準字从水。規矩準繩必以水,《輪人》曰'水之以眡其平沈之均也',《匠人》曰'水地以縣',皆用準之法。古音準與水同,可通用。《㮚氏》'準之',故書亦作'水之'此通用之證。"丁晏云:"《㮚氏》注:'準,故書或作水,杜子春云,當爲水。'《説文·水部》:'水,準也。'《釋名·釋天》云:'水,準也,準平物也。'《白虎通·五行》云:'水之爲言準也,養物平均有準則也。'《管子·水地篇》:'水者,萬物之準也。'《廣雅·釋言》:'水,準也。'"鄭司農云:"注則利水,謂轅脊上雨注,令水去利也"者,賈疏云:"先鄭依故書準爲水解之。後鄭不從者,輈轅之上縱不爲雨注,水無停處,故不從也。"云"玄謂利水重讀,似非也"者,賈疏云:"依後鄭讀,當爲'輈注則利也,準則久也,和則安也'。"段玉裁云:"鄭君謂衍'準利'二字。"云"注則利,謂輈之揉者形如注星,則利也"者,後鄭讀注與《梓人》"注鳴"之注同,其義則取象注星也。《史記·天官書》云:"柳爲鳥注。"又《律書》云:"注者,言萬物之始衰,陽氣下注,故曰注。"《索隱》云:"注,咮也。"《爾雅·釋天》云:"咮謂之柳",郭注云:"咮,朱鳥之口。"《開元·占經·南方七宿占》云:"咮一曰注,音相近也。"丹元子《步天歌》云:"柳八星,曲頭垂似柳。"謂輈之末下垂者,其句如注星,則利於引車也。云"準則久,謂輈之在輿下者平如準,則能久也"者,賈疏云:"準,平也。輈平輿亦平,平則穩,故得長久也。"徐養原云:"鄭不從司農説,而曰平如準,則亦不以水爲非。"云"和則安,注與準者和,人乘之則安"者,後鄭意,兼注準二善,則車行和也。賈疏云:"注謂轅曲中以前,準謂在輿下,前後曲直調和,則人乘之則安穩。"

輈欲弧而無折,經而無絶。揉輈大深則折也。經,亦謂順理也。

【疏】"輈欲弧而無折"者,賈疏云:"按上文云'孫而無弧深',此云'欲弧而無折'者,此欲得如弧,無使折,則不弧深亦一也。"王宗涑云:"蓋煣輈如引滿之弓，則深傷木理，不能無折也。輈欲弧，言但欲煣屈如弧。而無折，言不欲深傷木理也。”云“經而無絶”者，賈疏云：“則上文欲其孫，亦一也。”王宗涑云：①“絶，與‘火煣車輞絶’之絶同。蓋卽順本曲之木理煣之，而用火不均，則木理絶而易折。無絶，謂欲用火得宜，不使灼絶木理也。”

注云“揉輈大深則折也”者，大深卽謂中參以上。云“經亦謂順理也”者，謂經與上文“孫”義同。《吕氏春秋·察傳篇》高注云：“經，理也。”

進則與馬謀，退則與人謀，言進退之易，與人馬之意相應。馬行主於進，人則有當退時。

【疏】注云“言進退之易與人馬之意相應”者，《韓非子·喻老篇》云：“王子期曰：‘凡御之所貴，馬體安于車，人心調于馬，而後可以進速致遠。’”與此意略同。賈疏云：“若下文‘猶能一取’，皆是喻其利也。”云“馬行主於進，人則有當退時”者，退謂車當還駐及陷軬時，或當退行，由馭者使之。

終日馳騁，左不楗，杜子春云：“楗讀爲蹇。左面不便，馬苦蹇；輈調善，則馬不蹇也。”書楗或作券。玄謂券今倦字也。輈和則久馳騁，載在左者不罷倦。尊者在左。

【疏】注杜子春云“楗讀爲蹇”者，段玉裁云：“楗蹇古音同部。”云“左面不便，馬苦蹇；輈調善則馬不蹇也”者，賈疏云：“子春意，據將軍乘車之法，將在中，故御者在左。楗爲蹇澀解之。四馬六轡，在御之手，不在中央，而在於左，故云左面不便，馬苦蹇。”云“書楗或作券。玄謂券今倦字也”者，惠棟云：“《説文》：‘券，勞也。’《漢涼州刺史魏君碑》云：‘施舍不券。’是券與倦同。”段玉裁云：“古多用券，今多用倦，是之謂古今字。《説文·力部》：‘券，勞也。’《人部》：‘倦，罷也。’分載之，不云一字。”徐養原云：“楗券同音，古蓋通用。鄭君雖以券爲正，而經文仍作楗，是讀楗爲券也。”云“輈和則久馳騁，載在左者不罷倦”者，《説文·馬部》云：“騁，直騁也。”杜讀爲不蹇，主馬言；鄭讀爲不倦，主人言。言乘車者安也。云“尊者在左”者，賈疏云：“尋常

① “涑”原訛“沭”，逕改。——王文锦校注。

在國乘車之法，尊在左，御者中央。《曲禮》云：‘乘君之乘車，不敢曠左，左必式。’注云：‘君存，惡空其位，是尊者在左也。’”詒讓案：此據乘車及平兵車言也。其君及元帥之兵車，則尊者在中央，御者在左，詳《夏官敘官》疏。

行數千里，馬不契需，鄭司農云：“契讀爲‘爰契我龜’之契，需讀爲‘畏需’之需。謂不傷蹄，不需道里。”

【疏】注鄭司農云：“契讀爲爰契我龜之契”者，“爰契我龜”，《詩·大雅·緜》文，詳蕃氏疏。段玉裁云：“用其義也。”云“需讀爲畏需之需”者，段玉裁改需爲耎，云：“耎，今本作需。疏引《易·需卦·釋文》云：‘需音須，又乃亂反。’今案：云乃亂反，則當是耎字。《説文·大部》曰：‘耎，稍前大也，讀若畏偄。’《人部》曰：‘偄，弱也。’司農云畏耎者，與許畏偄同。”案：段校是也。畏耎字，與《易·需卦》之“需”異，疏説失之。凡經注耎偄字，多譌爲需及從需聲字，互詳《山虞》、《鮑人》疏。云“謂不傷蹄，不需道里”者，段玉裁云：“毛公曰：‘契，開也。’故以傷蹄言之。不耎道里者，不怯偄道里悠遠也。”包慎言云：“契龜者，開龜也。馬蹄傷則開坼，故謂不契爲不傷蹄。”案：段、包説是也。戴震引《方言》謂畏懦爲契需，亦足備一義。

終歲御，衣衽不敝，衽謂裳也。

【疏】“終歲御，衣衽不敝”者，前經例馭車字作馭，此作御，疑亦經記字例之異，詳《大司徒》疏。《説文·㡀部》云：“敝一曰敗。”衣不敝，謂不破敗也。

注云“衽謂裳也”者，《公羊》昭二十五年，何注云：“衽，衣下裳當前者。”賈疏云：“《禮記·深衣》‘續衽鉤邊’者，據在旁屬帶處。至於《問喪》云‘扱上衽’及《曲禮》云‘苞屨扱衽不入公門’，此皆據深衣十二幅，要閒之裳皆在衽，故此注云‘衽謂裳也’。”戴震云：“衽者，衣裳之旁削幅也。”詒讓案：衽有三義，《説文·衣部》云：“衽，衣裣也。裣，交衽也。”此衽之本義，指凡衣前承領之衽而言。又有禮衣削幅掩裳際之衽，深衣屬於裳之衽，並與衣裣不同。《玉藻》説深衣云“衽當旁”，注云：“衽謂裳幅所交裂也。凡衽者，或殺而下，或殺而上。衽屬衣則垂而放之，屬裳則縫之以合前後，上下相變。"江永云："凡衽者，皆以掩裳際得名。喪服之衽殺而下，左右各二尺五寸，疊作燕尾之形，屬於衣，垂而放之。朝祭服亦當然。《深衣》長衣之衽殺而上，屬於裳。蓋輈不和則車不安，御者裳之兩旁，常掉動而易敝，輈和則無比患也。"案：江説衽甚析。但喪服及朝祭服之衽，垂衣兩旁；深衣之衽，夾裳兩旁。此注以裳釋衽，則專指裳旁之衽言之。然裳旁之衽，唯深衣有之，而御者不必皆服深衣。則鄭意似謂無論朝祭喪服，其裳幅亦通謂之衽，故深衣孔疏謂裳之前後左右皆有衽名是也。賈説蓋與孔略同。凡御者立於輿内近前，行時，惟裳前幅下際，與横直材相摩拂，易於破敝，故鄭通以裳爲釋，明非衣衽，亦不定指禮衣及深衣在旁之衽也。

此唯輈之和也。和則安，是以然也。謂"進則與馬謀"而下。

【疏】注云"和則安，是以然也"者，申上言和則安之諭也。云"謂進則與馬謀而下"者，賈疏云："總結上四經。"

勸登馬力，登，上也。輈和勸馬用力。

【疏】注云"登，上也"者，《司民》注同。戴震云："登猶進也，加也。"云"輈和勸馬用力"者，《廣雅・釋詁》云："勸，助也，教也。"輈和，則馬引之時，若助教其用力也。

馬力既竭，輈猶能一取焉。馬止，輈尚能一前取道，喻易進。

【疏】注云"馬止，輈尚能一前取道，喻易進"者，葉鈔本《釋文》"喻"作"諭"，字通。取猶言進取也。輈和則勢利於進，故馬力雖竭，而爲輈和所趣，猶能進取，若不能自已也。王宗涑云："馬行欲止，是其力竭也。然以輈注之故，不得遽止，猶必能行數步，此之謂一取。"

良輈環灂，自伏兔不至軓七寸，軓中有灂，謂之國輈。伏兔至軓，蓋如式深。兵車、乘車式深尺四寸三分寸之二。灂不至軓七寸，則是半有灂也。輈有筋膠之被，用力均者則㵸遠。鄭司農云："㵸讀爲㵸酒之㵸。環㵸謂漆沂鄂如環。"

【疏】"自伏兔不至軓七寸"者，賈疏云："是從内向外之言。"云"軓中有㵸，謂之國輈"者，猶《輪人》爲輪蓋云，謂之國工也。戴震云："記反覆言輈之和，㵸耐久遠，亦和之徵。"

注云"伏兔至軓，蓋如式深"者，賈疏云："伏兔銜車軸，在輿下，短不至軓，軓即輿下三面材是也。無伏兔處去軓遠近無文，以意斟酌，經云'自伏兔不至軓七寸'，明七寸之外更有寸數，故鄭云伏兔至軓蓋如式深也。"江永云："伏兔半在軸前，半在軸後。兔之長，當一尺四寸有奇，軸前約七寸，軸後亦如之。賈疏有兔尾上載軫之説，未是。"案：江説是也。依鄭説，伏兔之長亦一尺四寸六分，與輈當兔同居隧深三分之一，則前至前軓，後至後軫，亦各一尺四寸六分也。總敍疏謂兔尾上載軫，蓋由兔後遥指後軫，以明加軫轐之度，非謂兔尾之長實至後軫也。云"兵車、乘車式深尺四寸三分寸之二"者，見前《輿人》注。云"㵸不至軓七寸，則是半有㵸也"者，賈疏云："自伏兔至軓亦一尺四寸三分寸之二，如是輈轅之深入式下，半一尺四寸三分寸之二，有七寸三分寸之一。直言半有㵸者，據七寸。不言三寸寸之一，舉全數而言也。"云"輈有筋膠之被"者，筋膠所以爲固，輈任力多與轂同，故亦被以筋膠也。筋膠之被，輈前曲及輿下並當有之，但輈前耑與軓正相摩切處，久而無㵸，其軓内七寸上承輿版者，軓和則與版不相侵，乃常有㵸耳。云"用力均者則㵸遠"者，謂輈用力均調，則輈不外出，軓不内侵，而七寸内之輿版與輈亦相承而安，故㵸得以久遠。不然，則輈軓及輿版動而相摩切，㵸久而漸平，不得常有七寸矣。遠是久遠之遠。賈疏以漆入式下七寸爲㵸遠，非。鄭司農云"㵸讀爲㵸酒之㵸"者，賈疏云："讀從《士冠禮》'若不醴，㵸用酒'之㵸也。"段玉裁云："'讀爲'當作'讀如'，謂其音同也。疏引《士冠禮》'㵸用酒'。按《説文》，冠娶禮祭字作醮，酒盡字作釂。此注㵸酒，正當爲釂酒。"云"環㵸謂漆沂鄂如環"者，先被筋膠，後漆之，漆乾則有沂鄂也。沂鄂，與《典瑞》注圻鄂同，即《輪人》所謂篆也。車轂及輈皆有筋膠之被，故皆有之。《郊特牲》云"丹漆雕幾之美"，注云："幾謂漆飾沂鄂也。"又《少儀》、《哀公問》並云"車不雕幾"，注云："雕，畫也。幾，附纏爲沂鄂也。"《御覽兵部》引《周書》云:"年飢,上用輿曲軜不漆。"據此,是《少儀》之不幾,卽《周書》所謂不漆;此經之灂,又卽《少儀》所謂幾。幾沂圻亦聲近字通。蓋筋膠相附纏,加之以漆,則其墳起處,容突紆曲,自成沂鄂。此經之"環灂"及《弓人》之"弓灂",皆是物也。程瑶田云:"灂謂紋理。有筋膠之被乃有灂,故《弓人》云'牛筋蕡灂,麋筋斥蠖灂';角亦有之,故《弓人》云'角環灂'。"案:程説是也。凡爲車及弓,漆及筋膠初被時卽有灂,摩鬋太甚,恐其無灂,故以由灂爲和耳。

軫之方也,以象地也;蓋之圜也,以象天也;輪輻三十,以象日月也;蓋弓有二十有八,以象星也。輪象日月者,以其運行也。日月三十日而合宿。

【疏】"軫之方也,以象地也;蓋之圜也,以象天也"者,以下通論車制取象之法。《周書周祝篇》云:"天爲蓋,地爲軫。"《大戴禮記·保傅篇》云:"古之爲路車也,蓋圓以象天,二十八橑以象列星,軫方以象地,三十輻以象月。故仰則觀天文,俯則察地理,前視則睹鸞和之聲,側聽則觀四時之運;此巾車教之道也。"《賈子·容經》、《續漢書·輿服志》文並略同,蓋卽本此經。案:地形實圜,赤道贏而兩極微朒,古渾天家言亦謂天地皆渾圜如丸。而經典並云地方者,《大戴禮記·曾子·天圓篇》:"曾子曰:'如誠天圓而地方,則是四角之不揜也。參嘗聞之夫子曰:天道曰圓,地道曰方。'"是地方自主道言之,其形體圜而不方,古人固知之矣。《春秋繁露·三代改制質文篇》云:"主天法商而王,鸞輿尊,蓋法天列象。主地法夏而王,鸞輿卑,法地周象載。"然則周人上輿,兼法夏商,故此經軫蓋兼象地天與?云"輪輻三十,以象日月也"者,三十是日月合宿之數。《大戴記》及《賈子》並止云象月;不云日者,文之省也。云"蓋弓有二十有八,以象星也"者,星卽《馮相氏》之二十八星也。《史記·律書》載二十八舍,曰東壁、營室、危、虚、須女、牽牛、建星、箕、尾、心、房、氐、亢、角、軫、翼、七星、張、注、弧、狼、罰、參、濁、留、胃、婁、奎。此古蓋天家説,與《玉燭寶典》、《唐書·厤志》引《甄曜度》及《魯厤》同。此經有象伐象弧,則所云二十八星必與彼同。《淮南子·天文訓》、《漢書·律厤志·三統厤》,四方經星,南方有東井、輿鬼而無狼、弧,西方有觜觿而無罰，北方有南斗而無建星，又以注爲柳，以濁爲畢，以留爲昴，名亦小異。此與《史記》及佚緯不同，後世天文家沿用之，非此經之義。

注云“輪象日月者，以其運行也，日月三十日而合宿”者，據一月之日言之。《周書·周月篇》云：“日月俱起於牽牛之初，右回而行，月周天超一次而與日合宿。”孫穀《古微書》引《尚書考靈耀》云：“日日行一度，月日行十三度十九分度之七，故日一月行二十九度半餘，月一月行天一帀，三百六十五度四分度之一，過而更行二十九度半餘，而與日會。”《御覽·天文部》引《范子計然》云：“月行疾，二十九日三十日閒，一與日合。”日月合宿在二十九日三十日閒，此云三十日者，舉大數也。阮元云：“日月三十日合朔，遷一舍；輪周三十輻，在地遷一㡽似之。”

龍旂九斿，以象大火也；交龍爲旂，諸侯之所建也。大火，蒼龍宿之心，其屬有尾，尾九星。

【疏】“龍旂九斿，以象大火也”者，以下記路車所建旌旂，象東南西北四官之星，又放星數爲斿數也。《巾車》云“金路建大旂”，大旂卽龍旂也。《巾車》別有玉路建大常十二斿，此不及者，大常設三辰，此上文已有輪輻蓋弓等象日月星，故不復舉也。《曲禮》云：“行前朱雀而後玄武，左青龍而右白虎，招搖在上，急繕其怒。”孔疏引崔靈恩云：“此謂軍行所置旌旗於四方，以法天。此旌之旒數，皆放其星。龍旗則九旒，雀則七旒，虎則六旒，龜蛇則四旒，皆放星數以法天地。皆畫招摇於此四旗之上。”崔氏所説斿數，並據此文。蓋謂此龍旂、鳥旟、熊旗，龜旐，卽《曲禮》前後左右四旗，其説是也。鄭君釋此經四星，舉蒼龍、朱鳥、白虎、玄武四官爲説，亦與彼暗合。其釋曲禮，乃云“以此四獸爲軍陳，象天也，不以爲旌旗之象”，蓋偶失之。賈疏云：“此以下九斿、七斿、六斿、四斿之旌旗，皆謂天子自建，非謂臣下。若臣下，則皆依命數。然天子以十二爲節，而今建九旒、七斿、六斿、四斿者，蓋謂上得兼下也。”又云：“九斿正謂天子龍旂，其上公亦九斿。若侯伯則七斿，子男則五斿，《大行人》所云者是也。”案：賈説是也。《樂記》云：“龍旂九斿，天子之旌也。”《荀子·禮論篇》、《史記·禮書》並云“天子龍旂九斿，所以養信也"。《國策·齊策》説魏王行王服，建九斿，明天子龍旂斿數與上公同矣。《續漢書·輿服志》云："龍旂九斿，七仞，齊軫，以象大火。"其象星之義卽本此。惟所説諸旌旗仞數及所齊，與《節服氏》賈疏引《禮緯·含文嘉》説略同，蓋别據彼文，非此經義也。

注云"交龍爲旂，諸侯之所建也"者，賈疏云："皆《司常》文。此既非臣下所建，而鄭引《司常》者，蓋取彼交龍以釋此旂，因言諸侯亦建旂，非謂此經論諸侯事。"云"大火，蒼龍宿之心"者，《大戴禮記·夏小正》云："九月内火。内火也者，大火。大火也者，心也。"左襄九年傳云："古之火正，或食於心，是故心爲大火。"《爾雅·釋天》云："大辰，房、心、尾也。大火謂之大辰。"《左傳》孔疏引李巡云："大辰，蒼龍宿之體最爲明，故云房、心、尾也。大火蒼龍宿心，以候四時，故云辰。"《史記·天官書》云："東官蒼龍房心。"案：大火次度，詳《保章氏》疏。云"其屬有尾，尾九星"者，大火之次雖以心爲主，然心三星，與龍旂斿數不合，惟尾九星，故知此象大火謂尾也。《天官書》云："尾爲九子。"《開元占經·東方七宿占》引石氏云："尾九星，十八度。"《春秋緐露·奉本篇》云，"大火二十六星"，蓋合房心尾三星之通數言之。

鳥旟七斿，以象鶉火也；鳥隼爲旟，州里之所建。鶉火，朱鳥宿之柳，其屬有星，星七星。

【疏】"鳥旟七斿"者，《巾車》云"象路建大赤"，大赤卽鳥旟也。《續漢書·輿服志》云："鳥旟七斿，五仞，齊較，以象鶉火。"

注云"鳥隼爲旟，州里之所建"者，賈疏云："《司常職》文。州長中大夫四命，里宰下士一命，皆不得建此七斿之旟。言州里建旟者，亦取彼成文以釋旟，非謂州里得建七斿也。"案：《司常》之州里，專指六鄉，不兼六遂之里宰也。鄭、賈説誤，詳彼疏。云"鶉火，朱鳥宿之柳"者，《左》襄九年傳云："古之火正，或食於咮，是故咮爲鶉火。"《爾雅·釋天》云："咮謂之柳。柳，鶉火也。"《天官·書云》："南官朱鳥，柳爲鳥注。"案鶉火次度，詳《保章氏》疏。鶉卽鷻之省，鷻隼同物，卽朱鳥也。詳司常疏。云"其屬有星，星七星"

者,柳八星,亦與鳥旟斿數不合,故知象鶉火者,專據七星也。《左傳》襄九年,孔疏引《春秋緯·文耀鉤》云:"味爲鳥陽,七星爲頸。"宋均注云:"陽猶首也。柳謂之味,朱鳥首也。七星爲朱鳥頸也。味與頸共在於午者,鳥之止宿,口屈在頸,七星與味體相接連故也。"是則七星與柳同位連體,故旟象朱鳥,即取彼星。《國策·齊策》説魏王從七星之旟,亦其證也。賈疏云:"七星者,《月令》云'旦七星中'是也。不指七星言柳,乃云其屬有星者,當鶉火三星,柳爲首,故先舉其首,後言其屬也。若然,上心與尾別辰,心非尾之首,亦舉心後言其屬尾者,心爲大辰,雖非本辰,亦爲其首也。"

熊旗六斿,以象伐也;熊虎爲旗,師都之所建。伐屬白虎宿,與參連體而六星。

【疏】"熊旗六斿"者,《巾車》云"革路建大白",大白即熊旗也。《司常》云"熊虎爲旗",此云熊旗者,舉熊以晐虎。《續漢書·輿服志》云:"熊旗六斿,五仞,齊肩,以象參伐。"《説文·㫃部》云:"熊旗五斿,以象伐星。"依《巾車》革路條纓五就,旗斿數或當與纓就同,則許説亦可通。但此注以參伐連體六星爲釋,則鄭本自作六,若伐不連參,則止三星,亦不得爲五斿,許説與星象究不合也。

注云"熊虎爲旗,師都之所建"者,賈疏云:"亦《司常職》文。師都,鄉遂大夫也。鄉大夫雖是六命,即得建六斿,遂大夫是中大夫四命,即不得建六斿。此亦謂天子所建也。"案:"師都"當作"帥都",帥都即軍將及都家之長。鄭、賈以爲鄉遂大夫,誤,詳《司常》疏。云"伐屬白虎宿,與參連體而六星"者,《史記·天官書》云:"參爲白虎。三星直者,是爲衡石。下有三星,兑,曰罰,爲斬艾事。其外四星,左右肩股也。"張氏《正義》云:"罰亦作伐。"《春秋運斗樞》云:"參伐,事主斬艾也。"《開元占經·西方七宿占》引《皇帝占》云:"參中央三小星,曰伐。"案:古説皆以參爲三星者,不數肩股四星也。故《毛詩·唐風·綢繆》傳云:"三星,參也。"伐在參中,與參連體,并數之則爲六星,故參通謂之伐。《大戴禮記·夏小正》云:"五月參則見。參也者,伐星也。"《毛詩·召南·小星》傳云:"參,伐也。"孔疏引《演孔圖》云"參以斬伐"是也。伐亦通謂之參,《公羊》昭十七年傳云,"伐爲大辰",何注云:

"伐謂参伐也。"此經亦通謂参爲伐,故六斿取象於彼。今天官家言参皆七星者,不數伐而數肩股四星也。

龜蛇四斿,以象營室也;龜蛇爲旐,縣鄙之所建。營室,玄武宿,與東壁連體而四星。

【疏】"龜蛇四斿"者,蛇,《唐石經》、宋本附釋音本、嘉靖本並作"虵",俗。今據舊注疏本正。巾車云"木路建大麾",大麾即龜旐也。《續漢書·輿服志》云:"龜旐四斿,四仞,齊首,以象營室。"王引之云:"經文本作'龜旐四斿',今作'龜蛇'者,涉注文而誤也。上文'龍旂'、'鳥旟'、'熊旗',上一字皆所畫之物,下一字皆旗名,此不當有異。若作'龜蛇',則旗名不箸,所謂四斿者,不知何旗矣。龜蛇爲旐而稱龜旐者,猶熊虎爲旗而稱熊旗,約舉其一耳。上文交龍旂,釋旂字也;鳥隼爲旟,釋旟字也;熊虎爲旗,釋旗字也。此注龜蛇爲旐,釋旐字也。以注考經,其爲龜旐明甚。《續漢書·輿服志》載此文正作'龜旐四斿'。《通典·禮》同。桓二年《左傳正義》、《太平御覽·兵部》引此文;亦皆作'龜旐'。《唐石經》始誤爲'龜蛇'。《説文》旐字注'龜蛇四斿',亦當作'龜旐',後人依俗本《周禮》改之耳。"案:王説是也。王宗涑説同。

注云"龜蛇爲旐,縣鄙之所建"者,賈疏云:"亦《司常職》文。縣正雖是下大夫四命,鄙師上士三命,則不得建四斿,此亦謂天子自建也。"案:《司常》縣鄙當爲公邑之長,鄭、賈説亦誤,詳彼疏。云"營室,玄武宿,與東壁連體而四星"者,壁,《釋文》作"辟"。案:辟壁字通。《爾雅·釋天》云:"營室謂之定,娵觜之口,營室東壁也。"《爾雅·釋文》亦作"東壁"。《左傳》襄三十年,孔疏引李巡注云:"娵觜,玄武宿也。營室東壁,北方宿名。"《天官書》云:"北官玄武營室。"《詩·鄘風·定之方中》箋云:"營室,其體與東壁連,正四方。"《開元占經·北方七宿占》云:"營室、東壁四星,四輔也。"又引石氏云:"營室二星,離宮六星,十六度;東壁二星,九度。"

弧旌枉矢，以象弧也。《覲禮》曰"侯氏載龍旂，弧韣"，則旌旗之屬皆有弧也。弧以張縿之幅，有衣謂之韣。又爲設矢象，弧星有矢也。妖星有枉矢者，蛇行，有毛目。此云枉矢，蓋畫之。

【疏】"弧旌枉矢"者，司常云"析羽爲旌"。九旗皆有弧，此獨舉弧旌者，蓋弧矢以象武事。他旗注全羽之旞者，或不畫枉矢，唯旌畫之與？

注云"《覲禮》曰，侯氏載龍旂弧韣，則旌旗之屬皆有弧也"者，此云弧旌，是旌有弧也。《覲禮》弧韣主龍旂言，是旂有弧也。推之九旗之屬，蓋皆有之。《明堂位》説大常，亦云"弧韣旂"，是其證也。云"弧以張縿之幅"者，《釋文》縿作幓，云"本又作縿"。案：幓卽縿之俗。鄭《覲禮》注亦云："弧所以張縿之弓也。"《明堂位》注云："弧，旌旗所以張幅也。"案：《巾車》注謂縿爲旂之正幅，蓋以弧張之，而後縣於杠。《左》隱十一年傳，有鄭伯之旗蝥弧，蓋卽弧旌也。云"有衣謂之韣"者，鄭《覲禮》、《明堂位》注並云"弓衣曰韣"。案：韣本射弓衣弢之名，故説文韋部云："韣，弓衣也。"《廣雅·釋器》云："韣，弓藏也。"因之張縿之弓，其衣亦曰韣。又鄭《既夕禮》注謂弓衣以緇布爲之。此旌旂之韣，蓋當以采帛爲之，與縿同。云"又爲設矢象，弧星有矢也"者，《文選》張衡《西京賦》"弧旌枉矢"，薛綜注亦云："弧，星名。"《天官書》云："參其東有大星曰狼，下有四星曰弧，直狼。"李播《天象賦》云："狼援戈而野戰，弧屬矢而承天。"苗爲注云："弧九星，在狼東南，天弓也。主捕盜賊。常屬矢，直對狼則吉。"《開元占經·石氏外官占》引石氏説略同。是弧星有矢也。《後漢書·馬融傳·廣成頌》云："棲招摇與玄弋，注枉矢於天狼。"則馬季長亦以枉矢爲卽弧星之失，故得注天狼。李賢注專據妖星爲釋，非馬恉也。云"妖星有枉矢者，蛇行，有毛目"者，賈疏謂《孝經緯》文。又引《孝經援神契》云："枉矢所以射慝謀輕。"又引《春秋·考異郵》云："枉矢狀如流星，蛇行，有毛目。"《漢書·天文志》云："枉矢類大流星，蛇行而倉黑，望如有毛目然。"《開元占經·妖星占》引《春秋合誠圖》云："枉矢者，射星也。水流蛇行含明，故有毛目。陰合於四，故長四丈。"《乙巳占》、《袄星占》引《巫咸海中占》説枉矢形狀，並云有毛目。毛，宋巾箱本、舊注疏本並作"尾"。《續漢·輿服志》劉注引同。《司弓矢》疏引《考異郵》及

《後漢書·馬融傳》李注亦並作"尾",義得兩通。鄭言此者,以弧星屬矢,不名枉矢,經云枉矢,兼取妖星爲象也。云"此云枉矢,蓋菲之"者,賈疏云:"知畫在者,以其弓所以張幅,幅非弦,不可著矢,以畫於縿上也。"戴震云:"畫矢於韣。"案:賈、戴二説不同,未知孰得鄭恉。今依金榜説,旞旌卽日月爲常等七旗而注羽,則縿上自各有正章,不得復畫枉矢以掍厠其閒,戴説於經義較合也。又《續漢·輿服志》引干注云:"枉矢象妖星,非其義也。枉蓋應爲枉直,謂枉矢於弧。"案:干破鄭説,蓋謂枉矢卽是矯矢,令枉曲以屬於弓,不爲畫妖星。然九旗並有弧,不聞著矢。且叚令弧旌著矢,亦宜直而不枉。干説疑未然。

冬官考工記

攻金

攻金之工，築氏執下齊，冶氏執上齊，鳧氏爲聲，㮚氏爲量，段氏爲鎛器，桃氏爲刃。多錫爲下齊，大刃、削殺矢、鑒燧也。少錫爲上齊，鐘鼎、斧斤、戈戟也。聲，鐘、錞于之屬。量，豆、區、鬴也。鎛器，田器錢鎛之屬。刃，大刃刀劒之屬。

【疏】"築氏執下齊，冶氏執上齊"者，此通論金工齊和之等，爲下六工發耑也。《詩·周頌》鄭箋云："執，持也。"謂執持此金樸，依齊量鑄以爲器。賈疏云："據下文六等言之，四分已上爲上齊，三分已下爲下齊。築氏爲削，在二分中，上仍有三分大刃之等，亦是下齊。若然，築氏於下齊三等之内，於此舉中言之。"

注云"多錫爲下齊"者，錫多則金不純，故爲下齊。多者，謂參分其金，而錫居一以下。云"大刃、削殺矢、鑒燧也"者，據下文。云"少錫爲上齊"者，錫少則金純，故爲上齊。少者，謂四分其金，而錫居一以上。云"鐘鼎、斧斤、戈戟也"者，亦據下文。賈疏云："若然，鳧氏入上齊，桃氏入下齊；其㮚氏爲量，段氏爲鎛器，亦當入上齊中。"案：鄭意當如賈説。《管子·小匡篇》云："美金以鑄戈劒矛戟，試諸狗馬。惡金以鑄斤斧鉏夷鋸欘，試諸木土。"依《管子》説，斧斤與鎛器同用惡金，則不當與戈戟同齊。此與鄭、賈説異，未知其審。云"聲，鐘、錞于之屬"者，聲與《典同》十二聲義同，謂凡聲樂之金器也。錞于，即《鼓人》四金之一，詳彼疏。云"量，豆、區、鬴也"者，《大行人》注同，詳《内宰》、《㮚氏》疏。云"鎛器，田器錢鎛之屬"者，《總敘》注義同。《管子·輕重篇》云："一農之事，必有一耜、一銚、一鎌、一鎒、一椎、一銍，然後成爲農。"凡田器有金者，蓋皆段氏爲之，其金齊同也。云"刃，大刃刀劒之屬"者，《説文·刃部》云："刃，刀鑒也。""又《刀部》云："剽，刀劒刃也。"刀劒雖非長兵，而其鋒剽在兵中爲最大，故謂之大刃。賈疏云："案桃氏爲劍，此言刃，變言之者，亦是劍類非一，故注云大刃刀劍之屬也。”

金有六齊：目和金之品數。

【疏】“金有六齊”者，下文金皆與錫相和，《職金》賈疏謂此金皆謂銅，是也。《左傳》僖十八年《杜》注云：“古者以銅爲兵。”案：古鐘鼎及兵器、田器之屬，皆以銅爲之。然兵器、田器亦閒有用鐵者，故《越絕書·外傳》記寶劍云：“風胡子曰：神農、赫胥之時，以石爲兵，黄帝時以玉爲兵，禹之時以銅爲兵，當今之時作鐵兵。”《越絶》說古兵器變易原流甚析。蓋太古唯有石兵，中古用銅，最後乃用鐵，今古器出土者，猶可徵譣。但依《世本》、《史記》，黄帝、蚩尤已以金爲兵，玉兵之說詭誕不足馮耳。綜而論之，自黄帝至周初，大抵皆用銅兵，而鐵兵亦漸興，迄晚周，始大盛。故《矢人》二鄭注，並以刃爲鐵。《六韜·軍用篇》說兵械亦有鐵者。《孟子·滕文公篇》又云“以鐵耕”，即鎛器也。是知夏禹作貢，亦有鐵鏤，殷周之際，鐵器必緐。唯究不及銅之多，故今所傳古戈劍之等，有款識可徵者，率皆銅質，明鐵兵尚尟，且易朽蝕，故不經見也。若然，則此金齊固當以銅錫爲主，而金工所用之材，則當兼有鐵，經文不具也。互詳《職金》疏。

注云“目和金之品數”者，《少儀》注云：“齊，和也。”《亨人》注云：“齊，多少之量。”故和金錫亦謂之齊，品數即謂多少之量也。

六分其金而錫居一，謂之鐘鼎之齊；五分其金而錫居一，謂之斧斤之齊；四分其金而錫居一，謂之戈戟之齊；參分其金而錫居一，謂之大刃之齊；五分其金而錫居二，謂之削殺矢之齊；金錫半，謂之鑒燧之齊。鑒燧，取水火於日月之器也。鑒亦鏡也。凡金多錫，則刃白且明也。

【疏】“六分其金而錫居一，謂之鐘鼎之齊”者，以下辨六齊之等也。鐘，鳧氏所爲也。爲鼎之工無文，《㮚氏》注謂鐘鼎與量異工，則鄭意鼎或亦鳧氏爲之與？江永云：“鐘鼎欲其堅，不剥蝕，故金最多。”云“五分其金而錫居一，謂之斧斤之齊，四分其金而錫居一，謂之戈戟之齊”者，並冶氏所爲也。

《説文·斤部》云:“斤,斫木斧也。斧,斫也。”賈疏云:“上文‘築氏執下齊,冶氏執上齊’者。今於此文,戈戟之齊在四分其金而錫居一之中,則此已上六分其金與五分其金在上齊中,參分其金已下爲下齊中可知。其斧斤在上齊,上齊中惟有冶氏造戈戟,則斧斤亦當冶氏爲之矣。”云“三分其金而錫居一,謂之大刃之齊,五分其金而錫居二,謂之削殺矢之齊”者,亦並冶氏所爲。江永云:“斧斤至削殺矢皆有刃。其用之重,欲其難缺者,金多;用之輕,欲其不折者,金少。”云“金錫半謂之鑒燧之齊”者,燧,葉鈔本《釋文》作‘隧’。阮元云:“燧隧皆《説文》㸂字之誤。此於逢燧無涉,《秋官》‘夫遂’祇作‘遂’,是爲正字。”詒讓案:燧,俗㸂字。鑒燧正字當作“㸂”,古或叚“遂”“隧”爲之。《皃氏》注亦作“夫隧”,疑葉鈔《釋文》近是。互詳《司烜氏》疏。江永云:“鑒燧欲明,故金錫半。”

注云“鑒燧,取水火于日月之器也”者,據《司烜氏》云:“掌以夫遂取明火于日,以鑒取明水于月。”六齊之工惟鑒燧無文,蓋記者失之。云“鑒亦鏡也”者,《司烜氏》注義同。鑒錫最多,故《管子·輕重己篇》説,天子迎春帶玉監,迎秋帶錫監。監鑒字通。玉監者,以玉飾監。天子帶之者,蓋事佩之屬。云“凡金多錫則刃白且明也”者,刃卽堅韌字。《釋文》作“忍”,宋附釋音本及注疏本並同。嘉靖本作“刃”,與賈疏述注合,今從之。《山虞》注“柔刃”,《輈人》、《車人》注“堅刃”,字亦並作“刃”,賈以爲卽大刃之刃,則謬也。《史記·夏本紀集解》引鄭《書注》云:“錫所以柔金也。”《吕氏春秋·別類篇》云:“金柔錫柔,合兩柔則爲剛。”蓋金錫相得則堅刃。錫在銀鉛之閒,其色白,故多則白而含明,又宜爲鑒燧也。《吕氏春秋》又云:“相劍者曰:黄白所以爲堅也,黄所以爲牣也,白雜則堅且牣,良劍也。”牣亦與韌同。彼白卽謂錫,黄卽謂金,而云白以爲堅與黄以爲牣,相反者,彼謂柔刃,鄭則謂剛刃,義各有所取也。錫,詳《廾人》疏。

築氏爲削，長尺博寸，合六而成規。今之書刀。

【疏】“築氏爲削”者，《説文·木部》云：“築，擣也。”攻金之事必椎擣而成，故作削之工謂之築氏。《韓非子·外儲説左上》云：“鄭有臺下之冶者，謂燕王曰，臣削者也。”蓋通言之，爲削者亦得稱冶矣。云“長尺博寸，合六而成規”者，削爲曲刃，合六成規，著其句之度也。申其句而度之，其長一尺。賈疏云：“削反張爲之，若弓之反張，以合九、合七、合五成規也。馬氏諸家等，亦爲偃曲卻刃也。”案：據賈説，疑賈、干諸家咸以削爲偃曲卻刃，謂削形偃，折刃卻向内也。《説文·刀部》云：“剞剧，曲刀也。”即此。陳祥道云：“《少儀》曰：‘刀，卻刃授穎；削，授拊。’鄭曰：‘穎，鐶也。拊，把也。’然則直而本鐶者，刀也；曲而本不鐶者，削也。”劉嶽麐云：“削長一尺，合六而成規，是規周六尺也。周六尺，應得半徑九寸五分五釐，即六十度，通弦削長一尺，首末相距之數也。”

注云“今之書刀”者，孔廣森云：“《釋名》曰：‘書刀，給書簡札有所刊削之刀也。’《漢書音義》晉灼曰：‘舊時蜀郡工官作金馬削刀者，似佩刀形，金錯其拊。’”詒讓案：古作書，以削刻簡札，故謂之書刀，《御覽·兵部》有漢李尤《金馬書刀銘》，《三國志·魏志》韓馥以書刀自殺是也。又《晏子·春秋·内篇襍上》云：“景公使晏子於楚，楚王進橘置削。”是此刀亦用以剖削果實，不徒削牘作書也。《書顧命》孔疏又引鄭此注，云“曲刃刀也”。今本注無此文。據疏云“馬氏諸家亦爲偃曲卻刃”，亦者，冡上爲文，疑本有此注而今本挩之與？

欲新而無窮，謂其利也。鄭司農云：“常如新，無窮已。”

【疏】注云"謂其利也"者,《説文·刀部》云:"利,銛也。鄭司農云"常如新,無窮已"者,謂久用之,常如新發於硎,無已時也。

敝盡而無惡。鄭司農云:"謂鋒鍔俱盡,不偏索也。"玄謂刃也,脊也,其金如一,雖至敝盡,無瑕惡也。

【疏】注鄭司農云"謂鋒鍔俱盡,不偏索也"者,鋒謂刃末,鍔卽刃也,詳《桃氏》疏。凡鍊冶不精,用久則金惡者先銷,故有偏索之患。此敝盡而無惡,則鋒與鍔同敝,無偏索之弊也。云"玄謂刃也,脊也,其金如一,雖至敝盡,無瑕惡也"者,敝與《輪人》"輪敝三材不失職"之敝義同。削,一面銛者爲刃,一面鈍者爲脊。脊無刻削之用,金或不精。今脊金之精與刃同,故雖刃金銷敝至盡,而不見瑕惡也。又案:鄭説削刃脊,蓋止一面有刃;而《淮南子·本經訓高》注云:"削,兩刃句刀也。"依高説,削兩面有刃,則當爲劒脊,鄭意似不如是也。

冬官考工記

冶氏

冶氏爲殺矢，刃長寸，圍寸，鋌十之，重三垸。殺矢與戈戟異齊，而同其工，似補脱誤在此也。殺矢，用諸田獵之矢也。鋌讀如"麥秀鋌"之鋌。鄭司農云："鋌，箭足入稾中者也。垸，量名，讀爲丸。"

【疏】"冶氏"者，《説文·仌部》云："冶，銷也。"《金部》云："銷，鑠金也。"《總敍》云："爍金以爲刃，故工以冶爲名。"《書·梓材·釋文》引馬融《書注》云："治金器曰冶。"云"爲殺矢"者，爲金鏃，與矢人爲聯事也。此工亦爲斧斤，詳前疏。云"刃長寸圍寸"者，江永云："刃者，鏃鋒。鋒上漸廣，闊一寸。不言博而言圍者，闊處有脊，厚薄不等，故以圍言之。謂轉一周皆一寸也。"戴震云："矢匕中博。刃長寸，自博處至鋒也。《矢人》'刃長二寸'，通謂匕爲刃也。圍寸，不言博言圍者，矢匕有脊之減，博不及一寸。"案：戴説與《矢人》注異。彼經亦作"刃長寸"，注謂當作"刃長二寸"，經脱二字。此注不言者，鄭以彼爲正經，此爲補脱之誤，故不詳校。戴氏則謂矢刃中博，自其中剡而上下者各一寸，是亦二寸也。其説近是。互詳《矢人》疏。云"鋌十之"者，段玉裁云："刃圍一寸，而潁入稾中者一尺。"

注云"殺矢與戈戟異齊，而同其工"者，賈疏云："按上文戟在上齊内，殺矢在下齊中，是異齊；今此同工，不可也。"江永云："異齊未嘗不可同工，鄭疑未確。"云"似補脱誤在此也"者，段玉裁云："鄭意補脱者當補入於《築氏職》，而在此，是爲誤也。殺矢與削同齊，此與《掌客》著脱字失處同。"案：段説是也。賈疏謂補《矢人》之脱漏，又補此職，殊誤。云"殺矢，用諸田獵之矢也"者，《司弓矢》云："殺矢、鍭矢，用諸近射田獵。"彼六矢，殺矢第三，此不舉餘五矢者，據《矢人》，諸矢惟鐵入稾者輕重長短不同，刃則不異，故此舉中以晐其餘也。云"鋌讀如麥秀鋌之鋌"者，段玉裁云："'讀如'者，謂其音同也。麥秀鋌，鄭時蓋有此語，謂麥秀芒束森挺然也。箭足入稾中者，纖銳似之。"詒讓案：《集韻》："稵，稻麥傑立皃。"鋌稵字通。鄭司農云"鋌，箭足入稾中者也"者，稾，舊本並譌作"槀"，《釋文》同。今據岳本正。箭足謂金也。《釋名·釋兵》云："矢又謂之箭，其本曰足。矢形似木，木以下爲本，以根爲足也。又謂之鏑，齊人謂之鏃。"案：稾即矢榦，箭足著金，惟見其刃，其莖入榦中不見者，謂之鋌也。云"垸，量名"者，此量謂權也。《家語·五帝德篇》王注云："五量：權衡、斗斛、尺丈、量步、十百。"是權衡亦通稱量。賈疏謂"垸是稱兩之名，非斛量之號"，非先鄭意。至垸之爲量，經注無文。戴震謂即鍰之叚字，云"十一銖二十五分銖之十三"。程瑶田及段玉裁並從其說，詳後及《弓人》疏。云"讀爲丸"者，段玉裁云："'讀爲'疑當作'讀如'。"案：段校是也。此亦擬其音也。《說文·土部》垸訓丸桼。《列子·黄帝篇》"纍垸"，殷氏《釋文》音丸，《莊子·達生篇》"垸"作"丸"，是其證。

戈廣二寸，内倍之，胡三之，援四之。戈，今句孑戟也，或謂之雞鳴，或謂之擁頸。内謂胡以内接柲者也，長四寸。胡六寸，援八寸。鄭司農云："援，直刃也。胡，其孑。"

【疏】"戈廣二寸"者，《說文·戈部》云："戈，平頭戟也，从弋，一横之，象形。"《方言》云："凡戟而無刃，吳揚之閒謂之戈。"趙溥云："廣二寸，總内與援胡言，三者皆徑廣二寸。疏謂'廣二寸只說胡廣'，則經當言胡廣，不當說戈廣也。"案：趙說是也。金榜說同。云"内倍之，胡三之，援四之"者，明戈諸體之長度，並以廣爲根數也。凡戈三體，援爲横刃，主擊，故最長；胡半刃，主決，次之；内即援本之入柲爲固者，又次之。黄伯思《東觀餘論》云："戈之制，兩旁有刃，横置，而末銳若劒鋒，所謂援也。援之下如磬折，稍刓而漸直，若牛頸之垂胡者，所謂胡也。胡之旁一接柲者，所謂内也。援形正横，而鄭以爲直刃，《禮圖》從而繪之若矛槊然，誤矣。蓋戈，擊兵也，可句可啄，而非用以刺也。是以衡而弗從。"程瑶田云："戈之制有援，援其刃之正者，衡出以啄人。其本即内也。内衡貫於柲之鑿而出之，故謂之内。援接内處下垂者，謂之胡。胡上不冒援而出，故曰平頭戟也。近見山東顏崇槼所臧銅戈，以證冶氏制度，無不相合。銅戈之胡貼柲處，有闌以限之。闌之外復爲物，上當内而垂下，廣一二分，如胡之修而加長焉。蓋恐内廣二寸，僅足以持援，而或不足以持胡，致有揺動之患。爲此物於柲鑿之下，亦刻其鑿以含之，則胡有所制而不能揺動矣。又於胡上爲三空，内上爲一空，殆於既内之後，復以物穿空處，約之以爲固與？"又云："戈戟謂之句兵，又謂之毄兵。其用主於横毄，故其著柲處，不用直戴，而用横内。戈戟之有内也，其名蓋出於此。内者，於柲端卻少許爲鑿，戈戟之内，以薄金一片，横内於其鑿。内與鑿枘之枘同義。非若矛之著柲者，爲圜筩，空其中，而以柲貫之，如人足之脛，故名之爲骹也。戈之著柲，横内於後，則其正鋒必横出於前，如人伸手援物，故謂之援。援體如劒鋒，既横出，則上下皆有刃，如劒之鍔，鋒以啄，上刃以椿，下刃以句。下刃之本，曲而下垂爲刃，輔其下刃，以決人，所謂胡也。胡之言喉也，援曲而有胡，如人之喉在首下曲而下垂。然則胡之名，因援而有者也。"案：戈戟之制，漢時所傳已誤，故二鄭所説形制，與古器不合；《曲禮》孔疏亦沿其誤，宋以後説戈制者，亦多不得其解。惟黄氏、程氏據世所傳古戈，就其形度，别爲考定，其説特爲精塙，校以經文，亦無不密合，信爲定論矣。

注云"戈，今句孑戟也"者，《夏官・敍官》注同。鄭意古戈胡横句，與漢時句孑戟形制同。然戟爲刺兵，戈爲句兵，形制絶異。漢句孑戟乃戟之别制，非卽古之戈也。云"或謂之雞鳴，或謂之擁頸"者，《方言》郭注謂大戈，卽雞鳴鉤釨戟。《御覽・兵部》引張敞《晉陳宫舊事》云："東列崇福門之右，雞鳴戟十枚。"卽此。擁頸，未聞。云"内謂胡以内接柲者也"此鄭意謂戈有直刃，有横刃。其直刃謂之援，横刃謂之胡，内則其直刃之首近胡入柲者，故云胡以内接柲者也。然古戈平頭，實無直刃，援乃其横刃，胡乃横刃之下，當援内相接處，爲半刃下垂，附於柲者。注就漢時所傳句孑戟説之，與古戈制度並不合也。云"長四寸"者，謂内之長也。倍二寸故得四寸。云"胡六寸，援八寸"者，三二寸故得六寸，四二寸故得八寸也。鄭司農云"援，直刃也"者，亦誤以横刃爲直刃也。云"胡，其孑"者，孑者小枝之名。《釋名・釋兵》説孑盾云："孑，小稱也。"故枝兵小枝亦謂之孑也。先鄭意亦以胡爲戈之横刃，誤與後鄭同。

已倨則不入，已句則不決，長内則折前，短内則不疾，戈，句兵也，主於胡也。已倨，謂胡微直而邪多也，以啄人，則不入。已句謂胡曲多也，以啄人，則創不決。胡之曲直鋒，本必横，而取圜於磬折。前謂援也。内長則援短，援短則曲於磬折，曲於磬折則引之與胡並鉤。内短則援長，援長則倨於磬折，倨於磬折則引之不疾。

【疏】"已倨則不入，已句則不決"者，明戈援横出倨句之度也。凡戈之用，以援爲主。援横出，微邪向上。若太昂，則倨；正平或微俛，則句：皆不適用也。程瑶田云："倨謂援倨於外博，太向上也。戈啄人蓋横用之，太向上是以不能入也。句謂援句於外博，横啄之雖可入，然太向下，與胡相迫，是以入而難決斷也。倨句外博，則二病除。"云"長内則折前，短内則不疾"者，明内長短之度也。程瑶田云："前謂援也。内長則重，而援轉輕，輕則爲重者所累，故易掉折，亦啄而不能入也。内短則輕，而不足以爲援助，故人之而不疾也。二疾弗除，雖倨句外博，戈亦未盡善也。

注云"戈，句兵也"者，賈疏云："下文《廬人》云'句兵欲無彈'，鄭注云：'句兵，戈戟屬。'是戈爲句兵也。"云"主於胡也"者，程瑶田云："注意以句之名，由横者而生，定胡爲横刃，故謂胡爲戈之主。其實主於援，援其横刃也。"云"已倨謂胡微直而邪多也"者，謂刃直太侈向上，邪勢多也。然經云倨句並據援言之，鄭謂據胡言，並誤。云"以啄人，則不入"者，刃向上多，則下擊其鋒不正，故不能入也。金榜云："戈擊人，若鳥之開口啄物然，注釋爲啄人，取其象類。"云"已句謂胡曲多也"者，《説文・句部》云："句，曲也。"刃大屈向下，曲勢多也。云"以啄人，則創不決"者，《廣雅・釋詁》云："創，傷也。"《曲禮》鄭注云："決猶斷也。"言胡過曲，則啄人雖傷，而不能割斷也。云"胡之曲直鋒，本必横，而取圜於磬折"者，賈疏云："胡孑横捷微邪向上，不倨不句，似磬之折殺也。"案：賈説非鄭意也。鄭蓋謂胡爲戈之横刃，其本雖横出正平，其外卻微邪向下，與直刃爲圜勢，其折處若圜之鈍角，與磬折相似也。賈謂孑微邪向上，則正與注義相反矣。云"前謂援也"者，謂援在胡前也。然鄭意援爲直刃，出胡前，故以前爲援，與經之援爲横刃出胡前者不合，義雖無迕，而形制失矣。云“内長則援短，援短則曲於磬折，曲於磬折則引之與胡並鉤”者，賈疏云：“曲於磬折，由胡向上近援，胡頭低，胡頭低則胡曲於磬折也。胡既與援相近，故援共胡並鉤，並鉤則援折，故云折前也”。詒讓案：鄭意以内長則横刃近下，前之直刃不得不短，直刃短則其鋒接横刃近，若微曲而内向有横刃之一邊，引之則與横刃並鉤矣。云“内短則援長，援長則倨於磬折，倨於磬折則引之不疾”者，賈疏云：“以其由胡近下安之，則頭舒，頭舒則倨於磬折也。以頭舒，則引之不疾。”程瑶田云：“長内短内二語，釋内之所以四寸，以配援之八寸，於倨句無與也。”案；程説是也。鄭意以内短則横刃近下，前之直刃不得不長，直刃長則鋒接横刃遠，必漸倨，若外向無横刃之一邊，而引之不疾矣。以上諸義，並是鄭以意説之。實則經言倨句，既不取圜於磬折，而内之長短，與倨句尤不相蒙，鄭説並非經義。

是故倨句外博。博，廣也。倨之外，胡之裏也。句之外，胡之表也。廣其本以除四病而便用也。俗謂之曼胡，似此。

【疏】“是故倨句外博”者，程瑶田云：“倨句外博，專承已倨已句二語而定之。戈之刃在援與胡，其用以爲句兵也，主於援，故其發斂之度，以援與胡定倨句之形，而曰倨句外博。外博云者，不中矩之云也。”又云：“戈之援，昂然如橋衡。其衡不與内之平相應，故戈之倨句外博。外博者，援與胡縱横不正方也。所以然者，戈無枝，其上徒平，故使其援外博焉，而不令中矩也。倨句外博者，外博於矩也。”案：程説是也。此經説制器曲折形勢，凡侈者曰倨，斂者曰句，合校其角度之鋭鈍，則曰倨句，《樂記》云“倨中矩，句中鉤”是也。互詳《車人》疏。注云“博，廣也”者，《磬氏》注同。《廣雅・釋詁》云：“廣，博也。”鄭意博卽上文“戈廣二寸”之廣。然經“外博”，實言外侈，與廣度不相涉，鄭未得其義。云“倨之外，胡之裏也”者，金榜云：“外讀如‘大防外閷’之外。戈廣二寸，廣于二寸外者，謂之外博。胡上邪與援接，取圓磬折者爲倨，由倨下度之，博逾二寸者爲倨之外博，故外爲胡裏也。”詒讓案：鄭意横刃之鋒衺向内，其近直刃者爲倨，其近内者爲句。自倨處視之，則胡裏句者爲外，故云倨之外胡之裏也。云“句之外，胡之表也”者，金榜云：“胡下横與援接者爲句。由句上度之，博逾二寸者爲句之外博，故外爲胡表也。"詒讓案：鄭意自句處視之，則胡外倨者爲外，故云句之外胡之表。云"廣其本以除四病而便用也"者，鄭意倨外者博，則横刃之本當句處者博矣；句外者博，則本之當倨處者亦博矣。表裏俱博於二寸，是其本之廣也。欲其除不入、不決、折前、不疾之四病。然經外博，實言援胡倨句之度。援侈邪指，外不謂胡之表裏，博亦非謂廣於二寸，鄭説亦並非經義。云"俗謂之曼胡，似此"者，證戈横刃本廣，故有曼胡之稱也。曼胡義，互詳《鼈人》疏。金榜云："《方言》：'凡戟而無刃，秦晉之閒謂之釨，或謂之鏔，吴揚之閒謂之戈，東齊、秦、晉之閒謂其大者曰鏝胡，其曲者謂之鉤釨鏝胡。'郭注云：'卽今雞鳴鉤釨戟也。'"

重三鋝。鄭司農云："鋝，量名也。讀爲刷。"玄謂許叔重説文解字云："鋝，鍰也。"今東萊稱或以大半兩爲鈞，十鈞爲環，環重六兩大半兩。鍰鋝似同矣，則三鋝爲一斤四兩。

【疏】"重三鋝"者，明戈金全體之重也，兼内胡援三者言之。注鄭司農云"鋝，量名也"者，量亦權也。《書・吕刑》孔疏引馬注同。云"讀爲刷"者，戴震云："《史記・周本紀》'其罰百率'，徐廣曰：'率卽鍰也，音刷。'《平準書》'白選'，《索隱》曰：'《尚書大傳》云："夏後氏不殺不刑，死罪罰二千饌。"'【一】《漢書》作'撰'，二字音同也。《蕭・望之列傳》：'《甫刑》之罰，小過赦，薄罪贖，有金選之品。'應劭曰：'選音刷，金銖兩名也。'師古曰：'音刷是也。字本作鋝，鋝卽鍰也。'"段玉裁改'讀爲'爲'讀如'，云："應劭曰'選音刷'，與此讀如刷，一也。今本注作'讀爲'，誤。"案：段説是也。云"玄謂許叔重説文解字云，鋝鍰也"者，證鋝與鍰義同。《弓人》注亦用此義。今本《説文・金部》云："鋝，十一銖二十五分銖之十三也。《周禮》曰'重三鋝'。北方以二十兩爲三鋝。"又"鍰，鋝也。《書》曰，罰百鍰"。鋝下無"鍰也"之文，蓋捝也。《書・吕刑》疏引馬注亦云："鋝，量名，當與《吕刑》鍰同。俗儒云'鋝，六兩，爲一川'，不知所出耳。"是鄭、許説並本馬季長也。川選音亦相近。云"今東萊稱或以大半兩爲鈞，十鈞爲環，環重六兩大半兩"者，戴震改"環"爲"鍰"，以環爲鍰之誤。阮元云："《釋文》不出環字，三鋝下云'或音環'。賈疏兩引此注,先作環,後作鍰。"。①

案:戴、阮校是也。賈《職金》疏及《呂刑》孔疏引此注,亦作"鍰"。賈疏云:"鋝鍰輕重無文,故王肅之徒皆以六兩爲鍰,是以鄭引許氏及東萊稱爲證也。凡數言大者,皆三分之二爲大,三分之一爲少。以一兩二十四銖,十六銖爲大半兩也。鍰則百六十銖,二十四銖爲兩,用百四十四銖爲六兩,餘十六銖爲大半兩,是鍰有六兩大半兩也。"案:鍰鋝義同,其數則有三説。鄭以爲六兩大半兩,三之,則二十兩,此注引東萊語,《説文》引北方語是也。賈引王肅則以爲六兩,三之,爲十八兩。《小爾雅・廣衡》云:"二十四銖曰兩,兩有半曰捷,倍捷曰舉,倍舉曰鋝,鋝謂之鍰。"卽王氏所本。《呂刑》僞孔傳孔疏及《釋文》引馬融、賈逵述俗儒説同。又《路史後紀》引《尚書大傳》,《史記・索隱》引馬融釋饌,賈《職金》疏引《五經異義・尚書》夏侯、歐陽説釋率亦同。許君則以爲十一銖二十五分銖之十三,《職金》疏引《異義・古尚書》説及《呂刑釋文》引馬融説是也。《書・舜典》疏引鄭《駁異義》云:"贖死罪千鍰,鍰六兩大半兩,爲四百一十六斤十兩大半兩銅,與今贖死罪金三斤,爲價相依附。"與此注同。而《呂刑釋文》引鄭《書注》,又興王肅同。《路史》引鄭《書・傳注》,以千饌爲三百七十五斤,亦以一饌六兩計之。是鄭説亦自舛異。《呂刑》疏謂鄭説鍰重六兩三分兩之二,多於孔、王所説,惟較十六銖。然則王説與東萊方言所差甚微。孔廣森亦謂"言六兩者舉成數",此鄭《書・禮》兩解錯出之故與?云"鍰鋝似同矣"者,許謂鍰鋝數同,鄭證以東萊人所稱,而定從其説也。戴震云:"鍰鋝篆體易訛,説者合爲一,恐未然也。鍰讀如丸,十一銖二十五分銖之十三,垸,其假借字也。鋝讀如刷,六兩大半兩,率、選、饌,其假借字也。二十五鍰而成十二兩,三鋝而成二十兩。《呂刑》之'鍰'當爲'鋝',故《史記》作'率',《漢書》作'選',伏生《大傳》作'饌'。《弓人》'膠三鋝',當爲'鍰'。一弓之膠三十四銖二十五分銖之十四。賈逵説俗儒以鋝重六兩。此俗儒相傳譌失,不能覈實,脱去大半兩言之。"案:戴謂鋝鍰異量,孔廣森説同,亦通。云"則三鋝爲一斤

① "二"原訛"一",據《史記・平準書・索隱》改。——王文锦校注。

四兩"者，一鋝爲六兩大半兩，三六得十八兩，三大半兩合成二兩，故得一斤四兩。以四分其金而錫居一之齊計之，則金十五兩，錫五兩也。若依馬、王及鄭《書注》說，鋝爲六兩，則三鋝止一斤二兩也。

戟廣寸有半寸，内三之，胡四之，援五之，倨句中矩，與刺重三鋝。戟，今三鋒戟也。内長四寸半，胡長六寸，援長七寸半。三鋒者，胡直中矩，言正方也。鄭司農云："刺謂援也。"玄謂刺者，著柲直前如鐏者也。戟胡横貫之，胡中矩，則援之外句磬折與？

【疏】"戟廣寸有半寸"者，亦通内胡援刺四者言之。程瑶田云："戈戟並有内，有胡，有援，二者之體，大略同矣。其不同者，戟獨有刺耳。是故《說文》曰'戈，平頭戟也'，然則戟爲戈之不平頭者矣。又曰'戟，有枝兵也'，然則戈爲戟之無枝者矣。《說文》言枝，《考工記》言刺，枝刺一物也。"云"内三之，胡四之，援五之"者，戟胡長與戈同，内則贏於戈半寸，援則朒於戈半寸，形制與戈同。云"倨句中矩"者，程瑶田云："戟之制，内也，胡也，援也，猶之乎戈之内也，胡也，援也。其刺則胡上冒援而枝出者也。内、胡、援、刺，四物相際，交午於中，不似戈形三相際，平其上而不交午也。戟之援衡如内之平，而内小郤焉。倨句中矩，中矩云者，援與胡一縱一横，適正方也。"云"與刺重三鋝"者，亦明戟金全體之重也。程瑶田云："戈戟廣之數，援之數，胡之數，内之數，並有紀，惟戟之刺無度。然二者並重三鋝，而戈形或豐於戟。兩相較焉，取其戈之所有餘者，以輿戟之刺，刺亦如戟之廣，則其長當六寸輿？司馬相如《上林賦》有'雄戟'，張揖注云：'胡中有鮔者，蓋言有刺如雞距。'《增韻》云：'凡刀鋒倒刺皆曰距。'然《說文》解刺爲直傷，且以有枝對平頭，其非倒刺明矣。有刺謂之雄戟，其名甚正。而曰鮔在胡中，是爲倒刺，《記》曰'已句則不決'，戟中矩，視戈爲句矣，胡中設又加刺，豈能決乎？蓋所傳聞異辭矣。又云：'戟廣寸有半寸，内三之，胡四之，援五之。'三事並之，長十八寸，與戈三事並數同其長，而殺於戈之廣者四分之一，則輕於戈者亦四分之一矣。取所殺之長，截之爲三，而并之成廣寸半，長六寸，以之爲刺，加於胡之上，適與戈同其重，故《記》云'與刺重三鋝'也。"阮元云："戟之異於戈者，以有刺。刺同援長，可省言刺五之，但曰與刺而已。”又記歙程敦所拓古戟，其刺直上出於柲端，與旁出之援絜之，正中乎矩，且刺與援長相同，可以爲《考工》之證。詒讓案：《淮南子·氾論》訓云：“古之兵，脩戟無刺。”高注云：“刺，鋒也。”蓋戟有直鋒，故謂之刺。戟制，二鄭所説亦誤，程、阮二説得之。阮所見古戟，胡内有文云：“龍伯作奔戟。”銘度相應，尤爲塙證。惟程以戟與戈廣殺而重同，推刺當長六寸，與胡等；而阮所見古戟，刺之度乃與援同，長於胡。案：此記“與刺”，冡上“援五之“爲文，明刺度輿援同，故不别出。阮圖出於目驗，亦較程説尤塙。

注云“戟，今三鋒戟也”者，《釋名·釋兵》云：“戟，格也，旁有枝格也。”《方言》云：“三刃枝，南楚、宛、郢謂之匽戟。”郭注云：“今戟中有小孑刺者，所謂雄戟也。”程瑶田云：“鄭意，據司農刺爲援，是以刺援爲一物，與胡僅兩鋒耳，故以今戟三鋒破其説。”詒讓案：古戟止刺援二鋒，胡則有鍔而無鋒，以其附柲也。漢之三鋒戟，蓋直刃二，與横刃一而三，與古戟刺不同。郭所云“小孑刺”，卽中之直刃也。云“内長四寸半”者，戟廣寸半，三之，得四寸半也。云“胡長六寸”者，以四乘寸半，得六寸也。云“援長七寸半”者，以五乘寸半，得七寸半也。云“三鋒者，胡直中矩，言正方也”者，鄭意戟有三鋒，中直刃爲刺，旁二刃，其一横出者爲胡，其一本横而外句微直向上者爲援；經言中矩，卽指横刃旁出正平，無衺曲，與戈之横刃取圜於磬折者異也。《史記·司馬相如傳·索隱》引《禮圖》云：“戟支曲下爲胡也。”此説又與鄭異，不知何據。鄭司農云“刺謂援也”者，凡刃直出曰刺。先鄭以戈援爲直刃，故以戟刺卽爲援。然刺直傷，援横擊，實爲二刃。此并而一之，與經不合，後鄭亦不從。云“玄謂刺者著柲直前如鐏者也”者，《曲禮》“進戈者前其鐏，後其刃”，注云：“鋭底曰鐏。”《廬人》先鄭注云：“刺謂矛刃胷也。”後鄭不知戈戟刃皆横著於柲，與矛刃之直冒於柲者不同，而誤謂刺卽戟直刃之胷著柲，直前而鋭其耑，與兵器之鐏略相似，故云如鐏也。云“戟胡横貫之”者，謂横貫刺之近本處也。云“胡中矩，則援之外句磬折與”者，程瑶田云：“鄭意胡既横貫於刺，中矩，則援必不中矩，衺出於刺，其外句成磬折，而爲三鋒矣。然胡横貫於刺，其用止能横毄，若斬首，必不能決；而援衺倚於刺，卽以刺人，亦恐難勝任也。”案:程説是也。鄭蓋謂戟横刃直出,與刺爲中矩,惟旁出之直刃外句,亦取圜於磬折,云外句者,别於戈横刃之内句也。通校經注,蓋戈戟本制,並横著於柲。戈上一横刃,平出而微昂,謂之援。援之下直下,其半爲刃,半無刃,附於柲者,謂之胡。與援相接,横貫於柲者,謂之内。戟則二刃,援胡與戈正同,惟援上别爲一刃直出者,謂之刺;而援則正平,不昂起,與戈異。此古制也。先鄭所説之制,則戈戟並二刃,戈之直刃上出者爲援,其横刃下句者爲胡,援之下直冒於柲者爲内;戟援内並與戈同,惟胡横出正平,與戈胡之下句者異。此其所説戈制全誤,戟制則與古戈相類,而以刺爲援,以援爲胡,又其著柲以横穿爲直冒,則與古戈制亦不合。後鄭之説戈制,與先鄭同;而戟則三鋒,中一直者謂之刺,兩旁二小刃,一横出正平者爲胡,一本横出而鋒上句者爲援;其著柲亦並以横穿爲直冒。蓋沿先鄭之説而少變之,其誤尤甚。今謹據程、阮所攷糾正之,而綜論其義於此。

桃氏爲劍，臘廣二寸有半寸。臘謂兩刃。

【疏】"桃氏爲劍"者，桃，名義未詳。疑卽斛之叚字，《説文·斗部》云："斛，一曰利也。《爾雅》曰：'斛謂之疀。'"《有司徹》"桃匕"，注云"桃謂之歃"，卽用《雅》訓，而以桃爲斛，是其證也。刀劍鋒鋭利，有似匕臿，故以名工。《説文·刃部》云："劍，人所帶兵也。"《釋名·釋兵》云："劍，檢也，所以防檢非常也。又斂也，以其在身，拱時斂在臂内也。"云"臘廣二寸有半寸"者，明劍身一面之横度也。臘廣者，中爲一脊，左右兩從，合爲一面，謂之臘。其横徑之度，廣二寸半，則臘上下匌帀蓋圍五寸。知非兩面之廣者，下首廣兼言圍，則云"參分其臘廣，去一以爲首廣而圍之"，此不言圍之，是僅言横徑，不兼圍度可知。叚令以二寸有半寸分爲二面，則一面止得一寸四分寸之一，於今度不逾八分，其臘太狹，知其非也。

注云"臘謂兩刃"者，劍刃爲薄匕形，猶《聘禮》柶匕之擸，故謂之臘。賈疏云："兩面各有刃也。"

兩從半之。鄭司農云："謂劍脊兩面殺趨鍔。"

【疏】"兩從半之"者，此明分臘廣爲二之度，以其從夾劍脊，故云兩從。脊中隆起，分爲兩刃，故其横徑適得臘廣之半度。半之者，自脊中分，兩邊各廣一寸四分寸之一也。

注鄭司農云"謂劍脊兩面殺趨鍔"者，鍔，《説文·刀部》作"㓵"，云："刀劍刃也。"凡劍，自脊以下，殺之漸薄，以趨於刃。《戰國策·趙策》趙奢説劍云："夫毋脊之厚而鋒不入，無脾之薄而刃不斷。"脾卽所謂鍔也。賈疏謂鍔卽鋒。

案：鋒，《說文·金部》作"鏠"，云"兵耑也。"蓋即劍末。《莊子·說劍篇》鋒鍔兩出。賈合爲一，失之。《莊子·釋文》引一説云："鍔，劍棱也"，則誤以鍔爲即劍脊，亦非。

以其臘廣爲之莖圍，長倍之。鄭司農云："莖謂劍夾，人所握，鐔以上也。"玄謂莖在夾中者，莖長五寸。

【疏】"以其臘廣爲之莖圍，長倍之"者，明劍柄圍長之度也。莖纖細挺直，含貫夾木之中，義蓋與程相近。程瑶田云："莖者，人所握者也。莖之言頸也，在首下。以臘廣爲之圍，則參分臘廣之一，其莖圍之徑也。"案：程説是也。莖圍二寸半，其形正圓，徑蓋八分强也。

注鄭司農云"莖謂劍夾，人所握，鐔以上也"者，金榜云："劍夾以木爲之，桃氏攻金之工，而明劍夾大小之數，殆非也。"程瑶田云："《莊子·說劍篇》：'天之之劍，以燕谿、石城爲鋒，齊岱爲鍔，晉、魏爲脊，周、宋爲鐔，韓、魏爲夾。諸侯之劍以知勇士爲鋒，以清廉士爲鍔，以賢良士爲脊，以忠勝士爲鐔，以豪傑士爲夾。'據其所次者言之，則鋒者其耑也，鍔者其刃也，脊者身中隆者也，鐔者其首也，夾次鐔後，繼夾遂言包裹。《釋文》司馬彪云：'夾，把也。'先、後鄭亦並以人所握者爲夾，是謂莖外著木，如今之刀劍拊者。先、後鄭目驗漢劍，億之以爲説，故與記文違異。"又云："《說文》云：'鐔，劍鼻也。'《釋名》云：'旁鼻曰鐔。鐔，尋也，帶所貫尋也。'《廣雅》云：'劍珥謂之鐔。'《莊子·釋文》：'鐔，《三蒼》云"劍口也"，徐云"劍環也"，司馬云"劍珥也"。'又引一云'鐔從棱向背，鋏從棱向刃也'。《漢書·韓延壽傳》注曰：'鐔，劍喉也。'又曰：'似劍而小陋。'又案：《說文》云：'璏，劍鼻玉也。'《玉篇》璏與鐔同釋，並云劍鼻也。《王莽傳》：'莽進玉具寶劍於孔休，解其璏。'蘇林曰：'璏，劍鼻也。'《雋不疑傳》'帶櫑具劍'，應劭曰：'櫑具，木標首之劍，櫑落壯大也。'晉灼曰：'古長劍以玉作井鹿盧形，上木作山形，如蓮花初生未敷時。今大劍木首，其狀如此。'然則劍鼻玉謂之璏，以物施置其上則曰具，並謂劍首也。古劍首鑄銅爲之，後世異其制，而飾之以玉與？"

案：程釋鐔爲劍首，甚精覈，深合鄭恉。賈疏謂二鄭意劍夾是柄，莖又在夾中，即劍鐔，非也。凡劍把著木，所以便握擊，古今制當不異。今所傳古銅劍，木夾皆已朽，故不可見，非古劍把不著木也。先鄭釋莖爲人所握，不誤；但以莖爲夾，不知莖函夾内，金木異材，則其疏也。云"玄謂莖在夾中者"者，後鄭不從先鄭說，謂莖在夾中，明與夾異材也。戴震云："刃後之鋌曰莖，以木傅莖外便持握者曰夾。"云"莖長五寸"者，即莖圍之倍數也。

中其莖，設其後。鄭司農云："中謂穿之也。"玄謂從中以郤稍大之也。後大則於把易制。

【疏】"中其莖，設其後"者，明劍把之飾也。程瑶田云："中其莖者何？當莖長之中也。《史記·孟嘗君傳》"馮煖有一劍，又蒯緱"，說者謂劍把以蒯繩纏之。劍把者，莖也。莖必纏以緱，中其莖而設之者在是也。"戴震云："設其後，猶之曰設其旋，設其羽爾。"案：程、戴說是也。江永亦謂設當訓置。後之爲物，古書罕見。程氏目譣古劍，當莖中別有隆起爲沂鄂者二，以爲即纏緱之處，亦即此經之後。其說與"中其莖"之文頗合。但設後之處，雖即纏緱之處，然不可謂緱即爲後。以意推之，疑古劍把莖外之飾，蓋分散節，上近刃及下近鐔者各自爲一木夾，兩夾之閒別以銅爲環，大於兩夾，著於莖五寸適中之處。則既可助把握以爲固，而後與承刃之金及把後之鐔相閒，匋帀隆起，亦足以飾觀。程氏所見古劍莖中之沂鄂，即設後之界埒也。今所傳古劍多無此者，蓋以鑄冶時與莖不相屬，故易墜失；抑或亦刻玉石角木爲之，則固不能久存。今古劍亦有無首者，斯其譣矣。至馮煖之長鋏蒯緱，則因貧不能具飾，不設後，亦並無夾，故直以蒯繩纏之耳。凡劍身以鋒爲前，其與莖相屬處，雖別有金承之，而此物著劍莖，則亦在劍身之後，故對鋒而謂之後也。至其圍徑之度，則取足函莖而突出夾外，可以意量度爲之，故經不著耳。

注鄭司農云"中謂穿之也"者，舊本無"中"字，今據明注疏本增。賈疏云："謂穿劍夾，納莖於中。"詒讓案：經文二句相貫爲義。先鄭以中其莖別穿夾納莖，與設後爲二事，於文例不合，故後鄭不從。云"玄謂從中以郤稍大之也，後大則於把易制"者，鄭意謂後卽莖後與首相屬者也，從中以郤稍大之，謂從莖中半以下二寸半稍大之，以趨於鐔，則把之易制。然今所傳古劍，並無此制。賈疏云："鄭意設訓爲大，故《易·繫辭》云'益長裕而不設'，鄭注云：'設，大也。《周禮·考工》曰：中其莖，設其後。"'

案：賈引《易注》證注義，深得鄭恉。但訓設爲大，與經文例不合，不足據也。

參分其臘廣，去一以爲首廣，而圍之。首圍，其徑一寸三分之二。

【疏】"參分其臘廣，去一以爲首廣而圍之"者，《曲禮》云"進劍者左首"，孔疏云："首，劍拊環也。"《少儀》曰"澤劍首"，鄭云："澤，弄也。"推尋劍刃利，不容可弄，正是劍環也。《春秋》魯定公十年，叔孫之圉人欲殺公，若僞不解禮，而授劍末。杜云："以劍鋒末授之。"案：解鋒爲末，則環是首也。金榜云："首謂劍之標首也。漢時或用玉若木爲之，古劍首皆用銅。《韓延壽傳》：'取官銅物，鑄作刀劍鉤鐔。'鐔卽劍首，殊言之者，明劍與鐔鑄作異事，與古合矣。今時所見古劍，其首圓長，豐下而絅上。《少儀》'澤劍首'，謂其形櫑落，弄之便也。首漸殺，而上端有小孔，以繩導之，若印鼻然，莊周所謂吹劍首者是也。劍首，或謂之鐔，或謂之鐶，或謂之鼻，或謂之口，或謂之珥，皆據其端小孔命名者。賈疏以劍把接刃處爲首，失之。"程瑤田云："首者何？戴於莖者也。首也者，劍鼻也。劍鼻謂之鐔，鐔謂之珥，又謂之鐶，一謂之劍口。有孔曰口，視其旁如耳然曰珥，面之曰鼻。對末言之曰首。"又曰："首及莖並與劍同物，鑠金而成，自首至末一體也。《少儀》云'澤劍首'，鄭以爲金器弄之易於汗澤是也。去三分臘廣之一以爲首廣，則其廣與其圍，並視莖而倍之。"又云："汪中得一古劍，有劍首，形如覆盂，宛然而中空，可以證《考工》制度。《莊周書》：'夫吹管也，猶有嗃也；吹劍首者，吷而已矣，'《釋文》司馬彪云：'劍首，謂劍鐶頭小孔也。吷然如風過劍首，必如此乃可言吹。吹聲異於管者，管空長，故其聲嗃；劍首空淺，不能有嗃聲，但吷然而已。'然則劍首之義可定矣。"案：孔、金、程說是也。劍首與《廬人》"殳首"同義。賈疏推鄭義，以首廣爲劍把接刃處之徑，誤。賈疏云："圍之者，正謂圜之，故《盧人》皆以圍爲圜之也。”

注云“首圍其徑一寸三分之二”者，《輪人》“部廣”注云：“廣猶徑也。”賈疏云：“以一寸爲六分，二寸爲十二分，半寸爲三分，添十二爲十五分；三分去一得十分，取六分爲一寸，餘四分名爲六分寸之四。六分寸之四卽三分寸之二，故云一寸三分寸之二也。”詒讓案：以圜徑求周率課之，首圍蓋五寸强。

身長五其莖長，重九鋝，謂之上制，上士服之；身長四其莖長，重七鋝，謂之中制，中士服之；身長三其莖長，重五鋝，謂之下制，下士服之。上制長三尺，重三斤十二兩。中制長二尺五寸，重二斤十四兩三分兩之二。下制長二尺，重二斤一兩三分兩之一。此今之匕首也。人各以其形貌大小帶之。此士謂國勇力之士，能用五兵者也。《樂記》曰：“武王克商，裨冕搢笏，而虎賁之士說劒。”

【疏】“身長五其莖長，重九鋝，謂之上制，上士服之”者，記三等服劒長短輕重之差。身長卽臘之從度也。身之長度，三等不同，而臘莖廣長之度及首之圍徑之度並同。程瑶田云：“身長五其莖，亦略以人況之，人身五其頭之長也。莖五寸，五倍之，則連莖長三尺也。上中下異制者何也？人貌異形，服劒宜稱。上士服中制，則病劒短；中士服下制，則病形長矣。”

注云“上制長三尺，重三斤十二兩，中制長二尺五寸，重二斤十四兩三分兩之二，下制長二尺，重二斤一兩三分兩之一”者，賈疏云：“以其言五其莖長，上文長倍之，莖長五寸，五其莖長，二尺五寸，并莖五寸爲三尺也。已下皆如此計之可知。重三斤十二兩者，以其言九鋝，鋝別六兩大半兩，六九五十四爲五十四兩；九鋝皆有大半兩，鋝別有十六銖，爲百四十四銖；二十四銖爲一兩，揔爲六兩，添前五十四爲六十兩。十六兩爲一斤，取四十八兩爲三斤，餘十二兩，故云重三斤十二兩。已外皆如此計之，亦可知也。”詒讓案：以三分其金而錫居一之齊計之，則重九鋝者，金二斤八兩，錫一斤四兩也。重七鋝者，金一斤十五兩二銖又三分銖之二，錫十五兩十三銖又三分銖之一也。重五鋝者，金一斤六兩五銖又三分銖之一，錫十一兩二銖又三分銖之二也。又《書・呂刑・釋文》引馬融《書注》云:"俗儒以鋝重六兩,《周官》劒重九鋝,俗儒近是。'依馬說,則上制重三斤六兩,中制重二斤十兩,下制重一斤十四兩,與鄭微異。鋝義詳前疏。云"此今之匕首也"者,《御覽・兵部》引《通俗文》云:"匕首,劒屬,其頭類匕,故曰匕首,短而便用。"《史記・鄒陽傳・索隱》引《風俗通》說同。程瑶田云:"《史記・刺客傳》'曹沬執匕首刧齊桓公',《索隱》曰:'匕首,劉氏云"短劒也"。《監鐵論》以爲長尺八寸。'鄭注下士之劒爲今匕首,則二尺,非尺八寸也。"詒讓案:匕首爲刀劒之最短者,故鄭以況下士之劒。《御覽・兵部》引魏文帝《典論》述所作匕首,有長二尺三寸、二尺二寸者,則不必定長二尺也。云"人各以其形貌大小帶之"者,賈疏云:"解經上士、中士、下士,非謂三命如上士之屬,直以據形長者爲上,次者爲中,短者爲下。"詒讓案:經言服,即謂帶之紳帶之閒。《大戴禮記・武王踐阼篇》:"劒銘曰'帶之以爲服'。"《呂氏春秋・順民篇》云"服劒臂刃",高注云:"服,帶也。"劒有三等,各以人形貌大小所宜帶之。故《莊子・說劒篇》,趙文王問莊子曰,"夫子所御仗長短何如",是人所用劒長短不同也。云"此士謂國勇力之士能用五兵者也"者,據《司右》文證此士即彼勇力之士也。引《樂記》曰"武王克商,裨冕搢笏,而虎賁之士說劒"者,證此三等之士亦兼有虎士也。鄭彼注云:"裨冕,衣裨衣而冠冕。裨衣,衮之屬也。搢猶插也。"虎賁,詳《夏官・敍官》疏。

冬官考工記

梟氏

梟氏爲鍾，兩欒謂之銑，故書欒作樂，杜子春云：“當爲欒，書亦或爲欒。銑，鍾口兩角。”

【疏】“梟氏爲鍾”者，名義未詳。賈《總敘》疏謂族有世業以名官，義未塙。鍾，鐘之叚字，詳《春官・敘官》疏。此官掌鑄金爲鍾，又兼爲鼎，詳前疏。云“两欒謂之銑”者，《釋文》云：“欒，本又作鸞。”案：欒鸞聲同字通。程瑶田云：“此記欲見鍾體、鍾柄、飾之、縣之諸命名及其分布位置之所也。古鍾羨而不圜，故有兩欒在鍾旁，言其有棱欒欒然。兩欒謂之銑，鍾是以有兩銑也。”詒讓案：欒者，小而鋭之貌。《説文・山部》云：“巒，山小而鋭者。”鍾兩角亦小而鋭謂之欒，猶山小而鋭謂之巒矣。

注云“故書欒作樂，杜子春云，當爲欒，書亦或爲欒”者，段玉裁云：“此字之誤也。《説文》‘大夫墓樹欒’。《冢人・正義》引春秋緯作‘藥草’，其誤正相似。”云“銑，鐘口兩角”者，《説文・金部》云：“銑，金之澤者。一曰鍾兩角謂之銑。”賈疏云：“古之樂器應律之鍾，狀如今之鈴，不圜，故有兩角也。”程瑶田云：“兩欒通長生光澤，故謂之銑。”

銑閒謂之于，于上謂之鼓，鼓上謂之鉦，鉦上謂之舞；此四名者，鍾體也。鄭司農云：“于，鍾脣之上袪也。鼓，所擊處。”

【疏】“銑閒謂之于，于上謂之鼓”者，程瑶田云：“兩銑下垂角處相距之閒，即鍾口大徑，其體于然不平，故謂之于。于上爲鍾體下段擊處，故謂之鼓。”徐養原云：“于者，鍾口上下之圜周也，欒舞相對。于上謂之鼓，猶鉦上謂之舞，非直上也。卧鍾而觀之，一耑似璧而橢者，舞也；一耑似環而橢者，于也。立鍾而觀之，鉦上不見舞，鼓下不見于。銑閒謂之于，弧背也，以其鉦爲之，銑閒弧弦也。《記》兩言銑閒，其義不同。”云“鼓上謂之鉦，鉦上謂之舞”者，程瑤田云：“鼓上爲鍾體之上段正面也，謂之鉦。鉦上爲鍾頂，覆之如廡，故謂之舞。”又云：“見銑閒者，以銑閒有于之名而見之。不見鼓閒、鉦閒者，無名可紀，亦如舞之脩廣，必俟後文出度乃可一一紀之也。”詒讓案：《鼓人》注云：“鐲，鉦也，形如小鍾。”凡鍾上段殺小，其形如鐲，故謂之鉦。

注云“此四名者，鍾體也”者，賈疏云：“對下甬衡非鍾體也。”程瑤田云：“銑判鍾體爲兩面，面之上體曰鉦，其下體曰鼓。體有兩面，故有兩鉦、兩鼓也。”鄭司農云“于，鍾脣之上袪也”者，《檀弓》“長袪”注云：“袪，謂褎緣袂口也。”鍾脣之侈者，與褎緣相似，故先鄭以袪釋于也。云“鼓，所擊處”者，《小師》注云：“出音曰鼓。”此于上正鍾所擊而出音處，故亦謂之鼓也。江藩云：“鍾磬之制，擊處謂之鼓，《梟氏》‘于上謂之鼓’，《磬氏》‘鼓爲三’是也。”

舞上謂之甬，甬上謂之衡；此二名者，鍾柄。

【疏】“舞上謂之甬”者，戴震云：“鍾體鍾柄皆下大，漸斂而上。甬之爲言，如華甬之聳長，故甬長，故甬長與鉦等。”程瑤田云：“舞上連鍾頂而出之鍾柄也。爲筩，故謂之甬。”云“甬上謂之衡”者，戴震云：“衡者，鍾頂平處。”程瑤田云：“甬末正平，故謂之衡。”江永云：“衡，甬之上端，非别有一物爲衡。鄭意甬之上一截爲衡者，誤。”

注云“此二名者鍾柄”者，對上于、鼓、鉦、舞四者爲鍾體也。鍾以甬縣於虡，故通謂之鍾柄。

鍾縣謂之旋，旋蟲謂之幹；旋屬鍾柄，所以縣之也。鄭司農云：“旋蟲者，旋以蟲爲飾也。”玄謂今時旋有蹲熊、盤龍、辟邪。

【疏】“鍾縣謂之旋，旋蟲謂之幹”者，此記鍾紐之名也。王引之云：“鍾縣者，縣鍾之環也。環形旋轉，故謂之旋。旋環古同聲。環之爲旋，猶還之爲旋也。旋蟲謂之幹者，銜旋之紐，鑄爲獸形，居甬與旋之閒，而司管轄，故謂之幹。幹之爲言猶管也。《楚辭・天問》‘幹維焉繫’，幹一作‘筦’，筦與管同。《後漢書·竇憲傳》注云:'斡,古管字。'余嘗見劉尚書家所藏周紀侯鍾,甬之中央近下者,附半環焉,爲牛首形,而以正圜之環貫之。始悟正圜之環所以縣鍾,卽所謂鍾縣謂之旋也;半環爲牛首形者,乃鍾之紐,所謂旋蟲謂之斡也。而旋之所居,正當甬之中央近下者,則下文所謂參分其甬長,二在上,一在下,以設其旋也。斡爲銜旋而設,言設其旋,則斡之所在可知矣。斡卽榦字隷變。"案:王說是也。

注云"旋屬鍾柄,所以縣之也"者,鍾柄卽謂甬,旋屬甬閒,所以縣於虡也。鄭司農云"旋蟲者,旋以蟲爲飾也"者,王引之云:"此以旋與斡維一物也。若然,則記文但言'鍾縣謂之旋,旋謂之斡'可矣,何以次句又加蟲字乎?斡所以銜旋,而非所以縣;斡爲蟲形,而旋則否:不得以旋爲斡也。"又云:"旋蟲爲獸形,獸亦稱蟲。《月令》'其蟲毛',謂獸也。《儒行》'鷙蟲攫搏',鄭注'鷙蟲,猛鳥猛獸也。'"案:王說亦是也。漢時縣鍾之制,蓋已與古異,故先鄭之說如此。云"玄謂今時旋有蹲熊、盤龍、辟邪"者,此與漢法證先鄭以蟲飾旋之義。賈疏云:"辟邪亦獸名。"案:王氏《經義述聞》所圖紀侯鍾,旋蟲爲獸首,有角如牛形,疑卽辟邪也。

鍾帶謂之篆,篆閒謂之枚,枚謂之景:帶所以介其名也。介在于鼓鉦舞甬衡之閒,凡四。鄭司農云:"枚,鍾乳也。"玄謂今時鍾乳俠鼓與舞,每處有九,面三十六。

【疏】"鍾帶謂之篆,篆閒謂之枚"者,記鍾飾之制也。程瑶田云:"鉦體正方,中有界,縱三横四,爲鍾帶;篆起,故謂之篆。篆之設於鉦也,交午爲之,中含扁方空者六。空設三枚,三六十八枚,故兩鉦凡三十六枚。枚之上下左右皆有篆,故曰篆閒謂之枚也。"詒讓案:古鍾鉦閒,每面爲大方圍一,以帶周畍其外,而内以二從帶中分之,從列橢方圍二。橢方圍中又以三横帶畍之,爲横列橢方圍五,大小相閒,三大而二小。大者各容乳三,小者爲篆文回環其閒,此帶篆所由名也。阮元云:"余所見古鍾甚多,大小不一,而皆有乳,乳卽枚也。其枚或長而鋭,或短而鈍,或且甚平漫,鍾不一形。余在杭州鑄學宫之樂鍾,筭律以定其范。將爲黄鍾者,及鑄成,則失之爲夾鍾。乃令其别擇一鍾,挫其乳之鋭者,乳鈍而音改矣。未乃知《考工》但著摩鍾之法,而不著摩鐘之法者，爲其枚之易摩，人所共知，不必著於書也。"云"枚謂之景"者，程瑶田云："枚，隆起有光，故又謂之景。"

注云"帶所以介其名也"者，《説文·人部》云："介，畫也。"《左傳》襄三十一年，杜注云："介，間也。"言縱横畫於鍾體諸名之閒，示區别也。云"介在于鼓鉦舞甬衡之閒，凡四"者，賈疏云："中二，通上下畔爲四處。"王引之云："疏誤。四處者，合鍾之兩計之，非謂一面有四帶也。""江永云"帶如人腰之有帶，當設于鼓之上，舞之下，二帶之閒卽鉦閒，帶唯二耳。若于之上，舞之端，舞所用帶。注謂介在於鼓鉦舞甬衡之閒，凡四，非也。'衡'疑爲衍字。若甬衡之閒有介，豈帶亦施於甬上乎？"案：王、江説是也。戴震亦謂帶當俠鉦，與今所存古鍾形制正合。今以古鍾校之，帶皆設於鉦，而其上爲舞，其下爲鼓。則注謂介鼓鉦舞之閒、義尚可通。惟不得兼介鍾柄之甬及甬上平之衡耳。鄭司農云"枚，鍾乳也"者，枚隆起如乳。故亦曰鍾乳。《北堂書鈔·樂部》引《樂緯·汁圖徵》云："君子鑠金爲鍾，四時九乳。"宋均注云："九乳，法九州也。"案：四時謂帶有四，九乳謂枚有九也。《樂緯》文與此注義合。云"玄謂今時鍾乳俠鼓與舞，每處有九，面三十六"者，俠夾字通。賈疏云："舉漢法一帶有九，古法亦當然。鍾有兩面，面皆三十六也。"王引之云："面當爲'而'字之誤也。此承上文凡四言之。鍾之兩面，帶凡四處。每帶一處而有九鍾乳，四九而得三十六，故云每處有九而三十六。《博古圖》所圖周漢古鍾，凡百一十四鍾，每一面篆各兩處，分列左右，兩面凡四處，注所謂帶介在于鼓鉦舞甬衡之閒，凡四也。每篆一處，鐘乳上中下三列，列三鍾乳，三三而九。面有篆兩處，而得十八，兩面四處，而得三十六，注所謂每處有九而三十六也。程氏《通蓺録》所圖周公𨚕鍾及余所見紀候鍾，無不皆然。鄭注正合，其爲'而'字無疑。賈氏不能釐正，而云'鍾有兩面，面皆三十六'，則是七十二矣。無論古鍾無此制，且非一鍾所能容。"案：王説是也。江永亦謂枚兩面乃得三十六，注云一處有九，而疏謂一帶有九，乳不設於帶，何云一帶有九，爲失注意。並足匡賈説之謬。

于上之攠謂之隧。攠，所擊之處攠弊也。隧在鼓中，窐而生光，有似夫隧。

【疏】"于上之攠謂之隧"者,於脣上當鼓處左右之中爲圜規而窐之以便考擊也。隧當作遂。俞樾云:"下文'爲遂,六分其厚,以其一爲之深而圜之',字正作遂,可證也。《釋文》於《匠人》出隧字,曰:'隧音遂,本又作遂'。蓋隧卽遂之俗字。一簡之中,正俗錯見,傳寫異耳。"案:俞説是也。作"隧"者,蓋後人妄改。《釋文》不爲隧字發音,疑陸本尚不誤矣。程瑶田云:"鼓所擊之處,在于之上,攠弊焉,窐下生光,如夫隧,谓之隧。"

注云"攠,所擊之處攠弊也"者,攠,摩之變體。《説文·手部》云:"摩,旌旗所以指摩也。摩,研也。"此攠卽摩卽摩之假字。《後漢書·文苑傳》李注引《字書》云:"攠亦摩字。"《方言》云:"摩,滅也。"郭注云:"或作攠滅字。"案:攠弊與《少儀》"靡敝"字通,與《總敘》"刮摩"義亦相近。鍾隧常用鼓擊,易銷敝,故因以爲名。云"隧在鼓中,窐而生光,有似夫隧"者,隧,亦當依《司烜氏》作"遂"。賈疏云:"隧者,據生光而言,故引《司烜氏》'夫隧'。彼隧若鏡,亦生光。窐而生光者,本造鍾之時卽窐,於後生光。"詒讓案:賈説是也。《説文·穴部》云:"窐,空也。"《呂氏春秋·任地篇》云"子能以窐爲突乎",高注云:"窐,容污下也。"《史記·樂書索隱》云:"窐卽窊也。"窐而生光,謂污下而生光澤也。凡摩錭攠敝而成圜窐者,通謂之遂。《莊子·天下篇》云:"若磨石之隧。"與此義可互證。擽隧並據當鼓擊處爲名。鄭云:"似夫遂"者,以古夫遂卽窐鏡,鍾當鼓亦窐而光,故以相比況也。

十分其銑,去二以爲鉦,以其鉦爲之銑閒,去二分以爲之鼓閒;以其鼓閒爲之舞脩,去二分以爲舞廣。此些言鉦之徑居銑徑之八,而銑閒與之徑相應;鼓閒又居銑徑之六,與舞脩相應。舞脩,舞徑也。舞上下促,以横爲脩,從爲廣。舞廣四分,今亦去徑之二分以爲之閒,則舞閒之方恒居銑之四也。舞閒方四,則鼓閒六亦其方也。鼓六,鉦六,舞四,此鍾口十者,其長十六也。鍾之大數,以律爲度,廣長與圜徑,假設之耳。其鑄之,則各隨鍾之制爲長短大小也。凡言閒者,亦爲從篆以介之,鉦閒亦當六。今時鍾或無鉦閒。

【疏】"十分其銑,去二以爲鉦,以其鉦爲之銑閒,去二分以爲之鼓閒"者,程瑶田云:"此記以鍾之命名位置既定,須制矩度,以爲諸命名出分之本也。其矩度，卽以鍾體之長所謂銑者爲之。於是十分其銑，然後以十分之銑去二得八，爲鍾體上段之鉦，所去之二在下段者爲鼓也。兩銑之閒，卽以其鉦爲之，鉦八，銑閒亦八也，是爲鍾口大徑。去銑閒之二分，以爲兩鼓閒，銑閒八，鼓閒六也，是爲鍾口小徑。如是，則鍾口縱橫之度得矣"又云："凡物有兩，斯有閒，是故有上下，然後有上下之閒；有前後，然後有前後之閒；有左右，然後有左右之閒。鍾有兩銑、兩鉦、兩鼓，於是乎有銑閒、鉦閒、鼓閒也。十分其銑者，命其鍾體之長爲十分，而因以爲度鍾之法。去其下體之二分，餘八分在上者爲鉦，其二分則鼓也。銑閒謂之于，明鍾脣于于然，曲當兩銑之閒，故謂之銑閒。銑閒者，鍾口之大徑。凡圜中所含直觸兩邊之數，謂之徑，步算家之率所謂徑一圍三也。橢圜有羨，有斂，故徑有大小。鍾口大徑，所謂羨者之徑，大徑橫，小徑縱。于上謂之鼓，兩鼓相觸，以爲鍾口小徑，是謂鼓閒。何以不名于閒也？于言鍾脣于曲，非鍾體之名；且自兩銑而中趨之，皆其于曲處，非若兩鼓適當小徑之所觸，此鼓閒之所由名也。以其鉦爲之銑閒，去二分以爲之鼓閒，銑閒八，鼓閒六也。鼓上謂之鉦。鉦閒者，兩鉦之閒，與鼓交接處，觸兩鉦之下際。蓋鼓閒既準鍾口，則鉦閒亦準其在下者可知。"又云："鍾口空，無物可指以寫其縱橫大小之徑，於是指其兩銑之下端與其兩鼓之下端，而命之曰銑閒、鼓閒。鉦閒不言數者，鼓閒六，舞廣四，介其中者有定形，不必知也。無已，則以句股法求之，當五又十分一之六矣。"案：程說是也。徐養原說同。經凡單言銑、言鉦者，皆鍾體之直徑也。自銑閒謂之於外，凡言銑閒、鼓閒者，皆鍾空中相距之橫徑也。蓋古鍾橢圜，侈弇必有定度，而後可以協律。增且無柞鬱之聲病。然兩銑之閒，若唯紀實體之度，則隅角之鋭鈍與弧中之增減，無由可定，故必度其下口弧弦虛直之大徑，合之鼓閒及上耑舞廣之小徑，而弧背之實度自畢含於其中，此古經究極度數之微恉也。云"以其鼓閒爲之舞脩，去二分以爲舞廣"者，記鍾上耑廣脩之度也。程瑶田云："以其鼓閒六爲舞脩六，是爲鍾頂大徑；去其二分以爲舞廣四，是爲鍾頂小徑：如是則鍾頂縱橫之度得矣。"又云："鉦上謂之舞，舞，覆也，謂鍾頂。其脩六所羨之徑，去二分則廣之徑四也。舞覆在上者一而已，故但有脩廣之數，不得以閒命之。"戴震云："古鍾體羨而不圜，故有脩有廣。橢圜大徑爲脩，小徑爲廣。舞者，鍾體上覆。其脩六，是爲橢圜大徑；其廣四，是爲橢圜小徑。"金榜説同。徐養原云："此記鍾體也。銑閒鼓閒一横一從於下，而鍾口之大小見矣。舞脩舞廣一横一從於上，而鍾頂之大小見矣。上下定而全體皆定，故特記此四者。鼓閒之度同乎舞脩，銑閒之度倍於舞廣，此又度數之上下相準者也。"案：程、戴、徐並以舞之廣脩爲鍾頂平體縱横之度，是也。

注云"此言鉦之徑居銑徑之八，而銑閒與鉦之徑相應"者，經云"十分其銑，去二以爲鉦，以其鉦爲之銑閒"，本言鍾全體直徑十，體上半之鉦直徑八，又以鉦之直徑爲銑閒，即鍾口之大横徑也。鄭誤以銑十爲鍾日之横徑，鉦八爲鍾之横徑，銑閒八爲鍾體下半之直徑，非經義也。云"鼓閒又居銑徑之六，與舞脩相應"者，經云："去二分以爲之鼓閒，以其鼓閒爲之舞脩"，本言去鍾口大横徑之二分，爲鼓閒之小横徑六，又以爲鍾頂之大徑亦六。鄭誤以鼓閒爲鼓之直徑，舞脩爲鍾體近頂處之横徑，亦非經義。云"舞脩，舞徑也"者，謂舞脩即舞之横徑也。鄭釋舞爲鉦上之一體，誤；而釋脩爲徑，則義尚可通。云"舞上下促，以横爲脩，從爲廣，舞廣四分"者，舞本鍾上覆，經舞廣本爲小徑。鄭誤謂鍾分三體，鉦上别有舞。經云"以鼓閒爲舞脩"，脩爲横徑，則六分去二分以爲廣，廣爲直徑則四分，故云舞廣四分也。云"今亦去徑之二分以爲之閒，則舞閒之方恒居銑之四也"者，鄭意舞廣即舞閒，與銑閒鼓閒之爲直徑者同。舞閒亦有正方之篆畍，從如其廣，而横則减於脩二分，與廣度同，故曰舞閒恒居銑閒之四也。云"舞閒方四，則鼓閒六亦其方也"者，鄭意以舞閒推鼓閒，亦當有正方之篆畍，從横皆六，爲鼓方也。云"鼓六、鉦六、舞四，此鍾口十者，其長十六也"者，鄭意鼓在下有六，舞在上有四，鉦在舞鼓之閒，經雖無文，以意定之，亦當有六，二六十二，加四則十六矣，故曰"鍾口十而長則十六"。不知鍾長實止十無十六也。云"鍾之大數以律爲度，廣長與圜徑，假設之耳，其鑄之，則各隨鍾之制爲長短大小也"者，賈疏云："按《周語》云：'景王將鑄無射，問律於伶州鳩。對曰：律所以立均出度，古之神瞽，考中聲而量量以制度，度律均鍾'韋昭云：'均，平也。度律吕之長短，以平其鍾、和其聲也。'據此義，假令黄鍾之律長九寸，以律計，身倍半爲鍾,倍九寸爲尺八寸。又取半,得四寸半,通二尺二寸半,以爲鍾。餘律亦如是。其以律爲廣長與圜徑也。此口徑十,上下十六者,假設之,取其鑄之形,則各隨鍾之制爲長短大小者,此卽度律均鍾也。"案:鄭意鍾之大小,視律之長短以定;而銑鼓鉦甬之長短亦隨之。若鍾長尺,則銑得其全,鼓得其寸,凡皆以此爲差。假設者,命分之法,非實數。賈《小胥》疏引服虔《左傳注》云:"鳧氏爲鍾,以律計,自倍半。"賈說卽本於彼。但依賈義,凡鍾皆依律倍之,更加半律,是以二律有半,爲自倍半。聶崇義說同。《通典樂》則云:"以子聲比正聲,則正聲爲倍;以正聲比子聲,則子聲爲半。"是以或倍或半,大小不同,爲自倍半,與賈義異,未知孰是。互詳《典同》疏。云"凡言閒者,亦爲從篆以介之"者,鄭意銑閒、鉦閒、舞閒,皆有從篆以畍之,使上下體易辨也。云"鉦閒亦當六"者,此無正文,鄭以鼓與鉦相接,其長度當同也。今依經文,鉦之長度實八,銑十而鉦八含於其中,鉦八不在銑十外也。鄭說誤。云"今時鍾或無鉦閒"者,古鍾本無舞閒而有鉦閒,鄭誤以舞爲鍾直體之一,則與鉦鼓爲三體。漢時鍾篆畍或有三截,與鄭說巧合;而亦有止二截與古鍾同者。鄭不知其無舞閒,而誤以爲無鉦閒,故其說如此。

以其鉦之長爲之甬長。并衡數也。

【疏】"以其鉦之長,爲之甬長"者,鉦長八,卽上文所云"十分其銑,去二以爲鉦"也。程瑤田云:"鍾體度定,乃度鍾柄。於是以其鉦之長,爲之甬長,甬長亦八也。"

注云"并衡數也"者,衡本鍾上平處,有廣而無長。鄭誤仞甬上別有一物謂之衡,而經不著其度,故謂此甬長當並衡長數之。其說非也。

以其甬長爲之圍,參分其圍,去一以爲衡圍。衡居甬上,又小。

【疏】"以其甬長爲之圍"者,程瑤田云:"甬長八,以其長爲之圍。圍謂與舞交接處。準銑閒、鼓閒,亦指其在下者以命名。命名之法,一器中不得異也。"云"參分其圍,去一以爲衡圍"者,戴震云:"衡者,鍾頂平處。鍾體柄皆下大,漸斂而上。"程瑤田云:"甬體上小下大,略準鍾體爲之。"詒讓案:甬長八，參分去一以爲衡圍，則衡圍五又三分分之一也。

注云"衡居甬上，又"者，鄭誤謂衡别居甬上，故其圍異。不知衡卽甬末平處，由甬本漸殺以上至於衡，而得甬圍三之二，非於甬上别焉衡也。

參分其甬長，二在上，一在下，以設其旋。令衡居一分，則參分，旋亦二在上，一在下。以旋當甬之中央，是其正。

【疏】"參分其甬長，二在上，一在下，以設其旋"者，記設旋於甬上下之度，謂於三分甬八之中，旋居下之一分，上空其二也。凡古鍾皆如此。

注云："令衡居一分，則參分，旋亦二在上，一在下"者，鄭誤謂衡别設於甬上，而甬長又并衡長數之，則參分甬長，衡當居其一分，而甬止二分矣。今經云"二在上，一在下"，上二分内當除衡一分，則甬上實仍止一分，與下等設旋，卽在甬上一下一之閒；通衡言之，則亦二在上，一在下也。云"以旋當甬之中央，是其正"者，設旋必當甬之中央，而後縣之中正，不袤掉也。今驗古鍾，旋皆設於甬下，不居甬中，注與古制不合。

薄厚之所震動，清濁之所由出，侈弇之所由興，有說。說猶意也。故書侈作移。鄭司農云："當爲侈。"

【疏】"薄厚之所震動"者，此以體言，謂鍾體有薄厚，而聲之震動從之也。云"清濁之所由出"者，此以聲中十二律而言。云"侈弇之所由興"者，此以鍾口之度言。《說文・舁部》云："興，起也。"言侈弇之所由起也。云"有說"者，江永云："有說卽在此三言中，謂其中有理可說也。諸家以下文之說解之，不確。下文自說不中度之病。"案；江說是也。比明鍾之薄厚清濁侈弇自有其度，下乃論其不合度之患。賈疏謂此文與下爲目，失之。

注云"說猶意也"，《少儀》云："工依於法，游於說。"注云："說謂鴻殺之意所宜也。"《釋名・釋言》云："說，述也，宣述人意也。"云"故書侈作移，鄭司農云當爲侈"者，《輿人》注同。

鍾已厚則石，大厚則聲不發。

【疏】“鍾已厚則石”者,賈疏云:“案《典同》病鍾有十等,此但言薄厚侈弇者,《典同》具陳,於此略言其意。”

注云“大厚則聲不發”者,《月令》“雷乃發聲”,注云:“發猶出也。”《典同》云“厚聲石”,注云:“鍾大厚則如石叩之無聲。”此注云‘聲不發’猶彼注云“叩之無聲”也。

已薄則播,大薄則聲散。

【疏】注云“大薄則聲散”者,《文選》劉琨《荅盧諶詩》李注引《聲類》云:“播,散也。”賈疏云:“《典同》云‘薄聲甄’,鄭云:‘甄猶掉也。’與此聲播亦一也。以聲散則掉也。

侈則柞,柞讀爲“咋咋然”之咋,聲大外也。

【疏】“侈則柞”者,《典同》云“侈聲筰”,筰柞聲近字通。

注云“柞讀爲咋咋然之咋”者,《典同》杜注云:“筰讀爲‘行扈唶唶’之唶。”此咋咋與唶唶字亦通。云“聲大外也”者,賈疏云:“《典同》注云:‘侈則聲迫筰,出去疾。’此聲大外亦一也。”

弇則鬱,聲不舒揚。

【疏】注云“聲不舒揚”者,《廣雅・釋詁》云:“鬱,幽也。”聲幽滯不得出,故不舒揚也。賈疏云:“《典同》注云:‘弇則聲鬱勃不出也。’與此注不舒揚亦一也。”

長甬則震。鍾掉則聲不正。

【疏】“長甬則震”者,謂甬長過於八也。

注云“鍾掉則聲不正”者,《爾雅・釋詁》云:“震,動也。”《廣雅・釋詁》云:“掉,動也。”是震掉同義。賈疏云:“甬長,縣之不得所,則鍾掉,故聲不正也。”

是故大鍾十分其鼓閒，以其一爲之厚；小鍾十分其鉦閒，以其一爲之厚。言若此，則不石、不播也。鼓鉦之閒同方六，而今宜異，又十分之一猶大厚，皆非也。若言鼓外鉦外則近之，鼓外二，鉦外一。

【疏】"是故大鍾十分其鼓閒，以其一爲之厚，小鍾十分其鉦閒，以其一爲之厚"者，記鍾厚薄之正度也。《爾雅·釋樂》云："大鍾謂之鏞，其中謂之剽，小者謂之棧。"凡特鍾編鍾，皆應十二律，其大小各不同。大鍾厚得鼓閒十分之一，小鍾厚得鉦閒十分之一，亦各以其鍾體直徑十爲根數也。程瑶田云："鍾已厚則石，小鍾尤易石，故大鍾之厚取節於鼓閒，小鍾之厚取節於鉦閒，鉦閒小於鼓閒也。鉦閒，兩鉦之閒與鼓交接處，觸兩鉦之下際。蓋鼓閒既準鍾口，則鉦閒亦準其在下者可知。"又云："大鍾之厚，十分鼓閒，六而取其一；而小鍾之厚，則十分鉦閒，五又十分一之六而取其一。必薄於大鍾者，以鍾小易石故也。"徐養原云："此記厚薄之差，爲别聲之法也。大鍾小鍾者，一均之鍾自有大小也。鼓閒者，鼓之下耑接于者也；鉦閒者，鉦之上耑接舞者也。鍾上小下大，鼓閒廣，鉦閒狹。十分鼓閒以其一爲厚者，羽鍾也。十分鉦閒以其一爲厚者，宫鍾也。大鍾聲小，小鍾聲大，舉其兩耑以差次其中閒，即各聲可得矣。上文記鍾體，不言鉦閒，至此乃言者，蓋鉦屬於舞，鉦閒即舞廣耳。以其鼓閒爲之舞脩，既以其鉦閒爲之舞廣，鼓閒鉦閒皆與舞相應，對舞脩則曰舞閒，對鼓閒則曰鉦閒。"

注云："言若此，則不石不播也"者，明此所以去厚而石、薄而播之病也。云"鼓鉦之閒同方六，而今宜異"者，此言閒者，並爲鍾大小徑之横度。鄭誤以爲從徑，而謂鉦與鼓同，即上注云"鉦閒亦當六"是也。賈疏云："此鍾有大小不同，明厚薄宜異，不得同取六也。"云"又十分之一猶大厚，皆非也"者，此承鉦閒六而言也。金榜云："鄭疑小鍾十分鉦閒之一猶大厚。"云"若言鼓外鉦外則近之，鼓外二，鉦外一"者，鄭意此經"鼓閒鉦閒"當作"鼓外鉦外"也。賈疏云："鄭不敢正言，是故云近之。鼓外二、鉦外一者，據上所圖鼓外有銑閒，乃銑外有二閒，鉦外唯一閒，就外中十分之一爲鍾厚可也。"金榜云："鼓外二，謂鉦閒、舞閒。鉦外一，謂舞閒。"

鍾大而短，則其聲疾而短聞，淺則躁，躁易竭也。

【疏】"鍾大而短"者，程瑶田云："謂體太博，則鍾形短。如銑十分，銑閒亦十分或九分也。"

注云"淡則躁，躁易竭也"者，《廣雅・釋詁》云："躁，疾也。"鍾大而短則内淺，鼓之，其震盪急而出聲躁疾，故易竭也。

鍾小而長，則其聲舒而遠聞。深則安，安難息。

【疏】"鍾小而長"者，程瑶田云："謂體太狹，則鍾形長。如銑十分，銑閒則六分或七分也。"云"則其聲舒而遠聞"者，賈疏云："於樂器中，所擊縱聲舒而聞遠，亦不可。是以《樂記》云'止如槁木'，不欲聞遠之驗也。"徐養原云："疾而短聞，舒而遠聞，説者以爲聲病。按：上文石播柞鬱，聲病已詳，此處無庸復説聲病。蓋此乃聲音自然之道，非病也。'疾而短聞，莫甚於羽；舒而遠聞，莫過於宫'。《韗人》末章亦有此四句。賈侍中釋《韗人》首章云：'晉鼓大而短。'然則晉鼓必疾而短聞者。鼓雖無當于五聲，而其制既殊，則其聲隨之，此亦自然之道，豈聲病哉！"案：依鄭、賈説，則此二句並爲聲病。依徐氏説，則爲通論鍾聲疾徐遠近之理。以文義較之，徐説亦足備一義。

注云"深則安，安難息"者，《説文・予部》云："舒，伸也。一曰舒，緩也。"《弓人》先鄭注云："舒，徐也。"聲舒則不疾，故安。此謂鍾體小而長，則内深，鼓之，其震盪緩而出聲安徐不迫，故難息也。

爲遂，六分其厚，以其一爲之深而圜之。厚，鍾厚。深謂窐之也。其窐圜。故書圜或作圍，杜子春云："當爲圜。"

【疏】"爲遂"者，即"于上之攠而謂之隧"之隧。阮元云："遂是古字，《説文》無隧字。隧，後世俗字耳。"案：阮説是也。云"六分其厚，以其一爲之深而圜之"者，遂與鼓同處，然鼓是鍾下半之全體，上接鉦而下接于，其地平廣，叩擊易差，故於正中處，六分其厚，而圜窐其一分，使擊時易辨也。賈疏云："此遂謂所擊之處。初鑄之時，即已深而圜，以擬擊也。"

注云"厚,鍾厚"者,遂當鍾下體正中處,故其厚卽鍾厚也。云"深謂窒之也,其窒圜"者,卽前注云"隧在鼓中,窒而生光",故有深也。云"故書圜或作圍,杜子春云,當爲圜"者,段玉裁云:"杜謂字之誤。案:圍義自可通,規其處而後深之也。施之於文,則蒙上先言以其一爲之深耳。"詒讓案:圜圍義通。《廬人》云:"凡爲殳,五分其長,以其一爲之被而圍之。"注云:"圍之,圜之也。"與此文例正同。杜氏因圍有方有圜,且與上甬圍、衡圍無別,故改從圜也。

㮚氏爲量，改煎金錫則不秏。消湅之精，不復減也。㮚，古文或作歷。玄謂量當與鍾鼎同齊。工異者，大器。

【疏】"㮚氏爲量"者，㮚，名義未詳，疑當從故書作"歷氏"。歷與《陶人》"鬲實五觳"之鬲，聲通字通。《說文·鬲部》云："鬲，《漢令》作歷。"《史記·滑稽傳》"銅歷爲棺"，《索隱》云："歷卽釜鬲也。"嘉量之鬴，亦鬲之類，故工以爲名也。《大行人》注云："量，豆、區、釜也。"《漢書·律麻志》云："量者，龠、合、升、斗、斛也，所以量多少也。本起於黄鍾之龠，用度數審其容，以子穀秬黍中者千有二百實其龠，以井水準其槩。合龠爲合，十合爲升，十升爲斗，十斗爲斛，而五量嘉矣。"案：《漢志》嘉量無鬴豆，此經又無合斗斛，皆文不具也。云"改煎金錫則不秏"者，凡金樸初出鑛，多含異質，爲量當用精金，故鑄造時，必先鍊冶，去其滓濁使淨盡，而後得其純質也。《廣雅·釋詁》云："改，更也。"《說文·火部》云："煎，熬也。"謂以金樸入冶竈，更改煎鍊非一次，以不復秏減爲度也。

注云"消湅之精，不復減也"者，減，《釋文》作"咸"，云"本亦作減"。案：咸卽減之省，詳《輈人》疏。《廣雅·釋詁》云："秏，減也。"消湅，卽銷鍊之借字。《說文·金部》云."銷，鑠金也。鍊，冶金也。"又《攴部》云："潄，辟潄鐵也。"湅潄音義亦同。凡金錫樸，消湅之，分出其濁氣及粗滓，則重率必減。此更煎之，以不減爲度，則至精矣。云"㮚，古文或作歷"者，段玉裁云："㮚歷異部而雙聲。《聘禮》、《燕禮》曰'栗階'，《檀弓》曰'歷階'，其實一也。"徐養原云："古文猶古書也。《周禮注》内稱古文者，惟《庖人》及此經而已。又下有‘玄謂’字,則此句乃司農、子春說。”案:徐說是也。此疑亦杜子春說,不著某云者,冡《㮚氏》末章注而省。鄭閒有此例,詳《鍾師》及《秋官·敘官》疏。云“玄謂量當與鍾鼎同齊”者,賈疏云:“按上文云‘六分其金而錫居其一,謂之鍾鼎之齊’,是上齊。鄭以㮚氏爲鍾,鍾鼎在上齊之中,㮚氏爲量,量是鍾類,故知亦在上齊之中矣。”云“工異者,大器”者,鄭意量與鍾同齊,本當同工,因其器大,故爲特設一工,不使㮚氏兼爲之也。

不秏然後權之,權,謂稱分之也。雖異法,用金必齊。

【疏】“不秏然後權之”者,既得純金,則其輕重之真數乃可求也。《九章算術·少廣篇》劉注云:“黄金方寸,重十六兩;金丸徑寸,重九兩。率生於此,未曾驗也。《考工記》:‘㮚氏爲量,改煎金錫則不秏,不秏然後權之,權之然後準之,準之然後量之。’言錬金使極精,而後分之,則可以爲準也。”

注云“權謂稱分之也”者,《漢書·律厤志》云:“權者,所以稱物平施,知輕重也。”賈疏云:“謂稱金多少,分之以擬鑄器也。”云“雖異法,用金必齊”者,賈疏云:“法謂模。假令爲兩箇鬴,即爲兩箇模,器之用金多少,必須齊均也。”

權之然後準之,準,故書或作水,杜子春云:“當爲水。金器有孔者,水入孔中,則當重也。”玄謂準擊平正之,又當齊大小。

【疏】“權之然後準之”者,重率既定,乃更校其體積也。江永云:“權之者,惟知金錫之輕重,而不得大小之度,亦不能算此鬴當用金錫幾何。凡重者體小,輕者體大。量爲法度之器,欲其適重一鈞。雖云六分其金而錫居一,若先以一鈞之數,六一分之,則不能通合一鈞矣,故必平正之。如銅立方一寸,其重幾何?錫立方一寸,其重幾何?知其體積與輕重之比例,然後可以計金錫而入模範也。”

注云“準,故書或作水”者,與《輈人》“輈注則利準”,故書作水同。杜子春云“當爲水”者,杜以《輪人》、《矢人》並有“水之”之文,故讀從之。段玉裁云:“爲當作從。”云“金器有孔者,水入孔中則當重也”者,杜意量鑄成後，或有釁罅，故以水試之。如加重，則是尚有微孔，是其冶鑄未精也。然經意實指未成量言，故後鄭不從。江永云："準字古文作水。或是先以方器貯水令滿，定其重，乃入金若錫於水，水溢，取出金錫，再權其水，視所減之斤兩與分寸，可得金錫大小之比例。後人算金銀之法如此，疑古人亦用此法。模範先成，而金錫體異，先權以知輕重，準以知大小；然後可量金錫之多寡，入模範，使其成適合一鈞也。"戴震云："以合度之方器承水，置金其中，則金之方積可計，而其體之重輕大小可合而齊，此準之之法也。"案：江、戴二家亦並依故書爲說，與算術合，較杜說爲長。云"玄謂準擊平正之，又當齊大小"者，《說文·水部》云："準，平也。"《管子·宙合篇》云："準壞險以爲平。"蓋謂段擊之，以齊其體積之大小。賈疏云："後鄭以準爲平。前經已稱知輕重，然後更擊鍛金，令平正之，齊其金之大小也。"

準之然後量之。鑄之於法中也。量讀如量人之量。

【疏】"準之然後量之"者，戴震云："量範之大小所受，以爲用金多少之量數也。先權之，以知輕重；次準之，以知輕重若干，爲方積幾何；又次量之，以知爲器大小，受金多寡。"

注云"鑄之於法中也"者，賈疏云："此量，謂既準訖，量金汁以入模中鑄作之時也。"云："量讀如量人之量'者，讀與《夏官·量人》同，明與爲量嘉量别也。段玉裁云："此擬其音也。"

量之以爲鬴，深尺，内方尺而圜其外，其實一鬴。以其容爲之名也。四升曰豆，四豆曰區，四區曰鬴。鬴，六斗四升也。鬴十則鍾。方尺，積千寸。於今粟米法，少二升八十一分升之二十二。其數必容鬴，此言大方耳。圜其外者，爲之脣。

【疏】"量之以爲鬴"者，記嘉量容實之數也。賈疏云："謂量金汁入模，以爲六斗四升之鬴。"云"深尺，内方尺而圜其外"者，賈疏云："謂向下方尺者，鬴之形。向上謂之外。遶口圜之，又厚之以爲脣。"案：嘉量形制，鄭、賈所釋未明。而鬴豆課算冪積之法，自漢以來，衆說紛異。《九章算術·方田篇》劉注云："晉武庫中，漢時王莽作銅斛，其銘曰'律嘉量'。斛内方尺而圜其外，庣旁九釐五毫，冪一百六十二寸，深一尺，積一千六百二十寸，容十斗。"此卽《漢書·律厤志》劉歆銅斛法。依其法推之，斛十斗，鬴六斗四升，容積不同，而皆以方尺深尺爲度，則斛内外皆圜，鬴必外圜内方矣。劉徽、祖沖之以漢斛周鬴互相推説，並如此。此舊説也。徐養原云："鬴之形，其猶斧乎？斧背狹，斧刃廣；鬴底小，鬴口大。内謂鬴底也，外謂鬴口也。鬴底方尺，向上則漸大，不止方尺矣。至近口處，則遶而圜之，故曰内方尺而圜其外。賈疏甚明。劉歆斛制與《考工》不同，先儒多以劉歆説釋《考工》，以方尺深尺爲立方一尺，既鉏鋙不合；其爲鬴圜者，自底至口皆内方外圜，果爾，則其實安得一鬴，其重豈止一鈞，而其聲亦焉能中黄鍾之宫乎？'其臀一寸，其實一豆'，一寸言其深也。不言方者，臀之底卽鬴之底，不言可知。此臀近口處亦微侈，不得爲直口也。然則鬴與臀皆底狹口廣，而非直口明矣。"鄒伯奇云："劉歆作斛，欲附合此文，乃爲口圜徑一尺四寸一分四釐二毫，令内容方尺深尺而旁庣之，則内容積一千六百二十寸。先儒不審，乃以鬴制爲外圜内方。然則當方角至少厚一分，當四弧厚至二寸餘矣。以今輕重率求之，變從今尺度，則圜徑九寸二分弱，深六寸四分，内除方六寸四分立方虛積，則鬴外體實積一百六十寸。每寸重半斤，尚有兩耳及底未算，已重今衡八十斤。今衡於古三倍有餘，則古衡二百四十斤有餘矣。與一鈞之數懸殊，其體又厚薄不等，亦豈能有聲耶？且鬴内如果正方，則言内方尺足矣，又何贅言深尺乎？蓋内有容納之義，然則内方尺，謂其容積千寸耳，其形體不方也。今設鬴爲圜體，詳繹記文，以算術求之：鬴積千寸，四升曰豆，四豆曰區，四區曰鬴，然則豆積六十二寸半，升積一十五寸六百二十五分。臀深一寸實一豆，則臀内徑八寸九分二釐，周二尺八寸零二釐三毫。豆底周徑卽鬴底周徑。而鬴深一尺，則口徑一尺三寸四分九釐二毫六絲三忽六微。以口徑自乘，又以底徑自乘，又以底徑乘口徑，併三數深尺乘之，又以圜率七八五三九八一六二五因之三歸之，得積千寸。又耳深三寸，實一升，則耳口徑二寸五分七釐七毫，周八寸零八釐九毫六絲二忽。以耳口徑乘周徑，深三寸乘之，四歸之，得一十五寸六百二十五分，爲一升之積。以臀口徑乘周徑，深一寸乘之，四歸，得六十二寸五百分，爲一豆之積。以此形體爲重三十斤，但當厚一分餘耳,故能聲中黄鍾之宫。"案:鄒說與徐略同。但徐謂鬴底方一尺,至口則漸侈而圜;鄒氏則謂底口皆圜,底斂而口侈,方尺爲中容之實積。諦審鄭、賈之恉,似與徐説同。二説咸無文可證。今以經校之,經云"深尺,内方尺",此容積之一定者也。經又以臀一寸爲豆,耳三寸爲升,則無論鬴之冪積多少,而必以十六分之一爲豆,六十四分之一爲升,此差分之一定者也。經又云"重一鈞,聲中黄鍾之宫",則輕重亦有定,而厚薄之度又必可擊而成聲也。依漢晉古説,謂鬴内方外圜,重既不止一鈞,擊之又不成聲,與經義必不合,徐、鄒所糾甚塙,則周鬴必不爲内方外圜之形可知。若以内方外正圜之度推之,則容積幾與莽斛同;况鬴底爲豆深寸,當得鬴十分之一,與十六分一之差復迕,則周鬴亦必不爲正圜之形又可知。《説文·鬲部》云:"鬴,鍑屬也。"《金部》云:"鍑,釜大口者。"明鬴鍑之口,大小不一,此口與底不正等之塙證。《管子·輕重甲篇》云:"釜鏂之數,不得爲侈弇。"不曰大小而曰侈弇,明乎其不爲上下正等之形也。然則鬴爲圜形,口大而底小,當如徐、鄒之説無疑。但徐説於經方尺得千寸之容積,未能密合。參互校覈,鄒説推算精審,以鬴豆升三數校之悉合,足爲此經之的解矣。又案:此經嘉量有鬴無斛。《九章算術·商功篇》劉注又據此鬴容積,推周斛之制云:"釜,六斗四升,方一尺,深一尺,其積一千寸。若此,方容六斗四升,則通外圓積庣旁,容十斗四合一龠五分龠之三也。以數相乘之,則斛之制,方一尺而圓其外,庣旁一釐七毫,冪一百五十六寸四分寸之一,深一尺,積一千五百六十二寸半,容十斗。"又《隋·律厤志》説祖沖之以算術考周斛之積云:"凡一千五百六十二寸半,方尺而圓其外,減旁一釐八毫,其徑一尺四寸一分四毫七秒二忽有奇,而深尺,卽古斛之制也。"案:劉、祖兩家並以鬴法推斛法,庣數少異者,二家圓率不同也。雖古斛形制無文,而容積則不誤,謹附著之於此。

注云"以其容爲之名也"者,賈疏云:"此量器受六斗四升曰釜,因名此器爲鬴。"云"四升曰豆,四豆曰區,四區曰鬴,鬴,六斗四升也,鬴十則鍾"者,鄭據《左傳》釋此鬴之容數也。《九章算術》劉注、《隋書·律厤志》引祖沖之説同。《左》昭三年傳:"晏子曰:齊舊四量,豆、區、釜、鍾。四升爲豆,各自其四，以登于釜，釜，十則鍾。陳氏三量皆登一焉。”杜注云：“四豆爲區，區，斗六升。四區爲釜，釜六斗四升。鍾，六斛四斗。登，加也。加一謂加舊量之一也。以五升爲豆，四豆爲區，四區爲釜。則區二斗，釜八斗，鍾八斛。”《晏子春秋·内篇問下》說與《左傳》同。鬴並作釜，釜即鬴之或體。區，甌之叚字。《說文·瓦部》云：“甌，小盆也。”案：齊舊量即周之古法，故與此經及《廩人職》並合。若陳氏新量，依杜說，則四量各就舊法而加四爲五，故釜爲八斗。今諦審《左傳》文義，竊謂當以豆四升不加，而區釜鍾則並以五五遞加。蓋區二斗，釜十斗，鍾十斛，乃與三量皆登一之文合。《管子·輕重丁篇》云：“今齊西之粟釜百泉，則鏂二十也。齊東之粟釜十泉，則鏂二泉也。請以令藉人三十泉，得以五穀菽粟決其籍。若此，則齊西出三斗而決其籍，齊東出三釜而決其籍。”尹注云：“五鏂爲釜。斗二升八合曰鏂。”鏂與區同。以管子所言推之，齊西粟一鏂二十泉，而三斗三十泉，則是二斗而當一鏂；齊東粟一釜十泉，而一鏂二泉，則是五鏂而當一釜。釜凡十斗也。此正用陳氏新量之數，與《海王篇》說“鹽百升而成釜”亦相應。杜釋新量，尹釋鏂，皆非也。《管子書》多後人羼易，故與舊量不合。且《廩人》云“凡萬民之食，人四鬴，上也，人三鬴，中也，人二鬴，下也”，以《漢書·食貨志》人食粟月一石半計之，則塙以一鬴六斗四升爲是。若以百升之鬴計之，則鬴即是石，下歲之食，人有二石，尚不止一石半，其不可通明矣。古說釜容數多異，《載師》賈疏引《五經異義》說釜米十六斗，聶氏《三禮圖》又引《舊圖》云“釜受三斛，或云五斛”，並非此嘉量也。詳《廩人》疏。云“方尺積千寸”者，賈疏云：“方尺者，上下及旁徑爲方尺，縱横皆十。破一寸一截，一截得方寸之方百，十截則得千寸也。”云“於今粟米法少二升八十一分升之二十二”者，《九章算術·商功篇》云：“程粟一斛，積二尺七寸。其米一斛，積一尺六寸五分寸之一。菽荅麻麥一斛，皆二尺四寸十分寸之三。”劉注云：“二尺七寸者，謂方一尺，深二尺七寸，凡積二千七百寸，米斛積一千六百二十寸，菽荅麻麥斛積二千四百三十寸。”鄭此注據米斛也。《五曹算經》、《夏侯陽算經》說斛法並同。徐養原云：“《九章算術》斛有三等。此記言‘耳三寸，實一升’，則是粟斛也。而鄭以米斛計之者，粟斛大，米斛小，小者猶不足六斗四升之數,則大者可知。故知此記所謂内方尺,言其底耳,非謂立方一尺也。"賈疏云:"算法,方一尺,深尺六寸二分,容一石。如前以縱横十截破之,一方有十六寸二分,容一升;百六十二寸,容一斗;千六百二十寸,容一石。今計六斗四升爲釜,以百六十二寸受一斗,六斗各百爲六百;六斗各六十,六六三十六,又用三百六十;六斗又各二寸,二六十二,又用十二寸。揔用九百七十二寸,爲六斗。於千寸之内,仍有二十八寸在。於六斗四升曰鬴,又少四升未計入。今二十八寸,取十六寸二分爲一升,添前爲六斗一升,餘有十一寸八分。又取一升分爲八十一分,以十六寸二分,一寸當五分,十寸當五十分,又有六寸,五六三十,又當三十分,添前爲八十分,是十六寸當八十也。仍有十分寸之二當一分。都并十六寸二分,當八十一分。如是,十一寸八分於八十一分當五十九,更得八十一分升之二十二分,始得一升。添前爲六斗二升,復得二升,乃滿六斗四升爲鬴也。"黄以周云:"《九章》粟米斛法,一尺六寸二分。王莽嘉量,斛積千有六百二十寸,斗積百六十二寸。以是推之,鬴積應有千零三十六寸八百分。古鬴僅有積千寸,是少漢法三十六寸八百分。以升法一六二除之,得二升一百六十二分升之四十四,以二約之,故曰少二升八十一分升之二十二。以今量言之,其所容約得九升七合七勺弱。"詒讓案:鄭意劉歆斛亦與《九章》米斛同,故舉以校此。依其率,斗積一百六十二寸,則升積十六寸二分。周鬴校《九章》凡少三十六寸八分,以三十二寸四分爲少二升,餘四寸四分不成升,卽八十一分升之二十二也。云"其數必容鬴,此言大方耳"者,毛晉本"大方"作"内方",誤。此謂經言方尺必足容鬴,而以立方之積較粟米之率不符,故定此方尺,謂言其大方若鬴,形則略侈,不必正方一尺也。然則鄭意蓋如徐氏之説。然經不容無容積之數,況漢量較之周量,其數自當稍赢,鄭説不若鄒説之塙也。云"圜其外者爲之脣"者,《釋名·釋形體》云:"脣,緣也,口之緣也。"此外圜亦謂鬴之外緣,故云爲之脣也。

其臀一寸,其實一豆;故書臀作脣,杜子春云:"當爲臀。謂覆之其底深一寸也。"

【疏】"其臀一寸,其實一豆"者,嘉量内深尺,而臀深寸,與度正相應也。

《玉篇·肉部》引《聲類》云:“臀,尻也。”正字當作“屍”。《説文·尸部》云:“屍,髀也。重文臋,屍或從骨殿聲。”臀卽臋之異文。一寸者,其深之度。不言容積者,以鬴積差之可知。依鄒伯奇説,臀口徑八寸九分二釐,積六十二寸半。錢塘云:“升法十五寸六分二釐五毫,四乘升法,爲六十二寸五分。其深一寸,當用開平方開之,命爲八寸,少一寸五分。”案:漢量四升,積六十四寸八分,故周豆少一寸五分,錢説與鄒同。

注云“故書臀作脣,杜子春云,當爲臀”者,段玉裁云:“殿聲辰聲古音同部,此謂聲之誤也。”云“謂覆之其底深一寸也”者,賈疏云:“此謂鬴之底著地者。”

其耳三寸,其實一升;耳在旁可舉也。

【疏】“其耳三寸,其實一升”者,三寸亦其深之度也。依鄒伯奇説,耳口徑二寸五分七釐,圜周八分八釐九毫六絲二忽,積十五寸六百二十五分。鄒氏又云:“《漢書·律厤志》:‘合龠爲合,十合爲升。’《説文》:‘升,十龠也。’龠當爲合。《漢志》黄鍾之龠八百一十分,則一升之積一萬六千二百分。《考工記》鬴積千寸,容六斗四升,則一升容積一萬五千六百二十五分。”錢塘云:“升之爲方,六十四分鬴之一。以六十四除千寸,得十五寸六分二釐五毫,爲一升;三寸自乘爲九,以除之,命爲寸八分,少五分七釐五毫。”案:漢升法積十六寸二分,故周升少五分七釐五毫。錢説亦與鄒同。賈疏云:“實一升,亦謂覆之所受也。”

注云“耳在旁可舉也”者,徐養原云:“耳常在脣下,向下設之,故云可舉也。”賈疏云:“此鬴之耳在旁可舉,謂人以手指舉之處。”詒讓案:此謂兩耳各爲一升,形度同也。《漢·律厤志》劉歆銅斛,左耳爲升,右耳爲合龠,與此異。

重一鈞;重三十斤。

【疏】“重一鈞”者,記嘉量之應衡也。徐養原云:“據鄭注,量與鍾鼎同齊,六分其金而錫居一,爲金二十五斤,錫五斤。”

注云"重三十斤"者,《大司寇》注義同。此與《冶氏》注引東萊方言大半兩爲鈞異。《孫子算經》云:"稱之所起,起於黍。十黍爲一絫,十絫爲一銖,二十四銖爲一兩,十六兩爲一斤、三十斤爲一鈞,四鈞爲一石。"若然,一鈞爲斤三十,爲兩四百八十,爲銖一萬二千五百二十,爲絫十二萬五千二百,爲黍百二十五萬二千也。

其聲中黄鍾之宫。應律之首。

【疏】"其聲中黄鍾之宫"者,記嘉量之應律也。賈疏云:"十二辰各有律十二,律以黄鍾爲初。不直言中黄鍾之聲,而云之宫者,十二辰其變聲辰各有五聲,則子上有宫商角徵羽五聲具。今之所中者,中其宫聲,不中商角之等,故以宫言之也。"案:賈不詳律度長短。今攷黄鍾之宫,古説有三。《月令》"中央土律中黄鍾之宫",鄭注云:"黄鍾之宫最長也。"《史記·律書》生黄鍾術、《説苑·修文篇》並謂黄鍾之宫長九寸,此卽黄鍾之全律也。《月令》孔疏云:"蔡氏、熊氏以爲黄鍾之宫,謂黄鍾少宫也,半黄鍾九寸之數,管長四寸五分。此謂卽黄鍾之半律也。《吕氏春秋·古樂篇》云:"昔黄帝令伶倫作爲律。伶倫自大夏之西,乃之阮隃之陰,取竹於嶰谿之谷。以生空竅厚鈞者,斷兩節閒,其長三寸九分而吹之,以爲黄鍾之宫,吹曰舍少。次制十二筒,以之阮隃之下,聽鳳皇之鳴,以别十二律,其雄鳴爲六,雌鳴亦六,以比黄鍾之宫,適合。黄鍾之宫皆可以生之,故曰黄鍾之宫,律吕之本。"此謂不及黄鍾半律者也。陳澧申《吕覽》義云:"律吕之度見於古書者,以《吕氏春秋》爲最古。其云三寸九分爲黄鍾之宫,自來無知其説者。惟《律吕正義》云:'閒嘗截竹爲管,詳審其音,黄鍾之半律不與黄鍾合,而合黄鍾者爲太蔟之半律。《吕氏春秋》以三寸九分之管爲聲中黄鍾之宫,非半太蔟合黄鍾之義耶。'謹案:三寸九分焉黄鍾之宫,得此説而昭然若發矇矣。蓋絲聲倍半相應,竹聲倍半不相應,必半之而又稍短乃相應。故半大蔟之管乃合黄鍾,卽京房所謂竹聲不可以度調也。《月令》亦出於吕氏,其所謂黄鍾之宫卽三寸九分之管,鄭注以爲最長,固失之矣。蔡氏、熊氏知其爲黄鍾少宫,而云管長四寸五分,則又不知竹聲倍半不相應也。"案:陳説致塙,足正鄭、蔡諸説之誤。又《漢書·律厤志》説嘉量云:"聲中黄鍾,始於黄鍾而反覆焉。"注引孟康云:"反斛聲中黄鍾,覆斛亦中黄鍾之宫,宫爲君也。"此經云中黄鍾之宫,無反覆之異。《漢志》所説本於劉歆,與此經異。

注云"應律之首"者,《續漢書·律厤志·律術》云:"黄鍾,律吕之首,而生十一律者也。"案:十二律相生,首黄鍾,詳《大師》疏。

槩而不税。鄭司農云:"令百姓得以量而不租税。"

【疏】"槩而不税"者,《荀子·宥坐篇》云"盈不求概",楊注云:"概,平斗斛之木也。《考工記》曰:'概而不税。'"案:楊倞釋槩與鄭異,而義實長。陳祥道亦云:"《律厤志》以子穀秬黍中者千有二百實其龠,以井水準其槩。《月令》:'仲春,正權槩。'《荀子·君道》曰:'勝斛敦槩者,所以爲嘖也。'《管子·樞言》曰:'釜鼓滿則人槩之。'槩,平也,以竹木爲之,五量資之以爲平也。"戴震亦謂平鬴區者曰槩。税脱古字通。案:陳、戴並本楊義是也。林喬蔭説同。《説文·木部》云:"槩,抣斗斛。"抣,平也。《韓非子·外儲説左》云:"槩者,平量者也。"《玉燭寶典》引《月令章句》云:"概,直木也,所以平斗斛也。"《月令》鄭注,《吕氏春秋·仲春紀》、《淮南子·時則訓》高注,義並同。税當讀爲捝。《説文·手部》云:"捝,解捝也。"謂以槩平斗斛,所實米粟,適平其脣,無復有隨槩而解落者也。

注鄭司農云"令百姓得以量而不租税"者,此釋槩爲量,税爲租税。後鄭《曲禮》注云:"槩,量也。"賈疏云:"按《鄭志》:趙商問:㮚氏爲量,槩而不税,《廛人職》有税何?'荅曰:'官量不税。'若然,此官量鎮在市司,所以勘當諸廛之量器以取平,非是尋常所用,故不税。彼廛人所税,在肆常用者也。"案:據賈引《鄭志》,則後鄭亦以税爲租税,故此注直引先鄭,不復增釋,然非經義也。

其銘曰:"時文思索,允臻其極。銘刻之也。時,是也。允,信也。臻,至也。極,中也。言是文德之君,思求可以爲民立法者,而作此量,信至於道之中。

【疏】"其銘曰"者,以下言鑄量既成,而繫以銘也。

注云"銘刻之也"者,《國語・晉語》韋注云:"刻器曰銘。"賈疏云:"刻之者,正謂在模上刻之,非謂在器乃刻。今之鍾鼎爲文亦爾。"云"時,是也,允,信也,臻,至也"者,並《爾雅・釋詁》文。王引之云:"允猶用也,言用臻其極也。鄭義未安。"案:王說亦通。云"極,中也"者,《天官・敘官》注同。云"言是文德之君,思求可以爲民立法者,而作此量,信至於道之中"者,《釋文》云:"索,求也。"故注亦訓爲思求。《荀子・大略篇》云:"能思索謂之能慮。"《左傳》定四年,孔疏謂鄭以索爲法,非也。

嘉量既成,以觀四國。以觀示四方,使放象之。

【疏】"嘉量既成"者,《漢書・律厤志》顔注云:"嘉,善也。"又引張晏云:"量知多少,故曰嘉。"方矩云嘉量,卽《夏書》所謂和鈞也。此器兼律度量衡,方尺深尺則度也,實一鬴則量也,重一鈞則衡也,聲中黄鍾之宫則律也。内方外圜,則方圜冪積、少廣旁要之理,該而具也。

注云"以觀示四方,使放象之"者,《爾雅・釋言》云:"觀,示也。"言以此嘉量頒示四方邦國,令無不協同,卽大行人同度量之事也。

永啓厥後,茲器維則。永,長也。厥,其也。茲,此也。又長啓道其子孫,使法則此器長用之。

【疏】注云"永,長也"者,《爾雅・釋詁》文。云"厥,其也"者,《爾雅・釋言》文。云"茲,此也"者,亦《釋詁》文。云"又長啓道其子孫,使法則此器長用之"者,《廣雅・釋詁》云:"啓,開也。"《國語・楚語》云:"道,開也。"故鄭訓啓爲道。又《爾雅・釋詁》云:"則,法也。"言以此嘉量垂之子孫,教訓啓道之,使長遵用,守爲法則也。

凡鑄金之狀,故書狀作壯,杜子春云:"當爲狀,爲鑄金之形狀。"

【疏】"凡鑄金之狀"者,《說文・金部》云:"鑄,銷金也。"此通論攻金諸工鑄冶之度,以㮚氏爲量改煎之法最詳,故綴於此也。

注云"故書狀作壯,杜子春云當爲狀"者,段玉裁云:"此亦聲之誤。"徐養原云："狀壯亦形之誤。王逸《楚詞敍》云："又以壯爲狀，義多乖異。"與此相類。云"謂鑄金之形狀"者，《説文·犬部》云："狀，犬形也。"引申爲凡物之形狀。此銷鑄金樸，亦宜察其形狀也。

金與錫，黑濁之氣竭，黄白次之；黄白之氣竭，青白次之；青白之氣竭、青氣次之：然後可鑄也。消湅金錫精麤之候。

【疏】"金與錫黑濁之氣竭，黄白次之"者，凡金樸改煎之，所含麤質。得熱則化爲氣而上騰，其色有此數等也。

注云"消湅金錫精麤之候"者，消湅金錫，久則濁滓淨盡，而質彌精，故視其煙氣以爲候也。

冬官考工記

段氏

段氏 闕。

【疏】“段氏”者,《說文·殳部》云:“段,椎物也。”又《金部》云:“鍛,小冶也。”凡鑄金爲器,必椎擊之,故工謂之段氏。鍛,則所用椎段之具也。上文云“段氏爲鎛器”,蓋凡農器之有金者,皆此工爲之。段,《函人》叚借作“鍛”。《醢人》注云“鍛鎛”,亦卽此。

冬官考工記

函人

函人爲甲，犀甲七屬，兕甲六屬，合甲五屬。屬讀如灌注之注，謂上旅下旅札續之數也。革堅者札長。鄭司農云："合甲，削革裏肉，但取其表，合以爲甲。"

【疏】"函人爲甲"者，亦以所作之器名工也。《孟子·公孫丑篇》亦有函人，趙注云："函，甲也。"詳《夏官·敍官》疏。云"犀甲七屬，兕甲六屬"者，《説文·牛部》云："犀，南徼外牛，一角在鼻，一角在頂，似豕。"《𤉡部》云："𤉡，如野牛而青，重文兕，古文从儿。"《爾雅·釋獸》云："犀似豕，兕似牛。"郭注云："犀形似水牛，豬頭，大腹，庳脚，脚有三蹏，黑色。三角，一在頂上，一在額上，一在鼻上。鼻上者，卽食角也，小而不橢。好食棘。亦有一角者。兕一角，青色，重千斤。"《國語·晉語》云："唐叔射兕於徒林，殪，以爲大甲。"又《越語》云"衣水犀之甲"，韋注云："犀形似象而大。今徼外所送，有山犀，有水犀。水犀之皮有珠甲，山犀則無。"《一切經音義》引《南州異物志》云："兕角長二尺餘，其皮堅，可爲鎧甲。"七屬、六屬，甲每旅連屬之數也。"合甲五屬"者，江永云："犀甲、兕甲皆單而不合。合甲則一甲有兩甲之力，費多工多而價重。"詒讓案：《荀子·儒效篇》云"定三革"，楊注云："三革，犀也，兕也，牛也。"亦引此經三種甲。疑楊倞卽以合甲爲牛革所爲。今攷牛革雖亦可爲甲，然甲材究以犀兕爲最善。此三甲以合甲爲尤堅，當亦以犀兕爲之，但材良而工精耳，非別用他革也。《荀子·議兵篇》注又説楚人以鮫魚皮爲甲，則非恆制也。

注云"屬讀如灌注之注"者，《匠人》"水屬不理孫"，注亦云："屬讀如注。"《司服》賈疏引《鄭志》釋《左傳》"韎韋之跗注"，以跗爲幅，注爲屬，謂以韎韋幅如布帛之幅，而連屬以爲衣。此屬讀如注，義亦與彼同。段玉裁云："屬者，連屬附著之義。讀如注者，重言之也。"云"謂上旅下旅札續之數也”者，賈疏云：“謂上旅下旅皆有札續。一葉爲一札，上旅之中，續札七節、六節、五節，下旅之中亦有此節，故云札續之數也。”惠士奇云：“《大玄·玄棿》曰：‘比札爲甲。’比猶屬也。凡皮皆曰札。《淮南子·齊俗訓》‘羊裘解札’。言裘敝也。合爲屬，散爲解。”案：惠說是也。惠又據成十六年《左傳》“養由基蹲甲而射之，徹七札焉”，《吕氏春秋·愛士篇》“晉惠公之右路石奮投而擊繆公之甲，中之者已六札矣”，未徹者特一札耳，謂古甲皆七札，亦塙。《韓詩外傳》及《列女傳》說齊景公、晉平公射事，並云穿七札，足與《左傳》、《吕覽》互證。但札與屬不同制，革片謂之札，爲甲則以組帛綴屬之，所謂組甲被練也。《左傳》所云七札者，甲内外層厚薄複疊之數。此經云七屬、八屬、五屬者，札上下層長短連屬之數也。云“革堅者札長”者，釋兕甲、犀甲、合甲屬數遞減之義。江永云：“甲續札爲之，節節相續，則一札而表裏有兩重。不甚堅者，續欲密，札稍短而多；堅則可稍長而少也。如第一札之半，第二札續之，第二札之半，第三札續之，則第三札之上端，當第一札之盡處，故一札有兩重。”惠士奇云：“《荀子·議兵》曰：‘魏氏武卒衣三屬之甲。’《漢刑法志》注如淳謂上身一，髀褌一，脛繳一。蘇林謂兜鍪、盆領、髀褌爲三屬。兜鍪，胄也。以胄爲甲固非，以脛繳爲甲尤非。上旅甲，下旅裳，甲裳三屬，其甲更長於合甲矣，革之最堅者歟？”案：江、惠說是也。《荀子》甲屬與此經義同。若如如、蘇二說，則此經云七屬、六屬、五屬甲裳上下旅之外，不得有屬數如此之多，足明其非也。鄭司農云“合甲，削革裏肉，但取其表合以爲甲”者，戴震云：“合之爲言取重堅相并。”惠士奇云：“革裏肉者，革之敗蘵，去之則材良，所謂視其裏而易，則材更也。《戰國策·燕策》：‘燕王思欲報齊，身自削甲札，妻自組甲絣。’削甲札者，司農所謂削其裏而取其表也。《管子·小匡》‘輕罪入蘭盾、鞈革、二戟’，注云：‘鞈，重革當心，著之可以禦矢。’鞈省爲合，古今文。鞈猶堅也。《荀子·議兵》曰：‘楚人鮫革犀兕以爲甲鞈，①如金石。’楊注云：‘鞈，堅貌。’武億云：“鞈卽合，《士喪禮》注云：‘古文鞈爲合’也。然則合或從韋，或從革，均一字耳。《函人》‘合’，從

① 原“爲”誤重，據《荀子·議兵篇》删。——王文锦校注。

古文。《管子》及《荀子》'鞈',從今文。"

犀甲壽百年,兕甲壽二百年,合甲壽三百年。革堅者又支久,

【疏】注云"革堅者又支久"者,冡上注'革堅者札長'爲文,故云又支久也。

凡爲甲,必先爲容,服者之形容也。鄭司農云:"容謂象式。"

【疏】注云"服者之形容也"者,《說文·頁部》云:"頌,皃也。"容,頌之借字。賈疏云:"凡造衣甲,須稱形大小長短而爲之,故爲人之形容,乃制革也。"江永云:"甲片片而爲之,非若裁衣之易,故必爲人身之形容,而後裁制之。爲甲甚多,其容亦當有大小長短,服時以身合之,非先擬一人之身,而後制甲爲此人服也。"鄭司農云:"容謂象式"者,此直謂甲之通式,不爲人之形容,說與後鄭微異。

然後制革。裁制札之廣袤。

【疏】"然後制革"者,以下明制甲之尺度也。

注云:"裁制札之廣袤"者,《說文·刀部》云:"制,裁也。"《衣部》云:"裁,制衣也。"制甲與制衣相似,故亦言裁制。《淮南子·兵略訓》云:"割革爲甲。"制卽割也。賈疏云:"節數已定,更觀人之形容,長大則札長廣,短小則札短狹,故云裁制札之廣袤。廣卽據横而言,袤卽據上下而說也,"

權其上旅與其下旅,而重若一,鄭司農云:"上旅謂要以上。下旅謂要以下。"

【疏】"權其上旅與其下旅,而重若一"者,此權甲之輕重也。戴震云:"合言之,上旅下旅通謂之甲。分言之,上旅謂之甲,又名爲盤領;下旅謂之髀褌。甲之札有七屬、六屬、五屬,髀褌之札屬與甲等。"案:戴說本蘇林《漢書注》。江永云:"甲自要半上下相等,故權之而重若一。"

注鄭司農云"上旅謂要以上,下旅謂要以下"者,《說文·臼部》云:"要,身中也。'甲與衣同,亦上衣下裳。《左》宣十二年,晉楚戰于邲,傳云:"趙旃

弃車而走林,屈蕩搏之,得其甲裳。"杜注云:"下曰裳。"賈疏云:"上旅謂衣也,下旅謂裳也。"呂飛鵬云:"先鄭以要釋旅,旅當爲膂。《說文》'呂,脊(脊)骨也。'篆文从肉从旅。要以上、要以下,猶言膂以上、膂以下也。經文蓋省膂作旅,疏訓旅爲衆,非。"案:呂說是也。江永說亦同。

以其長爲之圍。圍謂札要廣厚。

【疏】"以其長爲之圍"者,此度甲之要圍也。江永云:"以其長爲之圍,文承權其上旅下旅之後,必通計上旅下旅之長。蓋甲裳當下蔽脛及跗。中人長八尺,自肩及跗,約六尺五六寸,計上旅下旅,正合人身之要圍。"又云:"深衣裳計要半下七尺二寸者,彼禮服欲寬博,又有帶束之。甲欲貼身緊束,故要圍當殺數寸。"案:江說是也。戴震說同。賈疏謂止取一旅之長,則圍必太小而與甲不稱,不可從。

注云"圍謂札要廣厚"者,長謂甲旅札上下之直度,故圍卽指上下旅之閒要圍之橫度也。

凡甲鍛不摯則不堅,已敝則橈。鄭司農云:"鍛,鍛革也。摯謂質也。鍛革大孰,則革敝無强,曲橈也。"玄謂摯之言致。

【疏】"凡甲鍛不摯則不堅"者,此記治甲之法。

注鄭司農云"鍛,鍛革也"者,《廣雅·釋詁》云:"鍛,椎也。"《韓非子·外儲說右篇》云:"椎鍛者,所以平不夷也。"案:鍛,段之借字。此與段氏之段義略同,謂椎擊皮革使純孰也。《喪服》記斬衰冠,《深衣》注說衣布,並有鍛。此鍛革與鍛布事同。云"摯謂質也"者,摯質字通。《左》昭十七年傳"少皞摯",《周書·嘗麥篇》摯作"質",是其證。《論語·雍也》皇疏云:"質,實也。"鍛不摯亦謂鍛之不實,故不堅也。云"鍛革大孰則革敝無强,曲橈也"者,《說文·木部》云:"橈,曲木也。"引申之,凡物曲弱並謂之橈。《廣雅·釋詁》云:"橈,曲也。"治革鍛過其度,則革理傷敝,故曲弱不强韌也。《御覽·兵部》引此注作"橈曲也",亦通。云"玄謂摯之言致"者,《弓人》注同。此以聲類爲訓也。致卽今緻字,詳《大司徒》疏。鍛不摯,謂椎鍛不精緻也。

凡察革之道，眡其鑽空，欲其惌也；鄭司農云："惌，小孔貌。惌讀爲'宛彼北林'之宛。"

【疏】"凡察革之道"者，以下記相甲之法。云"眡其鑽空，欲其惌也"者，《説文·金部》云："鑽，所以穿也。"又《穴部》云："空，竅也。"鑽空，謂以組縷綴甲所穿之空竅，《燕策》所謂"組甲絣"，是穿甲用組之事。惠士奇云："《左》襄三年傳'組甲三百，被練三千'，孔疏引賈逵注：'組甲，以組綴甲。被練，帛也，以帛綴甲。'而有盈竅半任力、盡任力之説。其説本於《吕氏春秋·去尤篇》云：'邾之故法爲甲裳以帛。公息忌謂邾君曰："不若以組。凡甲之所以爲固者，以滿竅也。今竅滿矣，而任力者半耳。且組則不然，竅滿則盡任力矣。"邾君以爲然。'然則察革之道，先視其竅，竅大則難盈，故任力半；竅小則易滿，故任力全。合甲者，任力全之謂也。而組練實爲之助焉，故曰隨繩而斱，因鑽而縫。竅者鑽空，所謂視其鑽空而惌，則革堅者以此，合甲之堅亦以此。"

注鄭司農云"惌，小孔貌"者，《説文·宀部》云："宛，屈艸自覆也。重文惌，宛或從心。"《詩·小雅》"小宛"，毛傳云："宛，小貌。"是惌有小義也。空孔古今語。云"惌讀爲宛彼北林之宛"者，段玉裁改"爲"爲"如"云："此擬其音也。今本作'讀爲，'誤。"案：段校是也。宛彼北林，《詩·秦風·晨風》文。今《毛詩》"宛"作"鬱"。此所引蓋出三家《詩》。宛鬱古通用，《内則》"兔爲宛脾"，鄭注云："宛或作鬱。"依先鄭説，則惌宛非一字，與許説異。

眡其裏，欲其易也；無敗蘵也。

【疏】"眡其裏，欲其易也"者，戴震云："易，治也。治除革裏敗蘵，犀甲兕甲皆然，若合甲，則用功尤多，但存其表。"詒讓案：《弓人》"冬析幹則易"，注謂理滑致。此易亦謂革裏滑致也。

注云"無敗蘵也"者，《釋文》云："蘵，本或作穢。"案：穢卽蘵之俗，詳《蜡氏》疏。《文選·西都賦》李注引《字書》云："穢，不潔清也。"革有敗蘵者,即前注云"革裏肉"是也。

眡其朕,欲其直也;鄭司農云:"朕謂革制。"

【疏】"眡其朕,欲其直也"者,江永云:"甲縫欲正直,不可斜枉。《深衣篇》:'負繩及踝以應直。'深衣背縫直中繩,此縫甲亦欲如是也。"

注鄭司農云"朕謂革制"者,據下制善爲釋,謂裁制革之縫也。江永云:"眹爲目縫,則朕謂甲之縫也。"戴震云:"舟之縫理曰朕,故札續之縫亦謂之朕。"

櫜之,欲其約也;鄭司農云:"謂卷置櫜中也。《春秋傳》曰:櫜甲而見子南。"

【疏】"櫜之欲其約也"者,《廣雅・釋詁》云:"約,少也。"謂卷束藏之櫜中,約少易持載也。

注鄭司農云"櫜謂卷置櫜中也"者,武億云:"甲衣謂之櫜。《檀弓》'赴車不載櫜韔',注:'櫜,甲衣。'《樂記》'鍵櫜,'注:'兵甲之衣曰櫜。'《少儀》'袒櫜,'注:'弢鎧衣也。'《呂氏春秋・悔過篇》:'櫜甲束兵。'引《春秋傳》者,證甲之有櫜也。賈疏云:"按昭元年傳,《鄭・公孫黑》與子南爭徐吾犯之妹,適子南氏,子皙怒,既而櫜甲而見子南,欲殺之。彼以衣裹著甲謂之櫜,此以甲衣藏甲爲櫜,相似,故引以爲證也。"

舉而眡之,欲其豐也;豐,大。

【疏】注云"豐大"者,《易彖》下傳文。《矢人》、《弓人》注並同。

衣之,欲其無齘也。鄭司農云:"齘謂如齒齘。"

【疏】注鄭司農云:"齘謂如齒齘"者,王聘珍云:"《方言》云:'齘,怒也。'郭注云:'言噤齒也。'《說文》云:'齘,齒相切也。'欲其無齘也者,謂札葉不欲其相摩切,如人之怒而切齒也。"案:王說是也。賈疏謂"人之齒齘前卻不齊,札葉參差,與齒齘相似",非經注之義。

眡其鑽空而窻，則革堅也；眡其裏而易，則材更也；眡其朕而直，則制善也；櫜之而約，則周也；舉之而豐，則明也；衣之無齘，則變也。

周，密致也。明，有光耀。鄭司農云："更，善也。變，隨人身便利。"

【疏】"眡其鑽空而窻，則革堅也"者，此下總論察革六事備具之善。

注云"周，密致也"者，《説文·口部》云："周，密也。"《白虎通義·號篇》云："周者，至也，密也。"致亦即緻字。云"明有光耀"者，《賈子·道德説》云："光輝之謂明。"鄭司農云"更，善也"者，俞樾云："更之爲善，猶易之爲善也。《周易·繫辭傳》：'辭有險易。'《釋文》引京房曰：'易，善也。'易與更同義。變謂之更，亦謂之易；善謂之易，亦謂之更：正古訓之展轉相通者。"案：俞説是也。云"變，隨人身便利"者，謂隨人屈申不萎铻也。

鮑人之事，鮑，故書或作"鞄"。鄭司農云："《蒼頡篇》有鮑㼜。"

【疏】"鮑人之事"者，以事名工也。事謂柔治韋革之事。

注云"鮑故書或作鞄，鄭司農云，《蒼頡篇》有鞄㼜"者，《總敍》注義同。㼜字當爲䩔，並詳《總敍》疏。

望而眡之，欲其荼白也，韋革，遠視之，當如茅秀之色。

【疏】注云"韋革遠視之，當如茅莠之色"者，此亦注用今字作"視"也。賈疏云："此官主革，不主韋，韋自韋氏爲之。鄭云韋革者，夾句而言耳。"詒讓案：《地官·敍官》注云："荼，茅莠。"莠者，秀之借字。《毛詩·鄭風·出其東門》傳云："荼，英荼也。"鄭箋云："荼，茅秀。"孔疏云："英是白貌。茅之秀者，其穗色白。又《國語·吴語》云：'皆白裳、白旂、素甲、白羽之矰，望之如荼。'"蓋韋革色貴白，遠視之與茅華色同，故經云荼白也。互詳《地官》疏。

進而握之，欲其柔而滑也；謂親手煩撋之。

【疏】"進而握之"者，此下當有"引而信之，欲其直也"八字，誤錯著於後，詳後疏。

注云"謂親手煩撋之"者，《毛詩·周南·葛覃》"薄污我私"，傳云："污，煩也。"鄭箋云："煩，煩撋之，用功深。"彼《釋文》引阮孝緒《字略》云："煩撋猶挼莏也。"案：煩撋、挼莎並用兩手上下摩挼之謂。《説文·手部》云："握，搤持也。"謂持革煩撋之。

卷而摶之，欲其無迆也；鄭司農云："卷讀爲'可卷而懷之'之卷，摶讀爲'縛一如瑱'之縛。謂卷縛韋革也。迆讀爲'既建而迆之'之迆。無迆，謂革不韢。"

【疏】注鄭司農云"卷讀爲可卷而懷之之卷"者，段玉裁云："卷與《論語》卷懷義同。"云"縛讀爲縛一如瑱之縛"者，此易其字也。縛一如瑱，《左》昭二十六年傳文。《釋文》云："瑱，本或作顛。"段玉裁、阮元並以顛爲䪴之誤，是也。《説文·玉部》瑱，重文䪴，云"瑱或從耳"。云"謂卷縛韋革也"者，《左傳》杜注云："縛，卷也。"段玉裁云："易摶爲縛，縛謂卷之緊也。"云"迆讀爲既建而迆之之迆"者，此引《總敍》文，"迆"下多一"之"字。段玉裁云："謂與既建而迆之義同，謂不衺也。"云"無迆謂革不韢"者，韢字，唐以前字書未見，《類篇·韋部》始有此字，云"柔革平均也"。案：《釋文》音虧，疑卽虧之俗。《小爾雅·廣言》云："虧，損也。"不虧蓋謂革不縮而減損，則卷之無迆邪不正之患。《類篇》蓋本此注而失其義。

眡其著，欲其淺也；鄭司農云："謂郭韋革之札入韋革，淺緣其邊也。"玄謂韋革調善者鋪著之，雖厚如薄然。

【疏】"眡其著，欲其淺也"者，江永云："言縫合兩皮相著之處，欲淺狹。若太深廣，則革爲厚邊縫皮起，而革不信。"

注鄭司農云"謂郭韋革之札入韋革，淺緣其邊也"者，郭廓聲類同。《淮南子·道應訓》云："譬之猶廓革者也，廓之大則大矣，裂之道也。"《方言》云："張小使大謂之廓。"此注言張郭皮革使極伸，則其札之邊緣接入相連著者，乃淺而不厚也。先鄭此説深得經意，後鄭破之，非也。云"玄謂革韋調善者鋪著之，雖厚如薄然"者，此訓著爲鋪著，與先鄭異。《廣雅·釋詁》云："鋪，陳也。調，和也。"謂革和耎則不暴起，其鋪著之時，雖厚亦如薄也。

察其線，欲其藏也。故書線或作綜。杜子春云："綜當爲糸旁泉，讀爲綫，謂縫革之縷。"

【疏】注云"故書線或作綜，杜子春云，綜當爲糸旁泉，讀爲綫"者，段玉裁云："泉宗篆相似，正其形之誤，當爲線，而後説線卽綫字，蓋子春時多用絤字也。《説文》綫爲小篆綫,與絤同也。線爲古文,謂《縫人》及《考工》故書也。晉灼注《漢書·功臣表》云:'綫,古線字。'則晉時綫爲古字,線爲今字,與許時互易。"徐養原云:"晉世專行線字,故反以綫爲古字,至今猶然。《説文》有綫無絤。然子春不讀爲綫而讀爲絤,則綫字在後漢已不行矣。"云"謂縫革之縷"者,《縫人》先鄭注云:"線,縷也"

革欲其荼白而疾澣之,則堅;鄭司農云:"韋革不欲久居水中。"

【疏】"革欲其荼白而疾澣之,則堅"者,申論上文五者之義。《説文·水部》云:"濣,濯衣垢也。"澣卽濣之俗。制革必澣者,所以去其不潔,猶布帛之有鍛濯灰治也。色既荼白而澣之又疾,則不潔去而無傷其肕,故堅也。

注鄭司農云"韋革不欲久居水中"者,韋革久漸漬水中,則敝而損其堅,故澣之欲疾。

欲其柔滑而腥脂之,則需;故書需作割。鄭司農云:"腥讀如'沾渥'之渥,割讀爲曰'柔需'之需。謂厚脂之韋革柔需。"

【疏】"欲其柔滑而腥脂之,則需"者,需,當作"耎"。柔滑者,治革之精,然恐其枯燥而坼,故又以脂潤之,以助其輭也。戴震云:"蓋革宜柔,柔則利於屈伸而能久。"

注云"故書需作割"者,段玉裁校改經注及《釋文》需爲耎,割爲㓴,云:"《釋文》:'需,人兗反。割,而髓反,又人兗反。'蓋作音義時,字未誤也。古音耎聲在元寒桓部,需聲在侯部。陸氏在唐初,尚未誤,自後乃耎需互譌,延及經傳。《大祝》'㨎祭'、《輈人》'契耎'及此皆是也。唐初契耎已誤爲需,故陸有須音。㨎祭及此經未誤,故反以而泉、人兗。"徐養原云:"考《説文》从耎从需在同部者,如臑腝、儒偄、濡渜、嬬媆、繻緛,皆截然兩字。其从耎从需而爲一字者,如碝之作瑦,蝡之作蠕,皆不見於《説文》,其誤明矣。《五經文字·刀部》:'割。柔耎之耎,見《考工記注》。"割字誤而耎字不誤。《集韻·二十八獮》:'㓴或作割。則割之本當从耎,信而有徵。但㓴字《説文》亦不載。耎字注云:'稍前大也,讀若畏偄。'疑故書本借用偄字,後譌爲㓴耳。《易·需卦·釋文》云:'從兩重而者,非。'是需字或作'䨎',與耎字形相似。《隸釋·魯峻碑》'學爲偄宗',以偄爲儒,則漢時已誤矣。《說文》需耎俱从而聲,似二字聲類相近,或可通。"案:段、徐說是也。《說文·甍部》云:"甍,柔韋也,讀若耎。"《尸部》云:"㞋,柔皮也。"此耎與甍㞋聲義並同。據《釋文》,則陸時經注字已誤,而音讀相傳未誤,當據校正。鄭司農云:"脂讀如沾渥之渥"者,段玉裁云:"此擬其音,而義可知也。《說文》不收脂字者,蓋其字因脂從肉旁,而亦從肉,實則用渥足以包之也。沾,今之添字。"案:段說是也。《說文·水部》云:"渥,霑也。"沾渥與霑渥同。云"劓讀爲柔需之需"者,亦當從段校,改劓爲剜,需並爲耎。此改其字又釋其義也。柔需猶《司几筵》注之"柔礝",《詩·大雅·桑柔》箋之"柔濡",並耎偄之譌文。《一切經音義》引《三蒼》云:"耎,弱也。"物柔曰耎。云"謂厚脂之韋革柔需"者,需亦當作"耎"。此釋脂脂之則需之義。《廣雅·釋詁》云:"渥,厚也。"段玉裁云:"脂之言厚也,脂之猶《詩》言膏之。"案:段說亦是也。《梓人》注云:"脂,牛羊屬。膏,豕屬。"此散文通言,脂膏皆可以柔韋革,不定用牛羊脂也。

引而信之,欲其直也。信之而直,則取材正也;信之而枉,則是一方緩、一方急也。若苟一方緩、一方急,則及其用之也,必自其急者先裂。若苟自急者先裂,則是以博爲帴也。鄭司農云:"帴讀爲翦,謂以廣爲狹也。"玄謂翦者,如俴淺之俴,或者讀爲羊豬戔之戔。

【疏】"引而信之,欲其直也"者,王引之云:"此皆先列其目,後乃一一申言之。不應'引而信之'二句不見於前,而見於後。蓋本在'進而握之欲其柔而滑也'下,寫者錯亂耳。"案:王說是也。信與伸同。云"信之而直,則取材正也"者,取材正,謂革裁斷之成札,腠理齊正而不邪絕,其伸之乃得直也。云"信之而枉,則是一方緩一方急也"者,革不直者,郭之必不均,故一方緩一方急。云'必自其急者先裂'者,《說苑·敬慎篇》云:"革剛則裂。"急則必剛,故先裂也。

注鄭司農云"帴讀爲翦"者,帴翦聲近叚借字。《既夕·禮》"緇翦",注云："今文翦作淺。"賈疏云："翦亦是狹小之意。"云"謂以廣爲狹也"者，訓幭爲狹也。革札以廣爲貴，若有坼裂，則廣者反成狹矣。云"玄謂翦者如俴淺之俴，或者讀爲羊豬戔之戔"者，《釋文》云："沈云：'馬融音淺，干寶爲殘，與《周易》戔戔之字同，亦音素干反，不知其義。'或云：'字則如沈釋，而羊豬戔之語，未見出處。俗謂羊豬脂爲䏑，音素干反，豈取此乎？'案：《周禮注》殘餘字，本多作戔，宜依殘音。"王引之云："馬音是也。古人多以博與淺相對爲文。《羣書治要》引《曾子·脩身篇》曰：'君子博學而淺守之。'《管子·八觀篇》曰：'彼野悉辟而民無積者，國地小而食地淺也。田半墾而民有餘食而粟米多者，國地大而食地博也。'《荀子·脩身篇》曰：'多聞曰博，小聞曰淺。'《非相篇》曰：'君子博而能容淺，粹而能容雜。'《儒效篇》曰：'以淺持博，以古持今，以一持萬。'《禮論篇》曰：'博之淺之。'《呂氏春秋·執一篇》曰：'駢猶淺言之也，博言之，豈獨齊國之政哉！'《賈子·容經篇》曰：'人主大淺則知聞，大博則業厭。'《淮南·說山篇》曰：'所受者小，則所見者淺；所受者大，則所照者博。'皆是也。幭乃淺之假借耳。"段玉裁云："司農易幭爲翦，說其義曰狹。鄭君恐人不知翦意，伸明之曰此翦音義如《詩》俴淺之俴。俴，淺也，見《毛詩·小戎》傳，俴淺者，狹意也。又云或者讀爲羊豬戔之戔者，此鄭君博異說也。"案：俴淺之義，王、段所說是也。羊豬戔之戔，以沈重所說推之，蓋與干讀殘同。《文選·七命》"髦殘象白"，李注云："殘白，蓋煮肉之異名也，"崔駰《博徒論》云："燕臛羊殘。"此羊豬戔，疑卽羊殘字。蓋漢時俗語謂煮羊豬肉爲殘。又凡經典言殘餘者，正字當作"㱚"。《說文·歺部》云："㱚，禽獸所食餘也。"則羊豬所食之餘，亦得謂之殘。未審後鄭塙指何物。干氏似亦用殘餘義。《易·賁》"束帛戔戔，"《釋文》載子夏傳本，亦作"殘殘"，故云與《周易》戔戔之字同。陸謂《周禮注》殘餘字作戔者，見《槁人》注。以博爲俴者，謂破廣爲狹；以博爲戔者，謂破整爲殘。後鄭二讀少異，而義不甚相遠。賈疏謂戔俴義同，非也。①

① "非也"楚本作"未析"。——王文锦校注。

卷而摶之而不迆，則厚薄序也；序，舒也。謂其革均也。

【疏】"則厚薄序也"者，序，前經例用古字並作"敘"，此作"序"，疑經記字例之異。

注云"序，舒也"者，《毛詩·大雅·常武》傳云："舒，序也。"是序舒可互訓。云"謂其革均也"者，革均則無偏厚偏薄之處，故均平而不迆。

眡其著而淺，則革信也；信，無縮緩。

【疏】注云"信無縮緩"者，信亦伸字。《廣雅·釋詁》云：'伸，展也，直也。'革展之直，則平而無縮，急而不緩。

察其線而藏，則雖敝不甐。甐，故書或作鄰。鄭司農云："鄰讀爲'磨而不磷'之磷。謂韋革縫縷沒藏於韋革中，則雖敝，縷不傷也。"

【疏】"察其線而藏，則雖敝不甐"者，《釋文》云："甐或作鄰。"案：或本蓋涉注疊故書而誤。

注云：'甐故書或作鄰，鄭司農云，鄰讀爲磨而不磷之磷"者，磨而不磷，《論語·陽貨篇》文。段玉裁云："甐與磷同，瓦石皆磨甐之物也。鄰者，古文假借字。"徐養原云："甐磷俱不見於《說文》，故書借用鄰字。《輪人》'不甐於鑿'，《釋文》：'甐，本又作鄰。'是不特故書爲然矣。"云"謂韋革縫縷沒藏於韋革中，則雖敝縷不傷也"者，《輪人》注云："甐亦敝也。"此謂線縷深藏於韋革中，則磨甐不能及，故革雖敝，其線終不傷而斷也。

韗人爲臯陶，鄭司農云："韗，書或爲⿰革匋。臯陶，鼓木也。"玄謂⿰革匋者，以臯陶名官也。⿰革匋則陶，字從革。

【疏】"韗人爲臯陶"者，亦以事名工也。《祭統》注釋韗爲韗磔皮革，明此工主治革以冒鼓，又兼爲鼓木。《祭統》韗作"煇"，以爲甲吏者，亦以韗與函同爲攻皮之工，故通言不别也。

注鄭司農云"韗書或爲⿰革匋"者，徐養原云："《說文》無⿰革匋，《革部》⿰革匋，或從韋作⿰韋匋①。篆文[篆文字形]，與匋相似，遂誤爲⿰革匋。"云"臯陶，鼓木也"者，謂鼓匡也。亦名䲵，《廣雅·釋器》云："鼓䲵謂之梚鼓。"匡皆以木焉之，故梚字從木。《史記·龜策傳》云："殺牛取革，被鄭之桐。"《集解》引徐廣云："牛革桐爲鼓也。"則鼓木以桐爲之。程瑶田云："鼓木曰皋陶，蓋穹隆之形，雙聲疊韻字，與《莊周書》'瓠落'義略同。"又云："皋陶卽鼓名。先鄭以爲鼓木，或卽以木名其鼓。若但作鼓木，不應三鼓獨此鼓不見鼓名也。"案：先鄭義當如程氏前說。後說謂皋陶鼓名，不爲無見，但與《鼓人》六鼓文並不合。六鼓"鼛鼓"，此後文作"皋鼓"，度已别見，此鼓又不宜與彼同名。竊疑皋陶當讀爲"鼛鼗"。鼗陶古音雖不同部，而合音最近，古可通用。《大司樂》有靁鼗、靈鼗、路鼗，則亦當有皋鼗矣。以下文推之，此鼓高度殺於中穹之徑，形較賁皋二鼓爲獨扁，則於摇播反擊爲宜。且皋鼓長尋有四尺，此鼓長六尺六寸，於率約倍半之較，亦正相應也。依賈、鄭義，下文爲晉鼓，於經亦無見文，抑或晉鼓與皋鼗度同而制異，亦未可知。要鼓鼗同用革，其爲一工所爲，固無可疑。首舉鼗制者，先小而後以次及大也。此雖肊測，而於義似得通，謹附

① "⿰韋匋"原訛"⿰革匋"，據《说文》改。——王文锦校注。

著以備一解。云"玄謂鞠者,以皋陶名官也"者,此姑依或本說之也。後鄭雖不從作鞠之本,而謂若作鞠人,則是以皋陶名官。凡故書鄭所不從,亦閒有釋其義者。賈疏謂後鄭謂鞠人爲皋陶,不取韗字爲官名,失其怡矣。《大射儀》注引此職作"鼓人",則通稱也。云"鞠則陶字從革"者,"則"、"卽"古通用。謂若作鞠,則當與陶爲一,但變從自爲從革,字則同也。段玉裁云:'鄭君釋鞠字曰从革从陶省,爲皋陶,故官名鞠也。陶省亦聲也。《壺涿氏》有炮土之鼓,《明堂位》有土鼓,蓋大古鼓腔用匋,後乃用木,鼓木曰皋陶。"

長六尺有六寸,左右端廣六寸,中尺,厚三寸,版中廣頭狹爲穹隆也。鄭司農云:"謂鼓木一判者,其兩端廣六寸,而其中央廣尺也。如此乃得有腹。"

【疏】"長六尺有六寸"者,徐養原云:"六尺六寸乃循鼓身之屈折計之,非兩面相距之直度也。下二鼓仿此。凡量曲物皆然。車人之耒,弓人之弓,與皋陶同度,其量之亦同法。晉鼓兩面相距五尺七寸弱。"又云:"首節不言鼓面,與下二鼓同也;下二鼓不言版廣,與首節同也。皆互見也。言版廣而不言鼓面,則鼓之大小僅有虛率,而無實數;言鼓面而不言版廣,則鼓面雖得,而中徑不可知。"案:依鄭下注,則此云六尺六寸者,爲緣版三正弧曲之度。以中穹之度減之,爲弦直之數,卽徐氏所謂兩面相距之度也。中圍廣而直距短,所謂大而短者。知此六尺六寸非鼓高直弦之度者,若以此爲鼓高,則校之中穹之度,止減三分寸之二,所差無多,穹與高幾等,於形未協。且車人爲耒,庛長尺有一寸,中直者三尺有三寸,上句者二尺有二寸,耒身亦有句曲;而所謂六尺有六寸之長,正指緣身曲折之度。徐氏謂此與量耒同法,塙不可易也。云"左右端廣六寸,中尺"者,易祓云:"謂鼓木之版。此鼓二十版,每版兩頭各廣六寸,其圍丈有二尺,而鼓面徑四尺矣。中尺,謂鼓版之中廣一尺,其圍二丈,其鼓之中徑六尺六寸三分寸之二矣。此鼓之中徑,卽所謂穹者三之一。"云"厚三寸"者,徐養原云:"謂中段也。至兩耑則漸薄。"案:徐說近是。周尺三寸,於今尺約二寸强。兩旁漸殺而薄,則足以發其聲而無瘖鬱之患矣。

注云:"版中廣,頭狹,爲穹隆也"者,鼓匡中必大於兩端,而後有聲,故其版必中廣頭狹，匃帀聯合之以爲匡也。穹隆者，高突上出之貌。《大玄·玄告》云"天穹隆而周乎下"是也。鄭司農云"謂鼓木一判者，其兩端廣六寸，而其中央廣尺也"者，《說文·刀部》云："判，分也。"《片部》云："片，判木也。版，片也。"此一判，猶云一片、一版。鼓以二十版合爲一圜形，版又折爲三正，故有左右兩端及中也。云"如此乃得有腹也"者，謂頭狹則合之而斂，中廣則合之穹隆而侈，故得有腹也。

穹者三之一，鄭司農云："穹讀爲'志無空邪'之空。謂鼓木腹穹隆者居鼓三之一也。"玄謂穹讀如'穹蒼'之穹。穹隆者居鼓面三分之一，則其鼓四尺者，版穹一尺三寸三分寸之一也。倍之爲二尺六寸三分寸之二，加鼓四尺，①穹之徑六尺六寸三分寸之二也。此鼓合二十版。

【疏】"穹者三之一"者，明鼓匡隆起之度也。

注鄭司農云"穹讀爲志無空邪之空"者，惠棟云："《弟子職》云：'志無虛邪。'或古本虛作空，故讀从之。古穹與空同，《文選》注引《韓詩·白駒》云'在彼穹谷'，薛君曰：'穹谷，深谷也。今《詩》穹作空。'"段玉裁云："司農云腹穹隆，則穹讀空而已，非易爲空字，今本作'讀爲'，誤也。"案：段說是也。云"謂鼓木腹穹隆者，居鼓三之一也"者，明穹卽取穹隆之義。云"玄謂穹讀如穹蒼之穹"者，此改先鄭之讀而不易其義也。《爾雅·釋天》云："穹蒼，蒼天也。"《文選·古辭傷歌行》李注引李巡云："仰視天形，穹隆而高，其色蒼蒼，故曰穹蒼。"是穹蒼亦取穹隆義也。云"穹隆者，居鼓面三分之一，則其鼓四尺者，版穹一尺三寸三分寸之一也"者，賈疏云："此鄭所言，皆從二十版計之，乃得面四尺及穹之尺數。經既不言版數，知二十版者，此以上下相約可知。何者？此鼓言版之寬狹，不言面之尺數，下經二鼓皆言鼓四尺，不言版之寬狹，明皆有鼓四尺及鼓版之廣狹也。若然，下二鼓皆云鼓四尺，明此鼓亦四尺，據面而言。若然，鼓木兩頭廣六寸，面有四尺，二十版，二六十二，長丈二尺，圍三徑一，是一丈二尺得面徑四尺矣。以此面四尺穹隆

① "加"原訛"如"，據《周禮注疏》改。——王文锦校注。

加三之一，三尺加一尺，其一尺者取九寸，加三寸，其一寸者爲三分，取一分，并之得一尺三寸三分寸之一也。"程瑶田云："穹者三之一，注據鼓面四尺言之。穹言腹徑，與鼖鼓據中圍加三之一者不同。"徐養原云："晉鼓雖不言鼓面，而記版廣之數特詳。知版廣之數，則左右端之口徑定矣。口徑卽鼓面也。左右端廣六寸，中尺，以左右端之廣三分益二，卽得中廣；然則口徑三分益二，亦必得中徑。由廣知徑，由徑知穹，其專計一㕟何也？尺與六寸，一版之廣也；二十版兩兩相對，今祇就一版驗之，故其穹也亦祇得一㕟數爾。"云"倍之爲二尺六寸三分寸之二，加鼓四尺，穹之徑六尺六寸三分寸之二也"者，穹出者匌帀鼓身，欲求直徑，須合兩穹而計之，故必倍一尺三寸三分寸之一計之。得兩穹面之合數二尺六寸三分寸之二，再益以鼓平面之四尺，適得徑六尺六寸三分寸之二也。云"此鼓合二十版"者，江永云："凡徑一者，不止圍三。祖沖之約率，徑七圍二十二。如鼓面徑四尺，則其圍十二尺五寸七分弱。以端廣六寸計，幾有二十一版；以中穹六尺六寸三分寸之二計之，則其圍二十尺九寸四分，亦幾有二十一版。蓋造鼓時，自有伸縮，以求密合。記不言版數，或用二十版，而稍加其六寸與一尺之度；或用二十一版，而稍減其六寸與一尺之度，皆可也。先儒習於徑一圍三之説，未知有密率耳。"徐養原云："中徑六尺六寸三分寸之二。合二十版，以割圜之法求之，每版一尺一分七釐有奇。言一尺者，舉成數也。凡圜物之有棱者，兩棱之閒仍是平面，不可以圜周論也。古率固疏，或用密率，亦非。"案：此依江説以圜徑求周密率推之，徑六尺六寸三分寸之二者，當周二丈九寸四分三釐七豪零。以二十版，每版廣尺，消去二丈，尚餘九寸四分三釐七豪零。以二十版分之，一版羸四分七釐一豪有零。依徐説二十版爲二十觚計之，則合二十版，共羸三寸四分强。二説不同，徐爲近是。要之每版所益無多，卽可密合無隙，故鄭徑定爲二十版也。

上三正。鄭司農云："謂兩頭一平，中央一平也。"玄謂三讀當爲參。正，直也。參直者，穹上一直，兩端又直，各居二尺二寸，不弧曲也。此鼓兩面，以六鼓差之，賈侍中云"晉鼓大而短"，近晉鼓也。以晉鼓鼓金奏。

【疏】"上三正"者,此明鼓匡三折之形也。

注鄭司農云:"謂兩頭一平,中央一平也"者,《楚辭·離騷》王注云:"正,平也。"謂鼓匡每版爲三折,每折之上,其版正平,故有兩頭及中央三平也。云"玄謂三讀當爲參"者,以經例凡分率參等字並作參,與紀數字作"三"別,故正其讀也。段玉裁云:"先、後鄭讀異而說同。必易三爲參者,如《弓人》'爲之參均'之參,雖兩池一平,而各居二尺二寸,又各弦直也。異而同曰參。"云"正,直也"者,《鬼谷子·摩篇》云:"正者,直也。"云"參直者,穹上一直,兩端又直,各居二尺二寸,不弧曲也"者,穹上一直,卽先鄭所謂中央一平也。兩端又直,卽先鄭所謂兩頭一平也。以六尺六寸之長,三折平分之,各得二尺二寸,無所贏朒。不弧曲,謂三正爲方折,不爲屈曲圜折之平弧形也。云"此鼓兩面"者,《說文·鼓部》云:"鼖鼓、晉鼓、皋鼓,皆兩面。"賈疏云:"下經二鼓言四尺之面,此經不言四尺之面,故言之,對發祭祀三鼓四面已下。"詒讓案:言此鼓二面,明其與雷鼓八面、靈鼓六面、路鼓四面不同,亦以定此鼓之當爲晉鼓也。云"以六鼓差之,賈侍中云晉鼓大而短,近晉鼓也"者,《後漢書·賈逵傳》云:"逵字景伯,扶風平陵人,作《周官解故》,永元八年爲侍中。"此卽《解故》說也。鄭據鼓人惟有六鼓,此鼓二面,既非雷、靈、路三鼓,而鼖鼓、皋鼓制度已見下文,明此當爲晉鼓。又以此鼓亦大而短,與賈說晉鼓相合,故因定之曰近晉鼓也。胡彥昇、徐養原並謂雷鼓、靈鼓、路鼓亦二面,與晉鼓同,此制兼四鼓。未知然否。詳《鼓人》疏。云"以晉鼓鼓金奏"者,賈疏云:"《鼓人》文也。"

鼓長八尺,鼓四尺,中圍加三之一,謂之鼖鼓。中圍加三之一者,加於面之圍以三分之一也。面四尺,其圍十二尺,加以三分一,四尺,則中圍十六尺,徑五尺三寸三分寸之一也。今亦合二十版,則版穹六寸三分寸之二耳。大鼓謂之鼖。以鼖鼓鼓軍事。鄭司農云:"鼓四尺,謂革所蒙者廣四尺。"

【疏】"鼓長八尺"者,亦據緣版三正之長言之。其鼓高、弦直之度,亦當略減。經不著左右端中廣及穹數者,以有中圍之數,可以互推也。不言厚三寸及上三正者,以與晉鼓同,亦文不具也。云"謂之鼖鼓"者,鼖,《釋文》作

"賁",云:"本或作鼖,又作鼖。"案:《鼓人》作"鼖"。《説文·鼓部》云:"大鼓謂之鼖,从鼓賁省聲。"或作'鞼'。賁卽鞼之省。《大司馬經》及《毛詩·大雅·靈臺》並作"賁"。惟"鼖"字,字書所無,疑有誤。

注云"中圍加三之一者,加於面之圍以三分之一也"者,中圍據鼓腹言。面圍卽鼓四尺之面也。云"面四尺,共圍十二尺,加以三分一,四尺,則中圍十六尺,徑五尺三寸三分寸之一也"者,賈疏云:"添四面圍丈二尺爲十六尺,然後徑之,十五尺徑五尺;餘一尺,取九寸,徑三寸;取餘一寸者破爲三分,得一分。揔徑五尺三寸三分寸一。此言中圍加三之一,與上穹三之一者異。彼據一相之穹加面三之一,故兩相加二尺六寸三分寸二;此則於面四尺揔加三分之一,則揔一尺三寸三分寸一。若然,此穹隆少校晉鼓一尺三寸三分寸之一,與彼穹隆異也。江永云:"鼖鼓,依密率算之,中圍十六尺七寸六分。"戴震云:"密率,徑四尺者,圍十二尺五寸三分寸之二弱。"詒讓案:若依密率,圍十六尺五寸三分寸之二弱,則徑當五尺二寸七分三釐零。若依鄭十六尺之圍算,則徑尤少。鄭依疏率約略計之,不甚密合也。程瑶田云:"言面四尺,其圍十二尺,加以三分一,四尺,則中圍十六尺。以二十版通之,兩端版廣六寸者,中圍版廣八寸也。"云"今亦合二十版,則版穹六寸三分寸之二耳"者,以中圍之徑,除去面四尺,餘一尺二寸三分寸之一;兩分之,則每面各穹出於面者六寸三分寸之二也。云"大鼓謂之鼖'者,《鼓人》注同。云"以鼖鼓鼓軍事"者,亦據《鼓人》文。鄭司農云"鼓四尺謂革所蒙"者,廣四尺者,謂鼓面也。凡擊鼓,必當革所蒙之兩面,故卽謂之鼓,與《梟氏》、《磬氏》名鍾磬當擊處爲鼓同義。先鄭恐與鼓匡之廣相淆,故特明之。

爲皐鼓,長尋有四尺,鼓四尺,倨句,磬折。以皐鼓鼓役事。磬折,中曲之,不參正也。中圍與鼖鼓同,以磬折爲異。

【疏】"爲皐鼓"者,卽《鼓人》之鼛鼓也。皐,鼛之借字。云"長尋有四尺"者,亦謂緣版句折之度。其弦直之度亦當略減。不著中圍及所厚之度者,中圍與鼖鼓同,厚與晉鼓同,亦可互推也。

注云"以皋鼓鼓役事'者,亦據《鼓人》文。云"磬折,中曲之,不參正也”者，謂中曲於鼓腰，爲鈍角，不如上晉鼓三正隆起而參直也。云“中圍與鼖鼓同，以磬折爲異”者，鄭意此鼓與鼖鼓中圍同十六尺，亦合二十版，中穹六寸三分寸之二。惟鼖鼓與晉鼓同三正爲三折，此則磬折止一折，與彼異也。案：《磬氏》爲磬云：”倨句一矩有半。”《車人》云：“半矩謂之宣，一宣有半謂之欘，一欘有半謂之柯，一柯有半謂之磬折。”二文不同。程瑶田云：“鄭解此倨句磬折，言中圍與鼖鼓同。依其説圖之，過乎《磬氏》磬折約三十度。”詒讓案：三鼓異長而面同四尺，則鼖皋二鼓雖異長，中圍同度無害也。《車人》磬折，本爲一柯有半，與《磬氏》文異。依鄭此注，其倨雖視一柯有半尚贏十餘度，然亦不害其同爲磬折。《車人》倨句四形，衹就侈弇弧度約略區別之，不必豪秒密合也。詳彼疏。

凡冒鼓，必以啓蟄之日。啓蟄，孟春之中也。蟄蟲始聞雷聲而動，鼓所取象也。冒，蒙鼓以革。

【疏】注云：“啓蟄，孟春之中也”者，《大戴禮記·夏小正》云：“正月啓蟄，言始發蟄也。”《周書·時訓篇》云：“立春又五日，蟄蟲始振。”《月令》注云：“漢始亦以驚蟄爲正月中，雨水爲二月節。”錢大昕云：“古以啟蟄爲正月中，雨水爲二月節。《夏小正》：“正月啓蟄。”《春秋傳》‘啓蟄而郊’，杜云：‘啓蟄，夏正建寅之月，祀天南郊。’《月令》孟春之月，蟄蟲始振，仲春之月，始雨水。皆其證也。漢改啓蟄曰驚蟄，避景帝諱，而中節次第無改。《三統術》亦如之。《律厤志》注稱‘驚蟄今曰雨水，雨水今曰驚蟄’者，乃東漢所改，班氏紀之於史耳。《孝經緯》：‘立春十五日爲雨永，雨水十五日爲驚蟄。’緯書出於東漢，則中節亦其時所改矣。”案：錢説是也。啓蟄之日，鄭義與《三統厤》合，自是古法。《周書·周月篇》、《淮南子·天文訓》、《易緯·通卦驗》、《蓺文類聚·歲時部》引《孝經援神契》，並先雨水，後驚蟄。《周髀算經》先雨水，後啓蟄。蓋皆東漢以後人追改，故與古意不合。《左傳》桓二年孔疏謂太初以後所改。然《三統厤》尚與古同，則其改必在劉歆後明矣。《春秋釋例·郊雩烝嘗篇》又以啓蟄爲正月中氣，驚蟄爲二月節，謂蟄蟲既啓之後，遂驚而出。蓋兼采古厤，强生分別，殆不足據。《夏小正》説啓蟄在正月，而爲鼓則在二月，與啓蟄相較一月，與此經亦不合也。云“蟄蟲始聞雷聲而動，鼓所取象也”者，賈疏云：“《月令・仲秋》云‘雷乃始收’，注：‘雷乃收，聲在地中，動内物。’則此云‘孟春始聞雷聲而動者’，亦謂未出地時，蟄蟄啓聞之而動。至二月，卽雷乃發聲出地，蟄蟲啟戶而出，故《月令・仲春》云‘日夜分，雷乃發聲，蟄蟲咸動，啓戶而出’，是也。”云“冒，蒙鼓以革”者，《漢書・王商傳》顔注云：“冒，蒙覆也，”《易緯・通卦驗》云：“冬至擊黄鍾之鼓，鼓用馬革，夏至鼓用黄牛皮。”《淮南子・說山訓》云：“剥牛皮，鞹以爲鼓。”又《詩・大雅・靈臺》云：“鼉鼓逢逢。”《月令》“季夏，命漁人取鼉。”注云：“鼉皮又可以冒鼓。”《夏小正》亦云：“二月剥鱓，以爲鼓也。”是冒鼓有用牛馬皮及鼉皮者。六鼓所用何革，於經無文，或亦用鼉也。

良鼓瑕如積環。革調急也。

【疏】“良鼓瑕如積環”者，謂蒙革之善也。《通典・樂》引作“革鼓”，譌。賈疏云：“瑕與環皆謂漆之文理。”林希逸云：“瑕者，痕也。積環者，鼓皮既漆，其皮鞔急，則文理累累如環之積。”案：林說是也。此與《輈人》、《弓人》輈弓之環灂相類，謂革漆之圻鄂也。

注云“革調急也”者，賈疏云：“謂革調急故然。若急而不調，則不得然也。”詒讓案：調急，猶《鮑人》注云“韋革調善”，亦謂郭革調適而冒之急也。

鼓大而短，則其聲疾而短聞；鼓小而長，則其聲舒而遠聞。

【疏】“鼓大而短，則其聲疾而短聞”者，以下並明爲鼓不中度，則爲聲病，與《鳧氏》爲鍾義同。賈疏云：“此乃鼓之病。大小得所，如上三者所爲，則無此病。”

韋氏 闕。

【疏】"韋氏"者,以所治之材名工也。《説文·韋部》云:"韋,相背也。獸皮之韋,可以束枉戾相韋背,故借以爲皮韋。"《一切經音義》引《字林》云:"韋,柔皮也。"蓋此工專治柔孰之韋,與鮑人兼治生革異。《漢書·鄭崇傳》顔注云:"孰曰韋,生曰革。"《曲禮》孔疏云:"韋,孰皮,爲衣及韎韐者。"

裘氏 闕。

【疏】“裘氏”者,以所作之服名工也。《曲禮》孔疏云:“裘謂帶毛狐裘之屬。”案:詳《司裘》疏。

冬官考工記

畫繢

畫繢之事，雜五色，東方謂之青，南方謂之赤，西方謂之白，北方謂之黑，天謂之玄，地謂之黄。青與白相次也，赤與黑相次也，玄與黄相次也。此言畫繢六色所象及布采之第次，繢以爲衣。

【疏】"畫繢之事"者，亦以事名工也。《司几筵》注云："繢，畫文也。"《古今韻會舉要》引《説文》云："繢，一曰畫也。"今本《説文·糸部》云："繢，織餘也。繪，會五采繡也。"案：依許説，繢畫、繪繡字義殊别。經典多叚繪爲繢。《釋名·釋書契》云："畫，繪也，以五色繪物象也。"亦通作會，《書·益稷》云"作會"，鄭《書注》讀會爲繢，訓爲畫，故《司服》注亦引作"繢"，詳彼疏。蓋鄭亦用許義，以繢爲卽成文之畫，與繪爲繡異。此經畫繢，依鄭義亦止是一事，舉畫以晐繡。但經諸工皆云某人某氏，故此職《司服》注引作"繢人"。《總敍》以畫、繢、鍾、筐、㡛，爲設色之工五，則似以畫衣畫器分爲二工，而以下文五章及《書》十二章兼備繢繡證之，抑或此繢轉爲繪之借字，經自兼有黹繡之工，《司几筵》筵席有畫純，又有繢純，亦可證。若然，繢人之外，當更有畫人，以其事略同，經遂合記之云畫繢之事，若《瓬人職》末總舉陶瓬之事，亦其比例與？互詳《總敍》疏。云"雜五色"者，《説文·衣部》云："褋，五采相合也。"此卽下云"褋四時五色之位以章之，謂之巧"。《荀子·正論篇》云："天子則服五采，褋閒色，重文繡。"案：此雜五色，謂以正五色雜比錯綜成文，與緑紅碧紫騮五閒色不同。又此方色六而云五色者，玄黑同色而微異，染黑，六入爲玄，七入爲緇，此黑卽是緇，與玄對文則異，散文得通。賈疏云："但天玄與北方黑，二者大同小異。何者？玄黑雖是其一，言天止得謂之玄天,不得言黑天。若據北方而言,玄黑俱得稱之,是以北方云玄武宿也。"案:賈説是也。《禮運》亦云:"五色,六章,十二衣,還相爲質也。"孔疏云:"五色謂青赤黄白黑,據五方。六章者,兼天玄也。以玄黑爲同色,則五中通玄。"云"天謂之玄,地謂之黄"者,《易·文言》云:"天玄而地黄。"《周髀算經》云:"天青黑、地黄赤"者,青黑卽玄,赤亦與黄近。《染人》注亦云:"玄纁,天地之色。"纁卽黄赤也。云"青與白相次也"者,以下布衆采相次之法。順其次,則采益章明也。金鶚云:"此五行相克者也。"

注云"此言畫繢六色所象"者,謂四方天地各有所象之色。《覲禮》云"設六色,東方青,南方赤,西方白,北方黑,上玄下黄'是也;云"及布采之第次"者,采體色用義略同。《楚辭·思古》王注云:"次,第也。"此經青與白相次以下,並指謂布采之第次,故《左》昭二十五年傳謂之六采。云"繢以爲衣"者,賈疏云:"案《虞書》云:'予欲觀古人之象日、月、星辰、山、龍、華蟲作繢。"是據衣始言繢,故鄭云'繢以爲衣'也。'"詒讓案:鄭因此是畫,故謂在衣。然此經畫繢章采,當通冠服旗章等而言,鄭約舉冕服十二章爲説耳。

青與赤謂之文,赤與白謂之章,白與黑謂之黼,黑與青謂之黻,五采備謂之繡。此言刺繡采所用,繡以爲裳。

【疏】"青與赤謂之文,赤與白謂之章"者,以下記采繡之事,皆合二采以上爲之,《左》昭二十五年傳所謂五章也。此五章雖參合諸色,而亦各有定法。《賈子新書·傅職篇》云"襍綵從美不以章",謂施采不應法則,不成章也。金鶚云:"此五行相生者也。"云"白與黑謂之黼,黑與青謂之黻"者,《説文·黹部》云:"黼,白與黑相次文。黻,黑與青相次文。"《書·益稷》僞孔傳云:"黼爲斧形,黻爲兩已相背。"孔疏云:"《釋器》云:'斧謂之黼。'孫炎云:'黼文如斧形,蓋半白半黑,似斧刃白而身黑;黻謂兩己相背,謂刺繡爲兩己字相背。'"案:依孔引孫説,是黼黻雖以色别,亦兼取象斧己,則與文章繡微異,經義或當如是。《漢書·韋賢傳》顔注云:朱紱畫爲亞文,亞,古弗字也。故因謂之紱,字又作黻,其音同聲。"此説與孫、孔異。阮元云:"亞乃兩弓相背之形,言兩己者訛也。紱畫爲亞,亞古弗字,師古此説,必有師傳。經傳中弜、佛、弗，每相通假，音亦近轉。凡鍾鼎文作弫者，乃輔戾二弓之象，正是古弜字，①亦卽是弗字。黻乃繡弫於裳，故从黹，義又屬後起。"陳壽祺云："《玉篇·丿部》弗下云：'弫古文。'《晉書·輿服志》'㷀韍韜以黻繡，上爲弫字'。此亦在小顏前，似可證黻之爲繡弫也。《集韻》、《類篇》、《古今韻會》並云'弗，古作弫'，蓋皆祖《玉篇》。班固《白虎通》謂黻譬君臣可否相濟，見善改惡。杜注《左》桓二年傳，孫、郭注《爾雅·釋言》，僞孔注《尚書·益稷》，並謂黻爲兩己相背，則此字傳譌已久，不知黻之爲弫也。"案：阮、陳說近是。黼象斧形相背，黻象弓形相背，文正相對。竊疑古鍾鼎款識有作𣎆字者，卽象黼文；有作弫字者，亦卽連黻文。或蟠屈鉤連，繁縟滿器，皆斧弓兩形之遞變也。云"五采備謂之繡"者，《說文·糸部》云："繡，五采備也。"《釋名·釋采帛》云："繡，修也，文修修然也。"《書·益稷》"五采五色"，孔疏引鄭《書注》云："性曰采，施曰色。未用謂之采，已用謂之色。"案：采色亦通稱，故《毛詩·秦風·終南》傳云："五色備謂之繡。"卽據此經，而以五采爲五色。又上四章采兼衆色，唯黄未見；此則五色具備，其文尤縟，故獨專繡名。《祭義》云："朱緑之，玄黄之，以爲黼黻文章。"彼兼有黄色而獨不舉繡者，錯文互見，與此經義不迕也。

注云"此言刺繡采所用"者，謂箴縷所紩，别於上經爲畫繢所用也。《益稷》疏引鄭《書注》云："凡刺者爲繡。"《廣雅·釋詁》云："刺，箴也。"繡成於箴功，故云刺繡。此當爲縫人、典婦功等所職，而與畫繢同工者，其設色之法同也。凡對文，五采備謂之繡；散文，文章黼黻繡亦通稱。故《爾雅·釋詁》云："黼黻，彰也。"彰章字通。《毛詩·王風·揚之水》傳云："繡，黼也。"賈疏云："凡繡亦須畫，乃刺之，故畫繡二工共其職也。"云"繡以爲裳"者，賈疏云："案《虞書》云：'宗彝、藻、火、粉米、黼、黻，絺繡。'鄭云：'絺，紩也。'謂刺繡於裳，故云以爲裳也。衣在上陽，陽主輕浮，故畫之；裳在下陰，陰主沈重，故刺之也。"

① "弜"原訛"黻"，據楚本改。按：阮元《鍾鼎彝器款識》作"弜"。——王文锦校注。

土以黄，其象方，天時變，古人之象，無天地也。爲此記者，見時有之耳。子家駒曰“天子僭天”，意亦是也。鄭司農云：“天時變，謂畫天隨四時色。”

【疏】“土以黄，其象方”者，以下又記畫物采象之别也。《禮運》孔疏云：“言若畫作土，必黄而四方之，象地之黄而方。”云“天時變”者，《易·賁·彖傳》云：“觀乎天文，以察時變。”謂凡畫天象，隨時施布采色，變易無常，與畫土唯用黄色異也。

注云“古人之象，無天地也，爲此記者見時有之耳”者，賈疏云：“此據《虞書》日月以下，不言天地，古人既無天地，若記者不見時君畫於衣，記者何因輒記之爲經典也。”案：鄭、賈説並未允。此經本汎言畫繢章采，鄭專據衣裳十二章。然日月星辰亦天象也，則不得以無天地，疑其非古。賈疏又謂於六色之外，别增天地二物於衣，亦非是。云“子家駒曰，天子僭天，意亦是也”者，賈疏云：“案《公羊傳》云：‘昭公謂子家駒云：“季氏僭于公室久矣，吾欲殺之，何如？子家駒曰：“天子僭天，諸侯僭天子。”’彼云僭天者，未知僭天何事，要在古人衣服之外，别加此天地之意，亦是僭天，故云意亦是也。”案：賈引《公羊》昭二十五年傳文，何本無“天子僭天”之語。賈《大宰》疏引同。鄭引有之者，疑是嚴、顔之異。“意亦”猶云“抑亦”，疏誤。①《續漢書·五行志》劉注引《春秋考·異郵》云：“天子僭天，大夫僭人主，諸侯僭上。”《漢書·貢禹傳》云：“昭公曰：‘吾何僭矣！今大夫僭諸侯，諸侯僭天子，天子過天道。’”蓋並本《公羊》文。鄭司農云“天時變，謂畫天隨四時色”者，《爾雅·釋天》云：“春爲蒼天，夏爲昊天，秋爲旻天，冬爲上天。”又云：“春爲青陽，夏爲朱明，秋爲白藏，冬爲玄英。”是四時之色也。四時天名雖異，而形象不殊，故假四時之色以章之。

火以圜，鄭司農云：“爲圜形似火也。”玄謂形如半環然，在裳。

【疏】注鄭司農云“爲圜形似火也”者，《左傳》昭二十五年，杜注云：“火，畫火。”《續漢書·律厤志·律術》云：“陽以圜爲形，火，陽氣之尤盛者，

① “意亦猶雲抑疏誤”，楚本作“賈亦本六朝舊疏也”。——王文锦校注。

故亦爲圜形也。"《書·益稷》僞孔傳云:"火,爲火字。"肊說不可從。云"玄謂形如半環然"者,《莊子釋文》引《廣雅》云:"環,圜也。"故鄭訓園爲環,與司農說異。賈疏謂與先鄭不別,誤。然火形如半環,經典無文,未詳其說。云"在裳"者,賈疏云:《虞書》藻火以下皆在裳。"

山以章,章讀爲獐,獐,山物也。在衣。齊人謂麇爲獐。

【疏】注云"章讀爲獐,獐,山物也"者。此依馬融讀也,正字作麞。《說文·鹿部》云:"麞,麇屬,从鹿章聲。"章卽麞之省。俞樾云:"山物莫尊於虎,①故澤國用龍節,山國用虎節。若水必以龍,則山必以虎,何取於獐而畫之乎?"案:俞駁馬、鄭不當破章爲獐,是也。竊謂此"章",卽上文赤與白謂之章。山以章,章卽五章之一,猶土以黄,黄卽五色之一。蓋畫平地者,其色以黄;畫山者,其色以赤白,以示別異耳。云"在衣"者,亦據《虞書》山龍在作繪之列,繪是畫衣也。云"齊人謂麇爲獐"者,《說文·鹿部》云:"麐,麞也。"籀文作麠。《毛詩·召南·釋文》引陸氏《艸木疏》云:"麐,麞也,青州人謂之麐。"麐卽麇之俗。《御覽·獸部》引伏侯《古今注》云:"麞,一名麠,青州人謂麠爲麞。"案:以伏說校之,則陸疏云"青州人謂之麐",麐蓋麞之誤。青州卽齊地,伏、陸二書所說,與此注正同也。

水以龍,龍,水物,在衣。

【疏】"水以龍"者,此明衣服旗章,凡畫龍以備水物也。

注云"龍,水物"者,賈疏云:"馬氏以爲獐山獸,畫山者并畫獐;龍水物,畫水者并畫龍。鄭卽以獐表山,以龍見水。此二者各有一是一非。古人之象,有山不言獐,有龍不言水。今記人有獐有水,止可畫山兼畫獐,畫龍兼畫水,何有棄本而遵末也。"案:賈說非也。山以章,止謂畫山,馬鄭兩讀並不塙。水以龍,則當從鄭說,以龍見水爲正。古衣服旗章無畫水者,馬氏謂畫龍兼畫水,於古無徵,恐不足據。云"在衣"者,亦據《虞書》爲釋。

---

① 俞樾《羣經平議》原作"山中之物莫尊於虎"。——王文锦校注。

鳥獸蛇。所謂華蟲也。在衣。蟲之毛鱗有文采者。

【疏】"鳥獸蛇"者,《唐石經》蛇作"虵"。案:虵俗字,今從宋本。此亦兼衣服旗章言之。九旗有鳥隼熊虎龜蛇,又有交龍,卽上文之龍,合之亦卽《曲禮》"左青龍,右白虎,前朱鳥,後玄武"四官之象也。衣服則王鷩衣,後三翟,並鳥之類。

注云"所謂華蟲也"者,賈疏云:"《虞書》云'山、龍、華蟲'。彼畫華蟲,次在龍下。此文亦次龍下,故知當華蟲也。《春官·司服》'饗射則鷩冕',注云:'鷩畫以雉,謂華蟲也。華蟲,五色之蟲。"案:鄭、賈意,蓋以十二章中有雉,名爲華蟲。雉實兼鳥獸蛇三者之形,但華蟲爲鷩,則是鳥而不得兼獸蛇。鄭說甚迂曲,殆非經義。云"在衣"者,亦據《虞書》華蟲在作繪之列也。云"蟲之毛鱗有文采者"者,賈疏云:"言華者,象草華。言蟲者,是有生之揔號。言鳥,以其有翼。言獸,以其有毛。言蛇,以其有鱗。以首似鷩,亦謂之鷩冕也。"《王制》孔疏云:"雉是鳥類,其頸毛及尾似蛇,兼有細毛似獸,故云鳥獸蛇。"

雜四時五色之位以章之,謂之巧。章,明也。繢繡皆用五采鮮明之,是爲巧。

【疏】"雜四時五色之位以章之,謂之巧"者,四時卽謂《月令》春青、夏赤、秋白、冬黑之四時色。又中黃附屬季夏,是爲四時五色。戴震云:"凡衣裳旗旐所飾,必合四時五色之位,雜閒章施之。"

注云"章,明也"者,《楚辭·懷沙》"章畫志墨",王注同。云"繢繡皆用五采鮮明之,是爲巧"者,《書·臯陶謨》云:"以五采彰施於五色,作服汝明。"是繢繡皆用五采錯雜章明之乃成也。

凡畫繢之事,後素功。素,白采也。後布之,爲其易漬汙也。不言繡,繡以絲也。鄭司農說以《論語》曰"繢事後素"。

【疏】注云"素,白采也"者,《小爾雅·廣詁》云:"素,白也。"采謂采色,明非白質。云"後布之者,爲其易漬汙也"者,白色以皎潔爲上,漬汙則色不顯,故於衆色布畢後布之。若先布白色,恐布他色時漬汙之,奪其色也。淩廷堪云:"《詩》云'素以爲絢兮',言五采待素而始成文也。今時畫者尚如此,先布衆色畢,後以粉句勒之,則衆色始絢然分明。《詩》之意卽《考工記》意也。"云"不言繡,繡以絲也"者,鄭意繡以色絲刺之,刺成後不布色,故此不言也。云"鄭司農説以《論語》曰,繢事後素"者,《八佾篇》文。何晏本繢作"繪",《釋文》云:"本作繢。"先鄭所引與陸所見或本同。《集解》引鄭注云:"繪,畫文也。"凡繪畫,先布衆色,然後以素分佈其閒,以成其文,與此事同,故引以爲證。俞樾云:"《玉人》'璋,邸射素功',司農云:'素功,無瑑飾也。'然則素功不專以畫繢言。凡不畫繢者,不雕琢者,皆謂之素功。畫繢之事後素功,言其居素功之後也。孔子言繪事後素,義亦如此。"案:俞説與鄭異,而與《玉人》文合,義亦得通。

冬官考工記

鍾氏

鍾氏染羽，以朱湛丹秫三月，而熾之。鄭司農云："湛，漬也。丹秫，赤粟。"玄謂湛讀如"漸車帷裳"之漸。熾，炊也。羽所以飾旌旗及王后之車。

【疏】"鍾氏染羽"者，名義未詳。《職金》說受丹青之征有數量，《掌染草》斂染草亦云以權量受之。若然，此工受染石染草，或以鍾鬴計與？此工掌染羽，與染人染布帛絲枲，職互相備，凡石染法略同也。云"以朱湛丹秫三月，而熾之"者，賈疏云："《染人》云'春暴練，夏纁玄'，注云：'石染，當及盛暑熱潤，始湛研之，三月而後可用。'若然，熾之當及盛暑熱潤，則初以朱湛丹秫，春日豫湛，至六月之時卽染之矣。"案：賈意蓋謂季春湛石，歷三月至季夏，乃染。凡染羽，蓋皆用石染。《說文·木部》云："朱，赤心木。"叚借爲赤石之名，卽《職金》之丹。故《呂氏春秋·誠廉篇》云：'丹可磨也，而不可奪赤。"《論衡·率性篇》云："染之丹則赤。"《鄉射記》流注云："丹淺於赤。"賈彼疏謂朱與赤同，丹亦淺於朱。蓋丹朱淺深雖異，而其染石用丹沙則同。以朱湛丹秫，此專據染赤法。若四入以後，將染黑，則以涅不以朱，其湛熾淳漬法同爾。染法，互詳《染人》疏。

注鄭司農云"湛，漬也"者，《月令》"湛熾必潔"，注同。謂合染羽之色，先以朱及丹秫漬而烝之也。《一切經音義》引《通俗文》云："水浸曰漬。"云"丹秫，赤粟"者，《說文·禾部》云："秫，稷之黏者。"程瑶田云："稷，大名也。黏者爲秫。北方謂之高粱，或謂之紅粱，通謂之秫。秫其黏者，黄白二種；不黏者赤白二種。民俗多種赤者，故得專紅粱之名也。"案：赤秫疑亦有黏不黏兩種，程偶未見耳。此染羽當用黏者。《爾雅·釋文》云："江東人皆呼稻米爲秫米。"《古今注》云："稻之黏者爲秫。"此以秫爲黏稻，蓋漢晉以後方語之變易，周秦時所未有也。云"玄謂湛讀如漸車帷裳之漸"者，依注例，

“讀如”當作“讀爲”，明湛改讀爲漸，而後得訓漬也。漸車帷裳，《衛風·氓篇》文。《毛》傳云：“漸，漬也。”與先鄭義同。段玉裁云：“湛者，今之沈溺字，於義無施，故易爲漸漬之漸。”云“熾，炊也”者，《月令》注同。熾卽饎之借字。《月令》“湛熾”，《呂氏春秋·仲冬紀》作“饎”，高注亦云：“饎，炊也，饎讀熾火之熾。”云“羽所以飾旌旗及王后之車”者，賈疏云：“《司常》云：‘全羽爲旞，析羽爲旌。’自餘旌旗竿首亦有羽旄，《巾車》有重翟、厭翟、翟車之等，皆用羽是也。案《夏采》注云：‘夏采，夏翟羽色。《禹貢》徐州貢夏翟之羽，有虞氏以爲緌。後世或無，故染鳥羽，象而用之，謂之夏采。’此是鍾氏所染者也。”

淳而漬之。淳，沃也。以炊下湯沃其熾，烝之以漬羽。漬猶染也。

【疏】注云“淳，沃也”者，《廣雅·釋詁》云：“灂、沃，漬也。”《説文·水部》云：“灂，淥也。”淳卽灂之隸省。淳沃並以水澆淥物之稱，故鄭此注及《士虞禮》、《内則》注並訓淳爲沃。云“以炊下湯沃其熾，烝之以漬羽”者，賈疏云：“上熾之，謂以朱湛丹秫，三月末乃熾之，卽以炊下湯淋所炊丹秫，取其汁以染鳥羽，而又漸漬之也。”案：賈説非也。鄭意蓋謂炊者，以箄隔水炊之，水氣上烝而下於湯，炊畢，遂以所炊之湯，復沃所炊之朱秫，并烝之使濃厚，乃可染也。經止言淳沃，不言更烝，注知更烝者，蓋據漢時染羽法如是。云“漬猶染也”者，亦謂浸而染之。段玉裁云：“與上文注漸漬不同訓，賈疏誤。”

三入爲纁，五入爲緅，七入爲緇。染纁者，三入而成。又再染以黑，則爲緅。緅，今禮俗文作爵，言如爵頭色也。又復再染以黑，乃成緇矣。鄭司農説以《論語》曰‘君子不以紺緅飾’，又曰“緇衣羔裘”。《爾雅》曰：“一染謂之縓，再染謂之竀，三染謂之纁。”《詩》云：“緇衣之宜兮。”玄謂此同色耳。染布帛者，染人掌之。凡玄色者，在緅緇之閒，其六入者與？

【疏】“三入爲纁”者，此明染色淺深之異名。入，謂入染汁而染之，故《爾雅》云三染也。朱染四，黑染三，各有其名。而此止著纁緅緇三色者，疑染羽止有此三色，縓赬諸色並爲染繒帛及他器服設，故文不具與？

注云"染纁者，三入而成"者，《說文·糸部》云："纁，淺絳也。"《士冠禮》注義同。《王制》孔疏引鄭《易注》云："黄而兼赤爲纁。"案：《說文》絳爲大赤，纁雖三入，深於縓赬，而色尚兼黄，則淺於絳也。纁亦謂之彤，故《書·顧命》"彤裳"，爲孔傳云："彤，纁也。"絳纁散文亦通，故《染人》注云："纁謂絳也。"云"又再染以黑則爲緅"者，黑謂涅也。染朱以四入而止，不能更深，故五入之後卽染以黑也。云"緅，今禮俗文作爵，言如爵頭色也"者，《士冠禮》注云："爵弁者，其色赤而微黑如爵頭然，或謂之緅。"爵字又作雀，《巾車》"漆車雀飾"，注云："雀，黑多赤少之色韋也。"案：《巾車》注疑當作"赤多黑少"，詳彼疏。段玉裁云："此注謂爵爲今之俗文，然則古文皆當作緅矣。《說文》不取緅字，取纔字，云：'帛雀頭色，一曰微黑色，如紺。纔，淺也。讀若讒。'蓋漢時《禮》今文作爵，亦作纔，許與鄭所取不同也。鄭不取纔，故今《禮》無纔字。纔與緅爵皆雙聲。"云"又復再染以黑，乃成緇矣"者，《說文·糸部》云："緇，帛黑色也。"《釋名·釋采》帛云："緇，滓也，泥之黑者曰滓，此色然也。"賈疏云："若更以此緅入黑汁，則爲玄。更以此玄入黑汁，則名七入，爲緇矣。但緇與玄相類，故禮家每以緇布衣爲玄端也。"云"鄭司農說以《論語》曰，君子不以紺緅飾"者，《鄉黨篇》文。皇疏及《玉燭寶典》引鄭注云："紺、緅，玄之類也。玄纁所以爲祭服等其類也。紺緅，石染，不可爲衣飾，飾謂純緣也。"案：依鄭義，蓋紺緅色近祭服之玄，故不敢褻用，非謂君子所不服。《莊子·讓王篇》云："子貢中紺而表素。"《墨子·節用中篇》云："古者聖王制爲衣服之法，曰冬服紺緅之衣，輕且暖。"皆以紺緅爲法服之證。先鄭引之者，證此五入爲緅，義當與後鄭同。何氏《集解》引孔安國云："一入曰緅。紺者，齊服盛色。緅者，三年練，以緅飾衣。"案：孔以緅爲一入，與此經異者，江永、錢大昕、錢坫並謂孔誤以緅爲縓，蓋據《爾雅》縓一染及《檀弓》"練中衣縓緣"爲說，緅本無是義，其說紺爲齊服，則又誤以紺爲玄，是也。《續漢書·輿服志》云："宗廟諸祀皆服袀玄。"《獨斷》則云："袀，紺繒。"蓋漢時紺玄不別，故孔有此說，皇疏亦庨其誤矣。賈疏云："《淮南子》云：'以涅染紺，則黑於涅。'涅卽黑色也。纁若入赤汁，則爲朱;若不入赤而入黑汁,則爲紺矣。若更以此紺入黑,則爲緅。則此五入爲緅是也。"案:依賈說,則紺爲四入,微淺於緅也。賈引《淮南子》,見《俶真訓》,今本紺作"緇",賈《士冠禮》疏兩引並作"紺",疑唐本文異。涅爲染黑之石,故鄭《論語注》云"石染"。俗本皇疏作"木染"者,乃傳寫之誤。今據《寶典》校正。古止有石染、草染,無木染,詳《地官·敍官》疏。金鶚云:"疏纁入黑汁爲紺,是紺赤黑閒色也。而《說文》云:'緅,帛深青揚赤色也。'《釋名》:'紺,含也,青而含赤色也。'與賈不同。案《禮器》注:'秦時或以青爲黑,民言從之,今語猶存也。'漢人所謂青者,卽黑也。"引又曰"緇衣羔裘"者,亦《鄉黨》文,證緇爲深黑色也。引《爾雅》曰"一染謂之縓,再染謂之竀,三染謂之纁"者,《釋器》文。《釋文》云:"竀,本又作赬,亦作䞓。"案:郭本《爾雅》作"䞓"。據《說文》,則赬爲正字,䞓爲或體,竀又赬之借字。《夏采》、《小祝》、《司常》注並有"䞓"字,鄭本疑當與郭同。《左》哀十七年傳,"如魚竀尾",杜注云:"竀,赤色。"《釋器》郭注云:"縓,今之紅也。䞓,淺赤。纁,絳也。"此經無一入再入之文,故鄭引以補其義。賈疏云:"凡染纁玄之法,取《爾雅》及此相兼乃具。按《爾雅》,一染謂之縓,再染謂之竀,三染謂之纁。三入謂之纁,卽與此同。此三者皆以丹秫染之。此經及《爾雅》不言四入及六入,按《士冠》有'朱紘'之文,鄭云:'朱則四入與?'是更以纁入赤汁,則爲朱。以無正文,約四入爲朱,故云'與'以疑之。黃以周云:"《說文》云:'絑,純赤也。纁,淺絳也。絳,大赤也。'纁爲淺絳,則絳深於纁矣。絳卽赤也。《乾鑿度》云'天子朱芾,諸侯赤芾',《詩·斯干》箋謂芾者,'天子純朱,諸侯黃朱',則赤者黃朱也。黃朱非純赤,純赤則爲朱矣。許意如此,但分絑纁絳爲三色,義與鄭異。鄭意赤爲黃朱,卽所謂纁也。《士冠禮》注云:'纁裳,淺絳裳也,'對朱爲深絳言之。"詒讓案:《說文》"絑"卽今之朱字。以許、鄭說參互攷之,蓋朱與絳爲一色,赤與纁爲一色。朱絳色最深、最純,赤纁較淺而不甚純,故赤爲朱而兼黃。《詩·小雅》孔疏引鄭《易注》,謂朱深於赤,而纁又爲淺絳。《詩·豳風·七月毛》傳亦云:"朱,深纁也。"再淺則爲赬,爲縓。縓色赤而兼黃白。《既夕》注云:"縓,今紅也。"《說文·系部》訓縓爲帛赤黃色,紅爲帛赤白色。蓋赤淺則近於黃,更淺則又近於白矣。通言之,則自朱以下通謂之絳,故《士冠禮》注以縓赬纁通爲染絳也。又案:此經及《爾雅》所云染絳,皆石染之法。其草染則以茅蒐,深淺之度,此經無文。攷《說文·韋部》云:"韎,茅蒐染韋也,一入曰韎。"是韎爲草染絳之最淺者,與石染之縓正同。其最深者則爲綪,《說文·系部》云:"綪,赤繒也。"《左》定四年傳"綪茷",杜注云:"綪,大赤,取染草名也。"綪蓋與石染之絳同,則當爲四入。其二入、三入,名無可攷。經有緼、緹,意或是與? 引《詩》云:"緇衣之宜兮"者,《鄭風·緇衣》文。毛傳云:"緇,黑色。"云"玄謂此同色耳"者,謂染羽與染布帛色同也。云"染布帛者,染人掌之"者,賈疏云:"染布帛者,在天官染人。此鍾氏惟染鳥羽而已,要用朱與秫則同。彼染祭服有玄纁,與此不異故也。"云"凡玄色者在緅緇之閒,其六入者與"者,六入之色,此經及《爾雅》並無文,故鄭又補其義。《士冠禮》注義亦同。《毛詩·豳風·七月》傳云:"玄,黑而有赤也。",《說文·玄部》云:"黑而有赤色者爲玄。"賈疏云:"若更以此緅入黑汁,卽爲玄,則六入爲玄。但無正文,故此注與《士冠禮》注皆云:'玄則六入與。'"詒讓案:玄與緇同色,而深淺微別。其染法亦以赤爲質,故毛、許、鄭三君並以爲赤而兼黑。玄於五行屬水。《史記·封禪書》,張蒼以爲漢水德,年始冬十月,色外黑内赤,與德相應。是正玄以赤爲質,而加染以黑之塙證。張蒼與毛公時代相接,其言可互證也。

筐人。闕。

【疏】"筐人"者,《説文·匚部》云:"匡,飯器筥也,重文筐,匡或从竹。"此工文闕,職事無攷。《毛詩·小雅·鹿鳴》傳云:"筐,篚屬,所以行幣帛也。"《書·禹貢》記九州地貢,又别有篚爲織文絲纊之屬,僞孔傳謂盛於筐篚而貢焉。則此有筐人,疑亦治絲枲布帛之工,故與畫繢、巾荒氏相次也。

冬官考工記

㡛氏

㡛氏湅絲，以涚水漚其絲七日，去地尺暴之。故書涚作湄。鄭司農云："湄水，温水也。"玄謂涚水，以灰所泲水也。漚，漸也。楚人曰漚，齊人曰涹。

【疏】"㡛氏湅絲"者，亦以事名工也。此記絲灰湅之法。《説文·水部》云："湅，𤃞也。"案：凡治絲治帛，通謂之湅。《染人》云"春暴練"者，借練爲湅也。《華嚴經音義》引《珠叢》云："煮絲令熟曰練。"練亦湅借字。云"以涚水漚其絲七日"者，《釋文》出漚絲二字，則陸所見本無"其"字，《郊特牲》注引同。戴震云："凡湅絲、湅帛，灰湅水湅各七日。"

注云"故書涚作湄，鄭司農云湄水，温水也"者，段玉裁云："湄當作'渜'。《釋文》曰'湄一音奴短反'可證也。《士喪禮》'渜濯棄於坎'，古文渜作'湪，湪涚同字，猶褖稅同字。司農據作湪之本。《説文》據作涚之本，《水部》曰'涚，財温水也，從水兑聲，'引《周禮》'以涚漚其絲'。鄭君則從涚而義異。"阮元云："《説文》引《周禮》無水字，司農與《説文》義同。疏又云'諸家及先鄭皆以涚水爲温水'，是賈、馬諸氏義亦與許、鄭同也。"詒讓案：《説文》引此經蓋挩水字。湄，段謂當作"渜"，近是。《説文·水部》云："渜，湯也。"云"玄謂涚水以灰所泲水也"者，灰卽欄灰也。後鄭以此方言灰湅，則不徒用温水，故易先鄭説也。涚訓泲，《司尊彝》"涚酌"注義同。《郊特牲》"明水涚齊"，注云："涚猶清也，泲之使清。"亦引此經爲釋，然則此涚亦謂泲清之水也。泲絲必以灰和水，又恐其濁而失其色，故必泲而清之，而後可漚。古凡治絲麻布帛，必以灰。故《喪服》用有澡麻絰，《襍記》説緦布加灰爲錫，《深衣》注亦謂用布鍛濯灰治，《鹽鐵論·實貢篇》云"浣布以灰"，皆以灰治麻布之事。治絲帛用灰，與彼同。但絲之灰湅，蓋唯用欄灰漚之，不淫以蜃，與帛灰湅小異也。云"漚，漸也"者，《廣雅·釋詁》云："漚，漸漬也。"《說文·水部》云:"漚,久漬也。"此湅絲以水漬之七日,故曰漚。云"楚人曰漚,齊人曰涹'者,蓋漢時方言。引之者,廣異語也。

晝暴諸日,夜宿諸井,七日七夜,是謂水湅。宿諸井,縣井中。

【疏】"是謂水湅"者,記絲水湅之法。

注云"宿諸井,縣井中"者,縣而漸之於水,經宿也。井有韓,搆木爲之,可縣絲帛。

湅帛,以欄爲灰,渥淳其帛,實諸澤器,淫之以蜃。渥讀如繒人渥菅之渥。以欄木之灰,漸釋其帛也。杜子春云:"淫當爲涅,書亦或爲湛。"鄭司農云:"澤器,謂滑澤之器。蜃謂炭也。《士冠禮》曰:'素積白屨,以魁柎之。'說曰'魁蛤也。'《周官》亦有白盛之蜃。蜃,蛤也。"玄謂淫,薄粉之,令帛白。蛤,今海旁有焉。

【疏】"湅帛"者,以下記帛灰湅之法也。云"以欄爲灰,渥淳其帛,實諸澤器,淫之以蜃"者,淳與鍾氏"淳而漬之"之淳同。戴震云:"渥淳者,以欄木之灰,取瀋厚沃之也。凡湅帛,朝沃欄瀋,夕塗蜃灰。"

注云"渥讀如繒人渥菅之渥"者,《左》哀八年傳云:"初,武城人或有因於吴境田焉,拘鄫人之漚菅者,曰:'何故使我水滋?'"段玉裁云:"云讀如者,音義同也。今《左傳》作'鄫人漚菅'。鄭君所據作'渥'。渥之言厚也,久也。以欄灰和水,久日濃,沃其帛。"詒讓案:繒,今《左傳》作"鄫"。鄫正字,繒借字。鄭所見本作"繒"。《毛詩·邶風·簡兮》傳云:"渥,厚漬也。"《陳風·東門之池》"可以漚菅",傳云:"漚,柔也。"此湅絲言漚,湅帛言渥,文異義同。云"以欄木之灰漸釋其帛也"者,鄭釋渥爲漸,與漚同。欄卽楝字。《說文·木部》云:"楝,木也。"《玉篇·木部》云:"楝,木名,子可以浣衣。"《證類本艸》楝實引《圖經》云:"木高丈餘,葉密如槐,三四月開花,紅紫色,芬香滿庭閒,實如彈丸,生青熟黄。"段玉裁云:"漸釋者,猶今俗云浸透也。"案:段說是也。鄭意淳亦訓沃,而渥又爲厚沃,經兼言之,明欲帛之漸浸柔潤,如解釋然。杜子春云"淫當爲涅,書亦或爲湛"者,王引之云:"涅與淫形聲俱不相近。涅卽湛之譌也。湛淫古字通,故子春讀淫爲湛。《爾雅》曰:'久雨謂之淫。'《論衡·明雩篇》曰:'久雨爲湛。'湛卽淫字也。下云'書亦或爲湛',《大宗伯》'五祀',鄭司農云:'禩當爲祀,書亦或作祀。'《肆師》'爲位',杜子春云:'涖當爲位,書亦或爲位。'《樂師》'趨以《采齊》',鄭司農云:'趍當爲趨,書亦或爲趨。'是凡言'書亦或爲某'者,皆承上之辭。湛涅隸書形相似,故湛譌涅耳。《釋文》有湛無涅,以是明之。"案:王說是也。淫帛以蜃,欲其白。涅以染緇,於義無取,足知其非。鄭司農云"澤器,謂滑澤之器"者,《說文·水部》云:"澤,光潤也。"器之潤澤者必滑,故卽謂之澤器。必用滑澤之器,取其難乾也。云"蜃謂炭也"者,炭,明注疏本作"灰"。案:蜃炭,見《赤犮氏》,炭擣之卽爲灰。《掌蜃》"共白盛之蜃",注云:"今東萊用蛤謂之叉灰云。"此蜃亦卽蛤灰也。引《士冠禮》曰"素積白屨,以魁柎之"者,《釋文》云:"魁又作魋。"案:魋卽魁之譌體。鄭引之者,證此蜃灰卽《士冠禮》之魁也。鄭彼注云:"柎,注也。"云"說曰,魁蛤也"者,蓋禮家舊說。鄭《士冠禮》注云:"魁,蜃蛤。"案:魁蛤二字連讀。魁蛤者,蛤之一種。《說文·虫部》說盒有三,云"魁盒,一名復粂,老服翼所化也。"《爾雅·釋魚》云"魁陸",郭注云:"《本草》云:'魁狀如海蛤,圓而厚,外有理縱横。'卽今之蚶也。"攷《本草經》云:"海蛤,一名魁蛤,生東海。"又云:"魁蛤一名魁陸,一名活東,生東海,正圓,兩頭空,表有文。"兩文錯出,未知孰是。據《釋魚》郭注及陸音引《說文》,則魁蛤與海蛤塙是二種。又《本艸》陶注云:"魁蛤形如紡紝,小狹長,外有縱橫文理。"又引蜀本《圖經》云:"形圓長,似大腹檳榔,兩頭有乳。"則又與蚶異。周時所用蜃灰,不知是何蛤也。云"《周官》亦有白盛之蜃"者,見《掌蜃》及《匠人》。云"蜃蛤也"者,《鼈人》注云:"蜃,大蛤。"案:蜃蛤二字亦連讀,卽所謂大蛤也。大蛤正名爲蜃,通言之則曰蜃蛤,與《說文》三種蛤異物。先鄭意,蓋以《禮經》之魁爲魁蛤,此經之蜃爲蜃蛤,二者同類而小異,故分别釋之。後鄭則以魁亦卽蜃蛤,涑帛之蜃灰,卽柎屨之魁灰,與先鄭微異。任大椿云:"魁亦訓大,《本草》'魁蛤',《爾雅》'魁陸',皆以魁爲大也。蓋蛤粉本白,魁蛤則蜃之尤大者,爲尤白也。"云"玄謂淫薄粉,令帛白"者,鄭讀淫如字,不從子春破爲湛也。《說文·水部》云:"淫,浸淫隨理也。"淫之以蜃,亦謂以蜃粉浸淫附著之,與《匠人》"善防者水淫之"義同。段玉裁云:"鄭君从淫訓薄粉之,然則淫之言滲也。"任大椿云:"蓋蜃粉與欄灰及水參相和,則浸淫漸漬而善入,粉必薄乃善入也。云淫者,浸潤之,使易徹也。"云"蛤,今海旁有焉"者,《說文·虫部》云:"蜃屬有三,皆生于海。"

清其灰而盝之,而揮之,清,澄也。於灰澄而出盝晞之,晞而揮去其蜃。

【疏】"清其灰而盝之,而揮之"者,此灰兼欄灰、蜃灰,二者皆清之。戴震云:"每日之朝,置水於澤器中,以瀓蜃灰,乃取帛出,盝之揮之。"

注云"清,澄也"者,《說文·水部》云:"清,朖也,瀓水之貌。"又云:"瀓,清也。"瀓澄字同。蓋以水澄去其灰之麤滓,其細灰仍著帛不去,故後復振之也。云"於灰澄而出盝晞之"者,《爾雅·釋詁》云:"盝,涸竭也。"正字當作"渌"。《說文·水部》云:"漉,浚也,重文渌,漉或从彔,字亦作盪。"《方言》云:"盪,涸也。"盝卽盪之省。《說文·日部》云:"晞,乾也。"謂竢灰清時,出布,去其水而暴乾之。云"晞而揮去其蜃"者,《戰國策·齊策》高注云:"揮,振也。"謂因其乾,更振去其蜃也。

而沃之,而盝之,而塗之,而宿之。更渥淳之。

【疏】"而沃之,而盝之"者,沃,漢之隸省。《說文·水部》云:"漢,溉灌也。"謂更以灰水澆沃,又漉乾之。戴震云:"更沃欄瀋。"云"而塗之,而宿之"者,戴震云:"每日之夕,盝欄瀋,塗蜃灰,經宿。"

注云"更渥淳之"者,明沃與淳義同。《鍾氏》注云:"淳,沃也。"

明日,沃而盝之。朝更沃,至夕盝之。又更沃,至旦盝之。亦七日如漚絲也。

【疏】"明日沃,而盝之"者,戴震云:"明日者,承宿之爲言也。沃前則清其灰而盝之,揮之;沃後則盝之,塗之,宿之。詳略互見。"

注云"朝更沃,至夕盝之,又更沃,至旦盝之"者,明沃盝相繼,無閒朝夕也。云"亦七日,如漚絲也"者,明湅絲湅帛日數等也。

晝暴諸日，夜宿諸井，七日七夜，是謂水湅。

【疏】"是謂水湅"者，賈疏云："湅帛湅絲皆有二法，上文爲灰湅法，此文是水湅法也。"

玉人之事，鎮圭尺有二寸，天子守之；命圭九寸，謂之桓圭，公守之；命圭七寸，謂之信圭，侯守之；命圭七寸，謂之躬圭，伯守之。命圭者，王所命之圭也，朝覲執焉，居則守之。子守穀璧，男守蒲璧。不言之者，闕耳。故書或云"命圭五寸，謂之躬圭'。杜子春云："當爲七寸。"玄謂五寸者，璧文之闕亂存焉。

【疏】"玉人之事"者，亦以所攻之材名工也。《左》襄十五年傳："宋有玉人"，杜注："玉人，能治玉者。《孟子·梁惠王篇》云："今有璞玉於此，雖萬鎰，必使玉人彫琢之。"此事卽彫琢之事也。云"鎮圭尺有二寸，天子守之"者，以下卽《大宗伯》六瑞之四也。《蘇氏演義》引《三禮義宗》云：'天子大圭尺有二寸者，法十二辰也。戴震云："鎮圭、命圭，通謂之介圭。《爾雅》'珪大尺二寸謂之玠'，據鎮圭言也。《詩·崧高》'錫爾介圭，以作爾寶'，《韓奕》'以其介圭，入覲于王。'據命圭言也。介者，大也。大有二義，以尊大言者，鎮圭、命圭之爲大圭是也。以長大言者，大圭長三尺，杼上終葵首是也。"案：戴說是也。《書·康王之誥》云："大保承介圭。"僞孔傳亦據此鎮圭爲釋。尺二寸者，圭之長度。《聘禮記》說上公朝圭云："剡上寸半，厚半寸，博三寸。"三等命圭當同。王鎮圭博厚度，無文。攷後云："大琮十有二寸，厚寸，是謂内鎮，宗后守之。"注謂如王之鎮圭，則鎮圭之厚當亦盈一寸，命圭之厚蓋半之，其等衰適合也。唯博及剡上之度，或當與命圭同耳。四圭名制，並詳《大宗伯》疏。又王鎮圭，諸侯命圭，並有繅藉，此經文不具，詳《典瑞》、《大行人》疏。

注云："命圭者，王所命之圭也"者，謂諸侯初封及嗣位來朝時，王命以爵，卽賜以圭。《覲禮》云："乃朝以瑞玉，有繅。"鄭注亦以五等圭璧爲釋，是也。《演義》引《三禮義宗》云:“謂之命圭者,言皆受命而得,故朝覲宗遇則執焉。”卽本鄭義。賈疏云:“《公羊傳》云:‘錫者何?賜也。命者何?加我服也。’於王以策命諸侯之時,非直加以車服,時卽以圭授之,以爲瑞信者也。”案:賈謂命圭卽錫命時所授者,《國語·周語》云:“襄王使召公過及内史過賜晉惠公命,晉侯執玉卑。”韋注云:“命,瑞命。諸侯卽位,天子賜之命圭,以爲瑞節。玉,信圭,侯所執。”《左傳》僖十一年、文元年杜注說同,卽賈氏所本。惠士奇云:“此臆說也。《白虎通》:‘《禮》曰“諸侯薨,使人歸瑞玉於天子,諒闇之後,更爵命嗣子而還之。”’故在喪則視元士,以君其國。除喪,則服士服而來朝。天子爵命之也,其在來朝之時乎?春秋禮壞久矣,晉惠、魯文錫命於卽位,魯桓、衛襄追命於既薨,則新天子輯瑞之典不行,嗣諸侯還圭之禮亦廢,不知天王所賜者是何瑞也。或曰:‘琬圭者,諸侯有德,王命賜之,使者執琬圭以致命。’春秋錫命蓋以此。”案:惠說是也。諸侯歸瑞、還瑞之禮,當於喪畢來朝時行之,與春秋錫命所致玉不同。《白虎通》君薨歸玉之說,似亦未可信,至《周語》晉侯所執之玉,卽王使執以致命之玉,故内史過云“夫執玉卑,替其摯也”,明與命圭不同。僖十一年《左傳》說其事云:“惰于受瑞。”瑞玉通稱耳,非必六瑞之命圭。惠引或說以爲琬圭,理或然也。云:“朝覲執焉,居則守之”者,明《大宗伯》、《典瑞》說六瑞及《大行人》說五等圭璧皆曰執,此四圭皆曰守,二文足互相備也。云“子守穀璧,男守蒲璧,不言之者,闕耳。”經無子男命璧,故鄭據《大宗伯》、《典瑞》、《大行人》補之。云“故書或云命圭,五寸謂之躬圭,杜子春云,當爲七寸”者,杜據《典瑞》正此經譌字也。云“玄謂五寸者,璧文之闕亂存焉”者,段玉裁云:“此鄭從杜作‘七寸’,而明經作‘五’之所由也。闕亂者,依《典瑞》,則有兩命璧五寸之文,而闕,又以五字羼入圭文也,存焉者,於此可考也。”徐養原云:“篆文‘五’‘七’相似,《詩七月》‘鳴鵙’,王肅讀爲‘五月’。此經因闕而亂,亦字形相涉所致。”

天子執冒四寸,以朝諸侯。名玉曰冒者,言德能覆蓋天下也。四寸者,方以尊接卑,以小爲貴。

【疏】"天子執冒四寸以朝諸侯"者,冒,正字作"瑁"。《說文·玉部》文:"瑁,諸侯執圭朝天子,天子執玉以冒之,似犂冠。《周禮》曰:'天子執瑁四寸',古文作玥。案:冒卽瑁之借字。《御覽·珍寶部》引此經舊注云:"玉以瑁之,似梨冠也。"疑馬注佚文。梨冠卽《許書》之犂冠也。段玉裁云:"犂冠,《爾雅注》作'梨錧',謂耜也。"黄以周云:"瑁方四寸,其冒圭之空在下面,孔疏謂'當下邪刻之如圭頭'是也。據《說文》云'似犂冠',似衺刻之空,從兩旁洞達其下。《御覽》引《禮舊圖》云:'圭制上小下大,狀如犂鋒,圭冒乃似犂冠。"此正用許說者。攷漢之犂冠,本方,末兩岐,中空鋭如圭頭。《車人》'爲耒,庛長,尺有一寸'。先鄭注云:'庛,謂耒下岐。'《匠人》'耜廣五寸'。後鄭注云:'古者耜,一金;今之耜岐頭,兩金。'庛卽耜,耜卽犂冠。案:段、黄說是也。犂錧卽《匠人》注所謂耜岐頭兩金者也。洪适《隸續》載《漢柳敏碑陰》、《益州太守碑陰》、《六玉碑》所書瑁,並外方,自半以下,衺刻其内爲岐足,與圭首之鋭適足相函。正與岐頭耜刃相似,非一金之耜也。《爾雅·釋樂》郭注釋大磬,亦云"形似犂錧'者,晉時磬蓋以横縣,故股鼓兩末平偃,其下岐出。郭說與古磬直縣形制不合,而與瑁形似犂冠之義正足相證矣。《書·康王之誥》云:"上宗奉同瑁。"①《三國志·虞翻傳》裴注引《翻别傳》,奏述鄭《書注》訓同爲酒杯,翻駁之云:"康王執瑁,古'冃'似'同'"。《玉人職》曰:'天子執瑁以朝諸侯。'馬融訓注亦以爲同者大同天下。"據彼則馬氏《書注》以同爲瑁之别名,虞氏則直謂同當做'冃',卽古文瑁字之省,同瑁並舉爲羡文。今案:《書》下文云:"王乃受同瑁,王三宿三祭三咤。"又云:"大保以異同秉璋以酢。"瑁以冒圭,非祭酢所用,則馬、虞義非也。

注云"名玉曰冒者,言德能覆蓋天下也"者,《小爾雅·廣詁》云:"冒,覆也。"《白虎通義·文質篇》云:"合符信者,謂天子執瑁以朝諸侯,諸侯執圭以覲天子。瑁之爲言冒也,上有所覆,下有所冒也。"賈疏云:"案《書傳》云:'古者圭必有冒,言不敢專達之義。天子執冒以朝諸侯,見則覆之。'注云:'君恩覆之,臣敢進。'是其冒覆之事。案:孔注《顧命》云:'言冒,所以冒諸

① "康王之誥"應作"顧命"。——王文锦校注。

侯圭，以齊瑞信，方四寸，邪刻之。'不言冒以覆蓋天下者，義得兩含，故注有異。故《書傳》云'古者圭必有冒'，亦是冒圭之法也。此冒據朝覲諸侯時執之。《詩·殷頌》云：'受小球大球，爲下國綴旒。'注云：'小球尺二寸，大球長三尺，與下國結定其心，如旌旗之旒。'彼據天子與諸侯盟會，故云結定其心，故執鎮圭，不執瑁也。"《書·顧命》孔疏云："禮，天子所以執瑁者，諸侯卽位，天子賜以命圭，圭頭邪鋭，其瑁當下邪刻之，其刻闊狹長短如圭頭；諸侯來朝，執圭以授天子，天子以冒之刻處冒彼圭頭，若大小相當，則是本所賜，其或不同，則圭是僞作，知諸侯信與不信。故天子執瑁所以冒諸侯之圭，以齊瑞信，猶今之合符然。經傳惟言圭之長短，不言闊狹，瑁方四寸，容彼圭頭，則圭頭之闊無四寸也。天子以一瑁冒天下之圭，則公侯伯之圭闊狹等也。此瑁惟冒圭耳，不得冒璧。璧亦稱瑞，不知所以齊信，未得而聞之也。"《左傳》文元年孔疏説同。案：《書》僞孔傳及孔疏謂瑁衺刻之，與犂錧形正合。但申《伏傳》冒圭之説，則終有不能冒璧之疑，鄭亦不從其説，恐未足馮也。云"四寸者，方以尊接卑，以小爲貴"者，天子之玉，尺度宜侈，此冒獨止四寸，故云以小爲貴，示降尊接卑之義也。《禮器》云："禮有以小爲貴者。"是鄭所據也。

天子用全，上公用龍，侯用瓚，伯用將。鄭司農云："全，純色也。龍當爲尨，尨謂雜色。"玄謂全，純玉也。瓚讀爲"饗餍"之餍。龍、瓚、將，皆雜名也。卑者下尊，以輕重爲差。玉多則重，石多則輕，公侯四玉一石，伯子男三玉二石。

【疏】"伯用將"者，惠士奇、戴震、阮元並謂"將"當依《説文》作"埒"。段玉裁云："埒，許、鄭同，皆不作'將'。倘是將字，鄭不得釋爲雜。鄭已後傳寫失之。"案：段説是也。此作"將"者，字形之誤，詳後。

注鄭司農云"全，純色也"者，《士昏禮》注云："純，全也。"是純全互訓。純色謂玉色粹一，不尨駁也。云"龍當爲尨"者，《牧人》杜注義同。《説文》字作駹。戴震云："龍駹古字通用。"云"尨謂雜色"者，《牧人》云："凡外祭毁事，用尨可也。"杜注云："尨謂雜色不純。"此尨亦謂玉色不純者也。云"玄謂全，純玉也"者，謂不参以石也。此破司農純色之説。《説文·入部》云：

"仝,完也,重文全,篆文仝,从玉,純玉曰全。"與後鄭説同。賈疏謂純玉卽純色,義無殊,誤。云"瓚讀爲饔餍之餍"者,葉鈔《釋文》及賈疏述注"讀"下皆無"爲"字。段玉裁據删,云:"瓚讀饔餍者,謂其音同餍也。案:《釋文》云:'瓚,才旱反。司農音讚。'然則陸本'瓚讀饔餍之餍'六字在'玄謂'之上,與賈本不同,疑陸筆誤。"錢大昕云:"據《玉篇》,餍卽饡之古文。《説文·食部》云:'饡,以羹澆飯也。'《禮記·内則》云:'小切狼臅膏,以與稻米爲酏。'注:'狼臅膏,臆中膏也。以煎稻米,則似今膏餍矣。'《釋名》:'膜,饡也,以米糝之,如膏饡也。'賈疏謂漢時有膏餍,蓋本《内則》注。《集韻》:'餍,以膏煎稻爲酏。'與賈疏合。"王引之云:"《内則釋文》:'餍,本又做饔,又作餍,並同之然反,又音贊。'案:餍字《説文》缺載,以六書之例求之,餍蓋從食,展省聲,字當作'餍'。俗書認作'餍',則諧聲之理不明。其又作'餍'者,餍之省耳。《楚辭·九思》'時混混兮澆饡',注云:'饡,餐也。混混,濁也。言如澆饡之亂也。'則餍有雜亂之義,故《玉人》注讀瓚爲餍,而訓爲雜,聲中兼義也。"案:王説是也。云"龍、瓚、將,皆雜名也"者,段玉裁謂龍當做尨,是也。將亦當作"埒"。賈疏云:"雜名者,謂玉之雜名。此亦含雜色。知者,鄭《異義駁》云'玉雜則色雜',則知玉全色亦全也。"案:賈説非也。玉雜者,雖同色,而質必微異,故《駁異義》謂兼色雜。至玉全則不必色全,故鄭不從先鄭之説,不可以彼證此。云"卑者下尊,以輕重爲差,玉多則重,石多則輕"者,賈疏云:"《盈不足術》曰:'玉方寸,重七兩。石方寸,重六兩'"。案:賈引《盈不足術》者,《九章算術》第七篇也。《孫子算經》云:"玉方寸,重一十二兩。石方寸,重三兩。"與《九章》不同,未知孰是。云"公侯四玉一石,伯子男三玉二石"者,賈疏云:"按《禮緯》云:'天子純玉尺二寸;公侯九寸,四玉一石;伯子男三玉二石。'此注出於彼,但此經公與侯異,彼文公侯同,又彼伯子男同七寸,皆與此經不同者,彼據殷法。若然,公侯同四玉一石,而龍瓚異者,蓋玉色有差别也。"戴震云:"《説文·玉部》曰:'瓚,三玉二石也。'禮,天子用全,純玉也;公用駹,四玉一石;侯用瓚,伯用埒,玉石半相埒也。此蓋泛記用玉爲飾之等。石謂石之次玉者,如《詩》之'充耳琇瑩,貽我佩玖。'琇與玖皆美石。"案:戴説是也。金鶚説同。《白虎通義·文質篇》云:"《禮·王度記》曰:'天子純玉,尺有二寸;公侯九寸,四玉一石也。伯子男俱三玉二石也。'又云:'公珪九寸,四玉一石。'何以知不以玉爲四器石特爲也?以《尚書》合言五玉也。"案:《禮緯》文即本《王度記》。據此諸文,則此章卽指瑞玉而言。其云公九寸,伯七寸,與此命圭尺度同,而云侯上同公,子男上同伯,並與此異者,傳禮者各據其所聞,不必合一。賈以爲殷禮,則無據。《說文》以上公四玉一石,侯用三玉二石,伯玉石半相埒,與注及《禮緯》又異,其說較允。許、鄭說並不以此三玉爲瑞玉。蓋命圭爲邦國重鎮,不宜羼襍玉石,其爲泛記玉飾,殆無疑義。此經不詳子男用玉之名,依鄭說或當與伯同。段玉裁云:"依許差之,子男同位,一玉二石。"未知然否。

繼子男執皮帛。謂公之孤也,見禮次子男,贄用束帛,而以豹皮表之爲飾。天子之孤,表帛以虎皮。此說玉及皮帛者,遂言見天子之用贄。

【疏】:"繼子男,執皮帛"者,賈疏云:"此公之孤,上不言子男,而此云繼子男者,以上文不見子男也,以子男與伯同用三玉二石,故空其文,見子男與伯等,以是得言以皮帛繼子男也,以《大行人》注言之,此亦是孤尊更以其贄見也。"案:賈說非也。以《大宗伯》、《典命》兩經證之,疑此文當次前三等命圭之後,因上闕子男執璧之文,而誤移於此。經備記五等瑞玉,因及孤之摯耳。

注云"謂公之孤也"者,《典命》云:"公之孤四命,以皮帛,眡小國之君。"不言侯伯有孤。又《大行人》云:"凡大國之孤,執皮帛,以繼小國之君。"與此文相應,故知是公之孤也。鄭鍔云:"有天子之孤,有諸侯之孤。《大宗伯》曰:'孤執皮帛'者,天子之孤也。二者皆執皮帛,特所用以飾之皮異耳。天子之孤不當繼子男之後,故康成以爲此公之孤也。然《典命》又有:'諸侯適子未誓,則以皮帛繼子男'之文,則公之孤與諸侯適子之未誓者,皆執皮帛而列子男之後歟?"云:"見禮次子男,贄用束帛,而以豹皮表之爲飾,天子之孤表帛以虎皮"者,《大宗伯》注義同,彼注贄並作"摯"是也。贄卽摯之俗,詳彼疏。云"此說玉及皮帛者,遂言見天子之用贄"者,以皮帛非玉人之事,明此經因說玉而類及皮帛之贄也。

天子圭中必。必讀如"鹿車縪"之縪,謂以組約其中央,爲執之以備失隊。

【疏】"天子圭中必"者。賈疏云:"案《聘禮》謂五等諸侯及聘使所執圭璋,皆有繅藉及絢組,絢組所以約圭中央,恐失墜,卽此中必之類。若然,圭之中必尊卑皆有,此不言諸侯圭,舉上以明下可知。"

注云:"必讀如鹿車縪之縪"者。《廣雅·釋器》云:"維車謂之麻鹿,道軌謂之鹿車。"《方言》云:"維車,趙魏之閒謂之轣轆車,東齊海岱之間謂之道軌。"又云:"車下鉄,陳宋淮楚之閒謂之畢,大者謂之綦。"郭注云:"鹿車也。"戴震云:"此言維車之索,故郭云麗車也。《玉篇》云:'紩,索也,古作鉄。'據此,紩乃本字,鉄卽其假借字。圭中必爲組,鹿車縪爲索,其約束相類,故鄭讀如之。縪畢故通用。"段玉裁云:"《廣雅》鹿車本《方言》,鹿車與歴鹿義同,皆於其圍繞命名也。《說文》曰:'縪,止也。'古畢必通用。"案:戴、段說是也。《說文》縪訓止,蓋凡以絲麻爲組索,皆所以止縛爲繫固,故通謂之縪。鹿車卽收絲之器,《說文·糸部》云"維,箸絲於箰車也'是也。縪卽束鹿車之索,索亦名紩,叚借做鉄。《方言》所謂車下鉄,車非乘載之車,鉄亦非五金之鐵也。《御覽·車部》引《風俗通》,"鹿車窄小,載容鹿也",與此鹿車亦異。云"謂以組約其中央,爲執之以備失隊,"者,《聘禮記》云"圭皆玄纁繫絢組",鄭注云:"采成文曰絢。繫,無事則以繫玉,因以爲飾,皆用五采組,上以玄下以絳爲地。"《說文·糸部》云:"組,綬屬。"圭重器,恐失隊破損,故以組約而執之。此組繫,《聘禮》亦謂之繅,與《典瑞》、《大行人》畫韋之繅異,詳《典瑞》疏。

四圭尺有二寸,以祀天。郊天,所以禮其神也。《典瑞職》曰:"四圭有邸,以祀天旅上帝。"

【疏】"四圭尺有二寸,以祀天"者,賈疏云:"據下祼圭尺有二寸而言,則此四圭,圭別尺有二寸。"戴震云:"一邸而四圭,邸爲璧,在中央,圭各長尺二寸,在四面。"詒讓案:《周易集解》引《荀九家易注》云:"天子以尺二寸元圭事天。"卽謂此也。璧度經注無文,賈《典瑞》疏以爲徑六寸是也。《爾雅·釋器》云:"璧大六寸謂之宣。"此四圭邸璧及下祀日月星辰之圭璧,蓋皆如宣璧之度。《古文苑・秦詛楚文》,祠巫咸、亞駝、久湫,亦用宣璧,《漢書・郊祀志》謂之瑄玉,蓋古祭玉多用六寸之璧矣。

注云"郊天,所以禮其神也"者,《典瑞》注云:"祀天,夏正郊天也。"外祀用玉禮神,詳《大宗伯》疏。引《典瑞職》者,賈疏云:"證祀天爲夏正郊所感帝,兼國有故旅祭五帝之事,亦以此圭禮神也。"案:此不云有邸及旅上帝者,文略。但彼祀天當爲圜丘祭昊天,旅上帝爲旅祭受命帝,鄭、賈說並失之。詳彼疏。

大圭長三尺,杼上,終葵首,天子服之。王所搢大圭也,或謂之珽。終葵,椎也。爲椎於其杼上,明無所屈也。杼,閷也。《相玉書》曰:"珽玉六寸,明自炤。"

【疏】"大圭長三尺"者,此圭較鎮圭爲尤長,故稱大圭。《禮器》云"大圭不琢",注謂卽此大圭,又云:"琢當爲篆。"不篆者,蓋謂純素無文,與鎮圭有瑑異也。《詩・商頌・長發》云"受大球小球",鄭箋云:"受小玉,謂尺二寸圭也。受大玉,謂珽也,長三尺。"案:大圭以球玉爲之,故《玉藻》云"笏天子以球玉"。《晏子春秋・諫上篇》"齊景公帶球玉",亦謂笏也。《白虎通義・文質篇》引《禮》云"珪造尺八寸"。案:禮無尺八寸之圭,或卽笏珽之屬與? 云"杼上終葵首"者,杼,《說文・玉部》引作"杼",誤。《荀子・大略篇》楊注云:"謂剡上,至其首而方也。"云"天子服之"者,服猶服劒之服,謂帶之於身,《典瑞》謂之搢,彼注云"插之於紳帶之閒,若帶劒"是也。

注云"王所搢大圭也"者,據《典瑞》文。云"或謂之珽"者,《玉藻》云:"天子搢珽,方正於天下也。"鄭注云:"此亦笏也。謂之爲珽,珽之言挺然無所屈也。或謂之大圭。"《說文・玉部》云:"珽,大圭,長三尺,抒上終葵首。"《左傳》桓二年孔疏引徐廣《車服儀制》云:"珽,一名大圭。"說並與鄭同。戴震云:"大圭,笏也。天子玉笏,其首六寸,謂之珽。"案:戴說是也。《大戴禮記・虞戴德篇》云:"天子御珽,諸侯御荼,大夫服笏。"《荀子・大略篇》同。《隋書・禮儀志》引《五經異義》、《御覽・服章部》引《五經要義》,並以珽爲天子笏。《左傳》桓二年杜注云:"珽,玉笏也。"《廣雅・釋詁》、《周書王會》孔注、《穆天子傳》郭注,亦竝以笏珽相詁,是珽與笏異名同物。《典瑞》"天子晉大夫圭以朝日",而《管子·輕重己》言天子祭日搢玉笏,是大圭與珽同爲玉笏之塙證。至《玉藻》所云笏度二尺有六寸者,《左傳》桓二年疏謂是諸侯以下之度分,其説甚塙。蓋搢珽與帶劒同,大圭三尺與上士之劒度適相當,諸侯以下之笏二尺六寸,與中士之劒度亦相近,其等例同也。云"終葵,椎也"者,惠士奇云:"《説文·木部》:'椎,擊也,齊謂之終葵。'終葵爲椎,猶邾婁爲鄒,皆齊魯閒俗語。"詒讓案:《廣雅·釋器》云:"柊葵,椎也。"《御覽·器物部》引何承天《纂文》云:"柊葵,方椎。"《後漢書·馬融傳·廣成頌》云"翬終葵",柊葵卽終葵。依《玉藻》注云"方如椎頭",何説是也,云"爲椎於其杼上,明無所屈也"者,《玉藻》注云:"終葵首者,於杼上又廣其首,方如椎頭。是謂無所屈,後則恒直。"《玉藻》又云:"諸侯荼,前詘後直,讓於天子也。大夫前詘後詘,無所不讓也。"注云:"詘謂圜殺其首,不爲椎頭。大夫又殺其下而圜。"賈疏云:"《玉藻》鄭注言挺然無所屈,此注亦云明無所屈,皆對諸侯爲荼,大夫前屈後屈,故云無所屈也。"又《典瑞》疏云:"終葵首,謂大圭之上,近首殺去之,留首不去處爲椎頭。"惠士奇云:"杼上者,剡其上,此椎頭六寸,指不剡者而言。"云"杼,剡也"者,《釋文》云"剡,殺字之異者,本或作殺。"阮元云:"經作剡,注當用殺字,下文注中'取殺',殺文皆不作剡也。今此諸本皆作剡,蓋淺人援《釋文》本改之。"案:阮説是也。剡卽𣪠字,詳《矢人》疏。《輪人》"行澤者欲杼",注云:"杼謂削薄其踐地者。"此杼義與彼同,謂圭接首處削而殺之也。《玉藻》云:"笏度二尺有六寸,其中博三寸,其殺六分而去一。"注云:"殺猶杼也。天子杼上終葵首,諸侯不終葵首,大夫士又杼其下首,廣二寸半。"戴震云:"凡笏廣三寸,殺半寸,自中已上漸殺,笏上廣二寸半也。"詒讓案:鄭以此經之杼,卽《玉藻》所謂殺,故互相訓。杼之近首者廣二寸半,首與後同廣三寸。依鄭説,所杼者在笏上首下,終葵首在杼上,杼殺而首方,固不杼也。《方言》引《燕記》云"豐人杼首",與此及《輪人》之杼義並别。引《相玉書》曰"珽玉六寸,明自炤"者,《玉藻》注同,證大圭首六寸,名珽,自殺以下二尺四寸也。賈疏云:"謂於三尺圭上,除六寸之下,兩畔殺去之,使以上爲椎頭。言六寸,據上不殺者而言。"引之者,證大圭者爲終葵六寸以下杼之也。惠士奇云:

"《離騷》王注:'《相玉書》:珵,大六寸,其燿自照。'《玉篇·玉部》亦云:'珵,美玉,埋六寸,光自輝。'而康成引《相玉書》珵作'珽'。《説文》有珽無珵。蓋珵卽珽,古今文。"詒讓案:《玉藻》文云:"珽本又作珵。"與《楚辭注》所引同。

土圭尺有五寸,以致日,以土地。致日,度景至不。夏日至之景尺有五寸,冬日至之景丈有三尺。土猶度也。建邦國以度其地,而制其域。

【疏】"土圭"者,《典瑞》云:"土圭以致四時日月,封國則以土地。"此不言致月者,以致日爲重,文不具也。並詳《大司徒》、《典瑞》、《馮相氏》、《土方氏》疏。

注云"致日,度景至不"者,《典瑞》注義同。云"夏日至之景尺有五寸,冬日至之景丈有三尺"者,《馮相氏》、《土方氏》注義同。此明土圭之長,與夏至地中之景相應。其冬至之景,則八土圭之長又三分長之二也。云"土猶度也"者,據叚借義也。土度聲近義通。《詩·豳風·鴟鴞》"徹彼桑土",《釋文》引《韓詩》作"杜"。《書·費誓》"杜乃擭",《雍氏》注音杜作"敷",是土度聲類相通,故土亦有度訓。《大司徒》、《典瑞》、《土方氏》注並訓土爲度。云"建邦國以度其地,而制其域"者,據《大司徒》文,詳彼疏。

祼圭尺有二寸,有瓚,以祀廟。祼之言灌也。或作'淉',或作'果'。祼謂始獻酌奠也。瓚如盤,其柄用圭,有流前注。

【疏】"祼圭尺有二寸,有瓚"者,《詩·大雅·旱麓》孔疏云:"天子之瓚,其柄之圭長尺有二寸。其賜諸侯,蓋九寸以下。"詒讓案:尺有二寸者,圭之長度,不兼瓚言之。祼圭與鎮圭同度,故亦謂之大圭,《明堂位》云"灌用玉瓚大圭"是也。又《説文·玉部》云:瑒圭尺二寸,有瓚,以祠宗廟者也。"瑒圭尺度形制與祼圭同,蓋卽《國語·魯語》之"鬯圭"。鬯,經典或通作"暘",故鬯圭字亦作瑒也。祼圭亦當有繅,詳《典瑞》疏。云"以祀廟"者,賈疏云:'鄭注《小宰》云:'惟人道宗廟有祼,天地大神,至尊不祼。'故此唯云'以祀廟'。《典瑞》兼云'以祼賓客',此不言者,文略也。"

注云:"祼之言灌也"者,《小宰》、《大宗伯》注並同,詳《小宰》疏。云"或作淉"者,《說文·水部》云:"淉,水也,從水果聲。"與祼聲類同。云"或作果"者,《大宗伯》云"大賓客攝而載果",《小宗伯》云"辨六彝之名物,以待果將",注並讀爲祼,與此或作同。云"祼謂始獻酌奠也"者,王禮廟享有九獻,二祼爲始也,詳《大宗伯》、《司尊彝》疏。賈疏云:"《小宰》注云,祼亦謂祭之,啐之,奠之。以其尸不飲,故云奠之。"云"瓚如盤,其柄用圭,有流前注"者,賈疏云:"鄭注《典瑞》引《漢禮》,瓚盤大五升,口徑八寸,下有盤口,徑一尺。言有流前注者,案下三璋之勺鼻寸是也。言前注者,以尸執之向外,祭乃注之,故云有流前注也。"詒讓案:鄭言此者,明圭爲柄,與瓚不同物,瓚卽勺也。《白虎通義·考黜篇》說圭瓚,云"玉飾其本",亦謂柄也。《書·文侯之名敍》僞孔傳及《郊特牲》孔疏引王肅說,並同。又《詩·大雅·旱麓》"瑟彼玉瓚,黄流在中",陸本毛傳云:"玉瓚,圭瓚也。黄金,所以流鬯也。"此流前注,所謂瓚口流鬯者也。互詳《典瑞》疏。戴震云:"以圭爲柄曰圭瓚,以璋爲柄曰璋瓚,其勺並同。"

琬圭九寸而繅,以象德。琬猶圜也。王使之瑞節也。諸侯有德,王命賜之,使者執琬圭以致命焉。繅,藉也。

【疏】"琬圭九寸而繅,以象德"者。賈疏云:"《典瑞》云:'琬圭以治德,以結好。'此不言結好,此文略。彼云治德,據使者而言;此言象德,據圭體而說。彼不言有繅,此言有繅,亦是互見爲義。"

注云"琬猶圜也"者,琬圭耑圓,宛曲下覆,故云猶圜也。《說文·宀部》云:"宛,屈草自覆也。"琬宛聲類亦同。《九章算術·方田篇》有宛田,亦上圜隆起,與琬圭形相似。《典瑞》先鄭注云"琬圭無鋒芒",無鋒芒則圜也。互詳《典瑞》疏。云"王使之瑞節也,諸侯有德,王命賜之,使者執琬圭以致命焉"者,《典瑞》注同。惠士奇謂天子使使賜諸侯命,當執琬圭,於義近是。詳前疏。云"繅,藉也"者,《聘禮》注云"繅所以藴藉玉",又云"繅所以藉圭也"。詳《典瑞》、《大行人》疏。繅采就,經無文。以此圭長九寸,與公侯伯命圭同,則繅疑亦當三采三就,與彼同也。

琰圭九寸，判規，以除慝，以易行。凡圭，琰上寸半。琰圭，琰半以上，又半爲瑑飾。諸侯有爲不義，使者征之，執以爲瑞節也。除慝，誅惡逆也。易行，去煩苛。

【疏】"琰圭九寸"者，此度與琬圭同。《書·顧命》"弘璧琬琰"，賈《天府》疏引鄭《書注》謂彼琬琰皆度尺二寸。蓋其度尤長，非常用之玉也。

注云"凡圭，琰上寸半"者，琰與剡同，此據《聘禮記》及《雜記》文。云"琰圭，琰半以上，又半爲瑑飾"者，《公羊》定八年傳"璋判白"，何注云："判，半也。"賈疏云："以其言判，判，半也。又云規，明半以上琰至首，規半以下爲瑑飾可知。"案：鄭、賈並釋判爲半，而規字無釋，似卽以爲瑑飾也。《説文·玉部》："琰，璧上起美色也。"此與瑑飾義近，但以圭爲璧。段玉裁以爲字誤，然疑賈、馬諸家，或有破圭爲璧，以傳合判規之文者。若然，則是琮玦之類，與圭不同，與鄭剡射之義尤不相冢也。戴震云："凡圭，直剡之，倨句磬折，上端中矩。琰圭，左右剡，坳而下，如規之判。"黄以周云："判圭之義，戴説爲合。但戴氏以凡圭例之，僅剡寸半，鄭則謂剡半以上，此其異也。蓋琰之言剡，其首剡然上起，其半以上如規之判也。"案：戴、黄説並與鄭異。鄭意此圭加剡半以上，則所剡者四寸五分，鋭角尤孅長，較常法剡寸半增二倍，故獨得琰名。但鄭以爲直剡，則與規義不相應。戴以爲圜剡，故曰判規。是判規者，若割圜爲四象限形，圭左右剡各一象限，合兩圭而成規也。其義於經較切。黄兼取鄭戴義，謂剡半以上如規形，但圭廣三寸，左右各半寸，於寸半之内，圜剡之至四寸半之長。則其圜界甚大，左右并之，適成橢圜。雖合兩圭，亦斷不能成規，與半規之義無會。則鄭、戴兩義固不能强合也。衆説紛互，未審孰得，姑並存之。云"諸侯有爲不義，使者征之，執以爲瑞節也"者，《典瑞》先鄭注云："琰圭有鋒芒，傷害征伐誅討之象，故以易行除慝。"是除慝易行，爲使者征不義所執以爲信也。但後鄭彼注據《大行人職》，以除慝爲殷覜時使大夫執以命事。此義以當同。可以互推，故不具也。云"除慝，誅惡逆也"者，《小行人》云："其悖逆暴亂作慝猶犯令者，爲一書。"注云："慝，惡也。"此除慝亦謂諸侯有悖逆作慝者，乃誅之也。云"易行，去煩苛也"者，賈疏云："此非惡逆之事，直政教煩多而苛虐，是諸侯行惡，故王使人執之以爲瑞節，易去惡行。"

璧羨度尺，好三寸，以爲度。鄭司農云："羨，徑也。好，璧孔也。《爾雅》曰：'肉倍好謂之璧，好倍肉謂之瑗，肉好若一謂之環。'玄謂羨猶延，其袤一尺而廣狹焉。

【疏】"璧羨尺度，好三寸，以爲度"者，陳祥道云："璧圜九寸，好三寸，延其袤爲一尺，旁各損半寸，則廣八寸矣。《說文》曰：'人手卻十分動脈爲寸口。'十寸爲尺。周制寸、尺、咫、尋、常、仞諸度量，皆以人之體爲法。又曰：'中婦人手長八寸謂之咫，周尺也。'然則璧羨袤十寸，廣八寸。以十寸起度，則十尺爲丈，十丈爲引。以八寸起度，則八尺爲尋，倍尋爲常。度必爲璧以起之，則圜三徑一之制，又寓乎其中矣。"程瑤田云："《典瑞》曰：'以起度'，《玉人》曰'以爲度'，蓋造此以度物，猶《周髀算經》所用之折矩也。"案：陳、程說是也。璧羨度尺者，據其袤言之。其廣則中咫，經不著廣度者，文不具也。古人度數有以十起者，尺、丈、引是也。有以八起者，咫、仞、尋、常是也。以十起者，視璧羨之度尺；以八起者，視璧羨之廣咫。起度之說蓋如是。

注：鄭司農云："羨，徑也"者，明經云度尺，爲璧之直徑，横廣則不滿尺也。黄以周云："《典瑞》先鄭注云：'羨，長也。'此璧徑長尺，亦謂橢圜形。"案：黄說是也。《典瑞》賈疏亦謂先、後鄭同爲不圜，但璧羨袤尺，廣八寸，先鄭釋爲徑，於義未明，故後鄭補釋之。云"好，璧孔也"者，好對肉爲文。《詩·魯頌·泮水》孔疏引孫炎《爾雅注》云："肉，身也。好，孔也。"引《爾雅》者，《釋器》文。《左傳》昭十六年，孔疏引李巡注云："肉倍好，邊肉大，其孔小也。好倍肉，其孔大，邊肉小也。肉好若一，其孔及邊肉大小適等也。"郭注義同。賈疏云："引《爾雅》，欲見此璧好三寸，好即孔也。兩畔肉各三寸，兩畔共六寸，是肉倍好也。"程瑤田云："據經與注，謂若璧孔一寸，則邊二寸，合兩邊及孔，其徑五寸也。賈氏誤釋。"案：程述李、郭義是也。依其說，則璧正法，好三寸，兩畔肉當各六寸，則廣袤皆尺五寸也。此璧羨好廣袤皆三寸，而肉則袤各三寸五分，廣各二寸五分，故合之袤尺而廣八寸。肉雖不倍好，而袤則肉較好已略贏，故仍得叚璧稱也。云"玄謂羨猶延"者，二字聲近義通。《文選·東京賦》"乃羨公侯卿士"，薛注云："羨，延也。"《冢人》注"羨道"，《左傳》隱元年杜注亦作"延道"。皆其證。《典瑞》先鄭

注訓羨爲長。《爾雅·釋詁》云:"延,長也。"是羨延義同。云"其衺一尺而廣狹焉"者,賈疏云:"造此璧之時,應圜徑九寸。今減廣一寸,以益上下之衺一寸,則上下一尺,廣八寸,故云其衺一尺而廣狹焉。狹焉謂八寸也。"歐陽謙之云:"好三寸,左右之肉減六寸爲五寸,上下之肉增六寸爲七寸。"詒讓案:注意謂損廣以益其衺,損益係於肉,則好自爲正圓之三寸,無所損益。所損益者,唯肉之廣衺耳。又案:周尺度數,衆説差異。沈彤據今所傳周尺,謂一尺當今尺七寸四分。江永以同身寸推之,謂人張兩手,古爲一尋,今爲五尺,則古一尺當今尺六寸二分半。金鶚據《漢書·律厤志》黄鐘絫黍法,謂古一尺當今尺八寸一分。黄以周説同。古尺亡失,無可質定,姑備列之,俟學者攷焉。

圭璧五寸,以祀日月星辰。禮其神也。圭,其邸爲璧,取殺於上帝。

【疏】"圭璧五寸"者,聶崇義云:"於六寸璧上,琢出一圭,長五寸。"賈疏云:"《典瑞》又有珍圭牙璋,此不言,文略,並玉人造之可知。"

注云"禮其神也"者,與祀天下以圭璧禮神同也。云"圭其邸爲璧,取殺於上帝"者,《典瑞》注同。

璧琮九寸,諸侯以享天子。享,獻也。《聘禮》,享君以璧,享夫人以琮。

【疏】"璧琮九寸,諸侯以享天子"者,此卽《小行人》所云"璧以帛,琮以錦",亦卽下文瑑璧琮也。《覲禮》亦云:"四享皆束帛加璧。"若然,享后則束錦加琮矣。九寸者,爲上公自朝以享天子及后之法,《小行人》注所謂大各如其瑞是也。下云八寸者,據上公之臣聘天子及諸侯所用,故尺度不同。不言瑑,又不言享后者,皆文略。《白虎通義·文質篇》云:"琮,后夫人之財也。"賈疏云:"按《小行人》,二王後享天子及后用圭璋,則此璧琮九寸,據上公。"

注云"享,獻也"者,《牛人》注同。《大行人》"廟中將幣三享',先鄭注云:"三享,三獻也。"《聘禮》注云:"既聘又獻,所以厚恩惠也。"引《聘禮》者,賈疏云:"欲見經云享天子用璧,享后用琮,此據上公九命。若侯伯,當七寸，子男當五寸。"案：彼文云："受享，束帛加璧。受夫人之聘璋，享玄纁束帛，加琮。"又云："聘于夫人用璋，享用琮。"但彼據侯伯之臣聘他國，以享君及夫人者，與此上公親朝時所用享王及后者不同。鄭因享王及后《禮經》無文，故假彼文爲證耳。案：賈後疏亦謂五等諸侯朝王享同用璧琮。若然，自伯以上，享玉降於朝，子男朝與享同玉不降，但以瑑爲異也。

穀圭七寸，天子以聘女。納徵加於束帛。

【疏】"穀圭七寸，天子以聘女"者，《典瑞》云："穀圭以和難，以聘女。"不言和難者，文略。穀圭形制，詳《典瑞》注。

注云"納徵加於束帛"者，《士昏禮》："納徵，玄纁束帛，儷皮，如納吉禮。"鄭彼注云："束帛，十端也。執束帛以致命。"此云天子以聘女，蓋使者亦執束帛加穀圭以致命，即《媒氏》所謂入幣。《晉書·禮志》云："太康八年，有司奏：婚禮，古者以皮馬爲庭實，天子加以穀珪，諸侯加大璋。案：《士婚禮》，有皮無馬。有馬者，蓋天子諸侯也。"案：據《晉志》説，則天子入幣，又有皮馬爲庭實也。賈疏云："自士以上皆用玄纁皮帛，但天子加以穀圭，諸侯加以大璋也。"

大璋、中璋九寸，邊璋七寸，射四寸，厚寸，黄金勺，青金外，朱中，鼻寸，衡四寸，有繅，天子以巡守，宗祝以前馬。射，琰出者也。勺，故書或作"約"，杜子春云："當爲勺，謂酒尊中勺也。"鄭司農云："鼻，謂勺龍頭鼻也。衡，謂勺柄龍頭也。"玄謂鼻，勺流也。凡流皆爲龍口也。衡，古文横，假借字也。衡謂勺徑也。三璋之勺，形如圭瓚。天子巡守，有事山川，則用灌焉。於大山川，則用大璋，加文飾也。於中山川，用中璋，殺文飾也。於小山川，用邊璋，半文飾也。其祈沈以馬，宗祝亦執勺以先之。禮，王過大山川，則大祝用事焉。將有事於四海山川，則校人飾黄駒。

【疏】"大璋中璋九寸，邊璋七寸"者，記璋瓚形制及所用之事。凡祭祀、賓客之祼，后佐王亞祼，並用璋瓚，大宗伯攝祼亦然。此不言，文略也。詳《内宰》、《大宗伯》、《大行人》疏。又案：《公羊》定八年"盜竊寶玉大弓"，傳云："寳者何？璋判白。"何注云："五玉盡亡之，傳獨言璋者，所以郊事天，尤重，《詩》云'奉璋峩峩，髦士攸宜'是也。"《春秋繁露·郊祭篇》亦以《棫樸》爲文王郊辭，與毛、鄭異。據其所説，璋别爲郊天之玉，則非此璋瓚。璋瓚用以祼祭，惟宗廟、山川用之。天地大神，至尊，不祼，不得有璋瓚也。云"射四寸，厚寸"者，凡圭皆剡上寸半，厚半寸，此三璋剡四寸，則多於圭二寸半，而厚又倍之也。邊璋長度殺於大璋、中璋二寸，而射及厚度則同。云"黄金勺，青金外"者，勺卽三璋之瓚也，以金爲之，《王制》"金璋"，孔疏謂卽此金飾璋是也。《爾雅·釋器》云："黄金謂之璗，其美者謂之鏐。"《説文·金部》云："鉛，青金也。"案：以黄金爲勺，則不宜以鉛飾其外。竊疑古通以銅爲金，《書·禹貢》揚州貢金三品，孔疏引鄭注云："金三品者，銅三色也。"則此黄金、青金，疑卽謂銅二品爲圭瓚、璋瓚之勺。《書·顧命》謂之同，《三國志·虞翻傳》裴注引今文《書》作"銅"，卽其證也。詳《典瑞》疏。云"朱中"者，謂於黄金勺之中，又以朱漆涂之爲飾也。云"有繅"者，亦謂繅藉也。其采就，經無文。攷大中璋九寸，與公侯伯命圭同，疑繅亦當三采三就；邊璋七寸，與子男命璧同，疑繅亦當二采再就也。

注云"射，琰出者也"者，《典瑞》"璋邸射"，注云："射，剡也。"琰與剡同，謂三璋上半所剡既多，角尤鑯鋭，若芒刺上出，以達於耑也。《方言》云："忽達，芒也。"郭注云："謂草杪芒射出。"卽此射出之義。賈疏云："向上謂之出，謂琰半已上；其半已下爲文飾也。"案：大璋、中璋所剡不及半，邊璋則又過半。賈概謂剡半以上，未析。云"勺故書或作約，杜子春云，當爲勺"者，勺約聲類同。段玉裁云："此古文假借。"云"謂酒尊中勺也"者，《明堂位》云："灌尊，夏后氏以雞夷，殷以斝，周以黄目。其勺，夏后氏以龍勺，殷以疏勺，周以蒲勺。"案：灌尊，卽《司尊彝》之六彝。凡酒皆盛於尊，以勺挹之，而注於爵。杜意謂此勺卽彼灌尊中所酌之蒲勺也。《典瑞》先鄭注云："於圭頭爲器，可以挹鬯祼祭，謂之瓚。"先鄭似亦以瓚爲挹鬯之勺，而兼用爲祼祭之爵。實則瓚雖爲勺制，而祼祭則以當爵，其挹之仍用蒲勺，不用瓚，故後鄭《王制》注直釋爲鬯爵，明不得如杜及先鄭説。至蒲勺，卽《梓人》所爲之勺，以木爲之，不以黄金，又止容一升。此勺不言所容，以漢禮瓚槃徑八寸,受五升推之,此勺徑四寸,所受當不止一升。是二勺形度並異,尤不可合爲一,故後鄭不從也。吳廷華云:“此勺有鼻,有流,則卽裸盤,但四寸與八寸及尺爲異耳。杜以酒尊中之勺訓之,誤。”鄭司農云“鼻謂勺龍頭鼻也”者,鼻謂勺前鋭出之口也。鄭注《明堂位》“龍勺”云:“龍,龍頭也。”然彼是尊中勺,此勺卽是鬯瓚。其爲龍頭,於經無文,先鄭蓋依漢制説之。聶氏《三禮圖》引阮氏、梁正等圖云:“三璋之勺鼻,爲獐犬之首,其柄則畫以雛尾,皆不盈寸。”與注違異,聶氏亦庌其謬也。云“衡謂勺柄龍頭也”者,吳廷華云:“勺柄卽璋,先鄭以衡謂勺柄,後鄭不從。”云“玄謂鼻,勺流也,凡流皆爲龍口也”者,前“裸圭”注云“有流前注”,卽此。以其口旁出,則謂之鼻;以其吐水,則謂之流,猶《既夕》及《士虞禮》謂匜口吐水爲流也。龍口亦卽謂流,爲龍頭,其口似吐酒鬯。此説與先鄭略同。但先鄭不云勺流,故後鄭增成其義。云“衡古文横假借字也”者,衡横生近叚借字。《檀弓》“今也衡縫”,注云“今禮制衡讀爲横”,是其證也。云“衡謂勺徑也”者,此破先鄭説也。勺中横径四寸,圜周蓋尺二寸也。其勺鼻當如《三禮》舊圖説,廣不盈寸。云“三璋之勺,形如圭瓚”者,如前裸圭之瓚也。《左傳》昭十七年,杜注云:“瓚,勺也。”賈疏云:“圭瓚之形,前注已引《漢禮》,但彼口徑八寸,①下有盤口徑一尺。此徑四寸,徑既倍狹,明所容亦少,但形制相似耳。”案:賈引《漢禮》,見《典瑞》注。《詩·大雅·旱麓》箋云:“圭瓚之狀,以圭爲柄,黄金爲勺,青金爲外,朱中央矣。”《白虎通義·攷黜篇》説圭瓚云:“玉以象德,金以配情,芬香條鬯,以通神靈。玉飾其本,君子之性;金飾其中,君子之道。君子有黄中通理之道,美素德。金者,精和之至也;玉者,德美之至也。”是圭瓚、璋瓚並爲金勺,惟柄異也。云“天子巡守,有事山川,則用灌焉”者,賈疏云:“以其圭瓚灌宗廟,明此巡守過山川用灌可知。”云“於大山川則用大璋,加文飾也,於中山川用中璋,殺文飾也,於小山川用邊璋,半文飾也”者,明兼以文饰之加殺,爲大小尊卑之差。知巡守有祭山川者,《詩·周頌·般》敍云:“巡守而祀四嶽、河、海也。”僖三十一年《公羊傳》云:“山

① “口”原訛“只”,據《典瑞》注改。——王文锦校注。

川有能潤于百里者，天子秩而祭之。觸石而出，膚寸而合，不崇朝而徧雨乎天下者，唯泰山爾。河、海潤于千里。"又《王制》孔疏引《尚書大傳》云："五嶽視三公，四瀆視諸侯，其餘山川視伯，小者視子男。"此三璋長度，與五等命圭璧降殺正相應，若然，大山川卽《大宗伯》之四望，謂五嶽四瀆及海視三公者也；中山川卽視伯者也，小山川卽視子男，所謂潤于百里者也。云"其祈沈以馬"者，《釋文》云："《小爾雅》云：'祭山川曰祈沈。'案《爾雅》：'祭山川曰庪縣，祭川日浮沈。'今讀宜依《爾雅》音。"案：祈卽庪之借字。今《小爾雅》無"祭山川曰祈沈"之文，蓋有佚挩。祈沈之義，詳《大宗伯》及《犬人》疏。賈疏云："取校人飾黄駒，故知以馬也。"云"宗祝亦執勺以先之"者，宗祝有二，有謂大小宗伯、大小祝諸官者，《禮運》云"宗祝在廟"，注云："宗，宗人也。"《國語・周語》云"宗祝執祀"，韋注云："宗，宗伯；祝，大祝。"是也。亦曰祝宗，《左》襄九年傳云："宋災，祝宗用馬于四墉。"卽謂祝與宗人也。有專爲大祝者，《周書・克殷篇》云"乃命宗祝崇賓饗禱之于軍"，《古文苑・詛楚文》云"宗祝邵鼛"是也。此經宗祝，則似專屬大祝，故下注卽引《大祝職》以證義也。江永云："先行灌而後殺駒也。"云"禮，王過大山川，則大祝用事焉"者，據《大祝》文，證此宗祝卽大祝也。賈疏云："《大祝職》不言中山川、小山川者，舉大者而言，或使小祝爲之也。"云"將有事於四海山川，則《校人》飾黄駒"者，據校人文。引之者，亦證此馬卽謂黄駒也。

大璋亦如之，諸侯以聘女。亦納徵加於束帛也。大璋者，以大璋之文飾之也。亦如之者，如邊璋七寸，射四寸。

【疏】"大璋亦如之，諸侯以聘女"者，陳祥道云："以文攷之，當繼天子以聘女之後。亦如之者，亦如穀圭之七寸。蓋聘女，天子以圭，諸侯以璋，是爲降殺之等。若以邊璋與黄金勺用以酌，聘女加於束帛，非酌事，禮安所用哉！"案：陳說是也。林希逸、江永、戴震說並同。吳廷華云："天子九寸之璋，謂之大璋。諸侯降於天子，七寸之璋亦可謂之大，與《大射儀》'大侯'之義等。"

注云："亦納徵加於束帛也"者，與天子納徵以穀圭加於束帛同，亦使者執以致命也。云"大璋者,以大璋之文飾之也"者,鄭不知此文爲錯簡,誤謂冢上璋瓚大璋爲文,於經無驗,蓋不足據。云"亦如之者,如邊璋七寸,射四寸"者,亦鄭意爲之説,不知此云亦如之者,本冢上穀圭七寸爲文,不冢三璋也。經云大璋,鄭必謂如邊璋七寸者,賈疏云:"以其天子穀圭七寸以聘女,諸侯不可過於天子爲九寸。"江永云:"天子用穀圭七寸,謙也;諸侯用大璋七寸,謂上公七寸,亦謙也。侯伯當用五寸,子男其用璧琮與?

瑑圭璋八寸,璧琮八寸,以覜聘。瑑,文飾也。覜,視也。聘,問也。衆來曰覜,特來曰聘。《聘禮》曰:"凡四器者,唯其所寳,以聘可也。"

【疏】"瑑圭璋八寸"者,此聘享之玉度,並用偶數,與命圭異。《爾雅·釋器》云:"璋大八寸謂之琡。"殆卽此瑑璋與? 云"璧琮八寸"者,冢上瑑爲文。《説文·玉部》云:"琮,瑞玉,大八寸,似車釭。"亦謂此瑑琮也。云"以覜聘"者,賈疏云:"此謂上公之臣,執以覜聘用圭璋、享用璧琮於天子及后也。若兩諸侯自相聘,亦執之。侯伯之臣宜六寸,子男之臣宜四寸。"案:《左傳》隱六年孔疏引此注云:"八寸者,據上公之臣。"今本注無此文,疑孔約《小行人》注義釋之。凡聘享之玉,各降其瑞一等。上公命圭九寸,故使臣聘王用瑑圭八寸,聘后用瑑璋八寸;享王用瑑璧八寸,享后用瑑琮八寸。其侯伯之臣聘享王后,當用瑑圭璋璧琮,皆六寸,賈所説是也。其子男以璧爲瑞,則聘王后不得用瑑圭璋。賈《典瑞》疏謂子男之臣當用瑑璧琮。《左傳》文十二年、昭五年疏,並謂子男之使當瑑璧四寸。若然,子男之臣聘后當用瑑琮四寸。此疏唯謂子男之臣宜四寸,不著圭璧之異,文不具也。其子男之臣享王后之玉,經注無文,或當降君,用琥璜四寸與?

注云:"瑑,文飾也"者,《典瑞》先鄭注云:"瑑有圻鄂瑑起。"文飾卽圻鄂也。《典瑞》瑑圭璋璧琮又有繅,皆二采一就。此經不云繅,文不具也。賈疏云:"凡諸侯之臣覜聘,並不得執君之桓圭、信圭之等,直瑑爲文飾耳。"云"覜,視也,聘,問也"者,據《大宗伯》云:"時聘曰問,殷覜曰視。"云"衆來曰覜,特來曰聘"者,《典瑞》注義同。賈疏云:"衆來則元年、七年、十一年,一服朝之歲來者衆也。特來則天子有事乃來,無常期者是也。"案:詳《大宗伯》疏。引《聘禮》者,《聘禮記》文。四器即此圭璋璧琮是也。賈疏云:"所寶,謂不聘時寶之。"

牙璋、中璋七寸,射二寸,厚寸,以起軍旅,以治兵守。二璋皆有鉏牙之飾於琰側。先言牙璋,有文飾也。

【疏】"牙璋中璋七寸,射二寸,厚寸"者,二璋長厚並與璋瓚邊璋同,唯射減於彼二寸。云"以起軍旅,以治兵守"者,賈疏云:"牙璋起軍旅,治兵守,正與《典瑞》文同。彼無中璋者,以其大小等,故不見也。牙璋起軍旅,則中璋亦起軍旅,二璋蓋軍多用牙璋,軍少用中璋。"

注云:"二璋皆有鉏牙之飾於琰側"者,琰側即所射上半二寸之側。《釋名·釋形體》云:"牙,樝牙也。"《廣韻·九麻》云:"齇齖,齒不平正。"《說文·金部》云:"鋙,鉏鋙也。"又《齒部》云:"齇齬,齒不相值也。"案:《楚辭·九辨》又作"鉏鋙"。鉏樝齇及牙齖鋙齬鋙,皆音近假借字。鉏,《釋文》引沈重音徐加反,即讀爲樝也。鉏牙,謂就其剡處刻之,若鋸齒然,不平正。《典瑞》先鄭注云:"瑑以爲牙。"義同。賈疏云:"鄭知二璋皆爲鉏牙之飾者,以其同起軍旅,又以牙璋爲首,故知中璋亦有鉏牙。"云"先言牙璋,有文飾也"者,鄭意二璋形度同,但牙璋別有文飾,故經列中璋之前,明以文質爲尊卑之次也。

駔琮五寸,宗后以爲權。駔讀爲組,以組繫之,因名焉。鄭司農云:"以爲稱錘,以起量。"

【疏】"駔琮五寸,宗后以爲權"者,《說文·玉部》云:"琟,琮玉之瑑。"段玉裁云:"駔琮,許作琟。《方言》曰:'琟,好也,美也。'許意謂兆瑑之美曰琟,鄭所不從。《記》又云'瑑琮八寸',則駔琮非謂瑑明矣。"賈疏云:"此后所用,故五寸,降於下文天子所用七寸者也。"林希逸云:"宗后,尊后也,即王后也。其重可以起五權之制,亦璧羨起度之意。"

注云:"駔讀爲組"者,《典瑞》云"駔圭璋璧琮琥璜之渠眉",彼注讀同,詳彼疏。云"以組繫之,因名焉"者,別於他琮不繫組,故名組琮也。戴震云:

“此亦有鼻以結組，省文互見。”吳廷華云：“組琮七寸，鼻得七寸之二分有零，爲寸半；則此鼻得五寸之二分有零，爲一寸有零也。”鄭司農云“以爲稱錘，以起量”者，後鄭《月令》注云：“稱錘曰權。”《廣雅·釋器》云：“稱謂之銓，錘謂之權。”《漢書·律厤志》云：“權，重也，銖、兩、斤、鈞、石也，所以稱物平施，知輕重也。五權之制，大小之差，以輕重爲宜。圜而環之，令之肉倍好者，周旋無端，終而復始，無窮已也。”顏注引孟康云：“謂爲錘之形如環也。”案：彼權以銅爲環形，不爲琮。今世所存秦權，亦多爲環形而有鼻，與漢制同。賈疏云：“量自升斛之名，而云爲量者，對文量衡異，散文衡亦得爲量，以其量輕重故也。”

大琮十有二寸，射四寸，厚寸，是謂内鎮，宗后守之。如王之鎮圭也。射，其外鉏牙。

【疏】“大琮十有二寸，射四寸”者，賈疏云：“言大琮者，對上駔琮五寸爲大也。言十有二寸者，并角徑之爲尺二寸。言射四寸者，據角各出二寸，兩相並，四寸。”鄭鍔云：“琮本八寸爾，其射二寸，兩旁各射二寸，是爲四寸。四寸之射，八寸之琮，此所以十有二寸。”戴震：“惟大琮言射四寸，其餘皆不言射。琮八方象地，疑不剡爲射，故八方也。”云“是爲内鎮”者，賈疏云：“對天子執鎮圭爲内。”詒讓案：此鎮琮即王后所守之瑞玉。若然，諸侯夫人受命於后，亦當有命玉。公夫人疑當中琮九寸，侯伯夫人疑當中琮七寸，子男夫人疑當小琮五寸，度各視其夫之圭璧而用琮與？

注云：“如王之鎮圭也”者，謂其名及尺度同。依《典瑞》，王鎮圭有繅藉，五采五就，此后鎮琮亦當同。《大宗伯》注説鎮圭云：“鎮，安也，所以安四方。”此后爲内鎮，亦取安四方之義。陳祥道謂亦刻鎮山以爲飾，未知是否。云“射，其外鉏牙”者，亦謂剡外出爲鉏牙，別於它琮八方平列也。《白虎通義·文質篇》云：“圓中牙身方外曰琮。”賈疏云：“據八角鋒，故云鉏牙也。”

駔琮七寸，鼻寸有半寸，天子以爲權。鄭司農云：“以爲權，故有鼻也。”

【疏】“駔琮七寸”者，駔亦當讀爲組。天子駔琮，制與后同，而度較大，所以别等差也。

注鄭司農云“以爲權，故有鼻也”者，鼻謂紐也，所以穿組而縣之。《弁師》注云：“紐，小鼻也。”《廣雅·釋器》云：“鈕謂之鼻。”先鄭意，蓋謂駔琮八方，於中隆起爲鼻以繫組，若印鈕然，它琮無此制也。《左》昭十三年傳，説楚平王當璧拜，曰“厭紐”，彼璧好通謂之紐，與鈕鼻異。賈疏云：“上后權不言鼻者，舉以見后亦有鼻可知。”

兩圭五寸，有邸，以祀地，以旅四望。邸謂之柢。有邸，僢共本也。

【疏】“兩圭五寸，有邸”者，聶崇義云：“兩圭五寸，亦宜於六寸璧兩邊各琢出一圭，俱長二寸半，博厚與四圭同。”黄以周云：“兩圭五寸，亦謂各出邸五寸。聶云各琢出二寸半，非。”戴震云：“兩圭蓋琮爲之邸，故文在此。《大宗伯職》注曰：‘禮神者，必象其類，璧圜象天，琮八方象地。’”案：兩圭之邸，舊説用璧。戴本陳祥道、趙溥説，以爲用琮，是也。五寸者，亦謂邸兩面各琢五寸圭，繫於一邸。其邸之琮亦徑六寸，與四圭之邸璧度同。云“以祀地”者，兼方丘北郊兩祭言之。賈疏依《大宗伯》、《典瑞》注，謂專指北郊神州之祭，方丘大地自用黄琮，非也。《周易集解》引《荀九家注》云：“天子以圭九寸事地。”與此經不合，未知何據。互詳《大宗伯》、《典瑞》疏。

注云：“邸謂之柢”者，《釋文》云：“柢，劉作桓。”阮元云：“邸謂柢之，《爾雅·釋器》文。劉本作‘桓’，字形之訛。”云“有邸，僢共本也”者，《爾雅·釋言》云：“柢，本也。”《典瑞》先鄭注引《爾雅》柢作“邸”。又後鄭彼注云：“僢而同邸。”僢與舛同，言兩圭足反舛相對，而同著一邸也。

瑑琮八寸，諸侯以享夫人。獻於所朝聘君之夫人也。

【疏】“瑑琮八寸，諸侯以享夫人”者，戴震云：“前已云瑑圭璋八寸，璧琮八寸，以覜聘；復見此文，以明覜聘兼享與夫人之禮。”案：戴説是也。《説苑·脩文篇》云：“親迎之禮，諸侯以屨二兩，加琮，曰：‘某國寡小君，使寡人奉不珍之琮，不珍之屨，禮夫人貞女。’夫人受琮，取一兩屨以履女。”劉氏此說，於禮無文，其所加之琮，或亦即瑑琮與？

注云："獻於所朝聘君之夫人也"者，賈疏云："言以享夫人，則是諸侯自相朝所用致享者也。五等諸侯朝天子，享用璧琮，不降瑞。若自相享，降瑞一等。此八寸，據上公、二王後自相享，亦用璧琮八寸；侯伯當六寸，子男自相享退用琥璜，降用四寸。經言諸侯，正是朝，注兼云聘者，其臣聘，瑑圭璋璧琮亦皆降一等，與君寸數同，故兼言聘也。此經直言瑑琮，不言瑑璧以享君，文略可知也。"詒讓案：鄭知聘享與朝同者，據《聘禮》云"聘于夫人用璋，享用琮也。

案十有二寸，棗㮚十有二列，諸侯純九，大夫純五，夫人以勞諸侯。純猶皆也。鄭司農云："案，玉案也。夫人，天子夫人。"玄謂案，玉飾案也。夫人，王后也。記時諸侯僭稱王，而夫人之號不別，是以同王后於夫人也。玉案十二以爲列，王后勞朝諸侯皆九列，聘大夫皆五列，則十有二列者，勞二王之後也。棗㮚實於器，乃加於案。《聘禮》曰："夫人使下大夫勞以二竹簋方，玄被纁裏，有蓋，其實棗烝㮚擇，兼執之以進。"

【疏】"案十有二寸"者，此附記飾玉之器也。《說文·木部》："案，几屬。"《急就篇》顏注云："無足曰槃，有足曰案，所以陳舉食也。"案：此承食物之案，與《掌次》"氈案""重案"爲𠂆異。十有二寸，蓋案之高度。《曾子問》孔疏引阮諶《禮圖》謂几高尺二寸。此案亦几屬也。其橢方廣長之度，無文。依後鄭義，每案各陳棗栗二器，此必非尺二寸之長所能容，則鄭亦不以此爲案之長度可知矣。賈疏云："案十有二寸者，謂玉案十有二枚。"亦非是。戴震云："案者，棜禁之屬。《儀禮注》曰：'棜之制，上有四周，下無足，蓋如今承槃。'《禮器》注曰：'禁，如今方案，隋長局足，高三寸。'棜又名斯禁，斯，盡也，切地無足。此以案承棗栗，上宜有四周。漢制小方案局足，此亦宜有足。"惠士奇云："案有大小。《漢舊儀》'旋案，丈二，以陳肉食'，大案也。《漢書》許后奉案上食，孟光舉案齊眉，小案也。案者，今之槃，古之禁。"云"棗十有二列"者，賈疏云："案案皆有棗栗，爲列十有二者，還據案十二爲數，不謂一案之上十有二也。"

注云“純猶皆也”者，此引申之義，《緇衣》注同。後鄭意棗栗合庪一案，數皆以或九或五爲列也。戴震云：“列謂兩以列也。純，耦也。《鄉射禮》二算爲純，一算爲奇。”惠士奇云：純猶兩也，與淳通。《左》襄十一年傳，‘淳十五乘’。或曰列，或曰純，純謂兩行並列。”案：惠、戴皆訓純爲耦，蓋依賈、馬義，較鄭說爲長。鄭司農云：“案，玉案也”者，猶《大宰》、《司几筵》之玉几也。惠士奇云：“《蓺文類聚·服飾部》引《楚漢春秋》：‘淮陰侯曰：臣去項歸漢，王賜臣玉案之食。’”云“夫人，天子夫人”者，謂卽《昏義》之三夫人也。戴震云：“《漿人》‘共夫人致飲于賓客之禮’，則此爲三夫人勞諸侯，未爲不可。詒讓案：先鄭說是也。璧琮舉天子以晐后，以見禮之下達，此文舉夫人以兼后，以見禮之上達，皆以互見爲例。賈疏駁先鄭，謂勞諸侯以王后爲主，豈不見后，先見三夫人乎？非也。上瑑琮以享諸侯夫人，知此不謂諸侯夫人者，《聘禮》諸侯夫人勞賓不用玉案也。云“玄謂案，玉飾案也”者，謂梓人爲之案，而玉人以玉飾之，此增成先鄭義也。先鄭但云玉案，不云玉飾，嫌於以全玉爲案，故后鄭補釋之。賈疏云：“以其在《玉人》，故知以玉飾案也。”云“夫人，王后也，記時諸侯僭稱王，而夫人之號不別，是以同王后於夫人也”者，此謂夫人就卽王后，以破先鄭天子夫人之說。賈疏云：“春秋之世，吳、楚及越僭稱王，而吳、楚夫人不稱后，是夫人之號不別也。周王與吳、楚同號王，故周王后亦不同吳、楚之夫人也。”案：此當以先鄭說爲正，後鄭及賈說非也。王氏《詳說》云：“鄭以爲記時諸侯僭稱王，而夫人之號不別，又何以有‘宗后爲權’與夫‘宗后守之’之文乎？”云“玉案十二以爲列”者，鄭意案之成列者，有十二列也。賈疏云：“微破賈、馬以此十二列比《聘禮》醯醢夾碑百罋，十以爲列。”詒讓案：《聘禮》：“醯醢百罋，夾碑，十以爲列，醯在東。”彼文謂醯五十罋，爲五列，在東；醢五十罋，爲五列，在西。賈、馬據彼爲訓，蓋謂此玉案棗與栗各以一案盛一器陳之，棗栗各十有二列，則二十有四案也。若後鄭之義，則每案之上，各有棗以一簋，栗一簋，十有二列止十有二案。以經文審之，當以賈、馬爲長。惠士奇亦申賈、馬義云：“二王後二十有四，兩兩列之，則有十二；諸侯十有八，兩兩列之，則九；大夫十，兩兩列之，則五。”案：惠說是也。經於諸侯大夫言純九、純五，於十有二列不言純者,蓋互文以見義。云"王后勞朝諸侯皆九列,聘大夫皆五列,則十有二列者,勞二王之後也"者,此由平諸侯九列推而上之,則十二列當屬二王後。此勞蓋皆謂郊勞也。依《聘禮》,夫人待聘臣,使下大夫近郊勞。此夫人待上公諸侯,或當有遠郊勞等,與《大行人》上公三勞、侯伯再勞之禮略相儗與?云"棗臬實於器,乃加於案"者,以《聘禮》推之。《籩人》、《弓人》皆經用古字作"臬",注用今字做"栗,"惟此職及《矢人》經注皆作"臬",疑後人所改,下同。引《聘禮》者,明棗栗所實之器,卽竹簋之類也。烝,《禮經》作"蒸",字通。彼注云:"竹簋方者,器名也,以竹爲之,狀如簋而方。兼猶兩也。右手執棗,左手執栗。"賈疏云:"《聘禮》'五介入境張旜',是侯伯之卿大夫聘者也。而主國夫人使下大夫勞賓以二竹簋方者,簋法圓,今此竹簋方爲之者,此或棗栗與黍稷簋異也。玄被者,以玄繒爲表。彼《聘禮》,諸侯大夫使下大夫勞,無案,直有棗栗。此后勞有棗栗,又亦有案。引之者,證此棗栗亦盛於竹簋者也。"

璋邸射,素功,以祀山川,以致稍餼。邸射,剡而出也。致稍餼,造賓客納稟食也。鄭司農云:"素功,無瑑飾也。"餼或作氣,杜子春云:"當爲餼。"

【疏】"璋邸射"者,璋以琮爲邸,又於琮剡之爲八角也。其尺度無文,疑當璋五寸,邸琮六寸,與上圭璧同。云"以祀山川,以致稍餼"者,《典瑞》云:"璋邸射以祀山川,以造贈賓客。"贈與致稍餼爲二事,此不云贈者,文不具也。

注云"邸射,剡而出也"者,《典瑞》先鄭注義同。賈疏云:"向上謂之出。半圭曰璋,璋首邪卻之。今於邪卻之處,從下向上總邪卻之,名爲剡而出。"案:賈說非也。剡而出者,專據琮邸言之,出卽謂邸八出也。賈謂於璋首爲之,誤,詳《典瑞》疏。云"致稍餼,造賓客納稟食也"者,造賓客,據《典瑞》文。稍卽《槳人》云"共賓客之稍禮",注謂王不親饗食,而致以酬幣、侑幣。又《聘禮記》"既致饔,旬而稍",注云:"稍,稟食也。"是二者皆得稱稍也。餼卽《司儀》、《掌客》之致饔餼。二者皆造賓客所舍之館納之,其使者則執玉帛以致命也。凡天子待朝聘賓客及五等侯國君相爲賓,臣相爲國客,蓋皆通有此禮。但聘禮致饔餼，止以束帛致之，不用玉致，稍禮尤殺，其無玉可知。此璋邸所用，疑爲天子待朝賓之禮。聘客禮降於朝君二等，其致稍餼用玉與否，經注無文，未能詳也。互詳《典瑞》疏。稍爲稟食，詳《掌客》疏。鄭司農云"素功，無瑑飾也"者，《禮器》云："大圭不瑑，此以素爲貴也。"是素卽不瑑之謂。素功與畫繢之事同，彼布帛則爲白采，此玉則爲無瑑飾。璋邸之琮，但爲剡射，無瑑飾，對上文瑑琮等有瑑飾也。云"餼或作氣，杜子春云當爲餼"者，段玉裁云："《說文·米部》曰：'氣，饋客芻米也，從米，氣聲'，引'《春秋傳》曰，齊人來氣諸侯'，又曰'或從既'作槩，又曰'或從食'作餼。然則氣正字，餼或字，不當云氣當爲餼也。蓋漢時已用气爲气假字，氣爲雲气字，而餼爲饔餼字，略如今人。子春以今字釋古，往往讀古字爲今字，於此可得其例。《聘禮》注'古文餼爲既'，《中庸》'既稟稱事'，此皆'槩'文之爛與？"

梆人，闕，

【疏】"梆人"者，《釋文》云，"梆本或作櫛。"案：《總敍》，先鄭注云："梆讀如巾櫛之櫛。"《説文·木部》云："櫛，梳比之總名也。"梆櫛字同。《玉藻》有"樿櫛"、"象櫛"，《喪服傳》有"櫛笄"，注云"以櫛之木爲笄"是也。凡刮摩之工，蓋玉、石、骨、角、木通有之。玉人治玉，雕人治骨角，磬氏治石，此梆人疑卽治木之工。《明堂位》有"刮楹"，注云："刮，刮摩也。木工刮摩，以梳比爲尤精致，故工亦卽以爲名矣。

雕人。闕。

【疏】“雕人”者,《釋文》云:“雕,本以作彫。”案:《説文·彡部》云:“彫,琢文也。”彫琢字當以彫爲正。《司几筵》“彫几”,《巾車》“彫面”,《司約》注“彫器”,字並作彫。作雕者,叚借字也。詳《總敍》疏。又《爾雅·釋器》云:“玉謂之雕。”其正字則當做“琱”,詳《梓人》疏。雕琢之事,蓋亦玉石骨角木所通有,故《梓人》説祭器云“小蟲之屬,以爲雕琢”。但此刮摩五工,已有玉人、楖人、磬氏等,則此雕人當爲治骨角之工,《意林》引《尸子》云,“雕人裁骨,則知牛長少”是也。《毛詩·大雅·棫樸》傳又曰“金曰彫”,則非此義。江永云:“姓有漆雕氏,《記》言丹漆雕幾之美,《司几筵》有彫几、彤几、漆几。蓋凡漆器,彫人作之。”案:江説亦足備一義。凡漆革木,有彫刻爲文。《輪人》説轂漆云:“既摩革,色青白,謂之轂之善。”是漆器亦有刮摩之事矣。

磬氏爲磬，倨句一矩有半。必先度一矩爲句，一矩爲股，而求其弦。既而以一矩有半觸其弦，則磬之倨句也。磬之制有大小，此假矩以定倨句，非用其度耳。

【疏】“磬氏爲磬”者，亦以所作之器名工也。《說文·石部》云：“磬，樂石也。從石殸，象縣虡之形，殳擊之也。古者毋句氏作磬。”云“倨句一矩有半”者，謂磬有大小，其股鼓之折，皆爲鈍角，侈弇之度，一矩又益以半矩乃合也。蓋一矩爲正方之角，侈之，而以半矩益一矩，則成鈍角矣。今磬皆横縣，股鼓正平，古磬則皆直縣，股袤側而鼓直下。程瑶田云：“磬縣之，其鼓之直中繩。《曲禮》：‘立則磬折垂佩’，謂立而曲身，如磬之折也。《左氏内外傳》：‘室如縣磬。’古人五架屋，從第四架下，爲戶牖以隔之，外爲堂，内爲室。室上之宇，北出斜下，以交於北墉。墉直如磬鼓，宇如磬股也。《文王世子》：‘公族有死罪，則磬於甸人。’鄭注：‘縣縊殺之曰磬。’謂如磬之縣也。”案：程說足明古制。《爾雅·釋樂》“大磬謂之毊，”郭注謂形似犂館。犂館則耜金岐出者。郭蓋據後世横縣之磬言之，是晉時已不知有直縣之矣。互詳《玉人》疏。

注云“必先度一矩爲句，一矩爲股，而求其弦，既而以一矩有半觸其弦，則磬之倨句也”者，江永云：“倨猶直也，句猶曲也。磬須作折旋形，然不可正方如矩，而失於太句，又不可使兩股開過開而失於大倨，故先度一矩爲句，一矩爲股，句股閒之弦，比正方之弦稍長，得一矩有半，以爲作磬之法，則得倨句之宜也。凡正方形方十者，斜弦十四一四有奇，此正方矩也。今以一矩有半爲弦，是爲十有五，不止十四一四有奇，而兩股稍開也。後世作磬，不知此率，作正方形如矩形。”戴震云；“取句股相等，各自乘，并之爲弦實，開方除之得弦一矩有半，大於所求之弦，張句股就之。”又云：“任取大小縱横等成方，是爲一矩，度兩對角徑隅，不及一矩有半。今以一矩有半爲之徑隅，則倨句不中矩，而成磬折矣。”程瑶田云：“度一矩爲句者，磬股矩也；一矩爲股者，磬鼓矩也。二矩均長，而求其弦，得弦數是正方角之倨句，非磬之倨句也。於是推而求之，以句一矩應磬股二，二爲一矩也。以股一矩應磬鼓三，三則一矩有半，侵出弦外半矩，不能觸弦。今乃推開一矩有半而漸張之，令其侵出者反而歸乎弦位，而不出乎弦，其弦亦自然引而伸之以來相就。是之謂以一矩有半觸其弦，而向之正方角倨句，變爲鈍角之倨句，則磬之倨句得矣。”案：依江、戴說，則一矩有半爲弦之長。依程說，則一矩有半爲股之長。二說於算術並通。今諦玩鄭云“以一矩有半觸其弦”，則是謂以股觸弦，程說似得鄭恉，李鋭說亦同。然經實無是義，故程氏譏鄭義爲煩碎，且與經文齟齬。程又別說之云：“磬折之發斂也倨句然，正方折之一矩，又外博其折，而斜出其半矩以爲股。”案：程說是也。蓋經凡云倨句者，止論角度之侈弇，與弦徑無涉。今叚割圜四象限之度數求之，蓋一矩爲九十度，益以半矩，則百三十五度，卽此磬之倨句也。若依鄭注，李鋭以三角法算之，止得一百六度五十二分二十八秒，是不及一矩有半，於形爲太句矣。至《車人》云“一柯有半謂之磬折”，則當得百五十一度有奇，與此不同，而亦以磬折名之者，彼爲倨句形之通名，不必與此豪秒密合也。互詳彼疏。云“磬之制有大小”者，謂若特磬大而編磬小，又律各有長短不同。賈疏云：“按《樂》云：‘磬前長三律，二尺七寸；後長二律，尺八寸。’是磬有大小之制也。”案：賈依下文先鄭注義，以大小據一磬之中，股爲大，鼓爲小，似非注義。賈引《樂》云者，聶氏《三禮圖》載《舊圖》引《樂經》云：“黄鍾磬前長三律，二尺七寸；後長二律，一尺八寸。’此謂特縣大磬配鎛鍾者也。是賈所引卽《樂經》義。依其說，則此乃特磬之度，故長皆倍增於正律也。云“此假矩以定倨句，非用其度耳”者，鄭《車人》注定一矩長二尺六寸三分之二。此磬之長短，自依律爲增減，其度不一，故知經所謂一矩有半者，止假以定其倨句之形，非言長瑶短之度也。

其博爲一，博謂股博也。博，廣也。

【疏】"其博爲一"者,聶崇義云:"謂股博一律也。黄鍾之磬博九寸。"程瑶田云:"截其股之長,半之爲其博,命之爲一,以爲出度之本。"

注云"博謂股博也"者,磬直懸,上下爲股鼓二體。鼓博之度,别見下文,故鄭知此博爲專主股言也。云"博,廣也"者,《冶氏》注同。

股爲二,鼓爲三。參分其股博,去一以爲鼓博;參分其鼓博,以其一爲之厚。鄭司農云:"股,磬之上大者。鼓,其下小者,所當擊者也。"玄謂股外面,鼓内面也。假令磬股廣四寸半者,股長九寸也,鼓廣三寸,長尺三寸半,厚一寸。

【疏】"股爲二,鼓爲三"者,鼓之長度赢於股之三分之一也。聶崇義云:"股爲二,後長二律者也。鼓爲三,前長三律者也。黄鐘之磬,股長一尺八寸,鼓長二尺七寸。"云"參分其股博,去一以爲股博"者,鼓博朒於股三分之一也。聶崇義云:"黄鍾磬鼓博六寸。"程瑶田云:"參分其股博,去一以爲鼓博,鼓博得股博之太半也。"又云:"磬之體,鼓三,一片石耳。其股之二,如懸疣枝指,非所應有,以其孔必設於其旁,懸之不能正,故侈而壓之使正耳。然則股二何以股博一?鼓三何以鼓博三分一之二也?曰:壓之使正之道也。偏諸左者,必益之於其右;偏諸下者,必益之於其上。所益之數與所偏之數,必兩相當焉,而後偏者正矣。曷爲其益股於鼓而後能兩相當也?曰:股與鼓之數兩相函,而後股與鼓之體兩相當。是故三分其鼓三,以其一爲股博一;三分其股二,以其一爲鼓博六六六不盡,是股博鼓博之數兩相函於鼓股中也。三其股博之一,即鼓之三;三其鼓博之六六六不盡,即股之二,是鼓股之數兩相函於股博鼓博中也。股鼓和而三分之一,即股博鼓博之和;股博鼓博和而三倍之,即股鼓之和,是股鼓之和數與股博鼓博之和數,又互相函於兩數之中也。此其故何也?股二與鼓博一自乘,得積二百;鼓三與鼓博六六六不盡自乘,亦得積二百。其積同,其兩體之輕重同也,故能益其偏而壓之使正也。"案:程説磬股鼓體積相函之理極精,足補鄭、賈義。云"參分其鼓博,以其一爲之厚"者,股與鼓厚度同。程瑶田云:"厚得鼓博之少半也。"聶崇義云:"黄鍾磬厚二寸。"徐義原云:"磬惟藉厚薄以分清濁,賈疏謂'厚則聲清,薄則聲濁'是也。依鳧氏爲鍾之例,則當以分别大磬、小磬厚薄之度。

今云'三分其鼓博,以其一爲之厚',是厚薄之度生乎鼓博。鼓博同,則厚薄亦無弗同,何以分清濁哉? 是有説焉。八音惟絲與石俱倍半同聲,而絲之倍半與石相反。絲音長者濁,短者清,全弦爲正聲,則半弦爲半聲;半弦爲正聲,則全弦爲倍聲。石音薄者濁,厚者清,半其厚則得倍聲,倍其厚則得半聲。上生者反用損,下生者反用益。然其半而又半,倍而又倍,皆自然相應,則與絲者同理,故舉一則聲而各聲可得。鍾磬皆十聲,而磬之十聲與鍾異。鍾於五正聲外有五清,磬則於五正聲外有徵羽二濁聲,宫商角三清聲。傳曰'鍾尚羽,石尚角',此之謂也。磬十聲,清角最清,其磬最厚。磬之厚不得過其廣之半。假如鼓廣三寸,則角磬寸四分,商寸二分,宫一寸,羽九分,徵八分,再退一分得七分,則復爲角矣;由是六分爲商,五分爲宫,四分半爲羽,四分爲徵,而十聲皆備。然則鼓博三寸,其厚一寸,乃宫聲也,所謂黄鍾小素之首也。夫宫,音之主也。凡制樂器,必吹律以定宫聲。得宫聲,而五聲可推;得清宫,而正宫亦可得矣。"案:徐説是也。磬亦有特縣編縣之異。賈前疏引《樂經》及聶氏所説爲特磬之數度,徐氏所説爲編磬之數度,足互相備也。特磬、編磬制,詳《小胥》疏。

注鄭司農云"股,磬之上大者,鼓,其下小者,所當擊者也"者,賈疏云:"以其股面廣,鼓面狹,故以大小而言也。"程瑶田云:"磬之有股,猶鍾之有甬也。鍾縣設於甬,磬縣設於股。恐著鍾磬之本體而爲聲疲,故别爲甬與股以設之。"又云:"磬有二體,曰鼓,曰股。縣設於股,故股横在上;其下縱者鼓,蓋所擊處,磬之本體也。司農以上下寫其形,得古縣磬之法。"案:程説是也。磬所擊處謂之鼓,猶《鳧氏》鍾所擊處亦謂之鼓也。股專爲縣磬設。其縣孔所在,經無文。程氏及汪萊謂鼓與股相函同積,推其重心,縣孔當於鼓上中線之右設之,亦算術亦密合,可補經注義也。云"玄謂股外面,鼓内面也"者,鄭鍔云:"擊者爲前而在内,不擊者爲後而在外,内者在下,外者在上,故康成謂股外面、鼓内面也。"程瑶田云:"先鄭言上下,後鄭言内外,蓋互相足。先鄭解直縣,則鼓在下,故以上下寫之。後鄭申言鼓直縣,故恒在内,爲内面;惟鼓直縣,則股斜出,故恒在外,爲外面,而向人。"又云:"《國語》'籧篨蒙璆',則古人縣磬,當以折處向人面,以梴旁擊其鼓。磬直股斜出，有偃形，籧篨立其下，仰而蒙之。"案：程說亦是也。云"假令磬股廣四寸半者，股長九寸也，鼓廣三寸，長尺三寸半，厚一寸"者，賈疏云："假令者，經直言一二三，不定尺寸，是假設之言也。若定尺寸，自當依律爲短長也。以四寸半爲法者，直取從此已下爲易計，非實法也。"徐養原云："鄭意舉黄鍾磬爲例，正是實法。古磬之大小，讀此可得其概。若取易計，何不如《樂》云一律、二律、三律，不更整齊乎？惟林夷南無應五律，股博宜用全數。"又云："四寸半與黄鍾律數相準，得黄鍾而他律亦可類推。假如林鍾之磬當倍律，股博六寸，脩尺二寸，鼓脩尺八寸，博四寸。"案：依徐說，則鄭據黄鍾半律，見編磬股博之數也。其說較賈爲長。

已上則摩其旁，鄭司農云："磬聲大上，則摩鑢其旁。"玄謂大上，聲清也。薄而廣則濁。

【疏】"已上則摩其旁"者，江藩云："爲磬雖有度數，然不摩鑢之，則清濁不分，焉能合律乎？以意度之，磬制成之後，吹十二律之管，以定其聲。如一律有清濁二音者，求濁聲，則摩之使薄而廣；求清聲，則摩之使短而厚，再以律管比其聲，於是五音諧矣。"徐養原云："摩其旁，摩其耑，此劑量之法也。《典同》云：'凡爲樂器，以十有二律爲之度數，以十有二聲爲之劑量。'觀磬氏之爲磬，可得其法矣。物性無常，卽同爲一物，而剛柔精粗，良非一致。不知劑量之法，雖得其度數，終不得聲。磬氏爲刮摩之工，非摩無以成器。上言三分其股博，以其一爲之厚，則磬之厚薄本有一定之度。然或合度而不得聲，故又有摩旁、摩耑之法，以爲之劑量。"

注鄭司農云"磬聲大上，則摩鑢其旁"者，明此云上下，皆造磬既合度而聲尚未協律，故爲此調劑之法。聲太高，則須減其厚度，故摩錯其旁使之薄。摩鑢，詳《總敘》疏。磬之考擊，雖以鼓爲主，而得其聲，則股鼓同體，互相函含，亦兩相震盪，不能分爲二也。依後鄭薄厚之義，似謂摩其平面之兩面。但摩厚使薄，則止摩一面已足，不必摩兩面；而摩面亦必上下均平，則於厚度所減無多，而已足改其聲矣。徐養原云："磬以鼓爲主，既摩其鼓，則股亦須摩，否則輕重不等，而鼓縣不得直矣。"案：徐說是也。云"玄謂大上，聲清也”者，上猶高也。聲高則清，故云大上聲清。云“薄而廣則濁”者，賈疏云：“凡樂器，厚則聲清，薄則聲濁。今大上，是聲清，故使薄，薄而廣則濁也。”詒讓案：狹者不可使廣。此摩其旁，其廣度自若，但厚度既減，則因薄見廣耳。

已下則摩其耑。大下，聲濁也。短而厚則清。

【疏】“已下則摩其耑”者，《釋文》云：“耑，劉又音穿，本或作端。”案：劉音與經義不合，不足據。《說文・耑部》云：“耑，物初生之題也。”《立部》云：“端，直也。”阮元云：“依《說文》，則耑爲肇耑字，端爲端正字。”案：阮說是也。耑端古今字。《釋文》或本，蓋後人所改。鼓上耑與股相接，不可摩，則可摩者，唯股之上耑與鼓之下耑。然股鼓兩積正等，若止摩一耑，則上下既不均平，而重心亦隨之而改，縣與擊皆不協矣。諦審注短而厚之義，自謂股上鼓下兩端並摩之，以略減其脩度也。

注云“大下，聲濁也”者，下猶低也。聲低則濁，故云大下聲濁也。云“短而厚則清”者，賈疏云：“此聲濁由薄，薄不可使厚，故摩使短，短則形小，形小則厚，厚則聲清也。”案：賈說是也。此摩耑，其厚一寸之度亦自若，但兩耑長度得摩而減，則因短見厚耳。

矢人爲矢，鍭矢參分，茀矢參分，一在前，二在後。參訂之而平者，前有鐵重也。《司弓矢職》茀當爲殺。鄭司農云："一在前，謂箭稾中鐵莖居參分殺一以前。"

【疏】"矢人爲矢"者，亦以所作之器名工也。《説文・矢部》云："矢，弓弩矢也。古者夷牟初作矢。"《大射儀》及《孟子・公孫丑篇》並有矢人。云"鍭矢參分，茀矢參分，一在前，二在後"者，程瑶田云："《司弓矢職》：'掌八矢之法，枉矢、絜矢、殺矢、鍭矢、矰矢、茀矢、恒矢、庳矢。'鄭注：'殺矢、鍭矢，二者前尤重，中深而不可遠也。恒庳二者前後訂，其行平也。'又云：'恒矢之屬軒輖中，所謂志也。'《矢人職》所舉五矢，僅三等。鍭矢、茀矢曰參分，一在前，二在後，卽《夏官》注所謂前尤重者也。"易祓云："三分其稾之三尺，則一尺在前，二尺在後。以後二尺之重與前一尺相等，則稾前之鐵爲極重矣，故其發遲，而近射用焉。"詒讓案：恒矢之鏃，蓋有二種，禮射用金，習射用骨，《既夕禮》及《爾雅》所謂志也。此經不及恒矢、庳矢者，以其前後訂，分數易明，文不具也。互詳《司弓矢》疏。

注云"參訂之而平者，前有鐵重也"者，訂謂平比之。《釋文》云："訂，李音亭，呂、沈同。"則讀訂爲亭。《毛詩・大雅・行葦》傳云："鍭矢參亭。"《淮南子・原道訓》高注云："亭，平也。"亭訂字通，詳《司弓矢》疏。鐵謂刃也。前《攻金之工》云："五分其金，而錫居二，謂之削殺矢之齊。"則矢鏃亦以銅爲之，故得與錫相和。而二鄭此注並云鐵者，蓋據漢時爲矢皆用鐵鏃，周時矢鏃亦容兼用銅鐵，故並云鐵矣。鄭意凡矢以刃爲前，刃以鐵爲之，故恒重；後則唯著栝羽，故恒輕，《既夕》注云"凡爲矢，前重後輕"是也。此二矢後多而前少，以相稱量而適平者，明鐵重，故厭前一，使重得與後二等也。云"《司弓矢職》茀當爲殺"者，段玉裁云："'當'字衍文。"賈疏云："彼鍭矢與殺矢相對，茀矢自與矰矢相對。此上既言鍭矢，明下宜有殺矢對之，故破此茀爲殺也。《司弓矢》注亦云：'殺矢之屬，參分，一在前，二在後。'"鄭司農云"一在前，謂箭稾中鐵莖居參分殺一以前"者，稾，舊本並誤槀，《釋文》同，今依毛晉本正，後注並同。鐵莖即鋌也。此矢稾三尺，殺者居一尺，鋌之入稾中者亦止一尺，故云"居參分殺一以前"也。

兵矢、田矢五分，二在前，三在後。鐵差短小也。兵矢，謂枉矢、絜矢也。此二矢亦可以田。田矢，謂矰矢。

【疏】"兵矢、田矢五分，二在前，三在後"者，程瑶田云："《司弓矢》注：'枉矢絜矢二者，前於後重微輕，行疾也。'《記》言兵矢田矢五分，二在前，三在後，卽《夏官》注所謂前於重微輕者也。"易祓云："五分其稾之三尺，則尺有二寸在前，尺有八寸在後也。以後尺有八寸之重，而與前尺有二寸相等，則稾前之鐵比殺矢蓋短而小矣，故其發遠而火射用焉。"

注云"鐵差短小也"者，賈疏云："前參分一在前，得訂，此五分二在前得訂，故知鐵差短小也。"云"兵矢謂枉矢、絜矢也"者，亦據《司弓矢》文。彼注云"枉矢者，今之飛矛是也，或謂之兵矢，絜矢象焉"是也。云"此二矢亦可以田"者，鄭意謂二矢雖爲兵矢，亦兼爲田矢也。《司弓矢》以二矢爲利火射，用諸守城車戰，則專屬兵事，不云可以田，鄭以意定之。彼注亦云："枉矢之屬五分，二在前，三在後。"云"田矢謂矰矢"者，賈疏云："按《鄭志》，趙商問：'《司弓矢》注云："凡矢之制，矰矢之屬七分，三在前，四在後。"按《矢人職》曰："田矢五分，二在前，三在後。"注云："田矢謂矰矢。"數不相應，不知所裁。'荅曰：'"田矢謂矰矢"，此先定，後云"此二矢亦可以田"。頃若少疾，此疏初在篋笥之閒，屬録事得之，謹荅。'若然，鄭君本意以矰矢爲田矢，非經田矢，自是尋常田矢。'此二矢亦可以田'，解經田矢是枉矢、絜矢，非直爲兵矢，此二者亦可以田也。此鄭云'田矢謂矰矢'，案《司弓矢職》，枉矢、絜矢言利諸田獵；茀矢、矰矢直言弋射，不言田獵，而云田矢者，弋射卽是田獵也。"案：《司弓矢》云："殺矢鍭矢，用諸田獵。"賈說似誤記。鄭以殺矢、鍭矢參分，一在前，二在後，已見上文，則此田矢不得爲彼二矢，故別以枉矢、絜矢爲釋;而又以爲𥎞矢者,蓋因《司弓矢》云"田弋共𥎞矢",故注復著此說。然與彼注違牾,故趙商疑而發問。據鄭君所荅,則田矢謂𥎞矢,乃鄭初定之注。後因與《司弓矢》注不合,乃重定云"此二矢亦可以田"。則謂田矢仍是枉矢、絜矢,其𥎞矢自與下茀矢同度,與《司弓矢》注無不合矣。然則鄭後定之注,當删去"田矢謂𥎞矢"五字。而今本兼有之者,殆由鄭先定本早已行世,學者見後定本有"此二矢亦可以田"之語,輒據增入,而忘去"田矢謂𥎞矢"五字,遂成兩載。亦猶《保氏》"九數"注,鄭云"今有重差句股",馬融、干寶云"今有重差夕桀",校者誤合兩注,遂於鄭本增"夕桀"二字也。賈疏所見本已誤,而不知鄭後定本當無此五字,乃强圓其說,云"鄭君本意以𥎞矢爲田矢,非經田矢"。若然,鄭君即以非經田矢,則又何爲於此注出之乎?其誤甚矣。

殺矢七分,三在前,四在後。鐵又差短小也。《司弓矢職》殺當爲茀。

【疏】"殺矢"者,殺,《釋文》作"𣪠"。阮元云:"經當作'𣪠',此因注云'殺當爲茀',遂改'殺'也。"錢大昕云:"《梓人》、《矢人篇》皆有'𣪠'字。《説文》無杀部,从閃亦無義。此即籀文'殺'字,'𠆢'譌爲'門','又'譌爲'人',非即别有𣪠字也。"案:阮、錢説近是。段玉裁説同。此經下篇《梓人》、《匠人》、《弓人》凡殺字皆作'𣪠',疑此職五殺字亦當同,今本作'殺',字例岐互,非其舊也。云"七分,三在前,四在後"者,程瑶田云:"《司弓矢》注:'𥎞矢、茀矢二者,前於重又微輕,行不低也。'殺矢七分,三在前,四在後,即《夏官》注所謂前於重又微輕者也。"易祓云:"七分其稾之三尺,則在前者尺有三寸七分寸之六,在後者尺有七寸七分寸之一也。以後七分之四與前七分之三相等,則稾前之鐵比兵矢又短而小矣,故其發高,而弋射用焉。"賈疏云:"此經直言茀矢,不言𥎞矢者,以其與茀矢同制,故略而不言也。"

注云:"鐵又差短小也"者,賈疏云:"以其前五分二在前,此七分三在前,是差短小也。"云"《司弓矢職》殺當爲茀"者,段玉裁謂"當"亦衍文。此"茀"字與上文"殺"誤互易,故鄭兩破之。《司弓矢》云:"𥎞矢之屬,七分,三在前，四在後。"此破"殺"爲"茀"，亦當兼晐矰矢也。

參分其長而殺其一，矢槀長尺三，殺其前一尺，令趣鏃也。

【疏】"參分其長而殺其一"者，以下通記爲矢之法，六矢所同。殺，《釋文》亦作"䊛"，云"本又作殺"。

注云"矢槀長三尺"者，《鄉射記》云："物長如笴。"注亦云："笴，矢幹也，長三尺，與跬相應。"賈疏云："按《槀人》注：'矢服長短之制，未聞。'彼以無正文，故云未聞。此云三尺者，約羽六寸，逆差之，故知三尺也。"江永云："矢笴有長短，三尺其中制。"詒讓案：《槀人》云"矢八物，皆三等"，則八矢長短各異，與弓同。又《輈人》注云："凡弓引之中參。"中參者，蓋謂弓之下制六尺，引滿之，中容矢長三尺。然則矢之制，以三尺爲最短，其上中制當以次遞增也。云"殺其前一尺，令趣鏃也"者，鏃卽刃也。《釋名・釋兵》云："矢本，齊人謂之鏃。鏃，族也，言其所中皆族滅也。"正字當做族。《說文・金部》云："鏃，利也。"《㫃部》云："族，矢鋒也，束之族族也。"趣與趨同。鏃細而槀豐，故殺槀前一尺，使趣前漸殺，至於鏃而平也。

五分其長而羽其一，羽者六寸。

【疏】"五分其長者而羽其一"者，《釋名・釋兵》云："矢其旁有羽，如鳥羽也。鳥須羽而飛，矢須羽而前也。"《說文・羽部》云："翦，矢羽。"《既夕記》有翭矢、志矢，並短衞。鄭注云："示不用也。"然則羽短則矢不可用，太長則又行遲，故必以五分矢長之一爲度。

注云"羽者六寸"者，以三尺之槀，五分之，而取一分，則六寸也。

以其笴厚爲之羽深，笴讀爲槀，謂矢榦，古文假借字。厚之數，未聞。

【疏】"以其笴厚，爲之羽深"者，深謂羽入笴之深。凡設羽深淺之度，必視笴之厚薄爲差，則不傷其力也。

注云"笴讀爲槀，謂矢榦，古文假借字"者，《總敘》杜注義同。《釋名・釋兵》云："矢其體曰榦，言挺榦也。"鄭意笴自有本義，與矢榦之槀聲近，故叚笴爲稾也。《説文·竹部》無笴字，然許、鄭二君説字不盡同，疑古本有此字，从竹可聲，而别有本義，今不可攷。《禮經》借爲矢榦之稾，故云古文假借。若《鄉射》、《大射禮》注並訓笴爲矢榦，則卽以借義釋之，故不復正其讀，與此注不相盭也。互詳《總敍》疏。又案：此經笴字，蓋故書今書所同，鄭云"古文假借字"，乃釋字例，非校故書也。與《小史》注以軌爲簋古文同，與《庖人》、《㮚氏》注所稱古文卽指故書異。云"厚之數未聞"者，矢厚經無文，故鄭云未聞。程瑶田云："'刃圍寸'者，刃本之圍也。刃之本卽笴之末。循其所翦之末而漸豐之，至於其所翦之始，所謂參分其長而翦其一也。準之而爲笴末之翦圍，則亦參分其圍而翦其一而已矣。殺圍寸，則不翦者圍寸有半，其厚半寸可知也。若是，刃之圍寸似無三等之差矣。圍寸無差，而三等之差實由金鏃。豈所謂鋌十之重三垸者，惟殺矢之屬爲然，故《冶氏》專言殺矢與?"案：此程氏以意推之，未知是否，姑存之，以備一義。

水之以辨其陰陽，辨猶正也。陰沈而陽浮。

【疏】"水之以辨其陰陽"者，爲欲設比也。水之，謂取笴木漸之水中，猶《輪人》云"水之，以眡其平沈之均也"。陰陽，謂稾之向日背日者，亦與《輪人》"斬轂必矩其陰陽"同。賈疏云："就其浮沈刻記之。"

注云"辨猶正也"者，此引申之義。《小爾雅·廣言》云："辨，别也。"辨别所以正其陰陽之面，故云猶正也。云"陰沈而陽浮"者，陰潤就下故沈，陽燥向上故浮也。

夾其陰陽以設其比，夾其比以設其羽，夾其陰陽者，弓矢比在稾兩旁，弩矢比在上下。設羽於四角。鄭司農云："比謂括也。"

【疏】"夾其陰陽以設其比"者，莊存與云："比，今人謂之扣，所以扣弦也。夾其陰陽以爲扣，謂箭笴當弦處，半陰半陽，不偏重也。"程瑶田云："如弓矢既辨其沈而在下者爲陰，浮而在上者爲陽，而刻記之矣。乃夾其兩旁而設比，是爲夾其陰陽。"案：莊、程説是也。云"夾其比以設其羽"者，矢羽有四，設之必夾比，蓋在四角邪夾之，故羽著四角，自從横相直，而不與比相侵也。古矢皆四羽,與今矢三羽異。

注云:“夾其陰陽者,弓矢比在稾兩旁,弩矢比在上下”者,賈疏云:“以其弓豎用之,故比在稾之兩畔;弩弓横用之,故比在稾上下。”詒讓案:設比蓋當陰陽均處,弓矢則比在兩旁,陰陽在上下;弩矢則比在上下,陰陽在兩旁也。云“設羽於四角者”也,弓弩之矢,比在兩旁上下,則四角皆適當空處,故就之設羽也。鄭司農云“比謂括也”者,《文選·西京賦》薛注云:“括,箭括之御弦者。”括正字作“桰”。《説文·木部》云:“桰,一曰矢桰,築弦處。”《釋名·釋兵》云:“矢,其末者栝,栝,會也,與弦會也。栝旁曰叉,形似叉也。”《國語·魯語》説楛矢云:“銘其栝者,肅慎氏之貢。”韋注云:“栝,箭羽之閒也。”案:栝即桰之隸變。此注及《儀禮》、《尚書》並作括,同聲叚借字。此即於笴末刻之。《魯語》云“銘其栝”者,即銘其笴也。經不著比之長度者,比之長不過數分,於三尺之笴,所增損無多,不關前後輕重之數,故可從略也。

參分其羽以設其刃,刃二寸。

【疏】“參分其羽以設其刃”者,江永云:“此刃並鋌言之,設刃即設鋌也。”俞樾云:“‘分’字衍文也。《記》文本云‘參其羽以設其刃’,刃者兼鋌而言之也。羽長六寸,三六一尺八寸,加鋌一尺刃二寸,適合矢長三尺之數,故曰‘參其羽以設其刃’,明設鋌刃在一尺八寸之外也。上文云‘五分其長而羽其一’,此就全矢計之。若除去鋌刃一尺二寸,則參分其長而羽其一矣,所謂參其羽以設其刃也。誤衍‘分’字,義不可通矣。”案:俞謂經“分”字當爲衍文,其説近是。

注云:“刃二寸”者,賈疏云:“以其言參分其羽以設其刃,不可參分取二分,作四寸,明知參分取一,得二寸爲刃,故知刃二寸。”俞樾云:“如疏義,則當云‘參分其羽以爲刃長’,不當言‘參分其羽以設其刃’也。且羽長六寸,但云‘參分其羽’,將取二分乎?抑取一分乎?古人之辭不應如是之鶻突也。”詒讓案:鄭、賈之意,以經參分其羽,爲參分六寸之長,而取其一爲二寸,故下文又增刃長寸爲刃長二寸。於此經義雖未協,但以下文校之,刃長寸爲薄匕之度,其匕上爲豐本,出笴外圍寸者,長亦一寸,合之亦得二寸;則鄭云"刃二寸",於矢鏃之度,固不謬也。

則雖有疾風,亦弗之能憚矣。故書憚或作"但"。鄭司農云:"讀當爲'憚之以威'之憚,謂風不能驚憚箭也。"

【疏】注云"故書憚或作但,鄭司農云,讀當爲憚之以威之憚,謂風不能驚憚箭也"者,段玉裁云:"《大司馬職》注:'壇讀從憚之以威之憚。'壇、但、憚三字古音同部。"張文虎云:"《廬人》'句兵欲無彈',注'故書或作但,鄭司農云:但讀爲彈丸之彈,但謂掉也'。此憚彈二字同義,當皆訓爲掉。《商頌》'不震不動',箋:'不可驚憚也。'以驚憚訓震動,蓋彈、憚、但、動、掉,皆聲之轉。"案:張說是也。注云驚憚箭,亦謂矢行爲風所撼而振掉,若驚憚然,與《廬人》注讀雖異,而意則同。又《莊子·大宗師篇》"子犂曰無怛",彼《釋文》引先鄭注作"不能驚怛",蓋以音同改之,以就《莊子》之文,不知此經故書"憚"作"但",與《廬人》"彈"作"但"正同。"不能驚憚"之訓,有正承"憚之以威"之讀,改作"怛"不可通也。

刃長寸,圍寸,鋌十之,重三垸。刃長寸,脱"二"字。鋌一尺。

【疏】"刃長寸"者,記鏃末之長也。以下《冶氏》文同。凡矢鏃以金鑄之,與稾異材,别使金工爲之。既成,以授此工,設之於稾,故其文兩見,亦百工之聯事通職也。云"圍寸"者,此專指鏃本之圓在稾外者言之,其長與鏃末之薄匕等也。鏃末之匕,薄而且鋭,不可以言圍,則圍寸指鏃本言明矣。鏃本與末各寸,合之適二寸。云"鋌十之"者,謂鏃本之入稾者,十倍圍之度也。鄭讀"刃長寸"爲"長二寸",則謂此不冢彼爲文也。云"重三垸"者,并鏃與鋌之重也。程瑶田云:"《冶氏》曰爲殺矢,《矢人》言刃同,不專言殺矢也。余以三等之矢,訂之而平者,前後殊所,其故在金鏃有輕重,則《記》所云刃之度法與權刃之數,宜如《冶氏》專指殺矢言也。其他二等,則以次差短,亦以次差輕,準訂平處試之,可知其數。"詒讓案:殺矢之刃,在三等爲最重,兵矢、田矢、茀矢等,當以次遞輕。然此皆就鋌之長短豐殺消息之以取均平，而刃長寸、圍寸之度，則諸矢固無不斠若畫一也。鋌之度法，八矢爲四等，可以意參定之，故經不分别著之也。互詳《冶氏》疏。

注云"刃長寸，脱二字"者，段玉裁云："謂'寸'上脱'二'。"江永云："刃長寸，此及《冶氏》兩言之。謂此處脱'二'字，既未安，而刃長二寸，鋌十之者，又有鋌二十寸之嫌，文意尤不協。"案：江説是也。此經本無脱文，但鄭説矢長二寸，亦不誤。戴震謂矢匕中博，刃長寸，自博處至鋒也。程瑶田云："余見古矢鏃不爲匕，豐本鋭末，自其半而漸殺之。然則二寸者，刃之通長。言刃長寸者，蓋言其半之發於硎者耳。"案：古矢鏃蓋有豐本及薄匕兩制，其鋒皆一寸。戴、程兩説並得通。《左》昭二十六年傳云："齊子淵捷從洩聲子，射之，中楯瓦，繇朐汰輈，匕入者三寸。"杜注云："匕，矢鏃也。"孔疏云："今人猶謂箭鏃薄而長闊者爲匕。"據杜、孔説，則古矢鏃多爲匕。《方言》云："凡箭鏃胡合嬴者，四鐮，或曰拘腸。三鐮者，謂之羊頭。其廣長而薄鐮，謂之錍，或謂之鈀。"郭注云："鐮，稜也。"楊氏所謂四鐮、三鐮、胡合嬴者，卽豐本鋭末之制。廣長而薄鐮者，卽古薄匕之制。是矢鏃有二制，漢時猶然矣。

前弱則俛，後弱則翔，中弱則紆，中强則揚，羽豐則遲，羽殺則趮。言幹羽之病，使矢行不正。俛，低也。翔，迴顧也。紆，曲也。揚，飛也。豐，大也。趮，旁掉也。

【疏】"前弱則俛"者，俛，《唐石經》作"勉"，宋余仁仲本同。錢大昕云"勉與俛，古多通用。黽勉，漢碑多作'僶俛'。陸機《文賦》'在有無而僶俛'，李善注引'《詩》僶俛求之'。《漢書·谷永傳》'閔免遁樂'，師古注：'閔免猶黽勉也。'《表記》'俛焉日有孳孳'，讀如勉。此經又讀勉爲俛，音同義亦同也。"案：錢説是也。以下並論矢不中法之弊。程瑶田云："前弱後强，後弱前强，與前後强弱同而中或偏强偏弱，則俛翔紆揚之病生。"云"羽殺則趮"者，殺亦當作'椴'，下章並同。羽殺謂羽減少也。

注云"言幹羽之病，使矢行不正"者，凡矢行正，必應拋物線。若幹羽有病，則行失其正。前弱、後弱、中弱、中强，幹之病；羽豐、羽殺，羽之病也。

俛、翔、紆、揚，謂矢行不應正線；遲、趮，則不中常節也。云“俛，低也”者，《說文・頁部》云：“頫，低頭也，重文俛，頫或从人免。”引申之，矢行低亦通謂之俛。程瑶田云：“俛者前低。”云“翔，迴顧也”者，《說文・羽部》云：“翔，回飛也。’程瑶田云：“翔者前高。”云“紆，曲也”者，《楚辭・惜誦》王注同。程瑶田云：“紆者中曲而不直。”云“揚，飛也”者，《說文・手部》云：“揚，飛舉也。”《大射儀》云：“揚觸梱復”，與此揚義略同。程瑶田云：“揚者，前後輕而不定。”云“豐，大也”者，《凾人》注同。云“趮，旁掉也”者，《說文・走部》云：“趮，疾也。”《廣雅・釋詁》云：“掉，動也。”謂矢太疾則動而旁出。

是故夾而搖之，以眡其豐殺之節也；今人以指夾矢儛衛是也。

【疏】“是故夾而搖之”者，《釋文》云：“搖，本又作摿。”案：摿卽搖之變體。漢隸凡从䍃之字，或變从夅。劉球《隸韻》載《漢孔廟禮器碑》、《劉寬碑》、《朱龜碑》、李翕《西狹頌》，“繇”並作“䌛”，《韓敕碑》、《鄭固碑》“瑶”並作“瑤”，是其證也。阮元云：“葉本作‘本又作搖’，疑正文搖字當本作‘繇’”。案：阮說亦通。以下記試羽之法也。云“以眡其豐殺之節也”者，《弓人》注云：“節猶適也。”程瑶田云：“豐殺得其節，則遲趮之病亦除矣。”

注云“今人以指夾矢儛衛是也”者，《釋名・釋兵》云：“矢羽，齊人曰衛，所以導衛矢也。”程瑶田云：“今人試矢，以左手指撝而圜之，藏矢其中，復以右手兩指夾其比，旋之令前行，以觀其遲趮之宜。衛卽羽也，《既夕記》云：‘猴矢短衛，志矢亦短衛。’疏言羽所以防衛其矢，不使不調，故名羽爲衛是也。”

橈之，以眡其鴻殺之稱也。橈搦其幹。

【疏】“橈之，以眡其鴻殺之稱也”者，記試幹之法也。賈疏云：“此言鴻，卽上文强是也；此言殺，卽上文弱是也。”

注云“橈搦其幹”者，《廣雅・釋詁》云：“橈，曲也。”《說文・手部》云：“搦，按也。”謂仰按其幹令曲，則殺者先屈，可以驗其稱否也。

凡相笴,欲生而摶,同摶欲重,同重節欲疏,同疏欲㮚。相猶擇也。生謂無瑕蠹也。摶讀如"摶黍"之摶,謂圜也。鄭司農云:"欲㮚,欲其色如㮚也。"

【疏】"凡相笴"者,記選笴之法也。云"同重節欲疏"者,節謂笴之節目也。《呂氏春秋·舉難篇》云:"尺之木,必有節目。"矢笴長三尺以上,必不能無節目,但以疏爲善耳。

注云"相猶擇也"者,《爾雅·釋詁》云:"相,視也。"相笴亦謂視而擇之。云"生謂無瑕蠹也"者,謂若初生之木也。賈疏云:"無瑕謂無異色,無蠹謂無蠹孔也。"程瑤田云:"生如《漢律志》'泠綸取竹之解谷生,其竅厚均'之生。晉灼曰:'生而自然均也。'彼言其厚生而自然均,此言其形生而自然圜。且生字直貫下四者摶、重、疏、㮚,生而自然者也。"案:程說較鄭爲長。云"摶讀如摶黍之摶"者,賈疏云:"讀如《爾雅·釋鳥》黄鳥,摶黍也。"云"謂圜也"者,《輪人》注云:"摶,圜厚也。"義同。鄭司農云"欲㮚,欲其色如㮚也"者,㮚,注例用今字作"栗",此經注皆作"㮚",疑亦後人所改。詳《籩人》、《玉人》疏。戴震云:"堅實之色。"詒讓案:《聘義》"縝密以栗",注云:"栗,堅貌。"此云色如㮚,亦由質堅,故色如㮚也。

冬官考工記

陶人

陶人爲甗，實二鬴，厚半寸，脣寸。盆，實二鬴，厚半寸，脣寸。甑，實二鬴，厚半寸，脣寸，七穿。量六斗四升曰鬴。鄭司農云："甗，無底甑。"

【疏】"陶人爲甗，實二鬴"者，陶人亦以事名工也。《左》襄二十五年傳云："虞閼父爲周陶正。"《喪大記》云"陶人出重鬲"，此工卽其屬也。互詳《總敍》疏。《說文·瓦部》云："甗，甑也，一穿。"案：甗、盆、甑皆容一斛二斗八升。戴震云："一穿爲甗，七穿爲甑，並上大下小。《爾雅》：'䰝謂之鬵。鬵，鉹也。'《方言》：'甑，自關而東謂之甗，或謂之鬵，或謂之酢餾。'郭注云：'凉州呼鉹。'甑甗亦通稱也。甗上體如甑，無底，施箅其中，容十二斗八升；下體如鬲，以承水，陞氣於上。古銅甗有存者，大勢類此。"又云："《陶人》甗、盆、甑、鬲、庾，皆不言廣崇之度，或侈而斂，或庳而扈，不一定也。"詒讓案：甗甑皆炊飪之器，故《少牢饋食禮》云："雍人摡鼎匕俎于雍爨，廩人摡甗甑匕與敦于廩爨。"是甑甗以炊飯，與鼎以烹牲體同。甗盆甑並陶土爲之，故《左傳釋文》引《字林》云："甗，土甑也。"《左》成二年傳："齊侯使賓媚人賂以紀甗玉磬。"杜注云："甗，玉甑。"此别以玉爲之，不爲用器，非常制也。云"厚半寸，脣寸"者，《說文·肉部》云："脣，口耑也。"凡器埒厚半寸，其口脣周帀有緣，故厚倍之，陶旊諸器並同。云"盆實二鬴"者，制詳《牛人》疏。云"甑實二鬴"者，《說文·瓦部》："甑，甗也。"又《鬲部》云："䰝，鬵屬。"案：䰝甑字同。《一切經音義》引《字林》云："甑，炊器也。"云"七穿"者，穿卽謂空。《說文·穴部》："穿，通也。窐，空也。"《楚辭·離騷》有"甑窐"，王注云："窐，土甑孔也。"此七穿，卽所謂窐矣。

注云"量六斗四升曰鬴"者，《廩人》、《桌氏》注並同。鄭司農云"甗，無底甑"者，《少牢饋食禮》注云："甗如甑，一空。"《說文》云："甗，一穿。"《釋名·釋山》云:"甗,甑一孔也。"賈疏云:"對甑七穿,是有底甑。"段玉裁云:"無底,卽所謂一穿。蓋甑七穿而小,甗一穿而大;一穿而大,則無底矣。"

鬲,實五觳,厚半寸,脣寸。庾,實二觳,厚半寸,脣寸。鄭司農云:"觳讀爲斛,觳受三斗,《聘禮記》有斛。"玄謂豆實三而成觳,則觳受斗二升。庾讀如"請益與之庾"之庾。

【疏】"鬲實五觳"者,容六斗。《說文·鬲部》云:"鬲,鼎屬,實五觳。斗二升曰觳。象腹交文三足。"《角部》云:"觳,盛觵卮也,讀若斛。"《方言》云:"鍑,北燕朝鮮洌水之閒或謂之錪,或謂之鉼;江淮陳楚之閒謂之錡,或謂之鏤;吳揚之閒謂之鬲。"郭注云:"鍑,釜屬也。"戴震云:"《爾雅》'鼎款足謂之鬲',注云:'鼎曲腳也。'蓋或以金、或以瓦爲之,款而三足,無足則釜也。《毛詩傳》'有足曰錡'。"案:戴說是也。鬲三足似鼎,故《史記·封禪書》說九鼎云,"其款足曰鬲",《索隱》云:"款者,空也,言其足中空也。"《漢書·郊祀志》"款足"作"空足",顏注引蘇林云:"足中空不實者,名曰鬲。"是鬲形制與鼎同,但以空足爲異,故許君云'鼎屬'。其用主於烹飪,與釜鍑同,故《方言》又以爲鍑之別名。古或笵銅爲之,《史記·滑稽傳》云"銅歷爲棺",《索隱》云:"歷即釜鬲也。"歷,甆之借字。此陶人所作,是瓦鬲。《說苑·反質篇》云:"瓦鬲煮食"。《說文》載鬲字重文或作"甂",又引《漢令》作"甆",並從瓦是也。云"庾實二觳"者,容二斗四升。《左傳》昭二十六年,孔疏云:"庾,瓦器,今甕之類。"案:形制未聞。

注鄭司農云"觳讀爲斛"者,段玉裁云:"似傳寫之誤,'讀爲斛',當本是'或爲斛'。"案:段校是也。此疊異文,非改讀其字也。云"觳受三斗"者,此據《旊人》文,而讀豆爲斗,兼據今文禮家說,以此經之"庾",爲《聘禮記》之"逾";又以庾實二觳爲六斗,半之爲一觳所受之數也。彼"逾",《掌客》及古文《禮》並作"籔"。《聘禮記》說致禮之米云:"十斗曰斛,十六斗曰籔,十籔曰秉。"注云:"今文籔爲逾。"彼《記》下文別釋車米總數,云"二百四十斗",又別說禾云"四秉曰筥,十筥曰稯"。此後鄭本《記》三文,各不相冡也。《說文·禾部》秅字注,則以十籔之秉與四秉之秉爲一,而云"《周禮》曰二百四十斤爲秉，四秉曰筥，十筥曰稯"。此亦本《聘禮記》，而易二百四十斗之斗爲斤，以爲一秉之總數。許所據文義並與鄭異。其稱《周禮》者，謂此經舊師說，故《載師》疏引《五經異義》"古《周禮》說，一井出稯禾二百四十斛，秉芻二百四十斤，釜米十六斗"，與《說文》同。孔廣森云："《異義》以稯禾爲二百四十斛，是秉乃六斛矣。《禮》注云：'今文籔爲逾'。似今文不但逾籔字異，且唯作六斗曰逾，而無'十'字，逾卽庾也。《記》'庾實二轂'，司農注'轂受三斗'。《梓人》'一獻而三酬，則一豆矣'，後鄭讀豆爲斗。蓋《瓬人》'豆實三而成轂'，先鄭亦讀豆爲斗，故云轂受三斗。轂斛同音，而所容實異。三斗爲轂，六斗爲庾，十庾爲秉。秉六斛，二百四十斤。四十秉爲稯，稯二百四十斛，九千六百斤也。"案：孔參綜《異義》、《說文》，證先鄭此注轂受三斗，據今文《禮記》逾之半量，其說甚塙。蓋先鄭意，轂三豆，實爲三斗，是庾卽逾，六斗，鬲一斛五斗也。以此數遞乘之，則一秉爲庾者十，爲斛者六，爲轂者二十也。一稯爲秉者四十，爲庾者四百，爲斛者二百四十，爲轂者八百也。與《異義》所述古《周禮》說稯禾之數正合。蓋此經舊師說本如是，故先鄭從之。後鄭《掌客》注及《聘禮記》注，則並從古文作"十六斗曰籔"，不從今文作"逾"，亦不從別本作"六斗曰逾"，而四秉自爲禾把，與十籔之量不相冡。先鄭及許依今文說，於義爲短，故不從也。許君雖從今文《禮》義，然《說文·鬲部》又云"斗二升曰轂"，則許不以此"庾"爲卽今文《禮》之"逾"，其說與先鄭又小異。云"《聘禮記》有斛"者，段玉裁云："謂十斗曰斛，此分別轂斛之解也，正經轂或爲斛之誤。"案：段說是也。先鄭既不從或本作"斛"，又嫌轂斛者音義易掍，故別白之云"《聘禮記》有斛"，明彼斛自爲十斗之量，與此轂異。賈疏謂先鄭說轂受三斗，或十斗，未達先鄭之指。云"玄謂豆實三而成轂，則轂受斗二升"者，後鄭亦據《瓬人》文，而不破字。豆實四升，三之爲斗二升。此破先鄭轂受三斗之說。《說文》義同。云"庾讀如請益與之庾之庾"者，《論語·雍也篇》文。後鄭引之，明此庾卽《論語》之庾也。依鄭義，則庾容二斗四升。何氏《集解》引包咸云"十六斗曰庾"，非鄭義也。戴震云："量之數，斗二升曰轂，十斗曰斛，二斗四升曰庾，十六斗曰籔。轂與斛，庾與籔，音聲相邇，傳注往往譌溷。《論語》'與之庾'，謂於釜外更益二斗四升。蓋與之釜已當，所益不得過乎始與。包注'十六斗曰庾'，誤也。"案：戴說是也。賈疏云："《小爾雅》'匊二升，二匊爲豆，豆四升，四豆曰區，四區曰釜，二釜有半謂之庾'者，庾本有二法，故《聘禮記》云'十六斗曰籔'，注云'今文籔爲逾。'逾卽庾也。按昭二十六年，申豐云'粟五千庾'，杜注云：'庾，十六斗。'以此知庾有二法也。"案：賈引《小爾雅·廣量》文，與今本異。庾，《小爾雅》作"籔"，則仍與《聘禮記》字同。《禮》今文作"逾"，别本又作"六斗曰逾"。先鄭以當此經之庾，彼逾字或亦作"庾"。《國語·魯語》"缶米"，韋注云："缶，庚也。《聘禮》曰：十六斗曰庾。"是庾與逾聲近字通，故包、杜及《史記集解》、《論語》皇疏引賈逵《左傳》《國語》注、《周語》韋注引唐固說，並同。後鄭但引《論語》以證此經之庾，而不引《聘禮記》，明今文《禮》之"逾"與此經及《論語》之"庾"異字異量，亦與先鄭意不同。賈引《聘禮記》謂庾本有二法，與後鄭恉實無當也。據《論語》，則釜庾二量迥殊。《小爾雅·廣量》云"籔二有半謂之缶"，則缶爲四斛，是缶與釜庾亦異。而《魯語》"缶米"，許氏《異義》以缶爲釜，韋注又以爲卽庾，則是掍釜庾缶爲一量，殆必不可通。今文《禮》之逾字，又作"斞""匬"，詳《弓人》疏。

冬官考工記

瓬人

瓬人爲簋，實一觳，崇尺，厚半寸，脣寸，豆實三而成觳，崇尺。崇，高也。豆實四升。

【疏】“瓬人爲簋”者，瓬，《唐石經》誤“旊”，今據宋本正。瓬人，亦以事名工也。賈疏云：“祭宗廟皆用木簋，今此用瓦簋，據祭天地及外神尚質。按《易·損卦·象》云：‘二簋可用享。’四，以簋進黍稷於神也。初與二直，其四與五承上，故用二簋。四，《巽》爻也，《巽》爲木。五，《離》爻也，《離》爲日。日體圜，木器而圜，簋象也。是以知以木爲之，宗廟用之。若祭天地外神等，則用瓦簋，故《郊特牲》云‘掃地而祭，於其質也；器用陶匏，以象天地之性’，是其義也。”案：賈所述《易·損·象》義，據鄭《易注》，亦見《詩·秦風·權輿》孔疏。簋之容與觳同，皆斗二升。賈《舍人》疏引鄭《孝經注》謂簠受斗二升，則簠簋所容亦同，唯以方圓爲異。戴震云：“古者簠簋，或以金，或以木，或以瓦爲之。管仲鏤簋，金簋也，《爾雅》金謂之鏤是也。飾以玉、飾以象者，木簋也。瓦簋不得有飾。”案：戴說是也。《韓非子·十過篇》云：“堯飯於土簋”，土簋即此瓦簋也。《聘禮》又有“竹簋方”，則簋之别制，此與木簋、金簋，並非瓬人所爲矣。唯瓬人爲瓦簋，亦當兼爲瓦簠。此不言者，文不具也。簋形制，互詳《舍人》疏。云“豆實三而成觳，崇尺”者，戴震云：“簋豆並崇尺，簋通蓋高，豆下有柄，亦通蓋高。《爾雅》木豆謂之豆，瓦豆謂之登，竹豆謂之籩。此瓦豆則登也。豆其通名。登與豆用同，宜濡物。若籩，惟宜乾物。”黄以周云：“崇尺，瓦豆之高也。《籩人》注云：‘籩如豆，其容實皆四升。’賈疏以爲籩豆皆面徑尺，柄尺，依《漢禮器制度》知之。《管子·弟子職》‘柄尺不跪’，注云：‘豆有柄，長尺，則立而進之。’則柄尺實古制矣。《論語》皇疏云‘柄尺二寸’，非也。柄即中央直者，《禮》謂之校；其下有跗,《禮》謂之鐙。跗與口各高一寸,合柄一尺爲高尺二寸。鄭注《雜記》云'豆徑尺',疏云'面徑尺'。以口高一寸,圓徑一尺算之,已足容實四升。聶氏以爲口圓徑尺二寸,亦非也。"案:戴、黄説甚覈。聶氏《三禮圖》引梁正、阮諶《圖》云:"登盛湇,以瓦爲之,受斗二升,口徑尺二寸,足徑尺八寸,高二尺四寸,小身,有蓋,似豆狀。"此所説形制過大,聶崇義已庌之矣。又賈疏謂祭宗廟用木簋,祭天地外神用瓦簋,則豆亦當然。《郊特牲》孔疏亦謂祭天之簋豆用瓦,與賈意同。陳祥道云:"《詩・生民》述祀天之禮言'于豆于登',則祀天有木豆矣。《少牢饋食禮》有瓦豆,則宗廟有瓦豆矣。"案:陳説是也。蓋簋豆各有瓦木二種,内外祭祀賓客通用之。賈、孔强爲區别,未足據也。又案:豆實三而成觳,先鄭蓋讀豆爲斗,故《陶人》注云"觳受三斗"。若然,則簋亦容三斗,於量太侈。又斗用木,不用瓦,非旊人所爲,故後鄭不從,此注亦不載,詳《陶人》疏。豆形制,互詳《醢人》疏。

注云"崇,高也"者,《總敍》注同。云"豆實四升"者,《㮚氏》注同。《廣雅・釋器》云:"升四曰梪。"梪,木豆正字。凡豆,瓦木容實並同,詳《醢人》疏。

凡陶旊之事,髻墾薜暴不入市。爲其不任用也。鄭司農云:"髻讀爲刮。薜讀爲藥黄蘗之蘗。暴讀爲剝。"玄謂髻讀爲跀。墾,頓傷也。薜,破裂也。暴,墳起不堅致也。

【疏】"凡陶旊之事"者,以下通論爲陶人、旊人制器之法式。云"髻墾薜暴不入市"者,墾,墾之譌體。葉鈔《釋文》作"豤"。案:當從《説文》作'豤',詳後。不入市,謂不得鬻於市,卽《司市》僞飾之禁在工者也。

注云"爲其不任用也"者,明髻墾薜暴則器苦窳不任用,故不入市也。鄭司農云"髻讀爲刮"者,髻刮聲類同。《廣雅・釋詁》云:"刮,減也。"戴震云:"刮,削薄減下之義。"段玉裁云:"《説文》髻訓絜髮也,故大鄭易爲刮,謂器似刮刷然也。"云"薜讀爲藥黄蘗之蘗"者,《説文・木部》云:"檗,黄木也。"段玉裁改"爲"爲"如","蘗"爲"檗",云:"黄檗今俗作黄柏、黄蘗,皆誤。讀如檗者,擬其音也。今本作'讀爲',誤。"案:段校是也。阮元説同。

云"暴讀爲剥"者,《説文·刀部》云:"剥,裂也。"《廣雅·釋詁》云:"剥,落也。"先鄭蓋謂薜暴爲破裂剥落之貌。云"玄謂髻讀爲刖"者,賈疏云:"刖,謂器不正欹邪者也。"段玉裁云:"鄭君以爲刮義未安,乃易髻爲刖,爲器之折足者也。髻從昏聲,昏從氏聲,音厥,與月聲近。"詒讓案:《廣雅·釋詁》云:"刖,危也。"刖刖音義同,謂器折足,則危而易覆也。云"墾,頓傷也"者,段玉裁云:"墾,葉鈔《釋文》作'豤'。《集韻·入聲·四覺》引《周禮》'髻豤薜暴'。案:《説文》本無墾字,《豕部》云:'豤,齧也。'凡齧物必用力頓傷,謂若傾跌器埒傷辟戾者也,顛頓而傷。"案:段校是也。《華嚴經音義》引《文字集略》云:"頓,損也。"頓傷猶言損傷。云"薜,破裂也"者,謂燒成破裂有罅隙。《説文·缶部》云:"缶燒善裂。"段玉裁云:"薜讀爲《西京賦》'擘肌分理'之擘,謂器之璺者也。"案:段説是也。《西京賦》李注引此注薜作"擘",蓋李亦以薜擘爲一字,故依賦文改之,非唐時有此異本也。云"暴,墳起不堅致也"者,段玉裁云:"鄭君以剥義與薜相亂,故從本字作暴,訓墳起不堅致,與槁暴之暴略同。"案:段謂此暴與《輪人》注"蔽暴"字同是也。《一切經音義》引《聲類》云:"爆,燌起也。"《毛詩·大雅·桑柔》傳"爆爍",彼《釋文》云:"爆,本又作暴。"《爾雅·釋畜》"犦牛",郭注云:"領上犦肤起。"彼《釋文》述注作"膿",引此注云:"膿謂墳起"。蓋暴、爆、犦、膿聲義並略同。陸引此注作"膿",則似依《爾雅》文改也。不堅致,謂不堅固密致,此即《檀弓》所謂"瓦不成沬",孔疏謂瓦器無光澤是也。致即今緻字,詳《大司徒》疏。

器中膞,豆中縣。膞讀如"車輇"之詮。既拊泥而轉其均,尌膞其側,以儗度端其器也。縣,縣繩正豆之柄。

【疏】"器中膞"者,此記陶旊笵器之法也。器兼甗、盆、甑、鬲、庾、簋、豆諸器而言。云"豆中縣"者,瓦器惟豆有柄,尤貴其直,故别出之。

注云"膞讀如車輇之輇"者,賈疏謂讀從《褋記》"載以輇車"之輇,以音同也。案:今《禮記》輇作"輲",注云:"輲讀爲輇,或作槫。"鄭、賈並依所改字爲讀。槫與膞聲類亦同。云"既拊泥而轉其均,尌膞其側,以儗度端其器也”者,《釋文》云:“尌本又作樹。”案:尌樹義同,詳《大司寇》疏。賈疏云:“按下文‘䏝崇四尺’,上下高四尺,無邪曲。轉其均之時,當儗度此䏝,宜與䏝相應,其器則正也。”詒讓案:拊泥即《總敘》之摶埴,謂拍泥爲瓦器之坯也。諦審經文及注義,䏝蓋謂長方之式,以度器使無衺曲者。注所謂均,則器範下圓物,以便旋轉者。《管子·七政篇》云“獨立朝夕於運均之上”,尹注云:“均,陶者之輪也。”即此。其字又作“鈞”,《淮南子·原道訓》云“鈞旋轂轉”,高注云:“鈞,陶人作瓦器法下轉旋者。”《漢書·鄒陽傳》顏注引張晏云:“陶家名模下圓轉者爲鈞。”《賈誼傳》注亦云:“今造瓦者,謂所轉爲鈞。”綜覈諸說,蓋均圓䏝方,其制迥殊,相資而爲用者。《莊子·駢拇篇》云:“陶者曰,吾善治埴,圓者中規,方者中矩。”若然,均其中規之式,䏝其中矩之式與? 云“縣,縣繩正豆之柄”者,與《輿人》“立者中縣”義同,謂豆柄之直,與縣繩之垂綫相應也。賈疏云:“豆柄,中央把之者,長一尺,宜上下直與縣繩相應,其豆則直。”案:豆柄謂校也。《祭統》云“夫人薦豆執校”,注云:“校,豆中央直者也。”賈知柄長一尺者,據《弟子職》文,詳前疏。

䏝崇四尺,方四寸。凡器高於此,則坏不能相勝;厚於此,則火氣不交,因取式焉。

【疏】“䏝崇四尺”者,謂尌䏝之直度也。云“方四寸”者,䏝平方之横徑也。

注云“凡器高於此,則坏不能相勝”者,《集韻·十五灰》云:“坏,陶器範。”《説文·土部》云:“坏,一曰瓦未燒。”又《缶部》云:“罄,未燒瓦器也。讀若筩莩同。”坏與坏罄音義並相近。不能相勝,謂太高過四尺,則未燒時易傾壞也。云“厚於此,則火氣不交”者,謂厚過四寸。賈疏云:“謂坏不熟則易破者也。”云“因取式焉”者,鄭意拊泥爲坏,尌䏝以儗度端正其器,因卽視爲高厚之度也。

冬官考工記

梓人

梓人爲筍虡。樂器所縣,横曰筍,植曰虡。鄭司農云:"筍讀爲竹筍之筍。"

【疏】"梓人爲筍虡"者,梓人亦以所攻之材名工也。《爾雅·釋木》云:"椅,梓。"《説文·木部》云:"梓,楸也。"凡木材以梓爲良,故《書》云"若作梓材",彼《釋文》引馬融云:"治木器曰梓。"《大射儀》"工人士與梓人畫物",即此工也。筍,《釋文》作"簨"。云"本又做筍"。《廣韻·十七準》云:"簨簴同。"案:簨簴並筍之俗,筍,栒之省,詳《典庸器》疏。《爾雅·釋器》云:"木謂之虡。"《莊子·達生篇》云"梓慶削木爲鐻",鐻亦虡之叚字。彼《釋文》引李頤云:"梓,官名。"即此工官也。周時縣樂器之筍虡,並以木制,故梓人爲之。秦漢以後或鑄金爲之,非古也。

注云"樂器所縣,横曰筍,植曰虡"者,《典庸器》杜注義同。鄭司農云"筍讀爲竹筍之筍"者,段玉裁改"爲"爲"如",云:"各本作'讀爲',誤也。此與《典庸器》注,皆擬其音耳。此筍,竹胎字也,與竹箭有筍字同音異。竹箭有筍,于貧反。"案:段校是也。

天下之大獸五:脂者,膏者,贏者,羽者,鱗者。脂,牛羊屬。膏,豕屬。贏者,謂虎豹貔螭爲獸淺毛者之屬。羽,鳥屬。鱗,龍蛇之屬。

【疏】"天下之大獸五"者,《爾雅·釋鳥》云:"二足而羽謂之禽,四足而毛謂之獸。"此五獸兼羽鱗者,對文則異,散文可通,猶《月令》五蟲有羽毛也。

注云"脂,牛羊屬,膏,豕屬"者,賈疏云:"二者祭宗廟以爲牲,故知也。鄭注《内則》云:'凝者曰脂,釋者曰膏。'"詒讓案:《説文·肉部》云:"戴角者脂,無角者膏。"《家語·執轡篇》云:"無角無前齒者膏,有角無齒者脂。"

王注云:"膏,豕屬。脂,羊屬。"《淮南子·墬形訓》云:"無角者膏而無前,有角者脂而無後。"高注云:"膏,豕熊猨之屬。脂,牛羊麋之屬。"義並與鄭同。《大戴禮記·易本命篇》亦云:"無角者膏而無前齒,有羽者脂而無後齒。""有羽"卽"有角"之譌。云"臝者,謂虎豹貔螭爲獸淺毛者之屬"者,《大司徒》"臝物"注義同。螭卽离之借字,詳彼疏。云"羽,鳥屬"者,《大司徒》"羽物",注云"翟雉之屬"。《文選·蜀都賦》劉注云:"羽族,鳥也。"云"鱗,龍蛇之屬"者,《月令》"春其蟲鱗"注同。《大司徒》"鱗物",注云"魚龍之屬"。案:此經魚入小蟲連行屬,蛇入小蟲紆行屬。筍虡大獸鱗屬,當專據龍言之。又案:《說文·魚部》云:"魿,蟲連行紆行者。"依此經下文,連行爲魚屬,紆行爲蛇屬,則魿似亦魚蛇水蟲之通名,非一蟲而兼兩行也。若然,疑此經故書別本鱗或有作"魿"者,故許卽據下經爲訓,鱗魿聲類亦相近也。

宗廟之事,脂者、膏者以爲牲;致美味也。

【疏】"宗廟之事"者,卽《大宗伯》人鬼六享之事。云"脂者膏者以爲牲"者,《牧人》六牲,唯雞爲羽屬,餘皆獸屬,有脂膏者也。賈疏云:"上摠言,於此已下別言之,欲分別可爲筍虡者也。"

注云"致美味也"者,脂膏者肥腯,中爲犧牲,故以共祭,致其美味也。

臝者、羽者、鱗者以爲筍虡;貴野聲也。

【疏】注云:"貴野聲也"者,野物有聲者,或不中爲牲,則刻其形於筍虡,使樂作時,匪色似鳴,若備其聲也。

外骨、内骨,郤行、仄行、連行、紆行,以脰鳴者,以注鳴者,以旁鳴者,以翼鳴者,以股鳴者,以胷鳴者,謂之小蟲之屬,以爲雕琢。刻畫祭器,博庶物也。外骨,龜屬。内骨,鼈屬。郤行,螾衍之屬。仄行,蟹屬。連行,魚屬。紆行,蛇屬。脰鳴,鼃黽屬。注鳴,精列屬。旁鳴,蜩蜺屬。翼鳴,發皇屬。股鳴,蚣蝑動股屬。胷鳴,榮原屬。

【疏】"謂之小蟲之屬"者,賈疏云:"上云大獸,或爲宗廟牲,或爲筍虡設。今此更别言小蟲之屬，以飾祭器者也。自紆行以上不能鳴者，據行而言；自脰鳴以下能鳴者，據鳴而言之。"

注云："刻畫祭器，博庶物也"者，此亦以雕爲彫也。《巾車》注云："彫者畫之。"《司約》"丹圖"注"謂彫器簠簋之屬，有圖象者。"雕，彫之借字，詳《總敍》疏。賈疏云："以雕畫及刻爲琢飾者也。"案：賈蓋以雕爲畫，琢爲刻，二義不同。然攷《説文・彡部》云："雕，琢文也。"《玉部》雕琢並治玉也。《爾雅・釋器》云："玉謂之雕"，又云："玉謂之琢"。琱雕字亦通。《孟子・梁惠王篇》趙注云："彫琢，治飾玉也。"《論語・公冶長篇》"朽木不可雕也"，《集解》引包咸云："雕，雕琢刻畫。"依包説，則雕琢即雕，亦即刻畫，可證鄭義。《説文・刀部》云："刻，鏤也。"蓋施刀削曰刻，成文采曰畫。祭器雖有畫文，而經云雕琢，則自專據刻鏤言之。若《司尊彝》注説雞彝、鳥彝、山罍，並云"刻而畫之"，《雜記》"鏤簋"，注云"刻爲蟲獸"是也。賈分雕琢爲兩訓，非經注義。云"外骨，龜屬"者，《説文・龜部》云："龜，舊也，外骨内肉者也。"案：禮敦簋皆刻龜形，詳《舍人》疏。此外骨、内骨，皆《鼈人》所爲互物者。外骨當亦兼有蜃貝之屬，《鬯人》有"蜃尊"，注謂畫蜃，亦祭器也。云"内骨，鼈屬"者，鼈，《釋文》云："本又作鱉。"案：字當作"鼈"。《説文・黽部》云："鼈，甲蟲也。"鼈鱉皆俗體。鼈亦見《薙氏》注。賈疏云："按《易・説卦》云'《離》爲鱉，爲蟹，爲龜'，注皆云'骨在外'。與此注違者，龜鼈皆外骨，但此經外骨内骨相對，以鼈外有肉緣爲内骨也。"云"卻行，螾衍之屬"者，《廣雅・釋言》云："卻，逻也。"《釋文》云："《爾雅》云：'螾衍，入耳。'郭璞云：'蚰蜒也。'按此蟲能兩頭行，是卻行。劉云：'或作衍蚓，今曲蟮也。'"臧琳云："《説文・虫部》：'螾，側行者。'與鄭異。然鄭以仄行爲蟹屬，《説文》亦以蟹爲旁行，則此作'側行'，或字誤。螾衍，今《爾雅》爲'螾衜'，陸云'本又作蛍'。皆《説文》所無。當定做'衍'。又《説文》云'蚓，螾或从引'，與劉昌宗所見或本合。《釋文》作'衍蚓'，誤倒也。以爲曲蟮，亦非。《説文》：'蟺，夗蟺也。'此即曲蟮，與螾衍異。《方言》云：'蚰蜒，自關而東謂之螾蛍，或謂之入耳，或謂之蜧蠷，趙魏之閒或謂之蚨虷，北燕謂之蚰蚭。'"案：臧説甚析。凡連言螾衍者爲蚰蜒，《本艸》陶注云"細黄蟲，狀如蜈蚣”是也；單言螾者爲丘蚓，劉云“曲蟮”是也。鄭云卻行者，自謂蛐蜒；許云側行者，自謂丘蚓，故《玉篇》亦云“螼螾仄行”，卽寒蚓也。今目譣蛐蜒能兩頭行，而丘蚓則非側行，許說爲短也。云“仄行，蟹屬”者，《漢書·五行志》顔注云：“仄古側字。”《廣雅·釋言》云：“側，旁也。”《說文·虫部》云：“蟹有二敖，八足，旁行。”又以側行爲螾，字義並與鄭異。云“連行，魚屬”者，《王制》注云：“連猶聚也。”連行卽《易·剥》六五《爻辭》所謂貫魚，王注云“駢頭相次”是也。云“紆行，蛇屬”者，《矢人》注云“紆，曲也。”《說文·糸部》云：“紆，詘也。”賈疏云：“紆，曲也，以其蛇行屈曲，故謂之紆行也。”云“脰鳴，鼃黽屬”者，《說文·肉部》云：“脰，項也。”《公羊》莊十二年何注云：“脰，頸也，齊人語。”《釋名·釋形體》云：“咽，青徐謂之脰。”《說文·虫部》云：“蝌鼀，詹諸，以脰鳴者。”《爾雅·釋魚》：“鼀䶍，蟾諸，在水者黽。”案：鼃黽水居，詹諸陸居，種類略同。鄭云“鼃，黽屬”，足以晐詹諸，許、鄭義不異也。鼃黽無肋骨，口不能呼氣成聲，其聲似出咽項之閒，故云脰鳴也。鼃黽，詳《秋官·敍官》疏。云“注鳴，精列屬”者，《公羊釋文》云：“注與咮同。”案：《說文·口部》云：“咮，鳥口也。”注卽咮之叚字。賈疏云：“按《釋蟲》云：‘蟋蟀，蛬。’注云：‘今促織也，亦名青蛪。’《方言》：‘精列，楚謂之蟋蟀，或謂之蛬，南楚之閒或謂之王孫。’”詒讓案：《大戴禮記·易本命篇》盧注云：“蟋蟀無口而鳴。”今目譣蟋蟀有口，而鳴不以口，其聲出兩翼閒。鄭以釋注鳴，似未塙。《說文·虫部》云：“虺，以注鳴，《詩》曰‘胡爲虺蜥’。”又云：“榮蚖，蛇醫，以注鳴者。”虺卽榮蚖，亦卽榮原。鄭以爲胷鳴之屬，與許異，當以許爲長。《玉篇·虫部》亦云：“石虺，今以注鳴者。”依許義也。云“旁鳴，蜩蜺屬”者，《說文·肉部》云：“膀，脅也。”旁卽膀之叚字。又《說文·虫部》云：“蜩，蟬也，《詩》曰‘五月鳴蜩’。蟬，以膀鳴者。蜺，寒蜩也。”賈疏云：“蟬鳴在脅。”云“翼鳴，發皇屬”者，賈疏云：“按《爾雅》：‘蛂，蟥蛢。’郭云：‘甲蟲也，大如虎豆，緑色，今江東呼爲黄蛢。’卽此發皇也。”臧琳云：“《說文·虫部》：‘蛢，蟜蟥，以翼鳴者。’《爾雅》：‘蛂，蟥蛢。’《御覽》引孫炎注云：‘翼在甲裏。’犮發聲同，古文多通用，故《爾雅》作‘蛂’，《周禮注》作‘發’。《爾雅音義》云：‘蟥，本或作黄’。黄與皇亦古通。”案：臧說是也。今有緑色甲蟲，形狀如郭說，鳴聲甚清亮，江蘇人謂之金鐘子，當卽發皇也。云"股鳴，蚣蝑動股屬"者，《說文·虫部》云："蜙蝑，以股鳴者。重文蚣，蜙或省。"《詩·豳風·七月》云"五月斯螽動股"，毛傳云："斯螽，蚣蝑也。"《爾雅·釋蟲》云"蜇螽，蜙蝑"，郭注云："蜙蜙也，俗呼蜻蜓。"《詩·周南·螽斯》孔疏引陸璣疏云："幽州人謂之舂箕，舂箕卽舂黍，蝗類也。長而青，長角，長股，股鳴者也。或謂似蝗而小，班黑，其股似瑇瑁文。五月中以兩股相搓作聲，聞數十步。"案：蚣蝑鳴聲亦出兩翼旁，以其與股相摩切，故謂之股鳴。《詩》云"斯螽動股"，卽謂蚣蝑振股而鳴。此注亦用《詩》成文，非以動股爲別一蟲也。云"胷鳴，榮原屬"者，《釋文》云："胷，本亦作骨，又作肖。干本作骨，云'㢢屁屬也'。賈、馬作胃，賈云：'靈蠵也'。鄭云：'榮原屬也'。不知榮原之屬以何鳴。作'骨'者，恐非也。沈云'作胷爲得'，亦所未詳。聶音胃。劉本作胷，音鹵。原亦作螈。"賈疏云："此記本不同，馬融以爲胃鳴，干寶本以爲骨鳴。胃在六府之内，其鳴又未可以骨，爲狀亦難信，皆不如作胷鳴也。"臧琳云："《說文·虫部》：'蠵，大龜也，以胃鳴者。'《爾雅·釋文》引《字林》云：'蠵，大龜，以胃鳴。'本《說文》。許叔重學於賈景伯，故從賈說，馬季長亦同。沈重云：'作胷爲得'，據鄭本也。"詒讓案：《說文·勹部》云："匈，膺也。重文肖，匈或从肉。"胷卽匈之俗。《玉燭寶典》引經作"匈'"。攷《巾車》、《廬人》注並有胷字，經文作"胷"作"肖"並通。諸家本作"骨"，作"胃"，字形咸相近，知故書不作"匈"也。此經文及訓義，諸家差互，未知孰是。《釋文》引干寶本胷作"骨"，云"㢢屁屬"。"㢢屁"段玉裁定爲"鼈"字之誤分，是也。又引劉昌宗本作"胷"，音鹵。胷，今本《釋文》作"胷"，字書所無，胷字亦無鹵音，疑誤。榮原，《說文》作"榮蚖"，原卽蚖之借字。陸載別本作"螈"，《玉燭寶典》引同。《爾雅·釋蟲》云："蠑螈，蜥蜴。"《方言》云："守宮，其在澤中者謂之易蜴，南楚謂之蛇醫，或謂之蠑螈。桂林之中，守宮大者而能鳴，謂之蛤解。"注："榮原當卽指蛤解也。"段成式《酉陽雜俎·廣動植篇》云："榮原，胃鳴。"此從賈、馬本作"胃"，而義則仍從鄭，與陸引聶音略同。今攷《說文》以榮原爲注鳴，蓋亦本賈侍中說，義實允協。但此胷鳴，賈、馬作"胃鳴"，於義爲短。竊謂經文當從胷,而義則當從賈說爲靈蠵。《爾雅·釋魚》"靈龜",郭注云:"涪陵郡出大龜,甲可以卜,緣中文似瑇瑁,俗呼爲靈龜,即今觜蠵龜,一名靈蠵,能鳴。"是也。凡龜屬,肋骨咸與外甲相屬,不能張翕,故其鳴似出胷閒,與鼈黽脰鳴相類也。

厚脣弇口,出目短耳,大胷燿後,大體短脰,若是者謂之贏屬,恒有力而不能走,其聲大而宏。有力而不能走,則於任重宜;大聲而宏,則於鍾宜。若是者以爲鍾虡,是故擊其所縣,而由其虡鳴。燿讀爲哨,頎小也。鄭司農云:"宏讀爲紘綖之紘,謂聲音大也。由,若也。"

【疏】"厚脣弇口"者,《呂氏春秋·仲冬紀》高注云:"弇,深邃也。"謂脣厚而口深大。云"大胷燿後"者,《後漢書·馬融傳·廣成頌》胷作"匈",李注引此經同。聶氏《三禮圖》云:"燿,本又作臞。"案:賈《廛人》疏引此《記》亦作"臞",詳後。云"有力而不能走,則於任重宜,大聲而宏則於鍾宜"者,明鍾虡宜用贏屬之義。云"若是者以爲鍾虡"者,《說文·虍部》云:"虡,鍾鼓之柎也,飾爲猛獸。"即謂贏屬之獸。古飾鍾虡以猛獸,說者因誤以虡爲獸名。《後漢書·董卓傳》李注引《前書音義》,及《漢書·郊祀志》、《賈山傳》顔注,並以筍虡之虡爲神獸。此葢以爲"豦"之叚字,非古義也。依《說文》,則鼓虡亦象贏屬爲之。葢鼓音宏大,虡宜與鍾同也。此不云爲鼓虡者,文不具。《穆天子傳》云:"鳥以建鼓,獸以建鍾。"彼似謂建鼓之柎以鳥爲飾,則又與磬虡同也。江永云:"凡贏羽蟲皆刻於植虡上,曰任重,曰任輕,曰加任焉,假設言之耳,非真以全架任之於其背也。"戴震云:"贏者爲鍾虡,羽者爲磬虡,皆所以負筍,非爲虡下之跗也。《西京賦》:'洪鍾萬鈞,猛虡趪趪,負筍業而餘怒,乃奮翅而騰驤。'薛綜注云:'當筍下爲兩飛獸以背負。'"案:江、戴說是也。《文選·上林賦》張揖注云:"虡獸以俠鍾旁。"足爲虡獸負栒之證。聶氏《禮圖》乃畫獸於虡趺之下,若負虡然,失之。

注云:"燿讀爲哨,頎小也"者,頎,余仁仲本作"頎",注疏本及《羣經音辨》並同。《釋文》作"頎",云"音傾,李一音懇"。惠士奇云:"馬融《廣成頌》曰:'鷙鳥毅蟲,倨牙黔口,大匈哨後。'然則燿一作'哨',音義宜然,康成讀從之，本師說也。燿一作'臞'，細小之貌，與哨通。臞一作'臞'，《爾雅》曰：'臞、脉，瘠也。'瘠則細小，音異而義同。段玉裁云："《說文》：'哨，不容也。'《記·投壺》曰：'枉矢哨壺。'哨是頃意，不容是小意。頃，今傾字。頃，不正也。或作'頎'，李音懇。《釋文》本作'頃'，是賈疏本作'頎'，非。"案：此經無作"臞"之本，惠說蓋據《大司徒·釋文》及《廛人》疏而言。以音義攷之，此經訓頃小者宜作"燿"。臞，《大司徒》、《廛人》注訓瘠瘦者，宜作"臞"，二字形近，故多互譌。頃小之義，當如段說，阮元說亦同。《廣雅·釋詁》傾哨並訓衺也。頃與傾同。《形方氏》注亦以"佤邪"爲"佤哨"，然則"哨後"亦謂後衺殺而小也。李軌本作"頎"，音懇，則謂與《輈人》"頎典"字同，未詳其義。《後漢書》注引此注作"燿"，讀曰哨。哨，小也。疑李賢所改。鄭司農云"宏讀爲紘綖之紘，謂聲音大也"者，《說文·宀部》云："宏，屋深響也。"《爾雅·釋詁》云："宏，大也。"《書·盤庚》孔疏引樊光注，亦援此《記》爲釋，用先鄭義也。賈疏云："讀從《左傳》桓二年，臧哀伯曰'衡紞紘綖'，取其音同耳。"阮元云："此'讀爲'疑當作同'讀如'。"段玉裁云："《月令》'其器圜以閎'，注云：'閎讀爲紘，紘謂中寬象土含物。'《正義》云：'紘從頤下屈而上屬於冕，中央寬緩。'案：凡其外圍弇，其內深廣曰宏，似不假易爲紘也。聲音，謂聲之成文者。"案：阮說是也。云"由，若也"者，由與猶同。《郊特牲》注云："猶，若也。"

銳喙決吻，數目顅脰，小體騫腹，若是者謂之羽屬，恒無力而輕，其聲清陽而遠聞。無力而輕，則於任輕宜；其聲清陽而遠聞，則於磬宜。若是者以爲磬虡，故擊其所縣，而由其虡鳴。吻，口腃也。顅，長脰貌。故書顅或作牼。鄭司農云："牼讀爲'鬜頭無髮'之鬜。"

【疏】"銳喙決吻"者，《說文·口部》云："喙，口也。"《文選·甘泉賦》李注云："決亦開也。"謂口銳利而脣開張也。云"數目顅脰"者，《毛詩釋文》云："數，細也。"謂細目也。云"小體騫腹"者，《說文·馬部》云："騫，馬腹縶也。"段玉裁校改縶爲"墊"，謂馬腹低陷是也。《毛詩·小雅·無羊》傳云："騫，虧也。"體小則腹虧損低陷也。《無羊》孔疏引崔靈恩《毛詩集注》

本《詩傳》作"鶱，曜也"。則與此上文"燿後"之燿義同。云"其聲清陽而遠聞"者，《弓人》云"凡相幹，欲赤黑而陽聲"，注云："陽猶清也。"案：陽與揚通。《釋名·釋天》云："陽，揚也，氣在外發揚也。"《荀子·法行篇》云："玉扣之，其聲清揚而遠聞。"《聘義》作"扣之，其聲清越以長"。揚越一聲之轉。云"無力而輕則於任輕宜，其聲清陽而遠聞則於磬宜"者，"於磬"上俗本並挩"則"字，今據《唐石經》補。賈疏云："磬輕於鍾，故畫鳥爲飾。"

注云"吻，口腃也"者，《說文·口部》云："吻，口邊也。"《集韻·二僊》云："腃，吻也。"《釋名·釋形體》云："吻，口卷也，可以卷制食物，使不落也。"卷腃字通。云"顅，長脰貌"者，顅與肩通。《莊子·德充符篇》云："其脰肩肩。"《釋文》引李頤云："羸小貌"，梁簡文帝云"直貌"。此顅脰亦項長而直之貌也。云"故書顅或作牼，鄭司農云，牼讀爲鬜頭無髮之鬜"者，《釋文》云："鬜，呂忱云'鬢秃也'。"案：呂本《說文》。牼鬜聲相近。《左》襄十七年經"邾子牼"，《公羊》、《穀梁》作"瞯"，是其例。惠士奇云："《廣雅》曰：'鬜、鬝、髻、頒，秃也。'《明堂位》'夏后以楬豆'，注云：'楬，無飾也，齊人謂無髮爲秃楬。'則鬜與楬音同。器無文，猶頭無髮，其義亦同矣。楬一作'毼'，《士喪禮》'毼豆兩'。"段玉裁云："《說文·頁部》曰：'顅，頭鬢少髮也，从頁肩聲。'引《周禮》'數目脰顅'。此蓋賈侍中說，字與鄭同，義與鄭異。顅或爲牼，司農讀爲鬜，皆雙聲字。《說文·髟部》云：'鬜，鬢秃也。'《明堂位》注'秃楬'，楬卽鬜之叚借。《釋名》作'毼'。司農與《髟部》合，謂項無毛也。羽屬項，不必無毛，故鄭君不取。"

小首而長，摶身而鴻，若是者謂之鱗屬，以爲筍。摶，圜也。鴻，傭也。

【疏】"若是者謂之鱗屬，以爲筍"者，賈疏云："上論鍾磬之虡用鳥獸不同，此論二者之筍同用龍蛇鱗物爲之也。故直云爲筍，不別言鍾之與磬，欲見二者同也。"詒讓案：《明堂位》"夏后氏之龍簨虡"，注云："横曰簨，飾之以鱗屬。"孔疏謂此經筍飾以龍，彼經并云虡者，蓋夏時簨虡皆飾之以鱗，或可因簨連言虡也。又引《漢禮器制度》云："爲龍頭及頷口銜璧，璧下有旄牛尾也。"《文選》顔延之《曲水詩序》李注引阮諶《三禮圖》云："筍虡兩頭並爲龍以銜組。”以上二説並漢制，不知與古合否。《説文・金部》鎛字注云：“鎛鱗也，鍾上横木上金華也。”以鱗屬爲鍾上横木之飾，故謂之鎛鱗矣。

注云“摶，圜也”者，《廬人》、《弓人》注同，詳《輪人》疏。云“鴻，傭也”者，《爾雅・釋言》云：“傭，均也。”郝懿行云：“傭與鴻聲近，鄭蓋以龍蛇之屬，其身摶圜，前後均等，故訓鴻爲傭，義本《爾雅》。”案：郝説是也。《典同》先鄭注云“鍾聲上下正傭”，與此義同。林希逸云：“鴻，大也。摶身而鴻，身圓而大也。”俞樾云：“鴻當讀爲‘鳿’，《説文・隹部》：‘雃，鳥肥大雃雃也，或從鳥作鳿。’摶身而鳿者，亦謂其肥大也。作鴻者，叚字。”案：林、俞説亦通。

凡攫閷援簭之類，必深其爪，出其目，作其鱗之而。謂筍虡之獸也。深猶藏也。作猶起也。之而，頰自頌也。

【疏】“凡攫閷援簭之類”者，閷，籀文殺字之譌，詳《矢人》疏。賈疏云：“此覆釋上文鍾虡之獸。云攫閷者，攫著則殺之。援簭者，援攬則噬之。”詒讓案：攫猶搏持，詳《獸人》疏。《廣雅・釋詁》云：“援，引也。簭，齧也。”簭噬字同。《春官》以爲卜筮字，彼爲叚借，此用本義也。《山師》注作“噬”。簭噬古今字，詳《春官・敍官》疏。攫閷援簭，謂猛毅剽狡之獸。《爾雅・釋獸》云“猱蝯善援”，郭注云：“便攀援。”又云“貜父善顧”，注云：“能攫持人。”亦其類也。云“必深其爪，出其目”者，謂刻猛獸之爪必深入，目必高出也。爪，叉之叚字，詳《輪人》疏。云“作其鱗之而”者。賈疏云：“謂動頰頌，此皆可畏之貌。”

注云“謂筍虡之獸也”者，此有鱗屬，則兼筍虡而言。賈疏謂此唯説鍾虡，鄭連言筍，非也。云“深猶藏也”者，亦引申之義。《廣雅・釋詁》云：“藏，深也。”云“作猶起也”者，《地官・胥》注同。云“之而，頰頌也”者，鄭蓋以“之而”爲叠韻連綿語，其義則爲頰頌也。賈疏云：“舊讀頌字以沽罪反，謂起其頰頌。劉炫以爲於義無所取，當爲頰頌音壺讀之，於義爲允也。”《釋文》云：“頌，許慎口忽反，秃也。劉古本反，李又其懇反，一音苦紇反，又音混。”戴震云：“頰側上出者曰‘之’，下垂者曰‘而’，須鬣屬也。”王引之云:"《説文》:'頌,秃也。'秃爲無髮,則不可以言作矣。鄭説非也。案:而,頰毛也。之猶與也。作其鱗之而,謂起其鱗與頰毛也。若龍有鱗,虎有鬚,皆象其形,使之上起耳。古文連及之詞,或言'與',或言'之'。《説文》'而,頰毛也',引《周禮》'作其鱗之而',釋'而'不釋'之',然則'之'爲語詞,非實義所在矣。"案:王説於義爲允。然鄭意似當如戴説。頰頌,陸、賈所列諸家音讀,義並難通。今攷疏所舉"沽罪反"一音,《釋文》及《説文》、《玉篇》、《廣韻》並不載。又引劉炫讀爲壺,《廣韻·二十一混》訓秃頭。《集韻·十四賄》沽罪切及《二十一混》苦本切,兩收頌字,並訓頰高。據疏則兩音當異訓,不知劉讀於義何取。竊疑"頰頌"當作"頰須"。頌正字作"頌",與"須"形近致譌。《禮運》孔疏引《説文》云:"而者,鬚也。"鬚即須之俗。今本《説文·而部》作"頰毛",而《須部》云"頾,頰須也",頰須與頰毛義同。《冥氏》先鄭注以須爲頤下須,許、鄭詁"而"云"頰須"者,明其與頤下須微異也。然據李、劉兩音,則晉時本已如此,蓋其譌久矣。而字又作"髵"、"耏"。《文選》張衡《西京賦》云"猛毅髬髵",薛綜注云:"髬髵,作毛鬣也。"《漢書·西域傳》注孟康云:"師子有頯耏。"顔注云:"耏,亦頰旁毛也。"

深其爪,出其目,作其鱗之而,則於眡必撥爾而怒。苟撥爾而怒,則於任重宜。且其匪色,必似鳴矣。匪,采貌也。故書撥作"廢",匪作"飛"。鄭司農云:"廢讀爲撥。飛讀爲匪。以似爲發。"

【疏】"則於眡必撥爾而怒"者,眡謂人眡之也。

注云"匪,采貌也"者,《詩·衛風·淇奧》"有匪君子",毛傳云:"匪,文章貌。"《説文·文部》云:"斐,分別文也。"段玉裁云:"匪者,斐之假借,與《淇奧》詩同。"云"故書撥作廢,匪作飛,鄭司農云,廢讀爲撥,飛讀爲匪"者,段玉裁云:"撥、廢,匪、飛,皆以聲類易字也。"云"以似爲發"者,亦述先鄭義。段玉裁云:"謂'似'當爲'發'也。僅云'似鳴',形容未盡,故改爲'發'。鄭君經仍作'似',蓋不謂然。"俞樾云:"'以似爲發',與上兩句不一律。且經文'必似鳴矣',文義甚明。若破似爲發,而曰'必發鳴矣',義轉未安。下文云'其匪色必似不鳴矣',豈可曰'必發不鳴'乎?然則此注殆必有誤。疑故書'廢'字,先鄭讀爲'撥'。後鄭以撥字無義,改讀爲'發'。《論語·微子篇》'廢中權',《釋文》曰:'鄭作發。'是鄭注《論語》亦讀廢爲發,可證。"案:似發形聲並遠,固似有誤,然俞疑爲後鄭讀廢爲發,則此無"玄謂"之文,於注例不合,所未詳也。

爪不深,目不出,鱗之而不作,則必穨爾如委矣。苟穨爾如委,則加任焉,則必如將廢措,其匪色必似不鳴矣。措猶頓也,故書措作"厝",杜子春云:"當爲措。"

【疏】"則必穨爾如委矣"者,穨,《唐石經》初刻並作"頽",磨改作"穨"。案:頽卽穨之譌。《説文·秃部》云:"穨,秃貌。"又《𨸏部》云:"隤,下墜也。"此穨爾形容厭伏不振之貌,當爲隤之叚借。《易·繫辭》云:"夫坤隤然,示人簡矣。"《釋文》引馬融云:"隤,柔也。"委亦廢措之意。此申明爲虡獸而不深爪出目作鱗之而者之不足觀也。賈疏謂"此説脂者膏者止可爲牲,不可爲虡之義",非也。云"其匪色必似不鳴矣"者,段玉裁謂此本云"其匪色必不似鳴",今本"似不鳴",誤。

注云"措猶頓也"者,此引申之義也。《説文·手部》云:"措,置也。"《廣雅·釋詁》云:"頓,僵也。"云"故書措作厝,杜子春云,當爲措"者,段玉裁云:"此古文假借也。漢人抱火厝之積薪之下同。子春謂厲石之字非訓,故易爲措。古廢置皆曰措。"

梓人爲飲器,勺一升,爵一升,觚三升。獻以爵而酬以觚,一獻而三酬,則一豆矣。勺,尊升也。觚、豆,字聲之誤,觚當爲觶,豆當爲斗。

【疏】"爲飲器"者,飲酒所用之器也。勺所以𣂎,爵觚所以飲,二者通爲飲器。云"勺一升"者,《説文·勺部》云:"勺,挹取也,象形,中有實。"《明堂位》云:"夏后氏以龍勺,殷以疏勺,周以蒲勺。"鄭注云:"龍,龍頭也。疏,通刻其頭。蒲,合蒲如鳧頭也。"聶氏《三禮圖》引《舊圖》云:"龍勺,柄長二尺四寸,受五升,士大夫漆赤中,諸侯以白金飾,天子以黄金飾。疏勺長二尺四寸,受一升,漆赤中,丹柄端。蒲勺所受同。"案:《舊禮圖》説疏勺、蒲勺所受，與此經同；而龍勺則容五升，所羸太多，殆誤以洗勺容量釋尊枓與？《禮器》有"樿勺"，《士喪禮》有"素勺"，亦並以木爲之，與蒲勺略同。又案：《漢書·律厤志》云："十合爲升。"此勺一升，即容十合也。《孫子算經》云："十勺爲合。"彼爲量之微數，與尊枓亦異也。云"爵一升，觚三升"者，《聶圖》及《御覽·器物部》引《三禮舊圖》云："觚受三升，鋭下方足，漆赤中，畫青雲氣通飾，其巵、爵、觚、觶、角、散諸觴皆形同，升數則異。"案：爵形制，詳《大宰》疏。云"獻以爵而酬以觚"者，《説文·酉部》云："醻，主人進客也，重文酬，醻或从州。"《詩·小雅·彤弓》箋云："飲酒之禮，主人獻賓，賓酢主人，主人又飲而酌賓，謂之醻。醻猶厚也，勸也。"觚當依鄭作"觶"，凡酬皆用觶。淩廷堪云："《鄉飲酒記》：'獻用爵，其他用觶。'《鄉射記》同。此爲鄉飲酒、鄉射而言也。若燕禮、大射，雖獻亦用觚，宰夫爲主人，避君也。至於酬、旅酬、無算爵，則同用觶矣"。云"一獻而三酬則一豆矣"者，劉敞云："獻以一升，酬以三升也，并而計之爲四升。四升爲豆。豆雖非飲器，其計數則然。"戴震亦云："合獻酬共一豆酒。其曰一獻而三酬者，爵一升以之獻，觶三升以之酬，蒙上省文。"詒讓案：一獻三酬，合爲一豆。馬、鄭並破豆爲"斗"。是以一獻三酬，一三並爲獻酬之次數，一獻得一升，三酬得九升，則一斗也。然於《禮》無據。《禮器》孔疏云："案《燕禮》'獻以觚'，又《燕禮》'四舉酬'。熊氏云：'此一獻三酬，是士之饗禮也。若是君燕禮，則行無算爵，非唯三酬而已。若是大夫以上饗禮，則獻數又多，不唯一獻也。故知士之饗禮也。'"案熊、孔申鄭説，謂此是士之饗禮，臆説無左證。且梓人制器，必準之士禮，義亦無取。劉敞謂一升獻而三升酬，一三非謂獻酬次數，故書作豆可通，不煩破字。其説甚塙。陳祥道及近儒多從其説。陳喬樅云："攷《儀禮·士冠禮》'乃醴賓以壹獻之禮'，注：'壹獻者，獻酢酬，賓主人各兩一爵而禮成。'案：賓兩爵，謂獻飲一爵而酬飲一觶；主人兩爵，謂酢飲爵而酬飲一觶也。然主人之酢酒，若有介酢者，①則酢酒不止一爵。今《梓人》言獻酬，非言酢酬，知一爵一觶但就賓客而言，不指主人言也。又攷《鄉飲酒》、《鄉射》並行壹

① "有"原譌"於"，楚本作"有"，與《禮堂經説》合，據改。——王文锦校注。

獻之禮者，壹獻之禮始於獻，而成於酬，賓、介、衆賓各得一獻一酬焉。自獻賓以迄旅酬皆是也。《鄉飲酒禮》，迎賓，拜至，主人取爵于篚，實爵獻賓，賓拜受，坐卒爵。此主人獻賓而賓飲一爵也。賓實爵，酢主人畢，主人實觶酬賓，賓奠觶于薦東，則賓雖受酬而未飲矣。主人又實爵獻介，介拜受，坐卒爵。此主人獻介而介飲一爵也。介洗爵授主人，主人酌酢畢，又實爵獻衆賓，衆賓之長升拜受者三人，立卒爵，授主人爵，衆賓獻則不拜授爵。此主人獻衆賓各飲一爵也。衆賓不酢主人。鄉射無介，則衆賓之長一人酢，既畢獻，主人以虚爵降奠於篚，而獻酬之爵遂不復用焉。於是一人舉觶于賓，賓受奠觶于其所，舉觶者降，是賓仍受觶而未飲也。至正歌告備，旅酬方起，賓乃取俎西之觶，阼階上酬主人，卒觶，賓實之，授主人觶，揖復席。此賓酢主人而飲一觶，以爲旅酬之始也。主人以所受賓酬之觶，西階上酬介，如賓酬主人之禮，主人揖復席。司正升，相旅曰'某子受酬'，受酬者自介右。此介受主人酬而飲一觶以酬衆賓之長也。衆賓長又以所受介酬之觶酬衆賓，皆如賓酬主人之禮。衆受酬者受自左，辯，卒受者以虚觶降，奠于篚。此衆賓以次行酬而各飲一觶也。至是旅酬事畢，而壹獻之禮終矣。賓若有遵者諸公大夫，則既一人舉觶乃入，主人獻遵者，遵者皆飲一爵。《鄉射禮》云，遵酢主人，鄉射無介，其旅酬也，賓酬主人，主人酬遵者，遵酢衆賓。然則鄉飲酒禮若有遵者，當主人酬介，介酬遵者，遵酬衆賓也。賓、介、遵者及衆賓並獻爵之外，不多一爵；酬觶之外，不多一觶。據此，則壹獻之禮，賓皆飲酒一爵一觶。爵受一升，觶受三升。獻酬二者共四升，與《梓人》言一獻三酬當豆相合，不當改字，斯亦足以明矣。"案：陳説是也。

注云"勺，尊升也"者，段玉裁改升爲斗，云："斗與枓同。《説文》：'枓，勺也。'尊枓，謂挹取尊中之枓也。今本作'尊升'，誤。魏晉人書斗多作'什'，故易譌'升'。」案：段校甚塙。《士冠禮》云"實勺觶角柶"，注亦云："勺尊斗所以𣂔酒也。"賈彼疏云："案《少牢》云'罍水有枓'，與此勺爲一物，故云尊斗，對彼是罍枓所以𣂔水，則此爲尊斗𣂔一豆矣酒者也。"案：賈説是也。今本《儀禮》注亦譌斗爲升，與此注同。鄭言此者，别於《鬯人》"大渳設斗"爲挹水之枓也。《聶圖》引《舊圖》云"洗勺受五升"，彼卽罍枓，與此勺異。云"觚、豆,字聲之誤,觚當爲觶,豆當爲斗"者,此依馬融説也。賈疏云:"觶字爲觚,是字之誤;斗字爲豆,是聲之誤。"又疏及《燕禮》疏、《禮器》孔疏引《五經異義·爵制篇》云:"今《韓詩》説:'一升曰爵,二升曰觚,三升曰觶,四升曰角,五升曰散,總名曰爵,其實曰觴。'古《周禮》説:'爵一升,觚三升,獻以爵而酬以觚,一獻而三酬,則一豆矣。'許慎謹案:《周禮》云一獻三酬當一豆,卽觚二升,不滿一豆矣。"鄭玄駁之云:"《周禮》:'獻以爵而酬以觚。'觶字角旁著辰,汝潁之閒師讀所作,今《禮》角旁單,古書或作角旁氏。角旁氏則與觚字相近。學者多聞觚,寡聞觗,寫此書亂之而作觚耳。又南郡大守馬季長説,一獻而三酬則一豆,觚當爲觶,豆當爲斗,與一爵三觶相應。"賈疏又云:"《禮器制度》云:'觚大二升,觶大三升。'是故鄭從二升觚,三升觶也。"案:各疏引《異義》,互有誤挩删改,今參合校正。古《周禮》説"觚三升",賈、孔所見本並誤作"二升",與此不合,今從程瑶田、陳壽祺校正。觶字角旁辰,今本賈疏誤作"角旁友",臧琳改爲"角旁支",與《古今韻會》及《周禮訂義》引王氏《詳説》同,然字書無此字。段玉裁改爲"角旁辰",字見《説文·角部》,較有根據,今從之。鄭駁所引馬季長説,蓋《周禮傳》佚文,亦從《韓詩》説。《論語·雍也篇》"觚不觚",《集解》引馬注義同。鄭此注及《禮器》注並本之。臧琳云:"《儀禮·燕禮》'坐取觚洗,賓少進,辭洗,主人坐奠觚于篚',注:'古文皆爲觶。''士長升拜受觶','主人拜觶',注:'今文觶作觚。''媵觚于公',注:'此當言"媵觶",酬之禮皆用觶,言觚者,字之誤也。古者觶字或作角旁氏,由此誤爾。''賓降洗象觶',注:'今文曰洗象觚。''公坐取賓所媵觶興',注:'今文觶又爲觚。'《大射儀》'士長升拜受觶',注:'今文觶作觚。''媵觶于公',注:'今文解爲觚。''洗象觚',注:'此觚當爲觶。'據此,知觗觚二字形相近,《儀禮》古文多作觶,今文多作觚。鄭參校古今文,以義言之。義當作觶者,從古文,則云'今文作觚';義當作觚者,從今文,則云'古文作觶'。亦有古文觶字反爲觚者,如《燕禮》'媵觚于公',①《大射儀》'洗象觚'及《梓人》'獻以爵而酬以觚'是

① "觚"原作"觶",據《儀禮·燕禮》改。——王文锦校注。

也,鄭俱云'觚當爲觶',精審之至也。許叔重不知觶觚易溷,皆作如字讀,觚爲三升,則觶爲四升。故《說文·角部》云:'觶,鄉飲酒角也,受四升。𧣾,觶或从辰。觗,《禮經》觶。觚,鄉飲酒之爵也,一曰,觴受三升者謂之觚。'此許自用其說,非古義也。《儀禮注》、《駁異義》皆云'觶字,古書或作角旁氏',與《說文》'觗,《禮經》觶'正合。"陳喬樅云:"許君《異義》從古《周禮》說,觚三升,則以一獻三酬當一豆,爲以一升獻,以三升酬者,當亦古《周禮》說如此。鄭君參攷《禮經》酬皆用觶,定《梓人》觚當爲觶。① 又據馬氏說,改豆爲斗,謂與一爵三觶相應,然則馬氏以前無爲此說者矣。"今案:許從此經故書舊說,定爲觚三升,觶四升。馬、鄭從《韓詩》及《漢禮》說,觚二升,觶三升,而破經字以合之。審校兩說,實互有是非。許讀豆如字,是也;其謂觚三升,墨守《周禮》故書,與《韓詩》、《漢禮》並不合,則不若鄭說之長。鄭讀觚爲觶,是也;而破豆爲斗,則與經文不合,又不若許讀如字之塙矣。云"豆當爲斗"者,鄭亦謂聲之誤。今案:當讀如字。

食一豆肉,飲一豆酒,中人之食也。一豆酒,又聲之誤,當爲"斗"。

【疏】"食一豆肉,飲一豆酒"者,易祓云:"《坊記》曰'觴酒豆肉'。豆所以盛肉也,故曰豆肉。"

注云"一豆酒,又聲之誤,當爲斗"者,冢前注破豆爲斗,謂此經豆字兩見,後一豆字亦當改爲斗也。一豆肉之豆不破之者,以肉本爲豆實,《小子》有"肉豆",則義自可通,故仍之。今攷"一豆酒",豆似亦可讀如字,《大戴禮記·曾子事父母篇》云,"執觴觚杯豆而不醉",則古或亦以豆盛酒矣。

凡試梓,飲器鄉衡而實不盡,梓師罪之。鄭司農云:"梓師罪也。衡謂麋衡也。《曲禮》'執君器齊衡'。"玄謂衡,平也。平爵鄉口酒不盡,則梓人之長罪於梓人焉。

① 原作"鄭君參攷禮經酬皆用觚梓人觶當爲觚",誤。今據陳喬樅《禮堂經説》糾正。——王文锦校注。

【疏】“凡試梓，飲器鄉衡而實不盡，梓師罪之”者，罪，前經五篇並用古字作“辠”，此作“罪”者，疑亦經記字例之異。梓師，蓋司空之屬，工官之一。古者器成，工官必考試之，以校其功事之巧拙，《管子·七法篇》云“成器不課不用，不試不藏”是也。試梓，猶《槀人》“試弓弩，以下上其食而誅賞之”，亦工官之官計官刑也。

注鄭司農云“梓師罪也”者，賈疏云：“謂梓師身自得罪。後鄭不從者，梓師是梓官之長，不可自受罪，故爲梓師罪梓人也。”云“衡謂麋衡也”者，麋眉聲近叚借字。《士冠禮》“眉壽”，注云：“古文爲麋壽。”程瑶田云：“《王莽傳》‘盱衡厲色’，注：‘孟康曰：眉上曰衡。盱衡，舉眉揚目也。’《蔡邕傳》‘揚衡含笑’，注云：‘衡，眉目之閒也。’衡皆指眉言。鄉衡者，飲酒之禮，必立而飲之。《賈子·容經》經立之容，固頤正視，則不能昂其首矣。試舉古銅爵飲之，爵之兩柱適至於眉，首不昂而實自盡。衡指眉言，兩柱向之，故得謂之鄉衡也。由是觀之，兩柱蓋節飲酒之容，而驗梓人之巧拙也。”案：程説深得經恉。引《曲禮》“執君器齊衡”者，證麋衡之訓。彼文云：“執天子之器上衡，國君則平衡。”鄭彼注云：“衡謂與心平。”不爲麋衡。先鄭蓋據禮家舊詁，故與後鄭異。云“玄謂衡，平也”者，《地官·敍官》注同，此破先鄭麋衡之義也。云“平爵鄉口酒不盡”者，後鄭意，凡飲酒，舉爵鄉口，平横而酒適盡，乃爲中法。若平横而尚有餘瀝，則是制器不應程法，非良工也。程瑶田云：“後鄭衡指爵之平，是衡而鄉之，非鄉衡也。”案：程説是也。云“則梓人之長罪於梓人焉”者，亦破先鄭罪梓師之義也。《天官·敍官》注云“師猶長也”，故梓人之官長謂之梓師，猶匠人之官長謂之匠師也。梓人制器不應程法，則長當施以罪。若《月令》“孟冬命工師効功，功有不當，必行其罪，以窮其情”是也。

梓人爲侯，廣與崇方，參分其廣而鵠居一焉。崇，高也。方猶等也。高廣等者，謂侯中也。天子射禮，以九爲節，侯道九十弓，弓二寸以爲侯中，高廣等，則天子侯中丈八尺。諸侯於其國亦然。鵠，所射也。以皮爲之，各如其侯也。居侯中參分之一，則此鵠方六尺。唯大射以皮飾侯。大射者，將祭之射也。其餘有賓射、燕射。

【疏】“梓人爲侯”者，《鄉射禮》注云：“侯，謂所射布也。”梓人攻木之工，而爲侯者，凡侯皆以木爲植以張之也。云“廣與崇方，参分其廣而鵠居一焉”者，以下通説三射之侯制。凡侯鵠个身之度，皆以侯中爲根數。不正言其度者，侯中大小視侯道爲差，天子、諸侯、大夫、士侯道不同，侯中崇廣不能齊壹，故先差分以起度，使可互通也。三射之侯，依《司裘》先鄭注説，皆有正有鵠，正小而鵠大，正中又有質。此不及正質之度者，文略。侯制，互詳《司裘》疏。

注云“崇，高也”者，《總敍》注同。云“方猶等也”者，《毛詩·大雅·生民》箋云：“方，齊等也。”此廣與崇方，亦言侯之廣與其高齊等也。云“高廣等者謂侯中也”者，即正鵠所居者也。《鄉射記》云“鄉侯中十尺”，注云“方者也”，亦引此經爲釋。此不云中，鄭知者，以下文有身及兩个，即《鄉射記》之躬與舌；獨侯中不見，明此文即指中而言也。云“天子射禮，以九爲節”者，賈疏云：“按《射人》及《樂師》皆云‘天子以《騶虞》九節’是也。”云“侯道九十弓，弓二寸以爲侯中，高廣等，則天子侯中丈八尺”者，《司裘》注説天子三侯云：“虎九十弓，熊七十弓，豹麋五十弓。”此偏舉虎侯侯中之度以概其餘。一弓取二寸，九十弓則丈八尺。若然，熊侯七十弓，侯中當丈四尺；豹侯、麋侯五十弓，侯中當一丈：皆以侯道遞減，而廣與崇方則一也。弓二寸以爲侯中，亦《鄉射記》文。云“諸侯於其國亦然”者，謂畿外諸侯於其國大射，亦具三侯，大侯侯道亦九十弓，則侯中及鵠之廣崇亦同。《大射儀》云：“大侯九十，糝侯七十，豻侯五十。”鄭彼注云：“大侯之鵠方六尺，糝侯之鵠方四尺六寸大半寸，豻侯之鵠方三尺三寸少半寸。”是與天子同，《司裘》注所謂遠尊得伸是也。畿内諸侯及畿外諸侯入爲卿士者，則當依熊侯七十弓之制，不得與王同，詳《司裘》疏。云“鵠，所射也，以皮爲之，各如其侯也”者，賈疏云：“侯謂以皮飾兩畔，其鵠之皮亦與飾侯用皮同也。謂若虎侯以虎皮飾侯側，其鵠亦用虎皮。其餘熊豹麋等亦然。”云“居侯中参分之一，則此鵠方六尺”者，此冢上天子侯中丈八尺，而以参分居一之數推其鵠也。賈疏云：“以侯方丈八尺，三六十八，故知方六尺也。”云“唯大射以皮飾侯，大射者，將祭之射也，其餘有賓射、燕射”者，《鄉射禮》注云：“天子大射張皮侯，賓射張五采之侯，燕射張獸侯。”案：鄭以皮侯惟大射得有之。賓射采侯畫布，燕射獸侯畫獸，皆不以皮飾，故特著之。今以《鄉射記》考之，天子諸侯之獸侯亦以皮飾，鄭説非也。三射之外，又有鄉射，亦用獸候。賈疏依鄭《鄉射記》注説，謂“鄉射用采侯，與賓射同”，亦非也。詳後疏。

上兩个，與其身三，下兩个半之。鄭司農云：“兩个，謂布可以維持侯者也。上方兩枚，與身三，設身廣一丈，兩个各一丈，凡爲三丈。下兩个半之，傅地，故短也。”玄謂个讀若“齊人搚幹”之幹。上个、下个，皆謂舌也。身，躬也。《鄉射禮記》曰：“倍中以爲躬，倍躬以爲左右舌，下舌半上舌。”然則九節之侯，身三丈六尺，上个七丈二尺，下个五丈四尺。其制，身夾中，个夾身，在上下各一幅。此侯凡用布三十六丈。言上个與其身三者，明身居一分，上个倍之耳，亦爲下个半上个出也。个或謂之舌者，取其出而左右也。侯制上廣下狹，蓋取象於人也。張臂八尺，張足六尺，是取象率焉。

【疏】“上兩个與其身三”者，王引之云：“《説文》：‘介，畫也，从人从八。’隸書作尒，省人則爲个。介音古拜反，轉音古賀反。後人於古拜反者則作‘介’，於古賀反者則作‘个’，而不知非兩字也。《梓人》爲侯，上兩个，下兩个，《大射儀》謂之左个右个，義與明堂左右个相近。侯之有个，偏處於旁，而副介乎中，則亦介字隸書之省明矣。《白帖》八十五載《梓人》之文，正作‘介’。《鄉射禮》‘適右个’，《白帖》作‘適右介’，是侯之左右个皆介字也。《大雅・生民》箋曰：‘介，左右也。’《鄉射禮記》注曰：‘居兩旁謂之个。’”案：王説是也。賈疏云：“此經云身，卽中上布一幅者是也。上兩个居二分，身居一分，故云與其身三，謂三分如等也。”云“下兩个半之”者，賈疏云：“謂半其出者也。”戴震云：“九節之侯，上个左右出各丈八尺，下个左右出各九尺。”

注鄭司農云“兩个，謂布可以維持侯者也”者，明个亦以布爲之也。云“上方兩枚，與身三，設身廣一丈，兩个各一丈，凡爲三丈”者，此先鄭讀个爲箇也。《説文・竹部》云：“箇，竹枚也。”鄭《士虞禮》注云：“个猶枚也。今俗或名枚曰個，音相近。”案：個卽箇之俗。凡漢以後經典言个者，多爲箇之借字，故先鄭易兩个曰兩枚。一丈、三丈，皆假設其數以明之。《司裘》先鄭注云"方十尺曰侯"，卽此身廣一丈，彼亦設數也。依先鄭義，則上下个夾中，上下共三層也。賈疏云："先鄭意，身卽與中爲一，謂方丈者，其上又加布一幅，長三丈，爲兩个。後鄭不從者，侯有中，有躬，有个三者，今先鄭唯有身，不見中，故不從之也。"云"下兩个半之，傅地，故短也"者，下兩个與綱相連。《鄉射禮》云："乃張侯，下綱不及地武。"武，尺二寸，是兩个傅地至近，故短也。云"玄謂个讀若齊人搚幹之幹"者，段玉裁云："此擬其音也。"賈疏云："此讀從《公羊傳》'桓公朝齊，齊侯使公子彭生搚幹而殺之'。是幹爲脅骨，故云搚幹之幹。"案：賈引《公羊》莊元年傳文。後鄭意，此上下兩个夾身爲之，若兩脅然，故以搚幹擬其音，而其義亦見，明不當如先鄭讀爲箇而訓爲枚也。云"上个下个皆謂舌也，身，躬也"者，明此个與身，卽《鄉射記》之上舌、下舌與躬也。引《鄉射禮記》曰"倍中以爲躬，倍躬以爲左右舌，下舌半上舌"者，欲破先鄭上方兩枚與身三之說，故先引此文爲證。鄭彼注云："躬，身也，謂中之上下幅也。半者，半其出於躬者也。"云"然則九節之侯，身三丈六尺，上个七丈二尺，下个五丈四尺"者，謂身个橫長之度也。九節之侯，中丈八尺，身倍之，得三丈六尺，上个又倍身，得七丈二尺。出於身者，左右各一丈八尺，下个當身處三丈六尺，不減，其出於身者減之，得上个之半，左右各九尺，凡一丈八尺，連當身總五丈四尺也。然則七節之侯，侯身二丈八尺，上个五丈六尺，上个四丈二尺。五節之侯，侯身二丈，上个四丈，下个三丈。故《鄉射記》云"鄉侯上个五尋"，注云"八尺曰尋，上幅用布四丈"是也。此可以類推，故注不出。云"其制，身夾中，个夾身"者，皆謂上下夾之也。身夾中之上下耑，兩个夾身之外，上下共五層也。云"在上下各一幅"者，明身及上下个長度不同，而廣則皆充幅，除削縫一寸，爲二尺。《鄉射記》注云"今官布幅廣二尺二寸，旁削一寸"是也。上身、下身、上个、下个各有一幅，共四幅。其侯中幅數，則隨侯道爲增減，不能等也。云"此侯凡用布三十六丈"者，《白虎通義·鄉射篇》云："侯者，以布爲之。布者，用人事之始也。本正則末正矣。"賈疏云："古者布幅廣二尺二寸，二寸爲縫，皆以二尺計之。此侯是九十弓侯，侯中丈八尺，則九幅布，布長丈八尺。九幅九丈，幅有八尺，爲七丈二尺，添前爲十六丈二尺。上下躬各三丈六尺，卽上下共爲七丈二尺。其上个七丈二尺，下个有五丈四尺，添前總用布三十六丈也。"詒讓案：此亦指九節之侯也。若七節、五節之侯，亦依此爲差。故鄭《鄉射記》注云："凡鄉侯用布十六丈，數起侯道五十弓以計。道七十弓之侯，用布二十五丈二尺；道九十弓之侯，用布三十六丈。"是其差也。云"言上个與其身三者，明身居一分，上个倍之耳"者，明此經所謂三，乃上二合之下一爲三，是兩層之和數，亦以破先鄭兩个各一丈與身爲三丈之說也。云"亦爲下个半上个出也"者，謂爲下个半上个之出身外者，故經先明上个倍躬之度也。其當身之度，則上下个等，不半之。"个或謂之舌者，取其出而左右也"者，鄭注《鄉射記》左右舌云："謂上个也。居兩旁謂之个，左右出謂之舌。"蓋兩个陿長，猶人舌外出，故以爲名。云"侯制上廣下狹，蓋取象於人也，張臂八尺，張足六尺，是取象率焉"者，《釋文》云："率，本又作類。"案：率類聲義並相近。《鄉射記》"下舌半上舌"，注云："所以半上舌者，侯，人之形類也。上个象臂，下个象足。中人張臂八尺，張足六尺。五八四十，五六三十，以此爲衰也。"案：張臂八尺，所謂尋也；張足六尺，所謂步也。又《鄉射注》"下綱不及地武"，鄭注亦云："武，迹也。中人之迹尺二寸。侯象人，綱卽其足也，是以取數焉。"是侯制取象於人者，其義甚廣，不徒躬舌諸名也。

上綱與下綱出舌尋，縜寸焉。綱所以繫侯於植者也。上下皆出舌一尋者，亦人張手之節也。鄭司農云："綱，連侯繩也。縜，籠綱者。縜讀爲竹中皮之縜。舌，維持侯者。"

【疏】"上綱與下綱出舌尋縜寸焉"者，臧琳云："《釋文》：'縜，于貧反，或尤粉反。劉侯犬反，一音古犬反。'案：于貧、尤粉兩反，皆員聲，字作'縜'。侯犬、古犬兩反，皆肙聲，字作'絹'。《鄉射禮》疏曰：'《周禮·梓人》云"絹寸焉"。'此縜字作絹之證。然《說文·糸部》云：'縜，持綱紐也，從糸員聲，《周禮》曰"縜寸"。'則綱紐字員聲爲正。許叔重所據古文本作'縜'，作絹爲繒，如麥稍，義別。劉昌宗音侯犬反，《儀禮疏》作'絹'，非也。"案：臧說是也。依先鄭讀推之，亦當以從員爲正。《大射儀》"中離維綱”,注云:“或曰維當爲絹,絹,綱耳。”絹亦卽縜之譌。戴震云:“《鄉射禮》曰:‘乃張侯,下綱不及地武。’尺二寸爲武,然則九節之侯高二丈七尺四寸,上綱兩植相去八丈八尺,下綱兩植相去七丈。”案:依戴説,則七節之侯高二丈三尺四寸,五節之侯高一丈九尺四寸。《大射儀》説畿外諸侯三侯云:“大侯之崇,見鵠于參,參見鵠于干,干不及地武。”注云:“以豻侯計之,糝侯去地一丈五寸少半寸,大侯去地二丈二尺五寸少半寸。”賈彼疏謂以豻侯五十弓上綱去地丈九尺二寸計之。與戴率較二寸者,戴兼上下各縜寸計之,鄭、賈不兼縜計之,戴説爲密。鄭、賈所計皆當增二寸。但王大射、賓射等,皆三侯並張,則熊侯當見鵠於虎,虎侯當見鵠於豹,所謂下綱不及地武者,惟豹侯爲然耳。其熊虎二侯各以見鵠於次侯,而遞增其去地之高度,如大射糝侯豻侯之數,非三侯皆下綱不及地武也。

注云“綱所以繫侯於植者也”者,賈疏云:“植則在兩傍邪豎之也。必知邪豎之者,下个半上个,皆出舌尋,明知兩相皆邪向外豎之也。”詒讓案:植謂侯兩旁所樹之長木。云“上下皆出舌一尋者”者,明綱雖亦上長下短,而左右出舌之數則同,與舌之下半上者異也。云“亦人張手之節也”者,謂象人張臂八尺也。鄭司農云“綱,連侯繩也”者,《鄉射禮》注云:“綱,持舌繩也。”持舌卽所以連侯,彼注與司農説同。《説文·糸部》云:“綱,維紘繩也。”是綱爲繩名,故連侯繩亦謂之綱也。云“縜,籠綱者”者,卽《説文》所謂持綱紐也。戴震云:“縜者,个上之紐,以綱貫之。”詒讓案:《大射儀》注又謂之“綱耳”。綱貫縜中,縜籠絡綱,使不脱,故曰籠綱。賈《大射儀》疏謂亦以布爲之。聶氏《三禮圖》引舊圖云:“上紐皆十二,下紐皆十,而三侯數同。”今案:紐數經注無文,《三禮》舊圖説,未知所據。聶氏駁之,謂“九十弓、七十弓、五十弓之侯,丈尺廣狹不同,縜紐籠繫宜異,但依侯大小取稱爲是”,是也。又《大射儀》别有“維”,注謂邪制躬舌之角者。賈彼疏謂“小繩綴角繫著植”,則與縜紐迥異。《聶圖》以絹維爲一,大謬。云“縜讀爲竹中皮之縜”者,段玉裁云:“當作‘讀如竹青皮筍之筍’,擬其音也。筍,于貧反,今之筠字。《顧命》、《禮器》、《聘義》注字皆作筍。”云“舌,維持侯者”者,亦謂舌卽个也。與後鄭説兩个義同。

張皮侯而棲鵠,則春以功;皮侯,以皮所飾之侯。《司裘職》曰:"王大射,則共虎侯、熊侯、豹侯,設其鵠。"謂此侯也。春讀爲蠢。蠢,作也,出也。天子將祭,必與諸侯羣臣射,以作其容體,出其合於禮樂者,與之事鬼神焉。

【疏】"張皮侯而棲鵠"者,以下辨三侯之用也。皮侯者,大射於學之侯也。《説文·西部》云:"西,鳥在巢上也。重文棲,西或从木妻。"案:鵠取名於鳥,故亦以棲言之。賈疏云:"張皮侯者,天子三侯,用虎熊豹皮飾侯之側,號曰皮侯。棲鵠者,各以其皮爲鵠,綴於中央,似鳥之棲也。"金鶚云:"侯中有鵠,又有正,本當兼言正鵠,《記》但言鵠而不言正者,以正在鵠中,言鵠則正可知,故省之也。下云張五采之侯,張獸侯,並不言鵠,冡上省文可知也。鄭因采侯不言鵠,遂謂畫布爲正,與棲皮之鵠異,誤矣。"案:金説是也。朱大韶説同。鄭《中庸》、《射義》注,並云"畫布曰正,棲皮曰鵠"。陸氏《釋文》、孔氏《詩》《禮記》疏,咸以爲大射賓射之異,其説非是。詳《司裘》、《射人》疏。云"則春以功"者,孔廣森云:"春當如字讀。《射義》曰:'諸侯歲獻貢士于天子,天子試之于射官。'《小行人》'令諸侯春入貢',於春貢之時,因貢教士,乃張皮侯而大射。《三朝記》,天子以歲二月,爲壇於東郊,與諸侯之教士射。是其事也。《漢·五行志》曰:'春而大射,以順陽氣。'《東京賦》曰:'春日載陽,合射辟雍。'古者大射,本在春審矣。《鄉射禮》注曰:'今郡國行此禮以季春。'"金鶚云:"春以功,蓋大射在春,而以較諸侯羣臣之有功與否也。《王制》云'習射上功',此其明證。《射義》云:'諸侯君臣盡志於射,以習禮樂。'《文王世子》云:'春秋教以禮樂。'而春時陽氣舒和,尤善於秋,故大射必于春也。《白虎通·鄉射篇》云:'天子所以親射何?助陽氣達萬物也。春陽氣微弱,恐物有窒塞不能自達者,射自内發外,貫堅入剛,象物之生,故以射達之也。'《漢書·五行志》、《東京賦》皆與《白虎通》合。"案:孔、金讀春如字,較鄭爲長。戴震讀同。《説文·矢部》云:"侯,春饗所躲侯也。"亦據春行大射言之。凡諸侯三歲貢士,王與大射,及王每歲與羣臣大射,皆於春行之。以功者,凡射以中爲功。《詩·大雅·賓之初筵》云:"射夫既同,獻爾發功。"是其義。

注云:"皮侯,以皮所飾之侯"者,《司裘》注云:"以虎熊豹麋之皮飾其側，又方制之以爲臯，謂之鵠，著於侯中，所謂皮侯。"是侯側之飾及鵠，並以皮爲之，故專得皮侯之名也。云"《司裘職》曰，王大射則共虎侯、熊侯、豹侯，設共鵠，謂此侯也"者，引以證皮卽指虎、熊、豹、麋等皮也。云"春讀爲蠢，蠢，作也，出也"者，段玉裁云："此易其字。蠢，作也，見《方言》。"詒讓案：春蠢聲類同。《鄉飲酒義》云："春之爲言蠢也。"蠢作之訓，亦見《爾雅·釋詁》。《廣韻·十八真》引《尚書大傳》云："春，出也，萬物之出也。"又《廣雅·釋詁》云："截，出也。"截亦卽古文蠢字，是蠢有"作""出"兩訓。然此經春當如字讀，鄭破爲蠢，非經義。云"天子將祭，必與諸侯羣臣射，以作其容體，出其合於禮樂者，與之事鬼神焉"者，據《射義》文，詳《司裘》疏。

張五采之侯，則遠國屬；五采之侯，謂以五采畫正之侯也。《射人職》曰："以射法治射儀，王以六耦射三侯，三獲三容，樂以《騶虞》，九節五正。"下曰："若王大射，則以貍步張三侯。"明此五正之侯，非大射之侯明矣。其職又曰："諸侯在朝，則皆北面。"遠國屬者，若諸侯朝會，王張此侯與之射，所謂賓射也。正之方外如鵠，内二尺。五采者，内朱，白次之，蒼次之，黄次之，黑次之。其侯之飾，又以五采畫雲氣焉。

【疏】"張五采之侯則遠國屬"者，此賓射於朝之侯也。采侯中亦兼有鵠正。其制蓋純布而畫五采，故謂之五采之侯。鄭《鄉射記》注謂鄉射亦張此侯，非也，詳後疏。金榜云："不言棲鵠，冢上皮侯省文。"

注云："五采之侯，謂以五采畫正之侯也"者，五采卽下朱、白、蒼、黄、黑是也。畫者，統鵠六尺全畫之。不云畫鵠，云畫正者，鄭謂大射有鵠無正，賓射有正無鵠也。引《射人職》曰"以射法治射儀，王以六耦射三侯，三獲三容，樂以《騶虞》，九節五正"者，鄭意彼五正卽此五采侯，故引以爲證。《射人》注亦引此經爲釋，云五采之侯卽五正之侯也。實則《射人》五正乃樂節，非指五采之侯，詳彼疏。云"下曰，若王大射，則以貍步張三侯，明此五正之侯，非大射之侯明矣"者，賈疏云："鄭引《射人職》賓射及大射二者，陰破賈、馬以此五采與上春以功爲一物，故云非大射之侯明矣。"詒讓案：鄭意《射人》言"若大射"，若爲更端語，明彼上文爲賓射，其說非也。《射人》所言皆大射，非賓射；此五采之侯爲賓射，與《射人》所言實不相涉也。據疏，則賈、馬並以此五采之侯，爲卽上大射所用皮侯。然皮侯采侯儻同是一侯，則經不宜兩見，亦不可通也。① 云"其職又曰，諸侯在朝，則皆北面"者，證此云："遠國屬"，卽謂諸侯來朝也。然彼文自汎指諸侯在朝之禮，不專屬射，鄭説亦誤，並詳彼疏。云"遠國屬，若諸侯朝會，王張此侯，與之射，所謂賓射也"者，《射人》注引此文而釋之云："遠國，謂諸侯來朝者也。"屬謂朝會，詳後。賈疏云："言遠國屬，對畿内諸侯爲遠國。若以要服以内對夷狄諸侯，則夷狄爲遠國也。"云"正之方外如鵠"者，鄭意賓射采侯之正，一如大射皮侯之鵠，外亦廣與崇方，居侯廣三分之一，惟内爲五采異。今依先鄭説，正小鵠大，正在鵠中。凡射侯，無論大射、賓射，皆有鵠有正，非以皮侯、采侯異名，詳《司裘》及《射人》疏。云"内二尺"者，賈疏云："中央畫朱方二尺，故《司裘》注引諸家方二尺曰正。以此二尺爲本，其外以白蒼等充其尺寸，使大如鵠也。"云内二尺者，爲畫五采地也。云"五采者，内朱，白次之，蒼次之，黄次之，黑次之"者，《射人》注義同。彼注云"玄居外"，而此云"黑居外"者，黑玄色近，古書多通稱。云"其侯之飾，又以五采畫雲氣焉"者，《射人》注云："大夫以上與賓射，飾侯以雲氣，用五采各如其正。"鄭意此侯五正，故雲氣亦五采畫也。然其説無據，亦詳《射人》疏。

張獸侯，則王以息燕。獸侯，畫獸之侯也。《鄉射記》曰："凡侯，天子熊侯，白質；諸侯麋侯，赤質；大夫布侯，畫以虎豹；士布侯，畫以鹿豕。凡畫者丹質。"是獸侯之差也。息者，休農息老物也。燕謂勞使臣，若與羣臣飲酒而射。

【疏】"張獸侯則王以息燕"者，此王於大學及大寢行息燕之射之侯也。鄉遂之吏行鄉射於庠序，蓋亦用之。不言棲鵠者，亦冡上文省。其制，天子熊侯，諸侯麋侯，並以皮飾侯之側，惟以布爲鵠，而染其質以白赤。大夫以下則全以布爲之，與采侯同，惟畫其側爲虎豹鹿豕，而染其質以丹。蓋兼取皮侯、采侯之制而少變之。因天子諸侯用獸皮爲飾，大夫以下畫獸之毛物，故名之曰獸侯也。

① "亦"楚本作"必"。——王文锦校注。

注云"獸侯,畫獸之侯也"者,謂畫獸於三分侯中居一之處,以當正鵠也。鄭意天子諸侯之飾亦畫獸,非皮侯,故謂止取畫獸之義。不知天子諸侯之侯並不畫獸,獸侯實兼取獸皮及畫獸爲名也。云"《鄉射記》曰,凡侯,天子熊侯白質,諸侯麋侯赤質,大夫布侯,畫以虎豹,士布侯,畫以鹿豕,凡畫者丹質,是獸侯之差也"者,鄭彼注云:"此所謂獸侯也,燕射則張之。鄉射及賓射當張采侯二正。而記此者,天子諸侯之燕射,各以其鄉射之禮而張此侯,由是云焉。白質、赤質皆謂采其地。其地不采者,白布也。熊麋虎豹鹿豕,皆正面畫其頭象於正鵠之處耳。君畫一,臣畫二,陽奇陰偶之數也。燕射射熊虎豹,不忘上下相犯;射麋鹿豕,志在君臣相養也。其畫之,皆毛物之。賓射之侯,燕射之侯,皆畫云氣於側以爲飾。必先以丹采其地,丹淺於赤。"案:依鄭彼注説,則獸侯不辨尊卑,侯道皆五十弓,侯中並方一丈;其中三分居一畫布爲獸首,以當正鵠,天子則以白地畫熊,諸侯則以赤地畫麋,大夫則以白布畫虎豹,士則以白布畫鹿豕;其畫獸之外,當侯中四旁者,尊卑同以丹地,畫雲氣爲飾。敖繼公謂"凡畫者丹質",專指畫虎豹鹿豕之侯。金榜申敖説云:"熊麋虎豹鹿豕之侯;咸取名於鵠。記言大夫、士布侯用畫,則熊侯、麋侯棲皮爲鵠,對文見異矣。質,天子白,諸侯赤。記言'凡畫者丹質',謂大夫、士畫以虎豹鹿豕者用丹矣。"黄以周云:"《鄉射記》言大夫、士布侯用畫,則天子熊侯、諸侯麋侯之爲皮也可知。凡皮侯不去毛,去毛無以别熊麋。又皮侯純用皮,非以熊麋飾其側而中仍用布。質謂質的,天子熊侯用白的,諸侯麋侯用赤的,則大夫、士之畫侯亦必有的也可知。'凡畫者丹質',爲大夫、士畫侯言也。人有大夫、士之異,侯有虎豹、鹿豕之分,故曰'凡'以統之。人有天子、諸侯及大夫、士之異,侯有飾皮及畫布之分,故曰'凡畫者'以别之。鄭説熊麋亦是畫侯,質是采地,畫熊白質,畫麋赤質,與下文'凡畫者丹質'語相觸礙,因以凡畫丹質爲畫賓射、燕射之侯,白質、赤質爲畫熊侯、麋侯之正,殊非經意。《記》又云'禮射不主皮',則天子諸侯大射、賓射、燕射之爲皮侯也可知。鄭謂賓射、燕射不用皮,亦未審矣。"案:金氏、黄氏據《鄉射記》虎豹鹿豕言畫,而熊麋不言畫,定熊侯麋侯爲卽皮侯不畫,又以畫者丹質,卽承上文畫以虎豹、畫以鹿豕而言,説皆致塙。孔廣森、林喬蔭、陳奐、朱大韶、俞樾說並同。今攷《司裘》先鄭注説，“凡侯皆有鵠、正、質三等”，其説最是。《鄉射記》白質、赤質、丹質，卽正中最小之的，亦卽《韓非子·外儲説左》所謂“五寸之的”，非采其地之謂也。蓋獸侯尊卑同用布爲侯中。天子、諸侯則以熊麋之皮飾侯側，又棲其皮以爲鵠，鵠内又用布爲正，不畫，正内則又畫白赤之采以爲質。大夫、士用布，侯側不飾，而畫虎豹鹿豕於布以爲鵠，鵠内亦用布爲正，不畫，正内則亦畫丹采以爲質。獸侯之制蓋如是，則於此經及《鄉射記》，義無不通矣。獸侯熊麋皆非畫丹質，鄭二《禮注》並誤。云“息者，休農息老物也”者，《籥章》云：“國祭蜡則歙《豳頌》，擊土鼓，以息老物。”注：“杜子春云：‘《郊特牲》曰：“天子大蜡八，伊耆氏始爲蜡，歲十二月而台聚萬物而索饗之也。蜡之祭也，主先嗇而祭司嗇也。黄衣黄冠而祭，息田夫也。既蜡而收，民息已。”’玄謂十二月，建亥之月也。求萬物而祭之者，萬物助天成歲事，至此爲其老而勞，乃祀而老息之，於是國亦養老焉，《月令》孟冬勞農以休息之是也。”此注云“休農息老物”，蓋兼用《籥章》及《月令》之文，謂息卽因大蜡息老物之祭，遂行射禮，是謂之息。敖繼公云：“《鄉飲酒》‘乃息司正’，息，疑飲燕之異名。”案：敖據《鄉飲酒禮》證此經，甚塙。然竊疑息燕自是二事，息非專指息老物，與燕亦不同。攷《鄉飲酒》、《鄉射禮》，明日皆息司正。又《大戴禮記·千乘篇》云：“方冬三月，草木落，庶虞藏，五穀必入于倉，於時有事蒸于皇祖皇考，息國老六人，以成冬事。”是皆“息”之見於經記者，不必蜡祭息老物而後有息也。《鄉飲酒禮》説息云：“無介，不殺，薦脯醢，羞唯所有，徵唯所欲。”《鄉射》注云：“息猶勞也。勞司正，謂賓之，與之飲酒。”又云：“勞禮略貶於飲酒也。”是息亦飲酒於學，而其禮稍略。息卽鄉飲酒之細別，故通言之，凡飲酒皆謂之息。鄭《月令》注云“勞農以休息之，黨正屬民飲酒正齒位是也”。《月令》又云“季冬大飲烝”，注云：“十月農功畢，天子、諸侯與其羣臣飲酒於大學，以正齒位，謂之大飲，别之於燕。”據鄭説，則黨正息民卽用鄉飲酒禮，天子、諸侯則别有大飲之禮，二者蓋皆通稱息。《千乘》之息國老，卽指養老於學，亦卽用飲酒正齒位之禮。若燕禮則行於寢，而輕於鄉飲酒，與《禮經》之息迥殊，不可並爲一也。蓋王與諸侯、卿、大夫、士咸有飲酒於學之禮，卿、大夫、士飲酒在鄉遂之學，則謂之鄉飲酒，王與諸侯、諸臣飲酒在大學，則謂之大飲，二者亦通有射。此經息燕之射，雖同用獸侯，而其事則别。息者，先行飲酒禮而射，在卿大夫士則謂之鄉射；燕者，先行燕禮而射，即所謂燕射也。《射義》云："古者諸侯之射也，必先行燕禮；卿、大夫、士之射也，必先行鄉飲酒禮。"是天子、諸侯有息燕之射而無鄉射，大夫、士有鄉射而無燕射，《鄉射記》云："唯君有射于國中，其餘否"是也。陳奂云："獸侯用諸鄉射，故特著於《鄉射記》；而燕射亦用獸侯，《燕禮》云'若射，如鄉射之禮'，是其義也。"案：陳説是也。黄以周説同。《鄉射記》云"天子熊侯白質，諸侯麋侯赤質"，此息燕射之侯也。又云"大夫士布侯"，此鄉射之侯也。鄭君彼注未悟，乃曲爲之説，謂燕射張獸侯，鄉射、賓射當張采侯，因天子、諸侯燕射各以其鄉射之禮而張獸侯，故附見獸侯於《鄉射》之記。此曲説，與《鄉射記》及此經並不合，不足據也。云"燕謂勞使臣，若與羣臣飲酒而射"者，"羣臣"下宋余仁仲本、岳珂本、附釋音本、宋注疏本並有"閒暇"二字。阮元謂係疏語誤入，鄭注本無，是也。今從嘉靖本。賈疏云："勞使臣，謂若《四牡》勞使臣之來。若與羣臣飲酒者，君臣閒暇無事而飲酒。息老物及勞使臣並無事飲酒，三者燕皆有射法。此燕射以其事褻，天子已下，唯有五十步侯而已，無尊卑之别也。"

祭侯之禮，以酒脯醢。謂司馬實爵而獻獲者于侯，薦脯醢折俎，獲者執以祭侯。

【疏】"祭侯之禮"者，梓人不掌祭事，此記其辭者，因侯制連類及之也。云"以酒脯醢"者，明有獻有薦也。

注云"謂司馬實爵而獻獲者于侯，薦脯醢折俎，獲者執以祭侯"者，于，注例當作"於"，各本並誤。《鄉射禮》云："司馬洗爵，升，實之以降，獻獲者于侯，薦脯醢，設折俎，俎與薦皆三祭。獲者負侯北面拜受爵，司馬西面拜送爵。獲者執爵，使人執其薦與俎從之，適右个，設薦俎，獲者南面坐，左執爵，祭脯醢，執爵興，取肺，坐祭，遂祭酒，興。適左个、中，亦如之。"即此注所據。《大射儀》載此禮略同，惟獻獲者作"獻服不"。服不，司馬之屬，即獲者也。賈疏云："大射雖諸侯禮，天子射亦然。又此不辨大射、賓射、燕射，則三等射皆同。"

其辭曰:"惟若寧侯,若猶女也。寧,安也。謂先有功德,其鬼有神。

【疏】"其辭曰,惟若寧侯"者,鄭《大射儀》注引此,以爲天子祝侯之辭。又云"諸侯以下祝辭未聞",則此記是天子之禮,故以射不寧侯爲祭辭也。惟,《大射》注引作"唯",字通。《大戴禮記·投壺篇》亦載此辭云:"嗟爾不寧侯,爲爾不朝于王所,故亢而射女。强食,食爾曾孫侯氏百福。"《白虎通義·鄉射篇》云:"所以名爲侯何?明諸侯有不朝者,則當射之。故禮射祝曰:'嗟爾不寧侯,爾不朝于王所,以故天下失業,亢而射爾。'"《說文·矢部》"侯"字注云:"其祝曰:毋若不寧侯,不朝于王所,故伉而躲女也。"文並與此小異,而意恉略同。孔廣森云:"此《貍首》之首章也。天子大射歌之以祭侯。《曾孫》其次章,諸侯以爲射節。禮,獸侯皆畫獸首,故以'貍首'名篇。《史記·封禪書》曰:'萇弘設射《貍首》。貍首者,諸侯之不來者。'鄭《儀禮注》曰:'貍之言不來也。其詩有射諸侯首不朝者之言。'即此章是也。"詒讓案:此經云祭侯之辭,則非詩也。《樂師》先鄭注以《貍首》爲《曾孫》之詩。《大戴禮·投壺》載《曾孫》之詩,與此辭文亦不相屬。但《大射儀》注謂《貍首》詩有射諸侯不朝之言,與此下文頗相近,鄭意或當然也。詳《樂師》疏。

注云"若猶女也"者,《小爾雅·廣詁》云:"若,汝也。"汝女字同。云"寧,安也"者,《爾雅·釋詁》文。云"謂先有功德,其鬼有神"者,賈疏云:"祭侯者,祭先有功德之侯。若射侯,則射不寧侯,有罪者也。舉有功以勸示,又舉有罪以懲之,故兩言之也。"

毋或若女不寧侯不屬于王所,故抗而射女。或,有也。若,如也。屬猶朝會也。抗,舉也,張也。

【疏】"毋或若女不寧侯"者,毋,《大射儀》注引作"無",同。不寧侯,謂不安順之諸侯。《易·比卦》辭云"不寧方來",義與此同。云"不屬于王所"者,《覲禮》載諸侯來覲,天子賜舍之辭曰:"伯父女順命于王所,賜伯父舍。”不屬于王所,猶言不順命于王所也。《廣雅·釋詁》云:“所,居也。”王所謂王所居之處,通王都及巡守朝會之地言之。

注云“或,有也”者,《小爾雅·廣言》文。云“若,如也”者,《廣雅·釋言》云:“如,若也。”是若如可互訓。云“屬猶朝會也”者,此屬與上文“遠國屬”之屬義同。《大戴禮·投壺》、《白虎通義·鄉射篇》、《說文·矢部》並作“不朝於王所”。《國語·齊語》云“兵車之屬六,乘車之會三”,韋注云“屬亦會也”,故云猶朝會也。云“抗,舉也,張也”者,《詩·大雅·賓之初筵》云“大侯既抗”,毛傳云:“抗,舉也。”《廣雅·釋詁》云:“抗,張也。”《大戴禮》作“亢”,《說文》作“伉”,義並同。

强飲强食,詒女曾孫諸侯百福。”詒,遺也。曾孫諸侯,謂女後世爲諸侯者。

【疏】“詒女曾孫諸侯百福”者,“曾孫”上,葉鈔本《釋文》無“女”字。阮元云:“葉鈔本蓋誤脱也。注云‘曾孫諸侯謂女後世爲諸侯者’,是經本有女字。‘毋或若女不寧侯,故抗而射女’,此二女目不寧侯也。‘惟若寧侯,詒女曾孫諸侯’,此二女目寧侯也。注云:‘若猶女也。’經意雖各有屬,固無妨同言女矣。”案:阮説是也。《大射儀》注引此辭亦有女字。

注云“詒,遺也”者,《爾雅·釋言》云:“貽,遺也。”詒貽字同。《大射儀》注引亦作“貽”。云“曾孫諸侯,謂女後世爲諸侯者”者,女即指寧侯。爲寧侯祝後世子孫世爲諸侯,而詒以福也。

冬官考工記

廬人

廬人爲廬器，戈柲六尺有六寸，殳長尋有四尺，車戟常，酋矛常有四尺，夷矛三尋。柲猶柄也。八尺曰尋，倍尋曰常。酋、夷，長短名。酋之言遒也。酋近夷長矣。

【疏】“廬人爲廬器”者，亦以所作之器名工也。云“戈柲六尺有六寸”者，賈疏云：“凡此經所云柄之長短，皆通刃爲尺數而言。”案：賈説是也。《毛詩·秦風·無衣》傳云：“戈長六尺六寸。”亦通柲刃言之。五兵柲度若不通刃而言，則夷矛加刃，不止三尋，過於三人之身，而弗能用矣。云“夷矛三尋”者，《唐石經》作“矛夷”，誤，今從宋本及嘉靖本正。此戈、殳、車戟、酋矛、夷矛五者，即《司兵》先鄭注所説車之五兵也。

注云“柲猶柄也”者，《説文·木部》云：“柲，欑也。”《總敘》注云：“廬謂矛戟柄竹欑柲。”是柲本爲欑竹柄之名，引申之，凡木柄不欑者亦謂之柲。《廣雅·釋器》云：“柲，柄也。”《方言》云：“戟其柄，自關而西謂之柲。”案：古戈戟皆於柄端爲鑿，而以金爲内，横插之，謂之柲，與矛於刺本爲圜銎而以矜直貫之不同。此工所爲兼有柲矜兩制，經唯見戈柲，而酋矛、夷矛不云矜，蓋文不具。二鄭則誤謂戈戟柲與矛矜同制，故注中柲矜二者咸通言不别也。又昭十二年《左傳》云：“剥圭以爲戚柲。”戚於刃首爲銎，而以柄横貫之，與戈柲矛矜又並不同，而亦謂之柲，則古蓋以柲爲兵柄之通稱矣。云“八尺曰尋，倍尋曰常”者，《總敘》注同。云“酋、夷，長短名，酋之言遒也，遒近夷長矣”者，段玉裁云：“前引司農云‘酋矛’，酋發聲，直謂矛。鄭君此云‘酋近夷長’以正之。酋之言遒，有近義，夷有長義。”詒讓案：酋遒聲類同。《廣雅·釋詁》云：“遒，近也。”《説文·大部》云：“夷，平也。”凡物引之長則平，故夷引申之亦爲長，矛之至長者以爲名。《釋名·釋兵》云：“矛，冒也，刃下冒矜也。夷矛，夷，常也，其矜長丈六尺，不言常而曰夷者，言其可夷滅敵，亦車上所持也。”案：劉説矛刃冒矜，深得其制；而誤以車戟之度爲夷矛，義與此經注並迕，不足馮也。《墨子·備蛾傅篇》有二丈四矛，卽此夷矛。

凡兵無過三其身，過三其身，弗能用也而無已，又以害人。人長八尺，與尋齊，進退之度三尋，用兵力之極也。而無已，不徒止耳。

【疏】注云“人長八尺，與尋齊”者，據《總敍》文。云“進退之度三尋，用兵力之極也”者，言三尋之外，人力有所不及。《司馬法·天子之義篇》云：“兵大長則難犯。”義亦通也。云“而無已，不徒止耳”者，戴震云：“不徒止於不能用也，又適以害執兵之人。”

故攻國之兵欲短，守國之兵欲長。攻國之人衆，行地遠，食飲飢，且涉山林之阻，是故兵欲短；守國之人寡，食飲飽，行地不遠，且不涉山林之阻，是故兵欲長。言罷羸宜短兵，壯健宜長兵。

【疏】“故攻國之兵欲短，守國之兵欲長”者，通論攻守之兵長短互用之法。賈疏云：“按《司馬法》云：‘弓矢圍，殳矛守，戈戟助。’此言攻國之兵欲短，則弓矢是也。守國之兵欲長，則殳矛是也。言戈戟助者，攻國守國皆有戈戟，以助弓矢殳矛，以其戈戟長短處中故也。”

注云“言罷羸宜短兵”者，謂行地遠而食飢，故不任用長兵而用短也。江永云：“人衆地阻，則勢不便，人勞飢罷則力不勝，故兵宜短不宜長，注未該。”云“壯健宜長兵”者，謂行地近而食飽，則任用長兵也。

凡兵，句兵欲無彈，刺兵欲無蜎，是故句兵椑，刺兵摶。句兵，戈戟屬。刺兵，矛屬。故書彈或作但，蜎或作絹。鄭司農云：“但讀爲彈丸之彈，彈謂掉也。絹讀爲悁邑之悁，悁謂橈也。椑讀爲鼓鼙之鼙。”玄謂蜎亦掉也。謂若井中蟲蜎之蜎。齊人謂柯斧柄爲椑，則椑，隋圜也，摶，圜也。

【疏】“句兵欲無彈”者，以下記制兵柲之法也。

注云“句兵，戈戟屬”者，《呂氏春秋·知分篇》云：“句兵鉤頸”，高注云：

"句戟也。"賈疏云:"以戈有胡孑,其戟有援向外,爲磬折入,胡向下,故皆得爲鉤兵也。"案:戈戟之句主於援,不主於胡,賈不識古戈戟形制,詳《冶氏》疏。云"刺兵,矛屬"者,程瑶田云:"矛用恒直,故曰刺。《説文·刀部》:'刺,直傷也。'"詒讓案:刺兵亦謂之直兵。《吕氏春秋·知分篇》云"直兵造胷",高注云:"直矛也。"《淮南子·氾論訓》云:"槽矛無擊,修戟無刺。"是矛亦得稱擊,戟亦得稱刺,蓋散文通也。云"故書彈或作但"者,段玉裁云:"《説文·人部》曰:'僤,疾也,從人單聲,《周禮》:句兵欲無僤。'此注當云'故書彈或作僤',司農讀僤爲彈也。"案:段説是也。惠士奇亦謂此注但爲僤之誤。云"蜎或作絹"者,蜎絹聲類同。鄭司農云"但讀爲彈丸之彈,彈謂掉也"者,但,亦當爲僤。《御覽·兵部》引《字林》云:"彈,行丸者。又栟也,栟使戰動掉彈也。"是彈有掉義。段玉裁云:"司農易但爲彈,書亦或爲彈。彈丸者,傾側而轉者也。掉之義取此。《説文》:'僤,疾也。'疾與掉義相足。"案:段説是也。《説文·手部》云:"掉,搖也。"凡持長物,緩則定,疾則動掉,故僤訓疾,亦訓掉,二義相成。惠士奇謂僤訓疾,訓動,讀爲《上林賦》"象輿婉僤"之僤。戴震又讀爲"夗蟺"之蟺,訓爲轉掉。今案:婉僤卽夗蟺,與僤彈聲義亦通,然與蜎掉義近,不若先鄭義之切也。句兵之刃横向一邊,若一轉掉,則其刃違盭而不能中,故欲其無掉。程瑶田云:"司農云彈掉,蓋言戈戟之柲欲其不轉掉於手。戈戟之體,其援横出而偏長,用之防其轉掉,故爲内,令穿柲之鑿而出之,以與援相稱,爲其援之重也。若内過長,則内轉重而援反輕。是故援重亦掉,援輕亦掉。《冶氏》云:'長内則折前。'前謂援,折謂掉也。合《冶氏》、《廬人》兩職觀之,知句兵之病在易轉掉也。"云"絹讀爲悁邑之悁,悁謂橈也"者,《詩·陳風·澤陂》"中心悁悁",毛傳云:"悁悁猶悒悒也。"邑卽悒之借字。段玉裁云:"大鄭本作絹,易爲悁。悁邑者,悁悒也,鬱抑之皃。橈之義取此。"程瑶田云;"先鄭謂'蜎,橈也'是也。案下《記》云:'凡試廬事,置而搖之,以眡其蜎也。'置謂植之也。蜎謂不直皃,如蜀之蜎蜎然也。立而搖之,以眡其往來,或有偏强偏弱處也。偏强處則往少來疾,偏弱處則往多來緩,所謂蜎也。"案:程説是也。刺兵直刃,所遇必決,不患其掉,惟患其橈弱,則刺之無力而不入。先鄭訓爲橈,義最精。而讀爲悁,則取義轉迂遠,不若後鄭作蜎之當矣。云"椑讀爲鼓鼙之鼙"者,段玉裁云:"'讀爲'當爲'讀如',擬其音耳。"案:段校是也。云"玄謂蜎亦掉也,謂若井中蟲蜎之蜎"者,惠士奇云:"《爾雅·釋魚》'蜎蠉',注云:'井中小蛣蟩,赤蟲。'《廣雅》:'孑孓,蜎也。'《莊子·秋水篇·釋文》:'司馬彪云:"蚈,井中赤蟲,一名蜎。"'然則蜎者,水中孑孓掉尾之蟲,動摇不定,蜎乃動摇之狀也。"詒讓案:此破先鄭悁邑之讀,則"謂"疑當爲"讀"之誤,蓋擬其音而義亦存乎其中也。程瑶田云:"後鄭謂蜎亦掉者,非也。《爾雅》'蜎蠉',郭注'一名孑孓'。据《説文》,無右臂曰孑,無左臂曰孓。是蟲行水中,恒屈曲其體,轉變無定,勝負不均。苟爲廬一器中若此蟲然,偏强偏弱,節節相閒,是之謂蜎。井中蜎,是橈象,而亦以掉釋之,與彈相溷,不可從。"云"齊人謂柯斧柄爲椑,則椑隋圜也"者,《説文·木部》云:"椑,圜榼也。"《廣雅·釋器》云:"匾榼謂之椑。"案:圜而匾卽隋圜也。此叚借爲兵柲隋圜之名。柯卽《車人》"柯欘"之柯。《毛詩·豳風·伐柯》傳云:"柯,斧柄也。"又《破斧》傳云:"隋銎曰斧。"斧以柄納於銎,銎隋故柄亦隋,銎與柄適相函也。但戈戟之柲與斧柄制實不同,以其同爲隋圜,假以證義耳。賈疏云:"隋圜謂側方而去楞是也。"段玉裁云:"斧柄必隋圜,則椑者隋圜之言,隋圜對下文摶是正圜言也。"程瑶田云:"柲正圜則易轉掉,柲隋圜則難轉掉,故曰句兵椑。"云"摶,圜也"者,《梓人》注同。

毄兵同强,舉圍欲細,細則校;刺兵同强,舉圍欲重,重欲傅人,傅人則密,是故侵之。改句言毄,容殳無刃,同强,上下同也。舉謂手所操。鄭司農云:"校讀爲'絞而婉'之絞。重欲傅人,謂矛柄之大者在人手中者。侵之,能敵也。"玄謂校,疾也。傅,近也。密,審也,正也。人手操細以毄則疾,操重以刺則正。然則爲矜,句兵堅者在後,刺兵堅者在前。

【疏】"毄兵同强舉圍欲細"者,毄擊義同,亦古今字。前經五篇,如《方相氏》"以戈擊四隅",《宮正》"擊欜",《大師》、《小師》等"擊樂器",字並作"擊"。而"毄"見《司門》、《占人》、《校人·釋文》,則並以爲繫字,亦經記字例之異。但此記《梓人》"擊其所縣",字兩見,亦作"擊",未審其義例也。

以下並論兵柲舉圍大小之用，爲下章起義也。云“是故侵之”者，程瑶田云：“總承細重二者，謂不彈不蜎，尚何患不能侵乎。”

注云“改句言毄，容殳無刃”者，鄭意下文有殳，此毄兵對刺兵爲文，則卽上句兵，此因欲晐殳，故變文言毄也。《弓人》注云：“毄，拂也。”《說文・殳部》作“毄”，云：“相擊中也。如車相擊，故从殳从軎。”隸變作“毄”，經典通叚擊爲之。鄭鍔云：“變句兵而謂之毄者，戈戟可以句，可以毄，殳不可以句，可以毄，故專言句兵，足以見戈戟而不及殳，於是言毄以包之。《左傳》襄二十三年‘晉人以戟句欒樂而殺之’，昭元年‘子南以戈擊子皙’。此戈戟可句可毄之驗也。”案：鄭說是也。金榜云：“戈戟用恆主於擊人，故亦謂之擊兵。《左傳》襄十八年‘中行獻子夢與厲公訟，公以戈擊之’，二十八年‘王何以戈擊子之’，昭元年‘子南逐子皙，及衝，擊之以戈’，二十年‘齊氏用戈擊公孟’，二十五年‘公將以戈擊僚柤’，定四年‘盜以戈擊王’，十四年‘靈姑浮以戈擊闔廬’，哀十四年‘公執戈將擊之’，十五年‘石乞、孟黶敵子路，以戈擊之，斷纓’是也。”程瑶田云：“記文改句兵曰毄兵者，句言其形，毄言其用。戈戟用恆橫，故曰毄。橫用曰毄。”云“同强，上下同也”者，賈疏云：“謂本末及中央皆同堅勁，故云同强也。”云“舉謂手所操”者，謂柲中當人手操處也。《說文・手部》云；“舉，對舉也。”引申之，凡獨舉亦曰舉。此“舉圍”與下“被圍”略同，據其最後之近晉者而言，則曰舉圍；統其略前者而言，則曰被圍，其實一也。鄭司農云“校讀爲絞而婉之絞”者，《弓人》先鄭注同，此易校爲絞也。賈疏云：“昭元年《左傳》‘子羽謂子皮曰，叔孫絞而婉’，注云：‘絞，切也。’故讀從之，取切疾之義也。”云“重欲傅人，謂矛柄之大者在人手中者”者，亦謂手所操處，稍大之則重。云“侵之能敵也”者，《國語・楚語》韋注云：“侵，犯也。”兵傅人而密，則能犯人，而無不敵之患，故云能敵也。戴震云：“侵，善入也。”云“玄謂校，疾也”者，《弓人》注同，此義與先鄭略同。段玉裁云：“校，司農易爲絞，鄭君則不易字。蓋校有疾義，與𠜲魑字同。《弓人》注亦兩言校疾也。”云“傅，近也”者，《小爾雅・廣詁》文。云“密，審也，正也”者，謂兵之中人審諦而正也。云“人手操細以毄則疾”者，細則操之堅，任力多，故毄之疾也。云“操重以刺則正”者，程瑶田云：“蓋謂勁直有定，在手之所用與目之所視相準，無游移之病，以刺人，自然審而且正。”云“然則爲矜，句兵堅者在後，刺兵堅者在前”者，賈疏云：“以句兵向後牽之，故堅者在後也；以刺兵向前推之，故堅者在前也。”

凡爲殳，五分其長，以其一爲之被而圍之。參分其圍，去一以爲晉圍；五分其晉圍，去一以爲首圍。凡爲酋矛，參分其長，二在前、一在後而圍之。五分其圍，去一以爲晉圍；參分其晉圍，去一以爲刺圍。被，把中也。圍之，圜之也。大小未聞。凡矜八觚。鄭司農云：“晉謂矛戟下銅鐏也。刺謂矛刃胷也。”玄謂晉讀如“王搢大圭”之搢，所矜捷也。首，殳上鐏也。爲戈戟之矜，所圍如殳，夷矛如酋矛。

【疏】“凡爲殳，五分其長，以其一爲之被而圍之”者，殳制，詳《司戈盾》疏。賈疏云：“殳長丈二尺，五分取一，得二尺四寸，爲把處而圜之也。”

注云“被，把中也”者，《説文·手部》云：“把，握也。”言當手握處之中也。云“圍之，圜之也”者，明殳雖與戈戟同爲毄兵，而圍則與酋矛同爲正圜形也。云“大小未聞”者，以經文不具。程瑶田云：“‘凡爲殳，五分其長，以其一爲之被而圍之，參分其圍，去一以爲晉圍，五分其晉圍，去一以爲首圍’，是晉圍、首圍之數皆出於其圍也。‘凡爲酋矛，參分其長，二在前、一在後而圍之，五分其圍，去一以爲晉圍，參分其晉圍，去一以爲刺圍’，是其晉圍、刺圍之數亦皆出於其圍也。然則殳與酋矛之圍，乃其廬體上下諸圍之宗也。而鄭注則云‘大小未聞’。夫既爲其諸圍之宗，安得不以大小示人也！考之《喪服傳》‘苴絰大搹’，注云：‘盈手曰搹。搹，扼也。中人之扼圍九寸。’今訓被爲‘把中’，《説文》訓搹爲把，搹圍九寸，是把圍九寸也。用殳與矛以把，故即以把之數爲其圍之數。《莊周書》言櫟社樹絜之百圍，《吴越春秋》言伍子胥腰十圍，皆具數於人之把，豈廬之用在把，反疑其圍之之云，非即其把之數乎？曰‘爲之被而圍之’，蓋謂爲之把而圍之也。依文義讀之，亦是著數之辭。”案：程説甚精，足補鄭義。鄭訓被爲把中，則被圍即把圍。《莊子·人閒世·釋文》引司馬彪云“一手曰把”，李頤云“徑尺爲圍”，亦與程所定相近。此經言圍之者二。《桃氏》爲劒，云“參分其臘廣以爲首廣而圍之",首廣卽首徑,以求其圍,可得其度,故不言圍度,而度卽寓乎廣。此爲殳,云"五分其長,以其一爲之被而圍之",亦不言圍度,而度卽寓乎被。求度不同,而文例則一也。至諸圍之度,以程説推之,殳圍九寸,參分去一以爲晉圍,則晉圍六寸也。五分其晉圍,去一以爲首圍,則首圍四寸又五分寸之四也。酋矛圍與殳同,五分其圍,去一以爲晉圍,則晉圍七寸五分寸之一也。參分其晉圍,去一以爲刺圍,則刺圍亦四寸又五分寸之四也。然則酋矛之刺圍與殳之首圍正同,惟殳之晉圍,視酋矛六分減一。蓋凡毄兵刺兵柲之圍度並同,其被皆漸殺以趨於晉,毄兵所殺多,舉之則細,句兵所殺少,舉之則重,故被圍雖同,而近晉之舉圍,則又不害其異也。長兵之制,其可攷者如此。云"凡矜八觚"者,賈疏云:"以經二者近手皆云圍之,明不圍者爲八觚也。"程瑶田云:"殳,據《説文》'積竹八觚'。《説文》又云:'籚,積竹矛戟矜也。'蓋言凡廬皆積竹爲之。《記》所言廬,似並用木,今注云'凡矜八觚',類同《説文》所謂積竹者,或亦爲廬之一法。然如戈戟之柲隋圜,則斷不能積竹爲之矣。"案:程説甚析。《文選》張衡《西京賦》"竿殳之所揘畢",薛注云:"殳,杖也,八稜,長丈二而無刃,或以木爲之,或以竹爲之。"是殳本有竹木兩種。唯古戈戟柲,爲鑿以函内,自不能以積竹爲之。許説似據漢制,與古不合。至戈戟柲雖爲隋圜形,然舉圍之外,亦未嘗不可爲八觚而隋之,鄭説與經郤不相迕也。鄭司農云"晉謂矛戟下銅鐏也"者,《説文·金部》云:"鐏,柲下銅也。"《釋名·釋兵》云:"矛下頭曰鐏,鐏入地也。"《曲禮》"進戈者前其鐏後其刃,進矛戟者前其鐓",注云:"鋭底曰鐏,平底曰鐓。"案:鐏鐓對文則異,散文得通。段校《説文·金部》云:"鐓,矛戟柲下銅鐏也。"《毛詩·秦風·小戎》"厹矛鋈錞",傳云:"錞,鐏也。"是兵器柲末並以銅鍣之,名曰鐏,亦曰晉。程瑶田云:"殳以晉圍對首圍,酋矛以晉圍對刺圍,則晉圍者,廬所内鐏之一端也。晉尊一聲之轉。"云"刺謂矛刃胷也"者,《淮南子·氾論訓》高注云:"刺,鋒也。"卽謂矛刃本與矜相含之圜銎。《詩·鄭風·清人》箋所謂室是也'。云"玄謂晉讀如王搢大圭之搢,矜所捷也"者,據《典瑞》文。段玉裁改搢爲晉,云:"謂其音義同晉大圭,訓爲臿於紳帶之閒。知此晉謂矜臿於銅鐏。捷同臿,俗作插。晉大圭,俗本作'搢大圭',非。"案:

段校是也。《典瑞》亦作“晉”，注引先鄭讀爲薦申之薦，今本彼注“薦申”作“搢紳”，誤也。捷插古通，詳《總敍》疏。云“首，殳上鐏也”者，賈疏云：“殳下有銅鐏，此殳首無，亦以上頭爲首而稍細之，以其似鐏，故鄭云首殳上鐏也。”案：殳無刃，蓋首末並有銅鐏以爲固，賈説疑非。程瑶田云：“矛之用在刺，故卽以刺名其内刺之一端；殳所用之一端無刺，但平其首，故名之曰首。”云“爲戈戟之矜，所圍如殳，夷矛如酋矛”者，經不箸戈戟夷矛之圍度，故鄭補其義，以殳爲毄兵。戈戟亦可句可毄，與殳用同，其柲雖有隋圜、正圜之異，而圍度大小可約略相等。夷矛、酋矛則並爲刺兵，其矜自當同也，其由被以下漸殺以趨於晉者則異。

凡試廬事，置而摇之，以眡其蜎也；灸諸牆，以眡其橈之均也；横而摇之，以眡其勁也。置猶葑也。灸猶柱也，以柱兩牆之閒，輓而内之，本末勝負可知也。正於牆，牆遻。

【疏】“凡試廬事”者，記廬人爲廬，器成後，試其利用與不，其法有三也。程瑶田云：“三法之試，初法，防其蜎；次二法，防其末弱；次三法，無上二病，專主於强。刺兵無掉病，而防其蜎，故曰欲其無蜎也。然三法之試，凡兵皆然，故刺兵摶而試之以三法，則可無蜎病，且均而同强。句兵之不摶而椑也，專以防掉，然亦不可有蜎病，故試廬之法，句兵亦然。故記言‘凡’以包之。”云“置而摇之，以眡其蜎也”者，戴震云：“眡其蜎，審察摇掉之勢也。”云“灸諸牆，以眡其橈之均也”者，戴震云：“審察屈勢，皆欲通體無勝負。苟材有勝負，必自負處動折。”程瑶田云：“如爲廬三尋，擇兩牆閒函二丈者，屈廬而柱諸牆，令橈，而因以觀其所橈兩端，初無勝負則均也。”云“横而摇之以眡其勁也”者，《説文・力部》云：“勁，彊也。”戴震云：“試之既齊均，又以彊勁爲尚。”程瑶田云：“勁謂通體同强無弱，眡之挺直不下垂也。”

注云“置猶葑也”者，《説文・壴部》云：“葑，立也。”《廣雅・釋詁》云：“置，立也。”是置與葑義同。案：置凡訓葑立者，並植之叚字，《説文・木部》植或作櫃可證。植謂直立，與横摇正相對。云“灸猶柱也，以柱兩牆之閒，輓而内之，本末勝負可知也”者，惠棟云：“灸，《説文・久部》引作‘久’，云

‘从後灸之，象人兩脛後有距也’。案：《士喪禮》云‘冪用疏布久之’，注云：‘久讀爲灸。’《既夕》云‘木桁久之’，注云；‘久當爲灸，謂以蓋案塞其口。’注云‘以柱兩牆之閒，輓而内之’，與《儀禮》‘久之’同義。是久爲古文，灸爲今文也。灸从火久聲，古文省火。”段玉裁云：“《説文》久字下引《周禮》‘久諸牆以觀其橈’。案：此則故書作久，師讀爲灸也。許君從故書作久，自可通，無勞易字。久灸義相近，許以灸釋久。案：久之本訓從後抵拒，引申爲長久之訓。後人乃知長久之訓，而不知本訓，遂以抵拒之訓專歸灸字。注家欲知古今異言、古今異字之梗概耳。柱，今之拄字。”云“正於牆，牆蹬，”者，《釋文》云：“蹬，本又作澀，又作歮，同。”案：《説文·止部》云：“蹬，不滑也。”澀歮並蹬之俗。取牆蹬者，欲其柱之定也。

六建既備，車不反覆，謂之國工。六建，五兵與人也。反覆，猶軒輖。

【疏】注云“六建，五兵與人也”者，賈疏云：“廬人所造有柄者，戈戟殳與酋矛夷矛五兵而已。上車有六等，除軫與人四兵，此云六建，建在車上，明無軫，自取人與五兵爲六建可知也。”戴震云：“六建當爲五兵與旌旗。”案：戴説是也。人立車上不可言建，注義爲短。云“反覆猶軒輖”者，《既夕記》“志矢一乘，軒輖中”，注云：“軒輖猶軒輊。”《御覽·車部》引《通俗文》云：“後重曰軒，前重曰輊。”戴震云：“六建摇動，則車行反覆，矜柲不彊故也。”

冬官考工記

匠人

匠人建國,立王國若邦國者。

【疏】“匠人建國”者,《說文·匚部》云:“匠,木工也。”《𧞤記》云;“匠人御柩。”《孟子·梁惠王篇》云:“工師得大木,匠人斲而小之。”又《左》成二年傳“魯賂楚以執斲百人”,杜注以爲匠人。《鄉師職》有匠師,卽匠人之長也。凡建立國邑,必用土木之工,匠人蓋木工而兼識版築營造之法,故建國營國溝洫諸事,皆掌之也。

注云“立王國若邦國者”者,《天官·敍官》注云:“建,立也。”賈疏云:“《周禮》單言國者,據王國;邦國連言,據諸侯。經既單言國,鄭兼言邦國者,以其下文有王及諸侯城制,明此以王國爲主,其中兼諸侯邦國可知。下文又有都城制,則此亦兼諸侯也。”

水地以縣,於四角立植,而縣以水,望其高下。高下既定,乃爲位而平地。

【疏】“水地以縣”者,將建國,必先以水平地,以爲測量之本。《莊子·天道篇》云:“水靜則平中準,大匠取法焉。”李筌《太白陰經·水攻具篇》有水平法,蓋古之遺制也。江永云:“此謂測景之地,須先平之。蓋地不平,則景有差,故下注云‘於所平之地中央,樹八尺之臬’,非謂通國城之地皆須平也。疏謂欲置國城,先當以水平地,知地之高下,然後平高就下,誤矣。國地隨地勢皆可居民,何用平。”案:江說是也。

注云“於四角立植,而縣以水,望其高下”者,賈疏云:“植卽柱也,於造城之處四角立四柱。而縣,謂於柱四畔縣繩以正柱;柱正,然後去柱,遠以水平之法遥望，柱高下定，即知地之高下。"①江永云："今工人作室，有平水之法：各柱任意量定若干尺，畫墨，四面依墨用横線，線下以竹承水，縣直物於線，進退量之。如柱平，則直物至水皆均；如不均，則知柱有高下，而更定之。意古人亦用此法。"戴震云："水地者，以器長數尺承水，引繩中水而及遠，則平者準矣。立植以表所平之方，縣繩正植，則度水面距地者準矣。"案：江、戴説是也。四角立植，即於所平之地立之。縣繩所以正植，亦以測四植距水之高下均否，此蓋兼有準繩之用矣。《淮南子·齊俗訓》云："視高下不失尺寸，明主弗任，而求之於浣準。"許注云："浣準，水望之平。"浣準疑即"管準"，所以測高下之表儀也。云"高下既定，乃爲位而平地"者，位即《天官·敍官》"辨方正位"之位。彼注謂定宫廟也。凡建國必先定宫廟之位，而後平地。

置槷以縣，眡以景。故書槷或作弋，杜子春云："槷當爲弋，讀爲杙。"玄謂槷，古文臬假借字。於所平之地中央，樹八尺之臬，以縣正之，眡之以其景，將以正四方也。《爾雅》曰："在牆者謂之杙，在地者謂之臬。"

【疏】"置槷以縣，眡以景"者，地既平，然後揆日眡景，以正東西南北之鄉背，即辨方之事也。賈疏云："置槷者，槷亦謂柱也。以縣者，欲取柱之景，先須柱正；欲須柱正，當以繩縣而垂之於柱之四角四中。以八繩縣之，其繩皆附柱，則其柱正矣。然後眡柱之景，故云眡以景也。"

注云"故書槷或作弋，杜子春云，槷當爲弋，讀爲杙"者，段玉裁云："杜正槷從弋，又云弋讀爲杙，此與正帝爲奠，奠讀爲定，正笴爲笴，笴讀爲稾同。《説文》槷弋字作'弋'，而杙爲《爾雅》劉劉杙之字。杜易弋爲杙者，蓋漢時槷弋字已作杙，故以今字易古字，如以灸易久之比。許自據《周禮》故書及字形得其説，故不同也。"云"玄謂槷古文臬假借字"者，段玉裁云："鄭君則從槷，謂槷爲臬之假借，如笴爲稾之假借，九軌爲簋之假借。下文引《爾雅》分别杙臬字，見此經言在地者則作臬爲正，不當如杜作杙也。"案：段説是

① 依據中華書局《孫詒讓全集》之《周禮正義》（汪少華點校）本校注。

也。鄭以槷臬爲古今字,故以後注中並作臬。云"於所平之地中央,樹八尺之臬,以縣正之"者,賈疏云:"《天文志》云'夏日至,立八尺之表',《通卦驗》亦云'立八神,樹八尺之表',故知樹八尺之臬,臬卽表也。必八尺者,按《考靈曜》曰'從上向下八萬里,故以八尺爲法也'。彼云八神,此縣一也。以於四角四中,故須八神,神卽引也,向下引而縣之,故云神也。"江永云:"古人樹臬用八尺何也?蓋測景之臬不可過短,過短則分寸太密而難分,過長則取景虚淡而難審,八尺與人齊,如是爲宜。八尺雖無正文,而土中之地,夏至景尺有五寸,以知用八尺臬也。後世郭守敬測景用四丈之表,表上作横梁,下用銅皮鑽小竅,於小竅中取横梁之景,谓之景符。此後人之功法,然四丈表亦不易作也。疏引《考靈曜》謂'從上向下八萬里,故以八尺爲法',此漢人之妄説,天去地豈止八萬里哉!"詒讓案:臬卽《大司徒》測景之表。《周髀算經》亦謂之髀,長八尺,取天高八萬里。《周髀》已有此論,雖非實測,然古天官家習傳其説,故鄭亦從之。互詳《大司徒》疏。云"眂之以其景,將以正四方也"者,眂,《詩·鄘風·定之方中》孔疏引作"視",是也。凡經作"眂",注例用今字作"視",各本並誤,詳《大宰》疏。正位必先辨方,故眂景以正之也。引《爾雅》曰"在牆者謂之杙,在地者謂之臬"者,證臬與杙異,染當爲臬也。《釋宫》云:"樴謂之杙,在牆者謂之楎,在地者謂之臬。"郭注云:"杙,橜也。臬卽門橜也。"此引作在牆者謂之杙者,鄭以杙楎同物,隨文便改之。《爾雅》之臬,卽此經之槷,與門闑字異,郭注亦誤。

爲規,識日出之景與日入之景。日出日入之景,其端則東西正也。又爲規以識之者,爲其難審也。自日出而畫其景端,以至日入,既則爲規測景兩端之内規之規之交,乃審也。度兩交之間,中屈之以指臬,則南北正。

【疏】"爲規識日出之景與日入之景"者,測東西之景也。《詩·大雅·沔水》箋云:"規,正員之器也。"林喬蔭云:"此蓋於土圭之外,別詳測景之用。謂於地平上爲圓規,而植槷其中,日出景在槷西,日入景在槷東,視景端與規齊之處識之,參以日中午正之景,則東西正。又中屈其規以指槷,而南北亦正。與土圭互相爲用。"

注云"日出日入之景，其端則東西正也"者，中國在赤道北，日景所照，恒偏指北。惟日初出時，景端正指東，日將入時，景端正指西，故正東西必眂日出入時景端。《詩·鄘風·定之方中》云"揆之以日，作於楚室"，毛傳云："揆，度也。度日出日入以知東西。"《周脾算經》云："以日始出立表，而識其晷，日入後識其晷，晷之兩端東西也。中折之，指表者，正南北也。"皆卽此法也。又《淮南子·天文訓》亦有以表測景正朝夕之術，與此經及《周髀》並不同，蓋漢以後所更定也。云"又爲規以識之者，爲其難審也"者，但識景端，恐尚不審，故復爲規以攷其合否也。云"自日出而畫其景端，以至日入，既則爲規測景兩端之内規之規之交，乃審也"者，規之交，賈疏述注作"規交"。阮元云："'之'字蓋涉上衍。"詒讓案：此謂從日初出始有景時，測臬西之景端，畫識之。隨景東移，接續畫之，至日入時，窮臬東之端不復有景處而止。既得其景，乃以臬爲心，而於臬兩端景線相距之内爲圜規，其大盡景線之兩端，匌帀旋轉，若規適相交，則東西正也；如有微差，則兩端距臬心必不能同度，東長則東半規邊線出西半規之外，西長則西半規邊緣出東半規之外，而不能交矣。故必規之交，東西乃審也。鄭意蓋如是。江永云"爲規者，以樹槷之處爲心，而畫墨於地爲圓形，視朝景端之當規者識之，又視夕景端之當規者識之，作一模線，①於規心亦作一模線，與之平行，則東西之位正矣。後世郭守敬作正方案，多爲之規，樹短表於案心，多爲之墨，亦放此意而變通之，日景近二分時，朝夕有微差，當二至時，朝夕均，方位尤審。"戴震云："先爲規而後識景，記文也。先識景，徐徐作點，後乃連爲規，鄭說也。"案：江、戴說是也。江謂先爲規後識景，與經文合，似勝鄭義。梅穀成、林喬蔭說同。云"度兩交之閒，中屈之以指臬，則南北正"者，臬卽八尺之臬，圜規兩交之閒，正與臬心南北相當，爲直線，與東西横線交午爲十字形。横線兩端正指東西，則取直線折半屈之，兩端正指南北矣。《周髀》正東西南北之法，卽與此同，惟不爲規，不若此之審。

① "模"《周禮疑義舉要》作"横"，下同。——王文锦校注。

晝參諸日中之景，夜考之極星，以正朝夕。日中之景，最短者也，極星，謂北辰。

【疏】"晝參諸日中之景"者，兼測南北之景也。日中，謂日加午時，其景與前指臬之南北線相合，則正也。凡日中景端必正指北，故《墨子經上篇》云："日中，正南也。"云"夜考之極星，以正朝夕"者，極星恒居正北，測其與所識日中之景合否也。正朝夕者，舉東西以晐南北也。《春秋繁露·深察名號篇》云："正朝夕者視北辰。"《晏子春秋·襍篇下》云："古之立國者，南望南斗，北戴樞星，彼安有朝夕哉！"北辰、樞星並卽極星，董、晏二子說與此經合。程瑤田云："朝夕卽《大司徒職》所謂景朝景夕也。正朝夕者，正其東西也。必夜考之極星者，極星與地中正南北相直者也。日東立表，北視極星，則在表西；日西立表，北視極星，則在表東，南北不相直者也。當地中未得，其求之時，使不考之極星，安知尺有五寸者之爲地中；而日東景夕，日西景朝，使不考之極星，又安從而知其景之夕與景之朝哉！是故考極星者，測景之權衡，而正朝夕以求地中，舍是則弗得其求也。"林喬蔭云："夜考極星，經既未言其術，鄭注亦不之及，惟賈疏謂當夜半考之。而所以考之之方，究未明也。竊案：《周髀》有云：'正極之所游，冬至日加酉之時，立八尺表，以繩繫表顛，希望北極中大星，引繩致地而識之。又到旦明日加卯之時，復引繩而希望之，首及繩致地而識其端。其兩端相去，正東西；中折之以指表，正南北。'此卽所謂夜考極星者。正猶定也，謂定極星所在之處也。八尺表卽八尺之槷，於地平之所立之。以繩繫表顛，亦置槷以縣之意也。其必於冬至日加卯酉之時者，以冬至前後卯酉之閒皆得見星，故於此時希望。引繩致地，識其兩端，其相去爲東西之正，猶爲規識景，以日出日入參諸日中而正東西也。中折其所識之兩端，以指表爲南北之正，猶測景之規，度兩交之閒，以指槷而正南北也。是其法與測景略同。"案：林氏據《周髀》以釋此經考極星之法是也。但《周髀》望極星定於二至，故必以卯酉二時；此經正朝夕則通四時言之，故考必以夜。以卯酉二時，惟二至乃見極星，若夜則通四時無不見也。此經與《周髀》法，蓋大同小異。又案：《毛詩·鄘風·定之方中》傳云："南視定，北準極，以正南北。"則古法正南北兼考中星，蓋中星必在正南，與極星在正北，亦參相直也。但中星無定，隨時變易，不若日中之景及極星之不差，故此經略之耳。

注云“日中之景，最短者也”者，日中晷直，故景最短也。云“極星謂北辰”者，《爾雅·釋天》云：“北極謂之北辰。”《公羊》昭十七年傳云“北辰亦爲大辰”，何注云：“北辰，北極，天之中也，常居其所。迷惑不知東西者，須視北辰，以別心伐所在。”徐疏引李巡云：“北極，天心，居北方，正四時，謂之北辰。”許宗彦云：“《匠人》‘夜考諸極星以正朝夕’。今北極星甚小，不易辨。《周髀》曰：‘冬至日加酉之時，立八尺之表，繩繫表顛，希望北極中大星，引繩至地而識之。’蓋《周髀》本言北極中大星，則非今所指之小星可知也。《史記·天官書》‘中官天極星，其一明者，太一常居’。北極大星，或卽此歟？今法測句陳大星東西所極，折中以定南北，與《周髀》北極樞璿之用正同。若《論語》所云‘北辰’，卽《周髀》所謂‘正北極璿璣之中，正北天之中’者，蓋赤道極也。”鄒伯奇云：“《論語》、《爾雅》‘北辰’，皆通指北極四星言之，猶大火謂之大辰，伐謂之大辰，皆不必定指一星也。謂之北辰者，居天之北，以正四時。然惟不正當不動處，故可因其四游以測日度，而知節候。”詒讓案：天體渾圓，二極居其中，爲左旋之樞。周王城爲今河南洛陽縣。今實測北極出地三十四度四十二分，南極入地亦如之。南極不見，故揆測者必以北極爲宗。《續漢書·天文志》劉注引張衡《靈憲》云：“天有兩儀，以儛道中。其可覩者，樞星是也，謂之北極。在南者不著，故聖人弗之明焉。’是也。北極正中，卽天之中，古謂之天極，又謂之北極樞，後世謂之赤道極。然天中之極，無可識别，則就近極之星以紀之，謂之極星。沿襲既久，遂並稱星爲北極，又謂之北辰。然則北極者，以天體言也；北辰者，以近極之星言也。《吕氏春秋·有始覽》云：“極星與天俱游，而天極不移。”《周髀算經》云：“欲知北極樞璿璣周四極，常以夏至夜半時北極南游所極，冬至夜半時北遊所極，冬至日加酉時西游所極，日加卯時東游所極，此北極璿璣四游，正北極樞璿璣之中，正北天之中。”《周髀》之說與《吕覽》正同。璿璣者，卽極星，故《續漢志注》引《星經》云，“璿璣謂北極星也”，《尚書大傳》云“琁璣謂之北極”，是也。北極樞者，卽天極也。然則極星繞極四遊，非不移者。其不移者，乃天極耳。《論語・爲政篇》云："譬如北辰居其所，而衆星共之。"此亦謂天極。而曰北辰者，舉星以表極，許氏謂即指赤道極是也。至古天文家説極星，或以爲四星，《史記・天官書》云："中官天極星，其一明者，大一，常居也。旁三星三公，或曰子屬。"《漢書・天文志》説同。或以爲五星，《史記索隱》引《春秋合誠圖》云："北極，其星五，在紫微中。"《開元占經・石氏中官占篇》引石氏説同。則兼數天樞小星。《晉書・天文志》云："北極，五星，在紫微宫中。北極，北辰最尊者也。其紐星，天之樞也。第二星，帝王也，亦大乙之坐，謂最赤明者也。"《隋書・天文志》、苗爲《天文大象賦》、丹元子《步天歌》，説並略同。攷《史記》所云天極四星，其一明者，即《晉志》北極第二星最赤明者，苗爲謂之帝星，丹元子謂之大帝之坐。今名與苗爲同。《史記》所云旁三星，苗爲謂之太子、庶子、後宫三星，今名亦同。《晉志》所謂紐星，苗爲亦以爲後宫屬，丹元子則以爲第五星天樞，今直謂之北極，此星距帝星較遠，故《史記》不數。《説苑・辨物篇》説書璿璣玉衡云："璿璣，謂北辰句陳樞星也。"《説苑》之樞星，即所謂天樞，今所謂北極者，而劉向以與北辰並稱，則亦不數樞星矣。其考測亦有二法：有專測帝星者，《周髀》立表希望北極中大星是也；有專測樞星者，晏子云"北戴樞星"是也。《占經》引《黄帝占》云："北極者，一名天樞，一名北辰。天樞，天一座也。"又《靈憲》云："樞星謂之北極。"《隋書・天文志》云："賈逵、張衡、蔡邕、王蕃、陸續，皆以北極紐星爲樞，是不動處。"此經極星，其爲帝星、樞星，無可質證。要之古説北極星或四或五，其攷測或主帝星，或主樞星，皆先秦舊術也。至二極終古如一，而極星則隨恒星東徙，今則紐星移遠極至五度四十五分，而不動之處乃在鉤陳大星與紐星之閒，故推步家改以鉤陳大星測極。然《説苑》雖以鉤陳與北辰樞星同爲璿璣，已開以鉤陳測極之端，而終不以鉤陳當北辰，知古經無是義也。又北極帝星，即鄭所謂天皇大帝名耀魄寶者。《占經》引甘氏别有天皇大帝星，在鉤陳口中，今名亦同，鄭所不從。互詳《大宗伯》疏。

匠人營國，方九里，旁三門。營謂丈尺其大小。天子十二門，通十二子。

【疏】"匠人營國，方九里"者，謂營王都也。賈疏云："按《典命》云：'上公九命，國家、宮室、車旗、衣服、禮儀以九爲节。'侯伯子男已下，皆依命數。鄭云'國家謂城方。公之城蓋方九里，侯伯七里，子男五里'。并《文王有聲》詩箋差之，天子當十二里。此云九里者，按下文有夏殷，則此九里通異代也。鄭《異義駁》或云周亦九里城，則公七里，侯伯五里，子男三里，不取《典命》等注。由鄭兩解，故義有異也。"焦循云："方九里，以開方計之，徑九里，圍三十六里，積八十一里也。《尚書大傳》云：'古者百里之國，九里之城。'注云：'玄或疑焉。"匠人營國，方九里"，謂天子之城。今大國九里，則與之同。然則大國七里之城，次國五里之城，小國三里之城爲近。'又其《駁異義》云：'公七里，侯伯五里，子男三里，準此，天子之城九里也。'及注《典命》，則疑公之城方九里，侯伯之城方七里，子男之城方五里。而《坊記》注、《大雅·文王有聲》箋並用此説。今按：《周書·作雒篇》云：'作大邑成周於土中，城方千六百二十丈。'計每五步得三丈，每百八十丈得一里，以九乘之，千六百二十丈，與《考工》九里正合，則謂天子之城九里者是也。"金鶚云："以《典命》注推之，天子之城宜方十二里。鄭蓋以《典命》、《匠人》俱有正文，故兩解不定。《左氏》隱元年傳云：'都城過百雉，國之害也。先王之制，大都不過參國之一。'夫鄭，伯爵也。侯伯城方三百雉，雉長三丈，三百雉得九百丈，適足五里。推而上之，天子當九里矣。《孟子》言三里之城，此國城之小者，當是子男之城。子男城方三里，可知天子城有九里也。《射人》三公執璧，與子男同。《五經異義》古《周禮》説，都城之高皆如子男之城，指三公大都言。然則大都城方亦當如子男。《作雒》言大縣城方王城三之一，與《左傳》大都參國之一合。天子城方九里，則大都方三里，適與子男同。若城方十二里，則大都方四里，與子男五里不同；苟亦方五里，非參國之一矣。《匠人》言王城隅高九雉，诸侯七雉；古《周禮》説公七雉，侯伯五雉；《禮器》言天子堂高九尺，諸侯七尺：皆九降爲七，其例相合，又何疑於九里之説哉！《大雅》'築城伊洫'，鄭箋以洫爲成溝，成方十里，謂文王之城大於諸侯，而小於天子，説者以爲天子城方十二里之證。然此特謂城放乎洫以爲池，池深廣與洫等，非謂城有十里也。文王方爲諸侯，其城安得獨大哉！賈謂匠人九里，或是夏殷之制，以下文有夏后氏世室，殷人重屋也。然《考工》

一書,皆言周制,惟世室、重屋,明標夏殷,以見其與周之明堂同中有異,非《匠人》所言皆夏殷制也。”案:焦、金二説是也。陳啟源、戴震、林喬蔭説並同。《續漢書·郡國志》劉注引《帝王世紀》説成周云:“城東西六里十一步,南北九里一百步。”又《晉太康地道記》云:“城内南北九里七十步,東西六里十步,爲地三百頃十二畝三十六步。”此敬王以後王都之制,輪亦不逾九里,而廣復朒焉,足徵此記之爲周制矣。互詳《典命》疏。王城方九里,積八十一里,地每里九夫,則積七百二十九夫也。王城郛郭里數,經注並無文。案《作雒篇》云;“郛方七十二里。”依其説,是郭大於城八倍,於理難信。《作雒》别本作“七十里”,金履祥《通鑑前編》又作“十七里”,亦皆無分率可説。攷《孟子·公孫丑篇》云“三里之城,七里之郭”,《國策·齊策》貂勃説即墨云“三里之城,五里之郭”,又田單云“五里之城,七里之郭”,是郭大於城不得過二倍,足證今本《周書》之譌。以意求之,疑《作雒》當作“郛方二十七里”。據《典命》注説九里之城,其宫方九百步,則周王宫亦必方三里。若然,宫三里,城九里,郭二十七里,皆以三乘遞加,於差分比例正合。今本《周書》“二”“七”上下互易,遂不可通耳。依此計之,則郭中積七百二十九里,除城中八十一里,餘六百四十八里,積五千八百三十二夫,通爲國中也。又案:《公羊》定十一年傳云“百雉而城”,何注云:“二萬尺,凡周十一里三十三步二尺,公侯之制也。禮,天子千雉,蓋受百雉之城十,伯七十雉,子男五十雉。”此説復與鄭異。焦循云:“雉長三丈,每里爲雉六十。天子之城徑五百四十雉,周二千一百六十雉;公之城徑四百二十雉,周一千六百八十雉;侯伯之城徑三百雉,周一千二百雉;子男之城徑一百八十雉,周七百二十雉。如何休説,則千雉爲二十萬尺,凡周一百十一里三十三步二尺,方徑得二十七里一百三十步五尺,城不應如是之大。子男五十雉,周五里一百六十六步三尺有奇,方徑一里一百十六步十五尺有奇,於地又太狹。何氏本《春秋》説,與鄭不合,存其異説可也。”案:焦説亦是也。何説雉長二百尺,與古説並不合。其所説天子城千雉,卽以鄭説雉長三丈計之,亦得十六里有二百步,與經必不相應也。雉制,詳後疏。

注云“營謂丈尺其大小”者,《廣雅·釋詁》云:“營,度也。“營國以丈尺度其大小，若量人所量是也。賈疏謂丈尺據高下而言，大小據遠近而說，誤。云"天子十二門"者，四旁各三門，總十二門。《月令》云九門者，金鶚以爲上公之制，與此異也。云"通十二子"者，賈疏云："按《孝經援神契》云：'天子卽政，置三公、九卿、二十七大夫、八十一元士，慎文命，下各十二子。'如是，甲乙丙丁之屬十日爲母，子丑寅卯等十二辰爲子，故王城面各三門，以通十二子也。"

國中九經九緯，經涂九軌。國中，城内也。經緯謂涂也。經緯之涂，皆容方九軌。軌謂轍廣，乘車六尺六寸，旁加七寸，凡八尺，是爲轍廣。九軌積七十二尺，則此涂十二步也。旁加七寸者，輻内二寸半，輻廣三寸半，綆三分寸之二，金轄之閒三分寸之一。

【疏】"國中九經九緯，經涂九軌"者，賈疏云："王城面有三門，門有三涂，男子由右，女子由左，車從中央。"焦循云："疏所引《王制》文。彼注云'道中三涂'，蓋謂一道之中，分而爲三。疏以此三涂，卽九經九緯之三，而男女與車各行一涂也。若然，則涂雖有九，道止有三。每涂九軌，則每道二十七軌，爲步三十有六，其度爲太廣。或三涂分爲三處，則三涂卽是三道，不得爲一道三涂。且每涂皆以軌度，斷非僅以中涂行車，若左右之涂止行男女，又何用此九軌之廣哉！經文曰：'九經九緯'，又曰'經涂九軌'，其制甚明。《王制》所云道路，與涂爲通稱。鄭所云一道三涂，猶云一涂中分爲三涂。一之爲三，以男女車而别，非真界畫爲三，如每門之三涂也。"案：焦説是也。《吕氏春秋·樂成篇》云："孔子用於魯，三年，男子行乎塗右，女子行乎塗左。"是一涂分爲左右中之證。王城旁三門而涂有九，則每門有三涂，故《文選》張衡《西京賦》云"旁開三門，參塗夷庭"，薛注云"一面三門，門三道"是也。實則九涂之中，正當門止三涂，其六皆不當門，蓋並由環涂以達之。

注云"國中，城内也"者，《鄉大夫》注云"國中，城郭中也。"與此義同，謂王城之内也。云"經緯謂涂也"者，賈疏云："南北之道爲經，東西之道爲緯。"云"經緯之涂皆容方九軌"者，焦循云："容方九軌者，容廣九軌也。"詒讓案:經無緯涂軌數,鄭知亦九軌者,後文唯云:"環涂七軌,野涂五軌",明緯涂轨數同經涂,故不别出也。方九軌者,《淮南子·氾論訓》高注云:"方,並也。"謂容並列九軌。《吕氏春秋·權勳篇》云:"中山之國有厹繇者,智伯欲攻之,爲鑄大鍾,方車二軌以遺之。"《史記·蘇秦傳》亦云"車不得方軌"是也。《左傳》隱十一年,杜注云:"逵道九軌。"孔疏引李巡《爾雅注》説同。若然,經緯涂亦通稱逵與? 云"軌謂轍廣"者,阮元云:"《説文》無轍,當作'徹'。"案:阮校是也。後經注皆作"徹"。《説文·車部》云;"軌,車徹也。"段玉裁云:"車徹者,謂輿之下兩輪之閒,空中可通,故曰車徹,是謂之車軌。軌之名,謂輿之下隋方空處,《老子》所謂'當其無,有車之用'也。高誘注《吕氏春秋》曰:'兩輪之閒曰軌。'毛公《匏有苦葉》傳曰:'由輈以下曰軌。'兩輪之閒,自廣陿言之,凡言度涂以軌者必以之。由輈以下,自高庳言之,《詩》言'濡軌',《晏子》言'其深滅軌',以之。"案:段説是也。車之兩輪閒爲軌,因以兩輪所報之迹爲軌,《中庸》云"車同軌",《孟子·盡心篇》云"城門之軌"是也。後文云"涂度以軌",故此言經緯涂之廣,並以軌計之。云"乘車六尺六寸,旁加七寸,凡八尺,是謂轍廣"者,乘車六尺六寸,見《總敍》。左右輪旁各加七寸,共加一尺四寸,是轍廣八尺也。云"九軌積七十二尺,則此涂十二步也"者,軌廣八尺,以九乘之,得積七十二尺;以步法收之,適得十二步也。焦循云"每涂容方九軌者,累二百二十五,推城中爲方一里者八十一,每方一里中,積九萬步,經緯各三千六百步,減中𠄠百四十四步,共得經緯積七千一百五十六步,餘八萬二千八百四十四步。一城之中,九經九緯,共積五十七萬九千六百三十六步,餘積六百七十一萬三百六十四步。又環涂減五萬八千九百七十步四尺,餘六百六十五萬一千三百九十三步三分步之一。凡朝市、苑囿、學校皆奪涂之地,涂之於城,蓋不足十之一也。"云"旁加七寸者,輻内二寸半,輻廣三寸半,綆三分寸之二,金轄之閒三分寸之一"者,鄭珍云:"輻内轂長九寸半,只有二寸半者,以其七寸入輿下也。金者,大穿之釭也。其去内轄不可太切,使之利轉,故金轄相去其閒有三分三釐强也。軌以兩輪所踐之迹相距之廣爲度,其度自以牙外邊所及爲限,牙外踐一分,則度廣一分。假令牙不偏出,以三寸半之厚與三寸半之輻股鑿正對，卽所踐之迹亦與股鑿正對。是兩輪之閒，止有車廣、輻内輻廣及金鎋閒之數，而軌不及八尺矣。今輻股向外一邊不殺，直入牙鑿，鑿之外邊有六分六釐强，是多踐六分六釐强，合成軌度八尺。"案：鄭子尹説是也。輻廣三寸半，《輪人》注同。此與鑿深同，皆得捎藪餘徑之半，故三寸半也。輻内二寸半者，輻距輿之度。綆三分寸之二者，亦《輪人》文，此牙外出於輻股鑿之度也。並詳《輪人》、《輿人》疏。又案：軌廣八尺，凡兵車、乘車、田車並同。蓋度涂以軌，爲周人度法之要事，必無不斠若畫一者。此注及《總敍》注並唯云乘車者，文不具也。至《車人》大車、羊車、柏車，雖不駕馬，輻廣及輪綆數亦不與乘車同，而揆以同軌之義，亦當無異徹。彼經云"徹廣六尺"者，自是誤文，鄭於彼注未能刊正，實爲疏舛。不知凡軸上輿下，小車有兩轐，大車有兩轅，輿皆不正與轂相切，則長轂者或入輿下，短轂者或出輿外，消息之以合八尺之徹，無所不可，八尺之軌固大小車之通度矣。互詳《車人》疏。

左祖右社，面朝後市，王宫所居也。祖，宗廟。面猶鄉也。王宫當中經之涂也。

【疏】"左祖右社"者，謂路門外之左右，詳《小宗伯》疏。《天官·敍官》賈疏云："宗廟是陽故在左，社稷是陰故在右。"云"面朝後市"者，謂路寢之前，北宫之後也。《天官》賈疏云："三朝皆是君臣治政之處，陽，故在前；三市皆是貪利行刑之處，陰，故在後也。"案：《書·召誥》孔疏引顧氏云："市處王城之北。朝爲陽，故在南；市爲陰，故處北。"卽賈疏所本。詳《朝士》、《司市》疏。

注云"王宫所居也"者，賈疏云："謂經左右前後者，據王宫所居處中而言之，故云王宫所居也。"云"祖，宗廟"者，據《小宗伯》云"左宗廟"，與此云"左祖"同，故知祖卽宗廟也。云"面猶鄉也"者，《撢人》注同。案：鄉亦前也。《士冠禮》注云："面，前也。"云"王宫當中經之涂也"者，王宫必居國城正中之處，故於九經涂常當中經之涂。《晏子春秋·襍篇下》云："景公新成柏寢之室，師開曰：'室夕。'公召大匠曰：'室何爲夕？'大匠曰：'立室以宫矩爲之。'於是召司空曰：'立宫何爲夕？'司空曰：'立宫以城矩爲之'"然則宫在國城之正中，立宫與建國方位必相應也。

市朝一夫。方各百步。

【疏】“市朝一夫”者,①戴震云:“以朝百步言之,方九百步之宫朝,左右各四百步。外門百步之庭曰外朝,路門百步之庭曰内朝,路門内至堂百步之庭曰燕朝。王與諸侯若羣臣射於路寢,則路寢之庭容侯道九十弓,弓與步相應,其百步宜也。”焦循云:“考《聘禮》注:‘擯與賓相去,公七十步,侯五十步,大夫三十步。’推此,則天子之外朝當有百步矣。《射禮》言大侯九十,参七十,干五十,設乏各去其侯西十北十。賓射在路門之外,燕射在大寢之廷,於此張九十步之侯,則自應門至路門,自路門至路寢之階,各百步可見,是三朝各方一夫之地也。伏生《書大傳》‘路寢之制,南北七雉,東西九雉’。七雉得三十五步,廷深三倍,當得百五步,亦合也。”又云:“《司市職》云:‘大市,日仄而市,百族爲主。朝市,朝時而市,商賈爲主。夕市,夕時而市,販夫販婦爲主。’據此,則市有三。《郊特牲》云:‘朝市之於西方,失之矣。’注云:‘朝市宜于市之東偏。’據此,則大市居中,朝市居東,夕市居西。前有三朝,王立之;後有三市,后立之。三朝朝方一夫,三市市方一夫也。”案:焦説是也。依鄭義,王宫三里,前有五門。三朝惟臯門内及路門内外有朝;自應門至雉門,雉門至庫門,並不爲朝,而宫室府庫所在,兩門南北相距亦當各有百步。則路門之前當有四百步,其後尚有五百步,以百步爲路寢庭之内朝,又以百步爲王后北宫之朝,餘三百步分建王路寢燕寢,后路寢燕寢,亦並不迫隘也。其後市之制,以此經及《司市》推之,蓋三市爲地南北百步,東西三百步,共一里,在王宫之北,左右中平列爲之。三市,市有一垣以爲界,故《説文·冂部》云:“市,買賣所之也。市有垣,从冂。”是其證。賈《司市》疏謂三市皆於一院内爲之,殆未得其制。又王宫前朝後市,朝在宫九百步内,而市朝則在其外。以其附近宫牆,而建國之初,内宰佐后所立,亦或繫宫言之。故《初學記·帝王部》引《尸子》云:“君天下者宫中三市,而堯鶉居。”卽指此宫後之市,非臯門以内更有市也。朝制,互詳《閽人》、《朝士》疏。

注云“方各百步”者,《小司徒》注引《司馬法》云:“晦百爲夫。”田百晦,

① 原無“者”,據疏例增。——王文锦校注。

方百步，故方百步之地亦謂之一夫。三朝朝各方百步，三市市亦各方百步也。知非以百步分爲三朝三市者，百步凡六十丈，三分之，每一分止得二十丈，朝市衆人所集，地太隘則不能容，故知不然也。賈疏云："按《司市》，市有三朝，總於一市之上爲之。若市總一夫之地，則爲大狹。蓋市曹、司次、介次所居之處，與天子三朝皆居一夫之地，各方百步也。"案：賈以市一夫爲專指市朝司次、介次吏所治者言之。《司市》疏亦謂列行肆之處，居地多，在一夫之外。不知王城止九里，本不甚大，則以三百步之地爲市，未爲太狹。凡商賈列肆及販夫販婦，蓋皆羣萃於此三市之中，不徒市吏次舍也。惟儲貨物之廛，則當於市旁相近隙地爲之，雖亦市吏所掌，而不在三夫之内。《廛人》之廛布，於次布總布之外，别爲征斂，亦其證也。

夏后氏世室，堂脩二七，廣四脩一，世室者，宗廟也。魯廟有世室，牲有白牡，此用先王之禮。脩，南北之深也。夏度以步，令堂脩十四步，其廣益以四分脩之一，則堂廣十七步半。

【疏】"夏后氏世室"者，以下皆記三代明堂制度之異。世室者，卽夏之明堂。《史記・五帝本紀・正義》引《尚書帝命驗》云："五府者，夏謂之世室，殷謂之重屋，周謂之明堂，皆祀五帝之所也。"《三輔黄圖》云："明堂，夏后曰世室。"《隋書・牛弘傳・明堂議》引漢司徒馬宫云："夏后氏世室，室顯於堂，故命以室。"是漢儒舊説亦以世室爲卽明堂。云"堂脩二七，廣四脩一"者，三代明堂之通制，皆四面爲四堂。世室四堂，此其一面脩廣之度。四堂全基正方，鄭注以廣脩之數爲全基之度，則堂爲橢方形，非也。《隋書・宇文愷傳》，愷奏《明堂議》云："《周官・考工記》曰：'夏后氏世室，堂脩二七，博四脩一。'臣愷案：三王之世，夏最爲古，從質尚文，理應漸就寬大，何因夏室乃大殷堂？相形爲論，理恐不爾。《記》云'堂脩七，博四脩'，若夏度以步，則應脩七步。注云'令堂脩十四步'，乃是增益《記》文。殷周二室獨無加字，便是其義類例不同。山東《禮》本輒加'二七'之字，何得殷無加尋之文，周闕增筵之義？研覈其趣，或是不然。讎校古書，並無'二'字，此乃桑閒俗儒信情加減。"據愷議，則六朝舊本並作"堂脩七"，無"二"

字。黄式三云:"殷度以尋,堂脩七尋,周度以筵,堂脩七筵,則夏度以步,堂脩七步。鄭君以堂脩七步爲隘,注有'令堂脩十四步'之文,假令之辭也。而後人乃依此作'二七'字,宇文愷所規固得其實也。"俞樾亦云:"堂脩二七,'二'字衍文。宇文愷曰'《記》云堂脩七,山東《禮》本輒加二七之字',則隋時古本並作'堂脩七',鄭本亦當如是。注云'令堂脩十四步',此乃鄭君假設。若《記》文本作'堂脩二七',則是實數,如此何言令乎?學者從鄭義作十四步,遂增《記》文作'二七',改經從注,貽誤千古。當據宇文愷議訂正。大室之外,四面有堂,其南明堂,其北玄堂,其東青陽,其西總章之堂。凡堂皆脩七步。廣四脩一者,廣二十八步也。堂脩一七,其廣四七,廣之四,脩之一也。是謂廣四脩一。雖然,堂不已廣乎?曰:此兼四旁兩夾而言也。中央爲五室,四面爲堂。東堂之南卽南堂之東,南堂之西卽西堂之南,西堂之北卽北堂之西,北堂之東卽東堂之北。是故東西兩面各廣四七,而南北兩面之各脩一七者,卽在其中矣;南北兩面各廣四七,而東西兩面之各脩一七者,卽在其中矣。《記》文不曰廣四七,而變其文曰廣四脩一,明廣之數兼有脩之數也。於是堂基定而室基亦定,堂基方二十八步,室基方十四步。"案:黄、俞兩家據宇文愷議,考定經文,最塙。此經廣脩之説,亦當以俞氏爲允。依其説,則夏世室全基正方一百六十八尺,與周明堂爲亞字形者異也。牛弘議又引馬宫説,謂夏后氏堂廣百四十四尺,以步法六尺除之,則二十四步也。其義牛氏亦謂未詳。今攷馬謂周明堂廣二百十六尺,爲二十四筵,蓋以兩堂三室東西合并計之。是周度以筵,其廣二十四筵,夏度以步,廣亦二十四步,比例相同。若然,馬意世室亦兩堂,堂各七步,中三室合十步,并之爲二十四步,分率及度法與明堂正同。三室所以得有十步者,疑謂隅室各三步,中室則四步。蓋馬釋三四步之義如是,而四三尺之度則不計,似亦謂包於三四步之内,但不審其意云何。又馬謂周堂廣二十四筵,而以十六筵爲兩序閒,則世室廣二十四步,亦當以十六步爲兩序閒。馬説大意約略如是,於此經義未必密合,然可證馬氏所見本亦作"堂脩七",故每堂止以七步入算,與明堂每堂九筵七筵同也。又《春秋緐露·三代改制質文篇》云:"主天法商,而王郊宫明堂員;主地法夏,而王郊宫明堂方。主天法質,而王郊宫明堂内員外橢;

主地法文，而王郊宫明堂内方外衡。”今攷三代明堂制雖不同，而皆爲方形。董子所説，亦與此經不合。

注云“世室者，宗廟也”者，鄭謂此世室卽夏宗廟，與殷路寢、周明堂相配也。《玉海·郊祀》引《禮記外傳》云：“夏謂太廟爲世室，不毁之義。”卽本鄭義。戴震云：“王者而後有明堂，其制蓋起於古遠，夏曰世室，殷曰重屋，周曰明堂，三代相因，異名同實。明堂在國之陽，祀五帝，聽朔，會同諸侯，大政在焉。世室猶大室也，夏曰世室，舉中以該四方，猶周曰明堂，舉南以該三面也。”孔廣森云：“世室者，明堂之中室，夏以室舉，周以堂稱，異名而同實。故周公作洛，立文武之廟，制如明堂，謂之文世室、武世室。《洛誥》曰‘王入太室祼’，太室猶世室也。《春秋》‘世室屋壞’，《左氏》經爲‘太室’，古者世太字多通用。”阮元云：“世室，乃明堂五室之中，猶《尚書大傳》所言大室，夏特取此爲名概其餘耳。《匠人》言三代明堂之制，皆郊外明堂也。自室中度以几以下，乃通言城中王宫之制，非專指明堂。鄭注謂世室爲宗廟，殆以魯世室例之耳。其實夏之名世室，非專爲祀祖。”案：戴、阮二説是也。《公羊》文十三年經“世室屋壞”，《左氏》、《穀梁》“世”作“大”。《穀梁傳》云：“大室猶世室也，周曰大廟，魯公曰大室，羣公曰宫。”范注云：“世世有是室，故言世室。”此宗廟之世室，與夏明堂名同而義異。周宗廟與明堂不同制，詳後。云“魯廟有世室，牲有白牡”者，《明堂位》云：“魯君季夏六月，以禘禮祀周公於大廟，牲用白牡。”又云：“魯公之廟，文世室也；武公之廟，武世室也。”卽鄭所據也。云“此用先王之禮”者，賈疏云：“世室用此經夏法，白牡用殷法，皆是用先王之禮也。”詒讓案：鄭言此者，證夏宗廟爲世室，魯廟卽法夏制爲名也。云“脩，南北之深也”者，《周髀算經》趙爽注云：“從者謂之脩。”《一切經音義》引《韓詩傳》云：“南北曰從。”故此經亦以南北之深爲脩也。云“夏度以步”者，據下有五室三四步之文也。云“令堂脩十四步，其廣益以四分脩之一，則堂廣十七步半”者，賈疏云：“知堂廣十七步半者，以南北爲脩十四步，四分之，取十二步，益三步爲十五步；餘二步，益半步，爲二步半；添前十五步，是十七步半也。”孫星衍云：“六尺爲步，二七十四步，南北得八十四尺也。八十四尺而四分之，其一得二十一尺，以益八十四尺,東西爲百五尺也。"俞樾云:"鄭意五室皆在一堂之上,疑堂脩七步不足以容之,以爲是記人假設之數,使人以七步推算,非是止脩七步;故下注云'令堂脩十四步',此乃鄭君以意說之,謂設以二七推算,則是十四步也。"案:俞說是也。鄭嫌堂脩七太狹,因疑其當爲二七十四步;而經無文,故爲假令之辭。凡注言"令"者,並是經文不具,而鄭以意補之。若《輪人》"牙圍",注云"令牙厚一寸三分寸之二",以經無牙厚之文也。"賢軹"注云"令大小穿金厚一寸",以經無大小穿金厚之文也。"置輻"注云"令輻廣三寸半",以經無輻廣之文也。《鳧氏》"爲鍾"注云"令衡居一分",以經無衡居一分之文。《磬氏》注云"假令磬股廣四寸半",以經無磬股廣幾寸之文也。此經云堂脩七,不言二七,故鄭補之云"令堂脩十四步"。若如今本云"堂脩二七",則其爲十四步甚明,何藉爲假令之辭乎?然鄭此說,其誤有三:一則經云廣脩,本爲四堂每面一堂之度,鄭誤以爲四堂五室之通基,遂令一代布政之宫,尺度迫隘,形制不稱;且脩廣異度,四堂不方,尤爲非制。二則横增二七之數,不直據經文,而假設爲說,有乖經義。三則廣四脩一,經文本明,而猥云四分益一,增字成義,說尤牽强。故宇文愷議亦據馬宫言,謂此經廣脩止論堂之一面,三代堂基並方,庰鄭說與古違異。今案:殷周堂皆四出,雖不正方,然世室之制,自當如愷議。俞樾亦云:"如鄭義,則當云'益以四脩一',其文方明,不得但云'廣四脩一'也。且其數畸零不齊,於義無取,足知其非。"並足正鄭注之誤。

五室,三四步,四三尺,堂上爲五室,象五行也。三四步,室方也。四三尺,以益廣也。木室於東北,火室於東南,金室於西南,水室於西北,其方皆三步,其廣益之以三尺。土室於中央,方四步,其廣益之以四尺。此五室居堂,南北六丈,東西七丈。

【疏】"五室"者,亦三代明堂之通制也。云"三四步,四三尺"者,鄒漢勛云:"室各方四步,中一室,隅四室,是自東而西,自南而北,皆三室之廣,故言三四步也。五室,東西凡四墉,南北亦四墉,墉厚三尺,故言四三尺也。"黄以周云:"五室,室各四步。四隅室及中室之正堂,其内有三箇四步,故曰三四步,謂三其四步也。凡隅室設窗户,其四面有墉,墉之地各有三尺,四隅室及中室之正堂，其内有四箇三尺，故曰四三尺，謂四其三尺也。”案；鄒、黄説是也。沈夢蘭、俞樾説三四步亦同。蓋五室惟土室在中，四室分居四維，室方四步而墉厚三尺，①土室之四墉與四室之四墉廣脩相接，是四墉合三室而占地十四步，後文云牆厚三尺，亦其證也。牛弘《明堂議》引馬宫説，夏堂廣度不以四三尺入算。疑漢人舊説已有以此爲五室之墉者，但以爲包於室廣之内，故於三四步之度無所增益耳。

注云“堂上爲五室，象五行也”者，《三輔黄圖》説明堂同。牛弘議引《尚書帝命驗》云：“帝者承天立五府，赤曰文祖，黄曰神斗，白曰顯紀，黑曰玄矩，蒼曰靈府。”注云：“五府，與周之明堂同矣。”是五室沿五府之制也。《玉藻》孔疏引《五經異義》講學大夫淳于登説周明堂云；“周公祀文王於明堂，以配上帝。上帝，五精之帝，大微之庭中有五帝座星。”案：據《書緯》五府之説，則夏殷以前當已有五帝五神之祭。若然，夏世室五室象五行，亦兼爲合祭五帝五神之宫也。云“三四步室方也”者，謂一室之方。鄭意中太室方四步，旁四室皆方三步，經云三四步，即室方或三步，或四步也。云“四三尺以益廣也”者，謂以四尺益中太室之廣，以三尺益旁四室之廣。經云四三尺，即或益廣以四尺，或益廣以三尺也。依鄭説，則五室並橢方，故賈後疏謂世室室東西廣於南北。今攷定：世室五室亦正方，與周明堂同，鄭、賈説並失之。云“木室於東北，火室於東南，金室於西南，水室於西北”者，明四室分居四維。《玉藻》孔疏引鄭《駁異義》説明堂五室云：“水木用事交於東北，木火用事交於東南，火土用事交於中央，金土用事交於西南，金水用事交於西北。”與此義略同。焦循云：“鄭《易・繫辭傳》注云：‘天一生水於北，地二生火於南，天三生木於東，地四生金於西，天五生土於中。地六成水於北，與天一並；天七成火於南，與地二並；地八成木於東，與天三並；天九成金於西，與地四並；地十成土於中，與天五並。大衍之數，五十有五，五行各氣並，氣並而減五。’據鄭此義，生數既位於各方，而又有成數與之並，故世室正北有水堂，西北又有水室；正南有火堂，東南又有火室；正東有木堂，東北又有木室；

① “步”原訛“尺”，據上文意改。——王文锦校注。

正西有金堂,西南又有金室也。以爻辰之位言之,寅木居東北,巳火居東南,申金居西南,亥水居西北,亦其義也。”黄以周云:“明堂五室法五行生成數,合八卦方位。鄭意一水生於《乾》金,而六成之於《坎》,故《乾》爲水室,《坎》爲水堂,於支爲亥子。三木生於《艮》水,而八成之於《震》,故《艮》爲木室,《震》爲木堂,於支爲寅卯。二火生於《巽》木,而七成之於《離》,故《巽》爲火室,《離》爲火堂,於支爲巳午。四金生於《坤》土,而九成之於《兑》,故《坤》爲金室,《兑》爲金堂,於支爲申酉。其象如此。”案:焦、黄説並依五行生成數以推鄭義,是也。《大戴禮記·盛德篇》引《明堂月令》説明堂九室云,“二九四七五三六一八”,則依九疇數爲方位,卽漢人之九宫數,宋人以爲《洛書》數者也。依其位推之,則四正之九七,金與火兩易,四維之二四,東南與西南互更,鄭所不據也。又案:凡世室重屋明堂五室,旁四室並隅列,鄭説塙不可易。蓋古人寢室本有東房西室之制,則室固不必皆居正中。況土室已在中央,則四室自宜讓而居隅,彼此乃不相蔽硋,揆之形制,理自無疑。《藝文類聚·禮部》引《三禮圖》説周明堂五室云:“東爲木室,南火,西金,北水,土在其中。”此以四室居四正,與鄭説不合。《魏書·李謐傳·明堂制度論》亦駁鄭説云:“鄭釋五室之位,謂土居中,水火金木,各居四維。然四維之室,既乖其正,施令聽朔,各失厥衷。既依五行,當從其正。用事之交,出何經典。”依《禮圖》及李説,並以四室移居正中,則四室環列中室之外,由四堂而入,必經四室而後可至中室,且中室四面蔽硋,不能納光,其不可信明矣。云“其方皆三步,其廣益之以三尺”者,謂四室方各三步,又各益以三尺,則方三步半也。焦循云:“以算推之,四隅室各廣二丈一尺,深一丈八尺。”云“土室於中央,方四步,其廣益之以四尺”者,土於五行位中央,故土室在中央。鄭意五室以土爲最尊,故方四步,廣又多四尺,較旁四室方多一步,廣多一尺也。焦循云;“中室廣二丈八尺,深二丈四尺。”云“此五室居堂,南北六丈,東西七丈”者,賈疏云:“以其大室居中,四角之室皆於大室外,接四角爲之。大室四步,四角室各三步,則南北三室十步,故六丈;東西三室六丈外加四三尺,又一丈,故七丈也。”案:鄭、賈説以尺益步,取數畸零,亦非經義。

九階，南面三，三面各二。

【疏】“九階”者，《説文·𨸏部》云：“階，陛也。”此亦明堂三代之通制也。《北史封軌傳·明堂議》云：“九階法九土。”賈疏云：“按賈、馬諸家皆以爲九等階。鄭不從者，以周殷差之，夏人卑宮室，故一尺之堂爲九等階，於義不可，故爲旁九階也。”案：疏述賈、馬説九階爲九等階，則階數與鄭不同，蓋謂南面亦二階，四面共八階矣。《蓺文類聚·禮部》引徐虔《明堂議》云“四門八階”，卽用賈、馬説也。依後注，則夏堂崇一尺，爲一等階，於度太卑，恐不足據。竊疑世室重屋之階，當同高三尺，而爲三等。《吕氏春秋·别類篇》云“明堂土階三等”，卽據夏殷制言之。賈、馬説亦非，詳後疏。其階之廣，經無文。宇文愷《明堂議》引《周書·明堂》云，“階博六尺三寸”，未知是否。牛弘《明堂議》云：“案《考工記》，夏言九階，四旁夾窗，門堂三之二，室三之一。殷周不言者，明一同夏制。”

注云“南面三，三面各二”者，賈疏云：“鄭知南面三階者，見《明堂位》云：‘三公中階之前，北面東上；諸侯之位阼階之東，西面北上；諸伯之國西階之西，東面北上。’故知南面三階也。知餘三面各二者，《大射禮》云：‘工人士與梓人升自北階。’又《雜記》云：‘夫人至入自闈門升自側階。’《奔喪》云‘婦人奔喪升自東階’。以此而言，四面有階可知。”孔廣森云：“《管子·君臣》曰：‘立三階之上，南面而受要。’《明堂位》曰：‘三公中階之前。’知明堂南面正中有階，與廟寢惟賓階、阼階者異也。”俞樾云：“四堂之制如一，何以南面獨多一階？蓋土室户牖南鄉，必由明堂而入，故於南面特設中階。將有事乎土室，則由中階升堂焉。秦制增爲十二階，惡知此意哉！”案：孔、俞説是也。宇文愷議引《禮圖》云：“秦明堂九室十二階。愷謂其雖不與《禮》合，一月一階，非無理思。”失之。

四旁兩夾，窻窻助户爲明，每室四户八窻。

【疏】“四旁兩夾窻”者，亦三代明堂之通制也。孔廣森以“四旁兩夾”爲句，云：“四旁各有兩夾，當隅室户牖之外，卽所謂左右个也。木室南之前曰明堂左个，東之前曰青陽右个；水室東之前曰青陽左个，北之前曰玄堂右个；

金室北之前曰玄堂左个，西之前曰總章右个；火室西之前曰總章左个，南之前曰明堂右个。《盛德》記十二堂，謂此四方各一堂兩个，通之爲十二矣。凡廟寢兩序之外，必有東堂、西堂。明堂之有左右个，猶廟寢之有東西堂。由此言之，明堂之所異者，在四面如一，而自其一面視之，則皆前堂後室，隅室之墉卽序也，个卽箱也，與《儀禮》廟寢之制固不相遠也。"阮元亦云："四旁者，四堂之旁也。兩夾者，左右个也。此个與五室不相涉也。个與介同，古經子中每通用。《初學記》引《月令》，'个'卽作'介'。个介相同，卽是一堂兩旁夾室之義也。《梓人》爲侯，侯有上兩个，下兩个，亦皆具旁夾之形，卽廟寢之東西箱、東西夾也。"俞樾云："《説文》無'个'字。个者，介之變體。《史記・十二諸侯年表》曰'楚介江淮'，《索隱》曰：'介者，夾也。'是夾與介義通。"案：孔、阮讀是也。俞樾、黄以周讀同。此明四堂有八个之義，與《月令》文正相應。孔氏謂兩夾與八个爲一制，通四正堂爲十二堂，其説甚是。鄭以爲記五室八窻之制，非也。旁，阮謂四堂之旁，亦塙。兩夾在隅室之前，卽堂兩序之外，故云四旁兩夾。世室全基正方二十八步，中五室爲地方十四步，每面之堂與兩夾亦通廣十四步，夾之外墉與隅室之牆正參相直，與重屋明堂之制同。惟世室四旁兩夾之外，各餘地方七步，以爲堂坫。殷周則四堂外出爲亞字形，夾外墉之外無餘地，制小異耳。江永云："序外之室，《儀禮》、《顧命》皆言東夾西夾，未有言夾室者。注疏或言夾室者，因《襍記下》釁廟章及《大戴禮・釁廟篇》而誤耳。《襍記》云：'門夾室皆用雞，先門而後夾室。'又云'夾室中室'。此夾室二字本不連，夾與室是二處，室謂堂後之室也。夾又名爲達，《内則》：'天子之閣，左達五，右達五。'閣者，庋食之物也。夾又名爲个，《左》昭四年傳'豎牛置饋于个而退'是也。"戴震云："《釋名・釋宫室》：'夾室在堂兩頭，故曰夾也。'凡夾室前堂或謂之箱，或謂之个，《左傳》昭四年，杜注云：'个，東西箱。'是箱得通稱个也。古者宫室恒制，前堂後室，有夾，有个，有房，惟南嚮一面。明堂四面闓達，亦前堂後室，有夾有个而無房。房者，行禮之際别男女，婦人在房。明堂非婦人所得至，故無房宜也。"案：夾个之義，當以江氏爲正。凡廟寢之夾，在左右房外，夾堂爲之。明堂則在隅室之外，亦夾堂爲之。夾惟後三面有壁，前一面接東西堂者則無壁，其制似室而非室，故《聘禮》、《公食大夫禮》及《書·顧命》謂之東西夾，此經謂之兩夾，皆不云夾室。《諸侯釁廟禮》之"門夾室"，江氏謂夾與室爲二，而《大戴禮記》盧注則以爲門夾之室，近陳喬樅、黄以周並從其説，二義未知孰是。要東西夾之不全爲室制，則固無疑義。鄭《儀禮》、《禮記》注及《釋名》，並云夾室者，通言之耳。析言之，夾之前無壁者爲東西堂，謂之个，亦謂之箱，《覲禮記》"几俟於東箱"，注云"東箱，東夾之前，相翔待事之處"是也。統言之，則隅室之外，盡於東西堂廉，通謂之夾，亦通謂之个，謂之箱，《月令》鄭注釋左右个並爲堂偏，明是堂序外盡東西堂之通名矣。而高誘注《吕氏春秋·十二紀》及《淮南子·時則訓》之左右个，並釋爲隔，而云某堂某頭室者，此亦沿夾室之稱，故云堂頭室，卽指東西堂後言之，與五堂固不相涉也。至明堂本無房，而《吕覽》高注云："明堂通達四出，各有左右房，謂之个。"李謐《明堂制度論》云："四面之室，各有夾房，謂之左右个，个者卽寢之房也。"今案；个卽寢之東西夾，與房迥别。高氏知个在堂兩頭，而誤掍房名。李氏則直以个爲夾四室，似隱據《書·顧命》僞孔傳"東西房卽東西夾"之謬説，與古制殊不合。賈思伯《明堂議》又謂四維之室卽是左右个，兩堂共一室，四室卽是八个，其説亦誤，詳後疏。《隋書·禮儀志》又載梁武帝説，謂左右个别爲小室，在營域之内，明堂之外，説尤謬盭，不足論也。又案：夾内則謂之達，故明堂八个亦謂之八達。張衡《東京賦》云"八達九房"，《續漢書·祭祀志》注引薛綜注，以八達爲八窻，《文選》李注亦同，非也。達字又作闥。蔡邕《明堂月令論》云："八闥以象八卦，九室以象九州。"八闥九室，猶張賦云"八達九房"矣。

注云"窻，助户爲明"者，《釋名·釋宫室》云："窻，聰也，於内窺外爲聰明也。"《説文·穴部》云："窻，通孔也。"《囪部》云："囪，在牆曰牖，在屋曰囪，重文窗，或从穴。"《片部》云："牖，穿壁以木爲交窗也。"案：此窻乃囪之叚字，卽所謂在牆曰牖，《三輔黄圖》云"八窗卽八牖"是也。在屋曰囪，謂於室屋甍宇之上，開窗爲明，亦謂之中霤，與牖義别。云"每室四户八窻"者，胡培翬云："《爾雅·釋宫》：'户牖之閒謂之扆，'《書·顧命》'牖間南嚮'。

古人宫室之制，内爲室，外爲堂，牖户皆在室之南壁，[1]向堂開之，户在東，牖在西。明堂之牖曰窗，則室之四旁皆有之。夾窻又名達鄉，《明堂位》曰‘大廟，天子明堂’，又曰‘達鄉，天子之廟飾也’。鄭注：‘鄉，牖屬，謂夾户窻也，每室八窻爲四達。’孔疏‘達，通也，每室四户八窻，皆相對通達，故曰達鄉’是也。明堂每室八牖，其餘廟寢之室止有一牖。”賈疏云：“言四旁者，五室室有四户，四户之旁皆有兩夾窗，則五室二十户、四十窗也。”案：依鄭、賈説，室有四户八窻，則室旁各於正中爲户，左右兩窻夾之，此亦三代明堂之通制也。《大戴禮記・盛德篇》云：“明堂一室，而有四户八牖。”又引《明堂月令》云：“室四户，户二牖”《續漢書・祭祀志》劉注引桓譚《新論》云：“明堂八窗，法八風；四達，法四時。”《三輔黄圖》云：“八牖者，陰數也，取象八風。四闥者，象四時四方也。”《白虎通義・辟雍篇》及《玉藻》孔疏引《五經異義》淳于登説、《孝經援神契》説明堂並有八窗四闥。達闥字亦通。此四闥卽四户，與它書云八達八闥爲八个者不同。明堂堂室深邃，非多爲户牖，不足以通出入而納光明。鄭以“四旁兩夾窻”句，雖與經讀不合，然四户八窻之制，古説並同，不可易也。至《大戴禮記・盛德篇》又云：“明堂三十六户，七十二牖。”《續漢志》注引《新論》云：“明堂三十六户，法三十六雨；七十二牖，法七十二風。”《明堂月令論》云：“三十六户，七十二牖，以四户八牖乘九室之數也。”《三輔黄圖》及《明堂制度論》説並同。此以九室每室四户八牖計之，故有此數，與此經五室二十户四十牖制異。九室之説，義不可通，鄭所不從，詳後。阮元云：“《大戴》九室三十六户七十二牖之説，卽《東京賦》之八達九房。此蓋因漢明堂而誤五室爲九室，與《考工》不合也。”

白盛，蜃灰也。盛之言成也，以蜃灰堊牆，所以飾成宫室。

【疏】“白盛”者，孔廣森讀“窻白盛”爲句，云：“《大戴禮・盛德・明堂月令》云：‘室四户，户二牖。赤綴户也，白綴牖也。’白盛卽所謂白綴。獨言此者，明其尚潔質。”案：孔據《盛德記》“白綴牖”證此經當以“窻白盛”爲

[1] “室”原訛“堂”，據文意改。——王文锦校注。

句，塙不可易。阮元、俞樾、黄以周讀竝同。窻白盛，亦三代明堂之通制也。白盛自指每室八窻言之。古書説明堂之制，多以五室四堂各從其方色。宇文愷《明堂議》引《黄圖》云："堂四向五色，法四時五行。"《藝文類聚・禮部》引桓譚《新論》説明堂亦云："爲四方堂，各從其色，以做四方。"蔡邕《明堂月令論》亦云："四鄉五色者，象五行。"今以青陽玄堂諸名推之，從方色之説，於理可信。世室之制，當亦如之。然則自西方堂室外，不皆白色也。此經白盛之文，自專指窻而言。明四堂五室，涂飾異色，而牖則同爲白色以取明。《大戴》白綴專言牖，其明證也。自鄭注失其句讀，而古制晦矣。

注云"蜃灰也"者，賈疏云："《地官・掌蜃》'掌供白盛之蜃'，則此蜃灰出自掌蜃也。"云"盛之言成也"者，《掌蜃》注義同。云"以蜃灰堊牆，所以飾成宫室"者，《爾雅・釋宫》云："牆謂之堊。"《釋名・釋宫室》云："堊，亞也，次也，先泥之，次以白灰飾之。"鄭意世室墉壁並先以泥涂牆，而後加蜃灰，爲三代明堂之通制。然據《爾雅》及《守祧》文，則以堊飾牆，乃廟寢恆制。儻世室四堂五室通爲白牆，經不必特箸其文。此亦足證鄭讀之誤矣。

門堂，三之二，門堂，門側之堂，取數於正堂。令堂如上制，則門堂南北九步二尺，東西十一步四尺。《爾雅》曰："門側之堂謂之塾。"

【疏】"門堂三之二"者，亦三代明堂之通制也。凡廟寢制亦略同。門堂者，四門門塾之堂。明堂有四門，每門内外左右共四塾。左塾之左廉與右塾之右廉相距之度，蓋與正堂之廣度正等。三之二者，以正堂之脩三分取二，爲一堂之脩；以正堂之廣三分取二，爲二堂之廣也。依俞氏所定世室正堂之度，取三之二以爲門堂，則每堂脩四步四尺，廣九步二尺，合左右二堂廣十八步四尺也。内塾外塾脩廣之度同。

注云"門堂，門側之堂，取數於正堂"者，明此三之二，即承上正堂脩廣之度，三分之，取其二分也。云"令堂如上制"者，即上注謂堂脩十四步，廣十七步半，爲假令之數是也。云"則門堂南北九步二尺，東西十一步四尺"者，賈疏云："以十四步取十二步，三分之，得八步。二步爲丈二尺，三分之，得八尺。以六尺爲一步，添前爲九步，餘二尺，故云南北九步二尺也。云

'東西十一步四尺'者，十七步半，以十五步得十步；餘二步半爲丈五尺，三分之，得一丈。以六尺爲一步，餘四尺，添前爲十一步四尺也。"焦循云："此以夏世室而言也。若殷重屋，則脩二丈七尺有奇，廣四丈八尺也；周明堂，則脩七步，廣九步也。"詒讓案：鄭釋正堂廣脩之根數未合，而所定門堂與正堂差減分率則是也。諦繹其意，蓋以南北九步二尺爲一塾通堂室之脩度，而東西十一步四尺，則二塾堂廣度之合數，分之，每塾堂廣五步五尺也。何以言之？凡塾堂後爲室，則室脩度自減於堂，而堂外無左右房，則室廣卻當與堂廣度等，是室脩減而廣則不減也。故下注以室三之一爲室與門各居一分，蓋猶言塾與門各居一分，合兩塾及門，與正堂之廣正相埒也。《通典·吉禮》說周明堂門堂之制，以每塾各得正堂三之二計之。依其率以釋世室，則當以十一步四尺爲一塾之堂廣。不知室廣卽堂廣，今堂廣三之二，而室止居堂廣之半，則其所餘之半復爲何地乎？且合兩塾及門之廣，將增於正堂三分之二，占地太廣，鄭義必不如是矣。引《爾雅》曰"門側之堂謂之塾"者，《釋宮》文。郭注云："夾門堂也。"《詩·周頌·絲衣》孔疏引《白虎通》云："所以必有塾何？欲以飾門，因取其名，明臣下當見於君，必熟思共事。"李如圭云："門之内外，其東西皆有塾，門一而塾四，其外塾南鄉。案：《士虞禮》'陳鼎門外之右，匕俎在西塾之西"，注曰：'塾有西者，是室南鄉。'又案：《士冠禮》'擯者負東塾'，注曰：'東塾，門内東堂。負之，北面。'則内塾北鄉也。"焦循云："門堂之制，《顧命》云：'先路在左塾之前，次路在右塾之前。'鄭注云：'先路在路門内之西，北面。次路在門内之東，北面。'《士冠禮》云；'筮與席、所卦者，具饌于西塾。'注云：'西塾，門外西堂也。'又'擯者玄端負東塾'，注云：'東塾，門内東堂。'是東西内外皆有塾無疑也。其謂之塾者，《説文》作'墪'云'射臬也，讀若準。'又云：'垛，堂塾也。'蓋塾爲築土成埒之名，路門車路所出入，不可爲階，兩塾築土高於中央，故謂之塾。《絲衣》詩云'自堂徂基'，箋云：'使士升門堂，視壺濯及籩豆之屬，降往于基，告濯具。'凡四方而高者曰堂，兩塾高謂之堂，中央平地謂之基。往塾視之，至門堂而告也。"案：焦氏攷定門堂之制甚覈。此門堂者，亦謂門塾之堂，與門基異。《周頌·絲衣》云"自堂徂基"，堂卽門側之堂，基則門中平地。叚令門中亦得稱堂，則《詩》言"自堂徂基"將爲"自基徂基"，於文不可通矣。徧攷書傳，門中與地平，無堂之名。且合門基與兩塾廣度，當與正堂同，於制乃適稱。儻門堂卽是門基，則全基減於正堂三分之一，於制尤爲不稱。以此經及《詩·雅》互相證覈，門堂之爲兩塾，可無疑矣。

室，三之一。兩室與門各居一分。

【疏】"室三之一"者，亦三代明堂之通制也。室謂門兩塾之室也。張惠言云："門堂棟當阿，亦五架爲之，則前後各以一架爲室，一架爲堂。"案：張說是也。凡門塾亦前堂後室，與正堂同。三之一者，以正堂之脩三分取一，爲每門室之脩，卽門堂之半也。其廣當與門堂同。以一室言之，亦得正堂三之一，於差率仍無悖矣。今以正堂脩七步、廣二十八步計之，門室蓋脩二步二尺，廣亦九步二尺。《通典·吉禮》說周明堂，謂門兩堂各得正堂三之二，室三之一卽於門堂三之二中三分減二取一，不取數於正堂。其說必不可通，與鄭注義亦不合，不足據也。又案：門塾唯前堂後室，而無左右房，與正堂小異。又凡門皆内外東西共四塾，塾各有堂室，室後隔以牆，内外不相通也。四塾各自爲堂室，其度並同。

注云"兩室與門各居一分"者，謂亦取數於正堂，居三分之一，則門室南北當四步四尺，東西當五步五尺。若在重屋，則南北一丈八尺有奇，東西二丈四尺。在明堂，則南北二丈一尺，東西二丈七尺也。其門脩廣之數亦同。合門與左右二室之度，與正堂東西之廣適等。案：鄭此注，惟所定正堂根數未是，餘則不誤。其以門室與門各居三分之一者，因門室之脩可減於門堂，而廣不可減，故謂室三之一爲與門各居一分，其說自塙。

殷人重屋，堂脩七尋，堂崇三尺，四阿，重屋。重屋者，①王宫正堂若大寢也。其脩七尋五丈六尺，放夏周，則其廣九尋七丈二尺也。五室各二尋。崇，高也。四阿若今四注屋。重屋，複笮也。

① 原倒作"重者屋"，據《周禮注疏》乙正。——王文锦校注。

【疏】"殷人重屋"者,亦殷之明堂也。《大戴禮記·少閒篇》云:"商履循禮法,發厥明德,順民天心,配天制典慈民,咸合諸侯,[①]作八政命於總章。"盧注云:"總章,重屋之西堂。"據彼則殷已有四堂之名。此舉其總名,故曰重屋。牛弘《明堂議》引馬宫云,"殷人重屋,屋顯於堂,故命以屋"是也。《藝文類聚·禮部》引《尸子》云:"殷人曰陽館,周人曰明堂。"《三輔黄圖》説同。蓋所傳之異。云"堂脩七尋"者,亦四堂一面之度也。孔廣森云:"殷人始爲重檐,故以重屋名。八尺曰尋,七尋五十六尺也。不言廣,正方可知。堂基通二十一尋,凡百六十八尺。"案:重屋四堂,廣脩各自正方,當如孔説。蓋四面堂各方七尋,中五室每室方二尋,縱横各三室閒列而爲六尋,加一尋以爲四壁,則室每面壁各厚二尺也。夏世室堂基正方,四堂之角各有餘地以爲坫。殷重屋四堂,蓋爲四出,若亞字形,與周明堂制同,則四角無餘地,與世室不同。通南北兩堂及包中央五室計之,凡二十一尋,東堂至西堂亦然,而四維皆缺隅而不正方,則就四室一面度之,仍止方七尋,故經唯箸堂脩七尋而其制已見也。至夏堂基正方,則可爲一棟而一屋;殷堂四出,則宜爲四棟而重屋。然則經於殷特箸四阿之文,非徒見屋之兩重,亦兼明四出之堂制始於此。假令四出爲周堂所獨,則其形制鉅異,下經不宜絶無殊别之文。儻謂重屋堂基亦通方二十一尋,則是與世室制同,每堂兩角各多出方七尋之地,較之夏堂餘地更多,於義無取,知不然矣。云"四阿重屋"者,重屋謂屋有二重;下爲四阿者,方屋也。其上重者,則圓屋也。圓屋以覆中央之五室,而蓋以茅,方屋以覆外出之四堂而蓋以瓦,此亦殷周之通制。故《大戴禮記·盛德篇》説明堂云:"以茅蓋屋,上圓下方。"《玉藻》孔疏引淳于登説、《三輔黄圖》引《援神契》、《續漢書·祭祀志》劉注引《新論》、《白虎通義·辟雍篇》説,並云上圓下方。《月令論》又有堂方及屋圓徑之度,諸書所謂下方者,兼明堂之基及四阿之屋而言也。上圓者,指上重高屋如圓蓋形,出四阿之上者而言也。若夏世室,無上圓之屋,則屋與堂基皆方,不可以言上圓矣。

---

① 原脱"合",據《大戴禮記》補。——王文锦校注。

注云“重屋者，王宫正堂若大寢也”者，鄭謂此重屋即殷王寢，與夏舉宗廟、周舉明堂相配也。《御覽·宫室部》引《新論》云：“商人謂路寢爲重屋，商於虞夏稍文，加以重檐四阿，故取名。”與鄭義同，然其説非也。凡王寢與明堂不同制，詳後疏。云“其脩七尋五丈六尺”者，尋，八尺，以七乘之，得五丈六尺也。云“放夏、周則其廣九尋七丈二尺也”者，謂以周制例之，脩七則廣九，此脩七尋，則廣亦當九尋也。經不言重屋廣度，故鄭據周法補推之。賈疏云：“經言堂脩七尋，則其廣九尋；若周言南北七筵，則東西九筵。是偏放周法，而言放夏者，七九偏據周，夏后氏南北狹、東西長，亦是放之，故得兼言放夏也。”案：重屋之廣無文，當如孔廣森説，亦廣七尋，與脩正等。鄭説失之。云“五室各二尋”者，亦放周制爲釋。五室當亦於四維設之。牛弘《明堂議》云：“其‘殷人重屋’之下，本無五室之文。鄭注云‘五室’者，亦據夏以知之。”今攷鄭以重屋之廣放周爲九尋，説雖不塙，而以五室爲方二尋，則從横各三室，爲地六尋，外加一尋，與堂方度正相應，其説是也。經本有上下文互見之例。夏殷堂同高三尺，而經於重屋始箸‘堂崇三尺’之文，即其例矣。云“崇，高也”者，《總敍》、《旊人》、《梓人》注並同。”《大戴禮記·盛德篇·明堂月令》云：“堂高三尺。”《月令論》亦云：“堂高三尺，以應三統。”云“四阿若今四注屋”者，《漢書·司馬相如傳·上林賦》云：“高廊四注。”案：四注屋謂屋四面有霤下注，即所謂殿屋也。《燕禮》云“設洗篚于阼階東南，當東霤”，注云：“當東霤者，人君爲殿屋也。”又《士冠禮》云“設洗直于東榮”，注云：“榮，屋翼也。周制，自卿大夫以下，其室爲夏屋。”蓋鄭意，夏人君之屋，南北兩下，與臣民同，《檀弓》注謂“夏屋如漢之門廡”是也。殷周人君之屋皆四注，則有東西霤，故賈疏謂四阿即四霤。《周書·作雒篇》云：“乃位王宫、太廟、宗宫、考宫、路寢、明堂，咸有四阿反坫。”孔注云：“宫廟四下曰阿。”即本鄭説。焦循云：“鄭注後‘門阿’云：‘阿，棟也。’注《士昏禮》‘當阿’云：‘阿，棟也。入堂深，示親親。’又注《鄉射禮記》云：‘正中曰棟，次曰楣，前曰庪。’彼記文云：‘序則物當棟，堂則物當楣。’此當棟與《昏禮》當阿義同。棟處極高，斷非霤之所能奪。阿既爲棟之定名，則曰四阿者，四棟也，非四霤之謂也。四阿之屋有四霤，兩下之屋亦有四霤也。且以東霤爲四阿之制，是諸侯之屋四阿矣。《明堂位》言複廟重檐爲天子廟制，諸侯不重屋，阿何有四？《左》成二年傳云：'宋文公卒，始厚葬，槨有四阿。君子謂華元、樂舉於是乎不臣，生則縱其惑，死又益其侈，是弃君于惡也。'宋公爲諸侯，用四阿，而傳譏之，故杜注云'皆王禮'。然則四阿之制，不獨卿大夫無之，卽諸侯亦無之。"案：焦説是也。蓋屋之極謂之阿，猶後文門阿之爲門極也。古廟寢屋皆五架，極下正當棟，故鄭二《禮》注亦皆以棟釋阿，以屋極咸覆以甍而承以棟，其義通也。屋霤之溝，必自棟下迤，而注於宇，故《作雒》云"四阿反坫"，坫當爲"坧"之形譌。四阿爲上棟之制，反坧卽反宇，爲下宇之制，亦卽所謂屋翼。四注主霤言，則是宇而非棟矣。夏世室亦爲四面堂，則亦有四霤；而不得有四阿者，蓋夏制唯於南北之中爲一棟，其東西霤則自楣庪以外衺殺之以注水。是楣庪有四而棟則一，故阿亦不得有四。若殷重屋，則中别爲屋，重屋之外，四面冋環各别爲棟，四棟則有四阿。是四阿必四注，而四注之屋不必皆有四阿。鄭此注訓四阿爲四注，則是四霤之通制，不及焦説之精析。焦又謂《燕禮》之東霤乃兩下屋檐之東角，非四阿，亦非四注，尤足正鄭説之誤。《國語·晉語》云："虢公夢神人立于西阿。"韋注云："西阿，西榮也。"案：彼西阿，蓋自屋脊下趨檐宇之通稱，猶《士喪禮》所謂前東榮、後西榮，與此經"四阿"、"門阿"義並小異。諸侯以下，屋無四阿，而不妨有西阿，通言不别也。此經四阿者，通四堂而言，面有一堂，堂爲一阿，四面匌帀則四阿，非謂一堂而有四阿也。云"重屋，複笮也"者，賈疏述注複作"復"，明注疏本同，復複古今字。《説文·竹部》云："笮，迫也，在瓦之下棼上。"《釋名·釋宫室》云："笮，迮也，編竹相連迫迮也。"《爾雅·釋宫》云："屋上薄謂之筄。"郭注云"屋笮也。"姚鼐云："重屋，複屋也。别設棟以列椽，其棟謂之棼，椽棟既重，軒版垂檐皆重矣。軒版卽屋笮，或木或竹，異名。笮在瓦之下，椽之上。檐垂椽端，椽亦謂之橑。《記》言重屋，鄭以複笮釋之，而他書所稱曰重檐，曰重橑，曰重軒，曰重棟，曰重棼，各舉其一爲言爾。"焦循云："笮之訓有二。《説文》、《釋名》之笮，爲屋上所覆者之名，《爾雅》所謂筄也。《廣雅》云'楶謂之笮'，此爲欂櫨之名，所謂斗栱者也。鄭以笮解屋，當如《説文》、《釋名》所云。"又云："《明堂位》云'大廟，天子明堂’，又云‘山節藻棁，復廟重檐，天子之廟飾也’，注云：‘復廟，重屋也。重檐，重承壁材也。’《春秋》文公十三年：‘太室屋壞。’《五行志》云：‘前堂曰太廟，中央曰太室，屋，其上重者也。’孔氏《左傳疏》云：‘大廟之制，其檐四阿，而下當其室中，又拔出爲重屋。此是大廟當中之室其上屋壞，非大廟全壞也。’重屋重於阿之上，不重於楣庪之上，故阿必用四。於四阿之上，更立以棳，棳上又累以阿。阿之四旁又有檐，與正屋之檐相重，故曰重檐。以蔡邕之説言之，明堂方百四十四尺，屋圜徑二百一十六尺，大廟明堂方六丈，通天屋徑九丈，足爲太室屋證矣。”俞樾云：“古有重屋，有複屋。重屋者，此《記》所説是也。複屋者，於棟之下復爲一棟以列椽，亦稱重橑。徐鍇《説文繫傳》於‘橑’篆下引《東方朔傳》‘後閣重橑’而釋之曰：‘大屋廡下椽，自上峻下，則自其中棟假裝其一旁爲椽，使若合掌然，故曰重橑。’此説複屋之制，至詳盡矣。《説文・木部》：‘樓，重屋。’《林部》：‘棼，複屋棟也。’《周書・作雒篇》‘重亢重郎’，孔晁注曰：‘重亢，累棟也。重郎，累屋也。’所謂累棟者，卽複屋矣；所謂累屋者，卽重屋矣。是古制明分爲二。鄭君此注，殆誤以複屋説重屋乎？”案：姚釋複笮義甚覈，但此經重屋之義，當以焦、俞説爲是。《月令論》説明堂有通天屋，宇文愷《明堂議》引《黄圖》云“通天臺”，又引《禮圖》云“於内室之上起通天之觀”，並卽明堂重屋之制。蓋當四堂中脊内五室之上拔起别爲崇高之屋，以其可以納光，故有通天之名，與複屋、複笮不同。重屋通天，得納日光；複屋、複笮止取重絫爲飾，不通天納光也。凡複屋，棟笮等皆於一層屋之上重絫合并爲之，重屋則上下兩層屋，各自爲棟笮等，不相合并，二制迥異。古明堂宗廟蓋皆有重屋，故《漢志》載《左氏》古説，以大室屋爲重屋。《左傳》孔疏謂廟上拔起爲重屋，深得其制；唯謂大廟亦有四阿，則誤沿鄭宗廟明堂同制之説耳。《明堂位》之復廟卽複屋，重檐乃是重屋，故《文選》張衡《東京賦》云“複廟重屋”，卽用《明堂位》文，而以重檐爲重屋。薛綜注云：“重屋，重棟也。”桓譚《新論》亦云：“商加重檐四阿。”明此經重屋當彼重檐矣。鄭《明堂位》注釋復廟爲重屋者，蓋仍指複笮言之；又釋重檐爲重承壁材，其義難通。賈疏卽援彼注“重承壁材”之義，以釋此注之“複笮”，似皆以複屋爲説。《作雒》之“重亢復格”，亦似皆複屋之制，並與此重屋不相冡也。又古凡室屋之高而上出者，通謂之臺，謂之觀，故《黄圖》及《禮圖》亦以重屋爲臺爲觀。實則臺觀可以登眺，而明堂之重屋不可登眺，與臺觀制復不同。臺觀，後世又謂之樓，故《説文》訓樓爲重屋，此亦非古重屋之制。《史記·封禪書》説公玉帶所上黄帝時《明堂圖》，上有樓從西南人，名曰昆侖。此卽誤以重屋爲樓，因之肊造是圖。不知殷重屋與樓别，又不知夏以前明堂并未有重屋，説尤謬妄，不爲典要也。又《詩·大雅·靈臺》孔疏引盧植、穎容説，謂明堂卽靈臺，亦與通天臺異，詳後及《春官·敍官》疏。

周人明堂，度九尺之筵，東西九筵，南北七筵，堂崇一筵，五室，凡室二筵。明堂者，明政教之堂。周度以筵，亦王者相改。周堂高九尺，殷三尺，則夏一尺矣，相參之數。禹卑宫室，謂此一尺之堂與？此三者或舉宗廟，或舉王寢，或舉明堂，互言之，以明其同制。

【疏】"周人明堂"者，此記周明堂之制也。牛弘《明堂議》引馬宫説云："周人明堂，堂大於夏室，故命以堂。"蔡邕《明堂月令論》云："東曰青陽，南曰明堂，西曰總章，北曰玄堂，中央曰太室。《易》曰：'離也者，明也，南方之卦也。聖人南面而聽天下，嚮明而治。'人君之位，莫正於此，故雖有五名，而主以明堂也。"戴震云："周人取天時方位以命之。東青陽，南明堂，西總章，北玄堂，而通曰明堂，舉南以該其三也。"云"東西九筵，南北七筵"者，明堂亦四堂，此南堂一面廣脩之度也。餘三堂同。云"五室，凡室二筵"者，五室亦土室居中，四行室居四維，與夏世室同，每室廣脩皆二筵。賈疏云："夏之世室，其室皆東西廣於南北也。周亦五室，直言凡室二筵，不言東西廣，鄭亦不言東西益廣，或五室皆方二筵，與夏異制也。若然，殷人重屋亦直云堂脩七尋，不言室，如鄭意，以夏周皆有五室十二堂，明殷亦五室十二堂。"詒讓案：世室明堂五室並正方，夏周制本不異，十二堂卽兩夾及四正堂之合數，並詳前疏。東西九筵，南北七筵，爲明堂一面之度。故《玉海·郊祀》引《禮記外傳》《孝經援神契》云："明堂之制，東西九筵，南北七筵。筵長九尺，東西八十一尺，南北六十三尺，故謂之大室。"《孝經緯》説與此經同。自鄭誤以九七之筵爲全堂橢方之度，而古制晦。李謐《明堂制度論》駁之云："《記》云：'東西九筵，南北七筵，五室凡室二筵。'置五室於斯堂，雖使班、倕構思，王爾營度，則不能令三室不居其南北也。然則三室之閒，便居六筵之地，而室壁之外裁有四尺五寸之堂焉。豈有天子布政施令之所，宗祀文王以配上帝之堂，周公負扆以朝諸侯之處，而室户之外僅餘四尺而已哉？假在儉約，爲陋過矣。抑云二筵者，乃室之東西耳，南北則狹焉。曰"若東西二筵，則室户之外爲丈三尺五寸矣。南北户外復如此，則三室之中南北裁各丈二尺耳。《記》云：'四旁兩夾窻。'若爲三尺之户，二尺之窻，窻户之閒，裁盈一尺。繩樞甕牖之室，蓽門圭竇之堂，尚不然矣。假令復欲小廣之，則四面之外闊狹不齊，東西既深，南北更淺，屋宇之制，不爲通矣。驗之衆塗，略無算焉。且凡室二筵，丈八地耳，然則户牖之閒不踰二尺也。《禮記・明堂》'天子負斧扆南向而立'，鄭注云'設斧於户牖之閒'。而鄭氏《禮圖》説扆制曰'縱横八尺'，以八尺扆置二尺之閒，此之叵通，不待智者，較然可見矣。且若二筵之室爲四尺之户，則户之兩頰裁各七尺耳，全以置之，猶自不容，矧復户牖之閒哉？又云'堂崇一筵'，便基高九尺，而壁户之外裁四尺五寸，於營制之法，自不相稱。"牛弘議亦云："依鄭注，每室及堂，止有一丈八尺，四壁之外，四尺有餘。明堂總享之時，五帝各於其室。設青帝之位，須於大室之内，少北西面。太昊從食，坐於其西，近南北面。祖宗配享者，又於青帝之南，稍退西面。丈八之室，神位有三，加以簠簋籩豆，牛羊之俎，四海九州美物咸設，復須席工升歌，出罇反坫，揖讓升降，亦以陋矣。"案：李、牛所論，足證鄭義之疏。宇文愷議亦謂三代堂基並方，虒鄭義與古違異。惟李氏又以夏周文質之異，度堂筵几之殊，并疑經文之謬，則妄也。唐宋以後説明堂者，率沿鄭説。近代諸儒始知九七之筵爲一堂之度，而阮元所釋尤覈，其説云：'東西九筵者，八丈一尺也，約當今尺四丈八尺六寸。南北七筵者，六丈三尺也，約當今尺三丈七尺八寸。此明堂南一堂之丈尺。經不言東西北三堂者，丈尺相同，舉南可概三方也。四方之堂，寬皆九筵。此四堂之背，四角相接，是明堂之北距玄堂之南，青陽之西距總章之東，皆九筵也。以此方九筵之地爲太室及四室，每室止用二筵，丈尺恰可相容。凡言室者，皆廟屋内劃出之名，非建五小屋於露處之地可名爲室也。此五室皆當重屋圓蓋之下，若於太室四角立四大柱，或再倚四堂之背，木室之西之南，火室之西之北，金室之東之北，水室之東之南，立八大柱，則可上載圓屋并遮五室矣。”又云：“重屋，見於《考工記》，上圓下方，見於《大戴記》，皆是古制。此中央九筵之地，假使立大柱出乎四堂背之上，而加以圓蓋之屋，則是上圓之重屋矣。圓蓋須比九筵爲大，乃不霤雨水於五室也。九筵方徑當今尺四丈八尺六寸，約須徑今尺六丈有餘之圓蓋方能蓋之。至於圓屋之下，方屋之上，必可虛之以吸日景而納光也。”陳澧云：“明堂之制，見《月令》曰太廟者四，曰个者八，曰太廟太室者一。見《考工記》曰五室。見《大戴禮·盛德》曰上圓下方。説者大都以四太廟八个五室皆在九筵七筵之内，其制度太狹，廣與袤又不稱。阮以九筵七筵爲一面之度，舉一面以該三面，於是九筵七筵之義始明。室二筵者，其地本方三筵，四壁皆厚半筵，室中方二筵也。《記》云‘室中度以几’，鄭注云‘室中舉謂四壁之内’，卽其義也。《記》不云室中二筵者，猶九筵七筵不必云堂上也。云二筵不云若干几者，與上文九筵七筵連文也。其度則二筵，而度之則以几不以筵耳。築土爲壁，上承重屋，非半筵之厚，不勝其任。且古一尺當今六寸許，二筵僅當今一丈許。若復去四壁，其中太狹，不足行禮，二筵不計四壁明矣。并四壁則方三筵，三室則九筵，與一面之廟个同廣也。堂基爲亞字形，八隅立柱，以承圓屋。《盛德》所云上圓者，圓屋也。下方者，亞形八隅也。”案：阮、陳説是也。明堂東西九筵，廣度不及世室之半，明四堂之角無復餘地，則堂必四出爲亞字形可知。依阮説，四堂各廣九筵，脩七筵，堂内正中爲五室，爲地總方九筵，而堂外四角各缺方九筵之地爲廷。其説塙不可易。以此推之，蓋自南堂廉至北堂廉，共二十五筵，爲尺二百二十五，東西亦如之，卽四堂全基之度也。惟五室每室中方二筵，加每室四壁一筵，適盡方九筵之地，則當以陳説爲定解。此經於周制止舉堂室，實則九階、四旁兩夾窻、白盛之制，當與夏世室同；四阿重屋之制，當與殷重屋同。經不具詳者，冡上文而省也。其四鄉各從方色，每室四户八牖，屋上圓下方，宫外四門之制，參證羣籍，蓋亦當與古同。故《通典·吉禮》約此經及鄭注説之云：“明堂東西長八十一尺，南北六十三尺。其堂高九尺，於一堂之上爲室，每室廣一丈八尺。每室開四門，旁各有窻，九階。外有四門，門之廣二十一尺。門兩旁各築土爲堂，南北四十二尺，東西五十四尺。其堂上各爲一室，南北丈四尺，東西丈八尺。其宫室牆壁以蜃蛤灰飾之。"今攷杜以五室於廣九筵脩七筵一堂之上爲之，及以白盛爲牆壁之通制，並沿鄭説，而所推門階牖户之數則不誤。惟明堂門堂之制，經注並無文，以世室之制推之，當亦取正堂脩七筵，廣九筵，三分減一以爲門堂之度，則每塾堂脩四筵有六尺，廣三筵，兩塾合廣六筵也。又取七筵九筵三分減二以爲門室之廣脩，則每塾室脩二筵有三尺，廣與堂同。依鄭兩室與門各居一分之説推之，則明堂門當廣亦三筵。杜謂每塾堂各得正堂三分之二，則合門與兩塾，其廣倍侈於堂；又以門室取數於門堂三之一，卽於三之二中三分取一：其説並不可通。又謂明堂門廣二十一尺，蓋依下文廟門容大扃七个爲説，則合門與兩塾，不得各居一分，與鄭義亦不合。互詳前疏。漢魏以來言明堂者，駁文詭制，不可殫述。《玉藻》、《明堂位》孔疏引《五經異義》云："明堂制，今《禮》戴説，《禮·盛德記》曰：'明堂自古有之。凡有九室，室有四户八牖，三十六户，七十二牖。以茅蓋屋，上圓下方，所以朝諸侯。其外有水名曰辟廱。'《明堂月令書》説云："明堂高三丈，東西九仞，南北七筵，上圓下方，四堂十二室，室四户八牖，其宫方三百步，在近郊三十里。'講學大夫淳于登説：'明堂在國之陽，丙巳之地，三里之外，七里之内而祀之，就陽位。上圓下方，八窻四闥。布政之官，故稱明堂。明堂，盛貌。周公祀文王於明堂，以配上帝。上帝，五精之帝。大微之庭中有五帝座星。'古《周禮》、《孝經》説：'明堂，文王之廟，夏后氏世室，殷人重屋。周人明堂東西九筵，筵九尺，南北七筵，堂崇一筵，五室凡室二筵，蓋之以茅。周公所以祀文王於明堂，以昭事上帝。'謹按：今《禮》古《禮》，各以其義説，無明文以知之。"鄭駁之云："玄之聞也，《禮》戴所云雖出《盛德記》，及其下，顯與本章異。九室、三十六户、七十二牖，似秦相吕不韋作《春秋》時説者所益，非古制也。四堂十二室，字誤，本書云'九室十二堂'。淳于登之言，取義於《孝經援神契》。《援神契》説宗祀文王於明堂以配上帝曰：'明堂者，上圓下方，八窻四闥，布政之宫，在國之陽。帝者，諦也。象上可承五精之神，五精之神實在太微，於辰爲巳。'是以登云然。今漢立明堂於丙巳，由此爲也。水木用事交於東北，木火用事交於東南，火土用事交於中央，金土用事交於西南，金水用事交於西北。周人明堂五室，帝一室，合於數。"案：《異義》所述古《周禮》説，卽本此《記》。惟云"明堂文王之廟"，又云"蓋之以茅"，則《記》無其文，蓋別據《孝經》説，許參合引之，未及析別耳。許所述諸家説與經異者，如此云"東西九筵，南北七筵，堂崇一筵"，而許引《明堂月令》説云"堂高三丈，東西九仞，南北七筵"。攷宋本《大戴禮記·盛德篇》引《月令》本作"堂高三尺"，則與後鄭説殷堂之高正同，非周制也。"東西九筵"之文，則《盛德》所引亦與此經正同。孔引《異義》譌'尺'爲"丈"，"筵"爲"仞"，遂成齟齬。此經既特箸度筵之文，明廣脩皆以筵計，《月令》説不當筵仞錯出，其譌審矣。此經云"五室，室有四户八窻"，則有二十户四十牖。而《盛德記》云"九室，三十六户，七十二牖"，又引《明堂月令》云"二九四七五三六一八"，卽九室之數位也。《續漢書·祭祀志》劉注引《新論》云："九室法九州，十二坐法十二月。"《白虎通義·辟雍篇》、《漢書·平帝紀》應劭注並同。《明堂月令論》云："九室以象九州，十二宫以應辰。"説亦略同。今攷十二堂，卽四堂兼兩夾之通數。桓、班云"十二坐"，蔡云"十二宫"，其實一也。已詳前疏。至九室、三十六户、七十二牖之説，則與此經乖剌，鄭庌爲秦制。《御覽·禮部》引《三禮圖》云："周制五室，秦爲九室。"蓋卽本鄭義。《魏書·袁翻傳·明堂議》云："明堂五室，三代同焉；配帝象行，義則明矣。及《淮南》、《吕氏》與《月令》同文，雖布政班時，有堂个之别，然推其體例，則無九室之證。明堂九室，著自《戴禮》，探緒求源，罔知所出。而漢氏因之，自欲爲一代之法。張衡《東京賦》云：'乃營三宫，布教班常，複廟重屋，八達九房。'薛綜注云：'房，室也，謂堂後有九室。'堂後九室之制，非巨異乎？裴頠又云：'漢氏作四維之个，不能令各居其辰，就使其像可圖，莫能通其居用之禮，此爲設虚器也甚。'"今案：袁氏亦申鄭義，又謂《月令》無九室之證，九室卽漢制之九房，其説甚塙。封軌、牛弘《明堂議》並庌九室爲秦漢之制，謂室以祭天，依行而祭，故不過五，九室爲無用。《魏書》賈思伯議亦謂《孝經援神契》、《五經要義》、《舊禮圖》及徐氏、劉氏之説皆同此記爲五室，庌戴、蔡九室之制爲不可從，與鄭義皆足相申證。然賈氏又以《月令》八个傅會五室，云，“案《月令》亦無九室之文，原其制置，不乖五室。其青陽右个卽明堂左个，明堂右个卽總章左个，總章右个卽玄堂左个，玄堂右个卽青陽左个。如此，則室猶是五，而布政十二。”案：賈意蓋謂四隅室卽夾室，亦謂之个，一室分屬兩堂，則四室卽是八个。與裴頠以九室之隅室爲四維之个説蓋略同。不知四隅室分應四行，與堂旁之个不同，个本非室，不可以配大室爲五。且以四室爲八个，彼此通互，其説巧而難信。李謐亦主五室之説，而謂四室居四中，四面之室各有夾房，謂之左右个，个卽寢之房也。則又隱據漢九房之制，與九室名異而實同。不知五室九室之制，《考工》與《大戴記》本異，此經法制詳備，塙爲周典，《盛德》襍摭舊文，不必一代之制。後儒必欲參合兩制爲一，遂至岐迕百出。至賈思伯議謂裴頠有一屋之論，《隋書・禮儀志》載梁武帝制，謂明堂本無室，庐五室九室爲皆不可信，其謬又不足論矣。明堂宫脩廣之度，此經亦無文。《盛德》引《明堂月令》説，云“其宫方三百步”，則與《覲禮》會同之壇同，古制或當如是。明堂所在之地，鄭《駁異義》從淳于登説在丙巳之地，與《盛德》云“在近郊三十里”異。《御覽・禮部》引《孝經援神契》云：“周之明堂在國之陽，三里之外，七里之内，在辰巳者也。”又引《春秋合誠圖》云：“明堂在辰巳者，言在水火之際。辰，木也；巳，火也。木生數三，火成數七，故在三里之外，七里之内。”《白虎通義・辟雍篇》、《三輔黄圖》、《漢書・平帝紀》應劭注，並云在國之陽。《大戴禮記・盛德篇》盧注引《韓詩》説云：“明堂在南方七里之郊。”又《詩・靈臺》孔疏引馬融云：“明堂在南郊，就陽位”。《藝文類聚・禮部》引徐虔《明堂議》，亦云“在國之陽，國門外”。説並與淳于登説同。前左祖右社章賈疏引劉向《别録》，則云“左明堂辟雍，右宗廟社稷”，《説苑・脩文篇》亦云“路寢承乎明堂之後”，是謂明堂在宫中。金鶚云：“《玉藻》云‘天子聽朔于南門之外’，鄭注以爲在明堂。夫諸侯受朔於天子，天子受朔於天，明堂祭天之所也，是知聽朔於南門外者，必明堂也。淳於登謂在國南丙巳之地，本於《援神契》，其説自確。明堂既在國外，則國中不得有明堂矣。明堂以祀上帝，在國中則褻，故與泰壇同置於郊。《玉藻》言在南門之外，則去國不遠，當在國南三里，南爲陽方，三爲陽數也。”

案:金説近是。黄以周謂《大戴》云"近郊三十里","十"字疑衍,孫星衍亦據《尸子》"殷曰陽館",證明堂在國陽,謂夏商已在東南郊,皆足證鄭義。至先秦西漢古書述明堂制度許、鄭所未及者,復多紛互。宇文愷《明堂議》及《藝文類聚·禮部》引《周書》云:"明堂方一百一十二尺,高四尺,階廣六尺三寸,室居中方百尺,室中方六十尺,户高八尺,廣四尺,牖高三尺,門方十六尺。東應門,南庫門,西皋門,北雉門。"案:《周書》説户牖高廣之度,無可質證。堂高四尺,與《覲禮》會同壇高同,而與此經不合。堂方百十二尺,則止十二筵四尺,於一堂之度爲太多,於四堂之度則又太少。且彼室方百尺,内方六十尺,與此經五室之度亦絶不相應。況堂通方百十二尺,而室已占百尺,則堂止得一筵有三尺,兩面分之止六尺,此必不可信者也。明堂有四門,於制無疑,而《周書》取五門之皋、庫、應、雉,分列四面,則與宫寢門制不合。且五門以應門爲正門,明堂以南爲正,故特爲三階。假令取宫門爲名,亦宜以南門爲應門,今乃南庫東應,其不足據明矣。宇文愷議引《黄圖》云:"堂方百四十四尺,法坤之策也,方象地。屋圜楣徑二百一十六尺,法乾之策也,圓象天。室九宫,法九州。太室方六丈,法陰之變數。十二堂法十二月,三十六户法極陰之變數,七十二牖法五行所行日數。八達象八風,法八卦。通天臺徑九尺,法乾以九覆六。高八十一尺,法黄鍾九九之數。二十八柱,象二十八宿。堂高三尺,土階三等,法三統。堂四向五色,法四時五行。殿門去殿七十二步,法五行所行。門堂長四丈,取太室三之二。垣高無蔽目之照,牖六尺,其外倍之。殿垣方,在水内,法地陰也。水四周於外,象四海,圓法陽也。水闊二十四丈,象二十四氣。水内徑三丈,應《覲禮經》。"《明堂月令論》説略同。今攷上圓下方,爲通天臺及堂四向五色之制,於理可信,詳前。唯堂方十六筵,與此經不合。孫星衍謂百四十四尺,爲即南北七筵、東西九筵之合數。然論方積,則九七之筵廣脩相乘,共五千一百三尺;若論方面,則廣脩不可合并爲方。二書之説,必不能通於此經。至屋圜楣之説,似謂覆四堂之屋亦爲圓屋,則與重屋四阿之文不合。太室方六丈,與《周書》説同,通天臺之徑,此經無文,尤不足論。明堂上圓者,惟最高之重屋爲然。所覆者不出五室九筵之地,必無徑二百十六尺之廣。第二層方屋四面外出,與四堂正相覆,豈能爲圓楣哉!又據世室門堂取數於正堂三分之二,明堂門塾當與彼同。《黄圖》説謂大室方六丈,取三之二,門堂長四丈,率尤不合。其他室屋壇柱度數,皆無可證,今不具論。牛弘、宇文愷議又引馬宫説云:“夏后氏益其堂之廣百四十四尺,周人明堂以爲兩序閒,大夏后氏七十二尺。”案:馬説與諸書並不甚合,牛氏亦謂不詳其義。以意推之,百四十四尺加七十二尺,爲二百十六尺,則是二十四筵也。馬意蓋以東西兩堂各九筵爲十八筵,加三室每室二筵,凡六筵,合之適二十四筵。以十六筵爲兩序閒,序外左右堂隅各四筵,合之爲七十二尺,卽大於夏堂之數。馬説大意蓋如此。依其説,則明堂兩序閒廣已幾及倍,全堂之廣復過於此。實不可通,姑著之以備一義。

注云“明堂者,明政教之堂”者,《明堂位》:“明堂也者,明諸侯之尊卑也。”《盛德記》説同。《周書·大�篇》云:“明堂所以明道。”《五經異義》淳于登説云:“明堂盛貌。”《三輔黄圖》云:“明堂所以正四時,出教化,天子布政之宫也。”《白虎通義·辟雍篇》云:“天子立明堂者,所以通神靈,感天地,正四時,出教化,宗有德,章有道,顯有能,褒有行者也。”《續漢書·禮儀志》劉注引《新論》云:“天稱明,故命曰明堂。”賈疏云:“以其於中聽朔,故以政教言之。《孝經緯援神契》云:‘得陽氣明朗謂之明堂,以明堂義大,故所含理廣也。’”案:賈引《孝經緯》,專據南堂言之。《玉燭寶典》引《月令章句》云:“明者,陽也,光也。鄉陽受光,故曰明。”義亦同。鄭通晐四堂,故説與彼異。云“用度以筵,亦王者相改”者,《説文·竹部》云:“筵,竹席也,《周禮》曰:度堂以筵,筵一丈。”案:許説本此經,而長度不合,未詳所據。《公食大夫記》云:“司宫具几與蒲筵,常,加萑席,尋。”注云:“丈六尺曰常。”聶氏《三禮圖》引《舊圖》云:“士蒲筵長七尺,廣三尺三寸。”《文王世子》注云:“席之制,廣三尺三寸三分。”蓋筵席廣度略同,而長度則有或丈六尺、或一丈、或九尺、八尺、七尺之異,故此記特著其度與?賈疏云:“對夏度以步,殷度以尋,是王者相改也。”云“周堂高九尺,殷三尺,則夏一尺矣,相參之數”者,賈疏云:“夏無文,以後代文而漸高,則夏當一尺,故云相參之數。”孫星衍云:“《禮器》稱天子之階九尺,故周制堂崇一筵,高三尺則階三等,凡三尺爲一等歟？九階，賈疏引賈、馬九等階者，蓋言九尺之筵，階凡九等，説亦通。"詒讓案：堂崇九尺，以三尺爲一等，於度似太高。攷《覲禮記》會同之壇，深四尺，鄭注謂一等一尺。以彼例此，則明堂九尺之階，亦當爲九等。前疏引賈、馬九等之階，與世室之九階雖不合，而移以釋明堂，則適相當。故《士冠禮》賈疏亦云："案《匠人》天子之堂九尺，賈、馬以爲傍九等爲階是也。"至古書説明堂者，多云高三尺。《盛德記》云："堂高三尺。"宇文愷議引《黄圖》云："堂高三尺，土階三等，法三統。"又引《周書·明堂》云"高四尺"，孫星衍、陳壽祺並謂"四"字蓋"三"字積畫之誤。依鄭此注説，則三尺爲殷制，而夏制一尺，爲尤卑。俞樾云："堂崇三尺，夏殷同之。《禮器》曰：'天子之堂九尺，諸侯七尺，大夫五尺，士三尺。'是三尺之堂已爲極卑，一尺之堂古無有也。《吕氏春秋·召類篇》曰：'明堂茅茨蒿柱，土階三等。'若有一尺之堂，則當有一等之階。《吕氏》方極言古制之儉，何不言一等而必言三等乎？"案：俞説是也。《吕覽》三等之階，疑亦據夏殷制言之。云"禹卑宫室，謂此一尺之堂與"者，《論語·泰伯篇》云："禹卑宫室而盡力乎溝洫。"鄭言此者，欲證夏堂一尺，卑於殷周，與《論語》義正合也。云"此三者，或舉宗廟，或舉王寢，或舉明堂，互言之以明其同制"者，賈疏云："夏舉宗廟，則王寢、明堂亦與宗廟同制也。殷舉王寢，則宗廟、明堂亦與王寢同制也。周舉明堂，則宗廟、王寢亦與明堂制同也。云其同制者，謂當代三者其制同，非謂三代制同也。若然，周人殯於西階之上，王寢與明堂同，則南北七筵，惟有六十三尺；三室居六筵，南北共有一筵，一面惟有四尺半，何得容殯者。案《書傳》云：'周人路寢，南北七雉，東西九雉，室居二雉。'則三室之外，南北各有半雉。雉長三丈，則各有一丈五尺，足容殯矣。若然，云同制者，直制法同，無妨大矣。據周而言，則夏殷王寢亦制同，而大可知也。"案：依鄭、賈義，則宗廟、路寢、明堂三者同制，故《詩·小雅·斯干》箋云："宗廟及路寢制如明堂，每室四户。"《玉藻》注義亦同。《斯干》孔疏云："《明堂位》曰：'太廟，天子明堂。'又《月令》説明堂，而季夏云'天子居明堂大廟'。以明堂制與廟同，故以太廟同名其中室，是宗廟制如明堂也。又宗廟象生時之居室，是似路寢矣，故路寢亦制如明堂也。宣王都在鎬京，此考室當是西都宫室。《顧命》説成王崩，陳器物於路寢云：'胤之舞衣、大貝、鼖鼓，在西房；兑之戈，和之弓，垂之竹矢，在東房。'若路寢制如明堂，則五室皆在四角與中央，而得左右房者，《鄭志》：'荅趙商云：成王崩之時，在西都。文王遷豐，作靈臺、辟廱而已，其餘猶諸侯制度，故喪禮設衣物之處，寢有夾室與東西房也。周公攝政，致太平，制禮作樂，乃立明堂於王城。'如鄭此言，則西都宗廟路寢依先王制，不似明堂。此言如明堂者，《鄭志》：'荅張逸云：周公制禮土中，《洛誥》"王入太室祼"是也。《顧命》成王崩於鎬京，承先王宫室耳。宣王承亂，未必如周公之制。'以此二荅言之，則鄭意以文王未作明堂，其廟寢如諸侯制度。乃周公制禮，建國土中，以洛邑爲正都，其明堂廟寢天子制度，皆在王城爲之。其鎬京則别都耳，先王之宫室尚新，周公不復改作，故成王之崩，有二房之位，由承先王之室故耳。及厲王之亂，宫室毁壞，先王作者無復可因，宣王别更脩造，自然依天子之法，不復作諸侯之制，故知宣王雖在西都，其宗廟路寢皆制如明堂，不復如諸侯也。若然，明堂周公所制，武王時未有也。《樂記》説武王配乎明堂者，彼注云：'文王之廟爲明堂制。'知者，以武王既伐紂爲天子，文王又已稱王，武王不得以諸侯之制爲父廟，故知爲明堂制也。"江永云："周路寢之制，略見《顧命》，有堂，有序，有夾，有房，何嘗有五室？有兩階，有二垂，有側階，何嘗有九階？蓋宗廟、路寢宜同制，而明堂則否也。明堂者，朝諸侯、聽朔、祀上帝、配文王之堂，東西南北有四門，堂上中央與四隅有五室，東西階之閒有中階，而東西北堂皆有兩階爲九階，皆與寢廟不同也。"案：江説是也。洪頤煊、金鶚説並同。賈、孔及唐人申鄭説者，率舉《月令》、《明堂位》及《周書·作雒篇》文以爲徵論。今攷《月令》十二月居四大廟八个，自是王居明堂之禮，鄭注誤以爲大寢，《大史》疏已辯之矣。《明堂位》謂魯大廟如天子明堂者，自謂天子宗廟堂皆南向，其重屋兩夾諸制與明堂南面一堂形制略同耳，非謂宗廟亦具四堂五室也。《春秋》文十三年"大室屋壞"，《漢書·五行志》述《左氏》説，以大室爲大廟中央之室，屋卽重屋，蓋亦以魯大廟爲明堂制。然《左傳》實無是説，《公羊》、《穀梁》説則並以大室爲魯公廟。《漢志》所説，蓋西漢《左氏》經師臆定，以傅合《明堂位》之文，實不足據也。《荀子·宥坐篇》云："子貢觀於魯廟之北堂，九蓋皆繼。"此可證魯廟不爲明堂制,故房後之北堂與正堂異制。否則四堂如一,安得北堂獨爲殊異乎?《作雒篇》云:"乃位五宫、大廟、宗宫、考宫、路寢、明堂,咸有四阿反坫,重亢重郎,常累復格藻棁,設移旅楹,舂常畫旅,内階玄階,隄唐山廧,應門庫臺玄閫。"《宋書·禮志》云:"《周書》清廟、明堂、路寢同制,鄭玄注《禮》,義生於斯。"蓋卽指此。今審繹《作雒》之文,乃總記廟寢明堂三者殊異之制,非謂每宫各備此衆飾也。否則明堂四面九階,《記》有明文,安得復有内階邪?然則三經之説,皆不足證鄭義。夫明堂爲祭五帝之宫,故有五室之制,隨五時而用之。若宗廟時享,則一歲四舉,本無中央之祭,而虚制五室爲無用矣。路寢之制,《顧命》有明文。鎬京雖周舊都,然大寢内朝所在,必不因陋就簡,鄭荅趙商以爲猶諸侯制,殆曲爲之説,不足憑也。至賈疏引《書傳》説路寢制度,《明堂位》孔疏及《禮書》並引《書·多士》傳云:"天子之堂廣九雉,三分其廣,以二爲内,五分其内,以一爲高。東房、西房、北堂各三雉。"與賈所引又小異。所説度既似太侈,又不宜有北堂而無室,疑皆有舛誤。今攷定:廟寢制本不如明堂,則南北無三室,自無不容殯之疑,賈氏所辯,可勿論矣。兩漢諸儒説明堂者,又或以路寢、祖廟、大學、辟廱傅合爲一。《玉藻》疏引《五經異義》云"古《周禮》、《孝經》説,明堂,文王之廟。《盛德記》云:'或以爲明堂者,文王之廟也。周時德澤洽和,蒿茂大,以爲宫柱,名爲蒿宫也。此天子之路寢也,不齊不居其室。待朝在南宫,揖朝出其南門。'"此既以明堂爲卽文王廟,又以爲卽路寢,蓋襍采衆説,故自成歧啎,此與蒿宫之説,同不足據。《舊唐書·禮儀志》,顔師古《明堂議》不從《盛德》文王廟之説,而謂明堂卽路寢,與《盛德》後説同。《左傳》文二年孔疏云:"《左氏》舊説及賈逵、服虔等,皆以祖廟與明堂爲一。"此以明堂爲卽祖廟也。《詩·靈臺》疏引《五經異義》云:"《韓詩》説,辟廱者,天子之學,立明堂於中。"《文選·東京賦》李注引《三輔黄圖》:"馬宫奏曰:明堂、辟雍,其實一也。"牛弘議亦云:"馬宫、王肅以爲明堂、辟廱、太學同處。"又《舊唐志》引漢孔牢等議,説同。此以明堂爲卽辟廱也。《詩·靈臺》疏引盧植《禮記注》云:"明堂卽太廟也。天子太廟,上可以望氣,故謂之靈臺;中可以序昭穆,故謂之太廟;圜之以水似璧,故謂之辟雍。

古法皆同一處，近世殊異，分爲三耳。"又引穎子容《春秋釋例》云："太廟有八名，其體一也。肅然清静，謂之清廟；行禘祫，序昭穆，謂之太廟；告朔行政，謂之明堂；行饗射，養國老，謂之辟雍；占雲物，望氛祥，謂之靈臺；其四門之學，謂之太學；其中室，謂之太室；總謂之宫。"《明堂月令論》云："明堂者，天子太廟，所以崇禮其祖，以配上帝者也。雖有五名，而主以明堂。其正中焉，皆曰太廟。謹承天隨時之令，昭令德宗祀之禮，明前功百辟之勞，起尊老敬長之義，①顯教幼誨稚之學。朝諸侯選造士於其中，以明制度。生者乘其能而至，死者論其功而祭。故爲大教之宫，而四學具焉，官司備焉。故言明堂，事之大，義之深也。取其宗祀之清貌，則曰清廟；取其正室之貌，則曰太廟；取其尊崇，則曰太室；取其堂，則曰明堂；取其四門之學，則曰太學；取其四面周水圓如璧，則曰辟雍。異名而同事，其實一也。《春秋》因魯取宋之姦賂，則顯之太廟，以明聖王建清廟明堂之義。經曰：'取郜大鼎于宋，納于太廟。'傳曰：'非禮也。君人者，將昭德塞違，故昭令德以示子孫。是以清廟茅屋，昭其儉也。'以周清廟論之，魯太廟皆明堂也。魯禘祀周公於太廟明堂，猶周宗祀文王於清廟明堂也。《禮記·檀弓》曰'王齋禘於清廟明堂'也。《孝經》曰：'宗祀文王於明堂。'《禮記·明堂位》曰：'太廟，天子曰明堂。'又曰：'成王幼弱，周公踐天子位以治天下，朝諸侯於明堂，制禮作樂，頒度量，而天下大服。成王以周公爲有勳勞於天下，命魯公世世禘祀周公於太廟，以天子禮樂，升歌《清廟》，下管《象舞》，所以異魯於天下。'取周清廟之歌，歌於魯太廟，明堂魯之太廟，猶周清廟也，皆所以昭文王、周公之德，以示子孫者也。《禮記·保傅篇》曰：'帝入東學，上親而貴仁；入西學，上賢而貴德；入南學，上齒而貴信；入北學，上貴而尊爵；入太學，承師而問道。'魏文侯《孝經傳》曰：'太學者，中學明堂之位也。'《禮記·昭穆篇》曰：'太學，明堂之東序也，皆在明堂辟雍之内。'《月令記》曰：'明堂者，所以明天氣，統萬物。明堂上通於天，象日辰，故下十二宫象日辰也。水環四周，言王者動

① "尊老敬長"原作"尊長敬老"，今據《續漢書·祭祀志》中劉昭注引蔡邕《明堂論》及楚本乙正。——王文锦校注。

作法天地，廣德及四海，方此水也，名曰辟雍。'《王制》曰：'天子出征，執有罪，反舍奠於學，以訊馘告。'《樂記》曰：'武王伐殷，薦俘馘於京太室。'京，鎬京也。太室，辟雍之中明堂太室也。卽《王制》所謂'以訊馘告'者也。凡此皆明堂、太室、辟雍、太學事通文合之義也。"又《淮南子·本經訓》高注云："明堂，王者布政之堂。王者月居其房，告朔朝厤，頒宣其令，謂之明堂；其中可以敍昭穆，謂之太廟；其上可以望氛祥，書雲物，謂之靈臺；其外圜以辟雍。"案：盧、穎、蔡、高之説，傅會廟寢大學，概以爲卽明堂，説殊牽合。今攷《盛德記》及《韓詩説》，鄭《駁異義》已糾其非，盧辯《盛德》注亦庰明堂爲文王廟之謬。《南齊書·禮志》王儉議又引《鄭志》，趙商問云："説者謂天子廟制如明堂，是爲明堂卽文廟耶？"鄭荅曰："明堂主祭上帝，以文王配耳，猶如郊天以后稷配也。"與《駁異義》説同。牛弘議引《五經通義》云："靈臺以望氣，明堂以布政，辟廱以養老教學，三者不同。"《靈臺》疏引袁準《正論》云："明堂、宗廟、太學，禮之大物也。事義不同，各有所爲。而世之論者，合以爲一體，取《詩·書》放逸之文，經典相似之語而致之，不復考之人情，驗之道理，失之遠矣。且夫茅茨采椽，至質之物，建日月，乘玉輅，以處其中，象箸玉杯，而食於土簋，非其類也。如《禮記》先儒之言，明堂之制，四面東西八丈，南北六丈。禮，天子七廟，左昭右穆，又有祖宗不在數中。以明堂之制言之，昭穆安在？若又區別，非一體也。夫宗廟鬼神之居，祭天而於人鬼之室，非共處也。夫明堂法天之宫，非鬼神常處，故可以祭天，而以其祖配之。配其父於天位可也，事天而就人鬼，則非義也。是故明堂者，大朝諸侯講禮之處；宗廟，享鬼神歲覲之宫；辟廱，大射養孤之處；太學，衆學之居；靈臺，望氣之觀；清廟，訓儉之室：各有所爲，非一體也。古有王居明堂之禮，月令則其事也。天子居其中，學士處其内，君臣同處，死生參並，非其義也。明堂以祭鬼神，故亦謂之廟。明堂太廟者，明堂之内太室，非宗廟之太廟也。穎氏云：'公既視朔，遂登觀臺。以其言"遂"，故謂之同處。'夫遂者，遂事之名，不必同處也。馬融云：'明堂在南郊，就陽位。'而宗廟在國外，非孝子之情也。古文稱明堂陰陽者，所以法天道，順時政，非宗廟之謂也。融云：'告朔行政，謂之明堂。'夫告朔行政，上下同也，未聞諸侯有明堂之稱也。順時行政，有國皆然，未聞諸侯有居明堂者也。齊宣王問孟子：'人皆謂我毀明堂，毀諸，已乎？'孟子曰：'夫明堂者，王者之堂也。王欲行王政，則勿毀之矣。'夫宗廟之設，非獨王者也。若明堂卽宗廟，不得曰'夫明堂，王者之宗廟也'。且説諸侯而教毀宗廟，爲人君而疑於可毀與否，雖復淺丈夫，未有是也。孟子，古之賢大夫，而皆子思弟子，去聖不遠，此其一證也。《尸子》曰：'昔武庄崩，成王少，周公踐東宮，祀明堂，假爲天子。'明堂在左，故謂之東宮。王者而後有明堂，故曰'祀明堂，假爲天子'。此又其證也。"賈思伯議亦駁蔡説云："《周禮》營國左祖右社，明堂在國之陽，則非天子太廟明矣。然則《禮記・月令》四堂及太室皆謂之廟者，當以天子暫配享五帝故耳。又《王制》云'周人養國老於東膠'，鄭注云：'東膠卽辟雍，在王宫之東。'又《詩・大雅》云：'邕邕在宫，肅肅在廟。'鄭注云：'宫卽辟雍宫也，所以助王養老則尚和，助祭則尚敬。'又不在明堂之驗矣。"案：袁、賈二家所論，足正諸説之謬。惟《尸子》説周公踐東宫，似非明堂，袁合爲一，則非也。明堂古制，外環以水，或通稱辟雍。徐養原云："凡水形如璧，卽曰辟雍。明堂自有辟雍，何必大學。"其説是也。然則明堂之辟雍，與大學辟雍絶異。若路寢、宗廟，則皆在王宫之中，與明堂地遠不相涉，其形制固亦絶不同也。凡宗廟、路寢、大學與明堂不同之説，互詳《宫人》、《大史》、《大司樂》疏。

室中度以几，堂上度以筵，宫中度以尋，野度以步，涂度以軌。周文者，各因物宜爲之數。室中，舉謂四壁之内。

【疏】"室中度以几"者，此汎論諸度之法也。几度，詳《司几筵》疏。戴震云："馬融以爲几長三尺，六之而合二筵歟？"

注云："周文者，各因物宜爲之數"者，賈疏云："對殷已上質，夏度以步，殷度以尋，無異稱也。因物宜者，謂室中坐時凴几；堂上行禮用筵；宫中合院之内無几無筵，故用手之尋也；在野論里數皆以步，故用步；涂有三道，車從中央，故用車之軌：是因物所宜也。"云"室中，舉謂四壁之内"者，謂堂後室四壁之内也。賈疏云："對宫中是合院之内。依《爾雅》、宫猶室、室猶宫者，是散文宫室通也。"詒讓案：《明堂位孔》疏引《尚書大傳》説路寢制，堂室並度以雉，則與明堂異，此經又不具也。詳《宫人》疏。

廟門容大扃七个，大扃，牛鼎之扃，長三尺。每扃爲一个，七个二丈一尺。

【疏】"廟門容大扃七个"者，以下並記廟寢諸門廣狹之制。廟門者，謂宗廟南向之大門也。都宫之門當亦同。廟在應門内之左，而門度則小於應門。依前注周明堂之門廣三筵，二丈七尺，則廟門減於明堂門六尺也。《説文·鼎部》引《周禮》扃作"鼏"，个作"箇"。段玉裁云："《説文·鼎部》：'鼏，以木横貫鼎耳而舉之，從鼎冂聲。'此以郊冂之冂爲聲，讀如扃，古熒切。鼏，鼎蓋也，從鼎冖聲。此以一下垂之冖爲聲，讀如幎，莫狄切。鼏字下引《周禮》'廟門容大鼏七箇'。蓋作鼏作箇者，故書；作扃个者，今書也。今本《説文》有鼏無鼏，而鼏音莫狄切，正誤合二字爲一也。"案：段説分别鼏鼏二字是也。《説文·金部》鉉字注又云："《易》謂之鉉，《禮》謂之鼏。"王引之謂《説文》"禮謂之鼏"，禮上當有"周"字，亦可與鼏字注互證。又案；此經所記門制，並止詳廣度不及高度，他書亦無見文。竊謂古者兵車得入國門，乘車又得入宫門、廟門。依《總敍》兵車建兵六等之數，凡二丈四尺；而《輪人》乘車建蓋，凡一丈四尺。若然，國門之高度當在二丈四尺以上，宫廟門高度當在一丈四尺以上與？

注云"大扃，牛鼎之扃，長三尺"者，賈疏謂約《漢禮器制度》。案：扃，鼏之叚字。《士昏禮》、《公食大夫禮》陳鼎皆設扃鼏，注云："扃，鼎扛，所以舉之者也。"牛鼎者，《聘禮》牢鼎九，實三牲魚腊等，以牛鼎爲首，形制亦最大。《淮南子·詮言訓》云："函牛之鼎沸，而蠅蚋弗敢入。"許注云："函牛，受一牛之鼎也。"《爾雅·釋器》云："鼎，絶大謂之鼐。"牛鼎蓋卽所謂鼐矣。《御覽·珍寶部》引阮諶《三禮圖》云："牛鼎受一斛，天子飾以黄金，錯以白銀，諸侯飾以白金，有鼻目，以銅爲之，三足。"李氏《周易集解》引《九家易》説同。聶崇義云："牛鼎，三足，如牛，每足上以牛首飾之。扃長三尺，漆丹，兩端各三寸。天子以玉飾兩端，諸侯以黄金飾兩端，亦各三寸，丹飾。"案：聶説扃天子以玉飾，卽《易·鼎》上九所謂玉鉉也。諸侯以金飾，卽《鼎》六五所謂金鉉也。云"每扃爲一个，七个二丈一尺"者，以七乘三尺，得二丈一尺也。《特牲饋食禮》注云："个猶枚也。今俗言物數有云若干個者，此讀然。"《方言》云："箇，枚也。"案：个者，介之省，經典通借爲箇字，詳《梓人》疏。

闈門容小扃參个，廟中之門曰闈。小扃，腳鼎之扃，長二尺。參个，六尺。

【疏】"闈門，容小扃參个"者，闈門爲廟中之小門，故其廣又狹於廟門。宫中小寢門及諸側門制亦當同。

注云"廟中之門曰闈"者，《保氏》注云："闈，宫中之巷門。"此冢上廟門，故知其爲廟中小門。《襍記》記奔喪云："夫人至入自闈門。"《士冠禮》云："降自西階，適東壁，北面見于母。"注云："適東壁者，出闈門也。時母在闈門之外，婦人入廟由闈門。"焦循云："兩廟之閒有巷，婦人入廟，由巷入闈門也。不然，太祖廟之闈門外卽昭穆廟，立於闈門外，豈立於昭穆廟乎？"案：焦說是也。蓋闈爲小門之通稱，廟側小門旁出，外通於巷，故亦謂之巷門。廟中闈門方位所在，無文。《襍記》孔疏云："闈門謂東邊之門。"案：孔說蓋據《冠禮》爲說。焦循據《士虞禮》注云"闈門，如今東西掖門"，謂朝廟東西壁有二闈門。金鶚則謂東西北當有三闈門，各居當方之中。今攷《士冠禮》冠者自西階適東壁而出闈門者，以母適在東壁闈門之外，無由決西壁之必無闈門也。孔說與鄭《士虞》注義不合，殆未足馮。竊疑廟外都宫之周垣，當有東西北三闈門。其内前廟後寢，由寢達廟及昭穆二廟夾垣，並當有闈門，寢門出廟北，東西門在廟兩旁，則金說是也。凡天子七廟，諸侯五廟，皆有闈。《左》閔二年傳云："共仲使卜齮賊公于武闈。"武闈疑卽魯武公廟之側門，猶襄十一年傳云"盟諸僖閎"，杜注以爲僖公廟門。闈閎通稱，皆側門也。互詳《保氏》疏。云"小扃，腳鼎之扃，長二尺"者，賈疏云："亦《漢禮器制度》知之。腳鼎亦牛鼎，但上牛鼎扃長三尺，據正鼎而言；此言腳鼎，據陪鼎三腳臐膮而說也。"詒讓案：《聘禮》云："陪鼎腳臐膮，蓋陪牛羊豕。"鄭《公食大夫禮》注云："腳臐膮，今時腌也。牛曰腳，羊曰臐，豕日膮。"蓋牢鼎九，以牛鼎爲首；陪鼎三，以腳鼎爲首。此小扃爲腳鼎之扃，卽謂陪鼎之扃也。聶崇義云："羊鼎之扃長二尺五寸，豕鼎之扃長二尺。"依聶說，則豕鼎扃與腳鼎同。云"參个六尺"者，以三乘二尺，得六尺也。經文例，凡命分字用"參",紀數字用"三"。此"參个"爲紀數,而作參,下應門同,並與例不合;下章注作"三个",亦與此注不同。疑經注並當作"三",今本乃傳寫之誤。

路門不容乘車之五个,路門者,大寢之門。乘車廣六尺六寸,五个三丈三尺。言不容者,是兩門乃容之。兩門乃容之,則此門半之,丈六尺五寸。

【疏】"路門不容乘車之五个"者,焦循云:"乘車廣六尺六寸,五个得三丈三尺。云不容者,視三丈三尺爲狹也。"金鶚云:"記謂不容乘車之五个,則是四个有餘、五个不足之文。若是兩門乃容,當云容乘車五个之半矣。竊意路門廣三丈,蓋四个爲二丈六尺四寸,五个爲三丈三尺,折其一个之中,又足成整數而爲三丈,故曰不容乘車之五个也。天子路寢堂廣二十四丈,若門止一丈六尺五寸,殊爲不稱,可知其必有三丈也。"案:焦、金二説略同,並較鄭爲長。

注云"路門者,大寢之門"者,路寢之大門也。《大僕》云"建路鼓于大寢之門外",注云:"大寢,路寢也。"是大寢卽路寢,故門亦卽名路門。天子五門,自外而入,路門爲第五,詳《閽人》疏。云"乘車廣六尺六寸"者,據《輿人》車廣與輪崇同。云"五个,三丈三尺"者,以五乘六尺六寸,得三丈三尺也。云"言不容者,是兩門乃容之"者,鄭意前經並言一門所容之度,此獨言不容,其度未明,故定爲兩門乃容之,明一門不得容也。云"兩門乃容之,則此門半之,丈六尺五寸"者,半三丈三尺,得丈六尺五寸也。焦循云:"廟門容大扃七个,得二丈一尺;應門容二徹參个,得二丈四尺。路門爲人君視朝之地,宜廣于諸門,不應小至一丈六尺,視應門止三之二也。"

應門二徹參个。正門謂之應門,謂朝門也。二徹之内八尺,三个二丈四尺。

【疏】"應門二徹參个"者,江永云:"此諸門之廣,皆并兩扉言之也。"賈《聘禮》疏云:"直舉應門,則皋、庫、雉亦同。"

注云"正門謂之應門,謂朝門也"者,據《爾雅·釋宫》文。洪頤煊云:"天子諸侯皆以路門外之治朝爲正朝,天子正朝之前有應門,故《爾雅》曰

‘正門謂之應門’。”云“二徹之内八尺”者，徹卽軌也。軌廣八尺，故二徹之閒八尺。云“三个二丈四尺”者，以三乘八尺，得二丈四尺也。

内有九室，九嬪居之；外有九室，九卿朝焉。内，路寢之裏也。外，路門之表也。九室，如今朝堂諸曹治事處。九嬪掌婦學之法以教九御。六卿三孤爲九卿。

【疏】“外有九室，九卿朝焉”者，戴震云：“外九室，蓋九卿省其政事處也。《玉藻》曰：‘朝，辨色始入，君日出而視之，退適路寢聽政。’視朝在路門外庭，凡有職於朝者咸至也。聽政在路寢，君退於路寢，以待朝者各就其官府治處，有當告者乃入也。《玉藻》又曰：‘使人視大夫，大夫退，然後適小寢，釋服。’大夫退於家，君乃適小寢也。”

注云“内，路寢之裏也”者，王六寢，前路寢一，後燕寢五，並在路門之内。此九室，九嬪所居，則當在后宮，蓋又在王燕寢之後。通而言之，則皆王路寢之裏也。胡培翬云：“《左傳》成十八年，諸侯夫人有内宮之朝，則后正宮之前當亦有朝。故《昏義》云‘后聽内治’。九卿之九室在正朝之左右，則九嬪之九室當亦在后朝之左右也。”案：胡説是也。焦循説略同。洪頤煊云：“九嬪九室，以外朝之法準之，九室亦當左三右六，居后正寢之兩旁。”云“外，路門之表也”者，謂九卿之室在路門之外，路門外卽治朝左右。《昏義》注云：“天子六寢，而六宮在後，六官在前，所以承副，施外内之政也。”九室卽《詩·鄭風·緇衣》所謂館，鄭彼箋云：“卿士所之之館，在天子之宮，如今之諸廬也。”六卿於九室朝其屬吏，而治其職事，故亦通謂之朝。《國語·魯語》云：“自卿以下，合官職於外朝，合家事於内朝。”韋注云：“外朝，君之公朝；内朝，家朝也。”案：彼卿以下内朝、外朝，當如陳祥道、金鶚説，爲卿大夫私家之朝。若韋所云公朝，對卿之寺舍朝家臣之朝爲名，蓋卽指此九室言之，與君之治朝異。亦謂之次，《宮正》“比宮中之官府次舍”，注以次爲諸吏直宿之處是也。蓋九卿入宮治事之次，與宮中諸吏同處。若常時退直及治小事，則各於宮外之寺舍。《詩·緇衣》孔疏引鄭《舜典》注云，“卿士之私朝在國門”，《大司馬》注亦謂“古者軍將蓋爲營治於國門”，軍將卽命卿也，然則九卿之寺舍不在宮中明矣。《通典·賓禮》云：“皋門之内曰外朝，近庫門有三府九寺。應門内曰中朝，中朝東有九卿之室，則九卿理事之處。朝則入而理事，夕則歸於庫門外。"案：社謂九室在應門之東，據《朝士》"外朝左九棘，孤卿大夫位焉"，以推此經義也。然彼爲朝位，此爲治事之室，二者不足相證。又謂夕歸於庫門外，則由誤謂九卿寺舍在宫内，不足據也。云"九室如今朝堂諸曹治事處"者，班固《西都賦》云："左右庭中，朝堂百寮之位。"此卽《宫正》注所謂部署諸廬是也。賈疏云："謂正朝之左右爲廬舍者也。"云"九嬪掌婦學之法以教九御"者，賈疏云："《九嬪職》文。按《内宰》，王有六宫，九嬪已下分居之。若然，不得復分居九室矣。此九嬪之九室與九卿九室相對而言之，九卿九室是治事之處，則九嬪九室亦是治事之處，故與六宫不同。是以鄭引《九嬪職》掌婦學之法，則九室是教九御之所也。"云"六卿三孤爲九卿"者，《漢書・百官公卿表》云："大師、大傅、大保，是爲三公。又立三少爲之副，少師、少傅、少保，是爲孤卿，與六卿爲九焉。"鄭注本此，《通典・職官》説同。王引之云："鄭以六卿三孤爲九卿者，用《漢表》説也。蓋當時説經者見《周禮》屢言三公孤卿，則謂孤爲三公之副，而以《大戴禮・保傅篇》之三少當之。不知《周禮》之孤乃六卿之首，而非三公之副，其數一人而已，未嘗有三也，豈得以孤爲三，强合六卿而爲九乎？且經云'外有九室，九卿朝焉'，鄭注曰'九室如今朝堂諸曹治事處'，則九卿乃治事之官，非論道之官矣，豈得雜以論道之三少乎？經又云'九分其國，以爲九分，九卿治之'，則九卿不可闕一。若謂中有三少佐三公論道，則《文王世子》曰'三公不必備，唯其人'，假如三公闕其一，則三少亦闕其一，將所謂'分國爲九，九卿治之'者，亦必闕其一分而無人以治之，所謂九室者亦必闕其一室，而無人以涖之而可乎？若不闕三少而獨闕三公，則三少乃三公之副，未有有副而無正者也。然則九卿之中不得有三少明矣。《説苑・臣術篇》引伊尹對湯問曰：'三公者，知通於大道，應變而不窮，辯於萬物之情，通於天道者也。其言足以調陰陽，正四時，節風雨。如是者舉以爲三公，故三公之事常在於道也。九卿者，不失四時，通於溝渠，修隄防，樹五穀，通於地理者也。能通不能通，能利不能利。如此者，舉以爲九卿，故九卿之事常在於德也。是九卿之事異於三公。若謂中有三少佐三公論道，則與三公之事同在於道，不得謂九卿之事皆在於德矣。此可知古人言九卿者,不以三少備其數也。自新莽誤以《周禮》之孤爲三公之副,而置三公司卿以放效之,且合羲和、作士、秩宗、典樂、共工、予虞爲九卿。孟堅作表,又沿其意而變其名,以少師、少傅、少保爲孤卿,合六卿爲九,於是九卿之名遂以三少厠其閒矣。鄭君注《掌次》及此,皆誤用其説;而注《王制》、《月令》、《昏義》之九卿,則不以爲六卿三孤,高誘注《吕氏春秋·孟春紀》、《淮南·時則篇》之九卿,韋昭注《魯語》之九卿亦然,蓋有所不安於班氏之説,故疑而闕之也。九卿之與六卿,增減異同,書無明證。或九卿皆有官名,如《堯典》之九官;或無官名,如晉之六卿爲三軍之帥,八卿爲四軍之帥,皆未可知。必欲於《周禮》六官之外求官名以實之,則鑿矣。"案:王説是也。《漢表》以九卿爲三少及六卿,此古文説也。《藝文類聚·職官部》引《尚書大傳》、《白虎通義·封公侯篇》並謂天子立司馬、司徒、司空爲三公,每一公以三卿佐之,是爲九卿。《春秋緐露·爵國篇》亦云"三公自參以九卿",此今文説也。二説並與《周官》制不合。竊謂《王制》、《昏義》"九卿",鄭注以爲夏制;《説苑》伊尹所云,則殷制也。唯《國語·魯語》爲周人述當代之法。而《月令》所説,則本《吕氏春秋》。此經作於戰國之際,故與《吕書》正同,疑春秋以後侯國僭侈之法,必非周初官制,則不當以六卿三孤强充其數矣。孤非三少,亦詳《掌次》疏。

九分其國以爲九分,九卿治之。九分其國,分國之職也。三孤三公論道,六卿治六官之屬。

【疏】注云"九分其國,分國之職也"者,其國通晐王國而言,非謂國城中。賈疏云:"鄭恐九分其國分其地域,故云分國之職也。"云"三孤佐三公論道"者,鄭以三少爲三孤,故云佐三公論道。其説亦非也。云"六卿治六官之屬"者,賈疏云:"欲見分職爲九分之意。以其三公三孤無正職,天地四時正職,六卿治之;其餘非正職者,分爲三分,三公治之,三孤則佐三公者也。但三公中參六官之事,外與六鄉之教,《書傳》又云司徒公、司馬公、司空公,則三公六卿亦有職。此亦攘夏而言,周則未見分爲九分也。"案:此經皆據時制,必非夏法,鄭亦無比意,賈説不足據。

王宫門阿之制五雉,宫隅之制七雉,城隅之制九雉。阿,棟也。宫隅、城隅,謂角浮思也。雉長三丈,高一丈。度高以高,度廣以廣。

【疏】"王宫門阿之制五雉"者,此記王以下宫城門牆之崇度也。五雉者,高五丈,卽六仞有二尺也。賈疏云:"爲門之屋,兩下爲之,其脊高五丈。"案:賈說是也。門屋,自天子以下皆爲兩下,故《燕禮》云:"賓所執脯,以賜鍾人于門内霤。"蓋中高爲阿,而内外各兩下爲霤,是其制也。兩下卽夏屋之制,故《檀弓》注云:"夏屋,今之門廡也。"《通典·吉禮》引《韓詩傳》云:"殷,商屋而夏門;周,夏屋而商門。"則以周門屋爲商四阿之制,殆非也。此門阿,依後注卽臺門之阿,則是天子諸門之通制。鄭《閽人》、《朝士》注謂天子雉門設兩觀。今以《明堂位》攷之,似當在應門,兩觀當高於臺門二雉,則宜高七雉,與宫隅同。《禮書》引《尚書大傳》說,天子堂廣九雉,三分其廣,以其二爲内,五分共内,以其一爲高,則堂高一雉,長又五分雉長之一,卽三丈六尺也。彼蓋據路寢檐宇距地言之。門堂之制既準正堂,而門基又與地平,則檐宇之高必不得踰於堂,然則門阿蓋高於門堂約二丈,門闕又高於門阿二丈,其降殺亦略相應也。阮元云:"雉與紖同音,雉有度量之義,雉紖皆用長繩平引度物之名。《封人》'置其紖',司農注:'紖,著牛鼻繩,所以牽牛者。今時謂之雉,與古者同名。'"案;阮說是也。紖,《說文·糸部》作絼。《爾雅·釋詁》云:"雉、引,陳也。"雉與引義蓋亦相近,但度數不同耳。云"宫隅之制七雉"者,賈疏云:"七雉亦謂高七丈。不言宫牆,宫牆亦高五丈也。"詒讓案:七雉卽八仞有六尺也。云"城隅之制九雉"者,賈疏云:"九雉亦謂高九丈。不言城身,城身宜七丈。"案:賈本《五經異義》說,詳後疏。九雉卽十一仞有二尺也。

注云"阿,棟也"者,《士昏禮》"賓升西階當阿",注同。《鄉射記》注云:"是制五架之屋也。正中曰棟,次曰楣,前曰庪。"胡承珙云:"鄭以棟訓阿者,非謂棟有阿名,謂屋之中脊其當棟處名阿耳。阿之訓義爲曲。《毛詩·考槃》傳云:'曲陵曰阿。'《大雅》'有卷者阿',傳云:'卷,曲也。'《一切經音義》引《韓詩傳》:'曲京曰阿。'《說文》:'阿,一曰曲自也。'其在宫室,則凡屋之中脊,其上穹然而起,其下必卷然而曲。其曲處卽謂之阿。棟隨中脊之勢，亦必有穹然卷然之形，故《易》於棟言隆，《禮》即以棟爲阿。屋有四注、兩下，必皆於中脊分之。《考工記》於四注者曰四阿，於兩下者曰門阿，然則阿爲中脊卷曲之處明矣。中脊者棟之所承，故鄭以當阿爲當棟耳。"案：胡謂屋之中脊當棟處名阿是也。蓋阿卽所謂極。凡屋之中脊最高處謂之極，上覆以瓦謂之甍，下承以木謂之棟，二者上下相當，故鄭《禮注》訓阿爲棟，當阿爲當棟。而《說文・木部》云："棟，極也。"《瓦部》云："甍，屋棟也。"《釋名・釋宮室》云："屋脊曰甍。棟，中也，居屋之中也。"明其義互通。凡門屋雖兩下，而亦爲上棟下宇，故鄭卽以棟言之。實則棟木承甍，究不足以盡極之高，經著門屋高度，自當據門脊之盡處計之，鄭偶未析別耳。至稱極爲阿，義蓋取於高而下也。《爾雅・釋山》云："大陵曰阿。"又《釋丘》云："偏高阿丘。"蓋極爲屋之最高者，猶大陵高於大陸大阜也。極自一面視之，則有偏高之形，猶阿丘之爲偏高也。又案：《莊子・外物篇》"闔阿門"，阿門亦卽謂門臺之有阿者。彼《釋文》引司馬彪云："阿，屋曲檐也。"屋曲檐卽所謂反宇，與阿棟上下縣殊，非正義也。云"宮隅、城隅，謂角浮思也"者，《釋文》云："浮思本或作罘罳。"案：《明堂位》"疏屏"，注云："屏謂之樹，今浮思也。刻之爲雲氣蟲獸，如今闕上爲之矣。"《釋名・釋宮室》云："罘罳在門外。罘，復也。罳，思也。臣將入請事，於此復重思之也。"《廣雅・釋宮》云："罘罳謂之屏。"《古文苑》宋玉《大言賦》云："大笑至兮摧覆思。"《漢書・文帝紀》："七年，未央宮東闕罘思災。"顏注云："罘思，謂連闕曲閣也，以覆重刻垣墉之處，其形罘思然，一曰屏也。"《古今注》云："罘思，屏之遺象也。漢西京罘思合版爲之，亦築土爲之，每門闕殿舍前皆有焉。于今郡國廳前亦樹之。"案：浮思、罘思、覆思，並聲近字通。角，與《宮伯》注"四角四中"義同。《說文・自部》云："隅，陬也。"《廣雅・釋言》云："隅、陬，角也。"故鄭以宮隅城隅爲角罘思。焦循云："宮隅、城隅，隅卽西南隅曰奧之隅。鄭注'角浮思'，角卽四隅之謂浮思者。《廣雅》、《釋名》、《古今注》皆訓爲門外之屏。角浮思者，城之四角爲屏以障城，高於城二丈。蓋城角隱僻，恐奸宄踰越，故加高耳。《詩・邶風・靜女篇》云'俟我與城隅'，傳云：'城隅，以言高而不可踰。'箋云：'自防如城隅。'皆明白可證。"案：焦說是也。《漢書・

五行志》説未央宫東闕罘罳云："劉向以爲東闕所以朝諸侯之門也。罘罳在其外，諸侯之象也。"據此，則罘罳本爲門屏，屏在門外，築土爲高臺，又樹版爲户牖而覆以屋，其制若樓觀而小，故《漢書》顔注以爲連闕曲閣，賈疏及《明堂位》孔疏又並以爲小樓是也。城隅築土合版，高出雉堞之上，與門屏相類，是謂之角浮思。漢時宫城之制蓋尚有此，故鄭據爲釋也。凡古宫城四隅皆闕然而高，故《韓詩外傳》云"宫成則必缺隅"。宫隅城隅皆在四角，與城臺門闕居四中者異。《墨子·備城門篇》云："城四面四隅，皆爲高磿樕。"又《非攻下篇》："天命融隆火于夏之城閒西北之隅。"是城隅必在四角之證也。又案：天子諸侯宫門有臺，又有闕，闕卽觀也，城門亦然，故城臺亦謂之城闕。《詩·鄭風·子衿》云："在城闕兮。"又《出其東門》云"出其闉闍"，毛傳云："闍，城臺也。"《新序·襍事五》云"天子居闉闕之中"，闉闕卽闉闍也。城臺之高度，此經無文。以意求之，蓋當與城隅同度。經著城隅之度而不及城臺者，互文以見義。《毛詩傳》謂"城隅以言高而不可踰"，明城以隅爲最高，則城闕之高不得過於隅明矣。云"雉長三丈，高一丈，度高以高，度廣以廣"者，據《周禮》舊説及《今文尚書》、《春秋左氏》説也。《左傳》隱元年孔疏謂賈逵、馬融、王肅説並同。賈疏云："凡版廣二尺。《公羊》云：'五版爲堵，高一丈，五堵爲雉。'《書傳》云：'雉長三丈，度高以高，度長以長，廣則長也。言高一雉則一丈，言長一雉則三丈。'引之者，證經五雉、七雉、九雉，雉皆爲丈之義。"詒讓案：《左》隱元年傳："鄭祭仲曰：都城過百雉，國之害也。"杜注云："方丈曰堵，三堵曰雉。一雉之牆，長三丈，高一丈。侯伯之城，方五里，徑三百雉，故其大都不得過百雉。"杜説用鄭義。蓋堵雉之根數生於版，鄭説版廣二尺，長一丈，積五版之廣以爲堵之高，則方一丈；積三堵之廣以爲雉之廣，則三丈。雉之廣三堵，卽三版之廣，雉之高一堵，亦卽五版之積也。而《公羊》定十二年傳云："雉者何？五版而堵，五堵而雉。"何注云："八尺曰版，堵凡四十尺，雉二百尺。"《詩·小雅·鴻雁》毛傳云："一丈爲版，五版爲堵。"鄭箋引《公羊傳》而釋之云："雉長三丈，則版六尺。"《檀弓》注亦云："版蓋廣二尺，長六尺。"《大戴禮記·王言篇》又云："百步而堵。"此説版堵度並異。《左傳》孔疏引《五經異義》云："《戴禮》及《韓詩》

説，八尺爲版，五版爲堵，五堵爲雉，版廣二尺，積高五版爲一丈，五堵爲雉，雉長四丈。古《周禮》及《左氏》説，一丈爲版，版廣二尺，五版爲堵，一堵之牆長丈，高丈，三堵爲雉，一雉之牆長三丈，高一丈，以度其長者用其長，以度其高者用其高也。"又《詩·鴻雁》孔疏引鄭《駁異義》云："《左氏傳》説，鄭莊公弟段居京城，祭仲曰：'都城過百雉，國之害也。先王之制，大都不過三國之一，中五之一，小九之一，今京不度，非制也。'古之雉制，書傳各不得其詳。今以《左氏》説，鄭伯之城方五里，積千五百步也。大都三國之一，則五百步也。五百步爲百雉，則知雉五步。五步於度長三丈，則雉長三丈也，雉之廣量於是定可知矣。"又引王愆期注《公羊》云："諸儒皆以爲雉長三丈，堵長一丈。疑'五'誤，當爲'三'。"焦循云："《詩傳》云：'一丈爲版，五版爲堵。'《正義》云：'五版爲堵，累五版也，版廣二尺。'然則毛公説版以長言，説堵以高言，與《周禮》、《左氏》説同。箋引《公羊傳》云'五堵爲雉'，與三堵爲雉之説不同。鄭云則版六尺者，蓋雉爲高一丈、廣三丈之定名，今曰五堵，則由一雉而五之，每堵得高一丈，廣六尺；又由一堵而五之，每版得高二尺，廣六尺。毛以一丈爲版，則三堵爲雉。鄭以六尺爲版，則五堵爲雉。説版有不同，而雉之數則一也。《左傳疏》引《戴禮》及《韓詩》説云：'八尺爲版，五版爲堵，版廣二尺，積高五版爲一丈。'此但版長八尺爲異，五版爲堵，仍累二尺而五，與毛鄭同也。何休則以累八尺者五之，故以堵爲四丈，又累四丈者五之而爲雉，故雉長二十丈，百雉長二千丈，得十一里三分里之二，制且大於王城，非《公羊傳》義。"案：焦説是也。

經涂九軌，環涂七軌，野涂五軌。廣狹之差也。故書環或作轘，杜子春云："當爲環。環涂，謂環城之道。"

【疏】"經涂九軌，環涂七軌"者，"經涂"已見前，此復出之者，以環涂野涂皆依此迭減，明根數也。七軌者，積五十六尺，則環涂九步二尺也。賈琉云："不言緯者，以與經同也。"云"野涂五軌"者，賈疏云："國外謂之野，通至二百里内。以其下有都之涂三軌，言都，則三百里大夫家涂亦三軌也，故知此野通二百里内也。"案：依賈説，則此野涂專屬郊甸以内田野閒通行之道，與《遂人》田閒五涂異。其稍以外公邑、家邑之野涂，並當與都野涂同度也。此野涂五軌，積四十尺，則六步四尺也。

注云"廣狹之差也"者，環涂環九經九緯之外，故狹於經涂、緯涂。野涂在國門之外，故又狹於環涂，皆以二軌迭減也。云"故書環或作轘，杜子春云當爲環"者，徐養原云："環轘同聲相借，軌爲轍跡。以轘爲環，所謂字從類也。阪名轘轅，蓋亦此意。"段玉裁云："以其義正其字也。"云"環涂謂環城之道"者，《國語・齊語》韋注云："環，繞也。"謂繞城下之道，與經緯二涂相湊者。《墨子・備城門篇》云："城下州道内，百步一積藉。"州與周通，州道卽此環涂也。賈疏云："謂遶城道如環然，故謂之環也。"

門阿之制以爲都城之制。都，四百里外距五百里，王子弟所封。其城隅高五丈，宫隅門阿皆三丈。

【疏】"門阿之制以爲都城之制"者，記内諸侯之城制也。城卽城隅，不言隅者，冡上文省。隱元年《左傳》，鄭祭仲曰："先王之制，大都不過參國之一，中五之一，小九之一。"孔疏云；"以王城方九里，依此數計之，則王城長五百四十雉；其大都方三里，長一百八十雉；中都方一里又二百四十步，長一百六十八雉也；小都方一里，長六十雉也。公城方七里；長四百二十雉；其大都方二里又一百步，長一百四十雉也；中都方一里又一百二十步，長八十四雉也；小都方二百三十三步二尺，長四十六雉又二丈也。侯伯城方五里，長三百雉；其大都方一里又二百步，長百雉也；中都比王之小都；其小都方一百六十六步四尺，長三十三雉又一丈也。子男城比王之大都；其大都比侯伯之中都，其中都方一百八十步，長三十六雉也；小都方百步，長二十雉也。"詒讓案：依《左傳》説，都有大中小，方長里步各異，其城高度則一，故此經直云都城，不分大中小也。

注云"都，四百里外距五百里"者，《縣士》注云"四百里以外至五百里曰都"是也。云"王子弟所封"者，卽《載師》云"以大都之田任畺地"是也。大都爲王子弟所封，詳《大宰》、《載師》疏。賈疏云："鄭云'都，四百里外距五百里，王子弟所封'者，則惟據大都而言，不通小都卿之采地。以《司裘》'諸侯共熊侯、豹侯，卿大夫共麋侯’，則卿不入諸侯中。此云都按諸侯而言，故不及小都也。大都，諸侯兼三公，直云‘王子弟’，其言略，兼有三公可知。”案：此都當亦兼卿采邑之小都言之，蓋小都惟里數減於大都，其城之高度則同也。鄭、賈説未晐。云“其城隅高五丈”者，賈疏云：“以上文王門阿五雉，今云‘門阿之制爲都城制’，城制五雉，若據城身，則與下諸侯同，故知此城制據城隅也。”案：賈説此城身高三丈，據《五經異義》説，侯伯城制約與彼同也，詳後疏。云“宫隅門阿皆三丈”者，明宫隅門阿降於城二丈也。王宫門阿降於宫隅二丈，此與宫隅同者，以三丈不可再減，亦禮窮則同也。賈疏云：“以下文畿外諸侯尊得申，爲臺門高五丈；此畿内屈，故宫隅門阿皆三丈也。”

宫隅之制以爲諸侯之城制。諸侯，畿以外也。其城隅制高七丈，宫隅門阿皆五丈。《禮器》曰：“天子諸侯臺門。”

【疏】“宫隅之制以爲諸侯之城制”者，記外諸侯之城制，亦謂城隅也。

注云“諸侯，畿以外也”者，别於上王子弟所封都爲畿内侯國也。云“其城隅制高七丈”者，據王宫隅之制七雉，諸侯城制與之同，則七丈也。云“宫隅門阿皆五丈”者，亦降於城二丈也。賈疏云：“按《異義》古《周禮》説云：‘天子城高七雉，隅高九雉；公之城高五雉，隅高七雉；侯伯之城高三雉，隅高五雉。都城之高皆如子男之城高。’隱元年服注云：‘與古《周禮》説同。’其天子及公城與此《匠人》同，其侯伯以下與此《匠人》説異者，此《匠人》云‘門阿之制以爲都城之制’，高五雉亦謂城隅也。其城高三雉，與侯伯等，如是子男豈不如都乎？明子男城亦與伯等，是以《周禮》説不云子男及都城之高，直云‘都城之高皆如子男之城高’。有此《匠人》相參，以知子男皆爲本耳，亦互相曉明子男之城不止高一丈隅二丈而已。如是王宫隅之制以爲諸侯城制者，惟謂上公耳。以此計之，王城隅高九雉，城高七雉；上公之城隅高七雉，城高五雉；侯伯以下城隅高五雉，城高三雉。天子門阿五雉，則宫亦五雉，其隅七雉。上公之制，鄭云‘宫隅門阿皆五雉’，則其宫高亦五雉。都之制，鄭云‘宫隅門阿皆三雉’，則其宫高亦三雉。何者？天子門阿與宫等，明知其餘皆等。惟伯子男宫與都等,其門阿蓋高於宫,當如天子五雉。何者?《禮器》云:'天子諸侯臺門,大夫不臺門。'以此觀之,天子及五等諸侯其門阿皆五雉可知。① 都城據大都而言,其小都及家之城,都當約中五之一,家當小九之一,爲差降之數未聞也。"詒讓案:諦繹鄭意,似以諸侯城制五等皆同。《異義》引古《周禮》説,分諸侯之城爲二等,非鄭義也。又案:天子諸侯門阿亦宜有降殺,而鄭謂諸侯宫隅門阿同五雉者,審校注義,蓋專説諸侯中門之制,猶上經門阿亦專説天子應門之制也。天子中門設兩觀,故門阿必低於觀,諸侯中門跨門爲一觀,則門阿卽觀之阿,故高得與宫隅等,此正足證鄭意,亦謂觀高與隅同度也。若中門以外,餘門皆不設觀,則其門阿固當低於宫隅,此其形制甚易明,鄭必不掍同之矣。互詳前疏。又諸侯小都以下城高,賈云未聞。《左傳》隱元年孔疏謂"三丈以下不復成城,諸侯都城蓋亦高三丈",則似無差降,理或然也。引《禮器》曰"天子諸侯臺門"者,賈疏云:"欲見諸侯門阿得與天子同之意也。"

環涂以爲諸侯經涂,野涂以爲都經涂。經,亦謂城中道。諸侯環涂五軌,其野涂及都環涂野涂皆三軌。

【疏】"環涂以爲諸侯經涂"者,此記畿内外侯國道涂之制也。諸侯經涂七軌,賈疏云:"諸侯直云經涂,不言緯涂,緯涂亦與天子環涂同可知。"云"野涂以爲都經涂"者,王國家邑大小都經涂五軌也。

注云"經亦謂城中道"者,據上文云"國中九經九緯"。云"諸侯環涂五軌,其野涂及都環涂野涂皆三軌"者,賈疏云:"以經涂七軌以下差降爲之,故知義然也。又知都環涂野涂皆三軌者,此涂皆男子由右,女由左,車從中央,三者各一軌,則都之野涂不得降爲一軌,是以《遂人》注云'路容三軌'。都之野涂與環涂同,以其野涂不得下於田閒川上之路故也。"案:依賈説,凡涂制以三軌爲極限,不得復減。若然,諸侯國之都經涂環涂野涂當同三軌,更無降殺,亦禮窮則同也。

---

① 原脱"天子",據《周禮注疏》補。——王文錦校注。

匠人爲溝洫，主通利田閒之水道。

【疏】“匠人爲溝洫”者，記都鄙采地治井閒溝洫之制也。與《遂人》鄉遂之溝洫制異。對文五溝各有其名，散文則通謂之溝洫。

注云“主通利田閒之水道”者，《小司徒》注云“溝洫爲除水害”，《遂人》注云“遂溝洫澮皆所以通水於川也”是也。通利，謂去其雝閼，使不湛溢。賈疏云：“古者人耕皆畎上種穀，畎遂溝洫之閒通水，故知通利田閒水道。”

耜廣五寸，二耜爲耦；一耦之伐，廣尺，深尺，謂之甽；田首倍之，廣二尺，深二尺，謂之遂。古者耜一金，兩人併發之。其壟中曰甽，甽上曰伐。伐之言發也。甽，畎也。今之耜，岐頭兩金，象古之耦也。田，一夫之所佃百畝，方百步地。遂者，夫閒小溝，遂上亦有徑。

【疏】“耜廣五寸”者，治溝洫必用耜，因叚以起度也。詳《車人》疏。云“二耜爲耦，一耦之伐，廣尺深尺，謂之甽”者，以下並記井田五溝形體之法。井田溝洫之度，起數於壟中之甽。甽字當爲畖，《說文·く部》云：“く，水小流也。《周禮》：‘匠人爲溝洫，耜廣五寸，二耜爲耦，一耦之伐，廣尺深尺，謂之く，倍く謂之遂，倍遂曰溝，倍溝曰洫，倍洫曰巜。’重文畖，古文く从田从川。畎，篆文く，从田犬聲。六畎爲一晦。”並據此經爲義。程瑶田云；“溝洫廣深之度起於甽。匠人之甽，此人力所爲，在田閒者。然田閒之甽，又分爲兩事。一爲百畝行列之甽，因以爲田閒水道之始。一夫百畝，中容萬步。《司馬法》‘六尺爲步，步百爲畝’。然則畝廣六尺，長六百尺，《詩》所謂‘禾易長畝’是也。百畝則百甽矣。《信南山》之詩‘我疆我理，南東其畝’，畫其經界之謂疆，分其地理之謂理，是故疆之以成井，所以别夫也；理之以成畝，所以爲甽也。畝有東南，故甽有縱横，順其地理以分之而已矣。一爲播種行列之甽，《漢書·食貨志》：‘趙過能爲代田，一畝三甽，歲代處，故曰代田，古法也。后稷始爲甽田，以二耜爲耦，廣尺深尺爲甽，長終畝。一夫三百甽，而播種於甽中。苗生葉以上，稍耨壠草，因隤其土以附根苗。苗稍壯，每耨輒附根，比盛暑，壠盡而根深，能風與旱。’夫畝廣六尺，甽廣尺，畝三甽三尺也。餘三尺與甽相閒，分高下，所謂壠也。以長畝平百行，是爲一夫百畝，廣六百尺，其始也畝一壠,蓋百畝百壠。今更爲甽以播種,一夫三百甽,亦三百壠,耨壠草,隤其土於甽以附根,則甽浸高,壠浸下,屢隤屢附,壠與甽平,故曰壠盡而根深也。代田者,更易播種之名。甽播則壠休,歲歲易之,以甽處壠,以壠處甽,故曰歲代處也。與《周禮》一易之田意蓋略同。是故代田之爲甽也,畝三之;以甽度畝,則畝六甽。《説文》云'六畎爲一畝',猶云六尺爲一畝也。"案:程説是也。凡甽包在畝廣六尺之中,每畝三甽三壟,壟以種禾,賈所謂"甽上種穀"是也。甽以通水,其在畔者,因以爲畝之分畍,程所謂"百畝則百甽"是也。《漢志》代田之法,亦一畝三甽,而於甽中播種,隤土附根,則甽壟相平,不可辨識。此自是趙過之別法,與古田制不甚合。許亦就甽壟相平言之,故畝有六甽,蓋卽兼三壟數之也。又《吕氏春秋·任地篇》云:"六尺之耜,所以成畝也;其博八寸,所以成甽也。"高注云:"耜六尺,其刃廣八寸。古者以耜耕,廣六尺爲畝,三尺爲甽。"彼云耜六尺者,指耒木言之,與《車人》文正同;而謂耜廣八寸,以言一金之耜,則侈於此三寸,而以八寸成甽,則又朒於此二寸,蓋秦法貴小甽也。但此經甽廣一尺,合兩耜乃能成之,而彼謂一耜成甽,於文例終不能合,不必强爲牽傅。高誘謂甽三尺,則似據一畮三甽除壟言之,與《吕覽》本文亦不相應也。云"田首倍之,廣二尺,深二尺,謂之遂"者,倍甽之廣深以爲遂也。遂,《釋文》作"隧",云"本又作遂"。阮元云;"隧俗字,遂正字。"程瑶田云:"甽在一夫百畝中,物其土宜而爲之,南畝甽横,順其畝之首尾,以行水入於遂,故遂在田首。井田,夫三爲屋,三夫田首同枕一遂,遂在屋閒,非夫閒也。謂之屋者,三夫相連綿如屋然,但疆之以别夫而已,不若《遂人》夫爲一遂以受甽水,此所以别夫閒而言田首也。"

注云"古者耜一金"者,賈疏云:"對後代耜岐頭二金者。"詒讓案:金卽耒耑鐵刃,著於庛者也。《莊子·天下篇·釋文》引《三蒼》云:"耜,耒頭鐵也。"《月令》注云:"耜者,耒之金也,廣五寸,"然則廣五寸者,謂刃也。其庛木無五寸。云"兩人併發之"者,《里宰》所謂"合耦"也。賈疏云:"二人各執一耜,若長沮、桀溺耦而耕,此二人雖共發一尺之地,未必並發。"案:賈説是也。耦耕,但二人同耕,不必同發徑尺之地。此經一耦之伐,則依同發計之,欲見甽廣深一尺,爲五溝起數耳。云"其壟中曰甽"者,《莊子·讓王·釋文》引司馬彪云："壟上曰畝，壟中曰甽。"程瑶田云："壟，陂阪之名，平地中之高者也。有𤰝然後有壠，有壠斯有畝，故曰'壠上曰畝'；兩壠之中則𤰝，故曰'壠中曰𤰝'也。《吕氏春秋·任地》曰：'上地棄畝，下地棄𤰝。'又《辯土》曰：'大𤰝小畝，地竊之也。'又曰：'畝欲廣以平，𤰝欲小以深。'皆言壠中之𤰝。"云"𤰝上曰伐"者，段玉裁校改"上"爲"土"是也。《説文·土部》云："坺，治也，一臿土謂之坺。"《耒部》云："耕廣五寸爲伐，二伐爲耦。"段氏云："此與'一耦之伐廣尺深尺謂之甽'稍不同。鄭云'甽土曰伐'，伐即坺，依《考工記》，二耜之土爲伐。許云一耜之土爲伐，即一臿土謂之坺也。"案：段説是也。此本作"𤰝土曰伐"，校者不達，妄意其對上"壟中"爲文，因誤改土爲"上"，不知壟中曰𤰝者，壟高而𤰝下，𤰝壟異地，故云壟中；此伐與𤰝同地，伐即發土以爲𤰝，則不得云"𤰝上"明矣。賈疏釋伐爲"甽上高土"，蓋所見本已誤。伐即坺之借字，其字又通作"發"，俗作"墢"。《國語·周語》云"王耕一墢"，韋注云："一墢，一耜之墢也，王無耦，以一耜耕。"宋庠《舊音》引賈逵本作"一發"，注云："一發，一耜之發也。"耜廣五寸，二耜爲耦，一發深尺。蓋王無耦，以一耜爲發，諸侯以下有耦，則以二耜爲發，故賈、許、韋三君並以一耜所發之土謂之發。坺與此經以二耜所發謂之伐，文異而義同。𤰝之度，起於二耜，伐之名不定於二耜也。云"伐之言發也"者，《續漢書·禮儀志》劉注引盧植《禮記注》亦云："伐，發也。"蓋伐土即發土。《説文·艸部》云："茇，草根也。春艸根枯，引之而發土爲撥，故謂之茇。"伐發撥聲義並同。云"𤰝，甽也"者，𤰝亦當爲𡿨，《釋文》云："甽與𡿨同，古今字也。"案：依《説文》，則𡿨爲古文，甽爲小篆，實一字也。隸譌作𤰝。漢時通用甽字，故鄭以甽釋𡿨，亦以今字釋古字也。云"今之耜，岐頭兩金，象古之耦也"者，賈疏云："至後漢，用牛耕種，故有岐頭兩脚耜，今猶然也。"詒讓案：《説文·木部》云："梠，臿也。苿，兩刃臿也。"梠即耜正字。臿與耜形制略同，但臿柄直，耜轅曲，故許通訓梠爲臿也。漢時耜兩金，蓋與苿同。《爾雅·釋樂》郭注謂"大磬形如犂錧"，蓋據晉時横縣之磬言之，故有兩岐。《爾雅·釋文》云："江南人呼犂刃爲錧。"犂錧即指兩金耜也。古耜爲一金，故有耦耕；漢無耦耕，而耜爲兩金，故鄭謂古耦耕之遺象。云"田，一夫之所佃，百畝方百步地"者，《小司徒》注引《司馬法》云"步百爲晦，晦百爲夫"是也。《韓詩外傳》云："廣百步，長百步，爲百畝。"案：廣長相等，所謂方也。遂在一屋三夫之閒，即爲一夫百畝田之首，故知此田首即一夫所佃之田也。云"遂者夫閒小溝"者，據《遂人》云"夫閒有遂"。但《遂人》之遂在一夫之閒，其長竟夫，則六十丈；此遂在三夫之閒，其長竟屋，則百八十丈。長短不同，而一夫三夫通得謂之夫閒。五溝，遂爲最小，故云小溝也。程瑶田云："《遂人》'夫閒有遂'，以南畝圖之，東西之閒也。而《匠人》之遂在屋閒，屋閒亦東西之閒。蓋南畝甽横，遂之短長雖不同，其受東流之甽水則同也。屋閒爲東西，則其南北之閒，但疆之以别夫，賈所謂'夫閒無遂'是也。鄭注《匠人》'田首之遂'爲夫閒小溝，承用《遂人》之文，非有誤也。以井閒可通十井命之，則夫閒亦可通三夫命之，然是記脩辭之法，恐人誤以兩遂之形體爲同其實，故别之曰田首，而不名夫閒。又井田有'夫三爲屋'之名，其遂實在屋閒，則夫閒之名移之三夫南北疆别之處，適符其實。此賈命井中無遂者爲'夫閒'，亦因事立名也。"云"遂上亦有徑"者，明記止詳五溝而不及五涂，文不具也。賈疏云："按《遂人》云：'夫閒有遂，遂上有徑。'彼溝洫法，此井田法，雖不同，遂在夫閒，遂上有徑則同。"

九夫爲井，井閒廣四尺，深四尺，謂之溝；方十里爲成，成閒廣八尺，深八尺，謂之洫；方百里爲同，同閒廣二尋，深二仞，謂之澮。此畿内采地之制。九夫爲井，井者方一里，九夫所治之田也。采地制井田，異於鄉遂及公邑。三夫爲屋，屋，具也。一井之中，三屋九夫，三三相具，以出賦税。共治溝也。方十里爲成，成中容一甸，甸方八里出田税，緣邊一里治洫。方百里爲同，同中容四都、六十四成，方八十里出田税，緣邊十里治澮。采地者，在三百里、四百里、五百里之中。《載師職》曰："園廛二十而一，近郊什一，遠郊二十而三，甸稍縣都皆無過十二。"謂田税也，皆就夫税之輕近重遠耳。滕文公問爲國於孟子，孟子曰："夏后氏五十而貢，殷人七十而助，周人百畝而徹，其實皆什一。徹者，徹也；助者，藉也。龍子曰：'治地莫善於助，莫不善於貢。'貢者，校數歲之中以爲常。"文公又問井田，孟子曰："請野九一而助，國中什一使自賦。卿以下必有圭田，圭田五十畝；餘夫二十五畝。死徙無出鄉，鄉田同井，出入相友，守望相莇，疾病相扶持，則百姓親睦。方里而井，井九百畝，其中爲公田。八家皆私百畝，同養公田；公事畢，然後治私事，所以别野人也。"又曰："《詩》云：'雨我公田，遂及我私。'惟莇爲有公田。由此觀之，雖周亦莇也。"魯哀公問於有若曰："年饑，用不足，如之何？"有若對曰："盍徹與。"曰："二吾猶不足，如之何其徹也。"《春秋》宣十五年秋，初税畝。傳曰："非禮也。穀出不過藉，以豐財也。"此數者，世人謂之錯而疑焉。以《載師職》及《司馬法》論之，周制，畿内用夏之貢法，税夫無公田。以《詩》、《春秋》、《論語》、《孟子》論之，周制，邦國用殷之莇法，制公田，不税夫。貢者，自治其所受田，貢其税穀。莇者，借民之力以治公田，又使收斂焉。畿内用貢法者，鄉遂及公邑之吏，旦夕從民事，爲其促之以公，使不得恤其私。邦國用莇法者，諸侯專一國之政，爲其貪暴，税民無藝。周之畿内，税有輕重。諸侯謂之徹者，通其率以什一爲正。孟子云："野九夫而税一，國中什一。"是邦國亦異外内之法耳。圭之言珪絜也。周謂之士田。鄭司農説以《春秋傳》曰"有田一成"，又曰"列國一同"。

【疏】"九夫爲井，井閒廣四尺，深四尺，謂之溝"者，程瑶田云："遂流井外，溝横承之。井中無溝，溝當兩井之閒，故以井閒命之。其長連十井，不嫌井閒之稱溷十井之縱者，其縱亦遂之在屋閒而受甽水者也。"案：程謂遂長連十井，此約計大數也。以井田實地計之，遂長實止連八井，詳後。云"方十里爲成，成閒廣八尺，深八尺，謂之洫"者，程瑶田云："溝十之，含百井，爲一成。十溝之水，咸入於洫，洫縱當兩成之閒，故曰'成閒有洫'也。洫之長連十成，亦不嫌成閒之稱溷十成之横者，其横亦溝之在井閒而受遂水者也。"案：程亦約計之也。以井田實地計之，成中含六十四井，溝長亦止連八成，詳後。云"方百里爲同，同閒廣二尋，深二仞，謂之澮"者，澮，《説文·巜部》作"巜"，澮即巜之叚字，詳《遂人》疏。《方言》云："度廣曰尋。"《左傳》杜注云："度深曰仞。"此經五溝廣深皆以相倍爲數，澮廣二尋，深二仞，廣深各丈六尺，尋與仞，度廣與測深異名也。《漢書·鼂錯傳》引《兵法》云"丈五之溝"，與此澮相近，溝澮散文通也。仞之尺度，注未釋。《鄉射記》注云："七尺曰仞。"其説此經當與彼同，故《遂人》注云："遂廣深各二尺，溝倍之，洫倍溝，澮廣二尋，深二仞。"不云澮倍洫，蓋亦以二仞爲丈有四尺也。《書旅獒》僞孔傳云："八尺曰仞。"孔疏云："《匠人》有甽遂溝洫，皆廣深等，而澮云'廣二尋深二仞'，則澮亦廣深等，仞與尋同。王肅《聖證論》及注《家語》皆云'八尺曰仞'。鄭玄曰'七尺曰仞',與孔意異。"今案:孔引鄭義,即據《鄉射》注。以孔説推之,則《聖證論》有破鄭之語,其釋此記澮廣深等,或即本王論。而《鄉射》賈疏則謂王肅依《小爾雅》"四尺曰仞",是王又有二説矣。今攷仞之度數,古説不同。鄭云七尺,《論語》包注,《吕氏春秋》、《淮南子》高注,《楚辭》王注,郭璞司馬相如賦注引司馬彪説,《論語》皇疏,《莊子》陸《釋文》並同。《説文·人部》則云:"仞,伸臂一尋八尺。"《淮南子·原道訓》許注云:"八尺曰仞。"《孟子》趙注、王肅《聖證論》、《孫子》曹操李筌注、《山海經》郭注、《漢書》顏注、《管子》尹注並同。而《小爾雅·廣度》云"四尺曰仞",《漢書·食貨志》顏注引應劭云"五尺六寸曰仞",則尤爲差異。金鶚云:"仞字从人,明是以人身爲度。《考工記》云'人長八尺',則仞爲八尺可知。《説文》云'仞,伸臂一尋八尺',蓋釋从人之義,許説自確。但仞與尋亦稍有不同:尋用以度廣,故取於兩臂之伸;仞用以度深,故取於一身之長。記云:'同閒廣二尋,深二仞,謂之澮。'廣深相等,同爲八尺,其廣言尋,深言仞,則尋以度廣,仞以度深可知矣。鄭君以仞爲七尺,於經無據。《鄉射禮》賈疏以爲《書傳》云'雉高一丈',則牆高一丈,《祭義》'築宫仞有三尺',除三尺之外,只有七尺,故知七尺曰仞也。不知經傳凡言有幾者,皆奇零之數,若適足一丈,則當言築宫一雉,何必言仞有三尺乎?惟仞爲八尺,其宫牆過於一丈,故言仞有三尺也。"案:金説致塙,足正鄭説之誤。程瑶田云:"洫十之,含萬井,爲一同。十洫之水,咸入於澮,澮横當兩同之閒,故曰'同閒有澮'也。賈云'井田之法,畎縱遂横,溝縱洫横,澮縱川横'。余謂縱横無定法,視其畝之東南而爲之。如賈説,是東畝法耳。《左傳》晉使齊東其畝,以晉伐齊必向東,東畝則川横,而川上路乃可東西行,故曰'唯吾子戎車之利'也。此畎縱爲東畝,畎横爲南畝之確證,《遂人》、《匠人》二法所同者。賈氏不明《匠人》於遂不命'夫閒'之故,而以爲夫閒縱者但分其界而無遂;又不明《遂人》夫閒之遂亦於田首爲之,而以爲田首必在百畝之南,故必易其縱横以通其説。若然,是井田之制必無南畝矣,豈其然乎?"陳喬樅云:"《司馬法》'井十爲通,通十爲成,成十爲終,終十爲同',統言土地之數耳。其實井邑丘甸縣都之法,皆積四成八。成容一甸,甸六十四井,方八里,縱横數之皆八井，八八爲六十四井也。同容四都，六十四成，爲四千九十六井，積六十四甸之數，縱横數之皆八甸，亦八八爲六十四成也。則其溝洫之制，自當從井法，而八井共一溝，成爲八溝，八溝之水皆注之洫；八成共一洫，洫長終同，同爲八洫，八洫之水咸注之澮，方爲合制。故《匠人》文但言井閒、成閒、同閒，與《遂人》制異也。知《匠》、《遂》溝洫之異，則不當仍倣《遂人》之意以十爲數。”案：陳説是也。此職與遂人溝洫形體之異，程説得之；而此職溝洫以八積數，則當以陳説爲正。程約計之，尚未密合也。凡五溝積數，每井有一溝三遂，每成有一洫、八溝、百九十二遂，每同有一澮、八洫、四千九十六溝、九萬八千三百四遂。其五涂則徑與遂同，畛與溝同，涂與洫同，道與澮同也。

注云“此畿内采地之制”者，對遂人治野爲畿内鄉遂之制也。賈疏云：“對畿外諸侯亦制井田，與此同。”云“九夫爲井，井者方一里，九夫所治之田也”者，《小司徒》注同。云“采地制井田，異於鄉遂及公邑”者，《小司徒》注謂采地制井田，異於鄉遂，此又謂公邑亦不制井田者，《載師》注云：“公邑，謂六遂餘地，天子使大夫治之。”故鄭謂亦同鄉遂，不制井田。金鶚云：“鄉遂之民皆五家相比，故不得爲八家同井之制；公邑在野，其民非五家相比，何不可制井田乎？凡言邑者，皆四井爲邑也。若不制井田，何以名公邑乎？《小司徒》云‘攷夫屋’，夫夫屋者，井田之制也。鄉遂有夫屋，蓋其餘地皆有公邑，公邑制井田，故攷其夫屋也。若無井田，何有夫屋乎？”案：金説是也。公邑，不徒六遂之餘地，稍縣都皆有之。凡王子弟食邑，公卿大夫采地，皆取之公邑以與之。其絶除者，王收其地，則復歸之公邑。是公邑與采地隨時更易，不可豫定也。田制則井與不井，一成而不可易。若如鄭説，則公邑與采地田制迴異，假令本爲公邑，而取爲采地，則將盡易其不井之田而爲井；本爲采地，而反之公邑，又將盡易其已井之田而不爲井：紛紛更改，有是理乎？云“三夫爲屋”者，《小司徒》注引《司馬法》説同。云“屋，具也”者，《詩秦風權輿》箋同。《爾雅·釋言》云：“握，具也。”屋握字亦通。云“一井之中，三屋九夫，三三相具，以出賦税，共治溝也”者，《小司徒》注引《司馬法》云：“屋三爲井。”是井有三屋九夫之地，三三相具，共出賦税并共治其井閒之溝也。《論語·學而》皇疏云：“夫一家有夫婦子三者具，則屋道乃成，故合三夫目爲屋也。”皇氏亦訓屋爲具,而義與鄭異。依鄭義,洫與溝爲方,長雖竟成,方十里,而中包一甸,實田止六十四井。其方亦八井也,凡一千四百四十丈,加八溝八畛,共八丈,通一千四百四十八丈也。云“方十里爲成,成中容一甸,甸方八里,出田税,緣邊一里治洫”者,明此經之成,與《小司徒》“四丘爲甸”内外相包,卽彼注所云“小司徒經之,匠人爲之,溝洫相包乃成耳”是也。依鄭義,一成八溝,則溝在井閒,而其長竟八井,凡一千四百四十丈,加遂徑各二十四,共十四丈四尺,通一千四百五十四丈四尺也。賈疏云:“《司馬法》有二法:有甸方八里,出長轂一乘;又有成方十里,出長轂一乘。言甸者,據實出税者而言。云成者,據通治溝洫而説。爲有二種,故鄭細分計之。八里爲甸,出田税。緣邊一里,并之則二里,治洫,以成閒有洫,故使共治洫也。”詒讓案:緣邊者,猶《小司徒》注云“旁加也”。成積百井,統溝洫所占三十六井之虚地計之,則方十里而爲成,除溝洫所占之虚地計之,則止有八里六十四井而爲甸。洫在成之緣邊,甸包在中,故云中容一甸。其洫在成閒,亦一甸出田税之人共治之。緣邊一里指治洫之地,非治洫之人所居也。但此所加之地,實并井閒之溝言之。洫在緣邊,溝不在緣邊,鄭止言緣邊治洫者,欲取整數計之耳。詳《小司徒》疏。云“方百里爲同,同中容四都、六十四成,方八十里,出田税,緣邊十里治澮”者,亦明此經之同,與《小司徒》“四縣爲都”内外相包。彼除治澮之虚地言之,故爲四縣。依鄭義,澮長雖竟同方百里,而中包四都,實田止四千九十六井。其方六十四井也,凡一萬一千五百二十丈,加八洫八涂,共十二丈八尺;又加遂徑各一百九十二,共一百十五丈二尺;通一萬一千六百四十八丈也。賈疏云:“此據《小司徒》而言。彼經‘四縣爲都’,注云:‘方四十里,四都方八十里,旁加十里,乃得方百里,爲一同。’今言六十四成者,據出田税者言之,故云方八十里出田税,緣邊十里治澮也。”云“采地者,在三百里、四百里、五百里之中”者,賈疏云:“據《載師職》而言。按彼云:‘家邑任稍地,小都任縣地,大都任畺地’,是三百里外至畿五百里内。言此者,欲見三者采地之中,有此井田助法。”引《載師職》曰“園廛二十而一,近郊什一,遠郊二十而三,甸稍縣都皆無過十二”,謂田税也者,賈疏云:“欲見鄉遂及公邑之等爲溝洫貢子法,與采地井田異。”云“皆就夫稅之輕近重遠耳"者,夫卽九夫之夫。謂田稅皆於夫征之,特以遠近制其輕重,故有什一、什二等之異也。引"滕文公問爲國於孟子"以下至"莇者藉也"者,並《孟子·滕文公篇》文。引之者,明三代授田定賦之法不同。莇,《孟子》作"助"。《説文·耒部》作"耡",莇卽耡之俗。趙注云:"民耕五十畝,貢上五畝;耕七十畝者,以七畝助公家;耕百畝者,徹取十畝以爲賦。雖異名而多少同,故曰皆什一也。徹猶徹取物也。藉者借也,猶人相借力助之也。"案:助法,公田在私田外,則不得於七十畝内取七畝以助公家,趙説非是。劉熙説同。趙訓徹爲取,亦與鄭異,詳後。其三代田制異同之故,趙氏無説。《王制》孔疏引劉熙、皇侃,皆云:"夏時民多,家得五十畝而貢五畝;殷時民稍稀,家得七十畝而助七畝;周時其民至稀,家得百畝而徹十畝,故云其實皆什一。"《論語》皇疏義同。王制疏又引熊安生一云:"夏政寬簡,一夫之地惟稅五十畝;殷政稍急,一夫之地稅七十畝;周政極煩,一夫之地,稅皆通稅。所稅之中,皆什而稅一,故云其實皆什一。"《左傳》成十五年孔疏從劉、皇義。賈疏又載或解云:"三代受地多少應同,今云夏后氏五十、殷人七十、周人百畝者,據地有不易、一易、再易。六遂上地不易,加五十畝。有四等,據授地之法。夏言五十而貢者,據一易之地,家得二百畝,常佃百畝,荒百畝,其佃百畝常稅之,據二百畝爲稅百畝,爲五十而貢。殷人七十而助者,據六遂上地百畝,有萊五十畝而言,百五十畝稅一百畝,猶百畝稅七十五畝,舉全數言之,故云七十畝而助也。周人百畝而徹者,據上地不易者而言,百畝全稅之,故云百畝而徹也。"案:依劉、皇説,則殷民稀於夏,周民又稀於殷,既非事情;依熊説,則夏乃二十而稅一,殷乃十四而稅一,與什一之率尤不合。如賈引或説,則四等之地,三代所同,不宜一代各據一端爲論。以上三説,並不可通。顧炎武、萬斯大、錢塘、金鶚並據《獨斷》,謂夏以十寸爲尺,殷以七寸爲尺,周以八寸爲尺;三代田制不同者,夏之百分,殷以爲百一十二分,周以爲百二十分,通其率則五十之爲五十六與六十也。一里廣長皆三百步,其積皆九萬步也。自遂以上,殷周皆不必更,而獨更其畎,是之謂名異而實同。案:諸家謂三代田制名異實不異,殷畝小於夏,周畝小於殷,皆至當不易之論。據先鄭後注,舉少康有田一成,證十里爲成;後鄭《小司徒》

注亦引彼以證井牧之制，則二鄭亦謂三代田制名異而實不異。顧、萬、錢、金諸説，實冥符古義。但蔡説三代尺度不同，西漢以前無文可證。《論衡·正説篇》云"周以八寸爲尺"，而夏殷無文。《通典·吉禮》引《白虎通》又謂"夏以十寸爲尺，殷以十二寸爲尺，周以八寸爲尺"，則殷尺特長，又與蔡説不同。鄭《王制》注謂周尺八寸，爲六國時變亂法度之言，則三代異尺之不足信可知。徐養原亦謂古者以律起度，黄鐘之管無短長，則尺度亦無大小。此駁甚塙。然則尺度長短之説，究未盡安。竊謂殷之畝小於夏，周之畝又小於殷者，止由畝法有異，猶周以百步爲畝，秦漢以二百四十步爲畝也。其尺寸步里，則三代未必不同，惜古籍淪佚，無由一一校算耳。引龍子曰"治地莫善於莇"以下者，亦《孟子》文。趙注云："龍子，古賢人也。言治土地之賦，無善於助者也。貢者校數歲以爲常，類而上之，民供奉之有易有不易，故謂之莫不善也。"賈疏云："《孟子》本爲'莫不善於貢'，今注有無'不'字者，蓋轉寫脱耳。"云"文公又問井田，孟子曰，請野九一而莇，國中什一，使自賦"者，以下並滕文公使畢戰問井地，孟子荅語。鄭云："文公問井田者，從文便也。"趙注云："九一者，井田以九頃爲數，而供什一，郊野之賦也。助者，殷家税名也，周亦用之，龍子所謂莫善於助也。時諸侯不行助法。國中什一者，《周禮》'園廛二十而税一'，時行重賦，責之什一也。而，如也。自，從也。孟子欲請使野人如助法，什一而税之，國中從其本賦，二十而税一，以寬之也。"案：國中什一者，卽鄉遂貢子法也，别於助言之，故云使自賦，趙説未憭。又趙據《載師職》"園廛"釋國中，則以野爲通鄉遂都鄙言之，郭門以外悉用九一之制。以孟子下云"鄉田同井"證之，自謂鄉用九一助法。蓋孟子意在重助，故爲此論，與周制不必合，趙説深得其恉。若鄭意則以鄉遂用貢，當孟子國中什一，以都鄙用助，當孟子野九一，義自不同。至趙以國中爲當二十而税一，乃依《載師》園廛法，不可以爲田税之通率，且與孟子什一之語相戾，不足據也。云"卿以下必有圭田，圭田五十畝，餘夫二十五畝"者，廣説授田之法。圭田，詳《載師》及後疏。餘夫受田，詳《遂人》疏。云"死徙無出鄉，鄉田同井，出入相友，守望相莇，疾病相扶持，則百姓親睦"者，趙注云："死，謂葬死也。徙，謂爰土易居，平肥磽也。不出其鄉，易爲功也。同鄉之田，共井之家，各相營勞也。出入相友，相友耦也。《周禮·太宰》曰：'八曰友，以任得民。'守望相助，助察姦也。疾病相扶持，扶持其羸弱，救其困急，皆所以教民相親睦之道。睦，和也。"案：周田制有不易、一易、再易，然無爰土易居之法，趙説亦與經不合，詳《大司徒》疏。云"方里而井，井九百畝，其中爲公田，八家皆私百畝，同養公田，公事畢然後治私事，所以别野人也"者，舊本井字不重，宋董氏本、注疏本並有，與《孟子》合，今據增。趙注云："方一里者，九百畝之地也，爲一井。八家各私得百畝，同共養其公田之苗稼。公田八十畝，其餘二十畝以爲廬井宅園圃，家二畝半也。先公後私，遂及我私之義也。則是野人之事，所以别於士伍者也。"案：趙謂公田八十畝，以二十畝爲廬舍，鄭所不從，詳後。云"又曰，《詩》云雨我公田，遂及我私，惟莇爲有公田，由此觀之，雖周亦莇也"者，孟子引《詩》以明周之用徹兼用莇也。趙注云："《詩·小雅·大田》之篇。言太平時，民悦其上，願欲天之先雨公田，遂以次及我私田也。獨殷人助者爲有公田耳。此周詩也，而云雨公田，知雖周家時亦助也。"云"魯哀公問於有若曰，年饑用不足，如之何，有若對曰盍徹與，曰二吾猶不足，如之何其徹也"者，《論語·顔淵篇》文。何氏《集解》引鄭注云："盍，何不也。周法什一而税，謂之徹。徹，通也，爲天下之通法。"又引孔安國云："二，謂什二而税。"引"《春秋》宣十五年秋，初税畝，傳曰非禮也，穀出不過藉，以豐財也"者，《左傳》文。杜注云："公田之法，十取其一；今又履其餘畝，復十收其一，故哀公曰'二猶不足'，遂以爲常，故曰初。周法，民耕百畝，公田十畝，借民力而治之，税不過此。"云"此數者世人謂之錯而疑焉"者，明以上所引經傳，言周一代之制，或貢，或助，或徹，似相錯迕，世人不寤，或以爲疑，故下又分别説之也。《載師》是用貢法，《孟子》、《論語》是用徹法，《詩》與《春秋》是用助法。云"以《載師職》及《司馬法》論之，周制畿内用夏之貢法，税夫無公田"者，以税夫無公田，故《載師》任地惟近郊什一，遠郊以外皆過於什一也。程瑶田云："鄭《小司徒》注引《司馬法》'晦百爲夫，夫三爲屋，屋三爲井'之云，卽此注所謂以《司馬法》論之，畿内用貢法，税夫無公田之事。孔氏《王制》疏引鄭注而説之，以爲'一井九家爲定，無公田，卽爲井田税夫，不與畿外同'，最得鄭指。"

云"以《詩》、《春秋》、《論語》、《孟子》論之,周制邦國用殷之莇法,制公田,不税夫"者,賈疏云:"《詩》云'雨我公田',公田是助法。《春秋》'初税畝',亦是助法。《論語》云'盍徹乎',徹是天下之通法,亦助法也。孟子荅畢戰井田,引《詩》爲證,亦周之助法。故揔云助法不税夫也。"詒讓案:《春秋》、《論語》所説是魯制,《孟子》所説是爲滕言,並是邦國之法,故鄭定爲邦國制公田,不税夫也。云"貢者,自治其所受田,貢其税穀"者,與趙岐説同。云"莇者,借民之力以治公田,又使收斂焉"者,據《孟子》爲説也。《説文·耒部》耡字注云:"商人七十而耡。耡,耤税也。"《王制》"古者公田,藉而不税",鄭注云:"藉之言借也。借民力,治公田,美惡取於此,不税民之所自治也。"云"畿内用貢法者,鄉遂及公邑之吏,旦夕從民事,爲其促之以公,使不得恤其私"者,賈疏云:"鄉遂公邑之内,皆鄰里比閭等治民之官,旦夕從民事,因此促之使先治公田,故不得恤其私。故爲貢法不得有公田也。"案:公邑不得爲鄰里比閭之制,賈説非是,詳《載師》疏。云"邦國用莇法者,諸侯專一國之政,爲其貪暴,税民無藝"者,《釋文》作"蓺也",云:"音藝,今本蓺作藝,又無也字。"案:經注例樹蓺字作蓺,道藝字作藝。此注疑當與道藝字同,詳《大司徒》疏。《左》昭十三年傳云:"貢之無藝",杜注云:"藝,法制。"孔疏引服虔云:"藝,極也,一曰常也。"鄭意貢法無公田,有税夫;助則助治公田而不税。畿外諸侯,自專其國政,易於貪暴,故爲制公田,使從助法,以防其税民無準極,若魯税畮之爲也。云"周之畿内,税有輕重"者,亦據《載師職》論之。云"諸侯謂之徹者,通其率以什一爲正"者,鄭《論語注》義同。《後漢書·陸康傳》云:"徹者,通也,言其法度可通萬世而行也。"陸説與鄭異,而以通詁徹亦同。然鄭雖以通徹轉相訓釋,而未宣究其説。以此注求其恉趣,蓋據貢十一,助九一,通二法以爲率,故云"通其率以什一爲正"。《詩·大雅·篤公劉》"徹田爲糧",鄭箋亦云:"什一而税謂之徹。"《王制》孔疏云:"凡賦法無過十一,故孟子云:'輕於十一,大貉小貉;重於十一,大桀小桀;十一而税,堯舜之道。'但周之畿内,有參差,皆不同,而言之十一。若畿外,先儒約《孟子》、《樂緯》,皆九夫爲井,八家共治公田八十畝,已外二十畝,以爲八家井竈廬舍。是百畝之外别助,是十外税一。郊外既十外税一，郊内亦十外税一。假令治一夫之田，得百一十碩粟，而貢十碩，是亦十外税一也。劉氏以爲《匠人》注引《孟子》野九夫而税一，國中十一，諸侯謂之徹者，通其率以十一爲正，則謂野九夫之田而税一，國中十一夫之田而税一，是二十夫之田中而税二。計地言之，是十中税一，若計夫實税，猶十外税一，與先儒同也。但不知諸侯郊内十夫受十一夫之地，若爲周制耳，或畿外地寬也。一夫受百一十畝之地，與畿内異也。"《詩·小雅·甫田》孔疏説亦與劉同。徐養原云："鄭言周别無徹法，但貢助兼行卽謂之徹。又九一爲九中取一，什一爲十外取一，合之則爲二十而取二，故曰通其率以什一爲正。此説與'其實皆什一'之文不合，未可從。"金鶚云："孟子九一是九中税一，則什一當是什中税一，非什一而税一也。孟子言貢、助、徹，其實皆什一者，以九一與什一所差甚少，亦可謂之什一也。若必貢助通率而爲什一，則殷人不兼貢法，何以爲什一乎？"又云："《夏小正》云'初服與公田'，是夏亦用助法。《大雅·公劉》云：'徹田爲糧。'公劉當夏時而行徹法，又夏用助之一證。夏殷並兼貢助，是周徹法之義，非取通乎夏殷也。"案：金駁劉、孔説是也。《漢書食貨志》載李悝説，百畮歲收粟百五十石，十一之税十五石。此卽周貢法什中税一之證。鄭所謂以什一通其率者，本謂周人兼用貢助二法，通而計之，其大較不離什一；非必以什一自賦爲什一而貢其一，合之九一爲二十而取二，乃爲通什一之率。劉、孔申鄭似皆未得其恉。然徹之名制，舊説多異。《孟子》趙注謂耕百畝者，徹取十畝以爲賦。《王制》孔疏及《孝經》邢疏引《孟子》劉熙注説同。是謂徹本無公田，但家受田百畝，而官取其十畝之税也。姚文田云："《司稼》云：'巡野觀稼，以年之上下出斂法。'足知徹無常額，惟視年之凶豐，此其與貢異處。助法正是八家合作，而上收其公田之入，無須更出斂法。然其弊必有如何休所云'不盡力於公田'者。故周直以公田分授八夫，至斂時，則巡野觀稼，通計之而取其什一。其法亦不異於助，故《左傳》云'穀出不過藉'，然民自無公私緩急之異，此其與助異處。"徐養原云："徹無公田，於私田之中十取其一，是私田卽公田也。龍子之言曰：'治地莫善於助，莫不善於貢。'莫之云者，至極之辭也。然則二者之閒，固有稍絀於助而較優於貢者，其徹之謂乎？《司稼》'以年之上下出斂法'，注云：

'豐年從正,凶荒則損。'是貢者校數歲之中以爲常,而徹者以年之上下出斂法,此其法之小異者也。"案:姚、徐皆據《司稼》之文,以周經證周法,塙不可易。但以此經賦法攷之,《司稼》所云者,是以年之上下爲賦法輕重之差也;而載師任地,則四郊甸稍縣都有十一至十二三等之法,是又以地之遠近爲輕重之差矣。周之徹法,蓋當兼此二者。徹之云者,通乎地之遠近,年之上下,以爲斂取之法,鄭詁爲通,趙詁爲取,兩義當兼存。但鄭以爲通貢助,則未得其義。凡載師司稼之法,皆通行於畿内邦國。蓋徹爲周之正法,斷無畿内不用而唯行之邦國者。鄭以徹專爲諸侯法,亦不察之論也。徹之異於貢助者,蓋無論鄉遂溝洫都鄙井田,皆家受百畝,税夫無公田,則與助法異而與貢法略相類。但貢法所税之數有定,如李悝所説一畝收百五十石,什一税十五石者,歲無論豐歉,壹以此爲常額,自非大荒弛征,所斂必盈此數,龍子所謂"貢者,率數歲之中以爲常"者是也。若徹法,則税夫,歲無常額,以地與年參相校爲之差。龍子以有常率爲貢法之不善,明徹爲無常率之善法矣。但年上下難以率定,輕重之數全以司稼之巡視爲準,所任或不得其人,則豐年容有隱匿之弊,而歉歲又有掊克之憂,固不如助法公私殊區、畛域明白之善耳。又案:鄭以《論語》證諸侯之行徹,又以《孟子》證邦國有公田,説皆未塙。周之邦國亦有鄉遂溝洫、縣鄙井田之異,皆税夫不制公田,與畿内同,此徹之本法通於天下者也。公田雖爲助之正法,而據《夏小正》,則夏時或已有此制,蓋其由來甚久,但以九服之中,疆索不同,容有沿襲舊制而未能盡改者。先王以俗教安,不欲强更其區畛,故周詩有公田之文。比亦如《左》定四年傳所説康叔封衛,啓以商政之類,非周邦國必制公田也。孟子則以助法爲至善,欲更制以救戰國横征之弊,亦非謂公田爲徹之本法,故孟子援《大田》詩而云"惟助爲有公田",明徹無公田與貢同也。若徹兼助法有公田,則公田爲周本法所有,何必援《大田》詩爲證邪! 互詳《司稼》、《小司徒》疏。云"孟子云,野九夫而税一,國中什一,是邦國亦異外内之法耳"者,鄭意邦國雖用徹法,以什一爲通率,而據《孟子》則亦郊外用助,郊内用貢,外内異法,與王畿同也。賈疏云:"此云野九夫而税一,即彼云請野九一而助;此云國中什一,即彼云國中什一使自賦。云九一而助者,一井九夫之地,四面八家各自治一夫,中央一夫,八家各治十畝,八家治八十畝入公,餘二十畝,八家各得二畝半,以爲廬宅、井竈、葱韭,是十外税一也。國内,據民住在城中,其地卽在郊内。郊外鄉遂之民,爲溝洫,爲貢法,言十一,亦十外税一者也。《漢書·食貨志》既有井田饒民二畝半之事,是以宋均注《樂緯》、何休注《公羊》、趙岐注《孟子》皆饒民。《詩》云'倬彼甫田,歲收十千',鄭云:'井税一夫,其田百畝;通税十夫,其田千畝;成税百夫,其田萬畝。'不言饒民者,以經云'歲收十千',校一成之内,舉全數而言,鄭亦順經從整數而説,其實與諸家不殊也。"《詩·甫田》孔疏云:"史傳説助貢之法,唯《孟子》爲明。鄭據其言,以什一而徹,爲通外内之率,理則然矣。而《食貨志》云:'井方一里,是九夫。八家共之,各受私田百畝,公田十畝,是爲八百八十畝,餘二十畝爲廬舍。'其言取《孟子》爲説,而失其本旨。班固既有此言,由是羣儒遂謬。何休之注《公羊》,范甯之解《穀梁》,趙岐之注《孟子》,宋均之説《樂緯》,咸以爲然,皆義異於鄭,理不可通。何則?言井九百畝,其中爲公田,則中央百畝,共爲公田,不得家取十畝也。又言八家皆私百畝,則百畝皆屬公矣,何得復以二十畝爲廬舍也。言同養公田,是八家共理公事,何得家分十畝自治之也。若家取十畝,各自治之,安得謂之同養也。若二十畝爲廬舍,則家别二畝半,亦入私矣,則家别私有百二畝半,何得爲八家皆私百畝也。此皆諸儒之謬。鄭於《匠人》注云'野九夫而税一',此箋云'井税一夫,其田百畝'。是鄭意無家别公田十畝及二畝半爲廬舍之事,俗以鄭説同於諸儒,是又失鄭旨矣。"案:孔説是也。《穀梁》宣十五年傳云:"古者公田爲居,井竈葱韭盡取焉。"又《韓詩外傳》云:"古者八家而井,家得百畝,家爲公田十畝,餘二十畝共爲廬舍,各得二畝半。"卽《班志》所本。《説文·广部》云:"廛,二畝半也,一夫之居。"蓋亦同班義。惟鄭《詩》、《禮》箋注並無是説,故孔謂鄭與彼異。而賈氏此疏反引彼以述鄭義,疏矣。金鶚亦云:"九一爲助法,以九百畝而得一百畝也。若公田僅八十畝,是輕於九一矣,亦與《孟子》不合。五畝之宅皆在邑中,猶今之村落然。《詩》所謂'中田有廬'者,乃於田畔爲之,以避雨與暑,大不容一畝,必無二畝半之廣在公田之中也。"案:金説是也。賈謂什一爲十外税一,亦沿劉説之誤。云"圭之言珪潔也”者,珪,汪本作“圭”,亦通。此釋《孟子》圭田之義,《孟子》趙注説同。《説文·土部》云:“珪,古文圭,从玉。”《蜡氏》注云:“圭,絜也。”《九章·方田篇》别有“圭田”,乃三角田形之一,與《孟子》、《王制》圭田不相涉也。云“周謂之士田”者,《載師》云“以士田任近郊之地”,注云“士讀爲仕,仕者亦受田,所謂圭田也”是也。互詳彼疏。云“鄭司農説以《春秋傳》曰,有田一成”者,《左》哀元年傳文,引證方十里爲成也。詳《小司徒》疏。云“又曰列國一同”者,襄二十五年傳文,引證方百里爲同也。詳《大司馬》疏。

專達於川,各載其名。達猶至也。謂澮直至於川,復無所注入。載其名者,識水所從出。

【疏】“專達於川”者,此川謂大川,《管子·度地篇》云“水之出於地溝,流於大水及海者,命曰川水”是也。《爾雅·釋水》云:“水注川曰谿,注谿曰谷,注谷曰溝,注溝曰澮,注澮曰瀆。”彼指山谷水道,川小於溝澮,與此異。

注云“達猶至也”者,《樂記》注云:“至猶達也,行也。”是至達可互訓。云“謂澮直至於川,復無所注入”者,謂澮不復更注它溝,徑入大川,故經云“專達於川”也。云“載其名者,識水所從出”者,《國語·晉語》韋注云:“載,記也。”謂記識水所出之原,此統川澮等言之。《書·吕刑》云:“禹平水土,主名山川。”載川名,若《水經》所釋是也。賈疏謂惟識澮水所出處,説未晐。

凡天下之地埶,兩山之閒必有川焉,大川之上必有涂焉。通其壅塞。

【疏】“兩山之閒必有川焉”者,程瑶田云:“澮達於川,川在山閒,命之曰兩山之閒,以例澮在同閒,洫在成閒,溝在井閒,其事相同。”賈疏云:“此言同閒有澮,澮水入川,其川是自然而有,又非平地而出,必因山閒有之。”云“大川之上必有涂焉”者,《遂人》云“川上有路”,注云:“路容三軌。”此涂卽路也,散文通稱。賈疏云:“大川不可輒越,巡川必當有涂,地勢然也。”

注云“通其壅塞”者,《釋文》無“其”字,又壅作“雍”。案:壅卽雍之俗,《秋官·雍氏》亦作“雍”,《釋文》本是也。賈疏云:“川與涂皆是通其壅塞也。”

凡溝逆地防，謂之不行；水屬不理孫，謂之不行。溝謂造溝。防謂脉理。屬讀爲注。孫，順也。不行謂決溢也。禹鑿龍門，播九河，爲此逆防與不理孫也。

【疏】"凡溝逆地防，謂之不行"者，以下通論治溝之事，與上井田溝洫之制異。

注云"溝謂造溝"者，賈疏云："此溝非謂廣深四尺在田閒者，下云'梢溝三十里而廣倍'，當是人所造溝瀆引水者。"云"防謂脉理"者，《説文·自部》云："防，地理也。"此地防亦即謂地之脉理也。《大戴禮記·勸學篇》云："孔子曰：'夫水，其流行庳下，倨句皆循其理，似義。'"云"屬讀爲注"者，《函人》注云："屬讀如灌注之注。"此讀爲注者，易其字也。云"孫，順也"者，《學記》注同。《説文·心部》云："愻，順也。"孫即愻之借字。案：鄭意理孫猶云"順理"，即《大戴》云"循理"是也。逆防理孫，文有傎到耳。王引之云："理孫皆順也。《廣雅》曰：'理，順也。'《説文》曰：'順，理也。'"亦通。云"不行謂決溢也"者，《説文·林部》云："𣾰，水行也。"不行即謂不流，決溢旁出。爲溝若逆地理，則溝土不固而善崩；水不順理，則其流注不暢，必横逆決溢不能行矣。云"禹鑿龍門，播九河，爲此逆防與不理孫也"者，《書禹貢》"導河積石，至於龍門"，又云"又北播於九河"。《詩·周頌·般》孔疏引鄭彼注云："播，散也。"引以證禹爲洪水逆地理，又不順理，故鑿之播之，使無衍溢。《孟子·滕文公篇》云：①"當堯之時，水逆行，氾濫於中國，使禹治之，禹掘地而注之海，水由地中行。"逆防不理孫，即所謂水逆行也。

梢溝三十里而廣倍。謂不墾地之溝也。鄭司農云："梢讀爲桑螵蛸之蛸。梢謂水漱齧之溝。故三十里而廣倍。"

【疏】"梢溝三十里而廣倍"者，梢當作捎，注同。賈疏引《輪人》"捎其藪"爲釋，明賈所見本此經字與彼同，今本疏捎溝字亦從木，蓋後人依已誤之經以改疏也。互詳《輪人》疏。

注云"謂不墾地之溝也"者，對上田閒諸溝爲墾地設也。鄭司農云"梢

① "滕文公"原作"公孫丑"，孫氏偶誤記，據《孟子》改。——王文锦校注。

讀爲桑螵蛸之蛸"者,《輪人》"捎其藪",先鄭讀同。段玉裁改"讀爲"爲"讀如",云:"擬其音耳。"案:段校是也。云"梢謂水漱齧之溝,故三十里而廣倍"者,梢,舊本亦作"蛸",蓋涉上而誤。明監本、毛本作"梢",段玉裁從之,又於梢下增"溝"字,云:"《輪人》注云'梢,除也',此云'梢水漱齧',義略同。"案:梢字實當作"捎",溝字當從段增。先鄭意,此溝是水自漱齧而成,非人力所爲。後鄭則謂亦人力所爲,但非爲墾地耳。二君義異。江永云:"梢,謂掘地爲溝也。下流納水多,故三十里宜倍於上流之廣,其廣當以漸而增也。"

凡行奠水,磬折以參伍。坎爲弓輪,水行欲紆曲也。鄭司農云:"奠讀爲停,謂行停水,溝形當如磬,直行三,折行五,以引水者疾焉。"

【疏】"凡行奠水,磬折以參伍"者,此即《大戴禮記》所說水流倨句之義。賈疏云:"言凡行停水者,水去遲,似停住止,由川直故也。是以曲爲,因其曲勢,則水去疾,是以爲磬折以參伍也。"程瑶田云:"奠水止而不行,今欲溝而行之,爲直溝,無益也;若爲已句之溝,欲其行而反鬱之,亦無益;惟用曲矩度其倨句,使中乎磬折,又非一磬折而已也,參之伍之,令多爲磬折之形,以奠水之流行無滯而後已。"

注云"《坎》爲弓輪,水行欲紆曲也"者,《易·説卦》云:"坎爲水,爲溝瀆,爲弓輪。"引之明行水之法,與弓輪同,取紆曲也。鄭司農云"奠讀爲停"者,阮元云:"余本停作'亭'是也。《説文》有亭無停。"段玉裁云:"亭、停,正俗字。古本作亭,易奠爲亭,猶易奠爲定也。"云"謂行停水,溝形當如磬,直行三,折行五,以引水者疾焉"者,磬氏爲磬,股爲二,鼓爲三。先鄭意,行奠水不可全直,亦不可太曲,必行之停之,使直行少,曲行多,其率若三之與五,與磬之股鼓相應,而後水自能行疾也。然經參伍義本不如此。程瑶田云:"記言行奠水之曲折,當如磬折之倨句,以形體言。三五者,言不一,其磬折無定數也。司農乃謂直行三,折行五,紀其直體之數,而昧於曲體之形。且以三當股二,宜以四五當鼓三,今但約之以三五,何不直云磬折以二三之爲道其實也。"案:程説是也。

欲爲淵，則句於矩。大曲則流轉，流轉則其下成淵。

【疏】“欲爲淵則句於矩”者，《説文·水部》云：“淵，回水也。”《管子·度地篇》云：“水出地而不流者，命曰淵水。”上行奠水，謂道停水使之行；此爲淵，謂潴行水使之停，二義相備也。賈疏云：“凡川溝欲得使教淵之深，當句曲於矩，使水勢到向上句曲尺，則爲迴逶，自然深爲淵，驗今皆然也。”程瑶田云：“欲爲淵，而但爲磬折之倨句，不能也。即句之而爲中矩之倨句，亦猶不能搏激其水勢，而使之過顙在山，其淵終不能成。惟準曲矩之正方而句之，或如倨句之欘形，且又句之如倨句之宣形，相其來水之緩急，與其地脈之所宜而權衡之，自能成莫測之深淵矣。”

注云“大曲則流轉，流轉則其下成淵”者，流轉謂回旋也。《爾雅·釋水》云“過辨回川”，郭注云“旋流”。《列子·黄帝篇》云“流水之潘爲淵”，殷氏《釋文》云：“潘本作蟠。蟠，洄流也。”《管子·度地篇》云：“水之性，行至曲必留退，滿則復推前。杜曲則擣毁，杜曲激則躍，躍則倚，倚則環，環則中，中則涵。”即大曲則流轉成淵之義。程瑶田謂流轉又宜激而匯之，使回旋漱掘，乃能成淵。案：程説亦注義所晐也。

凡溝必因水埶，防必因地埶。善溝者水漱之，善防者水淫之。漱，猶齧也。鄭司農云：“淫讀爲廞，謂水淤泥土，留著助之爲厚。”玄謂淫讀爲淫液之淫。

【疏】“凡溝必因水埶，防必因地埶”者，以下兼明築防之法。《稻人》云：“以防止水。”

注云“漱猶齧也”者，《説文·水部》云：“漱，水盪口也。”《齒部》云：“齧，噬也。”案：漱本爲盪口，引申爲凡水盪物之稱。齧謂水衝隄土，猶齒之噬物也。《吕氏春秋·開春論》云：“昔王季歷葬於渦山之尾，欒水齧其墓，見棺之前和。”是水之漱土謂之齧也。鄭司農云“淫讀爲廞”者，《司服》注同。云“謂水淤泥土，留著助之爲厚”者，《説文·水部》云：“淤，澱滓濁泥也。”《司服》先鄭注云：“廞，陳也。”此水淤泥土，留著防閒，助之爲厚，亦與陳義相近。云“玄謂淫讀爲淫液之淫”者，淫液，見《樂記》。謂與《㡛氏》“淫之以蜃”義同。賈疏云：“謂以淤泥淫液使厚也。”段玉裁云：“鄭君不改字而與大鄭意同。"

凡爲防,廣與崇方,其閷參分去一。崇,高也。方猶等也。閷者,薄其上。

【疏】"凡爲防,廣與崇方"者,以下記治防之度也。賈疏云:"假令隄高丈二尺,下基亦廣丈二尺。"云"其閷參分去一"者,防形上殺而下侈,以備潰決也。賈疏云:"三四十二,上宜廣八尺者也。"

注云"崇,高也"者,《總敍》注同。云"方猶等也"者,《梓人》注同。云"閷者薄其上"者,閷,注例用今字當作殺,詳《玉人》疏。防以捍水,凡水愈深,則其下壓之力愈大,防下當水之衝,宜厚培其土,以抵水之壓力;而自上而下,陂陀衺側,亦可以減其漱齧之勢,故知閷是薄其上,《檀弓》注云"坊形旁殺,平上而長"是也。《管子·度地篇》云:"春三月,令甲士作隄大水之旁,大其下,小其上,隨水而行。"管子説隄小其上,卽此所謂閷也。但以下文"大防外閷"之文推之,則尋常不甚大之防,當内外殺率正同,蓋内殺六分之一,外殺亦然,合内外爲三分去一也。《九章算術·商功篇》云:"今有隄,下廣二丈,上廣八尺,高四尺。"彼高不與廣方,所殺分率亦較朒,而大下小上形法則與此同。

大防外閷。又薄其上,厚其下。

【疏】"大防外閷"者,《管子·度地篇》云:"大者爲之隄,小者爲之防。"此大防卽所謂隄也。隄防對文則異,散文得通。

注云"又薄其上,厚其下"者,賈疏云:"此文承上參分去一而云外閷,故云又薄其上,厚其下。雖不知尺數,但知三分去一之外更去也。"江永云:"大防宜閷其外,不殺其内也。外必殺者,使下厚而上不傾;内不殺者,所以當水之衝也。然則兩邊皆殺者,非大防也。"案:江説與鄭異。諦審鄭意,蓋謂防大則其廣崇皆增,而水之深度與壓力亦大增,非益厚其下,不足以爲固。經云外殺者,明内殺亦與小防恆度同,唯其外,則於恆度外更增其殺之分率。實因防外之下基培之益厚,則上彌見其薄,而其殺於下者自不止三分之一矣。鄭説尋文似疏,審理實密。江氏則謂大防亦止三分殺一,惟所殺者全在外，其内當水者則直上不殺，欲以傅合經外殺之文，而於理似未切。姑存之，以備一義。

凡溝防，必一日先深之以爲式。程人功也。溝防，爲溝爲防也。

【疏】"必一日先深之以爲式"者，賈疏云："言深者，謂深淺尺數。"戴震云："古九數有商功，爲此也。預爲布算，以定其規模，而後從事。一日之式大致可知，又以一里之式平之。"

注云"程人功也"者，賈疏云："將欲造溝防，先以人數一日之中先作尺數，是程人功法式，後則以此功程，賦其丈尺步數。"詒讓案：《九章算術·商功篇》，爲隄溝有冬春程人功若干尺，求用徒幾何之術。李藉《音義》云："程，課程也。"《唐六典》云："凡役有輕重，功有短長。以四、五、六、七月爲長功，二、三月，八、九月爲中功，以十、十一、十二、正月爲短功。中功以十分爲率，長功加一分，短功減一分。"此卽以日長短程人功之法。云"溝防，爲溝爲防也"者，明溝防爲兩事，並宜先爲式也。

里爲式，然後可以傅衆力。里讀爲"已"，聲之誤也。

【疏】"里爲式，然後可以傅衆力"者，江永云："舊讀里爲已，非也。以一日之功，築鑿幾何，又以一里之地計，幾何日，幾何人力，則可依附此而計用幾何衆力也。"案：江說是也。戴震、沈夢蘭說同。但"傅"疑當爲"敷"之借字。《書·禹貢》"禹敷土"，《大司樂》注引"敷"作"傅"，是其證。《說文·攴部》云："敷，施也。"此傅衆力，亦言爲役要以施衆人之功力也。

注云"里讀爲已，聲之誤也"者，鄭未達里爲式之義，故依聲類破爲已字，言爲式既畢，然後可以令衆而傅其力，然非經義也。

凡任，索約大汲其版，謂之無任。故書汲作"沒"，杜子春云："當爲汲。"玄謂約，縮也。汲，引也。築防若牆者，以繩縮其版。大引之，言版橈也。版橈，築之則鼓，土不堅矣。《詩》云："其繩則直，縮版以載。"又曰："約之格格，椓之橐橐。"

【疏】"凡任，索約大汲其版，謂之無任"者，以下廣論城道、宮室版築之事。任猶《輈人》"任正"之任。《小爾雅·廣器》云:"大者謂之索,小者謂之繩。"築土縮版,必用繩索,故云任。索約大汲其版則版傷,而束土無力,與不縮同,故謂之無任也。

注云"故書汲作沒,杜子春云當爲汲"者,汲沒形相近。《説文·水部》云:"沒,沈也。"故書作沒,蓋謂引繩太過,陷沒其版,則橈而無力。義雖可通,而不及作"汲"之長,故杜破之也。云"玄謂約,縮也"者,《爾雅·釋器》云:"繩之謂之縮之。"郭注云:"縮者,約束之。"《詩·大雅·緜》孔疏引孫炎云:"繩束築版謂之縮。"云"汲,引也"者,《説文·水部》云:"汲,引水於井也。"引申爲凡引物之稱。《穀梁》襄十年傳"汲鄭伯",范注云:"汲猶引也。"縮版時,恐版不附植,不可築土,故必引之。云"築防若牆者,以繩縮其版"者,《檀弓》"一日而三斬版",孔疏謂"築墳之法,所安版側,於兩邊而用繩約版令立,後復内土於版之上中央,築之,令土與版平,則斬所約版繩,斷,而更置於見築土上,又載土其中,三徧如此,其墳乃成"。此築防牆之法,當與彼同。必以繩束版,兩版相去如防與牆之厚,實土其中,而後可用杵椓築之也。云"大引之,言版橈也,版橈,築之則鼓,土不堅矣"者,繩束版,引之太過,則版不能勝而橈曲,及下土而築之,則外出而鼓起,其土雖築,不能堅也。引《詩》云"其繩則直,縮版以載"者,《大雅·緜》文。箋云:"繩者,營其廣輪方制之正也。以索縮其築版,上下相承。"又云"約之格格,築之橐橐"者,《小雅·斯干》文。《毛詩》"格格"作"閣閣",傳云:"約,束也。閣閣猶歷歷也。橐橐,用力也。"箋云:"約謂縮版也。"與此注同。引此二詩者,並證約爲縮之義也。

葺屋參分,瓦屋四分。各分其脩,以其一爲峻。

【疏】"葺屋參分"者,《説文·艸部》云:"葺,茨也。茨,以茅葦蓋屋。"賈疏云:"葺屋謂草屋,草屋宜峻於瓦屋。"

注云"各分其脩以其一爲峻"者,賈疏云:"按上堂脩二七言之,則此注脩亦謂東西爲屋。則三分南北之間尺數,取一以爲峻。假令南北丈二尺,草屋三分取四尺爲峻,瓦屋四分取三尺爲峻也。"焦循云:"以屋爲三角形,下平度脩丈二尺，中分之爲兩句股，則每句六尺，股四尺，弦七尺二寸，爲茸屋；句六尺，股三尺，弦六尺七寸，爲瓦屋也。”

囷、窌、倉、城，逆牆六分。逆猶卻也。築此四者，六分其高，卻一分以爲閷。囷，圜倉。穿地曰窌。

【疏】“囷窌倉城逆牆六分”者，記四等逆牆之率也。《爾雅·釋宫》云：“牆謂之墉。”《説文·嗇部》云：“牆，垣蔽也。”《土部》云：“墉，城垣也。”案：散文牆墉亦通稱。此城有逆牆者，即所謂女牆也。《説文·自部》云：“陴，城上女牆，俾倪也。”又《土部》云：“堞，城上女垣也。”《釋名·釋宫室》云：“牆，障也，所以自障蔽也。城上垣曰睥睨，言於孔中睥睨非常也。亦曰陴，陴，裨也，言裨助城之高也。亦曰女牆，言其卑小，比之於城，若女子之於丈夫也。”逆牆六分城高，以一分爲之。假令城高九雉，則以上一丈五尺卻爲逆牆。囷窌倉逆牆放此。《禮書》引《尚書大傳》云：“天子賁庸，諸侯疏杼。”鄭注云：“賁，大也。牆謂之庸。大牆，正直之牆。疏猶衰也。杼亦牆也。言衰殺其上下，不得正直。”案：《伏傳》杼，即序之叚字。依鄭彼注説，則諸侯以下廟寢之牆，亦皆有殺，不得正直，但與囷窖倉城卻牆不同耳。

注云“逆猶卻也”者，《廣雅·釋言》云：“卻，㝍也。”卻牆，謂牆上退卻，殺減其廣也。云“築此四者，六分其高，卻一分以爲閷”者，閷，注例亦當作“殺”。此明經“逆牆”冡“囷窌倉城”爲文也。賈疏云：“假令高丈二尺，下厚四尺，則於上去二尺爲閷，上惟二尺。其囷倉城地上爲之，須爲此閷。其窌入地亦爲此閷者，雖入地，口宜寬，則牢固也。”焦循云：“疏知丈二尺則厚四尺者，以記文‘牆厚三尺，崇三之’準之也。高得六分九尺之一，則厚得三尺之半，爲逆牆之度。”云“囷，圜倉”者，《説文·口部》云：“囷，廩之圜者。圜謂之囷，方謂之京。”《九章算術·商功篇》有“圓囷”，劉注云：“圓囷，廩也，亦云圓囤也。”《釋名·釋宫室》云：“囷，綣也，藏物繾綣束縛之也。”焦循云：“《月令》：‘中秋，穿竇窌，修囷倉。’高誘云：‘圜曰囷，方曰倉。’蓋於屋之中建牆，或方或圜，以貯穀，其上不接屋爲逆牆也。廩爲屋室之名，倉、囷、窌則廩中貯粟者之名。”云“穿地曰窌”者，《釋文》云：“窌，劉古孝反。依字當爲窖，作窌，假借也。"案:《説文·穴部》云:"窌,窖也。窖,地藏也。"《廣雅·釋詁》云:"窖、窌,藏也。"《月令》"仲秋穿竇窖",《吕氏春秋》作"窌",窌窖聲近義同,古多通用,故劉昌宗讀爲窖也。《吕氏春秋·季春紀》"發倉窌",高注亦云:"穿地曰窖。"又仲秋紀注云:"穿窌所以盛穀也。"義並與鄭同。焦循云:"《月令》注云:'方曰窖。'蓋掘地作方形,内四面亦爲牆。設深六尺,則口上一分縮卻一尺,故寬於下。計之,若方一丈,其口上高一尺之處,則方一丈二尺也。"

堂涂十有二分。謂階前,若今令辟裓也。分其督旁之脩,以一分爲峻也。爾雅曰:"堂涂謂之陳。"

【疏】注云"謂階前"者,謂堂下東西階前之路,以甓甃之,高於平地也。李如圭云:"堂塗其北屬階,其南接門内霤。案:凡入門之後。皆三揖至階。《昏禮》注曰:'三揖者,至内霤,將曲揖;既曲,北面揖;當碑揖。'賈氏曰:'至内霤將曲者,至門内霤,主人將東,賓將西,賓主相背時也。既曲北面者,賓主各至堂塗,北行向堂時也。'至内霤而東西行,趨堂塗,則堂塗接於霤矣。既至堂塗,北面至階而不復有曲,則堂塗直階矣。又案:《聘禮》'饔鼎設于西階前,陪鼎當内廉。'注曰:'辟堂塗也。'則堂涂在階廉之内矣。"云"若今令辟裓也"者,《釋文》"辟"作"甓","裓"誤"裓"。宋余本、附釋音本、巾箱本、及注疏本並作"甓"。今從嘉靖本,與《集韻·十四皆》引鄭注合。賈疏亦作"辟",云:"漢時名堂涂爲令辟裓。令辟則今之塼也,裓則塼道者也。"阮元云:"古甓字多作辟,今金石猶有存者。"莊述祖云:"《音義》裓音陔。《説文·示部》:'裓,宗廟奏裓樂,从示戒聲。'《衣部》無裓字。《廣韻》:'裓,釋典有衣裓,古得切。'《一切經音義》:'相傳云謂衣襟也,未詳所出。'明裓字惟釋典有之。令甓裓之裓,卽《鍾師》'奏裓夏'之裓。裓陔互相借。《音義》从衣音階,皆非是。裓當从示,古哀反,借作陔。《説文》:'陔,階次也。'堂涂㮚塼爲階次,故曰'令甓裓',無取乎衣裓之義也。"丁晏云:"《釋宮》'瓴甋謂之甓',注:'甂甎,今江東呼爲瓴甓。'《説文·瓦部》:'甓,瓴甓也。'《土部》:'墼,瓴適也。'《毛詩》'中唐有甓',傳:'甓,瓴甋也。'《禮運》注'瓦瓴甓'。裓字一作'垓',《史記·封禪書》'壇三垓',徐廣曰'階次也’。《漢郊祀志》作‘陔’,師古曰:‘陔,重也。三陔,三重壇也。音該。’裓讀爲陔鼓之陔,古字通用。”案:莊、丁説是也。云“分其督旁之脩,以一分爲峻也”者,賈疏云:“名中央爲督。督者,所以督率兩旁。脩謂兩旁上下之尺數。假令兩旁上下尺二寸,則取一寸於中央爲峻。峻者,取水兩向流出故也。”丁晏云:“《國語》‘衣之偏裻’,韋昭注:‘裻在中,左右異,故曰偏。’《莊子》‘緣督以爲經’,《釋文》:‘李云:督,中也。’引伸之,凡物之中央曰督。”焦循云:“疏云上下者,自中至邊之謂。兩旁邪㓾,故中央峻也。”引《爾雅》曰“堂涂謂之陳”者,《釋宫》文。彼文涂作“途”。《詩・小雅》“彼何人斯,胡逝我陳”。毛傳云;“陳,堂塗也。”又《陳風・防有鵲巢》云“中唐有甓”,傳云:“唐,堂涂也。”孔疏引孫炎云:“堂途,堂下至門之徑也。”《釋宫》又云:“廟中路謂之唐。”蓋堂下之涂謂之堂涂,廟寢並有堂,則堂下路同有堂涂之稱。《爾雅》唐陳訓别者,散文則異也。此經堂涂,亦兼廟中、寢中言之。《周書・作雒篇》載五宫之制,有“隄唐”,孔注云:“唐,中庭道。隄,謂高爲之也。”此堂涂常法,十二分止取一分爲峻,更峻之卽所謂隄唐與?

竇其崇三尺。宫中水道。

【疏】注云“宫中水道”者,《説文・穴部》云:“竇,空也。”又《𨸏部》云:“瀆,通溝以防水者也。”瀆竇聲義略同。《月令》“穿竇窖”,鄭注云:“入地,隋曰竇,方曰窖。”案:竇若今陰溝,穿地爲之,以通水潦者,其形隋方廣狹由便,崇則三尺也。《墨子・備城門篇》云:“百步爲幽瀆,廣三尺,高四尺。”與此經度數亦相近。《左》襄十年傳“蓽門閨竇之人”,杜注云:“竇,小户,穿壁爲門,上鋭下方,狀如圭也。”《儒行》及《説文・竹部》並作“圭窬”,與此竇異,賈疏以爲一,非也。

牆厚三尺,崇三之。高厚以是爲率,足以相勝。

【疏】注云“高厚以是爲率,足以相勝”者,明以此爲約率也。賈疏云:“高恆兩倍於厚,不要厚三尺高九尺。假令厚六尺,高丈八尺,皆依此法,故云‘以是爲率,足以相勝’也。”

冬官考工記

車人

車人之事，半矩謂之宣，矩，法也。所法者，人也。人長八尺而大節三：頭也，腹也，脛也。以三通率之，則矩二尺六寸三分寸之二。頭髮皓落曰宣。半矩，尺三寸三分寸之一，人頭之長也。柯欘之木頭取名焉。《易·巽》爲宣髮。

【疏】“車人之事”者，亦以所作之器名工也。云“半矩謂之宣”者，《釋文》云：“宣，本或作寡，亦作宣。”案：或本蓋依今《易》改此經，不足據也。又《釋文》亦作本，與正文不異，疑有誤，或當云“注亦作宣”。阮元謂“蓋下注引《易》‘爲宣髮’，本亦作‘寡’，誤合爲一條。”亦通。此總明車工倨句形體之法數也。程瑶田云：“百工皆持矩以起度，而倨句之度法遂生於矩焉。矩者，倨句之正方者也。由是而句焉，則半矩謂之宣。”又云：”矩有直者，有曲者。倨句之云，折其直矩而爲曲矩，故直矩無角，《周髀》所謂矩出於九九八十一。折之爲曲矩，則一縱一横，而爲正方之角，《周髀》所謂折矩以爲句廣三、股脩四，又所謂合矩以爲方，又所謂兩矩共長二十有五，是謂積矩。故凡正方之形，謂之一矩。是矩也，當其未折時，一直物而無角，其數九，其體略占曲矩之倍；及其折之爲曲矩，則横五縱四，其體略存直矩之半，兩矩合之，縱横皆五。《荀卿書》所謂五寸之矩，盡天下之方者，指曲矩而言之也。故當其未折而爲直矩也，伸之無可伸，何倨之有，屈之不必屈，何句之有？及其折爲曲矩，而謂之一矩，由一矩之折，而漸伸之出乎一矩之外，名之曰倨。其倨之角，悉數之不能終其物也。由一矩之折，而復屈之入乎一矩之内，名之曰句。其句之角，亦悉數之不能終其物也。而此或倨或句不能悉數者，呼之爲角，不辭也。今以其可倨可句也，於是合倨句二字以名之，凡見無定形之角，則呼之爲倨句，此《考工記》呼凡角爲倨句之所昉也。故車人之事爲倨句發凡起例，而折直矩爲正方之一矩，以爲一切倨句之權衡，乃衺判一矩之角而二之,曰半矩。”又云:“《車人》一記,其起例有二道。起例於半矩者,爲凡造物發斂不同形,是爲倨句之例;起例於半柯者,爲凡造物修短無定數,是爲尺寸之例。是故倨句之例不可以尺寸言,故以半矩、一矩加半而數之;尺寸之例則必紀之以數,故曰柯長三尺,以爲半柯、一柯、二柯、三柯之定限。”

注云“矩,法也”者,《爾雅·釋詁》文。案:此矩卽《輿人》“方者中矩”之矩。鄭誤以宣欘等竝爲長短之度,故别訓矩爲法,非經義也。云“所法者人也,人長八尺而大節三,頭也,腹也,脛也”者,鄭誤以此經爲説長短之度,而一矩、半矩,度無明文,故以意定之,謂取法人身長八尺,上下分之,有此三節,因以求其數也。《淮南子·俶真訓》高注云:“脛,腳也。”云“以三通率之,則矩二尺六寸三分寸之二”者,賈疏云:“鄭欲推出宣之長短之數,以人長八尺,三分之,六尺各得二尺;其二尺又取尺八三分之,各得六寸;又以二寸,寸爲三分,爲六分,三分之各三分寸之二:故云二尺六寸三分寸之二也。”程瑶田云:“鄭謂矩爲法,以法人長八尺,三分人長之八尺,以其一之二尺六寸有奇爲一矩,半之爲半矩。如此,則三尺之柯,斷不可以言矩;四尺五寸之一柯半,斷不可以言一矩有半。”案:程説是也。鄭所推宣欘磬折尺度,皆以《車人》“爲車柯三尺”之文,增減求之。不知此文自泛論倨句之形,而非計長短之度,一欘有半之倨句,與三尺之長本不相謀也。云“頭髮皓落曰宣”者,據《易》義也。《釋文》皓作“晧”,云:“晧本或作顥,劉作皓。”案:晧正皓俗。阮元云:“顥是正字。《説文》曰:‘顥,白皃。南山四顥,白首人也。”云“半矩,尺三寸三分寸之一,人頭之長也”者,《御覽·人事部》引《春秋元·命苞》云:“頭者,神所居。上員,象天氣之府也。歲必十二,故人頭長一尺二寸。”此注取半矩之度,與彼相近。賈疏云:“矩既二尺六寸三分寸之二,故減半爲人頭之長,有此數也。”云“柯欘之木頭取名焉”者,戴震云:“柯欘以人所執之端爲頭,界畫其處,亦以度物。”案:鄭意蓋當如戴説,謂柯欘頭與人頭相儗,因以取名。此亦以意推之,非經義也。程瑶田云:“宣之言發也,當是起土句鉏之最句者,蓋句庛利發之義。《詩·緜》日‘迺宣迺畝’,《篤公劉》曰‘既順迺宣’,鄭注曰:‘時耕曰宣,宣之言發也。’《釋名》曰:‘鎛,迫也,迫地去草也。’宣之句地僅半矩,用以去草,夫亦迫地之至矣,豈宣即鎛乎?”案:程説亦通。引“《易・巽》爲宣髮”者,證頭髮皓落之義。賈疏云:“按《説卦》云:‘其於人爲寡髮。’注:‘寡髮取四月靡草死,髮在人體,猶靡草在地。’今《易》文不作宣作寡者,蓋宣寡義得兩通,故鄭爲宣不作寡也。”臧琳云:“《易・説卦》:‘《巽》爲木,其於人也爲寡髮。’《釋文》:‘寡本又作宣,黑白襍爲宣髮。’李氏《集解》作‘宣髮’,引虞翻曰:‘爲白故宣髮,馬君以宣髮爲寡髮,非也。’據此,知《易》本有作‘爲宣髮’者。宣,明也,又散也,故虞以爲白。《周禮注》與虞仲翔本正合。賈疏引鄭《易注》云‘取四月靡草死,髮在人體猶靡草在地’,則是鮮少之義,經當作‘寡’。蓋馬、鄭所注古文《易》本作‘寡髮’,鄭用馬本,王弼、韓康用鄭本,故《釋文》、《正義》皆作‘寡’,賈疏亦云‘今《易》文作寡’是也。《禮注》與《易注》不同者,鄭先通《京氏易》,後注《費氏易》,又遭黨錮事,逃難注《禮》,爲袁譚所逼,來至元城,乃注《周易》。然則《禮注》之爲‘宣髮’,《京氏易》也;《易注》之‘寡髮’,《費氏易》也。”案:臧説是也。今本賈疏寡宣字亦互譌,兹從張惠言校正。

一宣有半謂之欘,欘,斲斤,柄長二尺。《爾雅》曰:“句欘謂之定。”

【疏】“一宣有半謂之欘”者,程瑶田云:“由宣而倨焉,益以半宣,則四分矩之三而爲一宣有半矣,是謂之欘。”

注云“欘,斲斤”者,據《爾雅》爲説。斤,宋董氏本、余仁仲本、巾箱本、注疏本並作“木”。阮元亦引《説文》云“斤,斫木斧也。”案:賈疏述注亦作“斲斤”,則唐本不作“木”。《説文・斤部》云:“斲,斫也。”《木部》云:“欘,斫也。齊謂之鎡錤。一曰斤柄性自曲者。”鄭此訓與《説文》後一義同。《國語・齊語》亦有“斤欘”,《管子・小匡篇》作“鋸欘”,《墨子・備城門篇》作“居屬”,字通。程瑶田云:“句欘其著柲也,句於矩,與一宣有半相應。”云“柄長二尺”者,亦誤以欘爲長短之度也。賈疏云:“一宣有半得長二尺者,以一宣尺三寸三分寸之一,取半添之,一尺得五寸,三寸每寸三分,得九分,并前一分爲十分,取半得五分,三分爲一寸餘二分,揔爲六寸三分寸之二,添前尺三寸三分寸之一爲二尺也。”引“《爾雅》曰,句欘謂之定”者,《釋器》

文。今本《爾雅》"句欘"作"斪斸",彼《釋文》載或本作"欘",與鄭所見同。郭注云"鋤屬"。《釋文》引李巡注、《御覽》引舍人注,並云"鋤也",皆不云"斲斤",與鄭義異。《説文·斤部》云'斪斸,斫也",與《木部》欘字義同字異。案:斫木之斤,斫土之鉏,其柄形同句曲,故並有句欘之稱。據下先鄭注引《蒼頡篇》柯欘,則此經所云,自以斤柄爲是。

一欘有半謂之柯,伐木之柯,柄長三尺。《詩》云:"伐柯伐柯,其則不遠。"鄭司農云:"《蒼頡篇》有柯欘。"

【疏】"一欘有半謂之柯"者,程瑶田云:"又由欘而倨焉,益半欘,則倨於矩,而爲一矩又八分矩之一矣,是謂之柯。"又云:"判其欘爲半欘,欘者四分一矩之三,半欘者,四分一矩之一分有半,以半欘加於一欘,則出乎一矩又餘八分一矩之一矣。"

注云'伐木之柯'者,《國語·晉語》韋注云:"柯,斧柄,所操以伐木。"《周書·文酌篇》云"九柯十匠歸林柯",蓋謂車人之事也。程瑶田云:"柯之爲言阿也,句不及矩之謂也。斧内以柲,其倨句之外博也應之,故謂之柯,而因以名其柲。"云"柄長三尺"者,亦誤以柯爲長短之度也。後爲車云:"柯長三尺。"《墨子·備穴篇》云:"斧金爲斫,杘長三尺。"杘卽柯也。《六韜·軍用篇》云:"大柯斧刃長八寸,重八斤,柄長五尺以上,一名天鉞。伐木大斧重八斤,柄長三尺以上。"亦伐木斧柄長三尺之證。引《詩》者,《豳風·伐柯》文。毛傳亦云:"柯,斧柄也。"鄭司農云"《蒼頡篇》有柯欘"者,證此柯欘之名。《蒼頡篇》今佚,柯欘之文無考。

一柯有半謂之磬折。人帶以下四尺五寸。磬折立,則上俛。《玉藻》曰:"三分帶下,紳居二焉。"紳長三尺。

【疏】"一柯有半謂之磬折"者,由柯而張之,益以半柯,則倨於矩者尤多。而爲一矩又三分矩之二强,謂之磬折。磬折者,如磬之倨句也。但《磬氏》云"倨句一矩有半"。二度不同者,此經所説宣、欘、柯、磬折四倨句之形,各以益半遞增成度,與《磬氏》一矩有半專明爲磬之度異。然一柯有半之磬折，與一矩有半之磬折數異，而名不害其同也。今叚割圜四象限之度數，以釋倨句之形。一象限爲九十度，是爲一矩，《冶氏》所謂倨句中矩者也。倍之爲二象限，爲一百八十度。其半矩之宣，則四十五度也；一宣有半之欘，則六十七度半也；一欘有半之柯，則一百一度四分度之一也；一柯有半之磬折，則百五十一度八分度之一也。夫自二度以至百七十九度中，凡百七十七度，皆有倨句之形，發斂之，成無數之倨句。而經止著此五者之名，將謂凡物倨句必準此五者之數，不得少有贏朒乎而不能也。然則自二度至百七十九度，其倨句之不合於此五名者，亦必就此五者相近之度，揆量以名之，而不必以豪釐之差，議其不合也明矣。是故此職之磬折則百五十一度八分度之一，《磬氏》之倨句則百三十五度，二形差十六度八分度之一，而皆可以磬折名之。蓋此經四者益半遞增之度，本非求合於磬折，特以兩度所差不多，遂叚磬折以爲名。若下文耒庛之倨句磬折，及《匠人》"行奠水之磬折以參伍"，皆不能必協一柯有半，要其形約略如是而已。由此一柯有半而倨焉，而爲《韗人》皋鼓之倨句磬折，則約百六十五度也。更倨焉，而極於百七十九度，苟未至於百八十度之不成倨句，則亦無不可以磬折名之矣。故此經言磬折者，文凡四見，而度則有三，不足異也。互詳《磬氏》疏。

注云"人帶以下四尺五寸"者，亦誤以磬折爲長短之度也。賈疏云："此據人之所立磬折之儀。云一柯有半，謂之磬折，據紳帶以下而言也。"程瑶田云："鄭因下記'柯長三尺'之云，而以之釋柯之倨句，等而下之，遂謂欘爲二尺，宣爲尺三寸三分寸之一；等而上之，遂謂磬折爲四尺有五寸。夫人身之磬折，譬況之名也，故《曲禮》云'立則磬折'，言其折之倨句似磬也。謂之磬折者，言凡應磬之倨句者，乃以磬折謂之，其不以人立之倨句言也明矣。"案：程説是也。云"磬折立則上俛"者，《賈子新書·容經》云："端股整足，體不摇肘，曰經立；因以微磬，曰共立；因以磬折，曰肅立；因以垂佩，曰卑立。"是磬折之立視共立、經立上益俛也。引《玉藻》者，賈疏云："案彼子游曰：'參分帶下，紳居二焉。'鄭注云：'三分帶下而三尺，則帶高於中也。'以其人長八尺，中則四尺，今云三分帶下，紳居二分，明帶上有一分，上三尺半，是帶下有四尺半可知也。"

車人爲耒，庛長尺有一寸，中直者三尺有三寸，上句者二尺有二寸。

鄭司農云："耒謂耕耒。庛讀爲其顙有疵之疵，謂耒下岐。"玄謂庛讀爲棘刺之刺。刺，耒下前曲接耜。

【疏】"車人爲耒"者，《山虞》云："凡服耜，斬季材。"注云："服，牝服，車之材。"是服耜同材，故耒車亦同工也。云"庛長尺有一寸"者，賈疏云："庛者，耒之面。但耒狀若今之曲柄杴也。面長尺有一寸。"云"中直者三尺有三寸，上句者二尺有二寸"者，賈疏云："謂手執處爲句，故謂庛上句下爲中直者三尺有三寸也。人手執之處，二尺有二寸也。"詒讓案：此明揉耒正身三節倨句之實度，合之爲六尺六寸也。耒木鋭其耑爲庛，以貫於金耜，又以繩束之以爲固，《大戴禮記·夏小正》云"正月，農緯厥耒，緯，束也"是也。庛長尺有一寸，則耜之長當尺有一寸嬴，乃足冒庛而與中直相接。又《匠人》云"耜廣五寸"，庛納耜中，則廣當不及五寸。經於庛著長不著廣，於耜著廣不著長，可以參互求之。

注鄭司農云："耒謂耕耒"者，《説文·耒部》云："耒，手耕曲木也。从木推丰。古垂作耒梠，以振民也。"耒卽耒之省。《釋名·釋用器》云："耒，來也，亦推也。"《急就篇》顔注云："耒，今之曲把茉鍬，其遺象也。"云"庛讀爲其顙有疵之疵"者，其顙有疵，《釋文》作"顙疵"。段玉裁改"讀爲"爲"讀如"，云："讀如顙疵，擬其音耳。"阮元云："此用《孟子》之'其顙有泚'也。"案：段校是也。云"謂耒下岐"者，賈疏云："古法，耒下惟一金，不岐頭。先鄭云'耒下岐'，據漢法而言。其實古者耜不岐頭，是以後鄭上注亦云'今之耜岐頭'，明古者耜無岐頭也。"詒讓案：先鄭言此者，以庛耜爲一物也"凡耜庛，經典多通言，故《山虞》説耜亦用木材。《易·繫辭》亦云："神農氏作，斲木爲耜，揉木爲耒。"《易釋文》引京房云："耜，耒下耓也。耒，耜上句木也。"此卽先鄭所本。後鄭以耜金庛木，二者異材，故不從。蓋庛爲木刺，耜爲金刃，枘鑿相函，故庛亦可通稱耜；而此經所言耜與庛，實異物也。云"玄謂庛讀爲棘刺之刺"者，段玉裁云："後鄭易庛爲刺，以其鋭耑，故謂刺，猶殳柲接鐏者曰晉。"云"刺，耒下前曲接耜"者，此破先鄭説也。《月令》注云："耒，耜之上曲也。耜，耒之金也。"《薙氏》、《匠人》注亦以耜爲耒金劚土者。耒庛入耜者，前鋭利，似矛戟之刺，故亦謂之刺，《莊子·胠篋篇》云"耒耨之所刺"是也。程瑶田云："據後鄭注，則耜爲耒頭金，上有銎，以貫耒末。庛卽耒末之木，以納於耜銎者。先鄭以庛爲耜之或文。然觀《匠人》'耜廣''二耜'，兩耜字皆不从庛，於《車人》不當異文，宜後鄭以庛爲耒木之末也。"案：程説是也。庛木耜金，後鄭説最分析。耜蓋金工段氏所爲，非車人所掌也。庛爲木刺，不可以刺土，故必沓金而後可以利發。《説文·耒部》云："耒，耜。"《木部》云："梠，臿也。枱，耒耑木也。重文鈶，或从金台聲。"徐鉉謂梠卽耜字，故《土部》訓坺爲一臿土，卽《匠人》二耜之伐，是其證也。枱卽此經之庛也。許義蓋與後鄭同，故云耒耑木。或體从金者，以其爲臿金所沓也。徐本《説文》枱字注挩"木"字，於義未備。今據《齊民要術》所引補正。《易林·晉》云"銷鋒鑄耜"，亦與後鄭義合。

自其庛，緣其外，以至於首，以弦其内，六尺有六寸與步相中也。緣外六尺有六寸，内弦六尺，應一步之尺數。耕者以田器爲度宜。耜異材，不在數中。

【疏】"自其庛，緣其外，以至於首"者，此明耒下曲庛及上句倨句之實度也。賈疏云："據庛下至手執句者，逐曲量之。"云"以弦其内"者，賈疏云："據庛面至句，下望直量之。内，謂上下兩曲之内。"云"六尺有六寸與步相中也"者，賈疏云："言逐曲之外，有六尺六寸，今弦其内，與步相中。中，應也，謂正與步相應。"

注云"緣外六尺有六寸，内弦六尺，應一步之尺數"者，謂自耒首兩曲，以至於庛耑，循其外曲折度之，合共六尺有六寸。此卽上文庛與中直、上句三節長度之和數也。然其外庛既爲磬折，而其内耒首至中直三寸，三寸盡處又爲曲弧形，以其有句曲之減，故直度少六寸。以弦觸其兩端，適得六尺。《小司徒》注引《司馬法》云"六尺曰步"，此正與彼同。《吕氏春秋·任地篇》云："六尺之耜，所以成畝也。"耒耜對文則異，散文亦通。畝法廣一步，吕云六尺成畝，卽此經與步相中之的解也。此經之義，鄭、賈所釋自塙。近戴震所圖，以"弦其内"爲自耒首觸庛耑爲直線，亦最爲得解。蓋人扶耒推之，必前其庛，自人視之，前者爲外，後者爲内，首至耒末，其空處正當耒内，故云以弦其内也。是外爲本體之實數,内爲空中之虚數。經文之"弦其内"正與"緣其外"對文,外爲實度故曰緣,内爲虚數故曰弦也。下文所謂倨句磬折者,止就庛與中直言之。至耒上句處,揉曲爲弧形,與車曲輈相似,戴圖及漢武梁祠畫像石刻神農所持耒耜,阮元所圖今山東農人所用耒形,咸如此,並無直句磬折之異也。又案:《司馬法》"六尺爲步",古説並同。《史記·商君傳》"治秦,步過六尺者罰",亦用其法。惟《王制》云:"古者以周尺八尺爲步,今以周尺六尺四寸爲步。"此記人之異説,不爲典要。此經以六尺六寸之弧曲,得弦六尺,以爲步法,與《吕覽》文合,義證明塙,可無疑於古步法之異同矣。云"耕者以田器爲度宜"者,據《匠人》云"野度以步",此耒爲田器,弦度適得六尺,故即以之度田野也。云"耜異材,不在數中"者,程瑶田云:"庛爲木材,故與耜金材異也。"賈疏云:"未知耜金廣狹,要耒自長六尺,不通耜,若量地時,脱去耜而用之也。"

堅地欲直庛,柔地欲句庛。直庛則利推,句庛則利發。倨句磬折,謂之中地。中地之耒,其庛與直者如磬折,則調矣。調則弦六尺。

【疏】"堅地欲直庛,柔地欲句庛"者,堅地,若《草人》之"强檃"。柔地,若《草人》之"墳壤"。《九章算術·商功篇》亦云:"穿地四,爲壤五,爲堅三。"壤即柔地,亦謂之䋲,《説文·田部》云:"䋲,穌田也,"云"直庛則利推,句庛則利發"者,記耒庛倨句之中度也。直庛之任力在刺耑,故利推;句庛之任力在耜本,故利發。江永云:"耜之入土也,不必高舉,惟用力推之。其發土也,句曲者向外,非向内也。詢之行中州者,謂親見耕地之法,以足助手,跐耜入土,乃按其柄,向外挑撥,每一發則人卻行而後也。"案:江説是也。推謂推耜金入土,《月令》説耕藉云"天子三推,三公五推,卿諸侯九推"是也。發謂發起其土以治甽,《匠人》説爲甽云:"一耦之伐",即《國語·周語》之"王耕一墢",《舊音》引賈逵本,"墢"作"發",發伐義同。一發謂一人發,不合耦也。凡治甽,必先推而後發之,推與發事相因,故爲耒庛必推發兩利而後爲良,互詳《匠人》疏。云"倨句磬折,謂之中地"者,如一柯有半之倨句以爲庛。則不直不句,而無地不宜矣。

注云"中地之末，其庛與直者如磬折，則調矣"者，明庛與中直者如磬折，其上句者與中直者則不如磬折也。調者，倨句得中之謂。戴震云："中地，謂無不宜也。宜堅不宜柔，宜柔不宜堅，爲不中地；利推不利發，利發不利推，爲不中地。"云"調則弦六尺"者，直庛則贏於六尺，句庛則不及六尺，惟磬折乃正合六尺之度也。

車人爲車，柯長三尺，博三寸，厚一寸有半，五分其長，以其一爲之首。首六寸，謂今剛關頭斧，柯其柄也。鄭司農云："柯長三尺，謂斧柯，因以爲度。"

【疏】"車人爲車"者，王宗涑云："此車謂任載者。任載之車有三：行澤者曰大車，行山者曰柏車，介乎行山行澤閒者，曰羊車。"詒讓案：此車人所爲三車，皆牛車，與輪人、輿人、輈人三職所爲駟馬車不同。其制粗略，故輪輿及轅以一工爲之。云"柯長三尺"者，賈疏云："此車人爲造車之事。凡造作皆用斧，因以量物，故先論斧柄長短及刃之大小也。"云"博三寸，厚一寸有半"者。《廬人》注云："齊人謂柯斧柄爲椑，則椑隋圜也。"若然，斧柄蓋橢方而微圜，略鈋其觚棱，使握之不鍥手也。其圍蓋九寸弱。云"五分其長，以其一爲之首"者，斧以刃爲首，與桃氏爲劒以柄環爲首異。攻金之工以斧斤入上齊，賈彼疏謂亦冶氏爲之，則斧首當隸金工。此因明斧柄度數牽連及之耳，車工實不爲斧首也。

注云"首六寸謂今剛關頭斧"者，六寸謂斧刃之長度也。《六韜·軍用篇》説大柯斧刃長八寸，與此微異。賈疏云："漢時斧近刃皆以剛鐵爲之，又以柄關孔，即今亦然，故舉爲況也。"案：《後漢書·馬融傳》《廣成頌》云"揚關斧"，李注云："關斧，斧名也。"蓋即鄭所謂關頭斧，賈所謂以柄關孔也。程瑶田云："斧之安柲也，横其刃，而於其首爲銎，上下相通，柲直插銎中，不爲内也。"丁晏云："《毛詩·破斧·釋文》：'錡，一解云，今之獨頭斧。'其剛關頭斧之類歟?"云"柯其柄也"者，前注義同。鄭司農云"柯長三尺，謂斧柯因以爲度"者，程瑶田云："車人爲車，而取度於柯，與上言倨句之柯異事，故特著長三尺，以爲下文言車者起度。倨句之柯言其折，故與磬折並稱。長三尺之柯，言長不言折也。"王宗涑云："車人爲車，首言柯長三尺，猶匠人爲溝洫，首言耜廣五寸也，卽所執之器以起度，取其便於事。”

轂長半柯，其圍一柯有半。大車轂徑尺五寸。

【疏】“轂長半柯，其圍一柯有半”者，大車轂長一尺五寸，圍四尺五寸，徑與長等。程瑶田云：“車人爲三車，於大車，言轂長之數、轂圍之數，輻長之數、輻博輻厚之數、渠之數、牙圍之數；於柏車，但言轂長、轂圍、輻長及渠與牙圍之數，不言輻之博厚者，同於大車也。羊車亦不言者，三者皆同可知也。”

注云“大車轂徑五寸”者，賈疏云：“鄭知此是大車者，此論轂輻牙，下柏車别論轂輻牙，又柏車轂長以行山，此車轂短以行澤，故知此是大車，平地載任者也。鄭知徑尺五寸者，以其圍一柯有半，四尺半圍三徑一，故知徑一尺五寸也。”王宗涑云：“依密率，圍四尺半，徑一尺四寸三分二釐三豪九秒四忽零。鄭説依六觚率也。涑謂車之高下，皆用整數，不取奇零，如小車之輪徑有六尺六寸、六尺三寸二等是也。此大車當以輪徑九尺、轂徑一尺五寸爲定率。記以六觚率計轂圍，則曰一柯有半爾。徑一尺五寸，於密率，圍得四尺七寸一分二釐三豪八秒八忽零。”

輻長一柯有半，其博三寸，厚三之一。輻厚一寸也。故書博或作搏，杜子春云：“當爲博。”

【疏】“輻長一柯有半”者，王宗涑云：”此篇記文取數不甚密。大車輪徑九尺，除牙徑一尺，轂徑一尺五寸，餘六尺五寸；半之爲輻長，得三尺二寸五分，菑爪未入算；攷輻菑長如輻廣，得三寸，輻爪長半牙徑，得五寸，通長四尺零五分；而記半九尺之輪以爲輻長，故曰取數不甚密也。又攷大車亦三分輻長而殺其一，則殺者一尺零八分三釐三豪三秒三忽零；不殺者，二尺一寸六分六釐六豪六秒六忽零。”云“其博三寸厚三之一”者，與斧柯博厚度正同。《輪人》注説小車輻廣三寸半，則此大車輻廣殺於彼七分之一也。王宗涑云：“博，廣也。輻廣三寸，厚一寸，倍之得八寸，卽股圍也；三分股圍去一以爲骹圍，則骹圍得五寸三分寸之一，皆橢方圍也。量其輻廣以爲鑿深，則轂上容菑之藪，每穴深三寸，廣亦如之，寬則穴口一寸，與輻厚相應，穴氏半之，得五分。此大車、羊車、柏車所同者也。穴口寬寸，積三十六，凡三尺。以除大車轂圍，餘一尺七寸一分四釐二豪八秒五忽零，則每穴口相距五分七釐一豪四秒二忽零；以除柏車轂圍，餘三尺二寸八分五釐七豪一秒四忽零，則每穴口相距一寸零九釐五豪二秒三忽零：皆依密率推也。"

注云"輻厚一寸也"者，厚得博三分之一，故有一寸。云"故書博或作搏，杜子春云，當爲博"者，此聲之誤也。搏，《釋文》作"摶"，音徒丸反。依陸本，則爲形之誤。未知孰是。

渠三柯者三。渠二丈七尺，謂罔也，其徑九尺。鄭司農云："渠謂車輮，所謂牙。"

【疏】"渠三柯者三"者，大車牙大圜之度也。蓋亦揉三木爲之，每木長九尺，故云三柯者三。賈《輪人》疏謂牙皆揉一木爲之。若然，則此大車之渠當以一長二丈七尺之全木揉之，使其圜中規，絶無偏俺，亦甚難矣。况如賈説，則此經直云渠九柯，豈不文省事明，而必云"三柯者三"，於文不已贅乎？下文柏車之渠云"二柯者三"，亦以三命分，與此文例正同，斯亦車渠必合三成規之塙證也。互詳《輪人》疏。

注云"渠二丈七尺"者，賈疏云："按上輻長一柯有半，兩兩相對，則九尺尚有轂空壺中，於二丈七尺不合者，云輻長一柯有半，兩相九尺者，通計轂而言，其實輻無一柯有半也。"云"謂罔也"者，阮元云："大車之牙謂之渠。《尚書大傳》曰：'散宜生之江淮之浦，取大貝，大如大車之渠。'鄭注云：'渠，車輞也。'"錢坫云："《廣雅》曰：'轅，輞也。'轅卽渠字。渠與巨通，巨者大也。"王宗涑云："渠，輪之大圜也。罔卽輞之省。"云"其徑九尺"者，亦以圍三徑一疏率推之。大車輪崇於柏車、羊車三尺，崇於乘車、兵車二尺四寸，崇於田車二尺七寸，車之最高者也。"戴震云："大車渠二丈七尺，輪崇當八尺六寸弱。"王宗涑云："置圍二丈七尺，以密率求徑，得八尺五寸九分四釐二豪六秒六忽零。如輪徑整得九尺，於密率圍得二丈八尺二寸八分五釐七豪一秒四忽零。輻爪厚寸，大車、羊車、柏車並同。積三十爪，凡三尺，以除大車渠圍，餘二丈五尺二寸八分五釐七豪一秒四忽零，則爪鑿每穴相距八寸四分二釐八豪五秒七忽零。"鄭司農云"渠謂車輮所謂牙"者,《釋文》云:"牙,本或作迓。"案:迓卽牙之誤。《輪人》先鄭注云:"牙謂輪輮也。世閒或謂之罔,書或作輮。"案:渠與罔爲一,輮與牙爲一,二者微異,後鄭釋渠爲罔是也。漢時俗語牙或通稱罔,先鄭沿俗爲釋,其義未析,故引之於後,並詳《輪人》疏。

行澤者欲短轂,行山者欲長轂,短轂則利,長轂則安。澤泥苦其大安,山險苦其大動。

【疏】"行澤者欲短轂,行山者欲長轂"者,賈疏云:"此揔言大車、柏車所利之事。以大車在平地并行澤,柏車山行,各有所宜也。"王宗涑云:"此言任載之事,所以有大車、羊車、柏車之殊,短轂大車,長轂羊車、柏車也。"詒讓案:此長轂短轂專據大車而言。若對兵車、乘車之長轂言之,則此大車三等並爲短轂。《後漢書·馬援傳》云"乘下澤車",則漢時乘車或亦有短轂行澤之别制,未知周制然否。

注云"澤泥苦其大安,山險苦其大動"者,大安則輪行不速,大車主以任載,故不欲大安而貴速;山行大動,則又易傾覆,故欲其安也。

行澤者反輮,行山者仄輮,反輮則易,仄輮則完。故書仄爲側。鄭司農云:"反輮,謂輪輮反其木裏,需者在外。澤地多泥,柔也。側當爲仄。山地剛,多沙石。"玄謂反輮,爲泥之黏,欲得心在外滑。仄輮,爲沙石破碎之,欲得表裏相依堅刃。

【疏】"行澤者反輮,行山者仄輮"者,此明大車、柏車車牙外内輮治之宜。

注云"故書仄爲側"者,聲近字通。《梓人》"仄行",《説文·虫部》亦作"側行"。鄭司農云"反輮,謂輪輮反其木裏,需者在外"者,需,《釋文》作"耎"。賈疏約注義云"堅濡",則與《山虞》注義同。段玉裁校從《釋文》是也。經注耎需字多互譌,《弓人》經、《鮑人》注"柔耎"字並誤"需",可證。木裏需者在外,卽謂木心柔朋者在牙外報地者也。云"澤地多泥,柔也"者,爲其多塗泥,柔耎,與木心柔相宜也。云"側當爲仄"者,徐養原云:"《説文·厂部》:‘仄,側傾也,从人在厂下。’又《日部》:‘𣅡,日在西方時側也,从日仄聲。’《爾雅·釋水》:‘氿,泉穴出,穴出,仄出也。’釋文:‘仄,本亦作側。’然則側仄字雖異,而音義皆同。杜必從仄者,旁曰側,傾曰仄,因事設詞,亦各有所當也,”云“山地剛,多沙石”者,爲其輾轢易致甐敝也。云“玄謂反鞣爲泥之黏,欲得心在外滑”者,此增成先鄭義也。易滑義同。程瑶田云:“據注所云,其材蓋以一木析之爲二也。木析之,則有心有邊,心在外,曰反鞣。鬱之不順木理,故言反也。心堅故滑易。”案:程説是也。以全木析爲兩判,則每判各有心。生時木心在内,今揉以爲牙,乃使心向外,所謂反也。鄭意木心柔而外堅,澤地泥柔,則不患其甐敝,而患其黏滯,木心柔則理滑,反鞣以木心著地,則泥不黏而行利矣。云“仄鞣,爲沙石破碎之,欲得表裏相依堅刃”者,刃與《山虞》注“柔刃”義同。段玉裁云:“表裏相依,謂表堅裏柔相倚,並在鞣外。”案:段説是也。鄭意蓋謂仄鞣表裏各半在外,則著地者木心與木邊適均,而剛堅與柔刃調和相得,以之轢沙石,自無破碎之患也。

六分其輪崇,以其一爲之牙圍。輪高,輪徑也。牙圍尺五寸。

【疏】“六分其輪崇,以其一爲之牙圍”者,牙圍謂牙身長方四面之圍,其度居輪崇六分之一,與《輪人》小車牙圍輪崇之差同。

注云“輪高,輪徑也”者,輪崇卽謂輪高,亦卽輪上下之直徑也。云“牙圍尺五寸”者,賈疏云:“輪崇九尺,六尺得一尺,三尺得五寸,故尺五寸也。”王宗涑云:“此謂輪高九尺之大車也,故知牙圍一尺五寸。圍謂帀車輞一木也。牙圍橢方,植骹處厚三寸,踐地處削薄三分之一,厚二寸,并之以除牙圍,餘一尺;半之以爲大圜平面之立徑,凡五寸。”

柏車轂長一柯,其圍二柯,其輻一柯,其渠二柯者三,五分共輪崇,以其一爲之牙圍。柏車,山車。輪高六尺,牙圍尺二寸。

【疏】“柏車轂長一柯”者,倍於大車之轂長。賈疏云:“此柏車山行,故轂長輪崇又下,皆取安故也。”王宗涑云:“一柯三尺,所謂長轂也。三分轂長，二在外，一在内以置其輻。除輻廣三寸，則轂在輻内者九寸，在輻外者一尺八寸。”云“其圍二柯”者，增於大車轂圍四分之一。王宗涑云：“二柯六尺，依六觚率，徑得二尺；依密率，徑得一尺九寸零九釐零九秒零。涑謂柏車當以輪徑六尺、轂徑二尺爲定率。依密率，轂圍得六尺二寸八分三釐一豪八秒五忽。”云“其輻一柯”者，殺於大車輻長三分之一。賈疏云：“兩輻相對六尺。”王宗涑云：“柏車輻長一尺八寸，記云一柯，則取輪崇之半并轂半徑、牙徑數之，取數亦不甚密。柏車不言輻博及厚，蓋與大車輻同制。”又云：“柏車輪徑六尺，除牙徑六寸，轂徑二尺，餘三尺四寸；輻長半之，得一尺七寸三分。輻長而殺其一，則殺者五寸三分寸之二；不殺者一尺一寸三分寸之一。菑長如大車之輻。蚤爪長半牙徑，得三寸。通長二尺三寸。”案：王説是也。羊車輪崇輻長當與柏車同。云“其渠二柯者三”者，殺於大車渠二分之一，此蓋亦揉三木爲之，每木長六尺，故云二柯者三也。賈疏云：“渠圍二柯者三，圍丈八尺，亦謂通轂空壺中并數而言也。”云“五分其輪崇，以其一爲之牙圍”者，殺於大車牙圍五分之一也。

注云“柏車，山車”者，《釋名・釋車》云：“柏車，柏，伯也，大也，丁夫服任之小車也。”案：《釋名》“小車”疑當作“山車”，卽用此經注義也。吴志忠校本作“牛車”，亦通。鄭知此爲山車者，據轂徑長與上文行山者長轂合也。王宗涑云：“柏，迫也。柏車之輪更卑於田車，牝服最迫近於地，故名柏車。”案：王説近是。云“輪高六尺”者，亦以渠周求徑得之。王宗涑云：“圍一丈八尺，高六尺，鄭依六觚率也。依密率，渠圍一丈八尺，徑得五尺七寸二分九釐五豪五秒五忽。如輪徑整得六尺，則圍當得一丈八尺八寸五分七釐一豪四秒二忽零。以爪積三尺除渠圍，餘一丈五尺八寸五分七釐一豪四秒二忽零，則爪鑿每穴相距五寸二分八釐五豪七秒一忽零。是柏車與大車、羊車容爪之穴，其相距皆以一寸六分零一豪四秒三忽零爲衰分也。”云“牙圍尺二寸”者，賈疏云：“以其輪崇六尺，五分取一，五尺取一尺，一尺取二寸，故尺二寸也“”王宗涑云：“柏車之牙輞是正方圍，四面皆徑三寸，所謂‘行山者欲侔’是也。”

大車崇三柯，綆寸，牝服二柯有參分柯之二，大車；平地載任之車，轂長半柯者也。綆，輪箄。牝服長八尺，謂較也。鄭司農云："牝服，謂車箱。服讀爲負。"

【疏】"大車崇三柯"者，戴震云："大車輪崇當八尺六寸弱，輻長不及四尺。此云大車崇三柯，與密率較四寸。前云輻長一柯有半，不減轂空壺中，皆略舉大數爾。"云"綆寸"者，江永云："輪大，則輪之向外箄者自當稍寬。"云"牝服二柯有參分柯之二"者，江永云："牝服不言廣，後言鬲長六尺可推也。牝服惟柏車方，大車、羊車皆長方。"案：江説是也。《巾車》賈疏謂此職三車皆方，失之。程瑶田云："大車言崇者，轂徑及輻長倍數和之而得也。柏車不言者，可例而知也。羊車不言者，同於柏車可知也。大車言綆數、牝服之數，柏車、羊車但言牝服，不言綆數，綆數大車且不過寸，縱差小之，至三分寸之二止矣，不言可也。"

注云"大車平地載任之車，轂長半柯者也"者，《毛詩·小雅·無將大車》傳云："大車，小人之所將也。"《牛人》云："凡會同、軍旅、行役，共其兵車之牛與其牽徬，以載公任器。"此大車卽牛車之大者，故云載任之車。曰平地者，别於柏車爲行山之車。轂長半柯，據上文。云"綆，輪箄"者，《輪人》先鄭注同，詳彼疏。云"牝服長八尺謂較也"者，賈疏云："言牝服者，謂車較，卽今謂之平鬲，皆有孔，内軨子於其中，而又向下服，故謂之牝服也。"案：賈《山虞》疏亦釋牝服爲車平較，謂皆有鑿孔，以軨子貫之。蓋以鑿孔爲牝，軨子卽横直材，猶馬車之軹轛也。然賈以軨子貫鑿訓牝服，則與馬車無别，似非的解。今以鄭義推之，較者，輿兩面上横木之稱。馬車牛車皆有左右兩較，但馬車較左右出式而高，牛車較卑，無較式之别，是之謂平較。平較謂之牝服，較高者爲牡，則平者爲牝矣。《既夕禮》云："賓奠幣與棧左服。"彼注以棧爲柩車。蓋柩車輇輪，輿亦無式較之别，故雖非牛車，而亦冡服稱也。平較之木圍徑，經注並無文，以《輿人》馬車較例之，徑當不逾一寸五分左右，若軹轛諸材則尤小，故《山虞》服用季材。若輿下軫軓諸木，皆徑三寸左右，則非季材所能勝矣。此牝服長八尺，卽謂較深，故《詩·秦風·小戎》孔疏謂大車前軫至後軫，其深八尺。蓋大車箱長於羊車一尺，長於柏車二尺也。鄭司農云"牝服謂車箱"者，《説文·竹部》云："箱，大車牝服也。"錢坫云："輿内謂之箱。《方言》云：'箱謂之輫。'"段玉裁云："《小雅·大東》傳云:'服,牝服也。箱,大車之箱也。'按:許與大鄭同,箱卽謂大車之輿也。毛二之,大鄭一之,要無異義。後鄭云較者,以左右有兩較,故名之曰箱,其實一也。"徐養原云:"大車牝服,四面有版,上用平鬲,形同匡匪,所以載物,非以載人。後人呼篚笥爲箱,因其形似而名之也。《詩》云:'睆彼牽牛,不以服箱。'大車之謂也。若小車則有較式之别,高下參差,復闕後面,與作箱之法異。"案:段、徐説是也。《詩·大東》以服箱並舉,故毛兩釋之。鄭箋亦云牽牛不可用於牝服之箱,孔疏謂兩較之内容物之處爲箱,馬瑞辰謂鄭以牝服爲左右較,而以箱爲大車之輿。案:綜校毛鄭孔義,蓋當如馬説。若然,是牝服爲兩平較之專稱,箱爲車輿之大名,猶之小車輢較通屬輿也。大總言之,服亦卽箱,異名同物,後鄭《既夕禮》注亦云"服,車箱",是二鄭説同。云"服讀爲負"者,明與服牛服馬義異也。服負聲近叚借字。《釋名·釋車》云:"負,在背上之言也。"此讀服爲負,蓋亦取背負之義,箱在輿版上,若負之然。陳奂云:"牝卽牛。服者,負之假借字。大車重載牛負之,故謂之牝服。"案:陳説亦通。

羊車二柯有參分柯之一,鄭司農云:"羊車,謂車羊門也。"玄謂羊,善也。善車,若今定張車。較長七尺。

【疏】"羊車二柯有參分柯之一"者,冢上謂牝服之長也,殺於大車一尺。程瑶田云:"羊車復不見轂長、轂圍、輻長、渠與牙圍之數者,羊車五者同於柏車可知也。"賈疏云:"按此羊車較長七尺,下柏車較長六尺,則羊車大矣,而《論語》謂大車爲柏車、小車爲羊車者,以柏車皆説轂輻牙,惟羊車不言,惟言較而已,是知柏車較雖短,轂輻牙則長,羊車較雖長,轂輻牙則小,故得小車之名也。"案:《論語·爲政篇》云:"大車無輗,小車無軏。"臣軌注引鄭彼注云:"大車,柏車。小車,羊車。"此卽賈氏所本。然《論語》大車小車,自以《集解》引包咸説分牛車、駟馬車爲是。此職三車並牛車,則皆大車也。鄭彼注以大車爲柏車,小車爲羊車,其不可通有三。三車之制,大車最大,羊車、柏車次之,今釋大車,乃遺最大之大車,而取其次之柏車,不可通一也。經於羊車止著較長之度,其轂輻牙諸度並無文,蓋當與柏車同;若如賈説,轂輻牙小於柏車，則此宜明出其度，而經不然，明羊車它度悉同柏車，其較又視柏車加長，則羊車自大於柏車，而鄭釋反是，不可通二也。輗軏並持衡之木，以牛車馬車所用異名；若如鄭説，小車爲羊車，則仍是牛車，其持衡者亦當爲輗，《論語》不當云無軏，不可通三也。然則彼注蓋文有譌舛，非鄭之舊，殆無疑矣。賈疏不察，輒據彼定此羊車小於柏車，貽誤後學，謹附正之。

注鄭司農云"羊車謂車羊門也"者，《釋名・釋車》云："立人，象人立也。或曰陽門，在前曰陽，兩旁似門也。"《廣雅・釋器》云："陽門，篳篂，雀目蔽篕也。"案：羊陽聲同。羊門制不可攷，張揖以爲卽篳篂。《續漢書・輿服志》劉注引《説文》云："車當謂之屏星。"又引《謝承書》云："别駕車前有屏星，如刺史車曲翳儀式。"則屏星、陽門皆卽車前屏蔽之物。《爾雅・釋器》云："輿竹前謂之禦，後謂之蔽。"《詩・秦風・小戎》孔疏引李巡注云："编竹當車前以擁蔽，名之曰禦。"卽是物也。先鄭意蓋謂羊車前有屏蔽，謂之羊門，車因以爲名，故云卽車羊門也。云"玄謂羊，善也，善車若今定張車"者，《釋名・釋車》云："車，羊，祥也；祥，善也。善飾之車，今犢車是也。"賈疏云："漢世去今久遠，亦未知定張車將何所用，但知在宫内所用，故差小，謂之羊車也。"俞正燮云："《晉書・車服志》云：'羊車，一名輦車，其上如軺，伏菟箱，漆畫輪軏。'①《齊書・輿服志》、《隋書・禮儀志》同謂羊車金漆牽車，漢時以人牽之。又《北史・斛律金傳》言，詔金朝見，聽乘步挽車至階。《李諧傳》則言賜斛律金羊車上殿。是羊車以人步輓。《隋志》云：'隋馭童年十四五者二十人，謂之羊車小史，駕果下馬，其大如羊。'《釋名》又有羸車、羊車，云'各以所駕名之'。則小兒别有羊車，非古之羊車。"詒讓案：據《釋名》所云，則羊車亦牛車，但車制卑小，故以犢駕之。然此經羊車，制度大於馬車，並不卑小，劉據漢制説之，已自不合；至史志所載羊車，或以人步挽，或駕果下馬，《釋名》别載駕羊之車，則又兒童游戲所乘，復與犢車異，與此經羊車尤不相涉，故鄭别以定張車釋之，知漢時所有羊車，與此名同而實異也。又此羊車乃任載之牛車，不得以宫中車爲況。賈以宫内所用差小，故謂之羊

① "軏"《晉志》作"軛"。——王文锦校注。

車，蓋誤以漢晉以後制推之，殊爲失攷。定張車亦未詳。孔廣森引《尚書大傳》曰："主夏者張，張爲鶉火，南方之中。"疑定張車卽司南車。案：《鶡冠子·天則篇》云"前張後極"，則孔以定張爲司南，説非不可通。又馬總《意林》引《物理論》云："指南車，見《周官》。"今全經六篇無指南車之文，楊泉亦或卽指此注而言。但鄭以今況古，《西京襍記》説漢大駕雖有司南車，而兩《漢書》無其制，恐非鄭意也。云"較長七尺"者，此冡上大車牝服二柯有參分柯之二之文，故知此亦卽較長之度。二柯爲六尺，加三分柯之一，一尺，凡七尺也。王宗涑云："羊車牝服，短於大車牝服一尺，長於柏車牝服亦一尺。"

柏車二柯。較六尺也。柏車輪崇六尺，其綆大半寸。

【疏】"柏車二柯"者，亦牝服之長也，又殺於羊車一尺。王宗涑云："柏車牝服最短，蓋以山險難行而少其任載也。然則任載之車分三等，亦量地之易險而利其用爾。易野用大車，險野用柏車，易險半者用羊車，而任載多少亦隨地之易險而殊，故牝服有長短也。"

注云"較六尺也"者，柏車之箱短於大車二尺、羊車一尺，牝服之最短者也。云"柏車輪崇六尺，其綆大半寸"者，賈疏云："大車輪崇九尺，綆一寸；此柏車輪崇六尺，三分減一，其綆亦宜三分減一，三分寸之二，卽大半寸也。"

凡爲轅，三其輪崇，參分其長，二在前，一在後，以鑿其鉤，徹廣六尺，鬲長六尺。鄭司農云："鉤，鉤心。鬲，謂轅端。厭牛領者。"

【疏】"凡爲轅，三其輪崇"者，明牛車爲兩直轅，異於馬車之一曲輈也。詳《輈人》疏。三其輪崇，則與渠之大圜度正同。賈疏云："凡爲轅者，言'凡'，語廣，則柏車、大車、羊車皆在其中。輪崇雖不同，其轅當各自三其輪崇。假令柏車輪崇六尺，三之，爲轅丈八尺；大車輪崇九尺，三之，爲轅二丈七尺。但羊車雖不言輪崇，亦三之以爲轅也。"江永云："牛車轅長者，牝服之後猶有轅，轅尾亦可載物，今車亦如此。以上下文可推知其長短。大車尾輈五尺，羊車二尺五寸，柏車三尺，皆以輈長三之一減牝服之半計之。其前輈出牝服之外者，大車一丈四尺，柏車九尺，羊車八尺五寸。"云"參分其長，二在前，一在後，以鑿其鉤"者。記鑿鉤銜軸之度也。王宗涑云："輈二在鉤前，一在鉤後，則大車鉤前輈長一丈八尺，鉤後輈長九尺；柏車鉤前輈長一丈二尺，鉤後輈長六尺。牝服立輈上，半在鉤前，半在鉤後。大車牝服深八尺，則輈出牝服後者五尺；柏車牝服深六尺，則輈出牝服後者三尺。此即所謂軝。《説文·車部》云：'軝，大車後也。'舉大車以包羊車、柏車也。軝及前輈大車獨長者，以爲增加任載之用爾。"又云："任載之車皆兩輈，鑿輈之下面以鉤軸。其輈之大小，記文不具。蓋皆十分其輈之長，以其一爲之圍，以上承牝服；參分其圍，去一爲頸圍，以縛駕牛之鬲；五分頸圍，去一以爲踵圍。則大車之輈方圍二尺七寸，徑六寸七分五釐，頸圜圍一尺八寸，踵圜圍一尺四寸四分；柏車之輈隋方圍一尺八寸，平徑約三寸，立徑約六寸，頸圜圍一尺二寸，踵圜圍九寸六分。"案：三車雖於輈鑿鉤，然亦有伏兔，度蓋與輈當兔同。又三車輈及頸、踵之圍度，經注無文，王據《輈人》馬車輈頸踵之圍度推之，於義得通。但馬車輈踵適承後軫，當爲橢方圍；牛車輈踵出軫外數尺，王以爲圜圍，未知是否。互詳《輈人》疏。云"徹廣六尺"者，徹即軌也。《匠人》注云："軌廣八尺者，謂駟馬車徹也。"依此文，則大車軌狹於彼二尺，故《遂人》注謂"畛容大車，涂容乘車"，明其異也。賈疏亦謂不與駟馬車八尺者同徹。江永云："大車之輪必出於箱外，其閒又須有空處容輪轉，徹廣安能與鬲長同數？徹廣'六尺'，當是'八尺'之誤。以徹廣計，置輻宜皆如馬車之法，參分其轂長，二在外，一在内。以此計之，大車箱下無轂，柏車箱下有轂。"戴震亦云："輈值牝服下，鬲在兩輈之閒，鬲長車廣蓋等。大車轂長尺五寸，中其轂置輻，輻内六寸，輻廣三寸，綆寸，凡一尺。六尺之箱，旁加一尺，兩旁共二尺，徹廣八尺明矣。古者涂度以軌，軌皆宜八尺。田車之輪卑於兵車、乘車三寸，①牛車之制殊於四馬車，軌八尺則同也，故曰車同軌。軌不同爲不合徹，不可行於涂。"案：徹鬲同度，於理難通，江、戴定此徹廣六尺

① 原"於"字誤"重"，據文意删。——王文锦校注。

爲八尺之譌是也。鄭珍説亦同。蓋大車轂長一尺五寸，柏車、羊車轂長三尺，其置輻宜準《輪人》駟馬車之例，亦三分轂長，二在外、一在内以置之。然則大車轂在輻内者凡四寸，在外者凡八寸；柏車、羊車轂在内者凡九寸，在外者凡一尺八寸。大車輻内與輻廣及綆之和數凡八寸，柏車、羊車輻内與輻廣及綆之和數凡一尺二寸六分六釐六豪六不盡。三車箱廣同，鬲長六尺，則大車轂在箱外相距左右各二寸，而柏車、羊車則轂入箱下左右各二寸六分六釐六豪六不盡，故江氏謂大車箱下無轂，柏車箱下有轂，所推最塙。戴氏則謂大車中轂置輻，與馬車置輻法不合，但經注並無見文，姑存以備一義。又案：《輿人》云："輪崇、車廣、衡長參如一。"此馬車之通例也。《車人》三車，柏車、羊車輪崇、車廣、鬲長之度蓋亦參如一，惟大車輪特崇，不與鬲長同度，而車廣、鬲長則仍無不同，故經絶不見車廣之度，以有鬲長可以比例求之也。假令三車輿廣各自爲度，不與鬲同，則經於牝服之長既詳著其度，而其廣之各異，不宜絶無一語及之。然則三車之輿廣同六尺，輪在輿外，徹必不止六尺明矣。鄭所見本"八"已誤爲"六"，《遂人》注據此以定畛涂異軌。然則大車止可行畛，不可行涂，若行涂，則爲不同軌，其説殆不可通也。凡馬車一輈，在輿下之中，牛車兩轅，則在輿下兩旁，然不必正切輿軓之外邊，蓋當與馬車輿下置伏兔之處正相直，故得上鉤輿版；否則不鉤輿版而鉤軓，失鉤心之義矣。大車軓廣度不可考，而馬車設伏兔之處，鄭珍謂在軓内一寸二分，加軓廣，并之共七寸，於制近是。牛車設兩轅之處，約與彼同，然則大車之轅自相距約計蓋四尺六寸。三車之鬲，左右出兩轅外亦約有七寸，可以交縛爲固。柏車之轂雖長入輿下，而距設轅之處尚有四寸三分有奇之餘空，以之與鬲交縛，爲地甚寬也。羊車諸度當與柏車同。車軌度數，互詳《匠人》疏。云"鬲長六尺"者，賈疏云："以其兩轅，一牛在轅内，故狹；四馬車鬲六尺六寸者，以其一轅，兩服馬在轅外，故鬲長也。"

注鄭司農云"鉤，鉤心"者，《釋名·釋車》云："鉤心，從輿心下鉤軸也。"《易·小畜》九三《爻辭》云："輿脱輹。"孔疏引鄭注云："謂輿下縛木，與軸相連，鉤心之木是也。"又李氏《集解》引盧氏云："輹，車之鉤心，夾軸之物。"案：輹印伏兔。此鉤心則是就轅鑿之以鉤軸，與輹異。鉤字又作枸，

《御覽·車部》引《通俗文》云"軸限者,謂之枸"是也。其上又微隆起,入輿心,使相持而固,制並與伏兔同,故亦與轐同得鉤心之名也。江永云:"鑿鉤,謂輈當軸處,鑿半月形以銜軸。軸上亦稍鑿之,令其相鉤著不脱。"鄭珍云:"所云心者,謂輿底版心。其鉤者,謂輈鉤版心之處。鑿其鉤者,視此處應鉤深若干,而剡低其前後不鉤者,其鉤者自高出也。大車兩轅承輿底之旁,而對鉤版心。"黄以周云:"司農云:'鉤,鉤心。'其實鉤與鉤心,其制同,其名有别。大車兩轅卽於轅上設鉤,是鉤在旁也,故曰鉤,不曰心。小車設伏兔於兩旁,其鉤在輿心,故曰鉤心。鉤心者,小車之專名也。以鑿其鉤者,鑿謂鑿其納鉤之孔,鉤卽其入鑿之木。其在小車,鄭《易注》所謂'鉤心之木'是也。鉤心者,《釋名》所謂'從輿下鉤軸'是也。凡輿,軫置輈伏兔上,輈伏兔置軸上,皆空空庪著,其所以連縛輿、軫、輈、軸,使四者不相分離,全恃鉤心之木。無鉤心,則輿軫輈軸皆離而不可行,故《易》以'輿説轐'爲止象,轐卽鉤心之木是也。"詒讓案:大車轅之鉤心,卽在小車輈之著伏兔處,江説鑿鉤之法是也。鉤心之義,亦當如鄭説,兼上鉤輿版、下鉤軸言之,義乃晐備。黄氏區分鉤與鉤心爲二,説亦甚析。但大車雖於兩轅鑿鉤,而仍有伏兔。《易·大壯》九四《爻辭》云:"壯于大輿之轐。"《小畜·釋文》引鄭注云:"轐,伏菟。"彼大輿卽大車,轐卽伏兔,是大車有伏兔之明證。《説文·車部》云:"轐,車伏兔也。轐,車軸縛也。"二字異訓。王筠據《大壯·爻辭》,謂"小車用轐,大車用轐",其説甚精。蓋大車直轅,小車曲輈,其在輿下當軸之處,皆鑿鉤以銜軸,又皆有伏兔。小車獨輈居中,其鉤卽《輈人》之當兔是也。其伏兔有二,在車箱下兩旁,此經謂之轐。大車兩轅居旁,其伏兔則止一,在輿腹下正中,當小車設輈之處,《易》及《左傳》謂之轐。是小車輈一而兔兩,大車轅兩而兔一,迭遣易居,以與輿軸相鉤連,其疏密略同。使大車無伏兔,則兩轅閒四五尺地,空無一物以載輿版,不足以爲固矣。大車伏兔居輿下之中,故轐《周易集解》載虞翻本又作"腹",蓋以聲兼義。伏兔上下又以革縛之以爲固,故《説文》訓轐爲"車軸縛"。小車輈之當兔及大車之轐,並正當輿心,故鄭《易注》云"縛木鉤心"是也。小車之轐及大車轅之鉤,並當輿旁,則唯謂之鉤,而不曰鉤心,此云"鑿鉤"是也。先鄭并鉤與鉤心爲一，義尚未析。輹轐，互詳《總敍》疏。云“鬲謂轅端厭牛領者”者，鬲即槅之借字。《釋名·釋車》云：“槅，扼也，所以扼牛頸也。馬曰烏啄，下向叉馬頸，似烏開口向下啄物時也。”《説文·木部》云：“槅，大車枙。”段玉裁云：“枙當作軶。《車部》曰：‘軶，轅前也。’槅，《考工記》作‘鬲’。大車之軶曰槅。《西京賦》曰：‘五都貨殖，既遷既引，商旅聯槅，隱隱展展。’此正謂大車也。”案：段説是也。小車一輈，而以兩曲軶下扼馬頸；大車二轅，而以一曲槅下扼牛頸。大車之槅即小車之軶，軶之爲槅，猶《説文·手部》搹之或體爲扼也。先鄭及劉成國所釋致明塙。《西京賦》之“聯槅”，薛綜注亦以車楖釋之。《説文·車部》釋軶爲轅前，蓋誤以軶爲衡；而《木部》釋槅爲楖，則不誤。《論語·衛靈公篇·集解》引包咸云：“衡，軛也。”亦誤合二者爲一，不足據也。《論語·爲政》皇疏云：“古作牛車二轅，不異即時車，但轅頭安枙，與今異也。即時車枙用曲木駕於牛脰，仍縛枙兩頭著兩轅。古時則先取一横木縛著兩轅頭，又别取曲木爲枙，縛著横木，以駕牛脰也。即時一馬牽車，枙猶如此也。”據此，是梁時馬車有衡有軶，牛車有軶無衡。皇意古牛車亦當兼有衡軶。竊謂以此職經注考之，古牛車蓋亦有軶無衡，與梁時制度不異也。何以言之？衡任爲車制最要之一端，儻大車亦有衡，經當明言其度，不宜舍衡而舉鬲也。馬車所以有衡者，爲輈閒駕兩服，故必爲衡以持兩軶。大車轅内止一牛，牽徬又非轅内鬲之所扼，又何必更爲衡以持軶乎？馬車之輈上曲，其輈頸之耑高出於軸上者逾四尺，故加以衡軶，而適扼馬領。今大車直轅平出，以大車輪崇九尺言之，半徑不過四尺五寸，柏車、羊車輪崇六尺，半徑不過三尺，比之馬車，尚少三寸，直轅兩耑出軸上不過數寸，如於轅耑縛衡而後加軶以駕牛，則牛身常負轅軶，轅耑必昂起，車行前成仰勢，而終日如登阤矣。惟即以軶兩末縛於轅端，則軶末與轅末正平，而軶曲中高出於轅上，以下扼牛領，乃適相當。鬲末既縛於轅，則兩末相去之直徑，當與輿廣同，故鬲長六尺六寸者，謂兩末相去直徑之度也。以皇侃説梁時牛車制推之，古牛車之軶當亦曲揉，與馬車同；惟近兩末數寸之處，又當直揉之，左右平出，以縛於兩轅，則與馬車軶異。古今車制不同，而牛身之高不異。梁時牛車不能同馬車具衡軶之制，而謂周時大車必同小車，非通論也。至《論語》之輗，皇疏引鄭注云"輗，穿轅端著之"，則輗自是大車兩轅耑與鬲相持之關鍵。蓋鬲兩末當直揉以平湊轅耑，故各以輗穿轅鬲而縛之以爲固，則輗之長亦不過數寸。故《韓非子·外儲説》云："墨子曰：吾不如爲車輗者之巧也，用咫尺之木，不費一朝之事，而引三十石之任。"蓋鬲兩末縛轅耑，各以輗直穿以爲固也。《論語集解》引包咸注，釋輗爲轅端横木以縛軶，蓋誤以輗當衡。《説文·車部》又云："輗，大車轅耑持衡者。"雖較勝包説，而亦不知大車有鬲無衡。蓋衡鬲之制，淆矢莫辨，自漢時已然矣。

弓人爲弓，取六材必以其時。取幹以冬，取角以秋，絲漆以夏。筋膠未聞。

【疏】“弓人爲弓”者，亦以所作之器名工也。《説文·弓部》云：“弓以近窮遠，古者揮作弓。《周禮》六弓，王弓、弧弓以躲甲革甚質，夾弓、庾弓以躲干侯鳥獸，唐弓、大弓以授學射者。”《燕禮》及《孟子·公孫丑篇》並有弓人，即此。

注云“取幹以冬，取角以秋，絲漆以夏”者，賈疏云：“鄭知取幹以冬者，見《山虞》云：‘仲冬斬陽木，仲夏斬陰木。’二時俱得斬，但冬時尤善，故《月令》云‘日短至，伐木，取竹箭’，注云‘堅成之極時’。是知冬善於夏，故指冬而言也。取角以秋者，下云‘秋殺者厚’，故知用秋也。絲漆以夏者，夏時絲孰，夏漆尤良，故知也。必知六材據此六者，皆依下文而説也。”云“筋膠未聞”者，二者取時，經無見文。《齊民要術》有煮膠法，云：“煮膠要用二月、三月、十月，餘月則不成。熱則不凝無餅，寒則凍瘃白膠不黏。”然則取膠其以春與？

六材既聚，巧者和之。聚猶具也。

【疏】注云“聚猶具也”者，明此與《輪人》“三材既具，巧者和之”同義。《説文·㐺部》云：“聚，會也。”聚會則備具，故引申之亦得爲具也。

幹也者，以爲遠也；角也者，以爲疾也；筋也者，以爲深也；膠也者，以爲和也；絲也者，以爲固也；漆也者，以爲受霜露也。六材之力，相得而足。

【疏】"幹也者，以爲遠也"者，此明六材各有其主用也。《史記·田敬仲世家·索隱》云："幹，弓幹也。"案：幹者，榦之變體。《説文·木部》云："榦，築牆耑木也。"是幹本楨幹字，引申之，凡木材通謂之幹，故《月令》注云"幹，器之木也"。此幹則專爲弓材之名，卽弓身木，統柎及兩隈兩簫爲一。所以發矢及遠也。云"角也者以爲疾也，筋也者以爲深也"者，《曲禮》云："凡遺人弓者，張弓尚筋，弛弓尚角。"注云："弓有往來體，皆欲令其下曲隤然順也。"孔疏云："弓之爲體，以木爲身，以角爲面，筋在外面。"案：據孔説，蓋弓張則曲面向内，而筋上見；弛則反是，而角上見。是角著弓裏，亙左右隈及兩簫，筋著弓表，皆所以助其力，故一以爲疾，一以爲深。江永云："射深之力在幹，亦在筋。後言九和之弓，角不勝幹，幹不勝筋，則筋力在角幹之上，故篇末云'覆之而筋至，謂之深弓'。"云"膠也者以爲和也，絲也者以爲固也"者，膠絲所以黏纏弓身，使幹角筋相著而不解，故一以爲和，一以爲固也。云"漆也者，以爲受霜露也"者，制弓既成，乃施漆於幹角之外，以禦霜露也。

注云"六材之力，相得而足"者，賈疏云："六材在弓，各有所用，六材相得，乃可爲足也。"

凡取幹之道七，柘爲上，檍次之，檿桑次之，橘次之，木瓜次之，荆次之，竹爲下。鄭司農云："檍讀爲億萬之億。《爾雅》曰：'杻，檍。'又曰：'檿桑，山桑。'《國語》曰：'檿弧萁箙。'"

【疏】"凡取幹之道七，柘爲上"者，以下並記治幹之法。《説文·木部》云："柘，桑也。"案：柘，桑屬，與桑小異。寇宗奭《本艸衍義》云："柘木裏有紋，亦可旋爲器，葉飼蠶，曰柘蠶，葉硬，然不及桑葉。"《總敍》"荆之幹"，注云："幹，柘也。"賈彼疏引《書·禹貢》"杶幹栝柏"，鄭注云："幹，柘幹。"《淮南子·原道訓》高注謂烏號之弓亦以柘桑爲幹。蓋弓幹以柘爲上，故柘專得幹名矣。云"橘次之"者，《總敍》云："橘踰淮而北爲枳。"蓋周時南方有以橘爲弓幹者。云"木瓜次之"者，《詩·衞風·木瓜》毛傳云："楙木也，可食之木。"《爾雅·釋木》云："楙，木瓜。"郭注云："實如小瓜，酢可食。"云

"荆次之,竹爲下"者,《説文・艸部》云:"荆,楚木也。"又《竹部》云:"簜,大竹也,可爲幹。"即此弓幹也。

注鄭司農云"檍讀爲億萬之億"者,段玉裁改"爲"爲"如",云"此擬其音耳"。引《爾雅》曰"杻,檍"者,《釋木》文。郭注云:"似棣,細葉。葉新生,可飼牛。材中車輞。關西呼杻子,一名土橿。"檍,《説文・木部》作"檍",云:"梓屬,大者可爲棺椁,小者可爲弓材。"《詩・唐風・山有樞》孔疏引陸璣疏云:"杻,檍也。葉似杏而尖,白色,皮正赤。爲木多曲少直。枝葉茂好。二月中,葉疏,華如練而細蘂,正白蓋樹。今官園種之,正名曰萬歲。既取名於億萬,其葉又好,故種之。共汲山下人或謂之牛筋,或謂之檍。材可爲弓弩幹也。"案:陸謂檍取名於億,與先鄭讀同。云"又曰,檿桑,山桑"者,亦《釋木》文。郭注云:"似桑,材中作弓及車轅。"引《國語》曰"檿弧箕箙"者,《鄭語》文。今本《國語》箙作"服",叚借字也。韋注云:"山桑曰檿。弧,弓也。箕,木名。服,矢房也。"

凡相幹,欲赤黑而陽聲。赤黑則鄉心,陽聲則遠根。陽猶清也。木之類,近根者奴。

【疏】"赤黑則鄉心"者,《易・説卦》云:"其於木也,爲堅多心。"是木近心則堅韌,故宜爲弓幹也。

注云"陽猶清也"者,義與《梓人》"其聲清陽而遠聞"同。陽皆揚之叚字。《晏子春秋・諫上篇》云"湯倨身而揚聲",即此陽聲也。云"木之類,近根者奴"者,謂木之脈理丩結而不條達也。《水經・滱水》酈注云:"水不流曰奴。"木之近根者,理不直行,亦猶水之不流矣。

凡析幹,射遠者用埶,射深者用直。鄭司農云:"埶謂形埶。假令木性自曲,則當反其曲以爲弓,故曰審曲面埶。"玄謂曲埶則宜薄,薄則力少;直則可厚,厚則力多。

【疏】"凡析幹,射遠者用埶,射深者用直"者,賈疏云:"此説弓力多少之事。弓弱則宜射遠,謂若夾庾之類;弓直則宜射深,謂若王弧之類也。"

注鄭司農云"埶謂形埶"者,木形曲則自有容突矯變之埶力也。埶勢古今字，詳《總敍》疏。云"假令木性自曲，則當反其曲以爲弓"者，曲木不反之，則發之不剽，故必矯而反之，取其埶之自還，以射則遠也。云"故曰審曲面埶"者，明此埶與《總敍》"審曲面埶"之埶同也。云"玄謂曲埶則宜薄，薄則力少，直則可厚，厚則力多"者，此增成先鄭之義。曲埶逆揉，必薄而後可矯而反之，故力少；直者順揉，故可厚而力多也。

居幹之道，菑臬**不地，則弓不發**。鄭司農云："菑讀爲'不菑而畬'之菑。栗讀爲'榛栗'之栗。謂以鋸副析幹。地讀爲'倚移從風'之移。謂邪行絶理者，弓發之所從起。"玄謂栗讀爲"裂繻"之裂。

【疏】"居幹之道，菑臬不地，則弓不發"者，臬，《釋文》作"栗"。案：陸本非也。凡經用古字，當作"臬"；注用今字，當作"栗"，詳《籩人》疏。居，猶言處置也。居幹與後"居角"及《輿人》"居材"義同。先取幹，次相幹、析幹、居幹，以幹爲弓體，故尤致詳也。賈疏云："居謂居處解析弓幹之法，謂以鋸剖析弓幹之時，不邪迤失理，則弓後不發傷也。"江永云："發，謂發弓辟戾，今人謂之弓翻。"王引之云："賈疏以發爲發傷，於古無據。發當讀爲撥，撥者，枉也。言析幹不邪行絶理，則弓不至於枉戾也。《管子·宙合篇》曰：'夫繩扶撥以爲正，準壞險以爲平。'《淮南·本經篇》'扶撥以爲正'，高注曰：'撥，枉也'。《脩務篇》'琴或撥剌枉橈'，注曰；'撥剌，不正也。'《荀子·正論篇》曰：'羿蠭門者，天下之善射者也，不能以撥弓曲矢中。'《西周策》曰：'弓撥矢鉤。'是弓枉戾謂之撥也。古字撥與發通，《商頌·長發篇》'玄王桓撥'，《韓詩》撥作'發'，是其例矣。"案：王説是也。

注鄭司農云"菑讀爲不菑而畬之菑，栗讀爲榛栗之栗"者，《釋文》作"不菑畬"，無"而"字。盧文弨云："'而'字當是衍文，《易》及《禮記·坊記》皆無'而'字。"案：盧校是也。"栗讀"之栗，舊本作"臬"。宋附釋音本、注疏本並作"栗"，今從之。臬栗古今字，注例用今字也。後鄭改讀亦作栗，可證。《詩·小雅·大田》箋破"俶載"爲"熾菑"，而云"讀爲菑栗之菑"，亦依先鄭讀。戴震云："菑斯聲相邇，析也。"案：戴讀與先鄭異，亦通。云"謂以鋸副析幹"者，《列女傳·仁智篇》云："鋸者，所以治木也。"《説文·刀部》云：

"副,判也。"段玉裁云;"以鋸副析幹,如耜之熾菑,栗則幹木也。"案:段説是也。菑與《史記·張耳傳》"剚刃"之剚音義相近,詳《輪人》疏。先鄭訓栗,與後鄭異,賈疏謂栗亦取破義,非。又先鄭此注乃釋菑栗之義,非以鋸釋居幹之居,《詩·大田》孔疏引此經,改居爲鋸,殆誤會注意。《輿人》"居材",《釋文》載舊音"據",亦似卽隱據此注而誤音也。云"迆讀爲倚移從風之移"者,《總敍》注同。云"謂邪行絶理者,弓發之所從起"者,段玉裁云:"迆移音同,皆謂邪也。"案:木理多直,若邪行副析之,横絶其理,則弓發恆起於是也。云"玄謂栗讀爲裂繻之裂"者,賈疏云:"讀從隱二年《左氏傳》'紀裂繻來逆女'。彼裂繻字子帛,則爲裂破衣義。"惠棟云:"《毛詩·豳風·東山》曰'烝在栗薪',箋云:'栗,析也。'古者聲栗裂同也。"段玉裁云:"鄭謂七幹中無栗樹,易栗爲裂,菑者鋸入之,裂者分之。"

凡相角,秋閷者厚,春閷者薄;穉牛之角直而澤,老牛之角紾而昔。

鄭司農云:"紾讀爲'抮縛'之抮,昔讀爲'交錯'之錯,謂牛角觕理錯也。"玄謂昔讀"履錯然"之錯。

【疏】"凡相角,秋閷者厚,春閷者薄"者,此明角宜用厚,故前注云"取角以秋"。賈疏云:"上文已言幹訖,至此更宜相角。厚謂角厚肉少,薄謂角薄肉多。"云"穉牛之角直而澤,老牛之角紾而昔"者,《説文·禾部》云:"穉,幼禾也。"案:穉義本爲幼禾,引申之,凡幼少通謂之穉。《方言》云:"穉,小也。"賈疏云:"直而澤,謂角直而潤澤;紾而錯,謂理麤錯不潤澤也。"詒讓案:角宜用穉牛,故下云"瘠牛之角無澤",明以有澤爲貴也。昔亦卽無澤,二文相對,詳後。

注鄭司農云"紾讀爲抮縛之抮"者,縛,舊本作"縛",非。今據宋本及《釋文》正。《釋文》云:"紾,劉徒展反,許慎尚展反,角絞縛之意。"孔廣森云:"揚子《太玄·更》次二曰:'時七時九,軫轉其道。'抮縛疑卽軫轉字,軫轉又卽輾轉之音變也。"段玉裁云:"《方言》曰:'抮,戾也。'《説文·糸部》云:'紾,轉也。'《淮南》高注曰:'抮艳,了戾也。'抮與紾皆纏絞之意。"江永云:"紾與直對,謂辟戾不直也。"案:孔、段、江説是也。《淮南子·原道訓》

高注云:"紾,轉也。"又云:"抮,轉也。"《孟子·告子篇》"紾兄之臂",趙注云:"紾,戾也。"《廣雅·釋詁》云:"抮,盭也。"又《釋訓》云:"軫軳,轉戾也。"紾、抮、軫,縳、轉,並聲近義通。《淮南子·原道訓》"扶摇抮抱羊角而上",抮,《本經訓》作"紾",正羊角轉戾之形,高釋爲了戾。《酉陽雜俎》説野牛角了戾,與此記牛角紾義亦正合,可以互證。云"昔讀爲交錯之錯,謂牛角牜角理錯也"者,阮元云:"牜角,《説文·角部》作'觕',角長也。引申用爲粗糙字,而傳寫譌其體从牛旁。"段玉裁云:"謂角麤理錯不順。"案:段説是也。《山海經·北山經》:"帶山有獸焉,其狀如馬,一角,有錯。"郭注云:"言角有甲錯。"理錯與甲錯義亦略同。云"玄謂昔讀履錯然之錯"者,"履錯然",《易離》初九《爻辭》。《釋文》云:"李云:鄭且各反。"段玉裁云:"蓋讀同皴皵之皵。李必據《周易注》言之。"案:段説是也。《易釋文》"履錯"載"鄭音七各反",與李音同。江永云:"昔似與澤對,謂若陳久之色不鮮潤也。昔有久意,若昔酒是也。"俞樾云:"昔字不必改讀,古昔腊同字。《説文·日部》:'昔,乾肉也。'紾而昔者,紾而乾也。《廣雅·釋詁》:'焟,乾也。'焟卽昔之俗字。下文'凡相膠欲朱色而昔',與此同義。"案:江、俞並讀昔如字是也。下言相膠"昔也者,深瑕而澤"。角昔則無澤,膠昔仍有澤,二者正相反也。

疢疾險中,牛有久病則角裏傷。

【疏】"疢疾險中"者,《爾雅·釋魚》云"蜠大而險",郭注云:"險者,謂汙薄。"比險中亦謂角中汙陷而不實也。洪頤煊云:"險當作儉,古字通用。險謂瘦省也。"案:洪説亦通。

注云"牛有久病則角裏傷"者,《説文·疒部》云:"疢,熱病也。"引申爲凡病之稱。賈疏云:"以疢疾爲久病,故云牛有久病。險,傷也。中卽裏。謂角裏傷也。"案:鄭意蓋謂角中傷,則險而不平,實非訓險爲傷也,賈説失其恉。

瘠牛之角無澤。少潤氣。

【疏】注云“少潤氣”者,《説文·水部》云:“澤,光潤也。”謂牛瘠瘦血少,角無光潤之氣也。

角欲青白而豐末。豐,大也。

【疏】“角欲青白而豐末”者,末謂角耑,耑豐則力强而氣盛。賈疏云:“按下注云:本白,中青,末豐。”

注云“豐,大也”者,《函人》注同。

夫角之本,蹙於剫而休於氣,是故柔。柔故欲其埶也。白也者,埶之徵也。蹙,近也。休讀爲煦。鄭司農云:“欲其形之自曲,反以爲弓。”玄謂色白則埶。

【疏】“夫角之本;蹙於剫而休於氣,是故柔”者,蹙,葉鈔本《釋文》作“戚”。案:《總敍》“戚數”,字亦作“戚”。段玉裁云:“蹙俗字。”剫,《釋文》云:“本又作腦。”莊述祖云:“《説文》:‘𡿺,頭𩪋也。从匕。匕,相匕著也。巛象髮,囟象𡿺形。’《玉篇》:‘𡿺或作腦,亦作𦡴。’《攷工記》作‘剫’,於六書無所取義,但相傳以爲古文奇字,而不敢易。不知𡿺从匕从𠛱,𠛱卽古文囟字,字作‘𠙹’,是古文𡿺當作‘𠛱’,故隸譌作‘剫’,或作‘𡿺’耳。”案:莊説是也。以字形推之,蓋巛囟變爲兩止,移匕於右,又到其形,遂變成刀。隸古譌變,往往如是。《墨子·褀守上篇》云:“寇至,先殺牛羊雞狗烏鴈,收其皮革筋角脂𦡴羽,皆剥之。”“𦡴”亦卽“𡿺”字之譌變,與此經“剫”字同。

注云“蹙,近也”者,蹙亦當作“戚”。《小爾雅·廣詁》云:“戚,近也。”云“休讀爲煦”者,段玉裁云:“聲類同也。《説文》云:‘煦,烝也。’《玉藻》‘顛實陽休’,亦讀煦。”案:段説是也。《左》昭三年傳“民人痛疾而或燠休之”,《釋文》“休,虚喻反”,亦讀爲煦。《樂記》注云:“氣曰煦。”謂角本近腦,腦氣易烝及之,故多柔韌。賈疏謂得和煦之氣,未得其義。鄭司農云“欲其形之自曲,反以爲弓”者,埶與上“射遠用埶”之埶同,故亦以自曲爲訓也。云“玄謂色白則埶”者,賈疏云:“角色白者,卽埶之徵驗也。”

夫角之中，恆當弓之畏。畏也者必橈，橈故欲其堅也。青也者，堅之徵也。故書畏或作"威"，杜子春云："當爲威。威謂弓淵。角之中央與淵相當。"玄謂畏讀如"秦師入隈"之隈。

【疏】"夫角之中，恆當弓之畏"者，凡角著於弓内之隈。隈有二，皆一端接弣，一端接簫，《大射儀》謂之左右隈。角互隈閒，則角之中卽隈之中也。云"畏也者必橈，橈故欲其堅也"者，弓張弛引釋，隈角常隨之橈曲，故欲角堅强，則雖橈曲而不傷其力也。

注云"故書畏或作威，杜子春云，當爲威"者，段玉裁云："'爲'當作'從'。"徐養原云："威與畏古字本通。《咎繇謨》'天明畏'，馬本作'威'是也，故子春從威。鄭君從畏，並訓弓淵也。"云"威謂弓淵，角之中央與淵相當"者，《釋名·釋兵》云："弓其末曰簫，中央曰弣，簫弣之閒曰淵。淵，宛也，言宛曲也。"云"玄謂畏讀如秦師入隈之隈"者，賈疏云："按僖二十五年秋，①秦兵伐鄀，秦人過析隈。鄭以爲人隈。"段玉裁云："杜從威，鄭從畏而讀如隈，其訓則一。鄭意畏卽《大射儀》之隈字。《大射儀》曰：'執弓，以袂順左右隈，上再下壹。'注：'隈，弓淵也。'後注云'角長者當弓之隈'，則徑易爲隈字矣。"阮元云："此'讀如'當作'讀爲'。"案：段、阮説是也。《説文·自部》云："隈，水曲隩也。"引申之，弓曲亦曰隈。又《説文·角部》云："觼，角曲中也。"弓曲中曰隈，與角曲中曰觼，二者恆相傅，故聲亦略同。

夫角之末，遠於刲而不休於氣，是故脃。脃故欲其柔也。豐末也者，柔之徵也。末之大者，刲氣及煦之。

【疏】"夫角之末，遠於刲而不休於氣，是故脃，脃故欲其柔也"者，《説文·肉部》云："脃，小耎易斷也。"賈疏云："此説角欲豐末之意。"

注云"末之大者，刲氣及煦之"者，牛氣盛，則末雖去刲遠，猶及煦之，故以豐末爲柔之證驗。

---

① "二"原訛"三"，據《周禮注疏》改。——王文锦校注。

角長二尺有五寸，三色不失理，謂之牛戴牛。三色：本白，中青，末豐。鄭司農云："牛戴牛，角直一牛。"

【疏】"角長二尺有五寸"者，言角極長也。角長則易有瑕疵，而能兼有三色，故可貴也。

注云"三色，本白，中青，末豐"者，末豐非色，亦言色者，從文便也。鄭司農云"牛戴牛，角直一牛"者，謂一角之直與全牛等。

凡相膠，欲朱色而昔。昔也者，深瑕而澤，紾而摶廉。摶，圜也。廉，瑕嚴利也。

【疏】"凡相膠，欲朱色而昔"者，朱，純赤也，詳《鍾氏》疏。賈疏云："上已相幹角，次及相膠。此云欲朱色，按下'鹿膠青白'以下，惟牛膠火赤，自餘非純赤，則牛膠爲善矣。"案：鄭、賈並讀昔爲錯，與上'老牛之角紾而昔'同。今以文義審之，亦當讀如字，蓋膠以乾昔爲貴也。《史記・田敬仲世家》，淳于髡曰："弓膠昔榦，所以爲合也。"《集解》引徐廣云："一作乾。"《索隱》云："昔，久舊也。"依徐引別本，則昔榦亦卽昔乾，可證此膠欲昔之義。《索隱》又謂彼"昔幹"卽此上文之"析幹"，則非也。云"昔也者，深瑕而澤，紾而摶廉"者，賈疏云："紾謂有紾理。"案：賈釋紾與上相角章同是也。但相角欲其滑澤，不欲多理，膠則尚燥勁，故以瑕深文紾爲佳，與角正相反也。

注云"摶，圜也"者，《矢人》注同。云"廉，瑕嚴利也"者，段玉裁謂"瑕嚴利也"四字句，是也。賈疏謂廉瑕並是嚴利之狀，非。廉與《輿人》義略同。《廣雅・釋詁》云："瑕，裂也。"謂膠裂痕有廉棱峻利也。

鹿膠青白，馬膠赤白，牛膠火赤，鼠膠黑，魚膠餌，犀膠黄。皆謂煮用其皮，或用角。餌，色如餌。

【疏】"鹿膠青白，馬膠赤白"者，《唐石經》初刻"赤"誤"黑"，磨改作"赤"。此別良膠之色也。《論語・鄉黨》皇疏引穎子嚴云："以白加青爲碧，以赤加白爲紅。"是鹿膠色碧，馬膠色紅也。云"牛膠火赤"者，謂純赤如火也。

注云"皆謂煮用其皮,或用角"者,《説文·肉部》云:"膠,昵也,作之以皮。"案:用皮謂馬、鼠,用角謂鹿、牛、犀也。魚膠用鰾,鄭不言者,文略。云"餌,色如餌"者,《説文·鬻部》云:"鬻粉餅也。"餌卽鬻之或體,詳《籩人》疏。餌之色蓋白而微黄,魚膠之色似之則佳也。《列女傳·辯通篇》,晉弓工妻説造弓曰"糊以河魚之膠",是弓用魚膠之證。

凡昵之類不能方。鄭司農云:"謂膠善戾。"故書昵或作樴,杜子春云;"樴讀爲不義不昵之昵,或爲䵒。䵒,黏也。"玄謂樴脂膏脏敗之脏,脏亦黏也。

【疏】"凡昵之類不能方"者,承上文,明膠色善則黏著彌固也。《梓人》注云:"方猶等也。"《國策·趙策》云:"膠漆至䵒也。"蓋凡物結力之大,以諸膠爲最,而色佳者則尤固,它昵物之類不能比方之也。

注鄭司農云"謂膠善戾"者,段玉裁云:"戾當作麗,聲之誤也。凡附麗之物,莫善於膠。"云"故書昵或作樴,杜子春云,樴讀爲不義不昵之昵"者,不義不昵,《隱》元年《左傳》文。今《左傳》昵作"暱"。案:《説文·日部》云:"暱,日近也。重文昵,暱或从尼。"引申爲黏固不釋之義。段玉裁云:"杜讀樴爲昵者,昵,暱之或字。戠聲匿聲古音同在之咍部。"云"或爲䵒,䵒,黏也"者,段玉裁云:"謂故書樴或爲䵒。䵒者,𪏽之借字。日聲刃聲與暱雙聲也。"詒讓案:《説文·黍部》云:"𪏽,黏也,从黍日聲。《春秋傳》曰'不義不𪏽'。重文䵒,𪏽或从刃。"又"黏,相著也"。據許所引,是《左傳》或本亦作𪏽也。云"玄謂樴脂膏脏敗之脏,脏亦黏也"者,《釋文》引吕忱云:"脏,膏敗也。"賈疏云:"今人頭髮有脂膏者謂之脏,脏亦黏也。"段玉裁云:"鄭君徑從樴,云樴者,脂膏脏敗之同部假借字。脏,《説文》作'殖',《字林》作'脏',《釋名》作'膱',他書又作'濈'。脏亦訓黏,經作樴,自可不必易爲暱也。"徐養原云:"《禹貢》'徐州厥土赤埴'。《釋文》:'埴,鄭作戠,音熾。'《説文·土部》:'埴,黏土也。'又《歺》部:'殖,脂膏久殖也。'又《木部》有樴字,訓杙,非此義。脏字,《説文》不載。此注'樴'當作'戠','脏'或作'殖'。《廣雅·釋器》:'膱,臭也。'此與殖敗同義。膱字亦不見於《説文》,唯《儀禮·鄉射記》有之。大約𪏽、戠、埴、殖四字爲正,昵、樴别字也,脏,膱俗字也。”案：徐説是也。

凡相筋，欲小簡而長，大結而澤。小簡而長，大結而澤，則其爲獸必剽，以爲弓，則豈異於其獸。剽疾也。鄭司農云：“簡讀爲‘擱然登陴’之擱。”玄謂讀如簡札之簡，謂筋條也。

【疏】“凡相筋”者，此又明相筋之法。筋謂牛馬及麋鹿之筋，後有牛筋、麋筋。《意林》引《尸子》云：“弓人勞筋，則知牛長少。”《列女傳·辯通篇》，晉弓工妻説造弓云“纏以荆麋之筋。”云“欲小簡而長，大結而澤”者，筋之小者，欲其成條而長，大者欲其摶結而色有潤澤，乃爲良也。云“以爲弓則豈異於其獸”者，賈疏云：“言此筋之獸剽疾，爲弓亦剽疾。”

注云“剽，疾也”者，剽卽慓之借字。《説文·心部》云：“慓，疾也。”亦通作僄，《後漢書·班固傳》“掎僄狡”，李注云：“僄狡，獸之輕捷者。”鄭司農云“簡讀爲擱然登陴之擱”者，擱然登陴，《左》昭十八年傳文，杜注云：“擱然，勁忿貌。”段玉裁云：“大鄭讀爲《春秋傳》之擱然者，易其字，謂筋休於氣，狀擱然也。”云“玄謂讀如簡札之簡，謂筋條也”者，段玉裁云：“鄭君讀如簡札，謂其音同，簡之言莖也，故釋以筋條。”

筋欲敝之敝，鄭司農云：“嚼之當孰。”

【疏】注鄭司農云“嚼之當孰”者，賈疏云：”筋之椎打嚼齧，欲得勞敝。詒讓案：“《一切經音義》引《通俗文》云：“咀齧曰嚼。”凡椎打筋謂之嚼，蓋漢人常語。《淮南子·主術訓》云：“聾者可令嗺筋。”嗺卽嚼之誤。嚼字亦作“㗖，故誤爲“嗺”。《易林·蒙之離》云：“聾跛摧筋。”摧亦㗖之誤。後文云“引筋欲盡”，故治筋宜椎打勞敝也。

漆欲測，鄭司農云：“測讀爲惻隱之惻。”玄謂測讀如測度之測，測猶清也。

【疏】“漆欲測”者，以下又明相漆絲之法。

注鄭司農云“測讀爲惻隱之惻”者，惻隱，見《孟子·公孫丑》篇。《釋文》云：“隱，本或作㥯，同。”案：㥯卽隱之俗。然先鄭此讀，未詳其義。云”

玄謂測讀如測度之測，測猶清也"者，此引申之義也。段玉裁云："讀如測度者，其音同而義在焉，又申之曰測猶清也。案《説文》云：'測，深所至也。'故度深淺曰測，桼清如可度然，故曰測。測不訓清，而此經之測謂桼清也，故曰猶清。"案：段説是也。孔廣森據《爾雅・釋言》"深，測也"，謂測當訓深，亦通。

絲欲沈。如在水中時色。

【疏】注云"如在水中時色"者，賈疏云："言絲欲沈，則據乾燥時，色還如在水湅之色，故云如在水中時色。"

得此六材之全，然後可以爲良。全，無瑕病。良，善也。

【疏】注云"全，無瑕病"者，《説文・玉部》云"全，完也。"賈疏云："幹、角、膠、筋、漆、絲六材，皆令善而無瑕病，然後爲善也。"云"良，善也"者，《玉府》注同。

凡爲弓，冬析幹而春液角，夏治筋，秋合三材。三材，膠、絲、漆。鄭司農云："液讀爲醳。"

【疏】"凡爲弓，冬析幹而春液角"者，前注云："取幹以冬，取角以秋。"蓋於初冬取幹，至盛寒而副析之。角則秋取，至次年春乃醳治之。以幹貴乾昔，角則宜和煦，乃易治而無變也。江永云："冬析幹，當兼伐木言之。伐木宜於冬時，謂其津液下流，體質堅實。一立春，則津液上行，其材濡耎，且易生蠹。"案：江説亦足備一義。云"秋合三材"者，賈疏云："言秋合三材膠、漆、絲，則幹、角、筋須三材乃合，則秋是作弓之時，故至冬寒而定體也。"

注云"三材，膠絲漆"者，賈疏云："以經既言幹角及筋，六材之中惟少膠漆絲，故知三材謂此也。"《月令》孔疏云："秋時陰陽氣調，合膠漆絲之三材，角在内面，筋在外，幹在中。"案：賈、孔説是也。知三材不即謂幹角筋者，以經言合，則是以膠絲漆合之。若然，則是合六材，今止云三材者，以上文已見幹角筋，是不煩複舉，而膠漆絲則未見，故知義然也。鄭司農云"液讀爲醳"

者，段玉裁云："夜聲、睪聲，古音同在魚虞模部。易液爲醳酒之醳者，重繹治之也。或曰：《史記》多用醳爲釋，釋者，解也，謂解析角，劉、沈醳音釋。此非鄭意。"案：段説是也。《説文·水部》云："液，盡也。"於義無取。下文云"故角三液而幹再液"，又云"厚其液"，後鄭亦以醳治釋之。且彼文以液幹申斲木必荼之義，則當爲醳治無疑。儻云解析，則不得有再三，又不當言厚。劉、沈讀，於經注並不可通。《月令》孔疏云："春時先浸液其角，豫和濡。"此讀液如字，亦非二鄭義。

寒奠體，奠讀爲定。至冬膠堅，内之檠中，定往來體。

【疏】"寒奠體"者，對下冰爲文，蓋謂初冬微寒之時也。《月令》注引此作"冬定體"，蓋鄭以義改之。

注云"奠讀爲定"者，《司市》注同。云"至冬膠堅，内之檠中，定往來體"者，《説文·木部》云："檄，榜也。"榜所以輔弓弩也。《詩·小雅·角弓》毛傳云："檠，弓匣也。"《既夕記》有柲，注云："柲，弓檠。弛則縛之於弓裏，備損傷，以竹爲之。"《荀子·性惡篇》云："繁弱、鉅黍，古之良弓也，然而不得排檠，則不能自正。"楊注云："排檄，輔正弓弩之器。"《説苑·建本篇》又作"排檠"。《韓非子·外儲説左上》云："夫工人張弓也，伏檠三旬而蹈弦，一日犯機。"又《外儲説右》云；"榜檠者，所以矯不直也。"《淮南子·脩務訓》云"弓待檄而後能調"，高注云："檄，矯弓之材。"又《説山訓》云"撤不正而可以正弓"，注云："撤，弓之掩牀，讀曰檠。"檠撤並與檄同。賈疏云："檠謂弓樞。定往來體，則六弓往體來體多少者是也。"

冰析灂。大寒中，下於檠中，復内之。

【疏】"冰析灂"者，《輈人》先鄭注云："灂謂漆沂鄂。"案：析灂之義，鄭注未明。上云"秋合三材"，注云"膠、絲、漆"，則秋時已施漆，不待大寒之時。竊疑秋時弓已鬃漆訖，至寒而入檠，則弓體不復動，漆灂亦凝結而無痕。至大寒時，乃下弓於檠，而數張弛之，使漆之當隈曲處，微有瑕釁，以視其漆之厚薄。且極寒之時，物皆剛脆易坼落，若此時漆灂分析而不至坼落，則漆之和韌又可知矣。

注云"大寒中,下於檠中,復内之"者,賈疏云:"十二月小寒節,大寒中,是冰盛之時,故以大寒解冰也。下於檠中復内之,謂復如上寒奠體内之於檠中相似。"詒讓案:弓在檠,則體無張弛,而漆灂不至分析,故必下之,變動其體,而後可析灂。復慮在檠未久,其體未定,又至次年春方被弦,故仍内之。

冬析幹則易,理滑致。

【疏】注云"理滑致"者,《毛詩·小雅·甫田》傳云:"易,治也。"《易·繫辭·釋文》引《京房》云:"易,善也。"幹治之善,則理自平滑而密致也。江永云:"易者,言其易治,無濡耎生蠹諸病。"

春液角則合,合讀爲洽。

【疏】注云"合讀爲洽"者,以與下文"秋合三材則合"義複,故依聲類破爲洽。《説文·水部》云:"洽,霑也。"段玉裁云:"此猶《士虞禮》古文祫爲合也。洽者,和柔之意。"

夏治筋則不煩,煩,亂。

【疏】注云"煩,亂"者,《淮南子·精神訓》高注云:"煩,亂也。"案:亂謂筋紛粗而相丩結也。

秋合三材則合,合,堅密也。

【疏】"秋合三材則合"者,賈疏云:"幹角筋須膠漆絲三材乃合,秋是作弓之時,故至冬寒而定體也。"

注云"合,堅密也"者,謂三材相得,堅而不脱,密而無隙。《史記·田敬仲世家》云:"弓膠昔幹,所以爲合也。"與此義同。

寒奠體則張不流,流猶移也。

【疏】“寒奠體則張不流”者,《説文·弓部》云:“張,施弓弦也。”賈疏云:“體既定後,用時雖張不流移,謂不矢往來之體也。”

注云“流猶移也”者,此亦引申之義。《中庸》注同,言弓體移動也。

冰析灂則審環,審猶定也。

【疏】“冰析灂則審環”者,賈疏云:“納之檠中,析其漆灂,其漆之灂環則定,後不鼓動。”江永云:“環者,漆之沂鄂,見《輈人》。”案:江説是也。下文云“角環灂”,是唯角灂如環。然車輈無角,而《輈人》云“良輈環灂”,則筋膠諸灂亦得如環。此審環亦當通晐弓體諸材漆灂皆審察之,蓋施漆之應法與否,專視環文以辨其優劣也。此審環亦即在下檠析灂時,賈謂納檠而後灂定,似非經注義。

注云“審猶定也”者,亦引申之義。《吕氏春秋·順民篇》高注云:“審,定也。”此亦謂審察而定其善否,即辨後文大和無灂三節之義。賈以不鼓動釋定,似非。

春被弦則一年之事。朞歲乃可用。

【疏】注云“朞歲乃可用”者,言爲弓自前年冬始析幹,至次年春液角,夏治筋,秋合三材,冬則奠體析灂,至三年春而被弦,是朞年周帀而後可用。《司弓矢》亦云“中春獻弓弩”,蓋可用乃獻成也。

析幹必倫,順其理也。

【疏】注云“順其理也”者,《禮器》注云:“倫之言順也。”又《學記》注云:“倫,理也。”此理謂幹之脈理。吴兢《貞觀政要》云:“唐太宗得良弓,以示弓工,工曰:‘木心不正,則脈理皆邪,弓雖剛勁,而遣箭不直,非良弓也。’”即此析幹必倫之義。

析角無邪,亦正之。

【疏】注云“亦正之”者,謂亦如幹之順理而正析之也。

斲目必荼。鄭司農云:"荼讀爲舒,舒,徐也。目,幹節目。"

【疏】"斲目必荼"者,《説文·斤部》云:"斲,斫也。"江永云:"木不能無目,而目又不可盡去,盡去則有缺陷,非他物所能填補,故遇目處,徐徐斲之,令其平正,無暴起摩筋之病而止。而其餘目,仍欲留之,使無缺陷填補之病也。"

注鄭司農云"荼讀爲舒"者,丁晏云:"後'寬緩以荼'注云:'荼讀爲舒。'《玉藻》注:'荼讀爲舒遲之舒。'《荀子·大略篇》'諸侯御荼',注:'荼,古舒字。'《史記·建元以來侯者年表》'荊荼是徵',《索隱》曰:'荼音舒。'"云"舒,徐也"者,《毛詩·周南·野有死麕》傳文。云"目,幹節目"者,賈疏云:"按《禮記·學記》云:'善問者如攻堅木,先其易者,後其節目。'是斲目必徐之義也。"

斲目不荼,則及其大脩也,筋代之受病。脩猶久也。

【疏】"斲目不荼則及其大脩也,筋代之受病"者,賈疏云:"以筋在弓皆與幹爲力,今弓幹有節目,則用力不得其所,故筋代幹受病,以爲偏用力故也。"

注云"脩猶久也"者,《小爾雅·廣言》云:"脩,長也。"引申爲長久之義。言用久則其受病見也。

夫目也者必强,强者在内而摩其筋,夫筋之所由幨,恆由此作,摩猶隱也。故書筋或作薊。鄭司農云:"當爲筋。幨讀爲'車幨'之幨。"玄謂幨,絶起也。

【疏】"夫筋之所由幨,恆由此作"者,此申明斲目不荼而筋受病之由也。《胥》注云:"作,起也。"

注云"摩猶隱也"者,亦引申之義。《易·繫辭上》傳"剛柔相摩",《釋文》引京房云:"摩,相磑切也。"《莊子·齊物論·釋文》云:"隱,馮也。"鄭意幹之節目强,而在筋内與筋相依倚摩切也。云"故書筋或作薊,鄭司農云當爲筋"者,段玉裁云:"此雙聲之誤。"徐養原云:"亦字之誤。"案:徐説是也。筋俗書或作"筯",故誤爲薊也。云"幨讀爲車幨之幨"者,車幨,見《巾車》注。段玉裁云："此'讀爲'乃'讀如'之誤，謂其音同，不取其義也。"云"玄謂幨，絶起也"者，謂幹目强，摩切筋而絶其理，則不與幹相附而散起。賈疏云："由絶起則廉幨然也。"案：依賈説，則幨亦謂筋理絶起有廉棱。幨，《雜記》作"裧"，注釋爲鼈甲邊緣。廉棱與邊緣義亦相近也。

故角三液而幹再液。重醳治之，使相稱。

【疏】"故角三液而幹再液"者，江永云："文承'斲目不荼而筋幨恆由此作'之後，意主於幹再液。"案：江説是也。三液、再液，皆謂醳治非一次，即所謂荼也。

注云"重醳治之使相稱"者，段玉裁云："重醳者，重繹也。《説文》醳酒字衹作'繹'。此鄭君用大鄭液讀爲醳之説。"詒讓案：相稱者，重醳治幹，使勻致與角相稱也。

厚其帤則木堅，薄其帤則需，需謂不充滿。鄭司農云："帤讀爲'襦有衣絮'之絮。帤謂弓中裨。"

【疏】"厚其帤則木堅，薄其帤則需"者，此明弓幹必有裨，不可太堅剛，亦不可太耎弱，以明裨之必欲節也。需，段玉裁校改作"耎"，云："耎，《釋文》'人兖反'，今經注《釋文》皆譌'需'，此等皆唐以後轉寫譌亂。惟《車人》'反輮'注'耎者在外'，《釋文》獨不誤。"案：段説是也。耎需二字聲義並異，詳《鮑人》疏。

注云"需謂不充滿"者，需亦當作"耎"，不充滿謂縮減也。《大玄經·耎》云'見難而縮"，范注云："耎而自縮，故謂之耎。"又《廣雅·釋詁》云："緛，縮也。"耎緛聲義亦同。此經需與堅文相對，堅謂堅强，需亦卽謂柔耎。然柔緛則帤，必不能充榦，故鄭以不充滿爲釋也。鄭司農云："帤讀爲繻有衣絮之絮"者，《釋文》云："繻，本亦作襦。絮，本亦作帤，《周易》作袽。"案：襦卽俗繻字，詳《司服》疏。絮，段玉裁改爲"絮"，云："依《釋文》'女居反'，則絮乃絮之字誤。《羅氏》注云'繻有衣絮'，《釋文》：'絮，女居反。'又《説文》絮字下引《易》'需有衣絮'，可以證此絮字之誤。此'讀爲'乃'讀如'之誤。帤絮皆非弓裨正字,其音義相同耳。注不言絮謂弓中裨,則知非易字也。”案:段校與《羅氏釋文》合,是也。《説文・巾部》云:“帤,巾帤也。一曰幣巾。”《糸部》云:“絮,絜緼也。一曰敝絮也。”弓裨與巾帤義别,而用小薄木以繳纏約,著之臂閒,則與絜束殘敝兩義並相近,故先鄭讀從之。先鄭及許君並從《京氏易》作“絮”,互詳《羅氏》疏。云“帤謂弓中裨”者,葉鈔《釋文》裨作“陴”,字通。《説文・衣部》云:“裨,接益也。”弓中卽當挺臂,在兩限之閒,於弓幹爲正中,較之兩限須微强,故於幹閒别以薄木副益之。賈疏云:“造弓之法,弓幹雖用整木,仍於幹上裨之,乃得調適也。”

是故厚其液而節其帤。厚猶多也。節猶適也。

【疏】“是故厚其液而節其帤”者,江永云:“厚其液,卽上文幹再液也。再液幹猶必節其帤,不厚不薄,乃無太堅太需之病也。”

注云“厚猶多也,節猶適也”者,亦皆引申之義。《吕氏春秋・稽本篇》高注云:“厚,多也。”又《情欲篇》注云:“節,適也。”

約之不皆約,疏數必侔。不皆約,纏之繳不相次也。皆約則弓帤。侔猶均也。

【疏】“約之不皆約”者,此冡上,明幹與帤相附,則皆約之,外此則不皆約也。賈疏云:“約謂以絲膠横纏之,今之弓猶然。不皆約,謂不次比爲之。”云“疏數必侔”者,此謂弓帤之外凡有約者,皆疏數均適,不相比次也。賈疏云:“約之多少,須稀疏必均也。”

注云“不皆約,纏之繳不相次也”者,《説文・糸部》云:“約,纏束也。繁,生絲縷也。”凡弓皆以生絲纏約之,若弓兩末,亦有繳約,謂之緣是也。但雖約之,而疏數均調,不相密次,故云纏之繳不相次也。云“皆約則弓帤”者,謂弓自有皆約之處,卽上文之弓帤,全體唯此爲然,餘則否也。弓帤别以薄木裨附挺臂,故必約纏相次,而後能與幹密合。又引釋時,挺臂之變動較限簫爲少,故皆約,不至傷其剽校之勢也。云“侔猶均也”者,後注云“侔猶等也”,均亦齊等之意。

䳳摯必中，膠之必均。摯之言致也。中猶均也。

【疏】注云"摯之言致也"者，《函人》云："凡甲鍛不摯則不堅。"後鄭彼注同，此䳳摯亦謂䳳弓幹極其精致也。賈疏云："䳳幹厚薄，必調均爲之。"云"中猶均也"者，中均同義，文相變耳。江永云："中與均皆謂無厚薄不勻也。"

䳳摯不中，膠之不均，則及其大脩也，角代之受病。夫懷膠於内而摩其角，夫角之所由挫，恆由此作。幹不均則角蹴折也。

【疏】"夫懷膠於内而摩其角"者，此亦申上文摩角，與前摩筋義同。

注云"幹不均則角蹴折也"者，《説文・足部》云："蹴，躡也。"《廣雅・釋詁》云："挫，折也。"言幹在内，與角相躡，而角爲之折也。

凡居角，長者以次需。當弓之隈也，長短各稱其幹，短者居簫。

【疏】"凡居角長者以次需"者，需字亦當爲耎，音人兖反。《釋文》不爲作音，則所見本已誤。居角與前居幹義同。鄭鍔云："居，處也。處角之法，宜長短與弓相宜。長者宜在隈，短者宜在簫。需者弓之隈，惟曲之處則需矣。以角之長者處之，以助其力，使不甚弱。"江永云："此需字與上同義。角長者居淵中，此句爲下張本。下'恆角而短'，是當長而短也；'恆角而達'，是當短反長。"案：鄭、江説是也。次亦言相比次也。

注云"當弓之隈也"者，弓隈句曲，耎於簫柎，故謂之耎，非隈一名耎也。云"長短各稱其幹"者，弓幹當隈長而兩簫短。居角之法，當長處角亦長，當短處角亦短，乃稱也。云"短者居簫"者，《曲禮》云"右手執簫"，注云："簫，弭頭也。謂之簫，簫，邪也。"孔疏云："簫，弓頭，頭稍剡差邪似簫，故謂爲簫也。今謂弓頭爲硝，硝簫之言亦相似也。"賈疏云："簫謂兩頭，則長者自然在隈内可知。"案：賈、孔並釋簫爲弓頭者，卽謂弓兩末，故下經又以簫爲末。《釋名・釋兵》云："弓，其末曰簫，言簫梢也。又謂之弭，以骨爲之，骨弭弭也。"字亦作彇，《廣雅・釋器》云："彇、弳，𩪽也。"《玉篇・骨部》云："𩪽，弓弭也。"《爾雅・釋器》云："弓，有緣者謂之弓，無緣者謂之弭。"《左》僖二十三年孔疏引李巡云："骨飾兩頭曰弓，不以骨飾兩頭曰弭。"孫炎云："緣，謂繳束而漆之。弭，謂不以繳束骨飾兩頭者也。"案：孫説是也。《既夕記》云："弓矢之新沽功，有弭飾焉。"注云："弓無緣者謂之弭，弭以骨角爲飾。"此注説角短者居簫，即以角爲弭飾也。凡弓簫皆以骨角爲飾，骨角之外更加繳束，爲之緣。其無緣者，欲取其滑澤，故不復繳束，蓋兵車所用之弓。故《詩・小雅・采薇》云"象弭魚服"，毛傳云："象弭，弓反末也，所以解紒也。"箋云："弭，弓反末彆者，以象骨爲之，以助御者解轡紒，宜滑也。"《説文・弓部》云："弭，弓無緣，可以解轡紛者。"是無緣之弓，馳而反之，其末可以解轡紛，有緣之弓，雖不可解轡紛，亦仍有骨角矣。李巡爲弭不以骨飾，與《詩禮》義尤不合，非也。互詳後疏。

恆角而短，是謂逆橈，引之則縱，釋之則不校。鄭司農云："恆，讀爲裻緪之緪。"玄謂恆讀爲㮓，㮓，竟也。竟其角，而短于淵幹，引之，角縱不用力，若欲反橈然。校，疾也。既不用力，放之又不疾。

【疏】"恆角而短，是謂逆橈"者，此明限太弱之弊也。凡角傅弓之裏面，其長竟弓體。然弓之上制，長至六尺六寸，而角之長以二尺五寸爲極，勢不能以一角成一弓，故必合數角接續爲之。然其接續節數及長短之度、合縫之處，皆有定法，而不可易。以弓角之長及經言居角諸文推之，一弓之角，蓋爲五節，柎一節，兩限各一節，上云"角之中恆當弓之限"是也，兩簫各一節。兩限之角，内端與柎角爲合縫，外端與簫角爲合縫。恆角而短者，謂角短不能達限幹之盡處，勢必將長其簫角，揉曲之，以接於限角，則簫强而限之力不足以自持，引之，則限端之角將隨簫而起。凡弓限句向内爲順，今限弱爲簫强所牽，則句勢反趨外，是逆橈也。云"引之則縱，釋之則不校"者，《説文・弓部》云："引，開弓也。"又《糸部》云："縱，緩也。"限之强而内句，所以爲弓作勢，今引滿之時既若反橈，則限緩而無力，釋矢自不能疾矣。

注鄭司農云"恆讀爲裻緪之緪"者，段玉裁云："此皆易字也。裻緪者，即俗云'督縫'。《説文》：'裻，背縫也。'恆緪古通用。《詩・天保》'如月之恆'，《釋文》本又作緪。"案：段説是也。緪亦訓竟，先鄭讀與後鄭異，而義則同。云:"玄謂恆讀爲搄,搄。竟也"者,《説文·手部》云:"搄,引急也。"非此義。此當爲栖,《説文·木部》云:"栖,竟也,重文亙,古文栖。"《漢書·敘傳》云"恆以年歲",顔注引如淳云:"栖音亙竟之亙。"是其例也。后鄭以先鄭讀爲緪,非其正字,故易其讀而并釋其義。段玉裁云:"鄭君則易爲栖,訓竟,見《説文·木部》。《詩》'亙之秬秠',字作"亙"。《方言》:'緪,竟也',字作緪,古同音通用。案:《段》引《毛詩》據孔疏引崔氏集注本也。孔本亙作'恆',與此經正同。云"竟其角而短于淵幹,引之角縱不用力,若欲反橈然"者,阮元云:"于當作於。"案:阮校是也。竟其角,謂以角傳於幹裏,必長與兩淵等,而後弓引滿時,角足以助兩淵之勁;今短於兩淵,則引弓時,淵曲無角之助,其力不勁,若反橈矣。云"校,疾也"者,《廬人》注同。云"既不用力,放之又不疾"者,引之来既無力,縱之去又不疾也。

恆角而達,辟如終紲,非弓之利也。達謂長於淵幹,若達於簫頭。紲弓䩛。角過淵接,則送矢不疾,若見紲於䩛矣。弓有䩛者,爲發弦時備頓傷。《詩》云"竹䩛緄縢"。

【疏】"恆角而達,辟如終紲"者,辟,《唐石經》及嘉靖本並作"譬。"宋余仁仲本、明汪道昆本並作"辟",與《釋文》合,今從之。辟譬字通。《宰夫》注亦作"辟",則經不作譬明矣。《説文·言部》云:"譬,諭也。"《墨子·小取篇》云:"辟也者,舉他物而以明之也。"戴震云:"䩛,以竹爲之。弓弛則紲之於弓裏,張則去之。角長過淵接,引弦送矢俱不利,故曰辟如終紲,又曰引如終紲。"詒讓案:此明隈太强之弊也。隈與簫用力各異,故角亦分爲二節,其隈簫相湊處,即角之合縫處。今隈角過長,外與簫連,則其引之時,隈力與簫相牽而張弛不便,若常繫於檠矣。

注云"達謂長於淵幹,若達於簫頭"者,《釋名·釋言語》云:"達,徹也。"凡居角,兩淵各以一長角,兩簫各以一短角。今淵幹角長侵簫,或直達於簫頭,與簫角爲一,是所謂達也。云"紲弓䩛"者,《説文·糸部》云:"紲,系也。"䩛即前注所云"弓檠"。《毛詩·秦》風·小戎》"竹閉"傳,詁閉爲紲,與此注以䩛詁紲同。又《小雅·角弓》傳云:"不善紲檠巧用,則翩然而反。"紲字又作枻,《荀子·非相篇》云"接人則用抴",楊注云:"抴當爲枻。枻者,檠枻也,正弓弩之器也。"《既夕記》云:"弓有柲",注云:"柲,弓檠,今文柲作柴。"案:紲、抴、枻,韝、閉、柲、柴,並聲近字通。柲爲弓檠,以繩縛繫弓於檠,則曰紲。《詩·角弓》孔疏云:"竹閉謂之檠,紲卽緄縢也。"案:孔所釋最析。蓋紲非弓檠之名,鄭因經言終紲,明其指紲於弓韝,故云"紲弓韝"耳。下注云"若見紲於韝",則紲非卽韝之正名審矣。云"角過淵接則送矢不疾,若見紲於韝矣"者,淵接卽下注之"接中",謂限與簫接湊處。凡弓之引縱,其機勢在簫限之閒。若簫限角相連,則其引縱之勢不靈,故送矢自不疾也。云"弓有韝者,爲發弦時備頓傷"者,戴震云:"發弦,謂解去弦。"案:戴說是也。《既夕》注說柲云:"弛則縛之於弓裏,備損傷。"《华嚴經音義》引《文字集略》云:"頓,損也。"注義與《既夕》注同。引《詩》云"竹韝緄縢"者,《秦風·小戎》文。韝,《毛詩》作"閉",傳云:"閉,紲。緄,繩。縢,約也。"《既夕記》注引《毛詩》又作"柲",字並同。《釋文》云:"縢,本又作縢。"案:縢卽縢之俗。

今夫茭解中有變焉,故校;鄭司農云:"茭讀爲'激發'之激。茭,謂弓檠也。校讀爲'絞而婉'之絞。"玄謂茭讀如'齊人名手足掔爲骹"之骹。茭解,謂接中也。變,謂簫臂用力異。校,疾也。

【疏】"今夫茭解中有變焉,故校"者,明弓引縱之勢在簫限之閒也。賈疏云:"記人别起義端,故言'今夫'。言茭解中,謂弓限與弓簫角接之處。有變者,卽異也,謂弓簫與臂用力異。"詒讓案:此反復論弓力校剽之所由,以申恆角而達則不利用之義。

注云"鄭司農云,茭讀爲激發之激"者,段玉裁云:"'讀爲激'當作'讀如激'。此擬其音,非易其字,故下文仍云茭謂弓檠也。激之古音如交。"云"茭謂弓檠也"者,謂弓檠解下其中有變動也。然弓檠稱茭,於古無徵,故后鄭不從。云"校讀爲絞而婉之絞"者,《廬人》注同。先鄭蓋亦取切疾之義,與後鄭訓疾義略同。云"玄謂茭讀如齊人名手足掔爲骹之骹"者,《輪人》注云:"人脛近足者,細於股,謂之骹",卽此義。弓臂兩耑與簫相接處微細,故取骹以爲名。《鄉射記》"弓二寸以爲侯中",注云:"正二寸,骹中之博也。"是鄭意骹廣二寸。若然,弓臂大於骹。殆不止二寸與? 段玉裁云:"亦謂同音,骹與股相接,限與簫相接,則義亦同也。"云"茭解謂接中也"者,謂簫與限相接之縫際。戴震云:"前云居角長短各稱其幹,短者居簫,然則角長至淵幹,與居簫之短者相接,所謂淵接,是謂茭解中也。"案:戴説是也。賈《鄉射記》疏謂骹卽弓弣把中側骨之處,疑誤。云"變謂簫臂用力異"者,《釋文》云:"臂,本或作辟。"賈疏云:"異者,引之則臂中用力,放矢則簫用力。"詒讓案:《圅人》先鄭注云:"變隨人身便利。"弓接中亦隨弛張而動,故謂之變。弓限弓把通謂之臂,與弩臂異。凡弓,簫直而外向,臂橈而内向,是用力異也。云"校,疾也"者,《廬人》及前注並同。

於挺臂中有柎焉,故剽。挺,直也。柎,側骨。剽亦疾也。鄭司農云:"剽讀爲'湖漂絮'之漂。"

【疏】"於挺臂中有柎焉,故剽"者,賈疏云:"直臂中,正謂弓把處。有柎者,謂角弓於把處兩畔有側骨。骨堅强,所以與弓爲力,故剽疾也。"

注云"挺,直也"者,《漢書·蓋寬饒傳》顔注云:"挺然,直貌。"弓限把雖通謂之臂,然兩限皆句曲,惟當把處挺直,故謂之挺臂。猶《少牢饋食禮》説牲體脊爲三節,以中節直者爲脡脊也。云"柎,側骨"者,柎與弣同。《大射儀》:"司射執弓挾乘矢于弓外,見鏃于弣。"注云:"弣,弓把也。"《曲禮》云"左手承弣",注云:"弣,把中。"《少儀》作"執拊"。《釋名·釋兵》云:"弓中央曰弣。弣,撫也,人所持撫也。"弣爲弓之柄,故《廣雅·釋器》云"弣,柄也。"《説文·刀部》云:"劍,刀握也。"《玉篇·刀部》云"剅弣同",則柎正字當作"剅"。刀握者,卽《少儀》之"削柎"。《説文·収部》云:"弮,持弩拊。"柎與拊亦同。蓋刀削弓弩之把,同有此稱。柎亦謂之質,《公羊》定八年傳"弓繡質",何注云:"質,柎也。"又《既夕記》"弓設,依撻焉",注云:"撻,弣側矢道也。"賈彼疏云:"所以撻矢令出,生時以骨爲之弣側。"詒讓案:挺臂當榦之中,柎又當挺臂之中。柎内既以薄木爲帑,其旁兩側又以骨附貼之。柎爲骨榦之通名,而助其剽疾者則在側骨,故注釋柎爲側骨,卽所謂撻也。云"剽亦疾也"者,前注同。鄭司農云"剽讀爲湖漂絮之漂"者,段玉裁云:"此'讀爲'蓋當作'讀如',擬其音也。湖漂絮,卽《莊周書》之'洴澼絖'。《説文·水部》云:'潎,於水中擊絮也。'《竹部》曰:'箈,潎絮簣也'。《糸部》曰:'紙,絮一箈也。'然則其事蓋以亂絮於水中漂擎之,以箈籍之,令更成絮,卽蔡倫造紙之先聲。韩信釣於城下,诸母漂是也。湖漂絮者,湖中漂絮時有此語。"

恆角而達,引如終紲,非弓之利也。重明達角之不利。變辟言引,字之誤。

【疏】注云"重明達角之不利"者,弓之利在於發矢校剽,若引之如終紲,則不能校剽,而失弓之利矣,故重言以申明之。云"變辟言引,字之誤"者,辟,舊本作"譬"。余本汪本作'辟',與《釋文》合,今從之。鄭意重述上文,不宜易辟爲引,故疑爲字誤。然變文見義,於例可通,殆非誤也。鄭説未然。

撟幹欲孰於火而無贏,撟角欲孰於火而無燂,引筋欲盡而無傷其力,鬻膠欲孰而水火相得,然則居旱亦不動,居濕亦不動。贏,過孰也。燂,炙爛也。不動者,謂弓也。故書燂或作"朕",鄭司農云:"字從燂。"

【疏】"撟幹欲孰於火而無贏,撟角欲孰於火而無燂"者,此明治幹角筋膠之不可不善也。賈疏云:"不言漆絲者,用力少,故不言也。"段玉裁云:"釋文:'撟,劉氏枯老反。'蓋劉本撟作'槁'。《輪人》注曰'以火槁之',劉苦老反。"案:段校是也。撟幹撟角皆用火,與輪人揉輻揉牙同。撟爲撟擅字,撟揉字當作矯。《説文·矢部》云:"矯,揉箭箝也。"引申之,爲揉木角之稱。此經注作撟、槁,並矯之借字。云"引筋欲盡而無傷其力"者,盡謂引筋極申,無纠結,又恐其大過而絶其理,故欲無傷其力。云"鬻膠欲孰而水火相得"者,鬻,與《鹽人》"鬻鹽"之鬻同。《一切經音義》引《字書》云:"火熟曰煮。"煮卽鬻之或體,詳《鹽人》疏。

注云"贏,過孰也"者,《廣雅·釋詁》云:"贏,過也。"謂揉幹過孰則傷其力。云"燂,炙爛也"者,段玉裁云:"《説文·火部》曰:'燂,火熱也。'燂之義與爁贏略同,皆謂太過。"詒讓案:《説文·炎部》云:"燅,於湯中爚肉。"

此熚疑卽㷋之借字,《一切經音義》引《通俗文》,㷋作“熚”“燖”二形是也。肉於湯中爚之則爛,角以火炙太過亦爛,故通謂之熚。云“不動者謂弓也”者,言合以爲弓體不變動也。云“故書熚或作朕,鄭司農云,字從熚”者,謂依字義當從熚爲正也。後文“則莫能以速中”,故書速作數,先鄭亦云“字從速”,是其例。段玉裁云:“‘字’字宜作‘當’字。熚或作朕者,聲之誤,故司農從熚也。”徐養原云:“熚與朕形聲迥别,無由致誤。朕疑當作㷋,熚㷋並徐鹽切。後鄭訓熚爲炙爛,與火熱之義相近,故從熚。”案:段、徐説亦通。

苟有賤工,必因角幹之濕以爲之柔。善者在外,動者在内,雖善於外,必動於内,雖善,亦弗可以爲良矣。苟,偷也。濕猶生也。

【疏】“苟有賤工,必因角幹之濕,以爲之柔”者,角幹濕時柔耎易屈申,故因而矯治之,苟求便易,賤工則然也。云“善者在外,動者在内”者。賈疏云:“此經説弓幹須外内皆善,不得外善内惡者也。”鄭用牧云:“動者在内,謂後必橈減變動於内。”詒讓案:凡爲弓,角幹皆以乾爲善。《史記・田敬仲世家》云:“弓膠昔幹”,《索隱》云:“昔,久舊也。”卽取乾昔之義也。《檀弓》鄭注亦云“木工宜乾腊”。

注云“苟,愉也”者,愉,舊本作“偷”,汪道昆本及注疏本並作“愉”,《釋文》同,今從之。愉偷字同,見《大司徒》經。《國語・晉語》韋注云:“偷,苟也。”言苟且有賤工也。云“濕猶生也”者,《説文・水部》云:“溼,幽溼也。”經典通叚濕爲之。生,謂幹新未乾也。《韩非子・外储説》云:“虞慶爲屋,匠人曰:‘此新屋也,塗濡而椽生。’”是生卽濕也。

凡爲弓,方其峻而高其柎,長其畏而薄其敝,宛之無已,應。宛,謂引之也。引之不休止,常應弦,言不罷需也。峻,謂簫也。鄭司農云:“敝讀爲‘蔽塞’之蔽,謂弓人所握持者。”

【疏】“凡爲弓,方其峻而高其柎”者,此據幹而言也。峻卽簫上隆起而有隅棱,所以持弦使急,故欲方。柎當挺臂,直而微穹,仰而張之,則彇弦隆起,與兩隈之句曲反正取勢,故宜高。此柎指把中幹,與上專指側骨異。云

"長其畏而薄其敝"者,此據角而言也。隈角短,則曲中促而不盡其勢,故欲長,卽上云"凡居角長者以次需"是也。敝與柎同處,但敝蔽柎之外,幹既高,則表角不宜過厚,故欲薄。蓋隈幹耎而角長,柎幹高而角薄,皆欲劑其强弱之平也。

注云"宛謂引之也"者,《漢書·揚雄傳》顔注云:"宛,屈也。"弓引之則屈多,故謂引之爲宛。云"引之不休止,常應弦,言不罷需也"者,錢大昕云:"《漢書·賈誼傳》:'坐罷软不勝任。'罷需卽罷軟也。"案:錢説是也。需亦當作"耎"。言凡弓常引之,則其勢撓而力減,惟有此四善,則雖常引,而其勢與弦緩急必相應,不至於罷耎而無力也。云"峻謂簫也"者,《小爾雅·廣詁》云:"峻,高也。"謂簫内耑高起處。戴震云:"峻,蓋簫之柱弦者也。"鄭司農云"敝讀爲蔽塞之蔽"者,段玉裁云:"此易其字。弓敝所以蔽遮角幹,故鄭讀從蔽也。"云"謂弓人所握持者"者,賈疏云:"敝謂人所握持手蔽之處。"戴震云:"敝與柎皆弓把。柎者,其内側骨。"詒讓案:以先鄭義推之,敝當謂弓把之角在弓裏與幹相傅者。弓柎之幹本高,又有裨木及側骨,則内已甚厚,故薄其敝角以調劑之。

下柎之弓,末應將興。末,猶簫也。興,猶動也,發也。弓柎卑,簫應弦則柎將動。

【疏】注云"末猶簫也"者,丁晏云:"《鄉射礼》注:'簫,弓末也。'《釋名》:'弓其末曰簫,言簫梢也。'"云"興猶動也,發也"者,此言將興,猶下云"必動於𢇛"及"末應將發"也。《爾雅·釋言》云:"興,起也。"動發卽起之意。戴震云:"興與弓韻,發與𢇛韻,異文協句爾。"云"弓柎卑,簫應弦則柎將動"者,明興卽謂柎動也。趙溥云:柎正當弓之要,惟高其柎,以壯其力,故引之而弓梢不能以撓之。若柎骨太卑下爲之,簫方應弦,則柎發動,由柎力弱,撐壓隈不住故也。"戴震云:"言簫應弦,將有傷動。"

爲柎而發,必動於𢇛。𢇛接中。

【疏】"爲柎而發,必動於𢇛"者,發亦當讀爲撥,謂枉戾也,詳前疏。

注云"𢇛接中"者,猶前云"茭解中"也。但茭解爲畏與簫相接之縫,𢇛則爲畏與柎相接之縫，其處不同，而爲接中則一也。趙溥云："接是敝接畏處。"戴震云："言因柎以致傷動者，其病必在角柎相接之處。"

弓而羽䋈，末應將發。羽讀爲扈，扈，緩也。接中動則緩，緩簫應弦，則角幹將發。

【疏】"弓而羽䋈，末應將發"者，戴震云："接中既傷動而緩䋈，角幹皆隨之壞矣。"

注云"羽讀爲扈，扈，緩也"者，段玉裁云："此易其字。"案：經典扈無緩訓，未詳所出。云：接中動則緩，緩簫應弦，則角幹將發"者，言畏柎相接處一動，則接縫寬緩，而力不相貫，簫應弦時，弓體之角幹皆隨之而撥枉也。

弓有六材焉，維幹强之，張如流水；無難易也。

【疏】"維幹强之"者，《説文·弓部》云："彊，弓有力也。"强卽彊之借字。賈疏云："弓有六材，惟以幹爲强者，以其幹外五材當依幹，而有以幹爲本，故指幹爲强。"

注云"無難易也"者，《老子》云："天之道，其猶張弓乎！高者抑之，下者舉之。"此云"張如流水"，亦謂幹之調善，隨所抑舉，無偏强而難挽、偏弱而易撓之處，如流水之顺也。

維體防之，引之中參；體，謂内之於檠中，定其體。防，深淺所止。謂體定張之，弦居一尺，引之又二尺。

【疏】"維體防之"者，謂弓之往来體也。

注云"體謂内之於檠中，定其體"者，卽前云"寒奠體"是也。云"防深淺所止"者，《稻人》云"以防止水"。檠定弓體所止，猶防止水，故云防也。賈疏云："若王弧之弓，往體寡，來體多，弛之乃有五寸，張之一尺五寸；夾庾之弓，往體多，來體寡者，弛之一尺五寸，張之得五寸；唐弓、大弓，往來體若一者，弛之一尺，張之亦一尺：是防之深淺所止。"云"謂體定張之，弦居一尺，引之又二尺"者，賈疏云："此據唐大中者而言，餘四者弛之張之雖多少不同，及其引之皆三尺，以其矢長三尺，須滿故也。"

維角𫧃**之，欲宛而無負弦。引之如環，釋之無失體，如環。**負弦，辟戾也。負弦則不如環。如環亦謂無難易。鄭司農云："𫧃讀如牚距之牚、車牚之牚。"

【疏】"欲宛而無負弦"者，宛與"宛之無已應"之宛同，言引之而角隨弓屈曲，其勢調顺，不相辟戾也。云"引之如環，釋之無失體，如環"者，戴震云："既張弦，引之如環，及其釋弦，無失體，亦如環也。"

注云"負弦，辟戾也"者，負與《九章算術》方程正負之負義同。《戰國策・秦策》高注云："負，背也。"又《吕氏春秋・處方篇》注云："辟，邪也。"辟戾謂角與弦邪背也。云"負弦則不如環"者，言角若與弦相戾，則引之不能正圜如環也。云"如環亦謂無難易"者，謂與上云"張之如流水"同義。鄭司農云"牚讀如牚距之牚、車牚之牚"者，段玉裁云："注中四'牚'字，皆'𫧃'之誤。案:《説文・止部》曰:'堂，歫也。歫，止也。'堂古本音堂，轉爲直庚反，其字變牚，變樘，變撐。車𫧃亦作車樘。《説文・金部》曰:鎣，車樘結也。車樘，《急就篇》、《釋名》作'棠'。劉熙曰:'棠，蹚也，在車兩旁蹚幰，使不得進郤也。'棠與樘古通用。注言讀如堂歫之堂、車堂之堂者，謂其音如此兩堂，其義亦同也。"盧文弨云:"《釋文》出經𫧃之爲音，注云'注同'，不爲牚别作音，知舊亦必本是堂字。牚字俗。"案:段盧説是也。牚卽堂之俗。《漢書・匈奴傳》注引蘇林云，"撐音牚距之牚"，與先鄭讀略同。先鄭意弓隈撓曲，恐其力弱，故以角𫧃距之，以輔其力也。賈疏謂"𫧃，正也，言置角於隈中既正"，失其恉矣。

材美，工巧，爲之時，謂之參均。角不勝幹，幹不勝筋，謂之參均。量其力有三均。均者三，謂之九和。有三讀爲"又參"。量其力又參均者，謂若幹勝一石，加角而勝二石，被筋而勝三石，引之中三尺。假令弓力勝三石，引之中三尺，弛其弦，以繩緩擐之，每加物一石，則張一尺。故書勝或作稱，鄭司農云:"當言'稱''謂之不參均'。"玄謂不勝，無負也。

【疏】"材美、工巧、爲之時，謂之參均"者，材通六材言之，卽上文所云是也。云"角不勝幹，幹不勝筋，謂之參均"者，《唐石經》作"謂之不參均"，誤涉先鄭注而衍，今從宋本删。此别言角幹筋之參均也。云"均者三，謂之九和”者，參均者凡三，相乘爲九，是謂九和也。和均義同。

注云“有三讀爲又參”者，段玉裁云：“有又古文通用。三讀爲參者，欲使與上文一例，乃後下文言參均者三也。”云“量其力又參均者，謂若幹勝一石，加角而勝二石，被筋而勝三石，引之中三尺”者，《漢書·律厤志》以三十斤爲鈞，四鈞爲石。三石則十二鈞，三百六十斤也。賈疏云：“此言謂弓未成時，幹未有角，稱之，勝一石。後又按角，勝二石，後更被筋，稱之，即勝三石。引之中三尺者，此據幹角筋三者具，總稱物三石，得三尺。若據初空幹時，稱物一石，亦三尺；更加角稱物二石，亦三尺；又被筋稱物三石，亦三尺。”江永云：“注言以繩試弓之法，每加物一石，則張一尺，本已成之弓，先言幹勝一石，加角勝二石，被筋勝三石。此推三均之由，謂其由此三者之力耳，非謂弓未成而迭試之也。疏謂初空幹時稱物一石，則失之矣。被筋必先於加角，安能使角先於筋。”案：江説是也。云“假令弓力勝三石，引之中三尺，弛其弦，以繩緩擐之，每加物一石，則張一尺”者，此言量弓力之法。必引之中三尺者，以此爲準，若過三尺，則爲不勝矣。《説文·弓部》云：“弛，解也。”《廣雅·釋詁》云：“擐，著也。”謂解弦而别以繩緩著弓簫。必以繩易絃者，恐試時傷弦之力。必緩擐者，恐其急而斷也。賈疏云：“此即三石力弓也。必知弓力三石者，當弛其弦，以繩緩擐之者，謂不張之，别以一條繩繫兩簫，乃加物一石，張一尺，二石張二尺，三石張三尺，則與前三幹角筋力各一石也。”云“故書勝或作稱”者，故書别本兩“勝”字並作“稱”也。勝稱古字通。《易·繫辭》："吉凶者，貞勝者也。”《釋文》引姚信本作“貞稱”。鄭司農云“當言稱謂之不參均”者，謂經“勝”並當從故書或本作“稱”，經“謂之參均”，又當云“謂之不參均”，此先鄭依故書改二字，又以意增一字也。段玉裁云：“司農從‘稱’，故如此説。鄭君則從‘勝’，此彼無勝負，則謂之參均宜矣。《唐開成石經》作‘謂之不參均’，此從仲師説也，不知仲師説已經鄭君駁正矣。”徐養原云：“注‘當言’二字貫下六字，不舉經語，從省也。”云“玄謂不勝無負也”者，謂與角無負弦義同。角與幹，幹與筋，並相得均一，不相勝害，則自無辟戾也。

九和之弓,角與幹權,筋三侔,膠三(鋝),絲三邸,漆三斞。上工以有餘,下工以不足。權,平也。侔,猶等也。角幹既平,筋三而又與角幹等也。(鋝),鍰也。邸斞輕重未聞。

【疏】"九和之弓,角與幹權"者,論一弓六材相參之數量也。云"筋三侔,膠三鋝,絲三邸,漆三斞"者,葉鈔本《釋文》云:"侔,本又作杵,亦作桙。"案:《類篇·木部》,杵桙字同。吕賢基云:"《既夕禮》'兩杅'注:'今文杅爲桙。'《説文》作'盂',云'盛飯器也'。《内則》云'敦牟巵匜',鄭云:'牟讀曰堥。敦、牟,黍稷器也。'《釋文》云:'齊人呼土釜爲牟。'《正義》引《隱義》曰:'堥,土釜也。今以木爲器,象土釜之形。'蓋本飲食之器,亦得爲量名也。"案:《釋文》或本作"桙",則當爲量名,蓋與《瘍醫》注"黄堥"之堥略同。以下鋝邸斞文例校之,亦合。吕説雖與鄭異,而義可通。但攷聶氏《三禮圖》引《舊圖》,謂牟形制容受與簠簋同,則三牟凡三斗六升,一弓之筋不宜有如此之多,或本殆非也。漆三斞,《説文·斗部》云,"斞,量也",引"《周禮》,桼三斞。"案:許從正字作"桼",此經從借字作"漆",字例不同也。詳《載師》疏。戴震云:"三侔、三鋝、三邸、三斞,一弓之筋膠絲漆也。"

注云"權,平也"者,《王制》注同。戴震云:"權之使無勝負。"云"侔猶等也"者,《輪人》注義同。云"角幹既平,筋三而又與角幹等也"者,①鄭意侔爲齊等,謂角與幹平,筋又與角幹平等,卽上云"角不勝幹,幹不勝筋,謂之參均"。三者力等,則數量亦當相稱也。然云"筋三",不箸其數,於義未明,且下三者並言數量,不宜於筋獨異,蓋失之。云"鋝,鍰也"者,《冶氏》注引許叔重説同。彼注又以一鍰爲六兩大半兩,三鋝爲一斤四兩。戴震云:"鍰者,十一銖二十五分銖之十三。三鍰重一兩十銖二十五分銖之十四。"案:依戴説,三鍰與《冶氏》"殺矢刃重三垸"同,與鋝異量,則一弓之膠,不過今量五錢有奇,似太少也。云"邸斞輕重未聞"者,《漢書·貨殖傳》云:"桼千大斗。"斞,蓋斗之屬。《廣雅·釋詁》云:"斞,量也。"義同《説文》。又《釋器》云:"釜十曰鍾,鍾十曰斞。"是斞容六十四斛,其量太大,與弓漆三斞

① "而"原訛"漆",據《周禮注疏》改。——王文锦校注。

之數不相當也。《莊子·田子方篇》云："鍾斛不敢入於四竟。"彼《釋文》云："鍾音庾。李云：'六斛四斗曰鍾。'司馬本作'鍾斞'，云：'鍾讀曰終，斞讀曰庾。'"《莊子》之'鍾'，譌俗不成字，其從臾，似與斞聲類同。然李頤及司馬彪並謂卽鍾字。陸讀鍾爲庾，司馬讀斞爲庾，又似皆謂卽《陶人》實二觳之庾。《聘禮記》"十六斗曰籔"，注云："今文籔爲逾。"《國語·魯語》韋注引又作"庾"。《玉篇·匚部》云："匬，受十六斗。"逾庾匬亦並與斞聲近，而揆之盛漆之器，量究不合，故鄭、許皆不據彼釋斞也。戴震云："邸，收絲之器；斞，挹漆之器，皆有量數可取則者。"

爲天子之弓，合九而成規；爲諸侯之弓，合七而成規；大夫之弓，合五而成規；士之弓，合三而成規。材良則句少也。

【疏】"爲天子之弓，合九而成規"者，以下記弓尊卑、良敝、倨句、形體之異。《司弓矢》文同。江永云："此言尊卑制度如此，至用弓時，自有變通。下文所言，則變通之法也。亦猶大射侯道有九十弓、七十弓、五十弓，以此辨尊卑，至射時，臣各射其侯，而君則三侯皆可射也。"案：江説是也。此叚王侯大夫士，以明弓良敝之衰有此四等耳，非謂用弓者必如其等也。《韓詩外傳》云："夫巧弓在此手也，傅角被筋，膠漆之和，卽可以爲萬乘之寶也。"此爲天子之弓，猶云爲萬乘之寶矣。並詳《司弓矢》疏。

注云"材良則句少也"者，材良則其力勁，故句屈之勢少也。凡弓合九成規者句最少，合七成規者次之，合五成規者又次之，合三成規者句最多，材亦最劣。

弓長六尺有六寸，謂之上制，上士服之；弓長六尺有三寸，謂之中制，中士服之；弓長六尺，謂之下制，下士服之。人各以其形貌大小服此弓。

【疏】"弓長六尺有六寸，謂之上制，上士服之"者，此卽《槀人》所謂弓六物爲三等也。士亦謂國勇力之士。三等之差，與桃氏爲劍同。

注云"人各以其形貌大小服此弓"者，賈疏云："此上士、中士、下士，以長者爲上士，次者爲中士，短者爲下士，皆非命士者，故鄭云人各以其形貌大小服此弓也。"

凡爲弓，各因其君之躬志慮血氣。又隨其人之情性。

【疏】"凡爲弓各因其君之躬志慮血氣"者，言爲弓又當視所射之人以爲安危也。

注云"又隨其人之情性"者，冢上文爲釋，明不徒據人形貌大小爲之也。

豐肉而短，寬緩以荼，若是者爲之危弓，危弓爲之安矢。骨直以立，忿埶以奔，若是者爲之安弓，安弓爲之危矢。言損贏濟不足。危、奔，猶疾也。骨直謂强毅。荼，古文舒假借字。鄭司農云："荼讀爲舒。"

【疏】"豐肉而短"者，謂其君之躬也。《大司徒》"原隰其民豐肉而庳"，注云："豐猶厚也，庳猶短也。"此義與彼同。云"寬緩以荼"者，謂其君志慮寬緩而體舒遲也。云"若是者爲之危弓，危弓爲之安矢"者，賈疏云："此經以下説君之躬與志慮弓之所宜者也。危弓則夾庾，弱者爲言；安弓謂王弧之類，强者而言。若然，危矢據恆矢，安矢據殺矢者也。"江永云："危弓、安弓，疏説非是。下文言弓安矢安，而莫能速中，且不深，是弓弱也。乃以强者爲安、弱者爲危，何耶？當是剽疾者爲危，柔緩者爲安。然則三等之弓皆有危安與？案：江説是也。

注云"言損贏濟不足"者，賈疏云："明豐肉寬緩是不足，則危弓濟之；危弓爲贏，則以安矢損之；骨直忿埶是贏，則安弓損之；安弓是不足，則以危矢濟之。"云"危、奔，猶疾也"者，《説文・危部》云："危，在高而懼也。"引申之亦爲急疾，對安爲舒緩。《釋名・釋姿容》云："奔，變也，有急變奔赴之也。"云"骨直謂强毅"者，骨直言骨幹挺直，其人必剛强而果毅也。《周書・謚法篇》云："强毅果敢曰剛。"云"荼，古文舒假借字"者，謂荼舒聲類同，古字假借通用，詳前疏。段玉裁云："鄭君與仲師説小異。本職荼字已見，此又言者，詳略互相足也。"鄭司農云"荼讀爲舒"者，先鄭前注同。此破字，與後鄭微異。

其人安，其弓安，其矢安，則莫能以速中，且不深。故書速或作"數"，鄭司農云："字從速。速，疾也。三舒不能疾而中，言矢行短也，中又不能深。"

【疏】"其人安，其弓安，其矢安，則莫能以速中，且不深"者，此明豐肉而短、寬緩以荼者，不可以用安弓也。

注云"故書速或作數"者，《總敍》注同。鄭司農云"字從速"者，段玉裁云："數字義短，故從速。前文無以爲戚速，司農亦不從數。"云"速，疾也"者，①《總敍》注同。云"三舒不能疾而中，言矢行短也"者，射者躬與志慮既緩，所用弓矢又緩，則發矢無力，其行必緩而短，不能及遠常不能中也。云"中又不能深"者，謂卽使鏃中，仍不能深入，亦勢緩之故。

其人危，其弓危，其矢危，則莫能以愿中。愿，慤也。三疾不能慤而中，言矢行長也。長謂過去。

【疏】"其人危，其弓危，其矢危，則莫能以愿中"者，此明骨直以立、忿埶以奔者，不可以用危弓也。

注云"愿，慤也"者，《大司寇》注義同。愿中，謂矢不旁掉，適中其所射，若謹愿然。云"三疾不能慤而中，言矢行長也，長謂過去"者，鄭意射者躬與志慮既急，所用弓又急，則發矢力太勁，其行至急而長，常越過所射之物，不能正貫而止也。然經云"莫能愿中"，似當兼含《大射儀》所云揚觸梱復諸弊而言。鄭唯據矢行長過去爲釋，約舉以見義耳。

往體多，來體寡，謂之夾臾之屬，利射侯與弋。射遠者用埶。夾庾之弓，合五而成規。侯非必遠，顧埶弓者材必薄，薄則弱，弱則矢不深中侯，不落。大夫士射侯，矢落不獲。弋，繳射也。故書與作"其"，杜子春云："當爲與。"

【疏】"往體多，來體寡，謂之夾臾之屬"者，臾，《司弓矢》作"庾"，聲同字通。黄以周云："庾當從記作'臾'。《説文》：'束縛捽抴爲臾。'束縛謂之夾，捽抴謂之臾。"案：黄説亦通。往體，謂弓體外撓；來體，謂弓體内向。凡

① 原脱"者"，據疏例增。——王文锦校注。

弓必兼往來兩體，而後有張弛之用，但以往來之多少爲强弱之差。此夾臾，謂弓之最弱者也。云"利射侯與弋"者，侯蓋通《梓人》三侯言之。凡大射、燕射、賓射，弓皆用夾臾也。詳《司弓矢》疏。

注云"射遠者用埶"者，據上文，明此夾臾曲多亦爲埶弓也。云"夾庾之弓合五而成規"者，此依《司弓矢職》作"庾"。以其往體多則句亦多，即是上合五成規，大夫之弓也。云"侯非必遠，顧埶弓者材必薄，薄則弱，弱則矢不深中侯，不落"者，司弓矢注説夾臾射豻侯云，"豻侯五十步，及射鳥獸，皆近射也"，故云侯未必遠。賈疏云："夾庾反張多，隨曲埶向外，弱，則射遠不能深，則近亦不深，故射近侯用之。"詒讓案：鄭意上文云"凡析榦射遠者用埶，射深者用直"，此夾臾往體多，來體寡，即埶弓也，射遠宜莫如用此。而《司弓矢》説夾庾以射豻侯，彼注推之，以爲射大侯用王弧，參侯用唐大。此夾臾所射，乃非最遠之侯，大侯、參侯侯道皆遠於豻侯，而射反用直弓而不用埶弓，嫌彼注義與此經上文乖牾，故此注自圓其説，謂夾臾弓反句，則材必薄而力弱，矢射物必不深，中侯時不至太深而穿過，故可不落，欲明用夾臾之埶弓，射最近之侯者，不取其射遠，惟取其中侯不落也。實則此射侯當通晐三侯，夾臾不專射豻侯，亦非取矢不落之義，鄭説非經義，詳《司弓矢》疏。云"大夫士射侯，矢落不獲"者，據《大射儀》。鄭意因大夫士矢落不獲，故必用夾臾之弓也。賈疏云："按《司弓矢職》云：'夾弓、庾弓，以授射豻侯、鳥獸者。'豻侯、鳥獸，則射侯與弋也。按彼注：'近射用弱弓，則射大侯者用王弧，射参侯者用唐大矣。'如是，君用王弧射大侯，大夫用唐大射参侯，士用夾庾射豻侯。若然，此大夫與士同用夾庾射近侯者，據天子之臣多，則三公、王子爲諸侯者射熊侯，卿大夫士同射豹侯也。若然，射七十步侯用唐大，其遠中侯亦不落也。"案：鄭言此者，亦欲明大夫士皆不用直弓之王弧，取其不穿侯而落耳。蓋大夫参侯七十步，尚非甚遠，而所用唐大之弓，則比之王弧，尚爲埶弓，故謂同取矢不落之義，非謂大夫士同射豻侯也。賈説未達鄭恉。但依經，夾臾當射三侯，通於貴賤，王弧、唐大並非射侯所用，鄭説亦與經義不甚合耳。云"弋，繳射也"者，《詩·齊風·盧令》序箋同。弋即惟之叚字，亦詳《司弓矢》疏。云"故書與作其，杜子春云當爲與"者，段玉裁云："此字之誤也。"

往體寡，來體多，謂之王弓之屬，利射革與質。射深者用直，此又直焉，於射堅宜也。王弓合九而成規，弧弓亦然。革謂干盾。質，木椹。天子射侯亦用此弓。《大射》曰："中離、維綱、揚觸、梱復，君則釋獲，其餘則否。"

【疏】"往體寡，來體多，謂之王弓之屬"者，此王弓，謂弓之最强者也，亦兼有弧弓。云"利射革與質"者，賈疏云："即《司弓矢職》云：'王弓、弧弓以受射甲革椹質者。'亦一也。"

注云"射深者用直"者，亦據上文，明後唐弓曲少，即得爲直弓也。云"此又直焉，於射堅宜也"者，謂此王弓更直於唐弓，弓直則力勁，故宜射堅。革質皆堅物，故以此弓射之。云"王弓合九而成規"者，以其往體寡，則句亦寡，即是上合九成規，天子之弓也。云"弧弓亦然"者，據《司弓矢》，王弓、弧弓同類。《説文・弓部》亦云："往體寡，來體多，曰弧。"云"革謂干盾"者，《國語・齊語》"定三革"，韋注云："甲，胄、盾也。"鄭《司弓矢》注云"甲革，革甲也"，與此異者，干盾與甲並以革爲之，此注與《司弓矢》注義互相備也。云"質，木椹"者，《司弓矢》注云："樹椹以爲射正。"《穀梁》昭八年傳"以葛覆質以爲槷"，范注云："質，椹也。"案：質椹異名同物，謂以斫斬之木藉，樹之以當射的，與三侯之正質異也。詳《司弓矢》疏。云"天子射侯亦用此弓"者，鄭意合九成規是天子之弓，又《司弓矢》以夾庾射豻侯推之，知大侯當用王弧也。今案：天子射侯亦當用夾臾，不用王弧，鄭説未當，詳前疏。引《大射》曰"中離、維綱、揚觸、梱復，君則釋獲，其餘則否"者，《大射儀》文作"公則釋獲，衆則不與"。鄭彼注云："離，猶過也，獵也。侯有上下綱，其邪制躬舌之角者爲維。揚觸者，爲矢中他物，揚而觸侯也。梱復，謂矢至侯不著而還復。復，反也。公則釋獲，優君也。衆當中鵠而著。"引之者，證天子射侯雖過而落，猶得釋獲，故用王弧。若他人，則當以夾臾射侯，取其矢不深中侯，不落也。

往體來體若一，謂之唐弓之屬，利射深。射深用直。唐弓合七而成規，大弓亦然。《春秋傳》曰："盜竊寶玉大弓。"

【疏】"往體來體若一，謂之唐弓之屬"者，此謂弓之强弱中者也。賈疏云:"唐弓之外仍有大弓,故云之屬也,按《司弓矢職》云:'唐弓、大弓以授學射者、使者、勞者。'此不言者,亦各舉一邊而言,兼有彼事可知。"

注云"射深用直"者,唐大來往體若一,雖不及王弧之强,然以較夾臾則已爲直,故得與王弧同屬直弓也。云"唐弓合七而成規"者,以其往來體若一,在强弱之中,卽是上合七成規,諸侯之弓也。云"大弓亦然"者,據《司弓矢》,唐弓、大弓同類也。引《春秋傳》曰"盜竊寶玉大弓"者,定八年經文。云傳者,順文便也。鄭引之者,謂彼大弓卽《司弓矢》之大弓也。賈疏云:"彼以爲陽虎盜竊寶玉大弓。《公羊傳》云:'寶者何?璋判,白弓繡質。'引之者,證大弓同也。"詒讓案:《司弓矢》"唐弓大弓以授勞者",彼注以勞者爲勤勞王事,若晉文侯、文公受王弓矢之賜者。若然,鄭意蓋謂周公以勤勞受賜,當授以唐大,故并以爲一與?但《穀梁傳》云:"大弓,武王之戎弓也。周公受賜,藏之魯。"《明堂位》云:"越棘大弓,天子之戎器也。"《公羊》何注又引禮"天子雕弓",雕弓卽《詩·大雅·行葦》之"敦弓",毛傳云"畫弓也"。又引天子之弓合九而成規。毛云"畫弓",與《公羊》"繡質"亦正相應。依《公》、《穀》及《明堂位》説,則彼大弓當爲王弧之屬,何義較鄭爲長也。

大和無灂,其次筋角皆有灂而深,其次有灂而疏,其次角無灂。大和,尤良者也。深,謂灂在中央,兩邊無也。角無灂,謂隈裏。

【疏】"大和無灂"者,賈疏云:"大和,謂九和之弓,以其六材俱善尤良,故無漆灂也。"云"其次筋角皆有灂而深"者,賈疏云:"筋在背,角在隈,皆有灂,但深在其中央,兩邊無也。"云"其次有灂而疏"者,《唐石經》"其次"下有"角"字,今依宋本。賈疏云:"以上參之,此謂兩邊亦有,但疏之,不皆有也。"阮元云:"其次有灂而疏,疏意蒙上筋角皆有灂,是賈疏本無此角字,故經下始言角也。《石經》此'角'誤衍。"案:阮説是也。注唯釋角無灂爲隈裏,則經文上不云角有灂明矣。王氏《訂義》本亦有角字,疑卽據《唐石經》誤增。云"其次角無灂"者,賈疏云:"謂隈裏無灂,簫頭及背有之。"

注云"大和,尤良者也"者,謂六材相得,弓最良善者也。云"深謂灂在中央,兩邊無也"者,弓筋在表而角在裏,中央謂表裏之中,皆有灂。兩邊無者，弓側也。云“角無灂謂隈裏”者，角之中恆當弓之隈，故知角無灂謂隈裏無灂，餘並有也。

合灂若背手文。弓表裏灂合處，若人合手背，文相應。鄭司農云：“如人手背文理。”

【疏】“合灂若背手文”者，此與下經並明弓有灂者之形狀不同。

注云“弓表裏灂合處，若人合手背，文相應”者，言弓側表灂與裏灂相接處，若人兩手背相合，其文相應，不差戾也。程瑤田云：“合手掌，空縫有疏密，惟背手之縫閒不容髮，弓合處似之，言纹密也。”鄭司農云“如人手背文理”者，此直謂若人手背之文理，不爲合手，與後鄭不同，義亦得通，故附著之。

角環灂，牛筋蕡灂，麋筋斥蠖灂。蕡，枲實也。斥蠖，屈蟲也。

【疏】“角環灂”者，此亦謂灂文相若也。環灂與《輈人》“良輈環灂”義同。賈疏云：“此説弓表及弓裏灂文也。角環灂，謂隈裏灂文如環然。”案：此角灂似當兼兩簫及柎角言之，賈據上注謂專指隈裏，義未晐。云“牛筋蕡灂，麋筋斥蠖灂”者，賈疏云：“此説弓背用牛筋之漆，如麻子文。若用麋，其灂文如斥蠖文。”

注云‘蕡，枲實也“者，《籩人》注同，卽今火麻人，皮有班點，故《月令》鄭注云”麻實有文理“。此弓漆灂文似彼也。詳《籩人》疏。云“斥蠖，屈蟲也”者，《易繫辭》云：“尺蠖之屈，以求信也。”《説文・虫部》云：“蠖，尺蠖，屈申蟲也。”《爾雅・釋蟲》云：“蠖，蚇蠖”，郭注云：“今蝍蝛。”《方言》云：“蠀蝛謂之蚇蠖。”《御覽・蟲豸部》引《方言》郭注云：“尺蠖，又呼步屈，其色青而細小，或在草木葉上。”案：斥尺聲近字通，蚇卽尺之俗。依郭説，則卽今樹閒小青蟲，形細小蜷曲。漆灂文丩屈，與彼相類也。

和弓毄摩。和，猶調也。毄，拂也。將用弓，必先調之，拂之，摩之。《大射禮》曰：“小射正授弓，大射正以袂順左右隈，上再下一。”

【疏】注云“和猶調也”者，《食醫》注義同。云“毄，拂也”者，《説文・殳部》云:"毄,相擊中也。"《手部》云:"拂,過擊也。"《楚辭・離騷》王注云:"拂,擊也。"《韓非子・説難篇》云:"辭言無所擊摩。"毄擊字通,詳《廬人》疏。云"將用弓,必先調之,拂之,摩之"者,調之,試其體之往來强弱;拂之,以去塵;摩之,察其有無瑕釁也。引《大射禮》者,證調弓當拂之,摩之。彼文云:"小射正授弓,拂弓,皆以俟于東堂。大射正執弓,以袂順左右隈,上再下壹,左執弣,右執簫,以授公,公親揉之。"

注云:"拂弓,去塵。順,放之也。揉,宛之,觀其安危也。"案:彼拂順揉三者,並卽此和調毄摩之事。

覆之而角至,謂之句弓。句於三體,材敝惡,不用之弓也。覆,猶察也,謂用射而察之。至,猶善也。但角善,則矢雖疾而不能遠。

【疏】"覆之而角至,謂之句弓"者,此論射時相弓之法。賈疏云:"此以下論弓有六材,角幹筋用力多,特言之。若三者全善,則爲尤良,若一善者爲敝,二善者爲次。今此先察一善者至,謂若餘幹筋不善,直角善,可以爲句弓。"

注云"句於三體,材敝惡,不用之弓也"者,《司弓矢》云"句者謂之弊弓",注云:"弊猶惡也。"敝弊字通。三體謂合九、合七、合五三等之體。此句弓,卽合三成規,比往體多來體寡之弓爲尤句,則體弱不任用也。云"覆猶察也"者,《爾雅・釋詁》云:"覆、察,審也。"云"謂用射而察之"者,謂用此弓射時,覆審察之也。云"至猶善也"者,《詩・小雅・節南山》箋同。《釋文》善作"譱"云:"本又作善,下同。"案:譱正字,善卽譱之隸省。戴震云:"古字至致通。致,致密也。"云"但角善,則矢雖疾而不能遠"者,賈疏云:"上云射遠用埶,埶是弱弓而射遠。但此句弓爲弱於彼,雖疾不能射遠也。"

覆之而幹至,謂之侯弓。射侯之弓也。幹又善,則矢疾而遠。

【疏】注云"射侯之弓也"者,謂夾臾之屬是也。云"幹又善,則矢疾而遠"者,上文云"幹也者,以爲遠也。"賈疏云:"非直角至,兼幹善,謂之射侯之弓。則上夾庾利近射與弋,言矢疾而遠,對上句弓疾而不遠,不及侯者也。"

覆之而筋至，謂之深弓。射深之弓也。筋又善，則矢既疾而遠，又深。

【疏】注云“射深之弓也”者，賈疏云：“此弓三善者也。按上文唐大射深，則王弧三善亦射深可知，舉中以見上者也。”云“筋又善，則矢既疾而遠又深”者，上文云“筋也者，以爲深也”。謂非徒角幹至，兼筋又良，故得兼疾遠深三善也。

《周禮冬官考工記》經文與釋義

◎冬官考工記　總論

經　文

國有六職，百工與居一焉。或坐而論道；或作而行之；或審曲面埶，以飭五材，以辨民器；或通四方之珍異以資之；或飭力以長地財；或治絲麻以成之。坐而論道，謂之王公；作而行之，謂之士大夫；審曲面埶，以飭五材，以辨民器，謂之百工；通四方之珍異以資之，謂之商旅；飭力以長地財，謂之農夫；治絲麻以成之，謂之婦功。

釋　文

一國有六類職業，百工是其中之一。有的人安坐而謀慮治國之道；有的人努力執行治國之道；有的人審視[五材的]曲直、方圓，以[加工]整治五材，而製備民衆所需的器物；有的人使四方珍異的物品流通以供人們購取；有的人勤力耕耘土地而使之生長財富；有的人紡績絲麻而製成服飾。安坐而謀慮治國之道的，稱作王公；起來執行治國之道的，稱作士大夫；審視[五材的]曲直、方圓，以[加工]整治五材，而製備民衆所需器物的，稱作百工；使四方珍異物品流通以供人們購取的，稱作商旅；耕耘土地而使之生長財富的，稱作農夫；紡績絲麻而製成衣服的，稱作婦功。

粵無鎛，燕無函，秦無廬，胡無弓、車。粵之無鎛也，非無鎛也，夫人而能爲鎛也；燕之無函也，非無函也，

粵地沒有設置製作鎛的工匠，燕地沒有設置製作鎧甲的工匠.秦地沒有設置製作[矛、戟等]長柄武器的工匠，匈奴沒有設置製作弓、車的工匠。越地沒有設置製作

夫人而能爲函也;秦之無廬也,非無廬也,夫人而能爲廬也;胡之無弓、車也,非無弓、車也,夫人而能爲弓、車也。

鎛的工匠,不是説沒有能夠製作鎛的人,而是説那里人人都能製作鎛;燕地沒有設置製作鎧甲的工匠,不是説沒有能夠製作鎧甲的人,而是説那里人人都能製作鎧甲;秦地沒有設置製作(矛、戟等)長柄武器的工匠,不是説沒有能夠製作長柄武器的人,而是説那里人人都能製作長柄武器。匈奴沒有設置製作弓、車的工匠,不是説沒有能夠製作弓、車的人,而是説那里人人都能製作弓、車。

知得創物,巧者述之,守之世,謂之工。百工之事,皆聖人之作也。爍金以爲刃,凝土以爲器,作車以行陸,作舟以行水:此皆聖人之所作也。

智慧而有創造能力的人創造器物,心靈手巧的人循其法式加以傳承,守此職業世代相傳,稱作"工"。百工製作的器物,都是聖人的創造發明。冶煉金屬製作帶利刃的器具,和合泥土燒結成陶器,製作車輛而在陸地上行駛,製作舟船在水面上航行:這些都是由聖人創造發明的。

天有時,地有氣,材有美,工有巧:合此四者,然後可以爲良。材美工巧,然而不良,則不時、不得地氣也。

天有寒溫之時,地有剛柔之氣,材有優良之質,工有巧飾之精:整合這四方面,然後才可以製作精良的器物。如果材質優良、工藝精巧,然而製作的器物卻不精良,那就是沒有順應天時、沒有適應地氣的緣故。

橘踰淮而北爲枳,鸜鵒不踰濟,貉踰汶則死:此地氣然也。鄭之刀,宋之斤,魯之削,吳、粤之劍,遷乎其地而弗能爲良:地氣然也。燕之

橘樹向北移栽,過了淮河就變成"枳"了,八哥鳥从不[向北]飛越濟水,貉如果[向北]越過汶水就會死:這些都是地氣造成的。鄭地的刀,宋地的斧,魯地的削,吳、粤的劍,離開當地而製作,就不会精良:這

角,荆之幹,妢胡之笴,吴、粤之金、錫:此材之美者也。天有時以生,有時以殺;草木有時以生,有時以死;石有時以泐;水有時以凝,有時以澤:此天時也。

也是地氣造成的。燕地的牛角,荆地的弓幹,妢胡的箭杆,吴、粤的銅、錫:這些都是優良的材料。天有時使萬物生長,有時使萬物凋零;草木有時生長,有時枯死;石頭有時會産生裂紋;水有時會凝固,有時[冰凍]會消解:這些都是天時造成的。

凡攻木之工七,攻金之工六,攻皮之工五,設色之工五,刮摩之工五,搏埴之工二。攻木之工:輪、輿、弓、廬、匠、車、梓。攻金之工:築、冶、鳧、㮚、段、桃。攻皮之工:函、鮑、韗、韋、裘。設色之工:畫、繢、鍾、筐、㡛。刮摩之工:玉、楖、雕、矢、磬。搏埴之工:陶、瓬。

所有的工官或工匠,治木的有七種,冶金的有六種,治皮的有五種,施色的有五種,琢摩的有五種,製陶的有兩種。治木的工種有:輪人、輿人、弓人、廬人、匠人、車人、梓人。冶金的工種有:築氏、冶氏、鳧氏、㮚氏、段氏、桃氏。治皮的工種有:函人、鮑人、韗人、韋人、裘人。施色的工種有:畫人、繢人、鍾氏、筐人、㡛氏。琢摩的工種有:玉人、楖人、雕人、矢人、磬氏。製陶的工種有:陶人、瓬人。

有虞氏上陶,夏后氏上匠,殷人上梓,周人上輿。故一器而工聚焉者,車爲多。

有虞氏提倡製陶業,夏后氏提倡水利和營造業,殷人提倡木作手工業,周人提倡車輛製造業。因此製作一種器物而需要聚集數個工種協同才能完成的,以製作車(聚集的工種)爲最多。

車有六等之數:車軫四尺,謂之一等;戈柲六尺有六寸,既建而迆,崇於軫四尺,謂之二等;人長八尺,崇於戈四尺,謂之三等;殳長尋有四尺,崇於人四尺,謂之四等;車戟常,崇於殳四尺,謂之五

車有六等差數:車軫离地四尺,這是第一等;戈連柄長六尺六寸,斜插在車上,比軫高出四尺,這是第二等;人長八尺,[站在車上]比戈高出四尺,這是第三等;殳長一尋零四尺,[插在車上]比人高出四尺,這是第四等;車戟長一常,[插在車上]比殳高出四尺,這是第五等;酋矛長一常零四

等;酋矛常有四尺,崇於戟四尺,謂之六等。車謂之六等之數。

尺,[插在車上]比戟高出四尺,這是第六等。所以説車有六等差數。

凡察車之道,必自載於地者始也,是故察車自輪始。凡察車之道,欲其樸屬而微至。不樸屬,無以爲完久也;不微至,無以爲戚速也。輪已崇,則人不能登也;輪已庳,則於馬終古登阤也。故兵車之輪六尺有六寸,田車之輪六尺有三寸,乘車之輪六尺有六寸。六尺有六寸之輪,軹崇三尺有三寸也,加軫與轐焉四尺也。人長八尺,登下以爲節。

凡考察車輛的要領,必須從車輪着地的部位開始,因此考察車輛先要從車輪開始。凡考察車輛的要領,要注意車輪的結構是否縝密堅固,輪子與地面的接觸面是否微小。如果車輪的結構不縝密堅固,那就不能經久耐用;如果輪子與地面的接觸面不微小,那就不會運轉快捷。如果車輪過高,就不便於人登車;如果車輪過低,那么马就会十分费力,就像常常處於爬坡狀態一样。因此兵車輪子高六尺六寸,田車輪子高六尺三寸,乘車輪子高六尺六寸。六尺六寸高的車輪,軹高三尺三寸,再加上軫木與車轐就是四尺。人高八尺,以人上下车时恰到好处的高低为准则。

◎冬官考工記　輪人

經　文

輪人爲輪。斬三材必以其時。三材既具,巧者和之。轂也者,以爲利轉也;輻也者,以爲直指也;牙也者,以爲固抱也。輪敝,三材不失職,謂之完。

釋　文

輪人製作車輪。伐取三種木材必須適時。三種材料都已具備后,巧匠們將其加工組合成車輪。轂,是車輪靈活轉動的構件;輻,是車輪筆直支撑的構件;牙,是車輪合抱緊密堅固的構件。輪子雖然用得破舊了,而轂、輻、牙三材没有失去功能,這才完美。

望而眡其輪，欲其幎爾而下迆也；進而眡之，欲其微至也：無所取之，取諸圜也。

望其輻，欲其掣爾而纖也；進而眡之，欲其肉稱也：無所取之，取諸易直也。

望其轂，欲其眼也；進而眡之，欲其幬之廉也：無所取之，取諸急也。

眡其綆，欲其蚤之正也。察其菑蚤不齵，則輪雖敝不匡。

凡斬轂之道，必矩其陰陽。陽也者稹理而堅，陰也者疏理而柔，是故以火養其陰而齊諸其陽，則轂雖敝不藃。轂小而長則柞；大而短則摯。是故六分其輪崇，以其一爲之牙圍。參分其牙圍而漆其二。槨其漆内而中詘之，以爲之轂長，以其長爲之圍。以其圍之防捎其藪。五分其轂之長，去一以爲賢，去三以爲軹。容轂必直，陳篆必正，施膠必厚，施筋必數，幬必負幹。既摩，革色青白，謂之轂之善。參分其轂長，二在外，一在内，以置其輻。

遠望輪子，要注意輪圈轉動是否均致地觸地；近看輪子，要注意它著地面積是否微小：無非是要求輪子正圓。

遠望輻條，要注意它是否像人臂一樣由粗漸細；近看輻條，要注意它是否光滑匀稱：無非是要求輻條滑致挺直。

遠望車轂，要注意它是否匀整光潔；近看車轂，要注意裹革的地方是否隱起棱角：無非是要求裹得緊固。

細看輪綆，要注意輻端插入轂和牙中是否齊正。發現菑蚤都是齊正的話，那麼輪子即使破舊了也不會變形。

凡砍伐轂材的方法，必須先刻識樹木的背陽面（陰）和向陽面（陽）。木材向陽的部分，紋理緻密而堅實；背陽的部分，紋理疏鬆而柔弱，所以要用火烘烤背陽的部分，使其木質與向陽的部分性能一致，然後作轂，雖然轂用得破舊了也不會因變形而不平。轂小而長，輻間太狹窄了；轂大而短，輻條就不堅牢。所以牙圍取輪子高度的六分之一。其内側的三分之二髹漆。量度輪子漆内的直徑折半作爲轂的長度，轂的周長等於轂長，它的三分之一作剜除木心的藪用。以轂長的五分之四爲賢圍，轂長的五分之二爲軹圍。整治轂的形狀必定要使它内外同軸，設篆一定要平正，敷膠一定要厚，纏筋必定要密，幬革必須緊貼轂體。用石磨平後，皮革顯出青白色，這就是凡輻，量其鑿深以爲輻廣。輻廣而鑿淺，則是以大扤，雖有良工，莫之能固。鑿深而輻小，則是固有餘而强不足也。故竑其輻廣以爲之弱，則雖有重任，轂不折。參分其輻之長而殺其一，則雖有深泥，亦弗之溓也。參分其股圍，去一以爲骹圍。揉輻必齊，平沈必均。直以指牙，牙得，則無槷而固。不得，則有槷，必足見也。六尺有六寸之輪，綆參分寸之二，謂之輪之固。

好的轂了。扣去輻廣三分轂長，二分在外，一分在内，這樣來定輻條入轂的位置。所有的輻條，輻菑入孔的深度等於輻的寬度。如果輻寬而菑孔太淺，那就極易摇動，即使優秀的工匠也不能使它牢固。如果菑孔深而輻菑狹小，那麽牢固有餘而强度不足[容易折斷]。所以一定要量度輻條的寬度作爲菑孔深度，這樣，車子雖然荷載很重，轂也不會損壞。削細輻條近牙的三分之一，車行時就是有深的爛泥也不會粘住。以股圍的三分之二作爲骹圍。揉制輻條必定要使它們齊直，[將它們放在水中]浮沉的深淺也要相同。輻條筆直插在牙上，蚤牙相稱，雖不用楔，也很牢固。如果蚤牙不相稱，就要用楔，終究要露出來的。六尺六寸的輪子，輻綆取三分之二寸，這樣輪子就牢固。

凡爲輪，行澤者欲杼，行山者欲侔。杼以行澤，則是刀以割塗也，是故塗不附。侔以行山，則是搏以行石也，是故輪雖敝，不甐於鑿。凡揉牙，外不廉而内不挫，旁不腫，謂之用火之善。是故規之，以眡其圜也；萬之，以眡其匡也；縣之，以眡其輻之直也；水之，以眡其平沈之均也；量其藪以黍，以眡其同

凡製作車輪，行駛於澤地的，輪緣要削薄；行駛於山地的，牙厚上下要相等。輪緣削薄了，在澤地中行駛，就像刀子割泥樣，所以泥就不會粘附。輪子牙厚上下相等，行駛於山地，因圓厚的輪牙滾在山石上，雖然輪子用得破舊了，也不影響鑿蚤而使輻條鬆動。凡用火揉牙，牙的外側不因拉伸而傷材斷裂，内側不焦灼挫折，旁側不曝裂臃腫，這是善於用火揉牙的表現。所以，用圓規來檢驗，看輪圈是否很圓；用萬來檢驗，看輪子兩側是否規整；懸繩檢驗上下輻

也；權之，以眡其輕重之侔也。故可規、可萬、可水、可縣、可量、可權也，謂之國工。

是否對直；浮在水上觀測浮沉的深淺是否均等；用黍測量兩轂中空之處容積是否相同；用天平衡量兩輪的重量是否相等。如果製作出來的輪子能圓中規、平中萬、直中繩，浮沉深淺同，黍米測量同，權衡輕重同，可以稱爲國家一流的工匠了。

輪人爲蓋，達常圍三寸，桯圍倍之，六寸。信其桯圍以爲部廣，部廣六寸。部長二尺，桯長倍之，四尺者二。十分寸之一謂之枚，部尊一枚，弓鑿廣四枚，鑿上二枚，鑿下四枚；鑿深二寸有半，下直二枚，鑿端一枚。弓長六尺謂之庇軹，五尺謂之庇輪，四尺謂之庇軫。參分弓長而揉其一。參分其股圍，去一以爲蚤圍。參分弓長，以其一爲之尊。上欲尊而宇欲卑，上尊而宇卑，則吐水疾而霤遠。蓋已崇則難爲門也，蓋已卑是蔽目也，是故蓋崇十尺。良蓋弗冒弗紘，殷畝而馳不隊，謂之國工。

輪人製作車蓋。上柄周長三寸，下柄周長多一倍，合六寸。展開下柄的周長作爲蓋鬥的直徑，蓋鬥的直徑是六寸。上柄連蓋鬥的長度爲二尺。下柄[有兩截，每截]比上柄長一倍，爲四尺，兩截共八尺。十分之一寸叫做枚。蓋鬥上端隆起的高度爲一枚。蓋鬥周圍嵌入蓋弓的鑿孔寬四枚，孔上方有二枚，孔下方有四枚。鑿孔深二寸半，下平，漸收，鑿孔的内端高二枚，寬一枚。蓋弓長六尺的，稱爲庇軹；長五尺的，稱爲庇輪；長四尺的，稱爲庇軫。蓋弓近蓋鬥三分之一處揉曲。以股圍的三分之二作爲蚤圍。蓋鬥與弓末的高差爲弓長的三分之一，蓋弓近蓋鬥的上部較高，而遠離蓋鬥的宇部要低，上部高而宇部低，瀉水很快，斜流必遠。車蓋太高的話，一般的城门就通不過去；車蓋太低的話，會遮住乘車者的視線，所以車蓋的高度定爲十尺。好的車蓋，即使蓋上弓不蒙幕，弓末不綴繩，隨車横馳於壟上，蓋弓也不會脱落。有這種技藝的，可以稱爲國家一流的工匠了。

◎冬官考工記　輿人

經文

輿人爲車，輪崇、車廣、衡長，參如一，謂之參稱。參分車廣，去一以爲隧。參分其隧，一在前，二在後，在揉其式。以其廣之半爲之式崇，以其隧之半爲之較崇。六分其廣，以一爲之軫圍。參分軫圍，去一以爲式圍。參分式圍，去一以爲較圍。參分較圍，去一以爲軹圍。參分軹圍，去一以爲轛圍。圜者中規，方者中矩，立者中縣，衡者中水，直者如生焉，繼者如附焉。凡居材，大與小無並。大倚小則摧，引之則絕。棧車欲弇，飾車欲侈。

釋文

輿人製作車箱。車輪的高度，車箱的寬度，車衡的長度，三者相等，稱爲三稱。將車箱寬度分成三等分，去掉一等分就是車箱之縱長。將車箱長度分成三等分，三分之一在前，三分之二在後，將軾揉曲到這個位置。以車箱寬度的二分之一作爲軾的高度，以車箱長度的二分之一作爲較的高度。將車箱寬度分成六等分，以一等分的長度作爲軫木的周長。將軫木的周長分成三等分，去掉一等分就是軾木的周長。將軾木的周長分成三等分，去掉一等分就是較木的周長。將較木的周長分成三等分，去掉一等分就是軹木的周長。將軹木的周長分成三等分，去掉一等分就是轛木的周長。圓的合乎圓規，方的合乎曲尺，直立的合乎懸繩，横放的合乎水平，直立之木好像從地上生出來的，縱橫相交之木如同附著爲一體。凡處理制車的材料，粗大的木材不要同細小的木材相並而用。如果粗大的木材倚附于細小的木材，細小的木材就會崩壞，用力拉的時候就會把細小的木材拉斷。棧車的車箱要向里收小一些，飾車的車箱要向外張大一些。

◎冬官考工記　輈人

經文	釋文
輈人爲輈。輈有三度,軸有三理。國馬之輈深四尺有七寸,田馬之輈深四尺,駑馬之輈深三尺有三寸。軸有三理:一者,以爲媺也;二者,以爲久也;三者,以爲利也。軓前十尺,而策半之。	輈人制作輈。輈有三種深淺不同的弧度,軸有三項品質指標。國馬的輈,深四尺七寸;田馬的輈,深四尺;駑馬的輈,深三尺三寸。軸有三項指標,第一是光潔好看,第二是經久耐用,第三是利於旋轉。輈在軓前的長度爲十尺,馬鞭的長度爲五尺。
凡任木,任正者,十分其輈之長,以其一爲之圍。衡任者,五分其長,以其一爲之圍。小於度,謂之無任。五分其軫間,以其一爲之軸圍。十分其輈之長,以其一爲之當兔之圍。參分其兔圍,去一以爲頸圍。五分其頸圍,去一以爲踵圍。	凡車上用以擔荷的木材,車箱下承受重壓的,將輈長分成十等分,用一等分作爲軓木的周長。兩軛之間受力處的衡木,將其長分成五等分,用一等分作爲它的周長。如果小於這個標準,就不能勝任負載。將兩軫之間距離分成五等分,用一等分爲軸的周長。將輈長分成十等分,用一等分作爲當兔的周長。將當兔分成三等分,用二等分作爲輈頸的周長。將輈頸分成五等分,用四等分作爲餅踵的周長。
凡揉輈,欲其孫而無弧深。今夫大車之轅摯,其登又難;既克其登,其覆車也必易。此無故,唯轅直且無橈也。是故大車平地,既節軒摯之任,及其登阤,不伏其轅,必縊其牛。此無故,唯轅	凡用火揉輈,要順木理,不要過於彎曲。現在大車的直轅較低,上斜坡就比較困難;就是能爬上坡,也容易翻車。這沒有别的緣故,只是因爲車轅平直而不橈曲罷了。所以大車在平地上行駛,前後輕重均勻,高低相稱,適於任載。到上坡時,如果沒有人壓伏前轅,就要勒住牛的頭頸,這沒

直且無橈也。故登阤者，倍任者也，猶能以登；及其下阤也，不援其邸，必緧其牛後。此無故，唯轅直且無橈也。是故輈欲頎典；輈深則折，淺則負。輈注則利準，利準則久，和則安。輈欲弧而無折，經而無絕，進則與馬謀，退則與人謀，終日馳騁，左不楗。行數千里，馬不契需；終歲御，衣衽不敝：此唯輈之和也。勸登馬力，馬力既竭，輈猶能一取焉。良輈環灂，自伏兔不至軓七寸，軓中有灂，謂之國輈。

有別的緣故，只是因爲車轅平直而不橈曲罷了。上斜坡時，雖然加倍費力，倒還是可以爬上去的；到下坡時，如果沒有人拉住車尾，牛後的革帶一定會兜勒牛的臀部。這沒有別的緣故，只是因爲車轅平直而不橈曲罷了。所以輈要堅韌，橈曲適度。輈的彎曲太大，容易折斷；彎曲不足，車體必上仰。輈的前段彎曲，形如水下注一般，車的行駛便俐落而平穩；輈的後段水平，經久耐用；曲直協調，必能安穩。輈要彎曲適度而無斷紋，順木理而無裂紋，配合人馬進退自如，一天到晚馳騁不息，左邊的驂馬不會感到疲倦。即使行了數千里路，馬不會傷蹄怯行。一年到頭駕車馳驅，也不會磨破衣裳：這就是輈的曲直調和的緣故啊！良好的輈有利於馬力的發揮，馬不拉了，車還能順勢前進幾步。良好的輈，漆紋隆起如環，輈的後段近伏兔七寸部分，若軓下輈上的漆紋仍舊完好，可以稱爲國家第一流的輈了。

軫之方也，以象地也；蓋之圜也，以象天也。輪輻三十，以象日月也；蓋弓有二十有八，以象星也；龍旂九斿，以象大火也；鳥旟七斿，以象鶉火也；熊旗六斿，以象伐也；龜旐四斿，以象營室也；弧旌枉矢，以象弧也。

軫的方形，象徵大地；蓋的圓形，象徵上天。輪輻三十條，象徵每月三十日；蓋弓二十八條，象徵二十八宿。龍旂飾九斿，象徵大火星；鳥旟飾七斿，象徵鶉火星；熊旗飾六斿，象征伐星；龜旐飾四斿，象徵營室星；弧旌飾枉矢，象徵弧星。

◎冬官考工記　攻金序

經　文

攻金之工,築氏執下齊,冶氏執上齊,鳧氏爲聲,㮚氏爲量,段氏爲鎛器,桃氏爲刃。金有六齊,六分其金而錫居一,謂之鍾鼎之齊;五分其金而錫居一,謂之斧斤之齊;四分其金而錫居一,謂之戈戟之齊;參分其金而錫居一,謂之大刃之齊;五分其金而錫居二,謂之削殺矢之齊;金錫半,謂之鑒燧之齊。

釋　文

冶金的工匠:築氏掌管下齊,冶氏掌管上齊,鳧氏製作樂器,㮚氏製作量器,段氏製作農具,桃氏製作兵刃。青銅合金有六種,銅與錫的比例爲六比一的,用來製作鍾鼎之類;五比一的,用來制斧斤之類;四比一的,用來制戈戟之類;三比一的,用來制大刀之類;五比二的,用來制削、殺矢之類;二比一的,用來制鑒燧之類。

◎冬官考工記　築氏

經　文

築氏爲削,長尺博寸,合六而成規。欲新而無窮,敝盡而無惡。

釋　文

築氏制削。長一尺,闊一寸,六把削恰好圍成一個正圓形。要鋒利得永遠像新的一樣,雖然鋒鍔磨損了,銅質仍然如故,不見瑕惡。

◎冬官考工記　冶氏

經　文

冶氏爲殺矢,刃長寸,圍

釋　文

冶氏制作殺矢。箭鏃長一寸,周長一

寸，鋌十之，重三垸。戈廣二寸，内倍之，胡三之，援四之。已倨則不入，已句則不決，長内則折前，短内則不疾，是故倨句外博。重三鋝。戟廣寸有半寸，内三之，胡四之，援五之，倨句中矩，與刺重三鋝。

寸，鋌一尺，重三垸。戈寬二寸，内長是它的二倍，即四寸，胡長是它的三倍，即六寸，援長是它的四倍，即八寸。援與胡之間的角度太鈍，戰鬥時不易啄人；這個角度太鋭，實戰時不易割斷目標；内太長的話，援容易折斷；内太短的話，使用起來不夠快捷；所以援應横出，微斜向上。戈重三鋝。戟寬一寸半，内長是它的三倍，即四寸半；胡長是它的四倍，即六寸，援長是它的五倍，即七寸半。援與胡縱横成直角。包括頭上的刺在内，全戟共重三鋝。

◎冬官考工記　桃氏

經　文

桃氏爲劍。臘廣二寸有半寸，兩從半之。以其臘廣爲之莖圍，長倍之。中其莖，設其後。參分其臘廣，去一以爲首廣，而圍之。身長五其莖長，重九鋝，謂之上制，上士服之；身長四其莖長，重七鋝，謂之中制，中士服之；身長三其莖長，重五鋝，謂之下制，下士服之。

釋　文

桃氏制劍。兩邊刃間闊二寸半，自中央隆起的劍脊至兩刃的距離相等，各爲一又四分之一寸。以兩邊刃間的闊作爲劍柄的周長，劍柄的長度是其周長的兩倍，凸起的後布在劍柄中部。以兩邊刃間闊的三分之二作爲圓形劍首的直徑。劍身的長度是柄長的五倍，劍重九鋝，稱爲上等劍，供上士佩用。劍身的長度是柄長的四倍，劍重七鋝，稱爲中等劍，供中士佩用。劍身的長度是柄長的三倍，劍重五鋝，稱爲下等劍，供下士佩用。

◎冬官考工記　鳧氏

經　文

鳧氏爲鍾。兩欒謂之銑,銑間謂之于,于上謂之鼓,鼓上謂之鉦,鉦上謂之舞,舞上謂之甬,甬上謂之衡。鍾縣謂之旋,旋蟲謂之幹,鍾帶謂之篆,篆閒謂之枚,枚謂之景。于上之攠謂之隧。十分其銑,去二以爲鉦,以其鉦爲之銑閒,去二分以爲之鼓閒;以其鼓閒爲之舞脩,去二分以爲舞廣。以其鉦之長爲之甬長,以其甬長爲之圍。參分其圍,去一以爲衡圍。參分其甬長,二在上,一在下,以設其旋。薄厚之所震動,清濁之所由出,侈弇之所由興,有說。鍾已厚則石,已薄則播,侈則柞,弇則鬱,長甬則震。是故大鍾十分其鼓閒,以其一爲之厚;小鍾十分其鉦閒,以其一爲之厚。鍾大而短,則其聲疾而短聞;鍾小而長,則其聲舒而遠聞。爲遂,六分其厚,

釋　文

鳧氏制鍾。鍾兩旁的兩欒叫做銑,兩銑間的鍾唇叫做于,于上受擊的地方叫做鼓,鼓上的鍾體叫做鉦,鉦上的鍾頂叫做舞,舞上的鍾柄叫做甬,甬的上端面叫做衡,懸鍾的環狀物叫做旋,旋上的鍾紐叫做幹,鉦上的紋飾叫做篆,篆間有鍾乳叫做枚,枚又叫做景。于上磨錯的部位叫做隧。將鍾體亦即銑的長度分成十等分,去掉二等分就是鉦的長度。以鉦長作爲兩銑之間的距離。再去掉銑長的二分作爲兩鼓之間的距離。以兩鼓之間的距離作爲舞的縱長,再去掉銑長的二分作爲舞的横寬。以鉦長作爲甬長,以甬長作爲甬的大端的周長。將甬的大端的周長分成三等分,去掉一等分就是衡的周長。將甬的長度分成三等分,二等分在上,一等分在下,就在上下兩段處設置鍾環(旋)。鍾的厚薄,與振動頻率有關:這是鍾聲清濁的由來。鍾口的侈大或弇狹也有一系列的影響,這是可以解釋的。鍾壁過厚,猶如擊石,聲音不易發出;鍾壁太薄,鍾聲響而播散;若鍾口侈大,則聲音大而外傳,有喧嘩之感;若鍾口弇狹,聲音就抑鬱不揚。如果鍾甬太長,鍾聲發顫。所以大鍾將鍾口兩鼓之間距離分成

以其一爲之深而圜之。

十等分,用其一等分作爲鍾體的壁厚;小鍾將鍾頂兩鉦之間距離分成十等分,用其一等分作爲鍾體的壁厚。鍾體大而短,鍾聲急疾促短暫而傳播不遠;鍾體小而長,發聲舒緩持久而傳播悠遠。制作備敲擊的遂,將鍾體的厚度分成六等分,用一等分作爲遂凹下去的深度並且呈圓弧形狀。

◎冬官考工記㮚氏

經　文

㮚氏爲量。改煎金錫則不秏。不秏然後權之,權之然後準之,準之然後量之。量之以爲鬴,深尺,内方尺而圜其外,其實一鬴。其臀一寸,其實一豆;其耳三寸,其實一升;重一鈞,其聲中黄鍾之宫。槩而不稅。其銘曰:“時文思索,允臻其極。嘉量既成,以觀四國。永啟厥後,兹器維則。”

釋　文

㮚氏製作量器。先反復冶煉銅、錫,使之直到沒有雜質,十分精純不再損耗爲止。十分精純不再損耗然後稱量,稱量後浸入水中測知其體積大小,體積確定後再鑄成爲量器(鬴)。鬴的主體是一個圓筒形,深一尺,底面是邊長爲一尺的正方形的外接圓,它的容量是一鬴。鬴的底部深一寸,底部的容積是一豆。兩側的鬴耳,深三寸,鬴耳的容積是一升。鬴重一鈞,敲擊鬴正好發出黄鍾的宫音。用槩推平鬴中所盛的米粟而不让它脱落。鬴上的銘文說:“這位有文德的君王思求為民衆確立度量的法則而制作了此鬴,達到了最高的信用。優良的量器已經製成,用以頒示四方各國。永遠開導你的子孫後代,把這量器作爲準則。”

凡鑄金之狀,金與錫,黑濁之氣竭,黄白次之;黄白之

凡觀察冶鑄青銅的情狀:以銅與錫爲原料,初煉時會冒出黑濁的氣體;黑濁的氣

氣竭,青白次之;青白之氣竭,青氣次之:然後可鑄也。

體沒有了,接著冒出黄白的氣體;黄白的氣體不見了,接著冒出青白的氣體;青白的氣體沒有了,接著剩下的全是青色的氣體。然後就可以開始澆鑄造器物了。

◎ 冬官考工記　段氏

段氏(闕)。

◎ 冬官考工記　函人

經　文

函人爲甲。犀甲七屬,兕甲六屬,合甲五屬。犀甲壽百年,兕甲壽二百年,合甲壽三百年。凡爲甲,必先爲容,然後制革。權其上旅與其下旅,而重若一。以其長爲之圍。凡甲,鍛不摯則不堅,已敝則橈。凡察革之道,眡其鑽空,欲其窓也;眡其裏,欲其易也;眡其朕,欲其直也;櫜之,欲其約也;舉而眡之,欲其豐也;衣之,欲其無齘也。眡其鑽空而窓,則革堅也;眡其裏而易,則材更也;眡其朕而直,則制善也;櫜之而約,則周也;舉之而

釋　文

函人製作鎧甲。犀甲的上下旅都是用七片革片連綴而成,兕甲的都是用六片革片連綴而成,合甲的都是用五片革片連綴而成。犀甲可以用一百年,兕甲可以用二百年,合甲可以用三百年。凡制作鎧甲,必須先量度人的體形,製作模型和模具,然後裁剪、壓制革片。稱量鎧甲上身和下身革片,而重量要相等。用鎧甲的長度作爲腰圍。鎧甲的革片如果捶繫不細致,那就不堅牢;捶繫過度,導致革理損傷,那就會使得鎧甲易於曲折而不强韌。觀察革片的方法是:看看連綴革片穿線所鑽的針孔,愈小愈好;看看革片裏面,以修治平滑、細致爲佳;看看縫合的甲縫,要上下对的很直;卷放在甲囊内時,體積要小;舉起而展開看時,要顯得寬大;穿到身上,要整齊合身,革

豐,則明也;衣之無齘,則變也。

片相互間不磨切。看到連綴革片所鑽的針孔很小,就知道革片一定很堅牢;看到革片里面平滑細緻,就知道鎧甲材质品質一定很優良;看到甲縫筆直,就知道做工必定很考究;卷放在甲囊里體積小,就知道鎧甲縫制精緻。舉起展開顯得寬大,甲一定光耀有氣派;穿著合身革片相互間不磨切,活動起來就一定很便利。

◎冬官考工記　鮑人

經　文

鮑人之事,望而眡之,欲其荼白也;進而握之,欲其柔而滑也;卷而摶之,欲其無迆也;眡其著,欲其淺也;察其線,欲其藏也。革欲其荼白而疾澣之,則堅;欲其柔滑而腥脂之,則需;引而信之,欲其直也。信之而直,則取材正也;信之而枉,則是一方緩、一方急也。若苟一方緩、一方急,則及其用之也,必自其急者先裂。若苟自急者先裂,則是以博爲帴也。卷而摶之而不迆,則厚薄序也;眡其著而淺,則革信也;察其線而藏,則雖敝不甐。

釋　文

鮑人的工作,鮑人鞣治的韋革,遠看韋革的顏色要像菅茅的花一樣白;走近用手握捏,要覺得很柔滑;把它卷緊,兩邊要齊正不斜;再看韋革上兩皮相縫合的地方,一定要淺狹;察看縫合的線,一定要藏而不露。韋革要像菅茅的花一樣白,在水里洗滌,動作要快,入水時間不能太久,那就會很堅牢的了。韋革要十分柔滑,塗上厚厚的油脂,那就會很柔軟的了;把它拉伸開來要平直,伸展開來很平直。如果伸展開來很平直,那就是说裁取的革材纹理齊正;如果伸展開來歪斜平直,必定是一邊太松,一邊太緊。如果一邊太松,一邊太緊,那麼到了使用的時候,太緊的地方一定會先斷裂。如果太緊的地方先斷裂,不得不剪除,這樣闊革只能當狹革使用了。把革卷緊而不歪斜,就说明厚薄均匀;看上去兩皮縫合的地方淺狹,革就不易伸縮變形;細看接合韋革的縫線不露出來,韋革雖然用得破舊了,縫線也不會受損傷。

◎冬官考工記　韗人

經　文

韗人爲皋陶,長六尺有六寸,左右端廣六寸,中尺,厚三寸,穹者三之一,上三正。鼓長八尺,鼓四尺,中圍加三之一,謂之鼖鼓。爲皋鼓,長尋有四尺,鼓四尺,倨句,磬折。凡冒鼓,必以啟蟄之日。良鼓瑕如積環。鼓大而短,則其聲疾而短聞;鼓小而長,則其聲舒而遠聞。

釋　文

韗人制作鼓(皋陶),每條鼓木長六尺六寸,左右兩端寬六寸,中段寬一尺,板厚三寸,中段穹隆部分比兩端鼓面直徑高出三分之一,將鼓木平分爲三段,每段板面平直。鼓長八尺,鼓面直徑四尺,鼓身中段周長比鼓面周長增加三分之一,稱爲鼖鼓。製作皋鼓,長一尋零四尺,鼓面直徑四尺,鼓腹向兩端屈曲所成的鈍角等於一磬折。凡蒙鼓皮,必定要在驚蟄那天。製作精良的鼓,鼓皮上的漆痕紋理如很多同心環形。鼓面大而鼓身短,发出的聲調高而急促,傳得不遠。鼓面小而鼓身長,发出的聲調低而舒緩,傳得悠遠。

◎冬官考工記　韋氏

韋氏闕。

◎冬官考工記　裘氏

裘氏闕。

◎冬官考工記　畫繢

經　文

畫繢之事,雜五色。東方謂之青,南方謂之赤,西方謂之白,北方謂之黑,天謂之玄,地謂之黄。青與白相次也,赤與黑相次也,玄與黄相次也。青與赤謂之文,赤與白謂之章,白與黑謂之黼,黑與青謂之黻,五采備謂之繡。土以黄,其象方。天時變。火以圜,山以章,水以龍,鳥、獸、蛇。雜四時五色之位以章之,謂之巧。凡畫繢之事,後素功。

釋　文

畫繢的工作,調配五方正色。象徵東方叫做青色,象徵南方叫做赤色,象徵西方叫做白色,象徵北方叫做黑色,象徵天叫做玄色,象徵地叫做黄色。青色與白色是順次排列的兩種顏色,赤色與黑色是順次排列的兩種顏色,玄色與黄色是順次排列的兩種顏色。青色與赤色相間,叫做文;赤色與白色相間,叫做章;白色與黑色相間,叫做黼;黑色與青色相間,叫做黻。五彩齊備,叫做繡。畫土地用黄色,它的形象畫作方形。畫天隨時節變化的施布不同的彩色。畫火用圓形作爲象徵,畫山用赤白相間的章色作爲象徵,畫水用龍爲象徵,還畫有鳥、獸、蛇等。調配好象徵四季的五色的着色部位以使彩色鮮明,叫做技巧。凡畫繢的事情,必須先上彩色,然後再畫白色,加以襯托畫面之光鮮。

◎冬官考工記　鍾氏

經　文

鍾氏染羽。以朱湛丹秫三月，而熾之，淳而漬之。三入爲纁，五入爲緅，七入爲緇。

釋　文

鍾氏染羽毛。把朱砂和丹秫一起浸泡三個月，而後用火蒸，再用蒸丹秫的水浇丹秫并再蒸，而後就可以用蒸丹秫的水染羽毛（或布帛）了。羽毛三次放进染汁中浸染就成纁色；五次放进染汁中浸染就成緅色；七次放进染汁中浸染就成緇色。

◎冬官考工記　筐人

筐人闕。

◎冬官考工記　㡛氏

經　文

㡛氏湅絲，以涚水漚其絲七日，去地尺暴之，晝暴諸日，夜宿諸井，七日七夜，是謂水湅。湅帛，以欄爲灰，渥淳其帛，實諸澤器，淫之以蜃。清其灰而盝之，而揮之，而沃之，而盝之，而塗之，而宿之，明日，沃而盝之，晝暴諸日，夜宿諸井。七日七夜，是謂水湅。

釋　文

㡛氏練絲，先把絲放在和了草木灰汁的溫水中浸泡七日，再在高於地面一尺處將絲曝曬，每日白天在太陽下曝曬，晚上懸浸在井水中過夜，這樣經過七天七夜，这就叫做水練。練帛，用欄木燒作灰，再和水，製成濃厚的楝灰汁，將帛在里面浸透，放在光滑的容器里，用大量的蚌殼灰水浸泡，沉澱汙物。早晨清洗蚌殼灰而擰乾，振去細灰，再厚澆欄木灰水，再清洗擰乾，而後塗上蚌殼灰，靜置過夜。第二天再清洗擰乾。

[這樣經過七天七夜,叫做灰湅]。白天在太陽下曝曬,晚上懸浸在井水中過夜,這樣經過七天七夜,這就叫做水練。

◎冬官考工記　玉人

經　文

玉人之事。鎮圭尺有二寸,天子守之;命圭九寸,謂之桓圭,公守之;命圭七寸,謂之信圭,侯守之;命圭七寸,謂之躬圭,伯守之。天子執冒四寸,以朝諸侯。天子用全,上公用龍,侯用瓚,伯用將,繼子男執皮帛。天子圭中必。四圭尺有二寸,以祀天。大圭長三尺,杼上,終葵首,天子服之。土圭尺有五寸,以致日,以土地。裸圭尺有二寸,有瓚,以祀廟。琬圭九寸而繅,以象德。琰圭九寸,判規,以除慝,以易行。璧羨度尺,好三寸,以爲度。圭璧五寸,以祀日月星辰。璧琮九寸,諸侯以享天子。穀圭七寸,天子以聘女。

釋　文

玉人的工作。鎮圭長一尺二寸,由天子執守;長九寸的命圭,叫做桓圭,由公執守;長七寸的命圭,叫做信圭,由侯執守;還有一種長七寸的命圭,叫做躬圭,由伯執守。天子所執的瑁,四寸見方,用以接見來朝覲的諸侯。天子用純色之玉,上公用雜色的玉石(龍,玉、石比爲四比一),侯用質地不純的玉石(瓚,玉、石比爲三比一),伯所用玉和石各占一半玉石(將)。(公的孤兒)跟在子男之後覲見,執持皮飾的束帛。天子的圭中央系有絲條。四圭各長一尺二寸,用以祀天。大圭長三尺,自中部向上逐漸削薄,其首部爲椎頭形,天子服用。土圭長一尺五寸,用以測量日影、度量土地。裸圭長一尺二寸,前端有勺,用以祭祀宗廟。琬圭長九寸,有墊板,用以象徵德行。琰圭長九寸,上端尖角兩側作半規形,用以誅逆除惡,改易諸侯的惡行。璧徑長一尺,内孔直徑三寸,用作尺的長度標准。圭劈直徑五寸,用以祭祀日月星辰。璧徑琮長九寸,諸侯用以進獻天子。穀圭長七寸,天子用以向將要迎娶的女子行聘禮。

大璋、中璋九寸，邊璋七寸，射四寸，厚寸，黄金勺，青金外，朱中，鼻寸，衡四寸，有繅，天子以巡守，宗祝以前馬。大璋亦如之，諸侯以聘女。瑑圭璋八寸，璧琮八寸，以覜聘。牙璋、中璋七寸，射二寸，厚寸，以起軍旅，以治兵守。駔琮五寸，宗后以爲權。大琮十有二寸，射四寸，厚寸，是謂内鎮，宗后守之。駔琮七寸，鼻寸有半寸，天子以爲權。兩圭五寸，有邸，以祀地，以旅四望。瑑琮八寸，諸侯以享夫人。案十有二寸，棗㮚十有二列，諸侯純九，大夫純五，夫人以勞諸侯。璋邸射，素功，以祀山川，以致稍餼。

大璋、中璋長九寸，邊璋長七寸，削尖的部分長四寸，厚一寸，璋的前端有黄銅勺，勺外塗有鉛，勺内漆朱紅色，瓚鼻長一寸，勺體部分直徑四寸，有墊板。天子巡獵時祭山川，由大祝殺馬祭山川之前，行祼祭禮用。大璋也一樣，諸侯用以向將要迎娶的女子行聘禮。瑑圭、瑑璋長八寸，璧徑琮長八寸，是諸侯用以向王行覜禮或聘禮用的。牙璋、中璋長七寸，削尖的部分長二寸，厚一寸，用以發兵，用以調動守衛的軍隊。駔琮長五寸，王后用作權。内宫的大琮長十尺二寸，削尖的部分長四寸，厚一寸，稱爲内鎮，由王后執守。駔琮長七寸，鼻紐一寸半，天子作爲權。各長五寸的兩圭，底部相向平放，中間隔一琮，用以祀地和旅祭四方。瑑琮八寸，諸侯用以進獻國君的夫人。玉案高一尺二寸，案上陳放棗栗，對於來朝的夏、商二王的後裔用十二張玉案排成列，對於來朝的諸侯都用九張玉案排成列，對於來朝的大夫都用五張玉案排成列，這是天子夫人用以慰勞來朝諸侯的。璋，其基部有尖狀物，沒有飾紋，用以祭祀山川，並用作給賓客贈送食物、饔餼的瑞玉。

◎冬官考工記　梛人

梛人闕。

◎冬官考工記　雕人

雕人闕。

◎冬官考工記　磬氏

經　文

磬氏爲磬，倨句一矩有半。其博爲一，股爲二，鼓爲三。參分其股博，去一以爲鼓博；參分其鼓博，以其一爲之厚。已上則摩其旁，已下則摩其耑。

釋　文

磬氏制磬，股鼓弯曲的度數爲一矩半(135°)。以股的寬度爲一，股的長度就爲二，鼓的長度則爲三。把股的寬度分成三等分，去掉一等分就是鼓的寬度；把鼓的寬度分成三等分，以鼓寬的三分之一作爲磬的厚度。磬聲太清，就打磨兩旁調音；磬聲太濁，就打磨兩端調音。

◎冬官考工記　矢人

經　文

矢人爲矢。鍭矢參分，茀矢參分，一在前，二在後。兵矢、田矢五分，二在前，三在後。殺矢七分，三在前，四在後。參分其長而殺其一。

釋　文

矢人制作矢。把鍭矢的長度分成三等分，把殺矢的長度分成三等分，箭前部爲一等分，後部爲二等分，前後輕重相等。把兵矢、田矢的長度分成五等分，箭前部爲二等分，後部爲三等分，前後輕重相等。把茀矢五分其長而羽其一,以其笴厚爲之羽深。水之以辨其陰陽,夾其陰陽以設其比,夾其比以設其羽。參分其羽以設其刃,則雖有疾風,亦弗之能憚矣。刃長寸,圍寸,鋌十之,重三垸。前弱則俛,後弱則翔,中弱則紆,中强則揚。羽豐則遲,羽殺則趮。是故夾而搖之,以眡其豐殺之節也;橈之,以眡其鴻殺之稱也。凡相笴,欲生而摶,同摶欲重,同重節欲疏,同疏欲㮚。

的長度分成七等分,箭前部爲三等分,後部爲四等分,前後輕重相等。把箭幹的長度分成三等分,而把前部三分之一處向前逐漸削細以便安裝鏃。把箭幹的長度分成五等分而後部的五分之一處裝設箭羽,羽毛進入箭幹的深度與箭幹的厚度(半徑)相等。將箭幹浸入水中以辨别它的陰面和陽面,垂直平分陰、陽面,設置箭括;平分箭括,設置箭羽。把羽的長度分成三等分,而以一等分的長度作爲設置箭鏃刃的長度,即使有强風,也不會受到它的影響。鏃刃長一寸,其周長一寸,鋌的長度是周长的十倍,鏃重三垸。箭幹前部柔弱箭頭會向下栽,箭幹後部柔弱箭頭會向上揚,箭幹中部柔弱箭的飛行就會迂曲而不直,箭幹中部剛強而兩頭弱箭就會飄飛。箭羽過大,箭飛行就遲緩;箭羽過少或零落不齊,箭飛行時就容易偏斜。所以用手指夾着箭幹擺動,用以檢驗箭羽的大小是否適當;弯曲箭幹,用以檢驗箭幹的粗細、强弱是否匀稱。凡選擇箭幹之材,要挑選無異色蟲眼而又圓的,同樣是圓的要挑選重的,同樣是重的要挑選木節稀疏的,同樣是木節稀疏的要挑選顏色如桌的。

◎冬官考工記　陶人

經　文

陶人爲甗,實二鬴,厚半寸,脣寸。盆,實二鬴,厚半寸,脣寸。甑,實二鬴,厚半寸,脣寸,七穿。鬲,實五觳,厚半寸,脣寸。庾,實二觳,厚半寸,脣寸。

釋　文

陶人制作甗,容積爲二鬴,壁厚半寸,唇厚一寸。盆的容積爲二鬴,壁厚半寸,唇厚一寸。甑的容積爲一鬴,壁厚半寸,唇厚一寸,底部有七個小孔。鬲的容積爲五觳,壁厚半寸,唇厚一寸。庾的容積爲二觳,壁厚半寸,唇厚一寸。

◎冬官考工記　旊人

經　文

旊人爲簋,實一觳,崇尺,厚半寸,脣寸。豆,實三而成觳,崇尺。

凡陶旊之事,髻、墾、薜、暴不入市。器中膊,豆中縣。膊崇四尺,方四寸。

釋　文

旊人制作簋,容積爲一觳,高一尺,壁厚半寸,唇厚一寸。豆的容量是觳的三分之一,高一尺。

凡陶人、旊人所制的器物,形體歪斜、頓傷、破裂、突起不平的,都不得進入官市交易。所制陶器要合乎膊,豆柄要直立中繩。膊高四尺,四寸見方。

◎冬官考工記　梓人

經　文

梓人爲筍虡。天下之大獸五:脂者、膏者、臝者、羽者、鱗者。宗廟之事,脂者、

釋　文

梓人製造筍虡。天下的大獸有五類:脂類,膏類,臝類,羽類,鱗類。宗廟祭祀,用脂類、膏類的獸爲犧牲。臝類、羽類、鱗

膏者以爲牲；臝者、羽者、鱗者以爲筍虡；外骨、内骨，卻行、仄行、連行、紆行，以脰鳴者，以注鳴者，以旁鳴者，以翼鳴者，以股鳴者，以胷鳴者，謂之小蟲之屬，以爲雕琢。厚脣弇口，出目短耳，大胷燿後，大體短脰，若是者謂之臝屬。恒有力而不能走，其聲大而宏。有力而不能走，則於任重宜；大聲而宏，則於鍾宜。若是者以爲鍾虡，是故擊其所縣，而由其虡鳴。鋭喙決吻，數目顅脰，小體騫腹，若是者謂之羽屬。恒無力而輕，其聲清陽而遠聞。無力而輕，則於任輕宜；其聲清陽而遠聞，則於磬宜。若是者以爲磬虡，故擊其所縣，而由其虡鳴。小首而長，摶身而鴻，若是者謂之鱗屬，以爲筍。凡攫閷援簭之類，必深其爪，出其目，作其鱗之而。深其爪，出其目，作其鱗之而，則於眡必撥爾而怒。苟撥爾而怒，則於任重宜，且其匪色，必似鳴矣。爪不深，目不出，鱗之而不

類，用來作爲筍或虡的造型纹饰。骨在體表的，骨在體内的，可以倒退走的，側身走的，連貫走的，屈曲走的，用頸項發聲的，用嘴發聲的，以腹側發聲的，以翅膀發聲的，以腿節發聲的，以胸部發聲的，這些稱爲小蟲之類，用其形象來雕琢裝飾器物。嘴唇厚實，口狹而深，眼珠突出，耳朵短小，前胸闊大，後身漸小，體大頸短，像這樣形狀的稱爲臝類。他們常顯得威武有力而不能疾走，聲音宏大。威武有力而不能疾走，則適宜於負重；聲音宏大，則與鍾相宜。這類動物的形象作爲鍾虡的造型，因此在敲繫懸鍾時，好像聲音是由鍾虡發出來似的。嘴巴尖鋭，口唇張開，眼睛細小，頸項細長，軀體小而腹部不發達，像這樣形狀的稱爲羽類。它們常顯輕捷而力氣不大的樣子，聲音清揚而遠播。力氣不大而輕捷，則適宜於較輕的負載；聲音清揚而遠播，與磬相宜。這類動物的形象作爲磬虡的造型，因此在敲繫懸磬時，好像聲音是由磬虡發出來似的。頭小而長，身圓而前後均勻，像這樣形狀的稱爲鱗類，用這種動物的形象作爲筍上的造型。凡撲殺他物，援持齧噬的動物，必定深雕脚爪，突出眼睛，振起鱗片與頰毛。深雕脚爪，突出眼睛，振起鱗片與頰毛，那麼看上去必像勃然發怒的樣子。如果能勃然發怒，則適宜於荷重，並且從它所塗飾的色彩來看，也一定是能夠發出宏

作,則必穨爾如委矣。苟穨爾如委,則加任焉,則必如將廢措,其匪色必似不鳴矣。

大叫聲的樣子。脚爪不深雕,眼睛不突出,鱗片與頰毛不振起,那就一定像萎靡不振的樣子了。如果萎靡不振,那麼負加重物,就一定如同將要重物廢棄,而它的色彩也一定像是不能發出宏大聲音的樣子了。

梓人爲飲器,勺一升,爵一升,觚三升。獻以爵而酬以觚,一獻而三酬,則一豆矣。食一豆肉,飲一豆酒,中人之食也。凡試梓飲器,鄉衡而實不盡,梓師罪之。

梓人製作飲器,勺的容量一升,爵的容量一升,觶的容量三升。向賓客獻酒用爵而進酬酒用觶,獻酒一升而酬酒三升,加起來相等於一豆了。吃一豆的肉,飲一豆的酒,這是普通人的食量。凡檢驗梓人所制的飲器舉爵飲酒,二柱向眉,爵中酒還没能飲盡,梓師就要處罰制器的梓人。

梓人爲侯,廣與崇方,參分其廣而鵠居一焉。上兩个,與其身三,下兩个半之。上綱與下綱出舌尋,縜寸焉。張皮侯而棲鵠,則春以功。張五采之侯,則遠國屬。張獸侯,則王以息燕。祭侯之禮,以酒脯醢。其辭曰:"惟若寧侯,毋或若女不寧侯不屬于王所,故抗而射女。强飲强食,詒女曾孫諸侯百福。"

梓人制作射侯。侯中寬與高相等成正方形,把侯中寬度分成三等分而鵠寬占三分之一。上面兩側之个,與侯身等寬,總寬是侯身的三倍。下面兩側之个,寬度是上个的一半。兩側的上綱與下綱各比舌長出八尺,縜徑一寸。陳設皮侯.綴鵠於它的中央,春天行大射禮,比賽諸侯群臣的射功。陳設五彩侯,王與諸侯朝會時舉行的賓射禮。陳設獸侯,王與諸侯群臣宴飲時舉行的燕射禮。祭祀射侯之禮,用酒、脯、醢。祭辭説:"只以安順而有功德的諸侯爲榜樣,切莫迷惑,像你們這些不安順的諸侯,不朝會於王所居之處,不順從盟會,所以張舉起來用箭射你們。安順的諸侯,飲食豐足,貽福子孫,世世代代永爲諸侯。"

◎冬官考工記　廬人

經　文

廬人爲廬器，戈柲六尺有六寸，殳長尋有四尺，車戟常，酋矛常有四尺，夷矛三尋。凡兵無過三其身，過三其身，弗能用也，而無已，又以害人。故攻國之兵欲短，守國之兵欲長。攻國之人衆，行地遠，食飲飢，且涉山林之阻，是故兵欲短。守國之人寡，食飲飽，行地不遠，且不涉山林之阻，是故兵欲長。凡兵，句兵欲無彈，刺兵欲無蜎。是故句兵椑，刺兵摶。毄兵同强，舉圍欲細，細則校。刺兵同强，舉圍欲重，重欲傅人，傅人則密，是故侵之。凡爲殳，五分其長，以其一爲之被而圍之；參分其圍，去一以爲晉圍；五分其晉圍，去一以爲首圍。凡爲酋矛，參分其長，二在前、一在後而圍之。五分其圍，去一以爲晉圍；參分其晉圍，去一以爲刺圍。凡試廬事，置而摇之，

釋　文

廬人製作長兵器的柄（廬器）。戈柄長六尺六寸，殳長一尋零四尺，車戟長一常，酋矛長一常零四尺，夷矛長三尋。所有的兵器長度均不宜超過身高的三倍，超過身高的三倍，就不能使用，不僅如此，還會危害執持兵器的人。所以，進攻的一方兵器要短，防守的一方兵器要長。攻方的人員較多，行軍的路程較遠，飲食缺乏，還要跋涉山林險阻，所以兵器要短。守方的人員較少，飲食飽足，行軍的路程不遠，而且不需跋涉山林險阻，所以兵器要長。凡兵器，鉤殺的兵刃不可轉動，刺殺的兵刃不可彎曲。所以鉤殺兵器之柄要橢圓形的，刺殺兵器之柄要圓形的。繫殺用的兵器之柄，前後與中央要同樣堅勁剛强，手握處要稍細，若手握處稍細，攻击敌人就迅疾。刺殺用的兵器之柄，前後與中央要同樣堅勁剛强，手握處要略爲粗重，若手握處略爲粗重，就有咄咄逼人之勢，可準確命中敵人，因而重創敵人，所向無敵。凡製作殳，把殳的長度分成五等分，用一等分的長度作為手握處的長度，並將該處截面製成圓形；把殳的手握處的周長分成三等分，去掉一等分就是晉處的周長；把晉處的周長分成五

以眡其蜎也;灸諸牆,以眡其橈之均也;横而摇之,以眡其勁也。六建既備,車不反覆,謂之國工。

等分,去掉一等分就是殳的上端的周長。凡製作酋矛,把酋矛的長度分成三等分,二等分在前,一等分在後而將該處截面製成圓形;把酋矛的周長分成五等分,去掉一等分就是其末端飼鐏處的周長;把酋矛末端飼鐏處的周長分成三等分,去掉一等分就是柄刃相接之處的周長。凡檢驗長兵器柄的品質,樹立於地摇動,可以觀察它是否彎折;撐在兩牆之間,可以觀察它彎曲是否均勻;横握中部摇動,可以觀察它是否強勁有力。車上的五鍾兵器與旌旗都裝置妥善,車行時没有傾覆感覺,這樣的廬人就可以稱爲國家第一流的工匠。

◎冬官考工記　匠人

經文

匠人建國,水地以縣,置槷以縣,眡以景。爲規,識日出之景與日入之景。晝參諸日中之景,夜考之極星,以正朝夕。

匠人營國,方九里,旁三門。國中九經九緯,經塗九軌。左祖右社,面朝後市,市

釋文

匠人建造都城。用立柱懸水法測量地平,用懸繩的方法設置垂直的木柱,用以觀察日影辨别方向。以所樹木柱爲圓心畫圓,記下日出時木柱在圓上的投影與日落時木柱在圓上的投影,這樣來確定東西方向。白天參考正中午時的日影,夜里參考北極星,以確定正東西和正南北的方向。

匠人營建都城,九里見方,都城的四邊每邊設三門。都城中有九條南北大道、九條東西大道,每條大道可容九輛車並行。

朝一夫。夏后氏世室，堂脩二七，廣四脩一，五室，三四步，四三尺，九階，四旁兩夾，窻，白盛，門堂三之二，室三之一。殷人重屋，堂脩七尋，堂崇三尺，四阿重屋。周人明堂，度九尺之筵，東西九筵，南北七筵，堂崇一筵，五室，凡室二筵。室中度以几，堂上度以筵，宮中度以尋，野度以步，涂度以軌。

王宮的路門外，左邊是宗廟，右邊是社稷壇；王宮的路寢，前面是朝廷，後面是市集。每市和每朝各百步見方。夏后氏的世室，正堂的向北進深十四步，堂寬是進深的四倍。五室佈局，可概括爲三個四步，四個三尺。臺階共九級。四邊各有兩窗分列門戶左右兩旁，以白灰粉刷牆壁，飾成宮室。門堂的尺度是正堂的三分之二，門堂的室的進深爲正堂的三分之一。殷人的重屋，堂南北進深七尋，堂基高三尺，重檐廡殿頂。周人的明堂，以長九尺之筵爲度量單位，東西寬九筵，南北進深七筵，堂基高一筵，共有五室，每室長、寬各二筵。室内以几爲度量單位，堂上以筵爲度量單位，宮中以尋爲度量單位，野地以步爲度量單位，道路以軌爲度量單位。

廟門容大扃七个，闈門容小扃參个，路門不容乘車之五个，應門二徹三个。内有九室，九嬪居之。外有九室，九卿朝焉。九分其國以爲九分，九卿治之。王宮門阿之制五雉，宮隅之制七雉，城隅之制九雉。經涂九軌，環涂七軌，野涂五軌。門阿之制，以爲都城之制。宮隅之制以爲諸侯之城制。環涂以爲諸侯經涂，野涂以

廟門的寬度可容七個大扃，闈門的寬度可容三個小扃，路門的寬度容不下五輛乘車並行，應門的寬度相當於三輛車並行的寬度。路門之内有九室，供九嬪居住。路門之外有九室，供九卿處理政事。宮城占王城的九分之一，把國中的職事分爲九種，分別由九卿來治理。王宮門阿規制高度等于五雉，宮隅規制高度等于七雉，城隅規制高度等于九雉。城内南北大道寬九軌，環城大道寬七軌，野地大道寬五軌。王子弟、卿大夫采邑城的城隅高度的标准，取王宮的門阿高度。諸侯城的城隅高度的标

爲都經涂。

准，取王宮的宫隅高度。諸侯的南北大道寬度的标准，取環城大道的規制，王子弟、卿大夫采邑的南北大道寬度的标准，取野地大道的規制。

匠人爲溝洫。耜，廣五寸，二耜爲耦。一耦之伐，廣尺，深尺，謂之甽；田首倍之，廣二尺，深二尺，謂之遂。九夫爲井，井閒廣四尺，深四尺，謂之溝。方十里爲成，成閒廣八尺，深八尺，謂之洫。方百里爲同，同閒廣二尋，深二仞，謂之澮。專達於川，各載其名。凡天下之地埶，兩山之閒必有川焉，大川之上必有涂焉。凡溝逆地防，謂之不行；水屬不理孫，謂之不行。梢溝三十里而廣倍。凡行奠水，磬折以參伍。欲爲淵，則句於矩。凡溝必因水埶，防必因地埶。善溝者水漱之，善防者水淫之。

匠人修築溝恤。耜，寬五寸，二耜相并成爲耦。一耦所掘，寬一尺、深一尺的小溝稱爲畎。田头的水溝增加一倍，寬二尺、深二尺稱爲遂。九夫共耕一井之田，井與井之間的水溝，寬四尺、深四尺稱爲溝。十里見方的土地爲一成，成與成之間的水溝，寬八尺、深八尺稱爲恤。百里見方的土地爲一同，同與同之間的水溝，寬二尋、深二仞稱爲澮。澮中之水，直流入河川，川名分别記識。凡天下的地勢，兩山之間，必定有川；大川之旁，必定有路。若開溝渠違逆地的脈理，水不能暢流，稱爲不行；水的流注不順其理，水不能暢流，也稱爲不行。所挖的溝渠每隔三十里，下游寬度比上游寬度加一倍。凡導泄停水，泄水建築物截面的頂角取磬折形，角的兩邊之比爲三比五。要修淵，則勾曲如直角。凡修築溝渠一定要順水勢，修築堤防一定要順地勢。設計合理的水溝，會借助於水流沖刷雜物而保持通暢；設計合理的堤防，會靠水中堤前沉積的淤泥而增加堅厚。

凡爲防，廣與崇方，其閷參分去一。大防外閷。凡溝防，必一日先深之以爲式，里

凡修築堤防，上頂的寬度與堤防的高度相等，堤兩面的坡度都是一比一點五。較高大的堤防下基須加厚，坡度還要平緩。

爲式,然後可以傳衆力。凡任,索約大汲其版,謂之無任。葺屋參分,瓦屋四分。囷、窌、倉、城,逆牆六分。堂塗十有二分。竇,其崇三尺。牆厚三尺,崇三之。

凡修築溝渠堤防,一定要先以匠人一天修築的進度作爲參照標準,又以完成一里工程所需的匠人及日數來估計整個工程所需的人工,然後才可以調配人力、實施工程計畫。板築牆壁與堤防時,用繩束板;若收板太緊,致使夾板橈曲束土無力,築土不實,就跟沒用繩束板一樣。茅屋屋架高度爲進深的三分之一,瓦屋屋架高度爲進深的四分之一。圓倉,地窖,方倉和城牆,頂部收殺其牆高的六分之一。堂下階前之路,以路中央至路邊的寬度的十二分之一,作爲路中央高出路邊的高度。宮中水道深三尺。宮牆厚三尺,高度爲牆厚的三倍。

◎冬官考工記　車人

經文

車人之事,半矩謂之宣,一宣有半謂之欘,一欘有半謂之柯,一柯有半謂之磬折。

車人爲耒,庛長尺有一寸,中直者三尺有三寸,上句者二尺有二寸。自其庛,緣其外,以至於首,以弦其內,六尺有六寸與步相中也。堅地欲直庛,柔地欲句庛。直庛則利推,句庛則利發。倨句磬折,謂之中地。

釋文

車人制作器物的工作,直角的一半叫做宣,一宣半的角叫做欘,一欘半的角叫做柯,一柯半的角叫做磬折。

車人制耒。下端的庛長一尺一寸,中間直的部分長三尺三寸,上端勾曲的部分長二尺二寸。從庛端,循曲折的耒木,到達上端的勾首,共長六尺六寸,從庛端到勾首的直線距離爲六尺,恰好等於一步的長度。堅硬的土地要用挺直的庛,柔軟的土地要用勾曲的庛。直庛的好處是容易推進入土,勾庛的好處是便於挖掘泥土。庛彎折的角度如磬體，那就各類軟硬土地皆宜，稱之為“中地”。

車人爲車，柯長三尺，博三寸，厚一寸有半，五分其長，以其一爲之首。轂長半柯，其圍一柯有半。輻長一柯有半，其博三寸，厚三之一。渠三柯者三。行澤者欲短轂，行山者欲長轂，短轂則利，長轂則安。行澤者反輮，行山者仄輮。反輮則易，仄輮則完。六分其輪崇，以其一爲之牙圍。柏車轂長一柯，其圍二柯，其輻一柯，其渠二柯者三，五分共輪崇，以其一爲之牙圍。大車崇三柯，綆寸，牝服二柯有參分柯之二。羊車二柯有參分柯之一，柏車二柯。凡爲轅，三其輪崇，參分其長，二在前，一在後，以鑿其鉤，徹廣六尺，鬲長六尺。

車人制造貨車。以柯長爲長度的標准，柯長三尺，寬三寸，厚一寸半。把柯長分爲五等分，用一等分的長度作爲斧刃的長度。大車轂長度是柯的一半，轂的周長等於一柯半。輻條長一柯半，它的寬三寸，厚一寸。大車輪牙用三條長三柯的木條揉合巾成。行駛於沼澤地的車，要用短轂；行駛於山地的車，要用長縠。短轂轉動利索，長轂比較安穩。行駛於沼澤地的車子，輮制輪牙要使木的阴面朝外(反輮)；行駛於山地的車子，輮制輪牙要使木的阴陽面各一半朝外(仄輕)。反輮比較柔滑而不粘泥，仄輮較爲堅韌而不被山石所損壞。把輪的高度分爲六等分，用一等分作爲輪牙截面的周長。柏車轂長—柯，轂的周長等於二柯，輻條長一柯，輪牙用三條長二柯的木條揉合而成，把輪的高度分爲五等分，用一等分作爲輪牙截面的周長。大車輪高三柯，牙邊留出的綆寬一寸，牝服長二又三分之二柯。羊車的牝服長二又三分之一柯，柏車的牝服長二柯。凡製作牛車的轅，轅長爲輪高的三倍，將轅長分爲三等分，二等分在前，一等分在後，前後交界處鑿衡軸的鉤，兩輪之間的距離爲六尺，車軛長六尺。

◎冬官考工記　弓人

經　文

弓人爲弓，取六材必以其時。六材既聚，巧者和之。幹也者，以爲遠也；角也者，以爲疾也；筋也者，以爲深也；膠也者，以爲和也；絲也者，以爲固也；漆也者，以爲受霜露也。凡取幹之道七：柘爲上，檍次之，檿桑次之，橘次之，木瓜次之，荆次之，竹爲下。凡相幹，欲赤黑而陽聲。赤黑則鄉心，陽聲則遠根。凡析幹，射遠者用埶，射深者用直。居幹之道，菑㮚不迆，則弓不發。凡相角，秋閷者厚，春閷者薄；穉牛之角直而澤，老牛之角紾而昔。疢疾險中，瘠牛之角無澤。角欲青白而豐末。夫角之本，蹙於𦙶而休於氣，是故柔。柔故欲其埶也。白也者，埶之徵也。夫角之中，恆當弓之畏。畏也者必橈，橈故欲其堅也。青也者，堅之

釋　文

弓人制弓，採取六種材料都須適時。六種材料都已具備，高超的匠人以精巧的技藝來配合製造成弓。弓幹，用以使箭射得遠；角，用以使箭行進快速；筋，用以使箭射得深；膠，用來作黏合劑；絲，用來纏固弓身；漆，用來抵御霜露。採取幹材的品質標準分爲七等：荆柘木爲上等，檍木次一等，檿桑又次一等，桔木又次一等，木瓜又次一等，荆木又次一等，竹爲最下等的材料。凡選擇幹材，要顏色赤黑，敲擊時發出清陽之聲。顏色赤黑就必定木質堅韌，聲音清陽就必定木理條順。凡剖析制作弓幹，射遠用的弓，要反向利用幹材的曲勢；射深用的弓，幹材就要厚直。處理幹材的要領：鋸子剖分幹材不要邪行損傷木理，製作的弓就不會扭曲。凡選擇角，秋天宰殺的牛，角質厚實；春天宰殺的牛，角質單薄。幼牛的角，直而潤澤；老牛的角，扭曲粗糙，乾燥無澤。久病的牛角裡就會受傷而窪陷不平。瘦瘠的牛角沒有光潤之氣。角的顏色要青白色，末端要粗大豐滿。角的根部，近於腦，受到腦氣的溫潤，所以較爲柔軟。因爲柔軟所以就要它具有自然弯曲之勢。顏色

徵也。夫角之末，遠於劀而不休於氣，是故脃。脃故欲其柔也。豐末也者，柔之徵也。角長二尺有五寸，三色不失理，謂之牛戴牛。凡相膠，欲朱色而昔。昔也者，深瑕而澤，紾而摶廉。鹿膠青白，馬膠赤白，牛膠火赤，鼠膠黑，魚膠餌，犀膠黄。凡昵之類不能方。凡相筋，欲小簡而長，大結而澤。小簡而長，大結而澤，則其爲獸必剽，以爲弓，則豈異於其獸。筋欲敝之敝，漆欲測，絲欲沈。得此主材之全，然後可以爲良。

白，就是弯曲之勢的征驗。角的中段，常附貼於弓隈處，弓隈處一定是弯曲的。因爲弯曲所以要堅韌。顔色青.就是堅韌的征驗。角的末端，離腦遠，沒有受到腦氣的溫潤，所以較脆。因爲脆所以要柔韌。角的末端粗大豐滿，就是柔韌的征驗。角長二尺五寸，根部色白，中段色青，末端豐滿，符合這樣的標準，牛角的價值與整條牛相等，稱之爲牛戴牛。凡選擇膠，要顔色朱紅而乾燥。乾燥的，裂痕深而有光澤，裂成的紋理呈圓形而有廉棱。鹿膠青白色，馬膠赤白色，牛膠火赤色，鼠膠黑色，魚膠色白而微黄，犀膠黄色。其他的黏合物不能與它們相比。凡選擇筋，要小的成條而長，筋端的结要大而圓匀潤澤。小的成條而長，筋端的结要大而圓匀潤澤，那麼這種獸一定行動迅疾，用它的筋來制弓，射出去的箭難道會跟迅疾的獸不同嗎？筋要要捶打得熟之又熟，漆要清，絲的顔色要像在水中一樣，這六種優良的材料俱備，然後才可製成優質的弓。

凡爲弓，冬析幹而春液角，夏治筋，秋合三材。寒奠體，冰析灂。冬析幹則易，春液角則合，夏治筋則不煩，秋合三材則合，寒奠體則張不流，冰析灂則審環，春被弦則一年之事。析

凡制作弓，冬天剖析弓幹，春天浸治角，夏天治筋，秋天用絲、膠、漆三種材料將幹、角、筋組合在一起。寒冬時把弓體置於弓匣之內，以定體形。嚴冬極寒時張弛弓體，分析弓漆。冬天剖析弓幹，木理自然平滑細密；春天浸治角，自然浸潤和柔；夏天治筋，自然不會糾結；秋天合攏三材，自然

幹必倫，析角無邪，斲目必荼。斲目不荼，則及其大修也，筋代之受病。夫目也者必强，强者在內而摩其筋，夫筋之所由幨，恆由此作，故角三液而幹再液。厚其帑則木堅，薄其帑則需，是故厚其液而節其帑。約之不皆約，疏數必侔。斲摯必中，膠之必均。斲摯不中，膠之不均，則及其大脩也，角代之受病。夫懷膠於內而摩其角，夫角之所由挫，恆由此作。凡居角，長者以次需。恒角而短，是謂逆橈，引之則縱，釋之則不校。恆角而達，辟如終紲，非弓之利也。今夫茭解中有變焉，故校；於挺臂中有柎焉，故剽。恆角而達，引如終紲，非弓之利也。撟幹欲孰於火而無贏，撟角欲孰於火而無燂，引筋欲盡而無傷其力，鬻膠欲孰而水火相得，然則居旱亦不動，居濕亦不動。苟有賤工，必因角幹之濕以爲之柔。善者在外，動者在內，雖善於外，必動於

堅密；寒冬定弓體，張弓時就不會變形走樣；嚴冬極寒分析弓漆，就可審察漆痕是否形成環形。春天裝上弓弦，等一年時間，所制的弓就可用了。剖析弓幹，一定要順木理；剖析牛角，不要歪斜；削除弓幹節疤，必須舒緩。若削除節疤時不舒緩，那弓使用日久了，纏在弓幹外的筋就要替弓幹承受不良後果。節疤必定是比較堅硬的，堅硬的節疤在里面摩擦筋，筋理絶起裂坼不附幹，常常就是這個原因引起的。角要浸治三次而弓幹於要浸治兩次。弓幹正中的衬木太厚，弓幹過於堅硬；衬木太薄，弓幹就過於軟弱。所以弓幹要多加浸治，衬木的厚薄也要調節適度。弓幹與帑相附之處，以絲、膠相次横纏環束，其他地方不必都如此纏繞、但纏繞須疏密均匀。削治弓幹要精緻周到均匀，用膠一定要均匀，如果削治弓幹不精緻周到均匀，用膠不均匀，那弓使用日久了，角就要替它承受不良後果。膠在里面摩擦角，角被斷折，常常就是這個原因引起的。凡處置角，角長的放在弓隈處。若角的長度不足，就會受簫角的影響而向相反的方向彎曲，這就叫逆曲，這樣拉弓就一定緩而無力，射出去的箭就不會疾行。若角太長到達簫頭，猶如把弓系在弓匣里一般，引弦送矢都不利，無從發揮它的威力，對弓是沒有好處的。弓簫與弓隈之角相接之處有形變和彈力，所以射出的箭快

內，雖善，亦弗可以爲良矣。

疾；直臂中有柎，所以射出的箭剽疾。若角太長到達簫頭，猶如把弓系在弓匣里一般，引弦、送矢都不利，對弓沒有好處。用火揉幹要恰到好處，不要太熟；用火揉角要恰到好處，不要烤爛；治筋要引盡筋力，無復伸弛，而不損傷它的彈力；加水煮膠要掌握火候，恰到好處；這樣製成的弓，不管是在乾燥的地方，還是在潮濕的地方，弓體永不變形。有些低能的工匠，在角和幹材尚未乾燥的時候.就把它們用火煣曲，外表看上去挺好，内部都存在不安定的因素。外表雖好，里面一定變動橈減，就是再好看也不可能成爲良弓了。

凡爲弓，方其峻而高其柎，長其畏而薄其敝，宛之無已，應。下柎之弓，末應將興。爲柎而發，必動於𢾊。弓而羽𢾊，末應將發。弓有六材焉。維幹強之，張如流水；維體防之，引之中參；維角定之，欲宛而無負弦。引之如環，釋之無失體，如環。材美，工巧，爲之時，謂之參均。角不勝幹，幹不勝筋，謂之參均。量其力有三均。均者三，謂之九和。九和之弓，角與幹權，筋三侔，膠三鋝，絲三邸，漆三斞。上工以有

凡制弓，弓末的蕭要方，弓中的柎要高，隈角要長，敝角要薄，這樣，雖然多次引弓，弓勢与弓弦必定緩急相應，不至罷軟無力。柎太低下的弓，柎力弱，簫若應弦，柎將傷動，若柎枉曲，引弓時隈與柎相接之處必會傷動，隈與柎的接縫傷動，弓力不能相貫，簫若應弦，角與弓幹都會枉曲。弓有六材。幹强很重要，幹强合適的話，張弓順如流水。平時放在弓匣里，以防止弓體變形；引弓的時候，張開的弦至弓把恰好三尺。用角撐距增加力量，旨在引弓時角與弦不斜背；故開弓拉滿時如環形，釋弓時，也不會使弓體變形，仍如環形。材料優良，技藝精巧，製作適時，稱爲三均。角與幹相得，幹與筋相得，稱爲三均。衡量弓的拉力又

餘,下工以不足。爲天子之弓,合九而成規。爲諸侯之弓,合七而成規。大夫之弓,合五而成規。士之弓,合三而成規。弓長六尺有六寸,謂之上制,上士服之;弓長六尺有三寸,謂之中制,中士服之;弓長六尺,謂之下制,下士服之。

符合三均。三個三均,稱爲九和。符合九和標準的弓,角與弓幹相稱。用筋三侔,用膠三鋝,用絲三邸,用漆三斞,上等工匠用之有余,下等工匠用之不足。製作天子的弓,它的弧度是圓周的九分之一;製作諸侯的弓,它的弧度是圓周的七分之一;大夫的弓,它的弧度是圓周的五分之一;士的弓,它的弧度是圓周的三分之一。弓長六尺六寸,稱爲上制,高个子上士佩用;弓長六尺三寸,稱爲中制,中等身材的中士佩用;弓長六尺,稱爲下制,低个子的下士佩用。

凡爲弓,各因其君之躬志慮血氣。豐肉而短,寬緩以荼,若是者爲之危弓,危弓爲之安矢。骨直以立,忿埶以奔,若是者爲之安弓,安弓爲之危矢。其人安,其弓安,其矢安,則莫能以速中,且不深。其人危,其弓危,其矢危,則莫能以愿中。往體多,來體寡,謂之夾臾之屬,利射侯與弋。往體寡,來體多,謂之王弓之屬,利射革與質。往體來體若一,謂之唐弓之屬,利射深。大和無灂,其次筋角皆有灂而深,其次有灂而疏,其次角無灂。合灂若背手文。角環灂,牛筋蕡灂,

凡制弓,各依所用者的形貌性情氣質而定:長得矮胖,性情寬緩,行動舒遲,像這樣的人要爲他製作强勁、急疾的弓,並制柔緩的箭配合强勁、急疾的弓。剛毅果敢,火氣大,行動急疾,像這樣的人要爲他製作柔軟的弓,制急疾的箭配合柔軟的弓。人若寬緩舒遲,再用柔軟的弓、柔緩的箭,箭行的速度就不快了,射出的箭自然不易命中目標,即使射中了也無力深入。人若剛毅、果敢,性情急躁,再用强勁、急疾的弓,剽疾的箭,自然不能穩穩中的。弓體向外彎曲的弧度大,向内彎曲的弧度小,稱爲夾弓、臾弓之類,適宜於射侯與弋射飛鳥。弓體向外彎曲的弧度小,向内彎曲的弧度大,稱爲王弓之類的弓,適宜於射盾甲和木靶。弓體向外和向内彎曲的弧度相同,稱爲唐弓之類的弓,適宜於深射。九和的弓沒有

麋筋斥蠖灂。和弓毄摩,覆之而角至,謂之句弓。覆之而幹至,謂之侯弓。覆之而筋至,謂之深弓。

漆紋,其次筋、角中央有漆紋而兩邊無,其次筋、角有漆紋而稀疏,其次僅角之中卽隈里沒有漆紋。弓的表里漆紋相合,如人手背過渡到手心的紋理相似。角上的漆紋呈環形,牛筋上的漆紋如麻子紋,麋筋上的漆紋如尺蠖形。調試弓之前,先要拂去弓表的灰塵,撫摩弓體,察看它有無裂痕。經過仔細審察弓體,而只有弓的角優良的,叫做勾弓;經過仔細審察弓體,而角和幹均優良的,叫做侯弓;經過仔細審察弓體,角、幹、筋都優良的,叫做深弓。

責任編輯:洪　瓊
版式設計:顧杰珍

圖書在版編目(CIP)數據

考工記/(清)孫詒讓 撰;鄒其昌 整理. —北京:人民出版社,2020.11
ISBN 978－7－01－020101－6

Ⅰ.①考…　Ⅱ.①孫…②鄒…　Ⅲ.①手工業史-中國-古代　Ⅳ.①N092

中國版本圖書館 CIP 數據核字(2018)第 263907 號

考 工 記

KAOGONGJI

(清)孫詒讓 撰　鄒其昌 整理

人民出版社 出版發行
(100706　北京市東城區隆福寺街 99 號)

北京汇林印务有限公司印刷　新華書店經銷

2020 年 11 月第 1 版　2020 年 11 月北京第 1 次印刷
開本:710 毫米×1000 毫米 1/16　印張:34
字數:560 千字

ISBN 978－7－01－020101－6　定價:199.00 元

郵購地址 100706　北京市東城區隆福寺街 99 號
人民東方圖書銷售中心　電話 (010)65250042　65289539